阅读成就思想……

Read to Achieve

再读经典
· 系列 ·

Abnormal Child and Adolescent Psychology

第8版 | 8th Edition |

[美] 丽塔·威克斯-纳尔逊（Rita Wicks-Nelson）
艾伦·C.伊斯雷尔（Allen C.Israel） _著

谢丽丽_译
谢毓焕　李　吉　张品泽_审译

儿童异常行为心理分析

中国人民大学出版社
· 北京 ·

图书在版编目（CIP）数据

儿童异常行为心理分析：第8版／（美）丽塔·威克斯-纳尔逊（Rita Wicks-Nelson），（美）艾伦·C.伊斯雷尔（Allen C.Israel）著；谢丽丽译. -- 北京：中国人民大学出版社，2021.2
书名原文：Abnormal Child and Adolescent Psychology（8th Edition）
ISBN 978-7-300-25409-8

Ⅰ．①儿… Ⅱ．①丽… ②艾… ③谢… Ⅲ．①儿童心理学—研究 Ⅳ．①B844.1

中国版本图书馆CIP数据核字(2018)第007251号

儿童异常行为心理分析（第8版）

［美］丽塔·威克斯-纳尔逊（Rita Wicks-Nelson）　著
　　　艾伦·C.伊斯雷尔（Allen C.Israel）

谢丽丽　译
谢毓焕　李 吉　张品泽　审译

Ertong Yichang Xingwei Xinli Fenxi (Di 8 Ban)

出版发行	中国人民大学出版社		
社　　址	北京中关村大街31号	邮政编码	100080
电　　话	010-62511242（总编室）	010-62511770（质管部）	
	010-82501766（邮购部）	010-62514148（门市部）	
	010-62515195（发行公司）	010-62515275（盗版举报）	
网　　址	http://www.crup.com.cn		
经　　销	新华书店		
印　　刷	天津中印联印务有限公司		
规　　格	185mm×260mm　16开本	版　次	2021年2月第1版
印　　张	24.25　插页1	印　次	2021年2月第1次印刷
字　　数	603 000	定　价	109.00元

版权所有　　　侵权必究　　　印装差错　　　负责调换

你为什么需要这个版本

有以下几个好理由。

1. 本版结合了最新的《精神障碍诊断与统计手册（第5版）》（DSM-5）。

2. 本版结合了本领域绝大多数最新的研究，探索新的问题和结果，同时用不同的方法确认或扩展了以前的研究发现。

3. 每章都以"本章将涉及"开头，列出本章重点，提醒你在每章中需要了解和掌握的概念，从而更有针对性地理解内容。

4. 本版高度关注如何用最好的方法分类和诊断心理问题，而分类方法（或称维度方法）是用于描述障碍的范围或严重程度的方法。

5. 在本版的各章中，作者探索实质性的发展是为了理解精神病理学的原因。作者将特别关注问题行为的病因模型。

6. 作者提倡进展是为了理解遗传的过程，探讨有关基因效应领域及其与环境的互动。

7. 作者在对关于预防疾病领域的发现和探讨中，阐述了这个领域的显著进展。

8. 重点讨论了恐怖主义与战争、贫困、儿童虐待、欺凌和迫害等社会高度关注的问题。

前言

在过去将近 100 年的时间里,有关儿童和青少年发展的研究已经从一个相对无知的水平,发展到了有了很具体的认识的水平,其中人们尤为关注儿童和青少年的发展行为障碍。在过去的几十年里,我们在理解儿童和青少年问题,以及在如何帮助他们及其家庭方面取得了前所未有的进展。当然还有很多东西需要我们学习,而且这些东西都是青少年所需要的,所以这一切都特别值得我们为之付出努力。我们希望这本书能厘清所面临的挑战,并做出令人振奋的努力。

呈现在你眼前的是本书第 8 版,之前的版本取得了可喜的成绩,也让我们欣慰地看到自己在这个领域做出的持续的、实质性的贡献。最初,在这个领域中可供参考的综合性书籍很少。我们需要强调特定的主题,作为研究儿童及青少年问题的关键所在。这些主题都经受住了时间的考验,并不断变得更广泛和必不可少。它们很早就被纳入书籍目录,解释了本书不断取得成功的部分原因。

本书主题

主题 1:发展精神病理学

本书的中心主题是,发展精神病理学的观点和更为传统(常用)的临床/障碍的方法。后者强调对青少年紊乱的症状、病因和治疗方法的描述。发展精神病理学的观点认为必须放在发展的背景中来看待青少年障碍。本书的前几章充分阐述了这个观点,并在接下来的章节里对特定的障碍展开具体的讨论。

发展精神病理学的主要假设是,相信正常和障碍行为是相关的,并且最好是将其放在联结了过去和未来的动态的成长和经验中发生。这一命题反映在本书的几个方面:我们需要考虑青少年的正常发展的时间和进程,以及这些时间和进程在精神病理学中出了问题;我们也要认真地假设,行为发展不能轻易按照年龄来理解和分析,因此我们采用了一个相对宽泛的时间框架来讨论儿童和青少年的心理问题。要想理解这些问题,就必须加强锚定他们早期的生命阶段,并且联系到他们成年的行为结果。

主题 2:多个事物的影响

贯穿全书的第二个主题是,儿童和青少年的行为问题是多个变量之间相互影响的结果。几乎没有例外,行为源于多重影响及其连续不断的交互作用。生物结构和功能、遗传传递、认知、情绪、社会互动,以及直接或更广泛的环境因素等诸多方面,在形成和维护心理和行为的功能中扮演着复杂的角色。本书始终在强调,发展精神病理学家致力于这项艰巨的任务,并且理解和整合这些多重影响。

主题 3:社会文化背景

本书第三个主题强调,儿童和青少年的复杂问题与他们所处的社会文化背景密切相关。儿童和青少年都被嵌入一个涉及社会和环境影响的圈子中,这个圈子包括家庭、同伴、学校、邻居、社会和文化背景。在任何时候,青少年把个人属性带进这些环境，并受到这些环境的影响，反过来青少年又影响了其他人和环境。因此，如果要对青少年的心理问题进行有意义的分析，就需要纳入发展的情境下。这些因素包括：家庭互动、友谊、性别、教育机会、贫困、民族和种族，以及文化价值观等，这些都对青少年的发展起作用。

主题 4：实证的方法

第四个主题是偏向实证的方法。在找出行为问题的谜团和应用所获得的知识时，需要人们谨慎和有洞察力地思考。我们相信以科学方法学为基础的实证方法和理论框架，为我们理解人类行为的复杂性提供了最佳途径。研究发现，这本书的核心部分是帮助我们更好地理解儿童和青少年的经历，以及如何改善他们的生活。

主题 5：以人为中心

关注儿童和青少年的最佳发展贯穿本书始末。毫无疑问，实证研究进一步加深了我们对发展的理解。它可以帮助我们更加个性化地研究问题。因此，通过观察陷入困境的青少年和他们的家庭，读者可以更好地理解精神病理学的表现，学习如何干预和帮助一个孩子。书中的许多案例都说明个人问题至关重要，因此也加入了一些其他人的个人案例、引证和照片。现实是这样的：一个非常活跃的孩子意识到他被认为是一个"坏男孩"；他的姐姐则认为自己在很好地照顾智障的弟弟；他的父母在看电视时被"震惊了"，因为电视节目中正在描述一个孩子的问题，和他们未确诊的儿子症状很相似。

本书结构

作为本领域相对全面的介绍，本书包括本领域的理论和方法论基础，致力于讨论儿童和青少年的特定问题、性格特征、流行病学，以及精神病理学的发展历程、病因、评估、治疗和干预。根据内容，本书在概念上可被分为以下三个部分。

第一部分包括第 1 章到第 5 章，为后面的讨论奠定了基础。本部分是对这个领域的一个广泛概述，包括基本概念、历史背景、发展因素、理论观点、研究方法，以及分类和诊断、评估、预防和治疗方法。这些章节引用了大量的心理学文献，也承认有关儿童和青少年的研究和治疗的多学科特征。我们假设读者有一定的心理学背景，但我们也努力为那些心理学背景或经验薄弱的读者服务。

第二部分包括第 6 章到第 14 章，讨论了主要的障碍。这些章节的组织结构上基本是一致的。我们按照分类、临床描述、流行病学、发展历程、病因、评估和预防/治疗的顺序来展开讨论。同时，我们还注意确保灵活的组织结构，以保持某些具体章节主题内容的内在完整性。第二部分的各章内容如下：

- 第 6 章（焦虑和相关障碍）和第 7 章（心境障碍）重点阐述内部障碍；
- 第 8 章（品行问题）和第 9 章（注意缺陷/多动障碍）重点讨论外部障碍；
- 第 10 章（语言障碍和学习障碍）、第 11 章（智力障碍）、第 12 章（孤独症谱系障碍与精神分裂症），呈现了具体和普遍的发展问题；
- 第 13 章（基本身体障碍）和第 14 章（影响躯体疾病的心理因素），重点为健康和相关的医疗问题。

第三部分包括第 15 章，丰富和扩展了之前的内容。这一部分关注青少年不断成长的问题，重点为关键性的家庭问题、心理健康服务，并简单介绍了美国以外其他国家或地区青少年的生活。

亮点和更新

本书可以说是对儿童和青少年的精神病理学的全面研究，因为它预示着儿童和青少年未来的发展，所以必须明智地考虑最近的研究和问题。为此，本书融入了更新的信息，这些信息不仅指向了新的内容和主题，还用不同的方式证实和扩展了以前的研究。此外，我们在回顾新的信息时，也对目前的具体主题的研究特点特别敏感和关注。以下为亮点和更新主题的例子。

- 本版高度抓住了读者的兴趣，使其能够更好地对心理问题进行分类和诊断。它包括最新版本的 DSM（即 DSM-5）的诊断标准和信息，并关注维度方法是如何被告知的，持续关注儿童和青少年精神病理学的发展和分类。
- 对精神病理学病因的理解以及实质性进展贯穿各个章节，特别是对行为问题的病因学给予了更多的关注。
- 关注和更新了对神经病学的发现，特别是脑成像研究。
- 随着这一领域的进展，遗传过程和涉及基因效应及其与环境相互作用的新发现得到了更多的关注。
- 特别关注家庭和同伴在多重影响因素中的复杂角色，以及家庭和同伴在儿童和青少年发展中的作用。
- 特别关注主要障碍的发展历程及其带来的后果。
- 特别关注精神病理学中的性/性别所起的作用，两者患病率、症状和结果中的差异，以及可能存在于它们背后的因素。
- 持续关注文化、民族和种族对精神病理学的不同作用。一个例子是，文化是如何影响评估和治疗的。
- 对关注预防障碍的进步反映在新的研究结果和扩展的讨论中。早期的干预努力（如阅读障碍和孤独症）可以被视为融合预防和治疗。
- 特定个人和家庭治疗的例子大量交织在一起，贯穿整个章节，强调以证据为基础的干预。例如，对 ADHD 的研究和最新的研究结果，以及对其的多维治疗。
- 持续关注并致力于提高以证据为基础的治疗的可能性。研究如何把理论研究转化为现实世界中的治疗，并在治疗中扮演合适的角色。
- 持续关注最近被大量报道的疾病预防问题（如躁郁症、孤独症和肥胖症）。讨论包括：预防疾病增长的潜在原因、一些障碍的潜在原因，以及实际增长的疾病。
- 持续关注一些特定的问题（如战争恐怖、贫穷、儿童虐待、物质使用、校园欺凌/犯罪），这些问题最近也引起了社会的高度关注。
- 更新和扩展了一些特别有争议的主题的讨论，包括儿童药物滥用、疫苗和孤独症的联系，以及有智力障碍的儿童在正规而非特殊教育的课堂中上课所带来的影响。

特点：一些新的，一些旧的

与之前的版本相比，我们保留了原有的章节基本结构，并继续强调以一个面向儿童、应用的角度来呈现给读者。本书用了大量的案例来描述评估和治疗的过程。本书还强调和关注了人们特别感兴趣的主题，如胎儿酒精综合征、婴儿心理健康、非裔男孩的 ADHD 问题，以及孤独症和疫苗之间的辩证关系。此外，本书仍有大量的图、表、照片和插图——假如没有这些辅助的资料，可能就会给读者带来理解的困惑。

目录

第1章
绪论

对异常的定义和识别　002
心理障碍有多普遍　006
发展水平和心理障碍是如何相关的　008
性别和心理障碍是如何相关的　009
历史的影响　010
目前的研究和实践　016

第2章
发展精神病理学观点

观点、理论、模型　020
发展精神病理学的观点　021
发展观　022
探寻因果关系的因素和过程　022
发展的途径　023
风险、脆弱性和复原力　025
失调的持续性　028
正常发展，问题结果　029

第3章
精神病理学的生物背景与环境背景

大脑和神经系统　036
神经系统和功能紊乱的风险　038
遗传学背景　039
学习和认知　043

社会文化背景　046
同伴影响　055
社区和社会背景　056

第4章
研究：任务与方法

研究的基础　062
研究的基本方法　064
研究的时间框架　072
定性研究　073
伦理议题　074

第5章
分类、评估和干预

分类与诊断　080
评估　089
干预　096

第6章
焦虑和相关障碍

内化性精神障碍　104
焦虑及相关障碍的定义与分类　104
焦虑障碍的流行病学　106
社交焦虑障碍（社交恐惧症）　108
分离性焦虑障碍　111
厌学　112

广泛性焦虑障碍　113

惊恐发作与惊恐障碍　115

对创伤性事件的反应　117

强迫症　122

焦虑及相关障碍的病因　124

焦虑及相关障碍的干预措施　129

第 7 章
心境障碍

历史回顾　134

DSM 对心境障碍的分类　135

抑郁障碍的定义与分类　135

抑郁障碍的流行病学　137

抑郁障碍及其发展　139

抑郁障碍的病因　140

抑郁障碍的评估　148

抑郁障碍的治疗　149

抑郁障碍的预防　153

双相障碍　153

DSM 关于双相及相关障碍的分类　154

自杀　160

第 8 章
品行问题

分类和描述　166

DSM 方法：回顾　166

流行病学　175

发展病程　177

病因　180

物质使用障碍　189

评估　193

干预　194

第 9 章
注意缺陷 / 多动障碍

ADHD 的早期演化理念　202

DSM 分类和诊断标准　202

主要特征　203

次要特征　204

DSM 中关于 ADHD 的亚型　207

共病　209

流行病学　210

发展病程　212

ADHD 的神经心理学理论　214

神经生物学异常　216

病因　217

ADHD 发展图式　219

评估　219

干预　221

第 10 章
语言障碍和学习障碍

历史回顾　230

关于定义的疑虑　231

语言障碍　233

学习障碍：阅读、书写、算术　239

社会问题与动机问题　245

语言障碍和学习障碍中的脑异常　246

语言障碍和学习障碍的病因　248

语言和学习障碍的评估　250

语言和学习障碍的干预　251

特殊教育服务　253

第 11 章
智力障碍

定义与分类　259

智力的本质与适应行为　261

共病　266

流行病学　267

发展病程与发展原因　267

病因　268

遗传综合征与行为表型　270

家庭适应性与家庭经验　276

评估　277

干预　279

第 12 章
孤独症谱系障碍与精神分裂症

历史回顾　288

孤独症谱系障碍　288

孤独症　289

精神分裂症　308

第 13 章
基本身体障碍

排便问题　318

睡眠问题　321

喂食、进食和营养问题　326

进食障碍：神经性厌食和神经性贪食　331

第 14 章
影响躯体疾病的心理因素

历史回顾　342

影响躯体疾病的心理和家庭因素　342

慢性病的后果　344

推进医疗　350

垂死的孩子　358

第 15 章
对儿童和青少年发展的关注

谁照顾儿童：家庭问题　362

为儿童和青少年提供心理健康服务　367

全球化中的儿童和青少年　370

译者后记　375

第 1 章
绪论

本章将涉及：

- 如何定义和识别异常；
- 心理障碍有多普遍；
- 发展水平和心理障碍是如何相关的；
- 性别和心理障碍的关系；
- 历史的影响；
- 目前的研究和实践。

年轻，
就是把球弹得像天空那么高，
就是在童话世界中尽情遨游，
就是踮着脚尖走路又不会摔倒，
就是满心喜悦地爱着自己的朋友，
并时时刻刻地窥见那美妙的未来。

哦，年轻也意味着无知和无用，
独自一人，不被人爱，
面对汹涌的波涛，以及跌宕起伏的不安全感，
劈浪前行。

长久以来，童年生活被人们描述为具有极端的情绪、行为和冲突。事实上，很多人在回首自己青春年少的时候，都会承认自己虽然存在着某些极端的情绪、冲突和行为，但是也有相当一部分较为温和的经历。人们常常把自己的青春视为一段成长和机遇并存的特殊时期。正是基于这种情况，我们开始研究有关儿童和青少年的心理问题。

这本书是为那些对青少年的非理想发展状态存有疑问和担忧的人写的。它涉及异常的定义、特点、起源、发展、诊断、预防和改善。我们预期并希望读者会像我们一样，发现这个研究领域的乐趣。同时，这个领域也包含了对青少年的人道主义关怀，以及对科学研究的兴趣。

过去的几十年，是一个研究行为和心理障碍特别有前途的时期。目前我们对增进青少年的了解、加强预防和治疗的需求是相当大的，而且这也是世界多个地区的广泛需求。与此同时，在许多学科的贡献下，对青少年发展的研究继续突飞猛进。就像在科学中通常存在的情况那样，知识的增长和方法的改进，通常会引发新的问题和悖论。这种新认识、新问题和新探索的结合，为研究青少年问题的人带来了希望和乐趣。

对异常的定义和识别

行为系统的表现形式有无数种，本书中讨论了许多障碍（参见"重点"专栏）。这类问题被贴上了各种各样的标签：异常行为、行为障碍、心境障碍、心理缺陷、心理疾病、精神紊乱、适应不良行为、发展障碍等。而且，我们已经建立了一个系统来对这些问题分类，并为识别异常的专业人士提供指导。但是在这种努力的背后，对精神紊乱的定义和区分，依然是一个非常复杂的问题。

重点
异常行为的若干方面

幼儿园劝退了四岁的乔伊。在幼儿园的时候，乔伊坐在地上，眼睛瞪圆了看着别的小朋友，保持沉默、拒绝讲话，而且只要有别的孩子碰到他，他就会攻击那个孩子。如果老师坚持让乔伊参加班里的活动，他就会尖叫、哭喊，用胳膊和腿撞击地板。他在家里也出现过类似的行为。乔伊几乎从不谈论也不表达自己的情绪，他断断续续地睡觉，用头撞墙，并且来回地摇晃。

长期以来，莱克西亚都被认为是一个学习缓慢者，她的学习困难常常位于老师易于察觉的"雷达屏幕"之外，这很可能是因为她平时表现得非常安静，而且行为乖巧。她在二年级复读了一年，学校还给她派了一位指导教师。到了五年级，莱克西亚所有的课程都达不到及格线，无法顺利通过。评估结果表明，她的智力低于平均水平，她在注意分配和学习的问题上都处于临床意义上的边缘范围。

老师经常说九岁的胡安在课堂中有行为问题。他很焦躁不安，难以集中注意力，他从不回答老师的提问，还常常打扰正在学习的同学。然而，他在家里都是讲西班牙语，他的认知能力和学业技能都比同龄孩子的平均水平要高很多。他的母亲说，胡安不容易集中注意力、聚精会神地学习，常常难以完成家庭作业，但是他的行为与她观察到的在墨西哥成长的孩子是一致的。

安妮一直崇拜撒旦，她说她向撒旦祈祷可以帮助她摆脱困境。安妮染黑自己的头发，脸上擦满了白粉，这让

> 她看上去不像是一个14岁的少女，而是故事中的吸血鬼。安妮说她因担心自己的学习成绩而常常难以入睡。她的父母离异，她认为对于父母离异，自己也有相当一部分的责任。她发现在学习方面，自己很难做到注意力集中，很容易焦躁，体重也骤减。她容易疲倦，精力涣散，不再喜欢与朋友们一起出去玩耍，她经常喜欢一个人安静地待在自己的房间里。安妮否认有任何想要参加邪教组织、自杀或者药物滥用的想法。

异常行为的判断标准主要是基于人的行为或者是说话的方式，很少包含已知的异常标志。毋庸置疑，大部分的正常人都会认为，当一个人说话不流利、生活无法自理，或者他能看到、听到常人看不到、听不到的东西时，这个人的问题就非常明显了。不过，对于那些不那么明显的例子，我们就很难判断异常和正常之间的界限了。某些青少年在某些特定的年龄段所表现出的某些行为有可能不存在异常和障碍的迹象，诸如违反父母制定的规则、有社会行为退缩、高活动水平、恐惧、悲伤和阅读技能迟缓等。综上所述，我们必须要问，我们什么时候可以认为行为是异常的？我们如何从更为严重的精神紊乱的现象中区分出正常的日常问题？针对这些问题，并没有简单的答案，但是我们可以通过考虑以下几个因素来判断心理或行为障碍。

非典型和有害的行为

那些非典型的、奇怪的或异常的行为常常被看作有心理问题——所有的这一切行为都表示它们偏离了平均值。在"异常的"对应的英文"abnormal"中，"ab"表示"远离"或"离开"，而"normal"表示"平均"或者"标准"。不过，"非典型"本身很难被定义为"精神紊乱"。我们常常认为，那些具有超高智商、社会能力或运动技能的人是非常幸运的，而且他们的种种"奇怪"行为都会被人们所看重。因此，我们考虑的偏差是，假定在某些方面对个体是有害的。诸如，美国精神医学协会（American Psychiatric Association）把障碍定义为：临床上显著的行为或心理模式，它是一种行为、认知或心境障碍的综合征，反映了潜在的心理过程中的功能障碍，并且与重要功能领域中的痛苦或残障相关。

异常或精神紊乱常常被认为是阻碍个体与其生活环境相适应的一种机能障碍。精神紊乱会阻碍或阻止年轻人的发展，无论是获得语言技能、情绪控制还是令人满意的社会关系。另外，我们可能会把障碍看作个体对环境的一种反映，即个体与自己、个体与他人，或是个体与环境条件之间的一种相互作用。后者的观点和本书的观点更加接近，它强调行为和周围的世界有千丝万缕的联系。

发展标准

年龄在行为判断上一直是一项很重要的发展水平指标，它对于快速成长的儿童与青少年发展的判断尤为重要。这是因为儿童和青少年的发展变化非常迅猛。我们对行为的判断依赖于**发展标准**（developmental norm），这些标准描述了典型的增长率、发展的顺序、身体机能的形式、语言、认知、情绪和社会行为。上述这些作为儿童和青少年发展的标准，用来评估和判断"什么是错误的"。

有很多方法可以评估和判断异常行为的标准，表1-1呈现了这些行为指标。我们经常能在青少年的个体中发现这些典型的状况，包括：发展的滞后，没有办法和同龄人的正常发展速度保持相

表1-1　障碍的行为指标

- 发育迟缓
- 发育倒退或者下降
- 极高频率或极低频率的行为
- 极高或极低的行为强度
- 行为很难持续一段时间
- 与情境不符的行为
- 突然改变的行为
- 一些问题行为
- 大量的不同于正常的行为

同的速率，这些都暗示着某些事情出了问题。也就是说，有时候儿童能够达到发展的标准，但是接下来会出现倒退或退行的行为。

我们还应该关注一些其他的现象，包括：非典型性行为的频率、强度或者行为的持续时间，以及在不适当的情况下表现的行为。例如，儿童表现出恐惧是很正常的，但是如果儿童表现出来的恐惧过于频繁、强烈，而且并没有随着时间而消退，或是在无害的情况下也表现出恐惧，这就说明可能有问题。我们应该关注那些行为突然发生改变的儿童。例如，当一个性格外向、活泼可爱的儿童忽然变得内向孤僻，或是当一个儿童表现出一些可疑的行为的时候。所有这些障碍的迹象与发展的标准存在量的差异。

另一种显示出可能需要帮助的信号是，儿童表现出与标准之间存在质的差异的行为。也就是说，行为（或者说行为发展的顺序）不在这些正常的范围之内。比如，大多数儿童在出生后不久就会对他们的照顾者产生社会化反应，但是被诊断为孤独症的儿童在正常的发展中则看不到其社会化反应（如缺乏正常的眼神交流）。行为质的差异通常是在发展中存在的一个普遍问题。

文化和种族

"文化"（culture）一词包含了这样一种观点：人群以一种特定的方式组织起来，生活在特定的环境中，并分享特定的态度、信仰、价值观、实践和行为标准。文化是一种生活方式，并且代代相传。因此，不出意料的是，虽然发现很多障碍是跨文化的（即它们是全球化的），但它们依然存在跨文化的差异。一些障碍的比率是不同的，且表现方式也略有不同。后者的一个例子是焦虑障碍，它似乎是一种普遍的疾病，但是在亚洲人和拉丁美洲人的群体中，通过身体症状表现的要比欧裔美国人的严重。目前尚未明确的是，某些特定障碍是否对应某些单一文化。

文化分析描述了文化塑造正常和异常发展的许多方式，以及概念化、解释和治疗精神紊乱的多种方式。**文化标准**（cultural norm）对青少年行为的期望、判断和信念有着非常广泛的影响。例如，与世界其他地区的儿童相比，人们对于美国儿童表现出的自我控制和对成年人的服从的期望值更低。韦兹（Weisz）及其同事发现，和美国老师相比，有更多的泰国老师报告他们的学生出现了行为问题，但是训练有素的观察者对这两组学生情况的报告则正好相反。研究者做出了如下的假设：对学生而言，泰国老师可能会对学生要求很高，因此他们能从学生身上看到很多的问题，而且更容易给学生的行为贴标签。

一项针对居住在北非和中东的母亲关于她们的孩子发展迟缓的研究，证明了可能存在不同的解释和处理问题的行为方式。有将近一半的母亲会用神奇的宗教来解释这种现象。母亲们相信恶魔进入了孩子们的身体，用邪恶的眼睛看着孩子们，并认为孩子们之所以会发育迟缓，是因为他们受到了上帝的惩罚。因此，这些母亲借助神奇的宗教方法来处理问题，例如燃烧一块布——认为这块布是邪恶的眼睛曾经注视过的人所拥有的布，或是用祈祷或向教士求助等方式。她们所有的这些行为，都符合她们本国的文化和信仰。

◎ 在不同的文化中，人们所期待或认为的儿童的合适行为是不同的。

上述研究结果表明，在评估异常行为的不同方面时，应该考虑民族和种族的特点。**民族**（ethnicity）是指共同的习俗、价值观、语言，或是和国家起源、地理区域相关的某些特征。**种族**（race）是一种基于物理特征的区别，也可以与共同的习俗、价值观等联系起来。对于一个拥有不同民族或种族群体的多元社会来说，在精神紊乱上的表现，持有的信念和标准可能与那些占主导地位的文化群体存在某些差异。即使育儿行为很相似，并且在民族团体中占主导地位，但是对后代的影响很不同，因为这些群体拥有不同的价值观。

一项关于对美国种族差异的研究，比较了欧裔美国父母和亚裔美国父母关注孩子的成就行为的差异。一般而言，与欧裔美国父母相比，亚裔美国父母更加看重孩子们的努力——例如，父母更看重孩子的学习成绩，而不是孩子的能力。然而，对有缺陷的儿童的家庭文化的对比较少。作为研究的一部分，要求父母给他们有智力障碍的儿童能否成功完成一项任务进行评价，并评价他们的孩子在完成这项任务时靠的是能力还是努力。亚裔美国父母认为，他们的孩子非常不成功（实际上，并不存在差异），对孩子未来的成功也不抱有希望，并认为孩子成绩不理想是因为能力低，而且不努力（见图1-1）。他们还报告对孩子们的成绩有不同的情绪反应。虽然这项研究有局限（父母都是志愿者），但它也显示了对研究青少年的精神紊乱有着民族/种族的差异性。

其他标准：性别与处境

基于性别的预期也有助于定义问题行为。**性别标准**（gender norm）有力地影响发展，影响情绪、行为、机会和选择。在大多数社会中，人们对男性的预期是，相对具有较高的攻击性、在活动中起着主导的作用、行动积极和具有冒险的精神。对女性的预期是，更为被动、更具依赖性、安静、更加敏感和情绪化。在判断正常的行为中，这些性别刻板效应扮演着非常重要的角色。我们可能对敏感和害羞的女孩，以及积极主导局面的男孩不太担心，但如果男孩具有敏感、害羞的性格特征，女孩具有积极主动和主导的性格，我们就会非常担心这些孩子了。

情境标准（situational norm）也是我们判断异常行为或正常行为需要考虑的方面——在特定的情境中或者是社会处境下，我们预期的行为到底是什么。在操场上精力旺盛地到处奔跑是可以被我们接受的，但是在图书馆里精力旺盛是不被允许的。社会交往的规范可能非常微妙，例如，同样一句话的表达方式，既可以是称赞一个人，也可以是侮辱一个人。在所有文化之中，人们都希望了解什么是可以接受的行为，并在特定情况下，根据他们的年龄和性别，以特定的方式表现出来。当他们不这样做的时候，他们的能力或者正常性可能会受到质疑。

他人的角色

青少年，尤其是幼儿，我们几乎不会让他们自己去接受临床评估，因此就会产生一个问题：当父母担心孩子的社交孤立，或是当老师为孩子无法学习而烦恼时，这种识别和标记问题的可能性更大。

因此，将青少年转诊至心理健康专业人士，对父母、教师或家庭医生以及青少年自己的性格

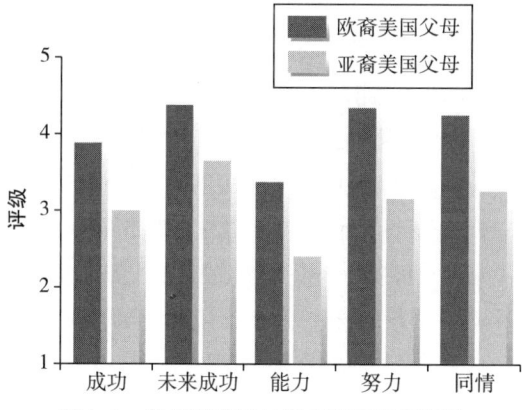

图1-1 父母给孩子的任务表现进行评价

资料来源：Ly, 2008.

有着同样或更多的影响。实际上，成年人对儿童或青少年是否"有问题"往往存在着分歧。这在一定程度上可能是由于不同的成年人在面对不同的儿童行为时，成年人的态度、敏感性、容忍性和应对能力在识别儿童障碍的方面都起着一定的作用。

改变对异常行为的看法

最后，关于异常行为的判断并非一成不变，这样的例子随处可见。19世纪，手淫被认为是一种障碍的迹象，或者是一种可能导致精神疾病的行为。曾有一段时间，人们把咬指甲视为一种退行的迹象，但是如今又将其视为无害的行为。19世纪后期，有些人会相信这样的观点：年轻女性过度活跃的智力活动会导致心理问题。时至今日，我们已经看到这些观点并不可信。

有很多因素都有助于判断异常行为的变化（见图1-2）。新增的知识和修正的理论都起到了非常重要的作用。文化观念和价值观都发生了转变。比如，饮食失调最初只存在于西方社会，但是在过去几十年中，这种障碍已经扩展到了全球的范围，这可能与全球普遍采用西方现代社会所追求的苗条体形的标准有关。

综上所述，异常行为不能简单地被定义为对患者本身的观察，我们还应该评估这个人的行为、情绪思维是否存在非典型性、功能性失调或机能受损。因此，我们对青少年的特性特征的判断，应该从青少年发展的知识、文化和种族影响、社会标准等多方面来综合判断异常行为。

心理障碍有多普遍

行为异常或者是具有心理障碍的个体的比例，表明了预防、治疗和研究需要的程度。然而，有多种因素决定了患病率，其中最主要的是，如何定义一种障碍以及确定障碍的标准。障碍的发现率可能因使用的测量方法而异，也可能因父母、老师或青少年本身是不是信息的来源而异。被检查人群的特征（如年龄、性别和社区人口）可以在患病率上产生差异。

鉴于所有这些变量的复杂性，障碍的发现率出现了相当大的变化。在一篇基于1985—2000年大量研究报告而得出的综述中指出：年龄为4~18岁的青少年，患病率为5.4%~35.5%。2010年的研究结果表明，美国儿童和青少年主要的情绪和行为障碍的患病率为13%~22%。2007年，美国心理学会（American Psychological Association，APA）提出：有10%的青少年存在严重的心理健康问题，还有10%的青少年存在轻微到中等的心理健康问题。许多青少年报告，他们表现出来的障碍和症状不止一种。也有证据表明，大部分青少年都会在某些时间段经历某些类型的心理问题。

尽管患病率的研究强调了从儿童期到青春期的年龄范围，但是学龄前儿童的问题似乎发生在大一点的孩子身上。此外，在丹麦展开的一项以18个月以上的婴儿为对象的研究发现，有16%~18%的婴儿表现出这些障碍行为，最常见的包括情绪、行为和监管问题（如进食和睡觉）。有研究表明，学龄前儿童障碍的比例和年长儿童障碍的比例基本相似。在21世纪初，出现了婴儿心理健康领域，这个多重维度有利于我们理解婴儿的发展（参见"重点"专栏）。

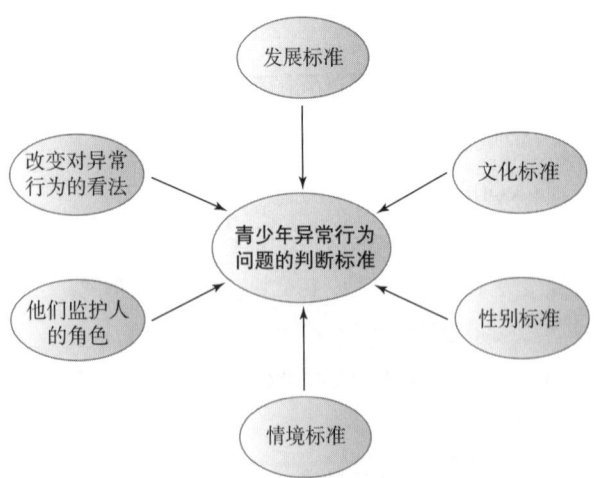

图1-2 判断青少年是否正常的几个因素

> **重点**
> 婴儿心理健康
>
> 尽管有人长期关注婴儿早期发生的问题，但是婴儿可能有心理健康问题的想法一直困扰着一些人，甚至有些人会抵制这个想法。也许天真的婴儿似乎和适应不良、耻辱、精神疾病不匹配。或者是因为有人认为婴儿是不可能会有心理健康问题的，因为他们认为婴儿只有有限的情感和认知能力。
>
> 如今，随着对生命早期的理解不断增加，人们慢慢接受了婴儿也有心理健康问题的观念。近年来，人们对婴儿有心理健康问题的年龄范围研究不断扩展。儿科医学特别关注孩子——"婴儿"通常是指生命的第一个年头。在心理健康领域，从出生到三岁是该研究兴趣最开始的时间跨度，现在这个年龄范围扩展到了五岁。在许多方面，我们预期在非常年幼的孩子和年龄稍长的孩子之间的心理健康发展是具有连续性的，但是，如果一些关于婴儿心理健康的观点不是独一无二的，而是具有一些差异，并且有一些特殊的优点，那么我们会提出以下四点。
>
> 第一，历史上对婴儿的关注强调了婴儿-儿童关系的重要性，并且指出了婴儿的发展依赖于给予照顾他们的环境。对婴儿心理健康早期的描述出现在这样一些案例报告中：孤儿院婴儿的情感剥夺、婴儿-儿童的依恋障碍、抚养婴儿的养父母有心理障碍。在这个研究领域中，婴儿和养父母的关系非常重要。
>
> 第二，我们对婴儿的心理健康问题的辨别和分类的信度和效度非常关注。由于存在发展差异，因此我们对于大一些的儿童用的心理评估系统对婴儿的评估很可能无效。当前我们需要改进这些心理评估系统，以便用于对婴儿进行心理健康评估。
>
> 第三，初级保健医生的作用是值得关注的。几乎所有的婴儿都被普通医生、儿科医生或者其他医疗健康机构提供者视为"好孩子"。这些实践者经常被认为是第一个听到和看到婴儿喂养和睡眠问题的专家，他们看到或者听到婴儿的动作迟缓、语言障碍和行为问题。因此，他们必须对婴儿心理健康的原则和知识有基本的了解，并且与家庭和心理健康专业人员保持良好的工作关系。
>
> 第四，对婴儿心理健康的干预是固有的。虽然对症状的描述是有标准的，但是由于婴儿的变化非常迅速，因此必须对他们未来的发展有优质的预见。此外，研究显示早期干预是非常有效的。这样，治疗和预防未来的困难是相辅相成的。我们呼吁努力支持促进婴儿福祉的政策和项目。

过去几十年的社会变化，导致青少年患心理障碍的风险增加，人们一直在关注这一点。一些变化和致病原因是显而易见的，例如，医学的进步提高了早产儿或者有身体问题的婴儿的存活率，这些婴儿在行为和学习上的困难率相对较高。然而，由于研究和方法问题的不同，很难对这种历史或所谓的**长期趋势**（secular trend）得出全面的结论。

关于这项工作的例子，我们可以看看两项有关青少年的研究。2009年，韦斯特等研究者在苏格兰同一个地区，收集了1987年、1999年和2006年的15岁青少年的数据。每组都完成了相同的心理压力自我测量报告。1987—1999年，青少年中女孩报告有心理压力的数量增多，而1999—2006年，青少年中女孩和男孩都报告有心理压力的数量增多。为了寻找这些数据的解释，研究者观察了这段时间内主要的社会变化，包括经济、家庭、教育、价值观和生活方式。家庭和教育的作用被强调为助推了社会变化。焦虑、和父母发生争执、脱离学校的管束等，是青少年最常提及的问题。

科利肖（Collishaw）及其同事比较了1986年和2006年生活在英国的十六七岁的青少年的几项指标。根据报告，2006年情绪问题大幅增加，且女孩居多。对于男孩而言，父母的困难增加了，但男孩子自己除了频繁的抑郁/焦虑之外，几乎没有什么变化（见图1-3）。最多的报告是对症状的担心，包括易怒、疲劳、睡眠问题和感觉筋疲力

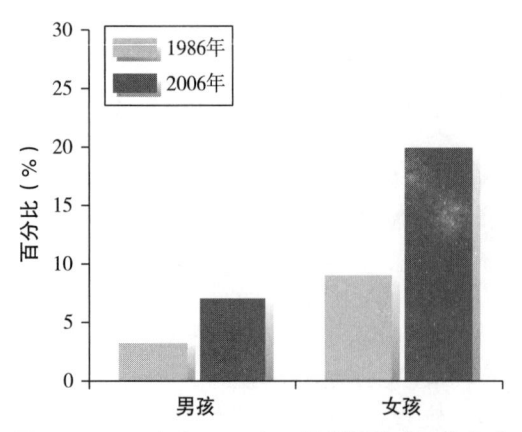

图 1-3 1986 年和 2006 年，报告经常感到焦虑或抑郁的青少年的百分比

资料来源：Collishaw et al., 2010.

尽。研究者推测，2006 年的研究结果既不是因为青少年更愿意报告自己的心理健康问题，也不是因为父母离异的比例增加造成的。进一步的研究确定，母亲的情绪问题在这段时间内有所增加可能会导致这个现象，但也不能完全解释这一结果。

总而言之，研究发现涉及青少年发展的长期趋势，但并不完全是增加趋势。此外，研究结果经常是一些类型问题的组合结果，如性别、社会阶级、家庭等原因。持续的关注当然是适当的，因为了解问题频率的趋势以及可能促成变化的因素，也许有助于我们对青少年的心理问题进行预防和干预。

不管是否增加了很多问题，有一点是毋庸置疑的：青少年对此有潜在的心理需要。另外，由于他们频繁地出现心理健康问题，因此在学校、初等健康机构和其他地方也经常无法识别青少年的心理健康问题。此外，估计有 66%~75% 的需要帮助的青少年没有得到充分的治疗。心理健康服务是不够的，在最需要它们的社区中可以用到的较少，或是缺乏有效的协调。

有几种原因造成了目前这种状况。毫无疑问的是，没有人希望看到青少年遭受心理痛苦，或者因与精神错乱有关而降低了他们的生活质量。另外，他们之后的发展进程也会被早期的障碍干扰，导致积累很多的问题。在有心理疾病的成年人中，将近一半人会报告他们在 14 岁就有了这些症状，因此对青少年精神紊乱的研究对其整个生命周期都有影响。

对家庭和更广泛的社会而言，青少年患有心理健康问题会产生不好的影响。根据世界卫生组织的数据，在世界发达地区，许多导致成人死亡和残疾负担最重的疾病都与精神健康有关，而且往往是在青少年时期就出现了。

发展水平和心理障碍是如何相关的

家长和专家共同关心的问题是，心理障碍是否以及如何与发展水平相关。具体的心理障碍问题，与它们通常首次出现或被识别的年龄之间确实存在着某种关系。图 1-4 描述了某些具体的障碍通常第一次出现、被识别或最有可能被观察到的年龄范围。有时，产生关系的原因是非常明显的。实足年龄和发展水平是有关系的，而发展水

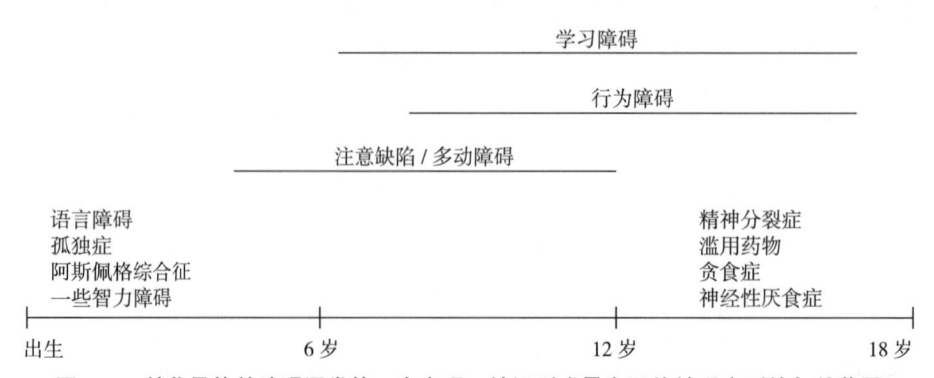

图 1-4 某些具体的障碍通常第一次出现、被识别或最有可能被观察到的年龄范围

平又使某些障碍比其他障碍更有可能发生。比如，言语发展问题往往出现在当儿童第一次获得语言技能的时候，但是其他问题也许不太明显。至少对于某些具体的障碍，实际发病是逐渐发生的，随着时间的推移，症状恶化以及社会功能的损害逐渐加重。有些障碍的发病时间因性别而异。此外，障碍发生的时间可能取决于外部环境。例如，虽然较严重的智力障碍病例在生命早期就已被发现，但是大多数都是在上学期间被发现的，因为课堂需要人们关注学生的学习能力。

考虑到这些差别，关于发展水平和障碍的信息在几个方面是有帮助的。了解通常的起病年龄，可以直接指向发病的原因：非常早期的发病，意味着儿童和青少年有遗传问题或者有产前遗传的病因；晚期发病则将注意力指向了其他的发展影响因素。了解典型起病年龄也可以告诉我们有关障碍的严重程度，或是这些障碍导致的后果。比如，药物滥用的发病时间通常是在青春期，如果它出现较早，就与在以后生活中严重的药物依赖和心理问题有强相关。除此之外，家长、教师或者其他能意识到青少年异常行为通常发生时间的成年人，可能会对青少年某个具体问题的迹象更为敏感。反过来，这可以预防疾病或促进早期治疗，这一结果被认为有助于减轻疾病的严重程度或持续性以及通常与心理障碍相关的继发性问题。

性别和心理障碍是如何相关的

几十年来，我们忽视了性别在青少年出现精神紊乱中的作用，但是如今我们有了一些有趣的发现：从总体上看，很多障碍的发生存在着性别差异，男性比女性更频繁地受到影响；跨越时间的广度和地域国家的广度，也存在着性别的差异。表1-2描述了青少年在某些障碍上的患病率存在着性别差异，但实际情况比表格中描述的要复杂很多。

表1-2 青少年在某些障碍上的患病率存在着性别差异

男性患病率较高的障碍	
孤独症谱系疾病	注意缺陷/多动障碍
对立障碍	行为障碍
药物滥用	语言障碍
智力障碍	阅读障碍

女性患病率较高的障碍		
焦虑和恐惧	抑郁	饮食障碍

有些性别差异和年龄有关。男性对发生在生命早期的神经发展障碍特别脆弱，而女性则对在青春期中出现情绪问题和饮食障碍更脆弱。如图1-5所示，性别差异不仅仅表现在障碍的比例上，还表现在外部问题（攻击、违法）和内部问题（焦虑、抑郁、退缩、身体疾病）的发展变化

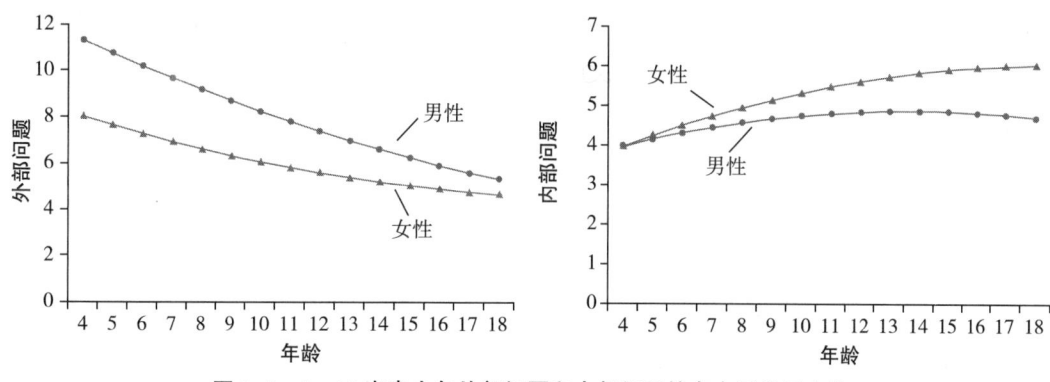

图1-5 4～18岁青少年外部问题和内部问题的存在及发展变化

◎ 无论男女，外部问题都会随着年龄的增长而减少。对于女性来说，内部问题伴随着年龄的增长而增多。

资料来源：Bongers, Koot, van der Ende, & Verhulst, 2003.

上。另外，不同的性别表现问题的方式也可能不同。比如，男性往往表现出明显的身体攻击，而女性更有可能通过散布有害的八卦消息或谣言来表现相应的攻击性。性别差异也体现在某些障碍的严重程度、成因和后果上。我们还需要了解性别差异的很多内容，而且我们必须考虑方法论的问题。

方法论问题，真正的差异

从某种程度上说，报告呈现性别差异可能是因方法不同所致。在过去，对男性的研究存在偏见，如今强调一种性别而忽视另一种性别的研究也会导致对性别差异的错误推断。由于女性或者男性更愿意报告某些具体的问题，因此导致了性别差异的错误推断。例如，女孩更愿意谈论情绪上的困扰。

在研究临床样本时，障碍的性别特定发病率可能是由于在研究临床样本时出现人为推论偏差造成的。临床样本偏向于男孩，部分原因是寻找表现出破坏性的男孩比寻找类似的女孩更容易。因此，有阅读障碍的男孩可能比有阅读障碍的女孩更多，因为男孩有破坏性行为的比例更高。虽然男孩可能具有较多的阅读障碍，但是推论偏见可能导致误导性的障碍比例较高。

临床样本偏差可能以另一种更间接的方式影响性别比例。当更多的男孩在心理健康机构被观察的时候，他们就会成为更多研究的对象。反过来，这些障碍也是用男孩表达症状的方式来描述的，这可能和女孩的症状不完全相同。当我们用这些描述（标准）来识别障碍时，符合这些症状的标准而被确定的女孩就会更少。例如，这种可能性被认为与女孩的注意缺陷/多动障碍有关。

有关使用方法的问题提醒我们要仔细研究，足够的证据指明了一些真正的性别差异。这些性别的差异可能是因为什么？生物学和社会心理的影响以及观察到的产前因素，可能会合理地解释与性别有关的特定精神紊乱。可能存在着不同生物的弱点和优势。性别之间的生理差异（性染色体、性激素以及大脑的结构和功能），在性别发展和性别差异上起着至关重要的作用。男孩的生理成熟发育较晚，而且他们的 X 和 Y 染色体有可能与具体的障碍以复杂的方式相联系。另外，与心理障碍相关的压力和情绪，也有可能存在着生理上的性别差异。

此外，男孩和女孩在与精神紊乱相关的暴露风险和防护经验上是有差别的。从婴儿期开始，男孩遭受创伤性脑损害的比例较高，这增加了他们患智力障碍的风险。男孩常常会更多地遭受到来自周围同伴的身体伤害，这与各种行为和情绪问题都相关。女孩则更可能有不适当的性接触。更普遍的是，在友谊以及与父母和老师的交往中存在着性别差异。男孩和女孩经历着不同的性别角色期待——他们应该如何表达自己的情绪、控制自己的行为和兴趣爱好。值得注意的是，性别可能影响青少年对周围环境的心理反应，例如，混乱不堪的环境、家庭的问题。我们也许会认为这些性别差异的经验会导致精神紊乱的性别差异。

关于性别影响的进一步研究，有可能会让我们了解造成青少年异常行为的原因，以便预防与治疗。一般而言，我们所观察到的与儿童和青少年精神紊乱有关的这些简单的问题，通常是由多方面原因造成的。虽然造成青少年精神紊乱的原因错综复杂，但是我们在了解青少年的需求方面已经取得了一些进展，我们会在本书稍后的内容中介绍这些更新的研究成果。

历史的影响

长期以来，人们都在推测造成行为功能障碍的原因，但早期的研究兴趣主要集中在成年期。一些分析认为，这在一定程度上是因为人们认为儿童与成人并无太大差异，而且儿童的高死亡率阻碍了父母的依恋和关注。然而，17 世纪之后，人们发现儿童在身体、心理和教育等各方面都需要营养、抚育和指导。到了18世纪，人们把青少年和儿童看作带有原罪的污点，是天生无辜的和需要保护的，或者是一块有待书写的白板。一直到了19世纪末，人们才认为青春期是儿童期和成年期之间的一个过渡时期，它是独立的、富有特殊变化的，且挑战和机遇并存。儿童期和青春期是不同的甚至是相互冲突的观点一直持续到今天，影响着人们关于问题行为和异常行为如何治疗的观点和看法。

19世纪的进步

19世纪，人们为记录青少年的成长和能力付出了努力，也在理解障碍的发展和行为方面取得了进步。

在这个时期，有两种公认的解释心理障碍的理论：**恶魔理论**（demonology）和**躯体理论**（somatogenesis）。恶魔理论认为，人们之所以会做出异常行为，是因为被邪恶的灵魂或者魔鬼附身。当人们以一种不寻常的、怪异的或有问题的方式行事时，通常被认为是被邪恶灵魂附体了。这和宗教紧密相关，恶魔理论更倾向于把正在遭受痛苦的人投射为他们自身的恶毒或邪恶。虽然在一些文化中还存在着恶魔理论，但在科学进步的社会，已经在很大程度上废弃了恶魔理论。

躯体理论认为，躯体的障碍或失衡造成了心理的障碍。这个观点由被视为医学之父的希波克拉底（Hippocrates）提出，当时在希腊和其他地区，人们对人体活动的知识非常有限。尽管躯体理论的影响时兴时衰，但它只是一个假设而已。到了19世纪末，占主导地位的假设认为，精神紊乱是遗传的，在儿童时期开始退化，导致了不能逆转的疾病，并可能会遗传给下一代。时至今日，由于生物科学的进步，躯体理论是一个获得很多关注的主流观点。

19世纪末，人们在心理障碍的识别与分类方面的研究取得了进展。1883年，埃米尔·克雷佩林（Emil Kraepelin）发布了一个试图建立生理基础的心理障碍分类体系。克雷佩林认为，可以把症状归类到一起——像**综合征**（syndrome）那样发生，为此可能会有共同的身体原因。他认为每一种障碍都在病因、症状、病程和结果上和其他障碍存在差异。最后，他的工作为心理障碍现代分类体系奠定了基础。

虽然青少年的研究普遍落后于成年人的研究，但关于儿童障碍的第一个记录出现在19世纪早期。到了19世纪末，人们在儿童障碍的分类方面做出了不少的努力，也分析了原因。人们非常关注青少年发展中出现的攻击、精神病、注意缺陷/多动障碍和"自慰手淫"，而心理发育迟滞是目前人们最为关注的问题。欧洲出现了一种积极的心理发育迟滞的补救方法，并且迅速传播到了美国——很快就取代了数十年内没有得到纠正的监禁制度。

与此同时，到了20世纪初，出现了一些关于如何从根本上改变看待儿童和青少年的看法：他们的发展可能出现何种偏离，以及他们应该被如何对待的一些发展的观点（见表1-3）。有关的专业和科学活动与针对青少年、女性、体弱多病者的渐进式努力交织在一起。

西格蒙德·弗洛伊德和精神分析理论

这些研究发展之一是**精神分析理论**（psychoanalytic theory）及其相关的治疗、精神分析技术的兴起。西格蒙德·弗洛伊德（Sigmund Freud）的理论，是第一个试图从心理学角度去系统地理解心理障碍的现代理论。实际上，这对于相信心理问题是由心理变量所引起的**心理发生**（psychogenesis）观点是非常重要的。作为一名年轻的心理学家，弗洛伊德根据他对成年人的研究而确信，理解行为的关键是无意识的童年期冲突和危机。

弗洛伊德提出了人格结构的三个部分（本我、自我和超我），它的目标和任务使得冲突不可避免。除此之外，焦虑可以作为对自我的一个危险

表 1–3　　　　　　　　　　　一些早期历史的标志

1896 年	莱特纳·韦特默在宾夕法尼亚大学建立了美国的第一家儿童心理诊所
1905 年	艾尔弗雷德·比奈和西奥菲尔·西蒙开发了第一个智力测验，用来识别能够帮助从特殊教育中获益的儿童
1905 年	西格蒙德·弗洛伊德在《性学三论》中，描述了儿童发展的不同的观点
1908 年	克利福德·比尔斯在《一颗找回自我的心》一书中，回顾了自己精神崩溃的过程和经历，并提出心理障碍的启发性观点，引发了心理卫生学和儿童指导运动
1909 年	G.斯坦利·霍尔邀请西格蒙德·弗洛伊德在位于马萨诸塞州伍斯特市的克拉克大学做关于精神分析的演讲
1909 年	威廉·希利和格雷斯·弗纳尔德在芝加哥建立了儿童精神病学会，这可能成为儿童指导诊所的模式
1911 年	在阿诺德·格赛尔指导下，建立了致力于儿童发展研究的耶鲁儿童发展诊所
1913 年	约翰·B.华生在其论文《行为主义者眼中的心理学》中介绍了行为主义
1917 年	威廉·希利和奥古斯塔·布朗纳在波士顿建立了法官贝克指导中心
1922 年	心理学卫生国家委员会和联邦基金发起了儿童指导诊所的示范项目
1924 年	美国精神卫生学学会成立
1928—1929 年	在伯克利和费尔斯研究机构开始了儿童发展的纵向研究
1935 年	利奥·坎纳出版了《儿童精神病学》，这是在美国出版的第一部关于儿童精神病学的著作

信号而产生。焦虑是心理的问题解决部分——不被超我接受的本我的冲动试图去获得意识。弗洛伊德指出，为了保护自己远离不可接受的冲动的意识，自我创造了防御机制歪曲或拒绝冲动。尽管防御机制能够自我适应，但它们也可能会产生心理症状。

精神分析理论建立在性心理的发展阶段理论基础上。随着儿童的发展，心理能量的焦点从一个身体区域传递到下一个，引导儿童通过五个固定的阶段——口欲期、肛门期、性器期、潜伏期和生殖期。对儿童日后的发展至关重要的是前三个时期所涉及的特定危机：在口欲期，儿童必须断奶；在肛门期，儿童必须接受大小便训练；在性器期，儿童必须解决渴望拥有异性父母所带来的危机（男孩的恋母情结冲突，女孩的恋父情结冲突）。弗洛伊德认为，基本的人格在这最先开始的三个时期形成——年龄大约在六七岁。如果没有能够解决每一个阶段的危机，儿童的健康发展就会被阻断（参见"重点"专栏）。

> **重点**
> **小汉斯：一个经典的精神分析案例**
>
> 弗洛伊德著名的"小汉斯"案例，充分证明了两个概念：从防御机制所产生的症状，以及发展的性器期所产生的症状。时至今日，虽然这个分析已被广泛地否定，但这个案例已经成为一个用精神分析来解释儿童恐惧症的原型。
>
> 汉斯对自己的母亲很亲热，常常喜欢和母亲拥抱。在汉斯快五岁的时候，在和保姆散步回家以后，他被吓坏了，大哭不止，想和他的母亲拥抱。到了第二天，当汉斯的母亲带着他一起散步的时候，他表示害怕被马咬伤，而且在那天晚上，他坚持要拥抱母亲。又过了一天，他是哭着跑出去的，并表现出了对马的恐惧。
>
> 弗洛伊德解释说，这些恶化的症状反映了儿童对自己母亲的性冲动，以及害怕被父亲阉割的冲突。汉斯的

> 自我使用了三种防御机制,以保持他那不被人们接受的性冲动始终存在于无意识之中,或以扭曲变形的方式表现出来。最开始,汉斯想攻击作为他母亲情感竞争者的父亲,这种冲动被他压抑到记忆中。然后,汉斯把不被人们接受的冲动投射到父亲身上:汉斯相信他的父亲是不会保护他的,并且想要攻击他。防御机制的最后一步是转移,即把父亲的危险转移到了马的身上。根据弗洛伊德的理论,选择马作为父亲的一个象征,是由于汉斯的父亲和马有着很多的关联。比如,马的黑色马嚼子和眼罩,可以看成他父亲的胡子和眼镜的象征。汉斯转移到马的恐惧,可以解决他对父亲的矛盾情感。现在,他依然还可以爱他的父亲。另外,以能够感知的马作为焦虑的来源,可以让汉斯通过简单地回避马的行为来避免自己的焦虑。

弗洛伊德在 1905 年出版的《性学三论》(Three Essays on the Theory of Sexuality)中,以及在马萨诸塞州伍斯特市的克拉克大学做的演讲中,介绍了他关于儿童期向成年期发展的重要性的激进思想。弗洛伊德的观点从一开始就引起争议,并受到了方方面面的批评。比如,他的观点主要是来自案例研究中得到的印象,因为他经常是用自己的观察去解释已经存在的现象,所以很难去验证他的观点中所涉及的大量推断。然而,弗洛伊德的思想依然有着巨大的影响。

经典精神分析理论已被很多工作者修改。其中有一些修改的工作弱化了性驱力的作用,并强调了社会的影响。在这其中,爱利克·埃里克森(Erik Erikson)提出了一个颇具社会影响力的心理社会发展理论。弗洛伊德的女儿安娜(Anna),详尽地阐述了她父亲的理论,并把这些理论应用到了儿童的身上。到了 20 世纪 30 年代,弗洛伊德的思想为儿童、青少年和成人行为提供了概念化的框架。在弗洛伊德思想的影响下,推动了将精神病学建成一门专门研究与治疗儿童障碍的学科。1935 年,利奥·坎纳(Leo Kanner)在美国出版了第一本关于儿童精神病学的著作。

关于传统精神分析理论的修改一直在持续。有些基础的概念已经被改变了,更新的治疗方式已经演变,而且还顾及了对婴儿和儿童发展的研究。目前,精神分析理疗法强调情感、人际关系、过去的经历和反复出现在病人身上的障碍。尽管精神分析理论的整体影响力有所减弱,但它还是有很多的贡献,包括:强调心理的原因、心理过程、无意识动机、焦虑和其他的情绪、婴儿期和儿童期的经历,以及亲子关系。

行为主义和社会学习理论

1913 年,约翰·B. 华生(John B. Watson)发表论文《行为主义者眼中的心理学》(Psychology as a Behaviorist Views It),介绍了**行为主义**(behaviorism)。与弗洛伊德不同,华生没有把重点放在描述发展的阶段和早期的心理冲突上,而是利用学习的理论强调大多数的行为,适应或适应不良,都能通过学习经验来解释。他的信念可以从下面的话语中得到证实,并且被广泛地传播——经验的力量能够塑造儿童的发展。

> 给我一打健全的婴儿,把他们带到我独一无二的世界里。我可以保证,从这些孩子之中随机选出一个,我可以把他训练成我所选定的任何类型的人——医生、律师、艺术家、商人,或是乞丐、小偷,不必考虑他们的天赋、倾向、能力、祖辈的职业与种族。

华生在行为主义理论中所描述的模型是经典条件反射,这是巴甫洛夫(Pavlov)最早提出来

◎ 西格蒙德·弗洛伊德和他的女儿安娜·弗洛伊德,在儿童障碍的心理动力概念化的发展上都很有影响力。

◎ 约翰·B. 华生在行为主义理论的应用方面是一位颇具影响力的人物。

的理论，巴甫洛夫的动物研究证明学习可以通过新旧刺激的配对而发生。除了非常强调学习和环境，正如其他行为主义者一样，华生也致力于通过实验室方法证明自己的理论。

E. L. 桑代克（E. L. Thorndike）通过制定效果律对行为主义研究做出了早期贡献。简单地说，这个规律认为行为是由它的结果塑造的——如果结果是令人满意的，那么这个行为在将来就会被强化；假如结论是令人不满意的，那么这个行为就会被弱化。桑代克认为，效果律是学习和教学的一个基本原则，后来的研究者也证实了他的观点。特别要提的是 B. F. 斯金纳（B. F. Skinner），他因为操作性学习（即探讨和记录塑造行为后果的应用）的研究而闻名于世。因为斯金纳强调学习、环境和实验室方法，所以我们可以把斯金纳视为华生的行为主义理论的继承者。

和精神分析理论一样，行为主义在 20 世纪前期在美国蓬勃地发展。随着学习原则被应用于行为，它逐渐产生了对行为障碍的影响。阿尔伯特·班杜拉（Albert Bandura）通过人们如何向他人学习的研究，扩展了学习的理论。他的工作基于观察学习，突出强调了社会背景和认知，因此他的研究对心理学理论产生了重要的影响。

当然，学习是人类生活的根本，并且其应用到问题行为的许多方面是普遍存在的。学习理论可以改善青少年的情绪、认知和社会障碍的生活经验。评估和治疗行为问题的学习原则的实际应用被称为行为矫正或行为疗法。强调学习原则和社会背景，以及和认知相结合的方法，被称为**社会学习**（social learning）或**认知行为理论**（cognitive–behavioral perspectives）。

心理卫生和儿童指导运动

20 世纪，另一条重要的线索交错在不同的地方。虽然早期的研究兴趣聚焦于成人的精神紊乱，但仍然有非常多的工作要做，比如治疗通常包括监禁的护理。**心理卫生运动**（mental hygiene movement）旨在增进对障碍的了解、改善和治疗，并预防所有障碍的发生。

1908 年，克利福德·比尔斯（Clifford Beers）出版了《一颗找回自我的心》（*A Mind That Find Itself*）。他在这本书中描述了他作为一名精神病患者所受到的麻木不仁和无效的治疗。比尔斯提出了改革建议，他还获得了很多知名专业人士的支持，包括阿道夫·迈耶（Adolf Meyer）。迈耶提供了一种"常识"的方法，去研究患者所处的环境和所经历的咨询，并把个人看作一个包含了思想、情绪和生物功能的整合体。他还倡导一种新的专业角色——精神病社会工作者。比尔斯的努力推进了美国国立精神卫生委员会（National Committee for Mental Hygiene）的建立，它主要研究心理障碍、支持治疗以及鼓励预防。部分因为童年期的经历被视为影响成人的心理健康的重要因素，儿童在**儿童指导运动**（child guidance movement）中成为关注的焦点。

1896 年，莱特纳·韦特默（Lightner Witmer）在美国的宾夕法尼亚大学建立了第一家儿童心理诊所。这家诊所主要评估和治疗有学习困难的儿童。韦特默创办了《心理诊所》（*Psychological Health*）杂志，并创办了一所长期观察儿童的医院学校。他把心理学与教育学、社会学和其他学科有机结合在一起。

1909年，当精神病专家威廉·希利（Willian Healy）和心理学家格雷斯·弗纳尔德（Grace Fernald）在芝加哥创办儿童精神学会（The Juvenile Psychopathic Institute of Chicago）时，他们采用了一个跨学科的方法。这个学会侧重于让违法的儿童成为儿童指导的典范。在儿童指导诊所，将弗洛伊德的理论与教育学、医学和宗教等的方法相结合。1917年，希利和妻子，与著名的心理学家奥古斯塔·布朗纳（Augusta Bronner），一同在波士顿开设了法官贝克指导中心，随后又建立了其他儿童诊所。这些诊所开始治疗的是涉及人格和情绪问题的个案，诊所在20世纪二三十年代得到蓬勃发展。1924年，儿童指导运动成为新成立的美国精神卫生学学会（American Orthopsychiatric Association）的正式代表，时至今日，该运动还包括了各行各业的专业人士，他们都时刻关注儿童和青少年的成长。

对青少年的科学研究

20世纪初，对青少年的系统研究也变得普遍起来。1918年，还仅仅是少数心理学家和精神病专家或学者来全职研究儿童；到了1930年，全职研究儿童的心理学家和精神病专家超过了600人。其中，G.斯坦利·霍尔（G. Stanley Hall）也许是最具影响力的人物。他收集整理了关于青少年的数据，以便了解心理障碍、犯罪、社会障碍和他们的兴趣、爱好。霍尔撰写了大量关于青少年的内容，培养的学生后来成为这个领域的领导者。作为克拉克大学的校长，霍尔在1909年邀请弗洛伊德来校演讲。此外，他还帮助成立了美国心理学会，并担任该学会的第一任主席。

几乎在同一时期，欧洲发生了一件非常重要的事情：艾尔弗雷德·比奈（Alfred Binet）和西奥菲尔·西蒙（Theophil Simon）被要求设计一种测试，以找出需要接受特殊教育的儿童。1905年，他们发明了比奈-西蒙测试，这个测试为智力测试发展奠定了基础，并激发了测量其他心理属性的研究。

另一位杰出的人物是阿诺德·格赛尔（Arnold Gesell），他在耶鲁大学实验室认真记录了年幼儿童的身体和社会行为。格赛尔制定了发展标准，制作了丰富的儿童行为的电影资料，他还是一位为青少年提供最佳抚养环境的坚决拥护者。

1920年左右，儿童研究开始受益于一些多年来开发的评估青少年的纵向研究项目。加利福尼亚大学、科罗拉多大学、密歇根大学、明尼苏达大学、俄亥俄州立大学和华盛顿大学、菲尔斯研究机构、哥伦比亚教师学院、约翰斯·霍普金斯大学，以及艾奥瓦州儿童福利站都设有研究中心。有关正常发展的知识开始积累，最终被应用到儿童和青少年障碍的研究中（参见"重点"专栏）。这些研究机构中，尽管有一些运用了不同的形式但毕竟还在运作，但的机构已经关闭20多年了。所有这些机构的研究都对青少年的科学研究有着巨大的影响。

◎ G.斯坦利·霍尔对早期青少年的科学研究做出了贡献。他是美国心理学会的第一任主席。

> **重点**
> 希利斯女士：艾奥瓦州有待提高的玉米、猪和儿童的水平
>
> 科拉·伯西·希利斯女士（Cora Bussey Hillis）推动并建立了艾奥瓦州的儿童福利研究站，她证明了倡导儿童是如何可以携手倡导科学的。希利斯女士是一名俱乐部的会员，她嫁给了一位颇具社会和政治影响力的律师。她对儿童福利之所以会产生强烈的兴趣，是因为她在生活中所经历的悲剧——她五个孩子中有三个不幸去世。
>
> 希利斯女士知道备受推崇的艾奥瓦州艾米斯学院的农业站。通过她的"智慧之眼"，希利斯女士看到了与之类似的儿童福利研究站将致力于研究、教学和传播知识。这个研究站专注于儿童的发展和健康问题。研究者和专业人员将接受专门的培训，以便直接与儿童和父母一起工作。这个研究站将尽可能地建立和建构一系列的知识，并向公众传播。希利斯女士有信心，如果研究能够"提高玉米和猪的产量，那么也可以提高儿童的水平"。
>
> 与希利斯女士在这个项目上进行密切合作的是卡尔·艾米·西肖尔（Carl Emil Seashore），西肖尔是艾奥瓦州立大学研究生院院长，也是一位非常崇拜 G. 斯坦利·霍尔的心理学家。这两个人都比较固执己见，在他们主导的项目的目标上，总是很难达成一致，他们的面前障碍重重，包括很难获得艾奥瓦州法律的支持。1917 年，在女子俱乐部、教育团体和政治家们多年的提倡以后，当这个研究站在艾奥瓦城市校园开办时，希利斯女士实现了自己多年的梦想。这是一个持续将近 60 多年、多产的、领先的研究儿童生理、心理和社会发展的场所。

目前的研究和实践

如今，对异常儿童与青少年心理学的研究和实践反映了不同的历史理论、变化和在 20 世纪早期发生的事件。一些早期的研究方法和事件比其他的更为重要，很多新的影响已经开始发挥作用。因此，无论是旧的理论，还是最新的假设、概念和知识体系，都形成了一个动态的、多学科的领域。

这个领域的主要目标是识别、描述和分类心理障碍，揭示障碍产生的原因，以及治疗和预防障碍。我们相信达成这些目标的做法（发展的精神紊乱的观点）是非常有价值的，这将在本书的第 2 章中进行讨论。接下来，我们将简要地列出一些我们认为对这一领域非常关键的观点，以及与青少年及其家人有关的问题。

- 心理问题通常源自多方面原因，很少有例外，如果我们想真正理解、预防和改善这些心理问题，就必须考虑到这些原因。
- 正常和异常行为基本上都是同时发生的，我们必须研究其中一种行为，才能理解另一种行为。
- 人类行为的复杂性要求系统性地提出概念、观察、收集数据和验证假设。
- 需要继续努力建构、验证治疗和预防计划。
- 不管青少年是处在治疗、预防还是研究场所之中，他们都有权获得高品质和高质量的关心和照顾，因为这对他们的发展水平、家庭角色和社会地位的形成都有着重要的影响。
- 因为相对而言，青少年并不成熟且缺乏社会影响力，所以倡导关注青少年的福祉是非常有必要的。

与青少年及其家人一起工作

专业人士和儿童、青少年及其家人在很多场所发生相互作用——诸如基础研究、医院、教育和法律等方面。在各种形式的临床环境中，与经历困扰的青少年发生着很多的相互作用，这是目前讨论的焦点。

跨学科方面的努力

在青少年的临床活动中，经常会涉及至少一位专业人士，其中包括心理学家、精神病学家、社会工作者和特殊教育老师。

大部分研究儿童和青少年问题的心理学家的专长是临床心理学，而其他心理学专家的专长可能在学校、发展或教育心理学领域。这些专家通常拥有博士学位（哲学博士或心理学博士）。心理

学根植于实验室,并且对正常行为与异常行为都很感兴趣。因此,心理学家都受过训练,与评估和治疗个体有直接接触。另外,精神病学家也拥有医学博士学位,他们是专门治疗精神障碍的医生。尽管他们在很多方面和心理学家的功能类似,但他们更倾向于把精神紊乱视为一种医学功能障碍,并且采用医学的方法,尤其是用药物来进行治疗。

社会学工作者通常持有社会工作方面的硕士学位。和心理学家与精神病学家一样,他们可能会接受咨询并治疗,但是他们更看重的是,与青少年的家庭和其他社会体系相联系的更广泛的工作。

特殊教育老师通常拥有硕士学位,强调提供最佳教育体验的重要性。他们善于规划和实施修改化的教育方案,从而有助于干预很多障碍。

有问题的青少年也引起了护士、全科医生、正规课堂的教师、法律体系工作人员的注意。事实上,这些专业人士有可能是第一次接触到这样的问题。因此,对专业人士和机构之间进行大量的协调,常常是有必要的和有价值的。

父母的角色

在专业人士与青少年的接触中,所涉及的人员一般包括他们的家庭成员,尤其是与单亲或双亲的重要交流。不同家庭对于支持、精神紊乱基础知识以及有关服务可用信息等方面的需求都是不同的。根据具体的情况,父母在实际的干预中可以扮演不同的角色。作为咨询者,父母们有了关于他们孩子的独特的信息,并能够提供有关情况有价值的观点。父母可以作为为其后代开展治疗的心理健康专业人士的合作者——事实上,作为共同的治疗师,当更直接地涉及青少年的这些困难时,父母可以作为共同治疗对象,参与到自己孩子的治疗之中。

不出所料,父母对心理健康知识的了解以及参与这些活动的动机和能力都各不相同。一开始,父母为心理咨询寻找很多的原因。其中大多数是真正关心自己孩子的心理健康,但也有一些父母,他们来寻求心理咨询的主要动机是为了舒缓自己的压力和焦虑,或者是为了满足学校和法庭对于青少年的关注。有些父母的咨询目标也许不太恰当,或是他们只是相信治疗的结果只取决于心理健康工作者。然而,尽管存在这样或那样的问题,还是有许多父母和心理健康工作者形成了一种合作且具有建设性的联盟关系,这可能会对干预的结果起到积极作用。

不论环境和外界条件如何,我们都建议父母最好能够参与到青少年的心理咨询当中去,不论他们的参与是在青少年的教育、支持、技能训练、共同治疗等方面,还是其他任何能够达到最好效果方法的某一个方面。在以儿童为中心的治疗中,也必须对父母参与的最佳程度进行评估。比如,父母参与的程度较低可能适合父母过度保护的焦虑的青少年。

与年轻的治疗对象共同工作

相对于成年人而言,儿童和青少年更加不成熟,他们缺乏经验且更容易受到伤害,因此需要对他们进行更为特别的考虑。有关青少年心理健康的知识和态度,可能会有很大的变化,也可能存在性别的差异。2007年,威廉(Willian)和鲍(Pow)在一个有关苏格兰青少年的样本中发现,男孩中消极态度更为常见,且他们的心理健康的信息报告结果表明,他们不太具备心理健康的知识,而且不太愿意进行心理咨询。

年幼的儿童可能缺乏发现问题的能力,他们接受治疗通常是由于成年人的建议或强迫。而青少年则通常更多地主动去寻求心理咨询的临床服务,但需要特别注意的是,很多青少年对自主性很敏感。心理健康工作者努力和治疗对象建立**治疗联盟**(therapeutic alliance),即试图建立一种互相信任的个人联系与治疗任务的合作,这也许会增加取得成果的机会。

与青少年一起工作而发展出的关于整个发展和发展问题的知识和意识，对于评估问题和干预计划是必不可少的。发展标准服务作为一个引导，对判断行为是否正常、是否应当受到关注非常重要。此外，最佳增长要求青少年掌握发展任务（例如，学校的学习成绩、建立友谊），进步往往会被心理障碍阻碍。例如，具有良好认知能力的焦虑的儿童会因害怕和回避课堂活动而出现学业障碍。因此，治疗方案不仅要解决焦虑的问题，还需要解决学业障碍。此外，对治疗技术的选择必须与发展有关。对年幼的儿童而言，参与或矫正技术也许比认知方法更为合适。此外，对青少年发展的复杂性的思考会助益于认知方法的成功。

最终，我们必须意识到并保护青少年最基本的伦理权利。美国心理学会确立的伦理准则强调，要从临床和研究的角度考虑问题。有关干预的指导原则包括：同意治疗的权利、被告知有关程序、参与决定治疗的目标，以及对治疗的保密。对于年轻的治疗对象而言，他们的发展水平决定了这些考虑起作用的准确方式。例如，知情同意原则要求患者有权利完全理解并参与到整个治疗的过程当中，但是在法律上，孩子们不能从父母或者是指导者那里获得知情权。比如，有时候需要放弃，允许少数和孩子一起生活的父母有部分知情权，并且接受心理治疗。

心理健康工作者在治疗青少年的时候，常常会面临伦理和法律的独特组合，思考下面案例中的情况。

> **案例**
> **亚伦：临床的、法律的和伦理道德方面的思考**
>
> 最近，舒尔茨女士离异了，她正为六岁的儿子亚伦寻求心理治疗。亚伦的父亲舒尔茨先生有共同监护权，并负责孩子治疗的费用。他坚持认为亚伦很正常，不需要治疗。舒尔茨先生认为，问题在于他的前妻。治疗师认为，亚伦有必要接受治疗，因此舒尔茨先生左右为难。心理治疗师认为，除了孩子的探视权等法律问题外，如果没有父亲的同意，也许会降低孩子的治疗效果。因此，治疗师必须从长远的角度来决定什么样的治疗能让孩子最大限度地获益。治疗师从一开始就希望舒尔茨先生能参与到孩子的治疗当中来。
>
> 资料来源：Schetky, 2000, p.2944.

在某些情况下，可能会要求心理健康工作者提供法律证词，这就导致了对治疗对象保密与潜在伤害的问题。但是相对于其他情况，比如，在治疗对象也许会伤害他人或者自己的情形下，心理健康工作者需要打破保密原则或采取其他的行动。当人们怀疑孩子受到虐待的时候，保密也成了一个问题。在美国所有州，心理健康专业人士都必须报告这种情况，不论这是否会威胁到他们的治疗关系。在这种情况下，心理健康专业人士必须了解和符合相关的法律规定，需要报告发生这些事件的家庭状况。与心理障碍治疗对象工作有关的伦理和法律困境并不少见，但当它们涉及很少叙述自己的青少年时，就需要特别注意。

第 2 章
发展精神病理学观点

本章将涉及：

- 精神病理学的范式、理论、模型；
- 发展精神病理学的概念；
- 发展的概念；
- 因果关系是如何概念化的；
- 发展的途径；
- 有关风险、脆弱性和弹性方面；
- 心理障碍的连续性和变化；
- 正常发展和障碍发展是如何共同发展的。

我们几乎每天都对发展和行为的很多方面感到疑惑不解。我们想知道：我们的父亲是如何始终持续地给予我们帮助的；为什么我们与朋友的性格如此不同；为什么那个同学突然退学了；那个富有天赋的演员是否会停止滥用物质。通常情况下，行为或情境越常见，我们的疑惑就会越少，而且它们看起来就越容易被解决。然而，那些出乎意料的事情更有可能迷惑我们，特别是当某种行为在某种程度上看上去是有疑问或是有伤害性的时候。

对于研究心理学和从事心理治疗的人来说，解释异常情况的本领是很重要的。尽管在没有全面理解这些的情况下，专业人士也有可能解决或阻止这些障碍发生，但是扩充知识可以强化效果。行为科学家在关于人类民主政治的基本问题上，也正在努力探索更多的未知方面。在本章，我们将重点讨论一种关于青少年心理紊乱概念的框架。

案例

伊丽莎白：一个没有明显解释的症状的案例

伊丽莎白·费洛斯被她的医生介绍给了一位治疗师，治疗师对她可能患有的饮食失调症表示担忧。伊丽莎白的母亲曾经带她看过医师，并为此感到很焦虑，不仅是因为曾偶然听到过伊丽莎白在洗手间呕吐过三次，还因为她曾躲避朋友并整天卧床不起。费洛斯夫人说，直到约六个月前，伊丽莎白在她面前的表现还相当正常。然而，从那以后，伊丽莎白更愿意独处一室，疏离了从幼儿园开始就是好朋友的凯特。伊丽莎白曾是一名很优秀的学生，但是她现在的成绩常常是B或C。费洛斯夫人承认，十年级对于伊丽莎白来说非常困难，但她感觉伊丽莎白的性格正在逐渐改变。然而，费洛斯夫人并不能记起来六个月之前发生了什么可以解释她女儿行为的特殊事件。

资料来源：Morgan, 1999, p. 46.

观点、理论、模型

人们对于如今正常行为与异常行为的理解，大多来自科学假设与科学方法的应用。托马斯·库恩（Thomas Kuhn）及其他人的著作让我们意识到科学不是一个完全客观的领域。像我们所有人一样，科学家必须考虑并处理一个复杂、纷繁的领域。为了研究和理解现象，科学家采用一种观点——一种视角、一种方法或一种认知模式。当一种观点被研究者们共享时，就可能成为一种**范式**（paradigm）。范式主要包括假设和概念，以及评估它们的方法。

形成一种独特的观点有很多益处。不仅能够帮助我们认识这个错综复杂和充满着迷惑的宇宙，还能够引导我们提出各种问题，比如，我们应该为了研究挑选出什么问题，我们决定去观察什么以及如何观察，还有我们如何诠释与理解我们所收集的信息等问题。我们持有的观点会强有力地影响我们解决、研究和解释问题的方式。

当然，持有一种观点同时也具有劣势——绝大多数是因为按照一种固定的观点行动会遇到很多限制。当我们提出某些问题的时候，也许会排除另外一些；当我们观察某些事情的时候，同时也一定会忽略其他的东西；当我们选择独特的方法和工具去探究某个现象时，我们肯定也会错过其他的一些现象。我们限制了那些自己可能解释和考虑新信息的方法。采取一种观点其实是一种取舍，尽管在某种程度上说，这种取舍利大于弊。

理论

与形成一种观点并且认同它的优缺点的过程密切相关的是理论建构的过程。简言之，**理论**（theory）是一个正式的、集中了各种原则或者命题解释的现象。术语"理论"可以被用于表达某种预感或进行某些教育的预测、科学理论被接受的证据、提供能够被检验的概念和正式的命题，从而推动知识的发展。因为理论提供了能够被检验的概念和正式的命题，以及被研究者和医师高度评价的概念。

正如我们在本书第1章中见到的那样，生物

性的、心理的以及精神病理学的行为、社会学习等理论解释都源于20世纪早期的发展概念。最近，大量不同范围的理论提出了关于儿童和青少年问题的解释。这些理论关注于情绪、自我调节、脑功能、高水平认知、家庭的交互作用，以及很多其他功能等方面。

模型

除了运用一种理论去引导精神病理学的研究外，采用一种关于研究现象的模型也是很有帮助的，即采用某种陈述式描述的模型。当前，人们对那种鼓励我们考虑与精神病理学有关的潜在因素的模型特别感兴趣。

交互作用模型（interactional model）的核心是基于这样的假设：通过改变事物之间内在的联系而产生某种结果。**易感性–应激模型**（vulnerability-stress model）就是精神病理学的多种原因归纳成易感性因素和应激因素综合作用的结果。在这个模型当中，易感性（也被称为因素）和应激是必不可少的。它们可能是生物性的、心理的或社会的因素——尽管易感性常被认为是由生物性原因和应激环境造成的。例如，父母离异的应激性事件可能会造成某个儿童产生特定的生物易感性焦虑，从而造成儿童的多种问题。交互作用模型对我们理解精神病理学贡献良多，这种模型已经占据主导地位。

交易模型（transactional model）被广泛地应用到正常及异常发展的研究中。基本的假设是，发展是个体和环境之间持续相互交易的结果。人们认为发展是一个活跃的代理机构，它具有一些能够塑造新功能的已有历史经验。环境背景被视为离人近（附近）或远（远离）的变量。

交易模型进入**系统模型**（system model）的领域，在这一领域中它们被分成了几种水平或几种系统的功能。在这些功能中，我们认为发展是像交互作用系统那样或者像融入进步的交互作用模型中的一种，是随着时间的推移而产生的。举例来说，生物心理学模型整合了基因活动、神经系统活动、行为及环境等多个方面的活动。这个模型假定某个水平的变化会影响到其他水平。另一个例子是生态模型，这一模型将个体置于一个网络环境中，这个网络包括环境影响、个体与这些影响之间的假定联系以及环境的几种水平。通过这篇文章，我们有机会看到各种模型如何促进问题行为的研究。

发展精神病理学的观点

本章所述的**发展精神病理学**（developmental psychopathology perspective）的观点，从20世纪70年代起，很快就对青少年心理紊乱的研究产生了较大影响。这个观点整合了对儿童和青少年精神病学的正常发展过程的理解和研究。它对障碍行为的起源和发展课程，以及对个体的适应和竞争感兴趣。它的核心是将发展心理学、临床儿童与青少年心理学及精神病学相结合。发展精神病理学的传统做法是，把正常的发展作为主要研究对象，尤其关注人的一生中是如何成长和变化的这个普遍原则。临床心理学与精神病理学的主要兴趣在于，鉴定心理紊乱的症状、解释紊乱的原因以及缓解这些障碍。除了上述学科外，还有很多其他的领域对发展精神病理学做出了贡献，包括生命科学、社会学和哲学。

发展精神病理学是一个框架系统，用来理解障碍行为与正常发展之间的关系。发展精神病理学不是强加具体虚拟的解释，而是一种围绕着发展知识、论点及问题而整合的多种理论和方法的科目。在发展精神病理学的框架之内工作的个体，其行为的形成或许会受到认知、行为、心理动力学、家庭、基因或其他理论的影响。但是，在任何一个案例中，一些假设仍然集中于发展精神病理学的观点。我们在了解完发展的概念之后再来讨论这些。

发展观

发展（development）的概念看似很简单。虽然现在的任何一个定义都不足以充分地描述发展的定义，但是如果我们随意找个外行人给发展下个定义，那么大多数人都会理所当然地把成长当作一个标准，因为成长意味着强壮以及更好。同时，大多数人将会提到发展是需要时间的。

尽管人们已经给出了许多不同的描述与概念，但是理论家们关于发展的本质问题在一定程度上达成了共识。

- 发展提到了寿命的变化，这种变化起源于个体的生物性、心理以及社会文化这些自身也在不断变化的变量的进步。
- 虽然发展中的很多量变是非常显著的，比如，一个孩子社会互动数量的增加，但是质变更加突出，又如，社会互动特征或者是性质的变化。
- 生物性、动力性、生理、认知、情感和社会系统的早期发展，都存在着一个普遍的过程。在每个系统中，结构与功能不但越来越分化，而且它们也在高度整合。系统之外的整合也在发生，这样就加强了发展的组织性和复杂性。
- 发展在一个连贯的模式中继续进行，因此对于每个人而言，当前的功能与过去和未来的功能相联系。因此，发展可以被看成继续沿着多少有点复杂的道路或轨道行进。在幼儿时期，孩子们的发展道路是非常开放且具有弹性的，然而随着时间的推移，发展所带来的多样性和可变性就不断减少了。
- 关于寿命，发展变化也许能让人体机能的模式得到提升或者达到更高的目标，但是变化不一定总是积极的。成年期随着生理年龄的增长，会给身体的机能带来损耗，且在人的一生中，都可能发展出适应不良的行为。

发展的概念为我们提供了一个背景，现在我们要转向四个相互连接的话题，这四个话题是发展精神病理学方法的核心：探寻因果关系的因素和过程、发展的途径、风险、脆弱性和复原力，以及失调的持续性。

探寻因果关系的因素和过程

长期以来，试图用相对简单的方法来解释异常的发展已经有一段较长的历史了。其中一个典型的例子就是**医学模型**（medical model）的应用。如果获得了我们的同意，这种模型将紊乱的原因归咎于个体间具体而有限的生物性。在20世纪初，这种解释方法因为我们认识到一种叫作梅毒的微生物而得到加强。现在我们意识到，如果仅凭单一原因，就不可能解释大多数心理或者行为的结果（事实上，对于许多身体疾病也是如此，比如，心脏病可能和生物性的、心理以及社会的因素都有关系）。因此，我们才能得出这样的结论，即对结果的理解不仅要基于对多重变量的识别，还要建立在个人发展与环境背景等因素之上。

然而，要对因果关系进行完整的解释需要的不仅仅是找出能起到促进作用的那些原因，因此发展精神病理学家们正在寻求对于因果因素运作、潜在过程和机制等问题的答案。

在将原因概念化的过程中，区分直接和间接的影响是非常有用的。当**直接影响**（direct effect）起作用的时候，变量X直接导致结果。**间接影响**（indirect effect）是指，变量X影响了一个或多个其他的变量，从而导致了最终的结果。建立间接影响一般也比复杂的影响途径更加困难。举例来说，思考那些已经被报道的饮酒的父母和儿童适应问题之间的联系，可能是由于一个或者多个变量引起的。2005年，凯勒（Keller）、卡明斯（Cummings）和戴维斯（Davies）对研究婚姻冲突与无效教养方式可能产生的作用很感兴趣。他们的研究结果表明，酗酒可以通过教养障碍、婚姻冲突导致儿童问题。这些结果支持这个理论，即父母存在的酗酒问题、婚姻冲突，以及无效的教养方式，是儿童障碍的**中介物**（mediator），即通过间接方式解释结果或是得出结果的一种因素或变量。识别中介物对于理解偶然过程是非常必要的。

对于**调节变量**（moderator）的识别也是这样的。调节变量指的是，影响独立变量（预测）和自主变量（标准）关系的方向或强弱的变量。举例来说，假如用同样的方式来对待男孩与女孩，那么男孩得到的结果通常会比女孩积极。在此，性别似乎调节了治疗和结果之间的关系。我们也可以来看另一个案例，假如文化背景作为一个影响经历的中介，那么生活在不同文化背景的儿童在结果上或许有某种程度的区别（参见"重点"专栏）。

> **重点**
> 文化可能产生的调节作用
>
> 许多国家的父母或许认可温和的身体惩罚，比如打屁股、扇耳光、抓孩子以及限制孩子的自由，尽管在使用或接纳这种行为上存在着某种程度的差异。通常情况下，在童年或者以后的未成年中会出现这种惩罚与攻击相联系的现象。尽管有证据表明，这种联系有可能通过文化背景的不同而有所不同。
>
> 2005 年，兰斯福德（Lansford）及其同事假设，现实生活中的行为把体罚视为正常的文化将越来越少。他们通过父母或者儿童对身体惩罚的认识和实施频率的调研来评估行为的正常性。在他们调研了六个不同国家（泰国、中国、菲律宾、印度、肯尼亚和意大利）的研究中，这个假设得到了验证。和他们的研究结果相一致的是，美国的一些研究显示，非裔美国家庭与欧裔美国家庭相比，前者的身体惩罚更为普遍，而且在非裔美国家庭当中，体罚和儿童攻击性/实际行动之间的联系更为微弱。
>
> 我们可以单独地解释这些调节的效果。例如，如果父母的行为是正常的，那么被惩罚的孩子就不大可能体验到被拒绝的感受，这个结果一般与儿童的适应性有关，被体罚的儿童更有可能将身体惩罚理解为父母由于关心自己而展现出来的权威。有证据表明，在非裔美国家庭中，惩罚被认为是低侵入性。兰斯福德及其同事警示：不管调节因素强调什么，他们的研究结果都不应该被拿来鼓励那些与儿童攻击性和其他不良行为有关的身体惩罚。尽管这个研究结果的确显示了研究文化背景可能产生的调节作用是有价值的。

在审视因果关系的时候，我们很有必要区分必要性、充分性和主要原因。当紊乱发生时，一个**必然原因**（necessary cause）必定有序出现；当发生紊乱时，一定会有**充足的原因**（sufficient cause）。我们都知道，在以精神退化为特征的唐氏综合征中，异常的基因是必要的（它们必须存在）和充分的（可以不存在其他原因）；相反，在精神分裂症的衰弱性障碍中，大脑功能障碍是必要的但不是充分的。也就是说，精神分裂症涉及的是大脑失常，但在病情恶化中，一定存在影响这种状态发生的其他因素。能够意识到**起作用的原因**（contributing cause）具有可控性也是非常重要的。这些原因既不是必要的也不是充分的。在有些障碍中，许多因素会通过增加或放大它们的作用来达到产生问题的阈值。

正如我们将在第 4 章中看到的那样，对于因果关系的探究也许会需要多种研究阶段和设计。不管方法是什么，一个强有力的发展精神病理学的观点是它对因果过程结合的理解和关注。接下来，我们将进一步探讨关于这个问题的概念与假设。

发展的途径

发展精神病理学的观点假设，异常行为通常都不是突然出现的；相反，它在儿童与环境影响相互作用的过程中逐渐浮现出来。发展被界定为"对不断变化的环境的逐渐适应或不适应"。发展可以被看作一种随着时间变化而产生的发展路径。此外，发展的轨迹并不是一成不变的，它们被视为开放的或者是偶然的。新的状况或新的环境，抑或是对旧环境的新反应，都可以带来方向的改变。

更好地理解发展精神病理学的一个方法是描

述以及解释适应与适应不良的发展途径。正如一般的描述那样，我们可以通过青春期的岁月描述的发展轨迹来检查研究结果。图2-1显示了五条发展轨迹（即发展途径），并且简明扼要地描述了每个途径。途径1被界定为良好稳定的适应。相对而言，这条途径与较少处于消极环境相关，而且青少年显示出更为积极的自我价值和更少的问题。途径2代表稳定的适应不良，因此，已经出现问题的青少年会出现逆境，而且缺少资源来减少这些问题。其余的途径涉及青春期中发展方面的重要转变。途径3显示了那些至少在一些情况下由于环境的变化，适应不良有可能转化为积极的结果。途径4描述了由于逆境产生了最初的适应，但最终适应性将不断下降。途径5描述了一个短暂的降低和对于适应性行为的反弹，例如，在一个实验性的短期药物滥用。这些途径的一个非常显著的方面是，适应水平在预测后来功能方面并不是在任何时间都是有必要的。

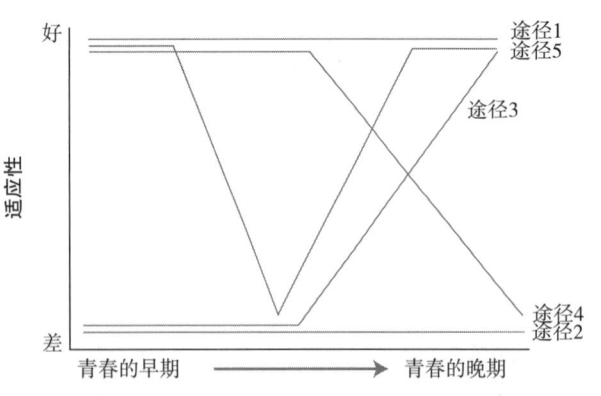

正如我们在后面的章节中将看到的，我们在理解具体问题或障碍的发展轨迹中取得了很大的进步。研究者常常在观察稳定和变化的途径，即使是一个单一的问题。例如，对有些人来说，儿童时代的攻击性似乎在成年时期也存在；但是对有些人而言，会随着青春期的过渡而消失。

等效性与多效性

发展途径的交叉性与可能性在等效性和多效性的原则上得到了体现。**等效性**（equifinality）是指，不同的因素可能会得到相同的结果。换句话说，儿童通过不同的途径或者拥有不同的经历，却发展出相同的问题（见图2-2）。在大量的儿童与青少年紊乱中，我们都观察到了等效性。通过反社会行为的不同途径，我们发现了一个典型的案例。

第二个原则是**多效性**（multifinality），是指一种经历可能会因为影响的不同而导致不

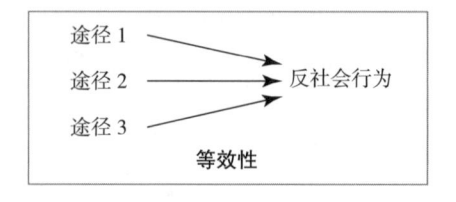

途径1：稳定的适应性		较少的环境逆境；较少的行为问题；较好的自我价值
途径2：稳定的适应不良		慢性的环境逆境 例子：攻击性，反社会行为
途径3：适应不良的逆转		重要的生命变化创造新的机会 例子：挑战性的职业带来机会
途径4：适应性的下降		环境或生理转折带来逆境 例子：离异导致的适应不良
途径5：暂时的适应不良		由采取短暂的实验性冒险可以反映 例子：违禁药物的使用

图2-1 在青少年期的五条发展途径

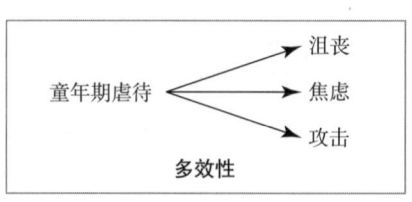

图2-2 等效性和多效性在发展中的应用实例

同的结果。简单地说，儿童可能有许多相同的经历，但靠经历会导致不同的问题或障碍。虐待儿童是一个公认的例子。被成年人虐待过的儿童存在后期行为障碍的风险。然而，不同的孩子会表现出不同的问题。

等效性和多效性的原则反映了行为发展中的一个共同主题：在生命道路上可能会发生的事情，通常必须解决巨大的复杂性。在这一层面上，风险和复原力的概念扩展对于进一步理解心理问题的发展做出了贡献。

风险、脆弱性和复原力

风险和脆弱性

风险（risk）是指，促进与增加心理伤害机会的变量。大量的调查研究指出了风险的几个重要方面。

- 尽管单重风险一定会起到作用，但是多重风险尤其有害。
- 风险是无处不在的。比如，由于父母接受的教育较少，因此孩子们定居在贫民窟的风险更大一些。
- 风险的程度、持续性与发生的时间也是有所区别的（参见"重点"专栏）。
- 一项关于多效性原则的研究证明：很多风险因素的效果好像是非特异性的。然而，情况并非一直如此，我们需要进一步地展开研究。
- 在障碍的开始阶段或者障碍发展中，风险因素的作用并不总是一致的。
- 风险可能会通过增加儿童的易感性或者改变环境来增加未来发生风险的可能性。

重点
风险经验的时序

发展精神病理学中的一个重要的理论与实践关注点是，更好地理解经历是什么时候开始发挥作用的，以及如何根据个体的年龄或发展水平发挥不同的作用。

一个事件发生的时间可能会产生多种不同的原因。其中，经历对于神经系统的作用，可能根据神经系统和其他生物系统的发展状况而有所区别。与上述情况相似的是，经历的作用也会因与年龄相关的心理功能而相差很大。例如，儿童适时地考虑不良事件的能力，与其经历是否规范也存在着主要的关系。规范性事件发生在大多数人或多或少可预测的时间（如11~14岁之间的青春期），而非规范性事件只发生在某些人的非典型时间（如青春期的非常早期或晚期）。人们将非规范性事件视为具有更大的压力，部分是因为他们把某些"不合群的"个体放在了社会期望与支持中。

从历史上看，人们对早期影响非常强大的假设非常感兴趣。2009年，欧康纳（O'Connor）和帕菲特（Parfitt）描述了以下三种发展模式，以证明早期不良经历是如何被概念化的。

- 敏感期模型预测：在特定的时间暴露某些事情可能会产生永久性影响的风险，而在其他时间暴露某些事情的风险则可能非常小。研究表明，敏感期会发生在动物的正常发展阶段中，但是在人类发展中的运用非常有限。
- 发展规划模型假设：通过早期环境事件，可以设定和规划个体的某些特征，而这些特征对未来会产生持续的影响。例如，早期创伤可以规划孩子对压力事件的生理反应，尽管这些事情已经过去很多年了。
- 生命过程模型假设：早期经验只有在经验被某种方式维持、加强或强调的时候才会产生长期的后果。在这里有一个重要的观点认为，早期的冒险可以导致低适应，而这会增加随后适应不良的可能性。

尽管研究者们对经验的时序感兴趣，但是很难证明时序的效果。例如，早期经验难被隔离，因为暴露的风险（比如，贫困或者父母患有精神疾病）经常会随着时间的推移而持续很多年。同样地，也很难把以后发生的逆境的影响区分开来。特别值得注意的是，青少年时期也是非常显著的，它被描述为一段具有显著生理的、荷尔蒙的、心理的和社会角色变化的时期，而这种变化可能会提高青少年的优势和敏感性。

风险研究的中心目标是理解风险是如何进入精神病理学范畴的。最初，我们需要辨别风险因素，许多因素已被确认为跨文化操作，它们与生理、认知、心理社会和其他领域有关（见表2–1）。这些因素似乎有驻留在青少年身体内的倾向，并且对生命环境的不良适应发生反应。"**脆弱性**"（vulnerability）这个术语经常被应用于形容风险因素的子集脆弱性可能是天生的（如遗传条件），还有可能是后天的（如学习思考的方式），尽管忍耐有时会被调节。

表 2–1　　发展中的风险因素

遗传性的影响

基因异常

出生前的或分娩并发症

低于平均智商或学习困难

心理/社会：困难型气质、情绪和行为调节困难、社会适应不良、同伴拒绝

缺乏父母的抚育、虐待、忽视、组织混乱、冲突、精神病理学、压力

贫穷

邻里不和

种族、民族、性别歧视

非常规的压力生活事件，诸如父母早逝、自然灾害、武装冲突或者战争

资料来源：部分基于Coie et al., 1993。

我们在观察风险因素时必须考虑环境和个体的交互作用模型。这种方法的一个例子如图2–3所示。这种观念模型将风险的生活经历（压力源）

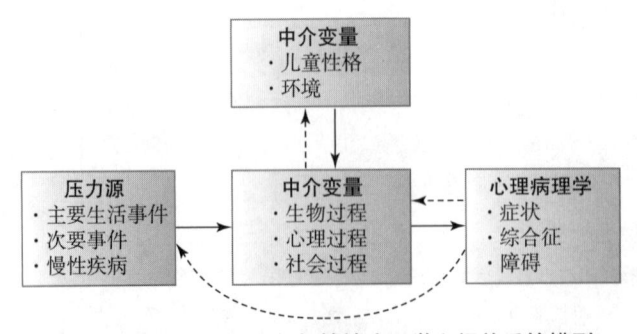

图 2–3　逆境（压力源）与精神病理学之间关系的模型

资料来源：Grant et al., 2003。

和精神病理学联系起来了。这些风险性的经历是主要的或次要的事件，这些事件可以是严重的、迅速发生的或者是灾难性的（如一个破坏性的事件）；它们还可能是慢性的、长期的、持久的（如贫穷）。这个模型假设这些经验产生了个体的许多过程（生物性的、心理的以及社会的），这些因素可能是调节变量，也有可能直接导致精神病理学的结果产生。此外，压力源和儿童中介之间的关系可以被儿童或环境之间的作用调节。比如，儿童的年龄、性别或对于环境的感知能够影响这种关系的强度。这个模型意识到各部分之间是双向影响的，反映了发展的动态过程。

复原力

复原力（resilience）是指，在面对严重的不利或创伤性的经历时，相对积极的结果。复原力在个体面对风险、抵抗或克服生活中的逆境的能力方面存在差异。

复原力经常被定义为精神病理学的缺失，一种低水平的症状或者在需要与许多个体竞争的情境中超出期许的适应性。它还可以被定义为是否胜任**发展任务**（developmental task）或者应用到青少年身上的文化期待中。在这里，当一个人在不利的生活环境下满足主要的发展任务时，复原力就被证明了。表2-2提供了这些广泛的发展任务的实例。

在研究风险中，有的调查持续了很长时间。最初的研究兴趣在于，描述有些人会屈服于不利的经历，有些人在威胁面前却能得到提高。最早的一项开创性研究是以1955年出生在夏威夷岛和考艾岛上的儿童作为研究对象的。早期至少能够通过四个风险因素界定出一个高风险群体。在青少年后期，大部分高风险群体都会出现行为或学习问题，但是三分之一的青少年问题得到了成功解决。调查者预测说，复原力源自三大类：青少年的个人特征、家庭特征，以及家庭外部的支持。这三个保护系统也在其他研究中得到了证明。这三类因

表 2-2　　发展任务的实例

年龄阶段	任务
学前婴幼儿	对抚养者的依恋 语言 将自己从环境中分离 自我控制和服从
儿童中期	学校适应 学业任务 与同伴的相处 遵守规则
青少年时期	初中的成功转变 学业任务 参加兴趣社团 与同性和异性之间形成亲密的友谊 形成一个具有内聚力的自我认知

资料来源：Masten & Coatsworth, 1998.

素可以当作在系统里起作用的因素。不过，有研究告诉我们，复原力的来源是多变和平常的——马斯滕（Masten）已经在《平凡的魔力》（*Ordinary magic of resilience*）一书中描述了这一发现：复原力是个体性格和环境因素的组织良好的结合体。这对于大多数儿童，尤其是处于危险边缘的青少年是非常有利的。

案例
安和艾米："平凡的魔力"——复原力

安和艾米的家庭背景各不相同，在六岁的时候，她们的表现开始出现了差异。安来自一个比较富裕的家庭，她父母婚姻完整，而且他们积极地参与育儿，与女儿建立了情感联结。艾米的家庭则和安的家庭差异很大，她的家庭相对比较困难，她和经历了激烈的离异大战的单亲爸爸在一起生活。在六岁时的评估中，安适应得很好，而艾米在临床范围上有问题迹象。然而，在接下来的几年后，艾米能够很好地利用她的社会和运动技能来发展与同学之间良好的社交关系，并且在面临有关监护的决定和问题时，她的父母亲知道一些更友善的交流方法。比如，虽然艾米母亲并不是监护人，但是她渐渐开始对孩子起到监护作用，尽管她已经再婚并且有了另外的孩子。在对安和艾米十岁时所进行的评估表明，安的家庭环境一直很稳定，安是很受支持

的、积极的，适应也很好。安在适应方面的得分也是良好，在社会适应能力方面，安的分数要高于平均数。

资料来源：Cummings et al., 2000, p. 40.

目前关于复原力或保护因素的几个相关因素有广泛的共识。如表 2-3 所示，有些技能有助于个体发展，例如解决问题的能力和自我管理的能力。在这个意义上说，复原力被认为存在于个体身体之内，可以被视为脆弱性的对立面。

表 2-3　　与年轻人相关的复原力

解决问题的能力
自我管理的能力
对自己的积极观点
成就动机
自我效能感和控制
积极的应对策略
亲密的家庭关系
社会上的成人的支持关系
友谊或者浪漫的爱情伴侣
灵性、发现生命的意义

资料来源：Cicchetti, 2010, and Sapienza & Masten, 2011.

图 2-4 描绘了复原力和脆弱性在一个连续体的不同的两端，与不同程度的（环境）压力发生交互作用。在连续体的复原力的一端，障碍的发生需要更多的压力。在脆弱性的一端，即使是很低水平的压力也可以导致障碍，并且障碍的严重程度随着压力水平的升高而增加。

对复原力的研究已经超越了辨别相关或者保护因素，发现隐藏在过程之下的因素。当前的很多关注点在于生理过程，旨在研究如何应对压力。个人的基因组成在个人应对压力时也扮演了重要的角色，而且基因和压力暴露的交互作用可以帮助个体形成对相关复原力的思维。

复原力是一个持续的、复杂的过程。单个变量能否保护高危儿童取决于具体情况。或许是复

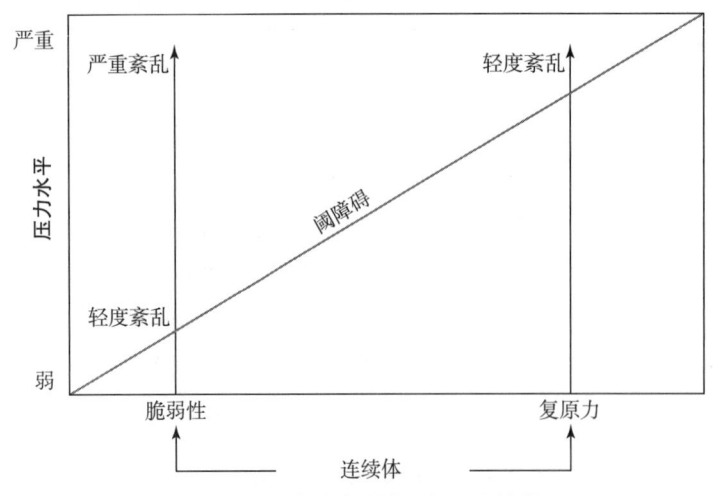

图 2-4 连续体的脆弱性和复原力的关系

◎ 复原力意味着抵抗压力。
资料来源：Ingram & Price, 2010.

原力可能发生在某些风险情况（如家庭冲突）下，而不是其他情况（如同辈压力）。此外，一些高危青少年可能在某些功能方面（如情绪）显示出积极的结果，而在其他方面（如学业成绩）则表现不佳。对任何人来说，复原力都可能会随着环境变化而改变，从而改变毅力和脆弱性。实际上，人们对于如何随着时间的推移而保持积极功能，如何从一个功能领域到另一个功能领域（如从早期的学术能力到后来的社会能力），或者如何从一个层次扩展到另一个层次（如从生理学到社会心理学，反之亦然）越来越感兴趣。对复原力理解的深化，对于精神病理学和优化青少年的发展是非常重要的。

失调的持续性

发展精神病理学的内在视角是对持续性和随时间变化的兴趣的理解。根据变化而定义发展，人肯定是有韧性的，但是韧性是有限制的，我们可以预测到个体的变化与持续性。某个年少、英俊的男子在步入老年后，与同龄人相比他依旧可能有更大的吸引力，但他的脸与他年轻时候的相比，既有相似的地方，也有不同的地方。因此，我们也可以预测出同样的心理学功能。

当将变化或持续性的问题应用到心理失调研究上时，一个最基本的问题是，生命早期的失调会持续到后期吗？这个问题对理解失调的发展很重要，对预防与治疗也很重要。对任何引起不舒适与适应不良的干扰都需要治疗，但对持续存在的问题则需要增加关注。此外，了解早期问题可以对生命后期产生困扰，就会考虑在早期进行干扰。

什么是失调的持续性？考虑到事物发展的质量，答案并不简单，而且仍在探索中，这并不奇怪。考虑到问题的广泛性，失调的连续性和非连续性都被观察到，有些青少年的问题是显著稳定的，有些相对稳定，还有些相当不稳定。我们不能想当然地认为大多数孩子长大后就能避免精神病理学问题。有些障碍，诸如非常年幼孩子的睡眠和饮食问题，似乎停止了。其中，与基因缺陷有关的智力缺陷、孤独症和精神分裂症往往会持续存在。别的问题也像这样非常复杂。例如，反社会行为会一直持续，如果一个孩子在童年期就对同伴表现出高水平的攻击性和侵略性，到了青春期他仍会持续保持。不过，这并不适用于所有人，有的人后来就没有表现出侵略性了。因此，区分紊乱中可能显示不同轨迹的子群是至关重要的。

研究者已经意识到，一些失调的表现形式会随着发展而改变。也就是说，此时也许会产生**异质性的持续**（heterotypic continuity）。一个多动症的八岁儿童所表现出来的烦躁不安，也许在青春期和成年期也无法获得放松。同样，我们也可以预感，孩童时期的抑郁也会以某种不同的形式出现在青春期或成年期。然而，**同质性的持续**（homotypic continuity）也可以被观察到，即失调是以一种相对稳定的症状表现，随着时间而显现。

一般而言，持续性可以用来预测时间的长度、精神病理学症状以及其他的变量等。人们都在思考，是什么变量预测了问题的持续性。那些严重的症状会比温和的症状更能够预测问题更持续吗？当儿童表现出不止一种症状时，问题是否会有持续性？性别和持续性是否有关系？如果存在关系，是否与全部或部分失调有关？很多这样的问题，正在等待研究者解决。

正处于研究中的，还有及时转诊精神病理学过程的可靠性。一些过程已经被证明或提出，如图2-5所示。持续性可以通过环境的稳定性来维持，诸如当贫困父母的照料、学业的坚持以及持续消极影响发展时。这可能与遗传易感性有关，早期的问题或经历还会影响大脑与其他生理系统的发育，这也有可能会造成持续性。另一个过程影响对社会环境的心理表现或看法及构建。基于他们的经验，人们会建立期望之类的东西，并倾向于对这些表现采取行动，从而使他们的行为具有连续性。另外，一系列消极情境或互动行为模式会引起持续性。例如，持续性源自孩子处于使其适应不良的环境，诸如当一个脾气暴躁的孩子因退学而被限制发展，就创造了使他沮丧的情境，他会更加易怒、缺乏控制或者以其他类似的形式对这个情境进行反应。

图 2-5　引起问题的前提因素

早期的问题 → 环境变量的持续性、基因倾向、早期经历对于大脑的影响、心理表现、消极事件和行为之间的联系 → 后期的问题

注意，我们当前关于连续性和变化的讨论的重点是，青少年时期的一种障碍或者一种障碍的症状是否会在其以后的人生中被观察到。一个相关的问题是，早期的障碍是否预示着在以后的生活中会出现其他类型的问题。我们将在接下来的章节中研究和讨论这个重要的问题。

正常发展，问题结果

截至目前，我们已在本章讨论了发展精神病理学的几个核心方面。接下来，我们将简单地探讨发展中的一些特定的发展领域（包括早期的依恋、人格、情绪与社会认知过程），以阐明正常发育过程和非最佳结果之间是如何紧密相连的。这些特定的发展领域还将发展描述为涉及生物、社会、情感与认知功能领域的重叠和相互依赖。

依恋

从婴儿期开始，几乎所有的孩子和他们的照顾者似乎都在生理上准备好以促进他们关系的方式进行互动沟通。大多数父母在回应婴儿的暗示和需要方面非常敏感。反过来，婴儿对父母的社会情感暗示也很敏感。早期的**依恋**（attachment）是以情感联结为基础的多种社会情感的交互作用，这样的依恋在幼儿7~9个月大时才会变得比较明显。

弗洛伊德的精神分析理论表明了母子关系的重要性。约翰·鲍尔比（John Bowlby）强调了一些促进依恋的行为，如笑、哭、眼神交流，与看护人接近，在生物学上贯穿于人类的种族延续中，保证婴儿会被看护人抚养与保护。这些行为被看作一个依恋系统的组成部分，这个系统保护孩子在高压状况下免受威胁与恐惧，同时也增强了婴儿在新奇与有挑战性的情境中的探索欲。

◎ 婴儿及其照顾者倾向于通过可以促进依恋的方式互动。

鲍尔比将依恋视为儿童与主要监护人之间正在进行的相互作用，它对儿童适应性是否良好有深远的影响。鲍尔比和后来的工作人员提出，儿童对于监护人的依恋会导致监护人在有效性与响应性上的期望与内在模型。这种期望认为，监护人的可信赖程度将影响孩子对情感控制和处理压力的能力，而且与自信和自我成就感的获得相互关联，所有这些都会影响到儿童未来的关系与行为。

对依恋关系的研究贯穿整个生命周期，尤其是早期发展阶段。遵循安斯沃斯（Ainsworth）的研究程序，尽管是研究特殊情境，但关注的重心依然是早期的依恋关系。在这里，一位监护人（通常是母亲）及孩子，与一个陌生人在一个舒适的房间里交流。监护人短暂离开，并且按照研究者制定的时间表进出这个房间几次，研究者在此期间观察儿童在这种有潜在危险的环境中的行为。最开始的研究显示，很多婴儿可以表现出**安全型依恋**（secure attachment），或两种**不安全型依恋**（insecure attachment）中的一种。安全型依恋的婴儿在与监护人短暂分离而痛苦时，通常会尝试着联系监护人，婴儿在监护人回来后会表现得积极且正面，并把监护人视为探索环境获得力量的坚强后盾。不安全型依恋的婴儿无法将照顾者作为一种应对压力的资源。他们不怎么表达自己的悲伤，并且忽视监护人（回避型），或是表达悲伤但低效地寻求与监护人沟通（抗拒型）。一种类型依恋的发展是建立在孩子的特点、家长对孩子需求的敏感性和较大范围的社会背景上的。

近来，有很多研究都诠释了一种**混乱型依恋**（disorganized attachment）。这种类型的依恋反映了在高压环境下缺乏连续有效的策略上的组织行为。婴儿似乎对监护人感到害怕，并表现出抵触行为，这些抵触行为可能是被错误地引导和非典型性的（见表2-4）。混乱型依恋与虐待儿童和父母不良的教养有关，在高风险家庭发现的频率要比低风险家庭高很多。据推测，如果孩子能从父母或者监护人那里感受到恐惧、拒绝或威胁，孩子在面临这一境况时就会出现混乱的行为。

表 2-4　一些混乱的、无判断的依恋情结的症状

婴儿表现出矛盾的行为，比如在与监护人寻求接触的同时又回避监护人

行为与情感表达是没有被引导或是被错误引导的，是不完整的或是被阻止的

行为与情感表达被冻结，或者表现得非常缓慢

婴儿对照顾者表现出不安

行为中的混乱和紊乱表现得很明显，如无判断力的言语行为、矛盾或不明确的表达，或是急促的情感波动

资料来源：Lyons-Ruth, Zeanah, & Benoit, 2003.

在接下来的儿童期和青春期，依恋系统包括同伴关系和恋爱关系，并且对依恋的测量转化成自我报告，以及关于亲子关系的面谈。早期的依恋经历会对将来产生影响，而且父母依然扮演着关键的角色。安全依恋和不安全依恋的关系依然存在相关，尽管缺乏对依恋类型分类的共识。

人们已经对这种早期依恋和后期行为的关系展开了广泛的研究。安全的依恋关系与儿童时期或者青少年时期的适应行为是有关系的，比如能力和积极的同伴互动。与这种情况不同的是，不安全型的依恋关系与不良行为有关，比如攻击性的行为、焦虑、物质滥用、少年犯罪、学习能力失调、低自尊、不能与同伴互动、课堂搞怪，以及其他的游离行为。

并不是所有研究都证明了依恋类型与后来的行为相关。事实上，依恋关系可以由安全型的依恋转变为不安全型的依恋，反之亦然。也就是说，依恋关系可以由不安全型的依恋转变为安全型的依恋。此外，家庭关系的改变也起到了一定作用。不过，在研究早期亲密关系对后期心理发展影响的理论中，依恋理论仍然占据着主要的位置。在这个观点上，依恋可以扮演一个风险因素或是保护因素。

气质

"气质"(temperament)这个词大体上是指人的基本的天性。气质的概念产生已久,一直能追溯至古希腊时期。现代社会对气质的研究是根源于切斯(Chess)与托马斯(Thomas)对纽约儿童的研究。这些研究者认识到环境对儿童行为发展的影响,但他们对婴儿从出生第一天起的行为方式的个体差异感到震惊。根据对父母的访谈和实际观察,切斯与托马斯试图阐述儿童拥有个体间性格的差异,而且随着时间的推移,这种差异将一直存续下去。

切斯与托马斯以行为方式的九个方面去定义气质,包含应激反应、正常身体机能、情绪和适应力等。他们还定义了三种气质类型:容易型、迟缓型与困难型。根据反应的强度和消极情绪的不同而分类,而且这种分类和社会及心理的困扰相关联,但在研究与学习热情不断消退的今天,对气质的定义还是存在差异的。

切斯与托马斯避免对气质及其发展的概念进行简单化的处理。他们认为,早期以生理为基础的气质差异源于父母对于孩子的态度与管理上的差异。父母的回应相应地影响了孩子的反应,而孩子的反应也会反过来影响父母的反应和一些其他因素,这些因素发生在一个不断变化的环境中。研究者指出,气质是可塑的,而且最终结果取决于**适应性**(goodness-of-fit),即孩子的行为趋向如何适应父母的性格特点和其他环境因素。下面的案例分析说明了良好的配合可以有助于孩子更好地适应环境。

> **案例**
> 卡尔:一个关于适应性的案例
>
> 在早年生活中,卡尔一直被认为是那种极为喜怒无常的"问题儿童"。他总是用紧张、消极的反应来应对新环境,只有在经历了很多次的接触和磨合后才能缓慢地适应环境。不论是第一次洗浴,还是第一次吃固体食物,抑或是他第一次去幼儿园和小学的第一次生日聚会、第一次购物,他这种紧张、消极的情况都会凸显出来。每一次经历都会引发他暴风雨般的反应,比如大哭和挣扎着逃离。然而,卡尔的父母会学着预测他的反应。他们明白,假如他们可以耐心地为卡尔制造一个或几个新的情况,让他有机会反复接触新环境,卡尔最终就能积极地适应。卡尔的父母认为,抚养卡尔的困难源于卡尔的气质,而不是他们身为父母的"失职"。卡尔的父亲甚至将儿子的尖叫与躁动不安视为孩子"精力充沛"的标志。这种父母和儿童之间的积极互动,让卡尔从未成为一个有行为问题的儿童,即使"问题儿童"被认为是发展障碍问题的高发人群。

切斯与托马斯关于气质的基本观点经受住了时间的考验。他们把气质视为个体在行为风格上的差异,并认为可以通过和环境的互相影响来发展后期的个性。随着时间的推移,早期的气质相对稳定,而且可以预测长大以后的气质与成年后的个性特征。通过测量心跳和大脑结构这些生理基础来证明气质的差异。父母抚养儿童的实践和气质的变化有关,这证明了环境过程在儿童的气质变化中所起到的作用。

随着对气质研究的不断深入,人们提出了气质的不同维度和分类。大部分的解释包括了有关气质的各种因素,如积极或消极的情绪、接近或逃避的行为、活动水平、社交、注意力或自律等方面。在讨论气质对幼儿时期和后来成长中的调节关系时,三森(Sanson)及其同事认为气质有三个维度,并且被广泛识别,尽管在研究标签时有所不同,表2-5显示了这三个维度。一般而言,负面反应性与许多类型的问题相关;抑制(回避冲突)和担心、焦虑有关;自我调节和较低水平的现实行为、良好的社交能力、学业适应能力强。然而,这个画面非常复杂。例如,在气质的维度和交互作用之间的结果非常不同。另一个值得关注的是,对气质的研究要仔细考虑,因为气质的不同维度或分类被提出,可能会使用不同的标签。

表 2–5　气质组成的三个维度

负面反应	是指情绪波动和易怒。有时称作消极情绪、愤怒或是痛苦的倾向。在大多数研究中，这是大部分关于气质的一个基本定义，或者是困难气质的一个方面
抑制	是指儿童面对陌生人或者环境的一种反应；或者是指儿童的社会退缩、不合群或社交能力
自我调节	是指促进或者阻碍反应的过程。包括努力控制注意力（如任务的持久性）、情绪（如自我安抚）和行为（如延迟满足感）

尼格（Nigg）提出了气质和精神病理学的两个观点。一种观点认为，心理疾病是正常气质的一种极端反应。例如，注意缺陷/多动障碍可能就是冲动和注意力不集中气质倾向的极端表现。另一种观点则认为，气质作为一种冒险或者保护性因素，取决于特定的气质倾向和具体的环境。

值得注意的是，气质更广泛地考虑了儿童对环境的易感性和可塑性。具体而言，不管环境质量如何，难相处的气质困难都与对环境的敏感性增加有关（参见"重点"专栏）。

重点

对环境的敏感性：变得更好或更坏

正如前面所述，有报告说明气质困难的儿童对环境中的逆境会产生特别负面的效果，这些儿童也因此被认为是高度反应或高风险群体。然而，有些研究却有着更微妙的观点。研究假设，反应性与对环境背景的总体敏感性有关，无论是更好还是更坏。换言之，高反应性的儿童对不同的环境有着更好的适应性。**敏感性差异假说**（differential susceptibility hypothesis）解释了这个假设，即反应迟钝的儿童比其他儿童无论是在逆境还是顺境中都更容易受到影响。

在假设检验中，布拉德利（Bradley）和克劳恩（Corwyn）于 2008 年观察了儿童气质和抚养方式之间的交互作用，以及和外化环境之间的相关影响。根据对婴儿的评估方法，儿童被划分为容易型、一般型和困难型。通过观察母亲与儿童在不同场合的多次互动情况来衡量父母的养育行为，并基于小学一年级时老师对儿童的评分来评估问题行为。总之，研究结果得到了支持。图 2–6 显示了三种气质类型的儿童和母亲的敏感性的关系为：气质困难型的儿童在低敏感性的母亲的养育下（糟糕的养育方式）得分最高；而在高敏感性的母亲的养育下（良好的养育方式）得分最低。相似的模式也出现在对其他两种养育方式的测量中。因此，气质困难型的儿童比其他养育方式的儿童更容易受到父母养育方式的影响——变得更好或者更坏。

其他研究用了不同的测量方式，对不同的敏感性差异假设提供了支持。遗传研究结果相当惊人：拥有敏感性基因的个体比别人更容易受到逆境的负面影响，也容易受到顺境的正面影响。遗传研究结果表明，不同的易感性有着生物基础，但其他研究结果表明，环境也扮演着一个重要的角色。

对敏感性差异假说的进一步研究对儿童发展有着启示意义。例如，假如气质困难型的儿童不仅更容易受到低质量的父母养育或儿童保育的影响，而且更容易受到高质量的父母养育或儿童保育的影响，那么支持性环境可能会对他们特别有利。

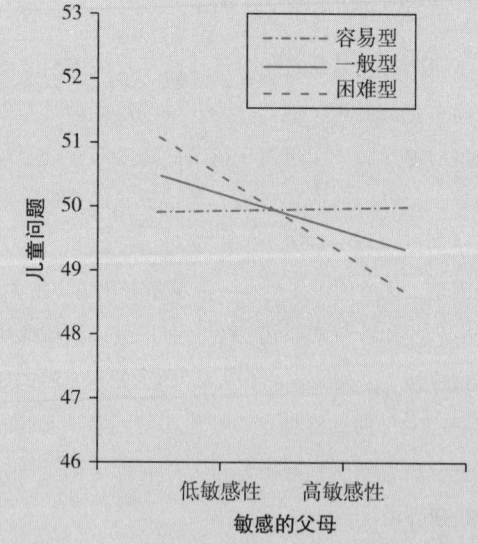

图 2–6　儿童气质与父母教养的相互关系
资料来源：Bradley & Corwyn, 2008.

情绪及情绪调节

情绪反应和调节是气质的构成要素，但是**情绪**（emotion）与气质完全不同，值得进一步探讨。情绪的三个要素得到了广泛的认可：（1）悲伤、快乐、愤怒、厌恶的个人情感；（2）自主神经系统引起的如心跳加快的生理反应；（3）微笑、皱眉、垂肩的外在行为表达。这些情绪可以被看作相对简略的或普遍的情感表达。这种表达在强度上会有不同，且常反映出积极或消极的态度。

人类的情绪在生命早期就很明显，并与社会发展迅速交织在一起。在早期，婴儿会表达基本的情绪，如喜悦、悲伤、厌恶和恐惧；一岁后，更复杂的情绪会变得明显，如羞耻和内疚。对他人的适当情绪反应也会及早出现，例如，两个月的婴儿的社交微笑很明显；12~18个月时，在诸如接近或避开一个物体时，婴儿可以通过借助他人的表达作为社会参照来引导自己的反应。两三岁的孩子可以区分和谈论基本的情绪，并控制自己的情绪表达。2~5岁时，可能对于情绪和认知关系的发展尤为重要。在儿童时期，更大的进步是建立在情绪的理解和控制上的。情绪具有与环境影响相互作用的生物学基础，并受到家庭社会化和较为广阔的文化背景的影响。有证据证明，家庭关爱程度、情感交流开放性和情绪行为的示范之间都是有影响的。

情绪几乎贯穿于人类所有的经验中，并提供了几个总体功能。情绪在交流中发挥作用，并与共情的发展有关，激发并引导个人认知及行为。情绪在心理困境和失调中起着无比重要的作用。悲伤和愤怒构成了攻击行为的组成部分。过度的恐惧和焦虑，尤其是长期存在的恐惧和焦虑，需要专业性的援助。即使是积极的情绪也会干扰适应能力，如过度或者不适当地释放喜悦情绪。

理解和调节

对情绪的理解对孩子的能力和适应起了重要

◎ 通过图中两个孩子的表情，我们可以看出年幼的孩子经历的基本情绪，如快乐或不开心。对情绪的控制是逐渐形成的，有的孩子比其他孩子更容易掌握。

的作用。比如，舒尔茨（Schultz）及其同事以5~7岁儿童为对象，展开了一个关于情绪知识与社会问题的研究。情绪知识被定义成孩子通过识别别人脸上的表情或所处的特定环境来猜测对方情绪的能力。根据预测，拥有较差情绪知识的孩子更容易产生社交问题与退缩行为，这个实验在两年后结束。其他的研究展示了对情绪方面的困难的理解与后来的学习和心理问题上的某种关联。

同样，情绪调节的复杂任务也有积极调节和消极调节之分。所有的孩子都必须具备调节自己情绪的能力。这项任务包括：学习去启动、维持和调节情绪、生理反应和情绪的表达。和情绪的其他方面一样，父母在促进情绪调节中扮演着重要的角色。例如，母亲对婴儿情绪的敏感性对婴儿应对压力很重要。

情绪调节可以被视为努力控制的一个方面，这被认为是适应能力发展的关键。一项研究证明了自制力的重要性，该研究发现，高度消极的情绪和弱自制力会导致社会竞争力的缺失以及行为问题的产生。具有强自制力的儿童，则无论是情绪高涨还是低落，都不会产生这样的结果。

社会认知过程

和激发与引导行为的感受状态相反，要通过高层次的思维过程来认识和了解认知的机能。研究者已在大力研究认知在不同障碍的青少年身上的作用。在这里，我们仅仅讨论认知的其中一个方面：**社会认知过程**（social cognitive processing）。

社会认知过程是指如何思考社会。这个过程主要关心个体是如何接受、理解与解释社会环境，以及如何影响到其行为表现的。我们探讨的是对社会环境的解释在不适当行为中扮演的角色。举个例子，大量研究表明，年少气盛或经常被同伴排挤的儿童和青少年更容易把人的行为理解为敌对的。这就意味着，他们很容易带着敌对的偏见看待别人，尤其是在被挑衅的时候。

值得关注的是，尽管社会信息加工过程强调认知，但是情绪也起到了非常重要的作用。认知与情绪可能会通过各种方式进行互动。缺乏情绪理解的能力，可能会导致青少年对社会信息的误解。另外，情绪化中的青少年更容易误解别人。比如，处于坏情绪中的具有较强攻击性的男孩，会增加对别人敌视的偏见。另外，对他人的敌对感也会引起消极情绪。这些例子表明，社会认知过程的研究有助于我们理解思维与情绪是如何在个人与环境中进行交汇统一的。

对社会境况的认知过程可以影响到人类的很多举动。举个日常例子，孩子感受到的父母和自己的互动以及父母之间互动的类型对孩子的影响很大。心理问题可能是因为对自身和世界有特殊的信念和归因造成的，从而经常沉浸在抑郁、焦虑和消极的同伴关系等困难中。

在上述的内容中，我们已经验证过依恋关系、气质、情绪与社会认知过程对青少年发展的影响，这种影响同时基于生理方面和社会经历，以及这两个方面对儿童和青少年的交互作用。我们将在第 3 章着重讨论对心理发育的影响。

03

第 3 章
精神病理学的生物背景与环境背景

本章将涉及：

- 大脑和神经系统的发展、结构和功能；
- 产前、产期和产后的风险对神经系统的影响；
- 发育的遗传学背景，包括基因研究；
- 基本的学习／认知加工和它们在发展中扮演的角色；
- 社会文化背景；
- 发展的家庭背景，包括虐待和离异；
- 发展中同伴的影响；
- 社区和社会背景对发展的影响。

本章旨在探索精神病理发生的主要生物背景与环境背景。我们讨论神经系统和大脑、基因、学习和认知，以及发育的社会和文化背景之间的关系。本章重点强调的内容是对行为和心理障碍的影响因素。

大脑和神经系统

大脑发育：生理发育和经验发展

大脑和神经系统的发育可以说是所有发育过程中最迷人的。许多早期成长都是由生理引导的，但是经验的影响是至关重要的要素。

神经系统在受孕不久后就开始发育，一组被称为神经板的细胞开始变厚，褶皱向内形成神经管，快速发育的细胞移动到固定位置。大脑中有数以百万计的多功能细胞，被称为神经胶质细胞，还有在神经系统中专门用化学方法将神经脉冲传输到身体其他部位的**神经元**（neurons）。这些细胞继续发育，变得更加互联和功能化。神经纤维被**髓鞘**（myelin）覆盖，这是一种白色的物质，可以提高大脑内神经传递的效率。无论是在出生前还是出生后，大脑似乎都制造了过剩的神经元和神经连接，来保证大脑更具有灵活性。一些脑区比另一些脑区发育得更快。例如，在出生后的几个月中，与视觉和听觉相关的神经元之间的连接就飞速发育至峰值，但是涉及复杂/灵活思维的前额叶脑区则发育得非常缓慢。

青春期是一个大脑快速发育的时期：大脑的化学结构在发生变化；脑区之间的连接激增；前额叶皮质灰质（神经细胞体）的数量减少，而白质增加，反映了这一部分脑区的持续髓鞘化。正如早期的大脑发育那样，这些变化都具有心理和行为的功能意义。

大脑的发育来自内在的生物编程和经验互动。无论是在出生前还是出生后，大脑的塑造都依赖于**修剪**（pruning）机制，即去除那些不需要的神经元和神经连接。例如，动物视觉系统中最重要的脑区就依赖于修剪，这是一个需要经验的图案视觉输入过程。在人类身上，青春期发生的大脑灰质的减少就可能是一种修剪机制。研究者在理解人类大脑结构和功能的发展变化过程中取得了巨大的进展，包括生物和环境的影响。

结构

大脑和脊髓共同组成了**中枢神经系统**（central nervous system）。**周围神经系统**（peripheral nervous system）是由中枢神经系统层的外方神经组成的，并与中枢神经系统相互传递信息。它包括两个子系统：一个是躯体神经系统，包括涉及感觉和随意运动的感觉器官和肌肉；另一个是自主神经系统，负责无意识的唤醒和情绪调节。自主神经系统的分支系统要么用于增强唤醒水平（交感神经系统），要么是减缓觉醒来维持机体功能（副交感神经系统）。整个神经系统内部相互连接，且与**内分泌系统**（endocrine system）紧密相连。内分泌系统是一个通过释放激素来参与身体功能的复杂腺体集合。

大脑位于脊髓顶部且有大量

的褶皱，主要有三个相互连接的部分。**后脑**（hindbrain）部分包括脑桥、髓质和小脑。脑桥传递信息，髓质调节心脏功能和呼吸，小脑则参与运动和认知过程。一个较小的脑区被称为**中脑**（midbrain），是由连接后脑和上脑区域的纤维组成的。中脑与后脑呈现网状连接，即网状激活系统，会影响机体的唤醒状态（如觉醒和睡眠）。中脑和后脑有时会被合称为脑干（见图3-1）。

丘脑在脑半球和中枢神经系统的其他部分之间参与信息的处理和中转。下丘脑则调节基本冲动，如饥饿、口渴和性行为。具有复杂结构的边缘系统，包括海马体和杏仁核，都在记忆和情绪中发挥重要作用。

神经传导

虽然神经元在大小、形状和化学成分方面千差万别，但它们都主要由三个部分组成：多功能**细胞体**（cell body）、**树突**（dendrite）和**轴突**（axon）。神经元之间的交流是通过**突触**（synapse）进行的，即细胞间的一个小小的缝隙（突触间隙）。神经元的树突接收来自其他神经元的化学信息，形成电子脉冲传递到轴突。当电子脉冲传递到轴突末端，化学成分的集合——**神经递质**（neurotransmitter）——就会被释放出来了。它们经过突触间隙，并被位于接收神经元树突上的感受器接收。接收神经元反过来产生新的电子脉冲（见图3-2）。主要的神经递质包括多巴胺、

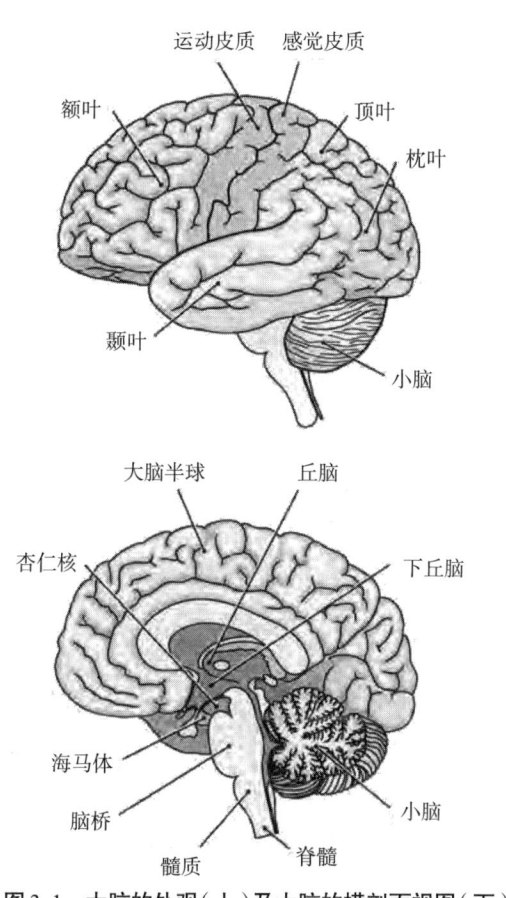

图3-1 大脑的外观（上）及大脑的横剖面视图（下）

第三个主要部分是**前脑**（forebrain），由两个脑半球组成，其外表面被称为皮质。两个脑半球通过胼胝体相连，每个脑半球有四片脑叶。脑半球参与大量的活动，如感觉处理、运动控制，以及更高级的心智功能，包括信息加工、学习和记忆。

位于皮质下方大脑深处的是几个皮质下结构。

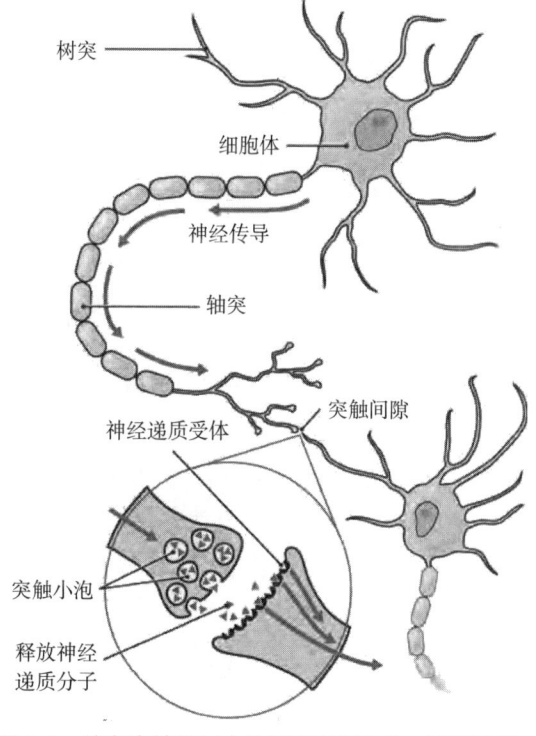

图3-2 信息在神经元中从树突到细胞体，再到轴突，释放神经递质分子，通过突触间隙到达另一个神经元

血清素、去甲肾上腺素、谷氨酸和γ氨基丁酸（GABA），这些神经递质在脑功能中所发挥的作用近年来受到研究者的密切关注。

交流沟通的复杂性是难以想象的。神经元间可能会产生数千个的连接，神经递质可能通过多种路径传到接收器。神经递质能够刺激或抑制神经元，使它们或多或少地触发冲动。然而，交流绝对不是忙乱无序的，各脑域协同运作，形成与不同神经递质和脑功能相关的神经路径或神经回路。

神经系统和功能紊乱的风险

神经系统是影响心理功能和行为的主要因素。功能受损可能是由遗传或早期性遗传过程异常所导致的，这些异常引导神经系统的发展。因此，功能障碍可能从一开始就隐藏在机体内了。此外，这种伤害还可能归因于孕期（产前）、出生时（产中），或者此后的发育（产后）。

产前的影响

许多产前因素都会将发育中的胎儿置于危险之中，其中最主要的是孕妇不良饮食和不良健康状况。研究发现，孕期的压力通过胎儿的生物系统（包括大脑）为日后的心理问题创造易感性。

人们曾确信，胎儿可以免受那些可能进入母体血液中的有害物质或者**致畸原**（teratogen）的伤害。现在我们知道，许多药剂都是有害的。潜在的有害药物包括酒精、烟草、沙利度胺。此外，环境污染［如铅、汞、多氯联苯（PCBs）］，以及许多母体的病毒（如风疹、梅毒、淋病、艾滋病）都是有害的。致畸原还与导致畸形、出生体重低、胎儿死亡，以及功能和行为障碍有关。

致畸原被认为会干扰大脑细胞的形成和迁移，以及其他发育过程。意料之中的是，暴露于致畸原中的量会产生不同的结果。在妊娠期接触致畸原的时间不同，结果也不同。通常，当特定结构和系统在快速发育的过程中接触致畸原时，对危害最为敏感。不过人们认为，发育中的有机体的基因天赋在致畸后或母亲压力的影响方面可以扮演一种风险因素或保护因素的角色。

胎儿酒精综合征（fetal alcohol syndrome，FAS）是产前接触酒精的不良结果的一个有效例证，它是酒精相关系列障碍中最严重的一种。FAS的症状包括：大脑发育异常、生长迟缓、出生缺陷、神经系统体征异常（如受损的运动机能和异常步态）。特殊面部异常往往很容易被观察到，包括窄小眼睛、平直上唇和面部扁平（鼻下的凹陷缺乏或者扁平化）。MRI成像技术发现，大脑的多个区域都受到了影响，最常见的是脑容量减少和胼胝体畸形。心智障碍包括智力低下、具体认知功能受损、学习障碍、多动、行为障碍。FAS会随着母亲摄入的酒精量、摄入的时间、母亲的年龄和健康状况，以及胎儿易感性的变化而发生改变。FAS的症状是广泛而持续的，许多症状较轻的孩子也较少受到其他酒精相关症状的影响。尽管教育计划和家庭的支持可能使情况有所改善，但是

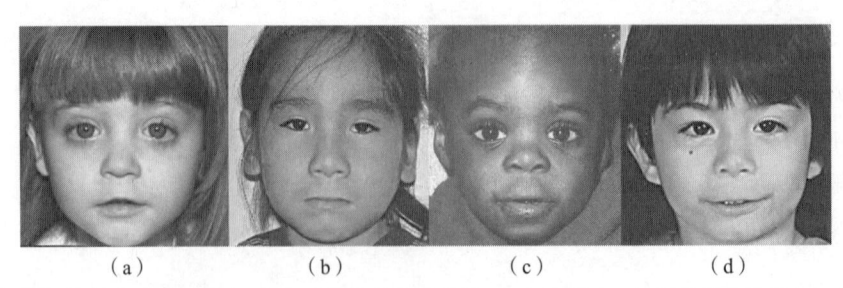

（a） （b） （c） （d）

◎ FAS面部特征的例子（窄小眼睛，平直上唇和面部扁平）：（a）白种人；（b）美洲原住民；（c）非裔美国人；（d）亚裔美国人。

资料来源：Copyright 2012, Susan Astley PhD, University of Washington.

问题在于，FAS 和相关症状本可以通过母亲戒酒而彻底避免。人们为预防 FAS 做了大量的工作，其中最为引人关注的是华盛顿州胎儿酒精综合征诊断和预防网络（FAS Diagnostics and Prevention Network）所做的努力，包括诊断、干预、训练、教育和研究。

然而，即使认识到产前接触酒精和其他致畸原的坏处，我们也要谨慎地看待研究结果。当然，要求孕妇暴露于有害物质中实施对照实验是有悖伦理的，而现行的研究策略难以弄清二者的因果联系。因为致畸原倾向于聚集，所以很难区分到底是由哪种致畸原导致的。例如，产前接触的有害物质大多与烟酒有关。此外，产前有害物质的滥用通常与贫困有关，这一点无论是在胎儿期还是在儿童今后的发展过程中，都会影响儿童的发育，因此研究者难以确定有害物质影响儿童发育的具体时间节点。

这些问题要求研究者精心设计实验。例如，拉维涅（Lavigne）及其同事研究了产妇吸烟的影响，结果发现这的确会给胎儿带来风险。考虑到吸烟妇女与非吸烟妇女之间的系统性差异可能有好几个方面（包括养育行为和精神病理学特征），研究者控制了几个变量的可能影响，结果发现，吸烟与儿童的行为问题不再相关了。除了精心设计的人类被试研究，以动物作为被试样本的产前致畸物不良影响的研究也对了解这一问题做出了有益的探索，动物研究可以依照实验目的将动物暴露于致畸原中，并检验因果关系假设。

产期和产后的影响

发育风险与出生的时间有关。母亲过度用药、非正常分娩和缺氧都可能导致新生儿的神经问题。

早产（孕周少于 37 周）和低体重（低于 2.5 千克）与新生儿死亡和一系列发育问题（包括行为和学习障碍）都有关。在美国，约有 12% 的婴儿是早产儿，不同种族民族群体之间差异很大。早产儿出生越早，体重越低，致病的风险就越大。研究发现，从婴儿期到青春期，低体重与大脑异常有关。这些儿童的发育结果取决于生物因素和社会心理因素的相互作用。

对婴儿神经系统的产后伤害可能由营养不良、事故、疾病或接触化学物质引起。例如，空气污染可能导致认知障碍，儿童接触铅，即使量很少也会对大脑发育产生消极影响，影响其注意力、认知和行为能力。

如果在年幼时发生脑损伤，那么一个主要的问题是，所产生的损伤在多大程度上是后天能够治愈的。人们对于大脑恢复的**可塑性**（plasticity）和灵活性充满争议。一方面，发育不成熟的神经系统有很强的自我恢复能力，并且能够成功地将此功能转移到其他未受损的脑区。已有研究表明，视觉、听觉、运动感知和语言功能尤其具有可塑性。例如，在儿童期发生的语言脑区的损伤所产生的不良影响要小于在成人期的损伤。另一方面，不成熟大脑受到的损伤可能对大脑未来的发育造成一系列的不良影响，这种不良影响将随着时间的推移而愈加凸显。损伤的时间、程度、严重性和具体脑区，以及环境支持和提供的医疗手段的种类和质量，都是影响恢复的因素。

遗传学背景

遗传以复杂的方式影响着个体的行为和发育。细胞中具有遗传功能的片段被称为**基因**（gene），它由含有 DNA（脱氧核糖核酸）的**染色体**（chromosome）组成。从理论上说，数以亿计的染色体组合对于任何一个个体都是可能的。同时，其他的遗传机制会带来更大的可变性。染色体可能转换为基因，使它们彼此断裂或重新连接，并自发地实现突变。

在一些情况下，早期的遗传过程导致染色体结构发生缺陷或造成染色体缺失/超出（大多数人类细胞中存在 23 对染色体）。这些"错误"可能是遗传的，但很多都是新出现的，无论是哪种情况，往往都会产生严重的后果，进而导致早期发育的有机体死亡。一些不那么严重的后果包括生理、心理和智力异常的医学综合征。心理健康工作者当然对这些情况非常感兴趣，尽管和心理相关的个体差异包含更多的微妙过程，其中许多来自遗传。

有关基因对个体行为差异的影响的研究被称为**行为遗传学**（behavior genetics）。行为遗传学致力于划定基因的影响程度，发现会产生作用的基因，理解基因运作的途径，并揭示基因影响性格的路径。研究者已经发现了许多症状和心理障碍受基因影响的证据，并在潜在基因过程的领域逐步取得成果。

在下面的讨论中，我们将介绍一些行为遗传学的主要研究方法和研究发现，重点是精神病理学。即使在今天，基因的影响也经常被误解。其实，基因以非常复杂的方式间接引导着细胞的生物化学作用。任何一个基因都可能会影响许多集体过程，也可能与其他基因和环境因素产生交互作用。当应用于个体时，基因密码指的是四种核苷酸（腺嘌呤、胸腺嘧啶、鸟嘌呤、胞嘧啶）在DNA分子特定中枢上的排列顺序。这个序列是**转录**（transcription）和合成信使RNA的基础，信使RNA是携带信息到细胞其他部位的分子，它在制造蛋白质的过程中起到了**转译**（translation）代码的作用（见图3-3）。

在制造蛋白质的过程中，负责调节编码过程的基因代码是非常关键的。调节是一个非常复杂的过程。实际上，每个基因（外显子）只有一部分代码可被用于产生蛋白质，而大部分代码则涉及调节机制。此外，大约半数转录的RNA不是信使RNA，而是参与了激活或抑制蛋白编码DNA。越来越多的证据表明，内部和外部环境影响基因的转录、转译和基因表达的过程（参见"重点"专栏）。虽然以上的简要描述非常清晰，但是从个体基因天赋 [**基因型**（genotype）] 到人的显型可见特征 [**表型**（phenotype）] 的路径是间接的，而且非常复杂。

DNA → 转录 → 信使RNA → 转译 → 蛋白质

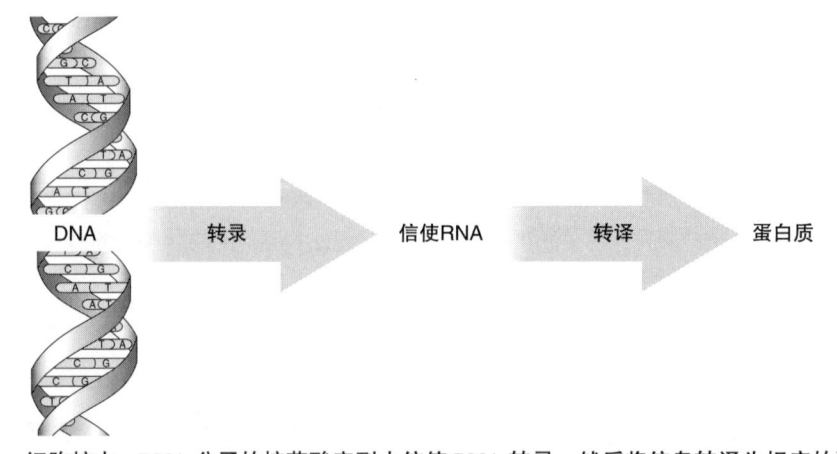

图3-3 细胞核中，DNA分子的核苷酸序列由信使RNA转录，然后将信息转译为相应的蛋白质

重点
表观遗传学和基因表达

术语"表观遗传学"（epigenetics）曾被用于阐述胚胎发育，现在是指不改变基因的实际代码使基因组发生可逆的改变，从而帮助调整基因的功能。人们正在研究这几个表观遗传过程。被广泛研究的是DNA分子（甲基化）以及在细胞核中被DNA包裹的组蛋白的特定化学变化。这些改变可以在正常细胞复制（有丝分裂）以及卵子和精子形成（减数分裂）的过程中传递，这意味着它们可以被遗传。它们或多或少地使基因得以表达或

被抑制。

近年来，人们愈加清楚地认识到表观遗传会随环境的变化而发生变化。人类的相关研究和动物的控制实验（如饥饿、高脂饮食、接触有毒的环境物质，以及其他一些体验）会导致实验对象表观遗传的变化。与没有暴露于这些环境的实验对象相比，这些变化在某些情况下会遗传至后代身上。

表观遗传过程有助于阐明基因–环境的相互作用、发育现象和精神障碍。例如，早期经验对人类的影响可能通过表观遗传机制发挥作用。事实上，在动物研究中已经证明，早期母婴关系的质量可诱导 DNA 甲基化。目前正在探索的表观遗传机制的疾病包括胎儿酒精综合征、孤独症、精神分裂症和智力障碍。

单基因遗传

19 世纪中叶，格雷戈尔·孟德尔（Gregor Mender）修道士在摩拉维亚的一个修道院花园里对植物进行了实验，这一实验被认为是对现代遗传学的重要发现。在孟德尔的贡献中，就有关于被单一基因影响的某种遗传特征的描述。他假设，父亲或母亲携带两种遗传的因素（后来被称为"基因"），但只有一个遗传到后代身上。一种是**显性**（dominant）基因，父母中的任何一方遗传给后代都会显现与之相关联的特征；另一种是**隐性**（recessive）基因，父母双方都遗传给后代才会显现与之相关联的特征。遗传的显性和隐性模式，以及与性别相关联的模式将在下文中详细描述，这一特点涉及许多遗传的人类特质和疾病。

一般情况下，单基因的影响是可以预测的，而且经常会导致个体有无异常的相关表现。一种证实单基因对具体失调病症影响的方法是，识别一个有这种病症的人——采用**病例索引**（index case）或寻找（遗传疾病研究中的）**家系渊源者**（proband）的方法，并确定已知的单基因遗传模式是否会在家庭中发生。

多基因遗传：量化方法

多基因和单基因影响一样重要，也在复杂的人类特征中起作用，如智力和心理障碍。有一些基因被称为**数量性状遗传位点**（quantitative trait loci，QTL）。它们以一种常规的模式遗传而来，但是每个仅有相对较小的影响，只有结合在一起才能造成较大的影响。这些基因影响的大小可能不同，并能在一些情况下互换。这意味着，任何一个基因对于一种疾病可能不是不可或缺的，而且实际上没有这种疾病的人也可能存在这个基因。多基因在一起工作会导致一系列的显型，并随着外显症状数量的多少而变化。多基因的影响比单基因遗传更难被预测，或者说随机性更大。

关于多基因影响的研究依赖于多种**定量基因学方法**（quantitative genetic method）的结合。家庭、双生子和收养研究对于确定基因对某个特征的影响是非常重要的（见表 3-1）。定量基因学方

表 3-1　　　　　行为遗传方法：家庭、双生子和收养研究

家庭研究：这些研究评估了家庭成员作为一个病例索引呈现出相同或相似特征的可能性。如果基因遗传起作用，那么与索引案例中的遗传因素更加相似的家族成员间更可能和家系渊源者一样显示出同样的或者相关的困难。然而，这一模式也有可能是受家庭心理影响的结果

双生子研究：将同卵双生子（基因相似度为 100%）与异卵双生子（平均基因相似度为 50%）进行比较。当同卵双生子表现更加一致（彼此相似）时，则归因于基因的影响

收养研究：以多种方式对收养和非收养个体以及他们的家庭成员之间进行比较。第一种策略为，从那些显示出特殊障碍的收养儿童开始，并与儿童的亲生家庭成员和养父母家庭成员之间的失调比率做对比。若前者的比率更高，则证明了遗传的影响。另一种策略为，从那些表现出特殊障碍的亲生父母开始，并检查他们被无亲属关系的家庭收养的后代的患病率。然后将这个比率与养父母的亲生子女比率做对比。如果收养儿童的比例较高，就说明了遗传的影响

法让我们能够评估**遗传率**（heritability）可能性，即评价遗传影响对个体行为差异做出解释的程度。大量的结果表明，心理障碍或多维度的遗传率很少超过50%。这意味着，大量特质实质上的变异基于其他生物因素、环境或基因与这些其他影响因素的某种相互作用。

定量基因学方法也提供了关于环境影响以及基因与环境如何共同作用的有用信息。可以识别共享和非共享的环境影响。**共享环境的影响**（shared environmental influence）是指家庭成员以相似方式成长的影响。例如，家庭智力上的刺激或者暴露在环境毒素中，或离婚，这些都会对兄弟姐妹带来相似的影响。**非共享环境的影响**（nonshared environmental influence）是指对成长在同一个家庭的孩子遇到的影响不同，会导致兄弟姐妹之间的差异。差别待遇的影响就是例子，父母对兄弟姐妹不同的教养方式，或者孩子与不同的朋友及老师的关系对孩子的影响。通常认为，非共享环境对心理和行为结果的影响更大，但最近的研究表明，共享环境的影响也可能会导致儿童和青少年的多种问题。

虽然定量研究方法可以检验单个特质，但多变量设计则关注两个或更多的特质。这些设计使得评估一个属性的遗传和环境因素对另一个属性的影响程度成为可能。例如，对双生子研究发现在言语和阅读障碍中出现基因重合现象。在这些案例中，患者共享的是被称为"泛化"的基因。然而，非共享基因和/或环境影响使得患者彼此各不相同。总体而言，多变量研究和其他复杂的量化分析使得人们可以评估基因传输的模型以及基因和环境影响的交互作用。

查找基因原因：分子生物学分析方法

分子遗传学是一个快速发展的研究领域，旨在发现与障碍有关的基因、被基因编码的生化物质，以及这些生化物质是如何影响行为的。在动物身上的研究对于这些努力起到了主要作用。例如，基因功能可以被"击溃"，而且这些效应也可以被人们研究。在人类身上的研究则一般采用连锁分析和关联性分析的方法。

连锁分析（linkage analysis）的目标是发现某个有缺陷的基因的位置，即特定的染色体和缺陷在染色体上的位置。这种策略利用了这一事实：基因在同一染色体上通常都被一起传递给后代，特别是当它们的位置非常接近的时候。这种策略还利用了已知染色体位置的DNA遗传标记片段的遗传规律。连锁分析可以确定一个具体的失调病症是否会作为遗传标记以相同的模式在家庭成员间出现。如果可以确定，那么就可以假设，影响某一障碍的基因是作为标记存在于同一染色体上，并且离这个标记很近。因此，就可以揭示某一种障碍大概的遗传途径。

关联性分析（association analysis）以另一种不同的方法寻找基因。这一方法检验了人群中某一特定形式的基因是否与一种特性或心理障碍有关。许多研究将患有特定障碍的病人的基因材料与一个控制对照组的基因材料进行比较。通常情况下，焦点存在于可疑的、立足于理论或过去研究的特别基因上，这种基因被称为候选基因。例如，DRD4和DAT基因均已经被发现与注意缺陷/多动障碍有关。关联性分析比连锁分析更适合去验证对障碍或特性有相对较小影响的多种基因。对于一些干扰来说，大量的基因似乎参与其中，这表明遗传学研究者的任务量相当大。先进的基因技术提高了对基因的研究水平，**基因组连锁**（genome-wide linkage）和**基因组关联分析**（genome-wide association analyse）使研究者对在个体基因组或基因组上的大部分基因进行扫描。这些分析需要大量的样本，可以检验数百万个DNA序列。最关键的是DNA分子的核苷酸的微小变化。此外，这些方法可以检查缺失和重复的DNA片段的数量变化（拷贝数变异）。在患有障碍的个体身上出现了更多的核苷酸或拷贝数的变化，可能揭示出罹患某种障碍的原因。

基因与环境的相互作用

尽管我们已经注意到遗传和环境是共同作用的，但更加详细地检查这种相互作用是非常重要的。基因–环境相互作用和基因–环境关联非常重要，这些事件的发生可以很快地在个体发育过程中得到认可。

基因–环境相互作用（gene–environment interaction, GxE）是指由于基因型的差异而导致的对经验的不同敏感性。一个例子是携带两种称为PKU（苯丙酮尿症）的隐性基因的儿童。他们不属于那些仅仅携带隐性基因的儿童，他们在消化某些食物的时候可能会造成智能缺陷。另一个例子是5-羟色胺（5-HIT）基因的变异会影响人们对应激生活事件的反应。也就是说，携带了一种特别的基因形式的儿童，比另一类儿童更可能对令人反感的生活事件做出反应，从而使他们在以后的生活中更容易出现抑郁症状。这些引人注目的例子唤醒了人们对精神病理学发展上有关基因–环境相互作用的注意。

基因–环境关联（gene–environment correlation, GE）是指暴露于环境中的基因差异。表3–2描述了三种基因–环境关联：被动的、唤醒的、主动的。被动的基因–环境关联来源于父母双方传递的基因改变了环境中与基因相关的东西。唤醒的基因–环境关联同时反映了儿童的遗传因素和他人对儿童关于基因相关特征的反应。主动的基因–环境关联同时建立在儿童的基因因素和儿童关于基因相关经验的主动选择上。随着儿童的成长，被动的基因–环境关联的影响可能会让位于唤醒的和主动的基因–环境关联的影响。基因–环境关联的重要性在于，它让人们知道儿童的经验并不独立于遗传的影响。实际上，大量的证据表明，遗传的影响在决定一个人会有什么样的经历以及将会遇到什么样的风险和保护方面起到一定的作用。

学习和认知

学习和认知在儿童成长过程中紧紧地交织在一起。学习和思考的能力不仅随着时间的推移而获得发展，而且在儿童与环境相互影响时也促进了其他能力的发展。我们目前关于这个主题的讨论只是一个开端，在精神病理学中有关学习和认知所发挥的关键作用将贯穿全文。

经典条件作用

巴甫洛夫通过饿狗（日常情况下，当食物呈现时它们通常会分泌唾沫）在面对中性刺激时会分泌唾沫这一现象证明了**经典条件作用**（classical conditioning）过程。在经典条件作用下，个体学会了对原本不起反应的刺激产生反应。这种学习

表 3–2　基因–环境关联类型说明遗传倾向与环境方面是如何关联的

被动的
家庭环境会受到父母遗传倾向的影响。儿童既体验到了环境的影响，也受到父母遗传倾向的影响。这种机制在孩子出生时发生，是被动的，因为孩子的主动输入相对较少
例证：具有高活动水平遗传倾向的儿童也会体验到高活动水平的家庭环境

唤醒的
儿童以其遗传倾向性为基础，唤醒了他人对自己的反应，因此，儿童的遗传倾向性与环境经验相关
例证：他人对儿童以基因为基础的高活动水平做出反应

主动的
儿童，特别在他们长大以后，会以自身的遗传倾向性为基础选择或者创造环境
例证：高活动水平遗传倾向性的儿童要求更积极的活动，而不是像阅读那样受限制的、安静的活动

资料来源：Plomin, 1994b.

的许多方面都已经被详细地描述出来了。例如，一旦获得一个新的反应（条件反射），就可以推广到相似的情境中，而且可以对情绪和行为产生深远的影响。

历史的两项基于经典条件作用的早期研究，在问题行为的学习领域产生了显著的影响（参见"重点"专栏）。著名的小阿尔伯特案例是恐惧条件反射的一个早期例证，而皮特的案例则证明了恐惧反应可以通过经典条件作用原理被消除。

> **重点**
> 小阿尔伯特和皮特：两个历史性的案例
>
> 根据华生和雷纳（Rayner）于1920年的研究，11个月大的小阿尔伯特最初对许多东西（包括小白鼠）都没有害怕的反应。然而，当敲击钢棒制造出巨大的噪声时，他显示出了害怕的反应。华生和雷纳试图通过在阿尔伯特每次接触小白鼠时制造出巨大的响声，让他建立起对小白鼠的恐惧条件反射。通过几次这样的配对，小白鼠在没有噪声时出现，小阿尔伯特也会产生哭闹和逃避的反应。后来还发现，小阿尔伯特的恐惧会扩散到其他毛绒物体。由此看来，恐惧可以通过经典条件反射习得。有趣的是，在研究结束后，小阿尔伯特的下落成了一个谜。直到贝克（Beck）、莱文森（Levinson）和艾恩斯（Irons）经过长时间的努力，找到的证据显示，小阿尔伯特很可能在短时间内居住于约翰斯·霍普金斯大学——那里曾是研究的现场，孩子的母亲也受雇在那里工作。小阿尔伯特仅活到六岁，他最终被疾病（可能是脑膜炎）夺去了生命。小阿尔伯特的贡献在于，他帮助形成了心理学学科的早期发展，包括提出在儿童身上进行恐惧形成条件反射的伦理问题。
>
> 玛丽·琼斯（Mary Jones）在1924年的一项关于皮特的治疗的描述也是一个里程碑式的研究。皮特是个近三岁的小男孩，他对毛茸茸的东西会产生恐惧感。琼斯的治疗一开始是将皮特放在小白兔面前，并且让他和那些喜欢小白兔、将小白兔视为宠物的孩子们待在一起。这个治疗好像起到了作用，但是因为他中途病了两个月而被打断了。就在他返回治疗之前，他还是害怕大型犬。由于皮特的恐惧回到了原始水平，因此琼斯决定用对抗条件反射作用的程序去治疗皮特，该程序包括让皮特去吃一些他喜欢的食物，同时让动物渐渐地向他靠近。借助这样的方法，恐惧刺激与快乐情绪联系起来。这个程序成功地减少了皮特的恐惧情绪，最后，皮特终于可以自己抱起小动物。尽管这个研究在方法论上存在不足，但是它对基于经典条件反射的心理障碍的治疗发展起了促进作用。

操作性学习

第二种基本的学习类型是**操作性学习**（operant learning），这是由桑代克在效果律中提出的。它确认了行为的积极结果会强化这一行为，而消极结果则会削弱该行为。斯金纳的工作对操作性学习的影响更大。操作性条件强调了行为的结果。行为是通过强化、惩罚或其他一些学习过程而习得、强化、削弱、保持、消除或释放的（见表3-3）。操作性学习无处不在，人们通过它可以获得知识并调整适应的或适应不良的行为。

操作性条件反射的原理已经被广泛应用于纠正行为的致病源、行为保持，特别是行为治疗方面。本书接下来的章节所讨论到的这些程序的具体应用都认同这样一个假设：问题行为可以通过学习过程来改变，应将治疗的重点放在行为的结果上。

观察学习

观察学习（observational learning）是另一种基础的学习方式，通过这种方式个体可以经由体验而发生行为改变。通过观察别人的行为可以获得广泛的行为，如跳绳、合作、竞争以及一些社交技能等。与其他的学习形式一样，观察学习也可以导致问题行为的获得或消除。班杜拉及其同事的早期研究以及随后的研究，证明了问题行为

表 3-3　一些基本的操作性条件反射过程

术语	定义	例子
积极强化	紧随着一个能够增加反应频率的反应而呈现的一个刺激	在一个好的行为之后的赞赏能够增加好的行为出现的可能性
消极强化	在一个反应中撤销的一个刺激，会增加反应的频率	撤销孩子发脾气后母亲的要求，会增加孩子今后发脾气的可能性
消退	当紧随其后的强化不再出现时，一个已经习得的反应会弱化	父母忽视不好的行为，从而减少或消除该行为
惩罚	反应要么跟随在一个不愉快的刺激后，要么跟在一个被移除的愉快刺激后，从而降低了该反应出现的频率	父母责骂儿童打架，则儿童不再打架；在儿童吐口水之后不给其食物吃，则儿童不再吐口水
泛化	对学习中呈现的一个不同的但是相似的新刺激做出反应	有着一个长着胡子的严厉叔叔的儿童，会发展出对所有长着胡子的男人的恐惧心理
辨别	表明某个反应可能会跟着一个特殊的结果的刺激	大人的笑容表示小孩的要求可能会被同意
塑造	一个不在儿童全部技能中想要得到的欣慰，可以通过奖励那些非常接近的行为来获得	对于失语儿童开始要求他们学习发出任何声音，然后要求他们学习发出是稍微有点像单词的声音

如何通过对一个榜样的观察而获得。

虽然观察学习看起来很简单，但实际上很复杂。儿童可以通过观察一个榜样来习得新的反应方式。然而，如果他们观察到榜样的行为被强化，他们就更有可能做出类似的行为；如果榜样的行为受到惩罚，他们就更少表现出类似的行为。与其他的基本学习过程一样，观察学习也可以泛化。如果一个儿童看见另一个儿童由于大喊大叫而受责罚，可能就会通过其他方式变得安静（抑制）。在电视上看到枪击和打架，可能会导致儿童表现出其他的攻击性行为，比如言语漫骂和身体攻击（抑制解除）。在这两个案例中，榜样的行为都没有被完全模仿。总之，一类行为由于对榜样的观察，要么更加可能发生，要么更不可能发生。

不管模仿是具体的还是泛化的，观察学习的发生都伴随着复杂的认知过程。儿童必须注意榜样行为的突出特征，对信息进行组织和编码，并将这些信息存储在记忆中。儿童在近期或者未来对榜样的模仿取决于几个因素，包括对信息的回忆以及对于行为可以获得想要结果的期待。观察学习是社会学习观的核心，该观点认为，儿童对榜样的观察影响了他们对世界和自身行为的理解。

认知过程

认知的各种方法都集中在个体如何在心理上处理信息和思考世界。简单地说，个体感知他们的经验，构建代表经验的观念和图式，在记忆中存储信息，并利用它们去理解和思考世界。高级认知过程包括知觉、注意、记忆和对信息进行心智控制的脑力操作。许多不同种类的问题又会涉及认知的不同方面，如智力障碍、特定学习障碍、侵犯、焦虑和注意缺陷等。现在的研究所提出的认知行为观点，对于理解和治疗青少年问题做出了很大的贡献。

认知行为观点

认知行为观点（cognitive-behavioral perspective）包含了认知、情绪、行为和社会因素。这个观点假设行为可以通过内部认知，以及情绪与外部环境事件的相互作用而被学习和保持。认知因素会影响个体是否关注环境事件，个体是如何感知事件的，以及这些事件是否会影响未来的行为。一个基本的假设是，不良认知与适应不良的行为有关。正如支持这种假设的例子一样，在恐惧症和焦虑障碍患儿身上发现了不适应的想法和信念。例如，在考试情况下，对焦虑障碍的儿童的测试经常报告出更多的分心想法、更消极的自我评价，以及更少的积极的自我评价。

肯德尔（Kendall）及其同事提出了一个辨别复杂认知机能的方法，这种认知机能对于精神病理学的发展、保持和治疗有重要贡献。认知结构是表现为存储在记忆中的信息图式，它会随着时间从经验中获得构建，获得新的经验，并且触发其他的认知操作。认知内容是指存储在记忆中的认知结构的实际内容。认知过程是指人们如何感知和解释经验。认知结构、内容和过程与实际事件的相互作用产生认知结果（参见"重点"专栏）。

> **重点**
> **你是如何解释失误的**
>
> 肯德尔提出了一个有趣的认知工作方式的例子，尽管令人不太愉快。他问，试想一下，如果你踩到了狗拉在草地上的"堆积物"上，你将会对自己说什么？对于大多数人来说，代表这个事件的认知结构可能会自动引起一个沮丧的自我陈述："哦，真倒霉！"这个陈述反映了认知内容。这样反应的个体可能会以完全不同的方式认知和处理事件，这对结果很重要。有些人可能会想到社交尴尬（"有人看到我了吗"）；有些人可能会产生自我贬低的想法（"我居然连路都不会走了"）；还有些人可能会对这个经历不太在意，然后漠不关心地继续前行。对这个事件加工后，个体对这个事件做出结论，例如，他们可能会做出因果性归因。这些就是认知结果。有些人可能会将问题归咎于自己（"我没法把事情做好"）；有些人则可能归咎于那些带狗来草地的人（"我敢打赌，这家伙肯定知道有人会踩进去"）。正如肯德尔指出的那样，所有的这些过程都涉及一个人对经验的理解。与其说是事件本身，不如说是与事件有关的认知影响了人们的情绪和行为后果。

肯德尔还发现了认知缺陷和认知歪曲之间的重要差异。认知缺陷是指缺乏思考。一个冲动的孩子表现出来的缺乏深谋远虑和计划，就是认知缺陷的例子。认知歪曲是一种功能失调的、不合理的错误认知过程。抑郁的儿童认为自己的能力不如同伴，尽管其他人并没有这样认为，这就是认知歪曲的例子。

认知行为治疗运用的是通过以行为为基础的程序和结构化的对话，去矫正不良的认知结构、认知缺陷和认知歪曲。本文介绍了概念化和治疗特定青少年失调方法中的一种特殊方式。

社会文化背景

不管是适应的还是适应不良的发展，都发生在复杂的社会文化环境并受其影响。尽管有多种方法去理解这种环境，但是生态学（指有机体和环境之间的相互关系）的模型在近几十年来变得越来越重要。

在图3-4中，研究者认为青少年融入许多重复的、相互作用的环境或系统领域，并与之产生相互作用。通常，青少年被家庭、社区、文化/社会环境这三种环境所围绕。每种环境都包含结构、制度、价值观、规则、关系，以及其他影响发展的方面。图中的箭头强调了系统中潜在的相互作用。例如，儿童被同伴影响的同时也影响着同伴，同样，他们在被父母和学校影响的同时也影响着父母和学校。通常我们认为最接近的环境（核心焦点）会比相对远端的环境对儿童有更加直接的影响。我们同样可以预期，任何一种领域的性质和重要性都会随着个体的发展水平而变化。一个明显的例子就是，从婴儿期到青春期，同伴影响会越来越大。以这一模型为基础，本节对社会文化影响成长的几个方面展开了更深远的探讨。

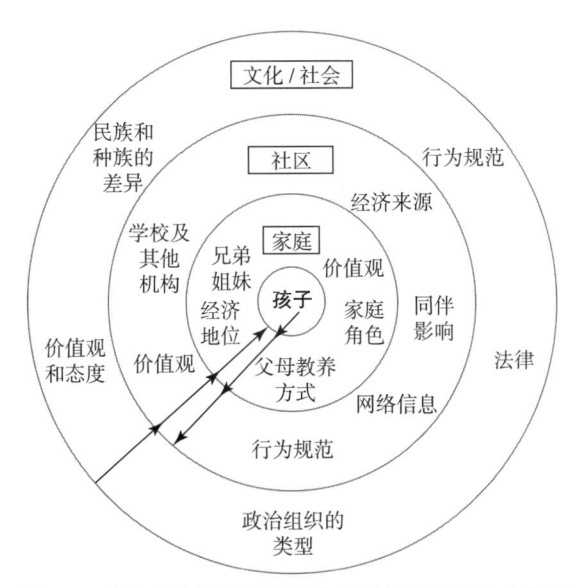

图 3-4 青少年和环境的相互作用及如何被其他人影响
资料来源：Belsky (1980); Bronfenbrenner (1977); and Lynch & Cicchetti (1998).

家庭背景、虐待和离异

许多原因都导致家庭被认为是青少年成长过程中的关键力量。家庭关系和经验从出生起就占据着支配地位，且在某些方面会持续一生。家庭在儿童社会化（使儿童以社会能接受的方式表现行为）、传递社会价值观和传统方面起到关键作用。家庭也是提供食物、避难所、社区住宅、教育，以及其他体验世界机会的渠道。家庭可以起中介或者调节的作用，也可以提供风险或者保护。

尽管许多家庭关系（如兄弟姐妹关系和祖辈关系）被认为是有影响的，但是亲子关系对于大多数青少年而言是占支配地位的关系。值得注意的是，家庭关系最好被视为复杂的、相互作用的系统。不仅仅是父母影响子女，而且子女也会以微妙的或不那么微妙的方式去影响父母。

父母角色、教养方式、精神病理学

父母的角色

从历史上看，相较于父亲对青少年和儿童的影响，理论家和研究者更关注母亲的影响，部分是因为在养育作用中的角色使然。在每天日间护理、培养、管理以及儿童发展的其他方面，母亲已经被认为起着主要作用，而且当孩子生病时更容易受到牵连，母亲有时甚至会被认为是罪魁祸首。尽管如此，近几十年来，人们对于父亲的角色越来越关注，包括父亲在家庭之中扮演的角色。在美国，认为父亲是养家糊口的主要劳动力的观点要追溯到工业革命时期。大约在大萧条时代（1930年），人们十分强调父亲对儿子性别角色发展中起到重要作用的男子气概。到20世纪70年代，人们更加强调父亲作为监护人和心理支持者的作用。如今，人们认识到父亲扮演着多种角色——养家糊口、榜样、伴侣、保护者、教育者等，尽管这些角色的重要性可能在不同的父亲和社会/文化群体之间会有所不同。然而，在今天，父亲的情绪参与和引导是非常主要的。

可能部分是由于角色的不同，父亲和母亲与孩子的互动在某种程度上是不同的。但可以预料的是，敏感的父亲就像敏感的母亲那样，也有利于孩子的积极发展。父亲对孩子的影响可能是直接或间接的，比如，通过父亲与母亲之间的互动。不管怎样，当代，人们对父母角色和影响的理解必须考虑到，虽然与过去的父亲相比，现在的父亲更加关心孩子，但有许多父亲由于离异或者其他的环境原因与孩子分开生活。一则报道显示，在20世纪60年代，11%的父亲与孩子分开生活，而到2010年，这一数字上升到27%。种族/民族和社会等级指数同父亲与孩子分开生活的百分比有关联（见图3-5）。不在孩子身边的父亲会错过与孩子的共同日常活动。最近的一项研究结果表明，40%的父亲每周要与孩子联系好几次。另一方面，大约有三分之一的研究报告称，这些父亲与孩子的交谈或者电子邮件交流每个月都不到一次，27%的父亲还说，他们在过去的一年里都从没有看到过他们的孩子。

教养方式

父母和子女之间的关系，开始于婴儿早期的

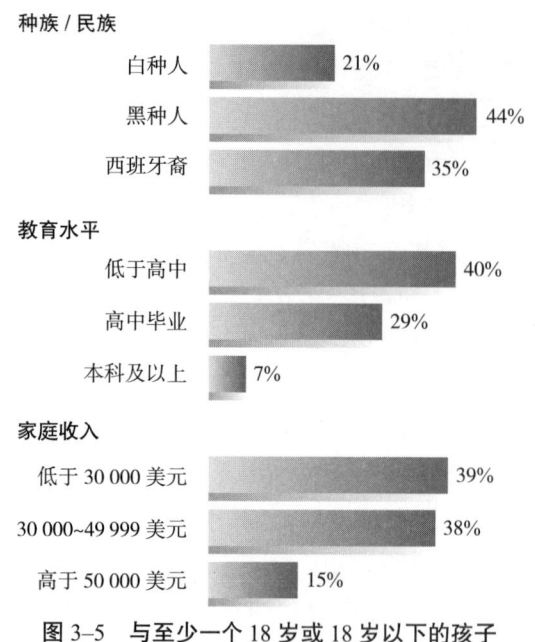

种族／民族

白种人	21%
黑种人	44%
西班牙裔	35%

教育水平

低于高中	40%
高中毕业	29%
本科及以上	7%

家庭收入

低于 30 000 美元	39%
30 000~49 999 美元	38%
高于 50 000 美元	15%

图 3-5　与至少一个 18 岁或 18 岁以下的孩子分开生活的父亲的百分比

资料来源：Livingston & Parker, Pew Research Center, 2011.

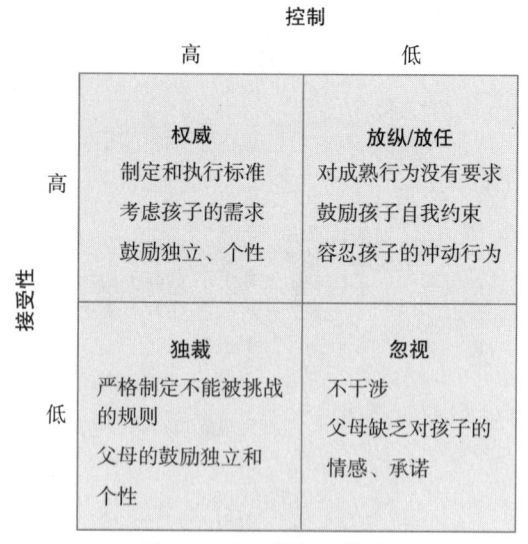

	控制高	控制低
接受性高	权威 制定和执行标准 考虑孩子的需求 鼓励独立、个性	放纵/放任 对成熟行为没有要求 鼓励孩子自我约束 容忍孩子的冲动行为
接受性低	独裁 严格制定不能被挑战的规则 父母的鼓励独立和个性	忽视 不干涉 父母缺乏对孩子的情感、承诺

图 3-6　父母的行为模式

资料来源：Maccoby & Martin, 1983.

依恋关系，这种亲子关系对孩子今后的发展和自我调节起到了至关重要的作用。造成这种影响的一个重要方面就是每个家长在处理和管理孩子上各有特色的教养方式。这种教养方式可以被看成一系列态度、目标，以及影响儿童和青少年养育结果的养育行为模式。

一直以来，人们认为有两个主要维度是亲子关系的核心。一个维度是父母对孩子的控制（或纪律）程度，即控制维度；另一个维度是孩子感受到温暖或接纳的程度，即接受性维度。图 3-6 展示了根据这些维度划分的四种不同的家庭**教养方式**（parenting style）。权威型的教养方式一般来说是最有利于孩子个性发展的方式。权威型的父母承担控制和设立规则，希望他们能按规则行事并勇于承担自己的行为后果。与此同时，他们也会表现出热情、接纳、体贴孩子并考虑他们的需求。相应地，他们的孩子倾向于个性独立、有社会责任感、亲社会和自信的；相反，独裁、放纵/放任和忽视型教养方式更有可能出现不良行为，包括攻击性、回避性、依赖性、低自尊、不负责任、反社会行为、焦虑和一些学业问题。

控制和接受性维度对于教养行为的研究非常重要，并在研究父母敏感性、父母严厉程度以及父母监控的影响方面受到重视。在教养行为方面，有三个方面的问题是值得我们考虑的。第一，有效的教养方式包括考虑到每个青少年的需求以及发展水平。第二，家庭教养方式在某种程度上是对一个孩子的性格以及家庭中的其他关系和环境的影响因素。第三，我们须考虑跨文化背景和跨情境因素的适用程度对分析家庭教养方式的影响。例如，权威型教养方式可能不太适合那些本土文化价值观与美国主流文化价值观存在巨大差异的地方，在美国，权威型教养的父母可能对处于不良环境中的孩子们起到保护作用。

父母的精神病理问题

父母的精神病理问题和孩子的调节情况之间的关系一直受到研究者的密切关注。也许意料之中的是，父母的心理紊乱是个巨大的风险因素。在几种精神病理问题中，母亲的抑郁、焦虑和药物滥用与孩子的问题有密切联系。虽然直到最近才开始对父亲和孩子精神病理问题进行研究，但可以明确的是，父亲的问题也会给儿童和青少年带来风险。父亲的反社会行为、物质滥用、ADHD以及抑郁和孩子的调节有关联。

一般来说,基因遗传和环境因素都是父母与孩子精神病理问题联系的基础。孩子可能遗传了一些有致病倾向的基因,会增加风险的遗传易感性,和/或会受到高风险家庭环境的影响。就像我们在基因-环境关联部分所讨论的那样,从父母那里遗传的基因的影响可能与父母所创设的家庭环境产生影响有关。但是,即使孩子没有从父母那里继承易致病的基因,父母的精神病理问题也可能会对养育造成消极影响,导致家庭压力,并且形成一个并不乐观的养育环境。

虐待

虐待青少年是一种极端的失败,不能提供适当的教育也可以被视为一个更大的社会系统在未能提供合理家庭教育条件上的失败。这种在保护孩子或提供积极教养方式上的失败,可能会带来不利于发展的广泛影响,并增加产生各种问题的风险。

虽然虐待儿童问题早在文明开始就存在,但是近来关注的焦点则可以追溯到20世纪60年代早期。儿科医生C.亨利·肯普(C. Henry Kempe)和同事们的一篇文章提出了"受虐待儿童综合征"(battered child syndrome)一词。他们的动力来自在儿科诊所中存在大量的非意外伤害的儿童。直到1970年,美国所有的50个州规定了儿童虐待的报告制度。1974年,美国国会为了引起全国对这一问题的重视,通过了《儿童虐待预防和治疗法案》(The Child Abuse Prevention and Treatment Act)(公共法第93~247页),规定了各州应该对此采取的行动。自20世纪70年代末起,这一问题已成为公众关注的主要问题,得到越来越多的研究者和专业人士的关注。

遗憾的是,这一问题影响深远。根据2011年美国卫生和公共事业部门(DHSS)的一份调查报告显示,2009年,受到虐待和忽视的儿童超过了70万名。此外,那年大约有1770名儿童死于虐待或被忽视。

如何定义虐待

当大部分人在听到"**虐待儿童**"(child abuse)一词时,总是会想到身体攻击和严重的伤害。然而,几十年来,法律一般对虐待或虐待儿童的定义既包括伤害又包括忽视行为,也就是说没有尽到照顾和保护的义务。2003年的《保护儿童和家庭安全法案》(Keeping Children and Families Safe Act)定义了虐待和忽视儿童的情况:

> 任何近期的行为或者没有尽到父母或看护者的任何作为或不作为而导致儿童死亡、遭遇严重的身体或情感伤害、性虐待或性剥削,或者当出现一个立即造成严重伤害的危机。

术语"**虐待**"(maltreatment)不仅包括虐待还包括忽视。文献中典型地描述了四种主要的虐待类型,包括:身体虐待、性虐待、忽视以及情感虐待(见表3-4),图3-7显示了在2009年美国

表 3-4	对四种不同虐待形式的定义

- **身体虐待**:是指由照料者采取导致或可能导致身体伤害(包括儿童的死亡)的行为,如踢、咬、摇晃、刺伤或者击打儿童。打屁股通常被视为一种惩罚行为,但是假如儿童出现瘀紫或创伤就可以被归类为虐待
- **性虐待**:是指包括生殖器的入侵、通过生殖器接触进行性侵犯以及其他形式的性行为。儿童被用来向犯罪者提供性满足,这种虐待也包括性剥削以及儿童色情行为
- **忽视**:是指父母或者照料者不作为的行为,包括拒绝或延迟提供健康照顾,不满足儿童的基本需求,如食物、衣服、居所、感情和关注;不充足的监督;抛弃。这种行为实际上造成了生理和心理的忽视
- **情感虐待**:是指侵犯或疏忽行为,包括拒绝、孤立、恐吓、忽视或者使儿童堕落。监禁、口头辱骂、阻止睡眠、不提供食物或居所、让孩子遭受家庭暴力、允许儿童的物质滥用或犯罪行为、拒绝提供心理照顾,以及其他导致对儿童的伤害或潜在伤害的疏忽行为,都属于情感虐待,这种虐待是持久的和反复的

资料来源:English, 1998.

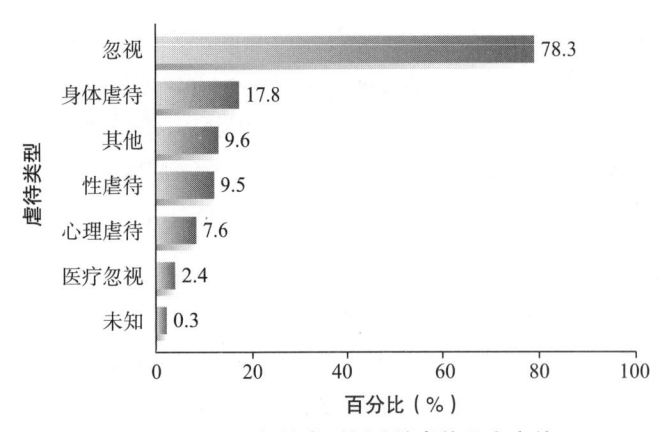

忽视 78.3
身体虐待 17.8
其他 9.6
性虐待 9.5
心理虐待 7.6
医疗忽视 2.4
未知 0.3

图 3-7 2009 年按类型划分的虐待儿童案件

注意：由于每名儿童可能受到不止一种虐待，因此总百分比超过 100%。
资料来源：U.S. Department of Health & Human Services, Child Maltreatment 2009(Washington, DC, 2010).

各类型虐待的百分比，其中占比 9.6% 的其他类型的虐待是指诸如遗弃、伤害的威胁和先天性药物成瘾等。

身体虐待可能比其他形式的虐待更容易察觉，但是伤害的实质和严重程度截然不同。在某些情况下，伤害或许是故意造成的，但是更多情况下伤害是由极端形式的管教和身体惩罚导致的。此外，不论我们是否能够把身体虐待定义为与其他虐待形式不同的一个类别，儿童都更可能在经历身体虐待的同时还遭受着精神虐待和/或忽视。

一般来讲，性虐待是指发生在青少年和成年人之间的性经历，或是对青少年的性剥削，就像在色情电影中的那样。在日常生活中，女孩遭受性虐待比男孩更常见，并且性虐待会随着一些因素的不同而不同，比如开始被虐待的年龄、主犯的身份、行凶者的数量、受虐的严重程度，以及性虐待是否伴随身体暴力或威胁。

忽视是虐待中最常见的形式，指不能够满足儿童的基本需求。将亲子关系定义为忽视，尤其是在不极端的案例中，这需要对家庭的文化价值观敏感，还要考虑经济条件和社会状况。忽视可能涉及无法满足物质需要，比如对健康护理和身体保护的需要，它也可能涉及遗弃或者不充分的

监护。忽视也可能表现为不满足青少年的教育需求，比如默许反复旷课或者不关心特殊教育。儿童的情感需要可能也被忽视。虽然对情感忽视很难定义，但是它可能包括缺少充分的心理关怀或者缺少保护避免目击涉及暴力或物质滥用的伤害性情景。

情感（或心理的）虐待的定义可能是最难达成一致且最具争议的。当提到心理虐待时，对适当的教养行为和渴望的结果的标准就成了一个棘手的问题。情感虐待被定义为阻碍儿童基础情感需求的持续性的极端行为或者忽视，对儿童行为、认知、情感或是生理功能进行损害。情感虐待既可以被视为一个独立的分类，也可以被视为所有虐待和忽视的一部分。

导致虐待的因素

我们已经认识到有关虐待定义的复杂性、多元化和相互关联的决定性因素。下面列举的是被认为可能会导致虐待行为的一般因素：

- 虐待者的特征；
- 儿童的特征；
- 教养行为；
- 亲子之间的互动过程；
- 社会/文化影响。

最后一个类别既包括当前的社会环境（如家庭、就业、大家庭、社会网络），还包括更大的社会/文化情景（如贫穷、对暴力的社会容忍度），它倾向于这样一个事实：虐待最容易在贫穷的家庭、社会和社区情景中发生，这些环境往往会存在种种形式的暴力。我们无法将所有已经被研究者证实的与虐待有关的具体影响都列举出来。在此，我们只强调其中几个研究成果。

在 80% 的虐待案件中，父母是虐待的施暴者。在较小年纪（一般在十几岁）就组建家庭的父母，大多数会成为施虐者。这一现象至少从父母管教

方式上来看是让人难以理解的。施虐的父母在教养方面表现出很多的缺陷。他们往往较少与孩子进行积极互动，总体来说交流也很少，使用很多强制性和消极的管教方法，并且在惩罚孩子时几乎没有什么理由。这些父母还可能表现出对于教养孩子的消极态度：育儿知识有限、存在不合理的行为发展期望、对于平常的需求行为（如婴儿的哭闹）容忍度低、歪曲孩子行为不端的动机。

我们已明确了施虐父母的其他几个特点，包括难以管理压力、难以抑制自己的冲动、与家庭和朋友的社会孤立、更多的情感症状和情绪变化，以及更多的身体健康问题。研究还报道了存在高比例的家庭药物滥用和伴侣暴力。

研究发现，施虐父母更有可能经历过虐待。然而，人们普遍认为大部分的受虐儿童不会变成施虐父母。那么，什么才是两代之间的纽带呢？很明显是风险因素和包含个体、家庭和社会环境特点在内的保护因素间发生复杂交互作用的结果。比如，狄克逊（Dixon）及其同事发现，由于不当的家庭教养方式、父母年龄不到21岁、父母的精神病史，以及与有暴力行为的成人共同居住，会增加虐待的代际连续性。其他的资料显示，生活在一个有家庭暴力的家庭中也会增加虐待风险。

除了研究施虐父母的特征外，专家们也提出了这样的问题：儿童的特定因素是否会增加这些孩子成为施虐对象的可能性？越小的孩子越是脆弱的。从出生到一岁是受虐的高风险时期，大约有三分之一的受害者年龄不足四岁。研究表明，那些有缺陷（如身体残疾、视觉或听觉障碍、智力发育迟滞、学习障碍）的儿童和青少年面临的风险很高。那些表现出行为或情感问题的，或人际交往方式与照顾者的特征和压力相互影响的青少年也处于受虐的高风险境地。比如，一个儿童早期的喂养问题和易怒可能给那些养育能力有限且处于高压状态下的父母增加额外的压力。这可能会导致养育者退缩并且变得忽视。养育者的忽视反过来会导致儿童依赖性行为和要求的增加。

虐待行为同样更多地受到社会环境的影响。已有研究报道了社会经济劣势与虐待，尤其是忽视之间的关系。然而，重要的是要认识到大部分经历过不顺的家庭一般不会虐待他们的孩子。虽然我们很难区分出与社会经济劣势相关的具体原因（例如收入减少、压力及其他一些问题），增加了家庭和孩子承受的风险。贫穷与虐待之间的关系也可能被归咎于其他因素。比如，父母缺乏人际关系和处理问题的技能或许会导致经济劣势和养育方式不当，包括虐待。文化因素或许也起到一定的作用。比如，科宾（Korbin）及其同事发现，非裔美国社区虐待行为与欧裔美国社区的虐待行为相比，贫穷对前者的影响较小。这种差别似乎是由两种不同社区在可感知到的社会联系调节的。社区、资源和大规模家庭的影响可能会成为抵制虐待的保护因子。

虐待的后果

正常的发展过程因虐待行为而中断。儿童成功适应环境所必需的社会和情感支持减少了，影响了儿童许多方面的发展。此外，他们可能很少有机会获得减少受虐风险的积极体验。

一些证据表明，早期的虐待或许与神经生物学的结果有关，比如应激调节系统失调（边缘系统－下丘脑－垂体－肾上腺皮质系统）、神经递质系统的改变、大脑结构及功能区域的改变。这些神经生物学结果发生的程度似乎与一系列的因素有关，包括个体的基因构成、受虐的年龄、受虐的持续时间以及与创伤相关的心理症状的存在。不良的脑部发育结果中也可能存在性别差异，虽然男孩和女孩都受到了影响，但是男孩更容易受影响。

虐待的影响是一个关于不良环境如何改变基本生物功能的典型例子。神经生物学结果可能反过来会导致认知和社会心理障碍。德贝利斯（De Bellis）的创伤发展模型描述了神经生物学结果与虐待和忽视相关的各种消极结果的基础。在这个模型中，虐待及其影响是在一个广泛的生物－交换模型中被观察，其中还认可了许多其他变量的影响（见图3-8）。例如，由虐待的压力引起的神经生物学变化可能会被一系列支持性的养育环境所积极修正。

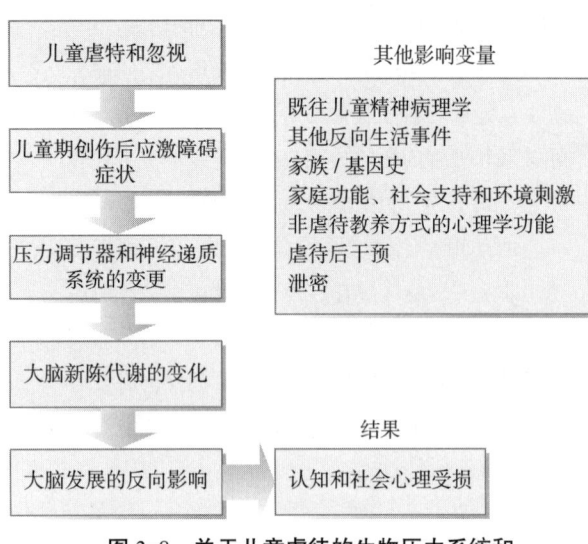

```
┌──────────────┐        ┌────────────────────────┐
│儿童虐待和忽视│        │    其他影响变量        │
└──────┬───────┘        │                        │
       ▼                │ 既往儿童精神病理学     │
┌──────────────┐        │ 其他反向生活事件       │
│儿童期创伤后应│        │ 家族／基因史           │
│激障碍症状    │        │ 家庭功能、社会支持和   │
└──────┬───────┘        │ 环境刺激               │
       ▼                │ 非虐待教养方式的心理学 │
┌──────────────┐        │ 功能                   │
│压力调节器和神│        │ 虐待后干预             │
│经递质系统的变│        │ 泄密                   │
│更            │        └────────────────────────┘
└──────┬───────┘
       ▼
┌──────────────┐
│大脑新陈代谢的│
│变化          │
└──────┬───────┘
       ▼                        结果
┌──────────────┐        ┌────────────────────┐
│大脑发展的反向│───────▶│认知和社会心理受损  │
│影响          │        │                    │
└──────────────┘        └────────────────────┘
```

图 3-8　关于儿童虐待的生物压力系统和大脑成熟机制研究的一种创伤发展模型

◎ 在这个模型中，神经认知受损以及社会心理学结果被视为一种反向脑发展的结果。

资料来源：De Bellis, 2001.

考虑到神经生物学的结果和不正确的养育方式，虐待会导致一系列的不良结果就不足为奇了。儿童可能会出现与健康有关的问题（如身体伤害、性传播疾病），以及在早期发展和后期适应领域都会出现明显的损伤，问题可能会严重到以至于达到一系列心理障碍的诊断标准。这种影响在从婴儿到青少年再到成年人的不同发展阶段中可能会有明显的区别。虽然这是一个相当令人沮丧的结论，但是我们必须承认，许多受虐儿童可以成长为有能力的人，并且青少年即使在面对虐待时也会保有较强的复原力。

总的来说，我们最好将虐待的影响视为对一系列正常发展过程的破坏，如依恋、认知功能、自我概念、人际关系以及情绪管理。虐待的结果可能受到多种因素的影响，包括虐待的类型和严重程度、发展的时机、家庭特征、同伴关系以及邻里关系。比如，研究表明，身体虐待使儿童特别容易产生外化问题和反社会行为问题。考虑到导致虐待行为的多种因素，有效的预防和干预需要处理许多情况——个体、家庭、社区、文化和社会，而且包括许多组成部分。随着我们对虐待有了更准确的理解，我们就能更好地制定出最有效、最符合特定需求的干预措施。

家庭结构的改变：离异

在关于家庭的研究中，我们经常认为家庭是由父母和孩子们组成的。实际上，家庭总是更加多样化。即便如此，根据大多数标准，美国及其类似的国家在过去的几十年里，家庭结构已经发生了巨大变化。许多儿童生活在各种多样的家庭类型中（如核心／父母双亲家庭、单亲家庭、收养家庭、混合家庭①、扩展家庭）。值得注意的是，单亲家庭的比例在过去几十年间显著增长（见图3-9）。在所有有孩子的家庭中，单亲家庭近30%。大多数生活在非传统家庭中的青少年都生活得不错，但是作为一个群体，他们有面临各种困难的风险。

"许多婚姻以离异告终"的说法是有据可查的。在20世纪六七十年代的美国，离异率急剧上升，大约在1980年达到顶峰。近年来，这种趋势已经停止并且可能有所下降，但是据估计，大约会有一半的新婚和近60%的第二次婚姻会以离异的形式结束。每年有超过100万的青少年可能经历父母离异。无论数据多么引人注目，但还不能充分地说明问题。许多儿童在父母离异前经受了很大的压力。还有一些孩子因离异协议书的提交和撤销经历了周期性的家庭分离与不和。还有一

---

① 混合家庭的成员包括夫妇、其子女以及先前与他人所生的子女。——译者注

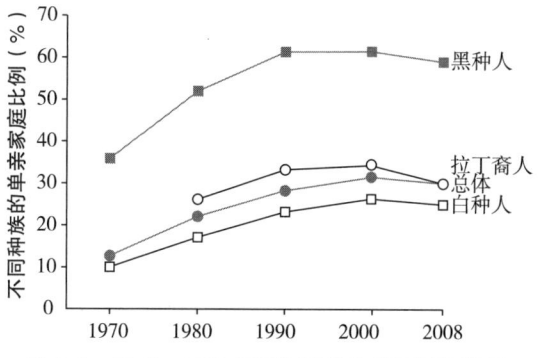

图 3-9　1970—2008 年不同种族和拉丁裔起源的单亲家庭比例

资料来源：U.S. Census Bureau, Statistical Abstract of the United States: 1998, 2003 (118th and 123rd eds. and Current Population Reports, 2008), Washington, DC: 1996, 2003, 2010.

些青少年经历过不止一次的父母离异。此外，父母离异和随之而来的家庭重组不是一个静态的事件，而是改变孩子生活的一系列家庭变故。

高风险

来自父母离异以及重组家庭中的青少年和儿童在发展适应性问题上具有更高风险。那些经历过父母多次离异的儿童和青少年面临更大的风险。困难也在许多功能性区域中出现，比如学业、社交、情感以及行为。

虽然如此，在结果上仍然存在很大的可变性。实际上，来自父母离异或者重组家庭中的绝大多数儿童都处于正常范围内，并且一些青少年获得了较为积极的结果。经过离异，一些青少年摆脱了高度冲突和暴力的情景。还有一些人，尤其是女孩，或许会进入更少压力和更多支持的环境中。他们可能会有机会发展特殊能力。然而，这些发现不应导致我们忽视一些青少年所经历的适应问题的临床意义。还有一个重要问题：是什么导致了那些有发展适应障碍的青少年风险的增加？那些没有发展适应障碍的青少年复原力为何增强？

预测因子的调整

每当讨论父母离异的影响时，需要注意的是，任何一种对传统家庭结构的偏离都是一种问题行为。我们一般不接受这种观点。当然，良好的家长角色通常可以给予孩子很多。然而，家庭组成/父母缺失的影响并不简单，可能受到许多因素的影响，比如父母适应性、家庭关系的质量、孩子的年龄和性别，以及父母对孩子的可用性。此外，家庭定义还存在文化和种族的差异，大家庭（更倾向于出现在非裔美国家庭，而不是欧裔美国家庭）作为一个非正式的网络，亲戚和朋友可以发挥父母角色的作用。

赫瑟林顿（Hetherington）及其同事提出了一个基于交互关联风险的模型，以便解释父母离异和再婚与孩子适应能力之间的关系。正如图 3-10

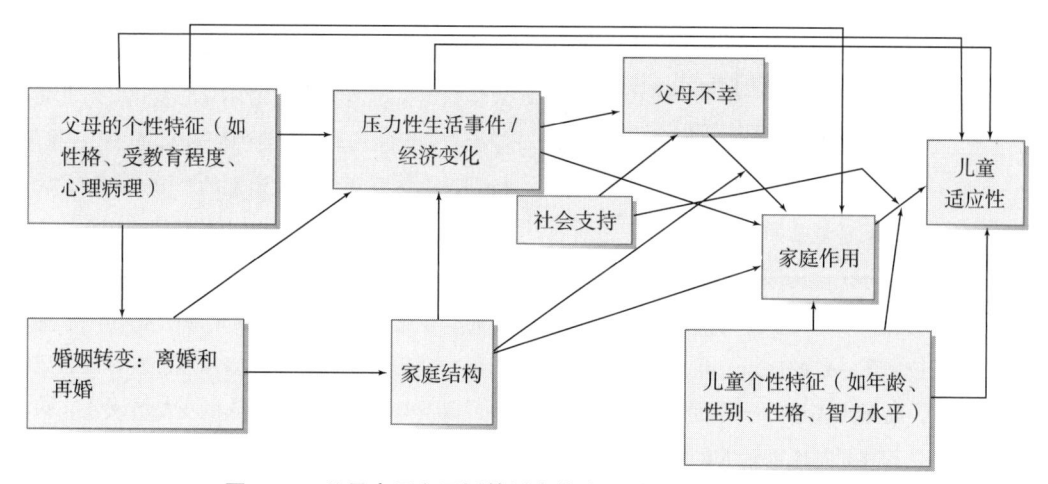

图 3-10　父母离异和再婚等婚变模式下对儿童适应性的预测

资料来源：Hetherington, Bridges, & Insabella, 1998.

所示，对父母婚姻变化的适应包含了大量影响因素之间复杂互动的相互作用。更加复杂的是，父母婚姻转变进程发生时，孩子和他所面临的发展任务也在发生变化。此外，种族和文化影响在这个过程中也是显著的。伴随着这些复杂事件，我们来研究可能影响儿童和青少年对父母婚姻变化适应能力的因素。

父母离异过程的一个核心方面是家庭成员之间的互动，尤其是双亲之间发展中的关系。其实，离异前家庭不和谐的程度，被看作影响这个家庭孩子适应能力的首要因素。强烈的婚姻冲突——特别是婚姻暴力是有问题的。父母离异后，父母间、生父母或继父母与孩子间、生父母与继父母或者其他重要他人之间正在发展的家庭转变关系会影响孩子的适应性。

已经存在的个性特征也影响着孩子的适应能力。成年人的个体特征（如反社会行为、抑郁）使其处于婚姻冲突和多次婚姻转变的危险之中。这些以及类似的原因也影响了成年人为人父母的能力。儿童和青少年的个性特征会影响其适应能力。脾气温和的青少年也许能更好地应对因婚姻转变而来的家庭关系破裂。对于脾气不好的青少年来说，或许更可能因他们紧张的父母而导致不良反应，或许更难适应父母的否定和婚姻转变。他们可能更难得到周围人的支持。当然，一个儿童先前的行为异常程度也会影响适应能力。确实，当把先前的适应能力考虑进去时，由于父母婚姻转变导致的孩子之间的差异被大大减少了。

然而，父母性格、孩子性格以及发展中的离异过程之间的关系是复杂的。例如，孩子先前的适应能力可能部分来自父母婚姻破裂的摩擦。反过来，夫妻抚养一个脾气不好的孩子所带来的挑战也为婚姻带来了一定的困难，并增加了离异的概率。此外，离异的成年父母的性格和儿童的行为问题可能受其共同基因因素的影响。共同的基因会增大父母反社会行为（离异风险）的可能性，以及儿童和青少年的行为问题等。

性别因素也可能会影响对父母婚姻转变的适应能力。早期的报告显示，男孩更易受父母离异的影响，女孩更易受父母再婚的影响。近期的研究报告显示，性别差异打击导致适应力不同这一命题上并不明显，也没有一致的意见。研究方法的进步可能是这一发现的部分原因。守护和探望安排的变化可能会提高父亲的参与度。性别的影响可能是复杂的，取决于适应性、发展模式上的性别差异、青春期长短和其他类似的因素。显然，个体性格在适应父母离异方面所起的作用是复杂的。

另外一个影响孩子适应能力的因素可能是种族差异。例如，非裔美国青少年会比白人青少年更得益于生活在再婚和专制父母家庭中。有研究表明，继父收入的提高、监督、提供的角色模范或许更有利于非裔美国儿童，因为他们大多居住在资源更少、犯罪和暴力更严重的危险社区。

最后，父母离异过程还包括家庭情况的变化（尽管这些变化与婚姻破裂的原因无关），但会影响到家庭的发展情况。例如，有监护权的母亲及其子女会经历经济的衰退，有许多人会生活在贫困水平以下。较低的生活水平和经济的不稳定，提高了青少年的风险，如生活在更危险的社区或在不合格的学校读书。父母离异可能会造成家庭生活的其他应激的变化，如更频繁地更换学校。大多数与父母离异有关的环境的变化，对儿童适应能力的影响可能会受到他们对家庭过程的影响，特别是由家庭环境的稳定性的影响来调节的（参见"重点"专栏）。经济压力和其他变化会造成家庭关系的机能失调（如冲突）并影响有效教养。然而，在这样的背景下，最重要的是要牢记一点：积极的经历（如稳定的家庭环境、良好的亲子沟通，以及与另外一个成年人的支持性关系）可能会是青少年经历父母离异相关事件的保护性因素。

> **重点**
> 家庭稳定
>
> 　　家庭稳定是家庭环境的一个方面，研究者在讨论儿童的发展和适应时经常会关注它。稳定程度较高的家庭往往与积极的儿童发展结果有关。什么是"家庭稳定"？这一术语通常被用来描述家庭结构的稳定性——例如，与父母分居和离异相比，保持一个核心家庭的结构就是"家庭稳定"。虽然这样的观点是合理的，但也有可能需要考虑更广泛的家庭稳定含义。
>
> 　　为了给家庭稳定提供一个广义的解释，伊斯雷尔（Israel）及其同事提出了包括两个组成成分的家庭稳定性的模型。第一个部分是总体家庭稳定，涉及家庭结构的变化（如与父母离异相关的变化），该成分还可以用来描述家庭生活的变化（如父母离异或者父母死亡等）。家庭生活变化可能包括诸如居所、学校和家庭组成的变化（谁生活在孩子的家里）。"总体"一词被用来描述这些结构上和家庭生活的变化，因为这些变化被认为离孩子的日常生活经历很远，并且难以被孩子或父母控制。
>
> 　　第二部分是分散家庭的稳定性，是指家庭活动和家庭日常生活的可预测性和一致性。可能包括一些日常的生活（如在睡觉或者吃饭的时候会发生的事情）、孩子在日常的生活中会定期参与的活动（如周末活动或者宗教仪式），或者家庭成员不参加却由家庭安排并获得家庭支持的活动（如课余活动或者与朋友共度时光等）。可以预见的是，在如何获得家庭稳定方面，在不同的家庭中是不一样的——一个家庭可能是有规律的用餐时间，但另一个家庭可能是定期参加联合户外活动和其他活动。家庭以不同方式建立稳定性，可能随着儿童的发展水平进行调整。此外，分散家庭的稳定性也可以被理解为教养技巧，也是稳定性的一个组成部分。这种稳定性最接近孩子的日常生活，并且在后期干预的时候也最容易接触到。因此，专业人员可能会通过帮助家庭发展可预见定期的家庭活动，这些活动有助于在被破坏的家庭环境背景下建立家庭稳定感。研究证明，分散家庭的稳定性的确与儿童的调节能力有关。
>
> 　　创建稳定的家庭环境可能对于所有的儿童和家庭都是非常重要的，对于那些正在经历多种变化的儿童和家庭来说可能尤为重要。这些变化经常发生在经历父母分居、离异、再婚的家庭中。其他的生活环境也可能会提出挑战。美国最近所面临的变化和挑战可能就是一个例子——军队家庭正在经历父母一方因军事部署而发生的变化。伊斯雷尔及其同事所提出的家庭稳定性模型，可能会帮助我们理解军事部署对家庭和孩子的潜在影响。例如，军事部署可能与作为总体家庭体系概念的一部分的家庭生活变化相关（如居所或家庭居住成员的变化）。另一方面，对于一些家庭而言，军队生活的某些方面可能会防止这种不稳定因素（如与其他军队家庭共同居住）。
>
> 　　我们可以认为军队发展过程造成了家庭生活的好几个方面的变化——家庭为军事部署做准备、实施军事部署、当父母远离时支持家庭、准备接受重新部署、以及父母回家后的阶段。如果军队服务成员有多种离家的军事部署任务，那么这些变化可能会重复发生。军事部署循环的多个阶段可能会对保持典型的家庭活动和例行程序（分散家庭稳定性）带来挑战。这种情况可能发生在军事部署阶段，也可能会给参与军事部署的父母和家人带来挑战。这些孩子面临着因军事部署而带来的相关挑战的家庭总体。父母在家庭环境中创建家庭稳定性的能力可能会影响孩子的调整能力。

同伴影响

从婴儿期开始，与个体相关的社会关系以及同伴关系的影响可能会增长。同伴群体提供了一个独特的发展环境，会影响当前和长期的社交和认知成长。同伴间的相互作用扮演了一个独特和/或必不可少的角色，包括社交能力、共情、合作、道德感等的发展，冲突的协调和竞争、对侵犯的控制，以及性别社会化和性别角色。同伴关系会保证面对逆境时社交能力的发展，从而排除或减少儿童发生障碍的可能性，它们或许也导致了障

◎ 同伴交往为个体发展某些技能提供了独特而重要的机会。

碍产生。

儿童独特的个性（如情绪的、认知的、社交的）都会影响同伴关系以及其他社会关系的发展。早期的家庭关系经验被认为与同伴关系、社交能力有关。父母的敌对性、强迫、缺乏参与、专制型或限制型的风格都与孩子的攻击性和同伴排斥有关。老师们也在塑造孩子对同伴的态度方面发挥作用。社区环境特征也能影响青少年与不正常同伴交往的可能性。

同伴关系各方面的性质越来越受到重视。早期的研究主要聚焦于总体的同伴地位，即同伴群体是否接受、拒绝或者忽视目标儿童。研究者将更多的兴趣指向特殊关系，例如欺凌者和受害者之间的关系。友情的性质和作用也受到了关注。亲密朋友会被视为积极经验，可以保护儿童免受风险因素的影响，包括遭受同学排斥拒绝或忽视。意料之中的是，儿童倾向于选择有相似兴趣和相似适应能力的儿童做朋友。友谊会增加积极的态度和行为，但它也会放大和鼓励心理障碍和异常行为。

研究者在分析两个学生的关系时描述了一个消极结果的极端例子——他们参与了哥伦比亚高中的谋杀案。虽然导致事件发生的情况非常复杂，但该案情表明，这两个学生对对方的极度需要相互强化，无法单独进行袭击。

人们对儿童同伴关系感兴趣最常见的原因是同伴关系与儿童后期适应息息相关。经历过同伴排斥的儿童，通常比较孤僻，而且会遭到社会孤立，他们与异常同伴交往会导致他们处于适应困难的风险中。确实，对于有各种各样的心理障碍的儿童，常有报道称困难的同伴关系是那些转诊到心理健康中心的儿童的共同原因。同伴困难和适应问题之间有着双向的关系——同伴困难不但会导致行为障碍的形成，而且障碍的出现也会对同伴关系产生负面影响。

如何理解早期的同伴问题与后来的心理障碍之间的关系呢？在某种程度上，这些关系可能并没有因果联系，一些无法识别的普遍倾向会引起并独立地导致同伴和其他困难。当研究者怀疑二者的因果联系时，一个假设是孩子最初的倾向和社会经验与同伴产生了消极互动，导致孩子用引起同伴排斥和其他困难的方式来行动。

社区和社会背景

学校的影响

学校是儿童和青少年生活中最核心的环境之一。尽管学校的主要功能是教授智力技能和知识，但也被期待引导他们其他方面的发展。学校帮助儿童和青少年实现社会标准和价值社会化，塑造成就动机，这有助于社会情绪成长和心理健康。学校影响是通过远端因素（如地区资源、教育政策），以及近端因素（如班级氛围、教学和社会关系）等来发生作用。

学校的组织和结构多少会有利于健康发展。例如，今天的教育系统通常要求儿童在青少年早期就要升入中学。因此，在儿童身体和社会性特点发生飞速变化的时候，他必须适应新的学校要求。通常包括更多的无监管时间，更少的父母-老师之间的交流，并接触更多种类的同伴。从小学到中学的过程也可能是一个高风险过程。

社会关系是学校生活的重要组成成分。学校是重要的同伴互动场所——支持性的友情、排斥和恐吓，以及其他社会关系的团体。毫无疑问的是，学校环境的不同（如学校大小、学生受教育范围的划分、非正式的社会交流机会）会影响同伴关系。

师生关系对青少年来说也是很重要的，许多人到成年时还记得他们最喜欢或最讨厌的老师。这些关系会在积极的标准发展方面发挥作用，也作为风险因素或保护因素以免受风险因素的影响。不足为奇的是，亲密的师生关系与积极的儿童成就有关，而冲突关系与不适宜的行为和不良的学业成绩相关。关系压力和学生对教师行为的感知是重要的影响因素。例如，一项对六年级到八年级学生做的追踪调查中，结果发现学生在感知到教师支持的增长后，与本身自信的提升和抑郁障碍的减少存在因果关系。

人们普遍认为，成功完成学业被公认为良性发展的促成因素，但是许多青少年并没有意识到这一点。社会经济地位低、学业失败、行为异常以及缺少家庭支持是导致他们辍学或留级的影响因素。遗憾的是，在上层社会学生就读的学校与社会底层背景和少数民族背景的学生就读的学校之间也经常存在巨大的不公平。当然，学校并不是学生成功的唯一决定因素，但是大家也一致同意：学校对学生的认知发展以及他们的社会和情感发展负有一定的责任。一些学校在课程中包含了社会和情感发展的内容，目的是防止诸如学业失败、物质滥用等问题，提高学生的社交能力，为学生提供为社会环境做贡献的机会。

社会经济地位及贫困

社会经济地位（socioeconomic status，SES），或称社会阶层，是由收入、受教育成就、职业水平等因素决定的，这些因素之间相互关联。实际上，所有的社会都有社会地位的分层。社会地位在生活的很多方面（如环境条件、社会互动、价值观、态度、期望、机会等）都存在差别。

虽然所有的社会阶层都存在良好的适应力，但较低的社会阶层有更高的风险，这导致人们强调贫困的影响。来自较低社会经济地位家庭的青少年会体验到更多消极后果的风险，如发育迟滞、学习障碍、学业失败、行为和心理问题。不幸的是，根据长期的观察资料可知，在美国青少年贫困的比例高于其他年龄群体。2010年，有22%的18岁以下的青少年生活在处于贫困线之下的家庭中。如果考虑种族和西班牙裔的因素，比率会有所变化（见表3-5）。此外，在由单亲女性支撑的家庭中，生活在贫困线下的比例（32%）要远高于有配偶的家庭（6.2%）。

表3-5　2010年18岁以下青少年贫困率（%）

所有人	22.0
非西班牙裔白种人	12.4
亚裔	13.6
西班牙裔	35.0
黑种人	38.2

资料来源：U.S. Bureau of the Census, Income, Poverty, and Health Insurance Coverage in the United States: 2010. Report P60, n. 238, Table B-2, pp. 68–73.

在讨论家庭收入对儿童成就和语言能力的影响时，邓肯（Duncan）和布鲁克斯-冈恩（Brooks-Gunn）于2000年指出了贫困的持久性、深度和时间的重要影响。长期的贫困会产生严重的影响，而且当贫困发生在儿童生命早期时，对儿童的负面影响是最大的。

此外，长期积累的各种风险因素与发育结果相关。图3-11表明，贫困和中层的儿童在三到五年级间经历的风险累积数目有所不同。贫穷的儿童更有可能接触过量的铅、杀虫剂、空气污染、水供应不足、脏乱差的环境卫生。这些儿童更有可能生活在一个房屋建筑有问题、啮齿类动物猖獗，并存在其他安全隐患的拥挤房屋里。

毫无疑问，家庭进程在调解贫困的影响方面扮演着重要角色。尽管家族基因可能起到某些作用，但是外部影响也有关系。成长于低收入家庭

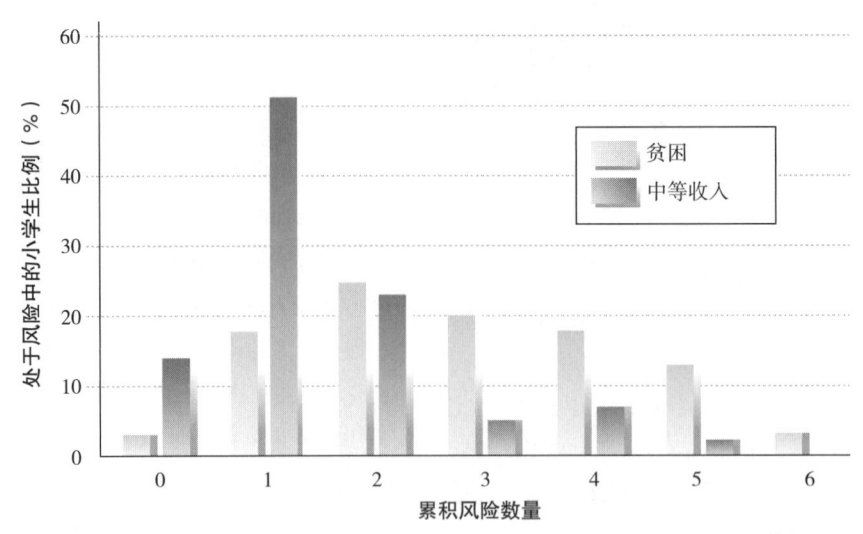

图 3-11 贫困和非贫困小学生在生理和心理环境累积数目百分比上的差异

资料来源：Evans, 2004.

中的儿童通常缺乏学习资源，例如，书籍、合适的玩具和计算机。较低经济地位阶层的家庭之中，父母通常更加严厉，敏感性和责任感更低。中产阶级家庭的父母相对而言会为儿童付出更多的时间、精力和言语关怀。此外，贫穷的压力可能会增加发生亲子冲突的可能性，家庭分居和较差的婚姻质量也可能与贫困有关。

贫困的多方面影响会通过各种途径影响儿童的发展。2011 年，汉森（Hanson）及其同事重复研究了环境变化如何影响人类的大脑发育。他们提出，生活在贫困中通常会导致更高的压力，并减少环境的刺激——这两者都会影响神经功能。研究者从 4~18 岁儿童和青少年的数据库中发现，贫困和海马体灰质体积有直接联系，这是一个受压力影响的大脑区域，与认知和行为调节相关。尽管这项研究并没有明确地建立因果关系（即贫困的许多其他方面可能会影响大脑），但它表明了一种机制，通过这种机制，贫穷的环境会使生活在贫困中的青少年面临许多会导致负面结果的风险。

社区

所有的社区环境都会影响儿童和青少年，但是研究重点为贫困的城市社区。目前，对于社区影响的研究增加，在一定程度上是因为从 20 世纪七八十年代起，城市地区的贫困家庭变得越来越集中。许多社区以公共住房、少数族裔/种族背景的家庭数目不成比例为特征。尽管假设这样的社区完全相同的观点是错误的，但它们往往提供了一个对儿童发展远远不是最理想的发展背景。

要将社区影响从家庭和其他影响中区分出来是很困难的，但还存在一些证据表明社区影响是独立的。2000 年，利文撒尔（Leventhal）和布鲁克斯-冈恩概述了关于儿童和青少年在学业技能、心理健康、性征发展方面所获得的研究发现。最一致的表现是，一个富裕的社区通过入学准备、

◎ 非常贫穷的社区通常为青少年的发展提供了一个不太理想的环境。

学校成就，为儿童和青少年提供了实质的好处，尤其是欧裔美国青少年。研究发现，在低社会地位社区与行为/消极行为表现之间的联系，这充分证明了社区对心理健康的影响。总体来说，社区对儿童发展有较小到中等的影响。

利文撒尔和布鲁克斯-冈恩通过引用研究结果和理论解释，论述了社区影响的机制和途径（见图3-12）。

- 一条途径是社区资源，包括学校、图书馆、博物馆提供的学习机会及日常照顾的质量、医疗服务和就业。
- 第二条途径聚焦于人际关系，尤其是家庭内部关系。它包括父母的个性特征、养育方式和监督、父母的支持网络、家庭的物质和组织特征（如清洁、安全、规律的计划和日常生活）。
- 第三条途径是社区规范/集体效能，这是指社区被组织起来以维持行为准则和秩序的程度。正式机构或非正式网络在不同程度上监控和监督个体行为，并观察可能存在的自然风险。社区检查儿童和青少年行为、对非法物质的接触、暴力、犯罪以及其他类似活动。

在这些途径中，准则或集体效能和关系的影响是最明显的。关于后者，家庭作用与社区特征相关，可以作为一种风险或保护性影响。例如，社区劣势同孩子与异常同伴交往有关系，严厉的、反复无常的管教似乎加强了这个联系，而关爱的管教会削弱这个联系。另一个例子是居住在更危险社区中的父母可能会更专制。他们用回避和密切监视孩子来面对不利环境。事实上，父母的监督能提供一个保护性的屏障。

假设即使是很小的社区特征也都会影响很多青少年，许多改善措施都是针对社区的。一个特别广泛的方法就是联合发起的"争取公平住房机会"（moving to opportunity for fair housing demonstration，MTO）运动。随机选择志愿者家庭接受从非常贫困社区搬到经济社会地位较高社区的机会，然后同那些落后的家庭比较。虽然这一干预产生了一些积极的结果，但又产生了许多新的问题。实际上，这种干预和类似的针对儿童和青少年心理健康的项目的结果很复杂，而且一些研究者对于社区改善儿童和青少年生活途径的研究更乐观。

文化地位、种族地位，以及少数阶层

以上我们讨论的所有情境都在一个较大的文化背景下发生作用，包括社会的信仰和价值观、社会构成、社会角色和规范以及做事方式。

文化因素带来的影响会产生广泛的积极或消极效果。例如，美国的某些惯例会无意地导致儿童和青少年的行为异常。一个案例关注了这样的现象，即儿童和青少年在媒体中接触了大量的攻

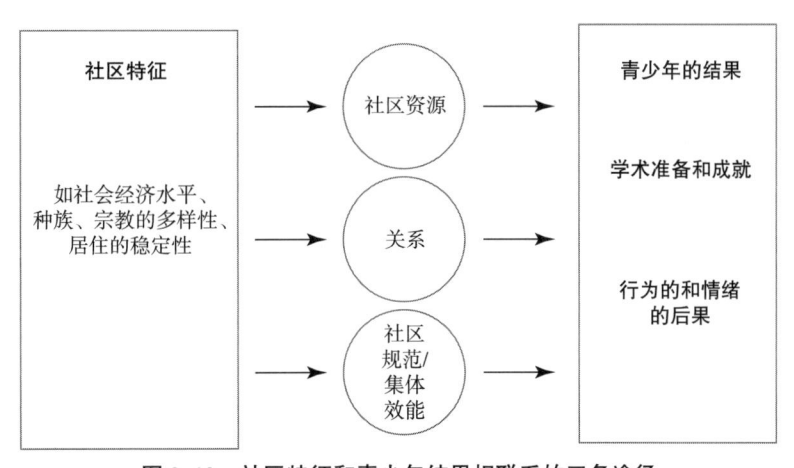

图3-12 社区特征和青少年结果相联系的三条途径

资料来源：Leventhal & Brooks-Gunn, 2000.

击和暴力行为。几十年的研究表明，观看这样的电视、电影和电子游戏能增加孩子的攻击行为，使其对暴力行为麻木，并减少亲社会行为。

对于非主流种族背景的个体来说，文化背景带来的风险可能会特别高。原住民群体要面对独特的历史问题和文化适应问题，也就是说，文化的相互融合带来了文化变迁及**文化适应**（acculturation）。在许多国家，原住民群体发生贫困、精神疾病或健康问题、教育劣势以及类似的问题比率更高。在美国，美国原住民的贫困率更高，相对一般群体，这一群体在出生、失业、自杀、酗酒和死亡方面的比率都较高，在某种程度上也高于其他少数民族。有美洲印第安人背景的青少年有较高的滥用毒品、破坏性行为比率和较高的监禁率。

过去的几十年间，在美国出现了巨大的种族/民族多样性的变化，截至 2010 年，西班牙裔儿童占青少年总数的 23%。移民的孩子（不管是在国外出生还是在美国出生）都需要特别考虑。在 2008 年，大约 25% 的 17 岁及以下的青少年与移民父母生活在一起。这些父母可能英语不够专业，经济能力有限。此外，他们甚至可能是非法入境的，这样的身份威胁着他们与主流文化融合，减少了他们融入社会的机会。尽管这些家庭的国家背景差异很大，但移民儿童普遍面临贫困、教育程度低和容易产生行为问题的风险。

移民和少数民族通常都面临着偏见和歧视，他们在生命的早期就觉察到了这种歧视。偏见和歧视不但减少了机遇，还有其他的影响。例如，对非裔美国人的消极预判和刻板印象影响了他们的学业表现。歧视和所谓的种族主义已经表现出与障碍症状（如非裔美国孩子和青少年的侵犯性、反社会行为和抑郁）的相关性。或许不足为奇的是，在能保护这些青少年免受负面影响的各种举措中，有一种是他们认同自己的种族群体并为他们的传统自豪。

一些研究强调，需要考虑青少年少数民族和种族背景的独特经历对发展的影响。本书已为非主流文化中的青少年提出了一些发展模型，包括偏见、歧视、文化适应、种族社会化、认同、文化价值的可能影响（除此之外，我们应需要考虑其他由于不利条件或性征适应而经历更多歧视和偏见的青少年）。

最后，我们应该注意到劣势少数群体需要接受精神和其他健康服务。除了在贫困社区里不被接受的和不适当的服务之外，专业人士在多元文化背景中可能缺乏文化差异的意识——生产性工作所需的技能以及对他人的开放性态度。为了提升文化融合能力，美国心理学会公布了培训、实践以及其他服务方面的关于多元文化社区的方针。毫无疑问，这些需求是有价值的。

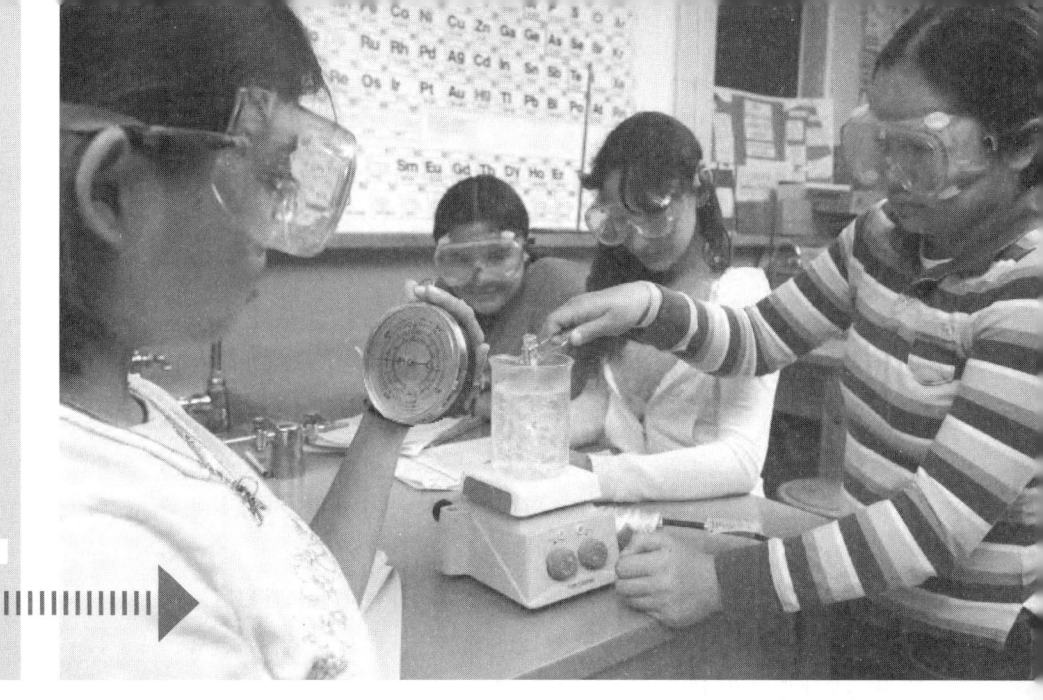

第 4 章
研究：任务与方法

本章将涉及：

- 观察和测量的科学目标和任务；
- 研究结果的信度和效度；
- 案例研究、相关方法、实验方法，以及单因素实验设计；
- 横向、纵向和加速纵向设计；
- 定性研究；
- 研究中的伦理问题。

作为一门学科，心理学坚持这样一个观点：科学能够提供有关人体功能、行为和发展等方面的最全面和最有效的信息。虽然常识能告诉我们许多有关行为的知识，但是科学的目标是超越常识，获得系统的、可靠的和准确的知识。科学的一般目的是描述与解释现象。

"科学"一词的英文"science"源于拉丁文，是指"知识"或"需要知道"，但它指的是通过特殊的调查方法获得的知识。我们可以通过阅读文学作品或听音乐来了解世界，但我们不会认为通过这种途径所获得的知识就是科学知识。科学理解来自系统地提出问题、观察与收集数据，以及通过一种可以接受的程序解释调查结果。虽然在人类的科学研究中会出现一些担忧，甚至是危险的警告，但我们已经开始评估科学能够告诉我们的关于自身的知识。

研究的基础

很多和发展精神病理学相关的主要问题已在逐渐地通过科学调查来解决（见图4-1）。毋庸置疑，这些一般性问题被研究者转换成了无数更多的特殊性问题。要回答这些问题，有时候只需要描述现象就可以了。我们可以计算出特定障碍的数目，也可以解释障碍的症状。其他时候，则需要确定现象发生的条件，并探索它和其他变量之间的关系。通常，确定因果关系就成了我们的最终任务。

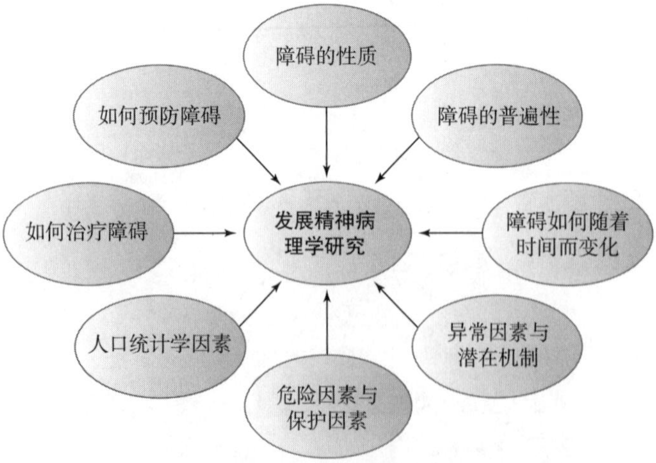

我们已经发现，研究者很少（如果有的话）在一个纯粹知识性的氛围中提出问题，并尝试回答问题。他们被已经存在的信息、概念、观点或理论，以及自身的倾向所引导。研究目标、变量的选择、研究的程序、分析与结论都需要理论概念与假设来进行指导。然而，在提出问题与决定如何最好地寻求答案的过程中，一些轻度的主观性和创造性肯定在所难免。

常见的做法是，试着检验来自理论概念的特殊假设。**检验假设**（hypothesis testing）是有价值的，因为它倾向于系统地而不是随意地去建构知识；任何一个调查都很少能证明一个假说的正确与否；相反，它会提供一些证据支持或反对这一假设。反过来，一个被支持的假设可以作为潜在理论的正确性和解释力的证据；相反，一个未经证实的假设，会被用来反驳、限制或重新定向理论。观察和理论共同推进了人们对科学的理解。

正如研究者所提出的一系列问题和假设一样，他们在各种环境中工作，从家庭或者社区的自然环境到被控制的实验室环境。不同策略与设计的应用取决于研究目的、伦理和实用性。然而，所有的案例都应该谨慎考虑被试的选择、观察与测量、信度与效度。

研究被试的选择

出于充分的理由，研究报告需要对被试及其被选择的方式进行描述。这个信息在判断调查结果与解释的充分性上是非常重要的。

对于发展和异常心理学的研究，往往会得出与研究者所感兴趣的群体有关的一般结论。由于要对整个群体进行研究几乎是不可能实现的，因此，最好的选择就是检查一个具有代表性的样本。

图4-1 发展精神病理学研究中的一些主要问题

在整个群体中**随机选取**（random selection）被试的时候，这个样本是最具代表性的，因为每一个被试都是被随机选择的。虽然这个目标也许并不可行，比如，几乎不可能从所有智力低下的幼儿或儿童中随机选取样本，但是我们可以努力提高样本的代表性，并提高对研究结果的解释力度。

在心理障碍的研究中，研究者通常是从诊所、医院和其他为问题青少年提供服务的机构中选取被试。这些诊所人口不大可能代表全部有障碍的青少年。他们可能会排除那些由于家庭无法承担诊疗费用的儿童；或者因被拒绝、害羞、害怕、成人对儿童的高度忍耐而不去寻求帮助的儿童。诊所人口中那些症状更为严重、有症状表现或打扰到他人的患者人数过多。这种**选择偏向**（selection bias）有更重要的含义。比如，我们已经发现，与临床人群而不是普通人群，或与男孩而不是女孩合作，或许都会影响对障碍的定义。研究被试的特点以及他们被挑选的方式对研究计划以及得出研究调查结论都是至关重要的。

观察和测量

观察和测量是科学研究的核心，这对行为科学家而言是一种挑战。虽然对行为的显性观察与测量相对比较简单，但思想与情感更加难以捉摸。无论在什么情况下，科学家都必须为被研究的行为或概念提供**操作性定义**（operational definition）。换言之，必须选择一些可以观察与测量的操作来定义行为或概念。攻击性可能以儿童实际撞击或威胁玩伴的频率来作为其操作性定义；而抑郁可以通过测量青少年报告里的悲伤与绝望感量表分数来定义。

在试图挖掘所有信息来源的过程中，行为科学家采用了多种观察与测量方法，包括：在自然或实验室环境下，行为科学家直接观察显性行为；采取标准化的测试；记录大脑、感官或心脏的生理功能；要求人们报告或者评估自己的行为、思想与感受；收集与研究其他调查对象报告。那些

◎ 直接观察允许研究者直接测量正在发生的行为。

用来研究染色体的高技术遗传方法以及大脑成像的神经科学的程序都逐渐成了额外的信息来源。

无论测量方法是什么，它都应该是有效的，也就是说研究者所感兴趣的是利益属性的准确指标。表4-1中列举了几种**效度**（validity）。比如，当一份问卷符合一种可被接受的、有关焦虑的基本概念或含义时，就存在结构效度。观察也应该是**有效的**（reliable），即在相似环境下进行重复测量时，数据应当是相似的或一致的。为了确保客观、精确、可靠地观察和测量，研究者需要进行大量的思考与实践。

表 4–1　一些与测量有关的效度

内容效度	指所测量内容是否与研究者所感兴趣属性的内容相对应
结构效度	指一个测量是否与研究者所感兴趣属性的潜在结构（概念）相对应
表面效度	指一个测量是否在表面上看起来适合于测量研究者所感兴趣的属性
一致性效度	指一个测量分数是否与其他研究者的已有测量结果相一致
预测效度	指一个测量的分数是否能有效预测被试的心理特质及未来绩效

比如，达兹（Dadds）及其同事于1992年研究儿童抑郁时，采用了**自然观察法**（naturalistic

observation）。自然观察法包括直接对"真实环境"中的个体观察所组成，有时只是简单地描述自然发生的行为，有时是回答特定的问题或检验假设。在一项研究中，将患有抑郁障碍或品行障碍的儿童的两组家庭的亲子互动进行了对照。一组家庭的儿童被送到诊所接受治疗；另一组家庭的儿童则没有接受治疗，而是通过对他们的晚餐时间的录像来记录他们的行为。被录下来的行为会由受过训练的观察者借助一种精心构建的观察系统进行独立编码，即家庭观察时间表。这套工具为研究者提供了20种亲子行为——其中包括微笑、皱眉、表扬、抱怨。随后通过检验测量效度来决定独立编码者之间对记录的行为编码的一致性。如果观察时间表是明细和清晰，观察者的信度就越高。在这项研究中，由额外的观察者来检验**内在观察者信度**（inter-observer reliability），对录像中的三分之一的行为进行编码。这项研究还得益于观察者事先对每个家庭中儿童的临床状态情况的不了解。也就意味着，观察者事先并不知道儿童的行为会出现哪些问题，也不知道实验待检验的假设。这种**观察者的"盲视"**（observer "blindness"）降低了他们被这些信息误导的可能性。这项调查所有的特点——一个建构良好的观察测量系统、观察者经过训练、编码信度的测量以及观察者的盲视，都为研究中的测量提供了重要的标准。

研究结果的信度

信度和效度的概念也适用于研究结果。一项研究的结果的作用在于揭示这个世界的"真相"。科学方法假设：真相自身是可以被重复验证的；在相同或相似的条件下，其他人也可以观察到。因此，结果的重复验证是科学工作的一个重要组成部分。如果在相似的条件下没有得出相同的结果，那么原始结果就会被认为是不可靠或不一致的，也就是说，原始结果仍然是被质疑的。研究者因研究结果的信度或可重复性的需要而面临很大的压力。研究者必须保证概念和研究过程的清晰和简明，并对研究结果进行良好的表达，以便其他人能够重复和判断他们的工作。

研究结果的效度

信度是指研究结果的一致性与可重复性，效度则是指科学发现的正确性、可靠性与适当性。研究结果的效度是一个复杂的问题。一般来说，要从两个角度来判断效度，即研究的目的及研究结果的应用。需要考虑的就是**内部效度**（internal validity）与**外部效度**（external validity）。

很多研究的目的都是为现象提供解释。内部效度是指解释被判断为正确或合理的程度。许多因素对内部效度构成威胁，这取决于所使用的研究方法和实验设计。出于对研究目的、实践和伦理的考虑，研究者会选择最恰当的研究方法来进行指导，最大限度地提高内部效度。一般来说，如果其他解释都能被排除，则所提供的解释就会被证明是有效度的。

外部效度指的是普遍性的问题，即调查结果能够在多大程度上应用于其他人群或其他条件。实际上，研究者总是对普遍性感兴趣，但是它又不能被假设。在美国，针对欧裔美国儿童的调查研究结果可能适用也可能不适用于墨西哥裔美国儿童；来自动物的研究结果可能适用也可能不适用于人类；在高控制条件下的实验结果可能适用也可能不适用于现实条件。关于普遍性的问题几乎不能够被完全解答，但事实证明，应用各种人口、环境和方法可以提高外部效度。

研究的基本方法

有很多处理和实施研究的方法。研究可能会集中在一个人、一个或几个群体的身上。研究者有时候也会或多或少地对实验程序（如实验条件）施加控制。有的研究时间范围相对短暂，有的研究却能持续数年。然而，所有的研究方法都各有利弊，而且合理地选择研究方法取决于研究的目的以及其他方面，并且只有当这些研究结果是建

◎ 罗杰斯小姐，我是萨利·格林。我儿子的研究项目的目的是探究看过多的电视对一个典型的 10 岁孩子的影响，这是真的吗？

立在几种不同的研究方法上时，它们才会更有说服力。

对研究方法的定义或分类没有唯一的标准。而有效的区分方法包括**描述性方法**（descriptive method）、**非实验研究方法**（nonexperimental method）、**实验研究方法**（experimental method）。描述性方法的一般目的是描绘使儿童感兴趣的现象，通过不同的方式观察分析，可以描述一个儿童的特征或生活，也可以比较几组在某方面存在差异的青少年群体行为。这种方法通常是对两种或两种以上感兴趣的变量之间的关系进行描述。非实验研究方法被广泛应用，它们通过复杂的相关与多元统计分析技术来研究复杂的变量关系。

实验研究方法可以被看作一种**随机实验**（randomized experiment）或**准实验研究**（quasi-experimental study）。随机实验因最接近于建立因果关系而备受推崇。它们需要进行一种操纵 A，然后检查结果 B。如果 A 的变化和 B 的变化相关，而它们之间的其他关系的解释都不成立时，就说明 A 和 B 之间存在着因果关系。排除其他解释的关键是随机分配被试，以及实验者就实验程序和无关因素的控制。

准实验研究与随机实验相似，它们都包含了操作和各种控制。不过，被试并不是被随机分配的。这种差异降低了做出因果解释的信度。举例来说，就是在一项假设研究之中，将那些接受过训练的、家中有残障儿童的志愿者家长，与那些没有接受过训练的家长相比较。如果训练组的家长表现更好，是不是就可以把这种结果归纳为训练是有效的呢？也许志愿者家长在开始时就拥有不错的技能，或是他们与没有接受训练的家长相比受到了更多的鼓励，因而表现得更好。事实上，我们不能排除训练以外其他有可能导致这种结果的因素，但有一些方法可以加强对因果关系的论证。假如每组家长在接受操纵之前和操纵之后都进行了测量，如果训练组在操纵前和操纵后比未训练组的分数更高，我们就可以把受过训练作为训练有效性的证据。

在区分了描述方法与实验方法后，接下来我们看一下发展精神病理学研究中常用的四种基本研究方法。

个案研究

个案研究（case study）是心理障碍研究中常用的一种描述性的、非实验的研究方法。个案研究侧重于单个个体——描述背景、现在与过去的生活环境、生活方式和个人特征。个案研究可以告诉我们关于心理问题的性质、过程、相关关系、结果及可能的病因。另外，它甚至可以弥补临床实践和研究之间经常存在的差距。

以下简略的研究报告，是关于一个拥有罕见的高儿童精神分裂症患病风险的男孩。

案例

马克斯：一个有儿童精神分裂症患病风险的男孩的病例

当学校校长第一次建议马克斯接受心理评估时，他还是个七岁的男孩。他身上长期存在着脾气暴躁、失控、攻击性行为、偏执的想法等问题，已经到了非常危险的程度。

马克斯是一对教授夫妇的独生子。马克斯的祖母与两个姑奶都有心理疾病史。马克斯的早期发展具有"被动的"特征：他直到三岁才断奶；他的口语发展良好，一岁时便可以说出完整的句子；如厕训练被报告为很困难……

马克斯笨手笨脚的，玩玩具、骑三轮车、系鞋带都很困难。在马克斯上幼儿园的时候，他经常与其他儿童闹别扭……马克斯对动物很热情……在五岁时有了一个假想的同伴"卡斯珀"——一个墙里的男人，他认为这个同伴会永远存在。尽管其他任何人都没有看到，但是马克斯坚持说自己可以看见这个同伴。他说，卡斯珀的声音经常告诉他：你是个坏孩子。

马克斯的行为简直难以管教，他在上一二年级时几乎不能待在教室里……马克斯认为动物与人类斗争并要杀害人类……因为马克斯多次提及外太空人、幽灵、火星人，而且完全不涉及人类主题，这让心理学家注意到了他身上的精神分裂特征……虽然马克斯的智商很高（IQ130），但是他体验到的世界都是充满敌对和危险的。心理学家认为，他罹患偏执型精神分裂症的风险非常高。

资料来源：Cantor & Kestenbaum, 1986, pp. 627–628.

这项研究持续进行，马克斯被送进特殊学校并接受了心理治疗。特殊学校采用了父母参与、适当的行为奖励以及药物治疗等干预方式。虽然在治疗期间马克斯偶有不良情况发生，但治疗还是有效果的。最终，马克斯考入了大学工程专业学习。

这份报告旨在说明一种治疗儿童严重障碍行为的方法，并强调治疗方法应适合每个儿童的需要。个案研究的优点之一是解释说明。它可以详尽、生动地描述各种现象，甚至是一些因为不常见，所以很难用其他方法研究的现象。它还可以为其他研究提供假设，以及与可接受的想法背道而驰的论证。个案研究的缺点是缺少信度和效度。对生活事件的描述常常不可以追溯到过去，这会引发对可信度与精确性的质疑。当个案研究超出描述范围而进行解释时，几乎没有可以用来解释有效性的指导方针。此外，个案研究很难推广给其他人——因为它只涉及单个个体研究。尽管存在缺点，但描述性案例研究在精神病理学研究有着悠久的历史，并继续做出贡献。

相关性研究

相关性研究（correlational study）是一种用来描述两种或者两种以上因素之间关系的非实验研究，它不涉及对变量进行控制。它可以在自然环境或实验室环境下用不同的方式进行，而且在复杂的研究中可以包含许多变量。统计程序被用来确定关系的性质和强度。

在最简单的形式中，我们常常会提出以下的问题：X变量与Y变量相关吗？如果相关，它们在哪个方向相关？强度如何？在研究者选择合适的样本之后，会得到关于每个被试的X变量与Y变量的一个测量值，然后对这两列分数进行统计技术分析。在这项相关性研究中，可以计算出皮尔逊积矩相关系数 r。

皮尔逊积矩相关系数 r 的值介于 +1.00 到 –1.00 之间，可以表明关系的方向与强度。[①] 可以用这个系统的符号来表明其方向。正号（＋）表示被试在 X 变量得高分往往与 Y 变量得高分相关，在 X 变量上得低分也更可能与 Y 变量得低分相关。这种

---

① 皮尔逊积矩相关系数 r 是一种可以被计算出来的相关系数，取决于研究的性质和复杂性。这里所使用的一般程序和解释也适用于其他相关系数。

关系被归类为**正相关**（positive correlation）或直接相关。负号（-）表示，被试在 X 变量上得高分而在 Y 变量上得低分，在 X 变量上得低分而在 Y 变量上得高分。这种关系被归类为**负相关**（negative correlation），或间接相关、逆相关。

相关系数的绝对值能够反映相关性的大小和强度。在 r 值为 +1.00 或 -1.00 时，说明关系最强。随着系数绝对值的减少，二者的关系也越来越弱。当 r 值为 0 时，表示没有任何关系，即一个变量的分数与另一个变量的分数无关。

假设研究者要研究婴儿期的安全依恋与儿童适应之间的关系，那么首先要测量每个被试的婴儿期安全依恋与儿童的适应能力。假设数据如表 4-2 所示，这份数据的皮尔逊积矩相关系数 r 已经被计算出来，为 +0.82。这个结果应该怎样被解释呢？正号表明，在安全型依恋上得分较高的儿童在随后的适应中也得到高分。系数的大小表明有很强的相关关系（因为 1.00 表明完全的正相关）。

表 4–2　关于婴儿期安全依恋与童年期适应的假设研究

◎ 皮尔逊系数值为 +0.82，说明变量之间存在着强正相关关系。

儿童	变量 X 依恋关系	变量 Y 童年期适应分数
丹尼尔	2	5
尼克	3	4
莎拉	4	12
贝斯	7	16
杰西卡	9	10
阿利亚	11	22
布兰特	13	18

当存在着一种相关关系时，得知一个儿童或青少年在一个变量上的分数便可以帮助我们预测在其他变量上的得分。然而，相关关系并不允许我们自动得出因果关系的结论。一个问题就是方向性。如果发现父母养育和儿童适应之间存在正相关，那么可能是父母不当的养育方式导致了儿童不适应，也有可能是儿童不适应导致了父母表现出的某些特定行为。因果关系的方向是不明确的。这个问题有时候可以通过检查两个变量的本质来解决。比如，如果在早期的不安全依恋与儿童问题之间存在着相关，那就不可能是之后的适应情况导致之前的依恋状况。

然而，即使方向性不是问题，相关性也有可能是由一个或多个未知变量引起的。也许儿童的社交能力对早期依恋与后期适应都有影响。为了评估这种可能性，首先要测量儿童的社交能力，随后采用统计技术来部分排除或者保持它的效应不变。在这种程度上，假如相关关系仍然存在，就可以排除与社交能力有关的解释。与排除技巧同样有效的方法是，排除其他可能对结果产生影响的因果因素。然而，研究者不可能确定已经评估了所有可能的因果变量。

虽然存在上述缺陷，但使用相关性研究在异常心理学中是非常有价值的。在研究者提出具体假设前，想要确定变量之间是否存在任何关系时，这种方法很有效。当利益变量因伦理或其他考虑因素（如虐待社会阶层、物质使用或遗传差异）而无法被操纵时，它们就具有定量的价值。

另外，结构建模等方法过于复杂，在此不予讨论。这种方法使研究者有机会探索更复杂的变量关系，并获得关于因果关系假设的更高的可信度。研究者先假设研究变量之间特定的关系模式，随后运用统计技术来检查收集到的数据与研究者指出的一个模型的相符度。用于提出心理障碍有关问题的上述相关性方法及其他相关方法的应用的实例将贯穿全文（参见"重点"专栏）。

> **重点**
> 自然实验
>
> 虽然**自然实验**（experiment of nature）被称为"实验"，但它们并不是通常意义上的实验，而且不涉及对变量的操纵。研究者甚至不去操纵感兴趣的条件。这些研究检验自然发生的事件，并将感兴趣的条件和对照组进行对比。相关分析与其他统计分析技术被用来评估利益关系。
>
> 一个显而易见的案例就是制度化的生活环境对儿童发展影响的研究。在很长的一段时间中，研究者对比了居住在孤儿院的儿童和那些从孤儿院被收养的儿童或者从没有在制度化环境中生活过的儿童。这些研究表明了制度化对智力发展、生理健康和一系列行为的反向影响。长期的制度化与孤儿院低质量的生活，通常与更糟糕的结果相关联。
>
> 和所有研究方法一样，自然实验也有其优缺点。关于制度化的影响，一个显著的缺点是群组内在的选择偏见。比如，早期被家庭收养的儿童也许会比继续待在孤儿院的儿童遇到的问题少一些。这种选择偏见使研究结果很难被解释。尽管存在缺点，但是自然实验丰富了研究者对那些无法被操纵的生活环境的理解。

随机实验

随机实验有时又被称为"真实实验"，因为它是推断变量间因果关系的最有效的方法。一种被控制的操纵条件［**自变量**（independent variable）］会被给予不同的被试。这些被试将随机地分配到不同的实验条件之下。操纵的结果会被测量［**因变量**（dependent variable）］，随后评估条件之间的差异。除了自变量外，各组被试会被以相似的方式对待，以便将组间的差异归因于自变量。此外，被试将被随机分派到各组，使得任何差异可能不是由初始的组间差异造成的，而是由操作本身造成的。

我们利用一项关于初学者早期项目的研究来说明这种实验方法，这还是一项具有历史意义的研究项目，也是第一批研究边缘儿童是否能够从以儿童为中心的研究中获益的项目；通过产前诊所和当地社会服务机构确定潜在的被试；在一项调查的基础上，在孩子出生前后选择被确定为濒临风险的家庭。然后，研究者会依据家庭在高风险系数上的相似性进行配对，配对后的儿童会被随机地分配到治疗组或对照组中的一组。

教育操作的前提是自变量。治疗组的孩子在三个月大时开始接受每日治疗，研究者会跟踪记录他们的发展情况，一直记录到他们 54 个月的时候。教育计划包含语言、运动、社会性和认知能力部分，内容随孩子年龄的不同而不同。对照组孩子不接受每日治疗，也不参与该教育计划。研究者努力让对照组的孩子与治疗组的孩子有类似的经历——为他们提供相似的营养供应、幼儿护理以及支持性的社会服务。因变量包括标准化发展，或是每年两次对所有孩子进行智力测试。

测试结果表明，治疗组孩子从第 18 个月开始，得分高于对照组孩子，这个区别具有统计学意义［被称为具有**统计显著性**（statistically significant）[①]］。图 4-2 显示了检验结果的一种方法。研究表明，在孩子第 24、36 和 48 个月时，相比于对照组的孩子，接受教育计划的孩子的智力得分通常不会小于或等于 85。研究者得出结论，该教育计划让有高危险性的儿童和青少年在接受治疗后在智力上有所获益。

这个结论有道理吗？也就是说这项研究是否具有内部效度呢？这样选择和分配研究对象的方法，使得研究之前就存在的群体差异不大可能被反映出来。另外，除了自变量外，治疗组与对照组接受的其他条件都类似。从这个教育实验的统计结果与完成程度来看，我们可以认为该研究是

---

① 统计显著性是一项运用概率来判断统计检验结果是否显著的指标。——译者注

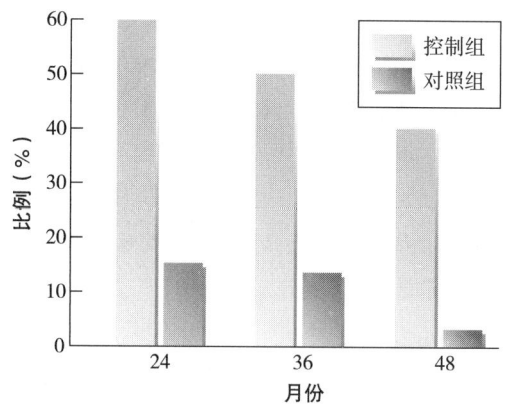

图 4-2　治疗组和控制组中，斯坦福–比奈智力分数为 85 分或低于 85 分的三岁儿童的比例

资料来源：Ramey & Campbell, 1984.

具有内部效度的，即治疗操纵造成了结果的不同。然而，我们还是要谨慎对待这个问题。当研究者在实验室进行研究时，研究者能相对比较容易地控制实验群体的经历。在雷米（Ramey）与坎贝尔（Cambell）的实验中，控制程度与内部效度就会减弱。

另外一个问题与实际的数据收集有关系。假如那些实施标准实验的人都可能知道每个儿童会被分配到哪一组，这就提出了数据收集中的偏见问题。与此同时，如果每个儿童被随机分配到不同的实验组之中，这一过程就可以抵消可能的偏见。

另外，实验的外部效度或者说实验的普遍性又如何呢？这项计划在日托中心进行的干预很可能增强外部效度。研究者往往可以预测到外部效度。如果证明和最初的环境有差异，那么治疗的积极效用可能不会积累（参见"重点"专栏）。

重点

转化研究：从实验室实验到现实世界的设置

治疗的普遍性问题，是人们对于理论研究和知识应用之间的差距更为关注的一部分。各种专业团体和政府组织已经对此问题进行了处理。美国国家卫生研究院（National Institutes of Health，NIH）致力于将基础研究与现实世界中的应用联系起来，以改善人类的健康状况。NIH 呼吁**转化研究**（translational research），这已经被概念化成两步模型（或称研究的两种类型）。

在心理健康方面，第一步（或称第一类）研究通常被称为"从实验室到临床"，侧重于基础研究，以发现问题、病因，并设计和测试干预措施，从而提高幸福感。近年来，研究者在这方面的努力取得了很大的进展。这包括对青少年有益的一系列干预和预防措施。然而，许多研究表明，这些好处可能不会在临床实践中累积。也许现实世界中的临床案例更为复杂，或者经测试的干预措施的应用可能会有本质上的不同，例如，通过减少组织或结构。为了弥补这种情况，建议研究者在干预措施的设计和评估中加入更多的现实世界的特征设定。

此外，鉴于青少年中普遍存在的精神障碍和缺乏医疗保健的机会，我们很有必要成功地将以证据为基础的精神卫生治疗推广到更广泛的范围，即从"病床到社区"。第二步（或称第二类）转化研究关注的重点是社区系统提供护理的循证干预措施的广泛采用、实施和可持续性。研究者已经开始发展了实施科学。虽然仍处于相对早期阶段，但实施的关键组成部分正在研究中。这些组成成分包括：服务机构采用循证方案的决定；从业人员的培训和评估；通常需要的组织变革，例如对方案的承诺和对当前实践的"解冻"；对社区新方案的评估和维护。大量的政府和私人资源以及专业人员的努力，正在投入系统级实践中。

我们讨论初学者项目的目的是为了对随机实验进行说明。但值得注意的是，该项目是早期教育干预的里程碑式调查。研究中的被试随后进入青年期，而且早期干预的长期好处得到了证明。电视纪录片《我聪明的大脑》（*My Brilliant Brain*）中也提及了这个项目。

单被试的实验设计

单被试的实验设计（single-case experimental

design）包括单个（或者几个）被试来参与实验。单被试的实验设计有时被称为时间序列设计，因为对因变量的度量在时间周期内重复，所以这些设计常被用来评估临床干预的效果。单被试实验设计的外部效度不强，因为单个被试没有确定的普遍性。然而，外部效度可以通过对不同的被试或在不同的环境中重复研究来获得增强。运用控制替代解释可能性的特定特征控制来获得内部效度。

反向设计

在 ABA 反向设计中，一个问题行为的仔细定义并在不同时间段内测量，在此期间被试被暴露在不同的条件下。在第一阶段（A），在被干涉前已对行为采取措施。这一基线作为可衡量变化的一种标准。在第二阶段（B），在用相同方式检测行为时进行干涉。之后将撤掉干涉，这样就回到了与第一阶段（A）相同的条件。

图 4-3 中给出的是一个 ABA 设计的假设反向案例。在基线时，适当行为的发生概率非常低。在 B 阶段治疗时，发生概率提高，在第二个 A 阶段开始的时候，撤掉干涉后概率有所降低。实验中，如果行为在干涉中得到改善，尤其是如果以临床治疗为目标，将增加第四阶段，重新引入成功的干涉。相关行为通常会获得又一次改善。

ABA 设计将会因为干涉不使目标行为反向而受到限制。例如，当治疗导致学习技能增强的时候，儿童不一定会因为撤掉干涉而表现出学习技能下降。从治疗的观点看，这是一个积极的结果；从研究的观点来看，没有办法证明干涉导致了积极行为。在其他的例子中，当干涉和积极变化相关联时，研究者可能会犹豫是否要移除其操作，因而就缺乏一个对其效果的准确证明。

多基线设计

当反向设计不适宜时，可以采用多基线设计。记录的多基线中可能代表一个被试的不同行为、一个被试在不同条件下的同一行为，或一些不同被试的相同行为等。然后进行干预，观察对一个基线中行为的影响，而不是其他基线上的影响。如果产生影响，就很有可能是由于干涉而不是其他无关因素造成的。这样多基线设计为内部效度提供了一些依据。

例如，在考虑多基线设计中，记录在不同的时间中同一个儿童的两种行为。在确立了两种行为的基线后，只干预一种行为。在下一个阶段，干预另一种行为。临床医生可能会假设，一个儿童大发脾气并扔东西的行为，可能是因为成人对这些行为过分注意。因此，注意力的转移可以减少这些行为。这个假设的支持依据可参见图 4-4，展示了不同时段的两种行为发生的频率。由于行为的改变遵循治疗程序的模式，因此很可能在去

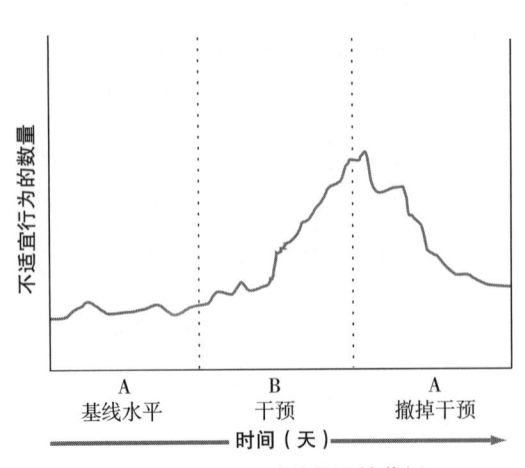

图 4-3 ABA 设计的假设性范例

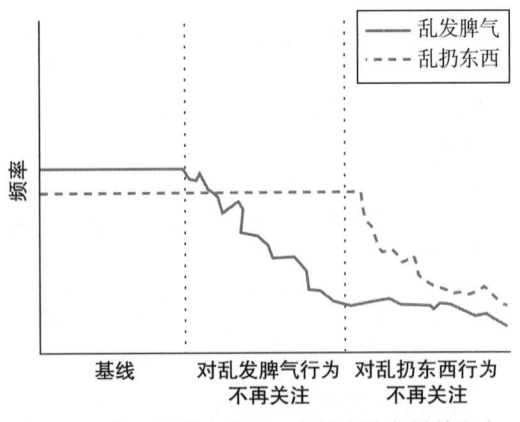

图 4-4 单一种类实验下，在假定的多样基准中不同阶段乱发脾气与乱扔东西行为发生的频率

除关注以后，不会有其他因素会引起变化。

在其他被普遍运用的多基线设计当中，记录多个被试的基线，干预遵循不同的时间线。在一项实验研究中，研究者检测了提高孤独症儿童语言能力的一项干预实验的效果（见图4–5）。先记录了两个儿童的基线。然后，给第一个儿童提供治疗，接着给第二个儿童提供治疗。在引入干预后，两个儿童出现了相似的变化模式，从而增加了人们对于治疗确实能带来改善的信心。

另外，也存在大量其他单被试的实验设计。它们都允许研究者或治疗师通过对单个或几个被试的治疗来检验假设，并在治疗个案时努力对青少年做到直接的关注。除此之外，虽然在实验室中更容易实现对大量外部因素的控制，但是单被试研究还是在自然环境中相对更容易一些。因此，这种方法在临床实践中具有普及的潜力。

如上所述，我们在这部分中讨论了几种不同的研究方法，各有利弊。特别是当某种操纵不可行时，非实验研究适用于描述现象；实验研究方法最符合内部效度的标准，而且能够最好地进行因果关系推论。总之，要根据研究目的以及实践和伦理来考虑选择研究方法，研究者的努力也通过各种方法的可用性得到了丰富，这些方法被用于理解精神病理学的许多方法之中（参见"重点"专栏）。

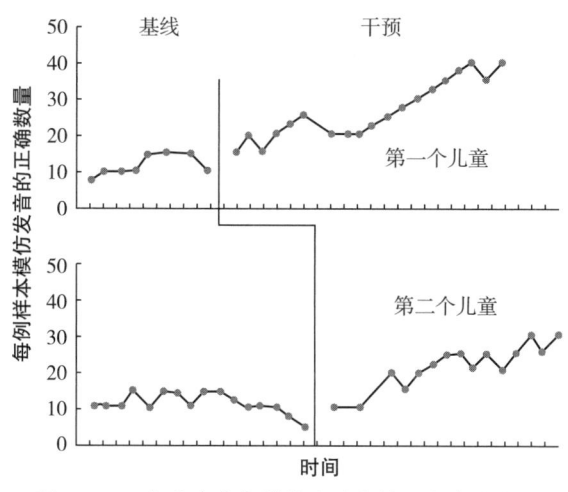

图4–5 两名儿童在多基线实验中的语言表达次数

重点
流行病学的研究：不仅仅是人口的调查

流行病学（epidemiology）指的是对人类疾病分布和病因的定量研究。这种方法以医疗和公众卫生方面为基础，最初侧重于调查传染病。它可以从大量人群中或人群的代表性样本中发现障碍病例，也可以收集和分析关于障碍的几种数据。

流行病学的目标之一是为了监测人群中疾病发生的频率，包括频率如何随着时间而变化。频率可以借助几种方法来测量。发病率指的是在特定时间段内（通常为一年）出现的新病例数量。患病率是指在某一特定时期，某一人群中出现的疾病概率。例如，可以确定病例数量或人口比例。终生患病率是指在一个人群中，在其一生中的任何时候出现这种疾病的人数或比例。关注一般人群而不是临床样本的方法特别具有价值，因为它降低了临床样本固有的选择偏差的可能性。"数鼻子"[①]很有价值，因为它能告诉我们是否需要治疗，无论疾病是增加还是减少，诸如此类。但流行病学不仅仅是"数鼻子"那么简单。

通过将疾病的发生频率与人群的特定特征联系起来（即确定疾病在人群中的分布体现），为人们提供了与风险和因果关系相关的信息。例如，青少年饮食失调在人群中的患病率增加，女性尤甚，这就强调了年龄和性别的因果关系问题。也就是说，青春期与女孩身份两者中的哪一个因素让她们处于危险之中？

流行病学试图了解哪些人群处于疾病的高风险中，哪些因素或其他功能障碍与疾病相关，其传播原因和传播方式是什么，以及如何预防疾病或降低患病率。对青少年感兴趣的流行病学家致力于发展的前景，例如，通

---

① 原文为 counting noses，直译为"数鼻子"，俚语，指"清点人数"。——译者注

过评估风险和保护措施来研究疾病的发生时间和导致的结果。流行病学方法对于进一步了解遗传效应和基因－环境因果关系非常重要，并且研究需要非常大的代表性样本。因此，这种方法广泛地有助于理解、预防和治疗青少年的心理疾病。

研究的时间框架

除了以上探讨的研究方法的区别之外，研究的时间序列不同，研究方法也存在差异。

横断研究

横断研究（cross-sectional research）和拍快照很像，是在某一个时间点内来观察参与者。这种研究方法经常在年龄和发育状况不同的群体之间进行比较，如6岁、10岁和14岁儿童表现出的攻击性的比较。横断研究的特点是低成本、高效率，并且为理解发育与心理问题做出了重大贡献。

然而，用横断研究来跟踪发展变化是有问题的，而且可能会产生误解。如果年长的青少年表现出更多的攻击性，就可能会得出这样的结论：攻击性会随着年龄的增长而增加。不过，这个结论可能是不合理的。我们看到的是年龄差异，这并不一定是发展上的变化。可能是不同年龄族群的特殊经历引发的这些差异。14岁儿童可能会因为在暴力和攻击性更强的时期表现出攻击性而可能得到更多的强化。

回溯性纵向研究

与"回溯"的含义相适应，**回溯性纵向研究**（retrospective longitudinal research）是在过去的时间上进行的追溯。青少年可能由于其不同特征而被确认与归类，例如某一种特殊障碍，而后他的早期性格特征和生活经历信息会被收集起来。一种被称为**病例对照研究**（case-control study）的研究方法被频繁地回溯，将被诊断为病患的一群人和未患病的一群人进行比较。这种回溯方法旨在研究干扰的征兆与原因的假设。在回溯研究中，我们应当谨慎，因为有关过去的记录与记忆可能是粗略的、带有偏见或错误的。尽管如此，这种对过去出现的和疾病有关的变量关系的研究，也可以预示风险与因果因素。

前瞻性纵向研究

在**前瞻性纵向研究**（prospective longitudinal research）中，随着时间的推移，对个体采用反复观测的方法进行观察和评估。在"观察"发展的过程中，这种方法在回答关于发展的性质和过程的问题上具有独特性。比如，可以在特定的时间间隔里对有语言障碍的儿童进行测试，以辨别缺陷是如何随着儿童的发育而变化的。然而，和没有语言障碍的组群进行比较的研究是有价值的。前瞻性纵向研究可以为许多问题提供信息，也可以在一个时间段内评估那些经历过早期创伤性事件、出现并发症以及面临因贫穷所致的高患病风险的青少年，以判断他们发展有关的特征。被诊断为注意缺陷/多动障碍的青少年将被跟踪到其成年时期，以确定该障碍的性别差异与其他相关变量。

尽管这种方法很有价值，但也有一些缺陷。这些研究的成本比较高，并且需要研究者多年致力于一个项目上。此外，要求被试长期参与研究也可能非常困难，与此同时，中途退出的被试与持续参与研究的被试相比，参与时间更短、心理导向更弱、心理健康水平更低，被试的流失会使样本的代表性有失偏颇。另一个缺点是，对被试进行重复测试会使他们掌握一些测试技能，其试图改变测试方式来避免这种情况，会使早期和晚期的研究结果无法进行比较。另外，在制订长期研究计划时，研究者必须有根据地推测需要观测的变量，他们也许会遗漏相关的因素。例如，在探讨他们长达30年的长期计划时，研究者斯洛夫（Sroufe）及其同事在事后认识到，他们应该加入神经生理学功能的测量，也许能提供有价值的信息。

最后，在解析纵向研究结果时，研究者考虑可能发生的社会变化是主要的。由于历史因素，出生在1980—2000年间与出生在2000—2020年间的人的成长可能是不同的。两群人可能会有不同的经历（如社会环境或者教育机会），因此在解释纵向研究时，研究者必须考虑这些可能的世代效应或群组效应。

加速的纵向研究

想要弥补横断研究与纵向研究的缺陷，对发展变化感兴趣的研究者可使用**加速的纵向研究**（accelerated longitudinal research），将两种方法通过一系列设计结合起来。例如，在一项假设性研究中，组织不同年龄段的儿童在相对较短的时间跨度内集中研究。在时间Ⅰ的阶段，对三岁、六岁和九岁的儿童进行横断研究；在三年后的时间Ⅱ阶段，仍然对上述儿童进行相同的检查；又三年后的第Ⅲ时间段，再进行相同的检查。图4-6描述了这项研究。我们可以从这张图的纵向清晰地看出在这三个不同的时间进行的横断比较。另外，从左到右横向看这个图表，儿童（A、B与C）在六年（2011—2017年）的时间内被纵向研究。研究的年龄跨度是12年（3~15岁），尽管这项研究是在六年内完成的。

通过各种比较，我们可以通过这样一种设计获得丰富的信息。我们不妨考虑一种可能性：如果在时间Ⅰ、Ⅱ和Ⅲ阶段儿童的焦虑随着年龄的增长而增加（横断研究），且跨越时间在单个组群的儿童也呈现此结果（纵向研究），那么就有充分的证据证明焦虑在整个年龄段的发展变化。此外，通过比较六岁、九岁和十二岁儿童的焦虑（如图4-6阴影所示），还可以评估社会条件的影响。例如，我们可能发现：九岁儿童的焦虑从2011年到2014年，再到2017年呈现递增趋势。因为只涉及一个年龄段，这种增长不是发展性的，可能表明

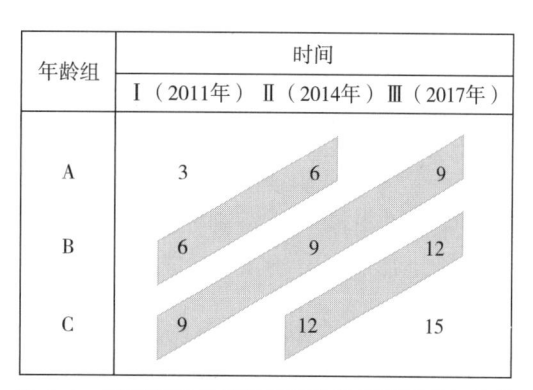

年龄组	时间		
	Ⅰ（2011年）	Ⅱ（2014年）	Ⅲ（2017年）
A	3	6	9
B	6	9	12
C	9	12	15

图4-6　不同年龄儿童被长期分阶段测量的加速的纵向研究图解

在调查期间社会条件的变化。因此，加速的纵向研究能在考虑世代效应的同时，有效地将年龄差异和发展变化分离。

定性研究

对青少年精神病理学的研究方法多数是定量研究。也就是说，利用多种方法收集和分析数据，然后以某种方式代表世界的数值数据。定量研究作为大部分现代科学进步的基础，对于经验主义和实证范式至关重要。这种方法适用于在可控的情况下进行客观的调查，研究者在理论指导下进行客观测量。

相比之下，**定性研究**（qualitative research）收集和分析非数据信息，倾向于采用深入访谈、密集个案研究与生活史研究等，而不是使用实验室控制和实验操作。同时，自然观察法也很重要，观察通常以叙述的形式记录，而不是用限制性的分类编码。在定性研究中，被试观察，即观察者参与并成为环境的一部分，被视为收集可靠数据和优化解释的一种方式。所有这些方法都与定性研究的假设和价值观一致，强调现实世界的背景，并相信个体有机会谈论他们的信仰、态度和经验时，人类的行为和发展可以从个人的参考框架中得到最好的理解。

在定性研究中，收集大量的书面数据是很平常的。一旦收集，数据就会被概念化分析与解释。

这个过程中，可能需要对陈述或书面观察进行编码或分类。研究者认为，这种分类是从数据中自然产生的，而非基于事先预定的期望或构建的编码系统。什么被编码、编码是如何实现，以及如何解释数据会随着研究的方法与目的的不同而变化。数据的量化很少，统计分析可能也没有什么作用（如果有的话）。

和其他策略一样，定性研究也有利有弊。样本量通常很小，大量的数据分析起来既困难成本又颇高，数据的可靠性和效度也受到质疑。同时，定性研究以个体为中心，可以增加基础知识，提出进一步检验的假设，并阐明和丰富定量研究结果。

定性研究的案例

一些借助定性研究方法验证的案例包括：在幼年时期就被诊断为无学习能力的儿童个体的生活经历，父母和兄弟姐妹对罹患残疾家庭成员的适应性，父母对其子女患有危及生命疾病的经历，贫困父母对家庭关系的态度，以及青少年对社会的态度。

在一个名为"父母帮助父母"的支持项目中，有一个关于父母经历的研究可以作为这个项目的一个范例。这个项目的具体目的在于，给那些患有障碍（如精神发育迟缓或者慢性疾病）的子女的父母提供支持。在这个项目中，给每位父母搭配一位经过训练的、其孩子也患相同疾病的支持父母，后者通常是通过电话沟通为前者提供信息和情绪上的支持。评估项目的方法之一就是，通过与参与项目的父母定性的、半结构的访谈，来考察与支持父母相配合的影响与意义。研究者会根据电话谈话中出现的主题对转录的电话采访进行编码和分类。这些主题包括项目的帮助方式、项目失败的原因、父母学到的方法技能与信息，以及父母自身的成长。以下是一个来自家长访谈的例子，反映了父母的成长：

我想要得到一些保证，让我知道我们的女儿可能会像其他所有人那样做大部分事情，如上学、交友、出游等。我们的女儿帮助了我们很多事情。那个女孩现在已经生活得很好。这让我对我们女儿的未来也充满了希望，希望她也会拥有很好的生活。

总而言之，数据表明，和相似的人交谈、分享、比较与学习，可以增强其应对能力与适应性。研究者对"父母帮助父母"的项目进行了定性分析，可以提供对这个项目利弊的了解和认识，这是其他定量调查收集的数据所不能提供的。

整合定性和定量的研究

定性研究与定量研究方法常被视为是相对的，但是它们并不是相互冲突的，而且经常被同时使用。这些方法的结合对于解决很多问题和议题是很有价值的。例如，对文化和儿童养育的研究需要观察与儿童养育有关的行动和活动，并了解这些活动背后的目标和信念。定量方法可适用于确定某些育儿做法的普遍性，而定性方法可能特别适合揭示孩童被文化影响的教养行为。再举一个例子：一项关于友谊的研究依赖于定量的数据，表明在青春期晚期，女孩和男孩都得到了来自朋友的平等支持。然而，定性研究结果表明，朋友支持的意义和功能对男孩和女孩是不同的。一般来说，定量研究的过程提供了更传统的数据收集和假设检验，而定性研究的过程则提供灵活的、范围更广的调查。

伦理议题

科学研究是非常有益的，但它带来了人们对被试的福利和权利的关注。这种关注背后潜藏着对个人权利的敏感性——伦理与法律，以及对过去被记载的参与研究的虐待行为。在一个著名的案例中，对肝炎普遍情况的研究就引发了虐待问题。从 20 世纪 50 年代至 70 年代，居住在纽约州的威洛布鲁克学校的智障儿童被故意感染肝炎病毒，以方便研究这种疾病。尽管在生物医学研究中这种特殊的案例特别令人震惊，但是我们仍然需要持续关注各种领域中的伦理问题。

长期以来，政府机构与专业组织已经颁布了研究的伦理指导方针。《贝尔蒙特报告》(Belmont Report)阐述了其哲学基础：保护人类研究现象的伦理原则和指导方针，是联邦法规法典中人类进行研究活动的条文依据。美国精神医学协会的《心理学者伦理原则》(Ethical Principles of Psychologists)和《行动守则》(Code of Conduct)都提出了对心理学者和研究者的多项执业规则。儿童发展研究协会(Society for Research in Child Development)纲领中针对儿童研究做出了特别规定。表4-3对这些标准做了简要的概述（两个额外的法则：关于研究者的科学行为与个人不端行为）。不同机构和学科规定的方针和准则存在许多相似之处。

由于资金与环境的不同，研究计划可以由联

表 4–3	对儿童进行研究的道德标准
原则 1：无伤害的程序	不可以采用任何对儿童造成生理上和心理上伤害的研究手段；应该采用压力最小的操作；对于会造成危害的问题，应该和咨询医生讨论
原则 2：知情的许可	需要得到儿童的同意与允许；儿童需要了解可能影响他们参与意愿的研究特征；当研究对象为婴儿时，他们的父母需要知晓；假如儿童的准许会否定研究的可行性，它就有可能在特定环境下从道德上被引导；应与机构审查委员会一起做出判断
原则 3：父母的许可	需要确认父母、监护人和这些与父母相似地位的人（如学校负责人）的许可，最好是以书面形式呈现
原则 4：额外的许可	当研究主题为儿童与他人的互动时，需要得到与儿童互动的人（如老师）的知情同意
原则 5：激励	参加研究的激励必须是公平的，而且这些研究不能超越儿童的正常经验
原则 6：隐瞒	如果隐瞒与欺骗信息被认为是必要的，那么同行们必须达成共识；被试需要知晓被隐瞒的原因；应该努力使其不包括不为人知的不利影响
原则 7：匿名	需要得到机构的允许才能获得已经存在的记录，也需要保持信息的匿名性
原则 8：相互的责任	研究中各部门需要在彼此的责任范围上达成一致。调查研究者需要遵守所有的承诺与保证
原则 9：风险	在研究中，当周围环境有可能会危害到儿童的健康时，调查者必须注意到这些可能的风险，并且与其父母、监护人或者专家等可以为儿童提供帮助的人讨论这些信息
原则 10：不可预见的后果	当研究的程序对被试造成了不可预见的、不希望看到的后果时，应该矫正这些后果并重新设计相关的研究程序
原则 11：保密性	需要对参与者的身份和他们的信息保密；当有保密性可能遭受威胁时，需要阐明这种可能性与预防措施的方法应该作为取得知情同意的许可程序中的一部分加以解释
原则 12：通知被试	在收集整理数据之后，需要立即解释所有可能造成的误解；需要将总体上的发现，以适合参与者理解的方式解释给他们；当出于科学或人道的原因不公布结果时，应努力确保不公布信息没有负面后果
原则 13：公布结果	研究者的话语可能有意想不到的分量，因此需要小心谨慎地公布结果、提出建议和做出评估结论
原则 14：研究发现的影响	调查者需要留意社会、政治与人为对研究的影响，尤其要注意研究结果的陈述

资料来源：Society for Research in Child Development, 2007.

邦授权的**机构审查委员会**（Institutional Review Boards，IRBs）或地方审查委员会进行审查。IRBs 所考虑的问题包括研究者拟提出研究的科学合理性、被试的自愿许可、对被试可能造成的潜在伤害和好处。要特别关注弱势群体（如儿童或青少年、智障者与贫困者），不论是否需要官方审核，所有研究者都应当遵守伦理准则。尽管按照要求行事似乎很容易，但伦理关怀往往很复杂。下面的讨论涵盖了几个主要问题。

自愿知情同意书

其中的伦理准则是个人自愿参与承诺，这表明他们了解这项研究。一份表明自愿参加实验研究的**知情同意书**（informed consent），被看作对所有被试应有的尊重，常常需要书面承诺。另外，被试应该知晓研究的目的、程序、风险与收益，以及他们有拒绝参加和随时退出的权利。他们有资格了解研究当中的信息并判断风险与收益。人们认为，由于不成熟会阻碍儿童理解正在研究的问题和做出明智决定的能力，因此在儿童到达法定并可以做出承诺的年龄（通常是 18 岁）之前，需要征得父母或者监护人的同意。对青少年来说，同意通常包括青少年和其父母的同意。

和其他的一些标准类似，美国精神医学协会的标准允许一些例外情况的出现，比如可能不会造成压力和伤害的教育课程的研究。此外，委员会还建议未达到法定年龄的人不应当被强制参加实验研究。研究的描述需要根据个人的发展水平量身定做。例如，对于年幼的孩子，弥勒（Miller）建议应当适当地传达以下信息：将要发生的事情（"做个游戏"），将在什么地方发生（"史密斯先生的办公室"），会有多少人参加（"只有我和你"），将会持续多久（"大约 20 分钟"），他人是否也会做同样的事情（"班里很多孩子会做"），是否有奖励（"结束后获得一个小奖品"），是否同意的机会（"你愿意来吗"）。当然，对于婴幼儿，知情同意不太可能会实现，有其父母或者监护人的许可通常就够了。

保密性

研究可能需要被试提供某种个人信息，包括：他们是否愿意完成调查或测试，是否愿意描述他们的感受，以及是否允许别人观察他们的行为。**保密原则**（confidentiality）假定，被试有权控制向他人透露个人信息的程度。研究者往往有必要了解提供特殊信息的被试的身份，而且信息可以通过对个体报告进行编号或编码的方法来保护数据存储和限制对数据的访问来保密信息。

如果被试是儿童或青少年，就会产生若干问题。父母、学校及其他机构可能都会对研究的过程和结果感兴趣。在披露结果可能使儿童面临风险的情况下，研究者可以限制对父母披露信息。另外，在某些情况下，披露信息可能对儿童和青少年有益，比如在研究青少年服用违禁药物时方面，研究者可能会在被试处于伤害自己或他人时披露相关信息。参与研究的儿童和青少年、父母与相关机构都应该在研究中了解保密范围。

平衡利害

不能给被试造成身体、心理、法律或经济上的严重损失，是一个重要的伦理原则。比如，让儿童参加攻击行为，或者让他们接触暴力模型的研究可能会对他们造成伤害。让儿童充当被试用以研究药物作用效果的做法也陷入了复杂的伦理困境中。显然，消除有害隐患是有必要的，这就是所谓的**无害原则**（nonmaleficence）。

另外，**收益**（beneficence）伦理原则，以尊重每个个体为基础，将收益最大化。然而，并非每个人都可以在其参与的研究中获益，但是风险收益比率应该被考虑在内。一般来说，当被试可能获得更大利益时，就更容易接受更大损害的风险。这个原则的适用显然受到了限制，因为那些造成严重损害的风险几乎是不可接受的。

在最终的分析之中，关于什么是伦理的判断

常常要平衡若干因素。事实上，科研人员与机构审查委员会的设立是为了帮助人们找到社会之间的平衡：在社会的知识需求与研究被试的安全需求之间寻找平衡。个人理解能力与自愿许可、损害风险及可能的收益，都在伦理标准的制定中发挥了至关重要的作用。与其他伦理相同，研究的伦理问题从来不可能完全得到解决，持续的讨论与紧张的局势是适宜的。然而，要进行有益的研究，这种合理的平衡就需要不断地维持下去。

第 5 章
分类、评估和干预

本章将涉及:

- 分类与诊断的过程;
- 运用 *DSM* 和经验主义方法对儿童及青少年的心理问题进行分类;
- 如何进行评估,并且对各种方法进行评估;
- 干预儿童及青少年问题的各种方法;
- 处理儿童及青少年问题的不同模式和策略。

如何对儿童和青少年的行为障碍进行定义、分类、评估和治疗？在本章，我们将要介绍异常行为心理的分类、评估与干预。

诸如"分类"（classification）、"鉴别"（taxonomy）和"诊断"（diagnosis）等专业术语，都是被用以区分症状和障碍的。分类和鉴别是以临床诊断或科学研究为目的，应对行为障碍的主要类别与维度进行描述。诊断通常可以被用来评估个体的症状表现是属于分类体系中的哪个类别。**评估**（assessment）主要是一种针对青少年的评价，可以用来帮助我们进行分类与诊断，以及确定如何对青少年进行干预。所有这些相互交织的过程都与儿童和青少年障碍的临床治疗与研究方面关系密切。

分类与诊断

分类体系被用来系统地阐述某种现象。生物学家对生物都有一个分类体系，医生也会对身体机能障碍进行分类。因此，心理机能的紊乱也有一种分类系统。这些分类系统阐述了行为的问题、情绪和/或认知问题**类别**（category）与**维度**（dimension）。一个类别就是一种独立的鉴别体系，举个例子来说，焦虑障碍就是用来鉴别个体是否舒适；相反，这些专业术语的维度表明心理症状的原因是连续的，存在不同的程度的变化。例如，一个儿童的焦虑可以被分为高度、适度和低度的。

任何好的分类系统都必须有明确定义的类别和维度，即类别与维度的标准应该有个明确的定义。清晰而明确的定义有利于专业人员之间的良好沟通。此外，必须能够对不同个体有明确的区分性。必须证明存在和建立了一个分类体系和维度。这就意味着，那些能够描述分类与维度的特征，必须是在一个或多个情境中发生的，而且可以用一种或多种方法来诊断。

分类系统必须是可靠而有效的。这些术语我们曾在第4章中介绍过。当将这些术语应用于分类和诊断的时候，它们必须保持基本的一致性与正确性，但使用方式有所差异。

评分者信度（interrater reliability）是指，确定不同的诊断医师是否使用了相同的分类来描述一个人的行为。例如，只通过一位或几位专家的观察和诊断，就能把玛利亚的行为表现确诊为分离性焦虑吗？**重测信度**（test-retest reliability）主要是用来证明这种分类是否在一段合理的时间内，结果仍然是稳定的。比如，经过艰难的诊断后，对肖恩的初步诊断为对立违抗性障碍，那么当肖恩进行第二次评估时，还会得到相同的诊断结果吗？

在诊断体系的效度问题上也存在问题。为了保证诊断的效度，诊断体系一定要比初始定义的分类提供更多的信息。鉴别诊断需要提供关于障碍病因的信息、障碍发生发展的过程、障碍如何去治疗，以及这些障碍的其他临床特征。比如，在诊断行为障碍的时候，是否给了我们区别于其他障碍的信息？这个诊断是否能告诉我们，这样的障碍到底是由什么原因引起的？是否让我们得知患病的青少年可能会发生什么？有哪些对其有益的治疗方式？是否能让我们得知这些患病青少年的更多信息或是他们的生活背景？因此，效度在很大程度上让我们检验自己是否真正了解我们定义的类别。效度的另一个重要作用是检验我们对某种障碍的描述是否准确。我们对某种障碍进行描述和分类的方式是否符合实际？我们很难回答这个问题。

最后，检验分类系统**临床效用**（clinical utility）的标准就是完整性与实用性。若一个诊断系统以一种对临床医生有用的方式描述所有的障碍，那么它将更容易被采纳。

精神障碍诊断与统计手册（DSM）方法

在美国，应用最广泛的分类系统是美国精神医学协会的《精神障碍诊断与统计手册》（*Diagnostic and Statistical Manual of Mental Disor-*

ders, DSM）。经世界卫生组织第 10 次修订的《国际疾病分类》（*International Classification of Diseases, ICD*）是经常被使用的分类体系之一。然而，有一些人担心，DSM 所覆盖的障碍没有给予更年幼的孩子足够的关注。修订后的《婴幼儿心理健康和发展性障碍分类诊断标准》（*Diagnostic Classification of Mental Disorders of Infancy and Early Childhood*，DC: 0-3）是对这一关切的一种回应，主要是鉴别婴幼儿（0~3 岁）心理障碍的体系。我们集中讨论 DSM，这是美国现行的主导诊断系统。

DSM 是一种**临床派生分类**（clinically derived classification）系统。这个诊断标准是由临床医生对某种症状同时表现出来的特征达到了一致判断而形成的。这种分类体系被称为"自上而下"的模式。委员会的专家提出障碍的概念，并选择诊断标准来定义障碍。分类体系的评估和评价就是基于这些标准建立起来的。

对于**临床分类**（categorical approach）而言，DSM 也是一个不错的分类学方法，它能够诊断一个患者是否达到了诊断学标准。从分类的角度来看，一个正常的人与一个病态的人之间的区别主要是种类上的而非程度上的。这个方法还说明，在不同类型的障碍之间要进行定性区别。

DSM 是从克里佩林（Kraepelin）于 1883 研究的原始精神病学分类的部分发展而来的。DSM 有很多的修订版本，其最新的修订版本是 DSM-5。DSM-5 提供了大量有关障碍的信息。这些相关的障碍被组织分类成族群（具体见各章节），而且每个障碍都有一个描述和诊断标准。此外，这个修订版本提供了症状的表现特征（如低自尊）信息，以及与文化、年龄、性别有关的特征信息，还有各种障碍的可能进程、障碍的患病率、家庭模式等。

长期以来，有关异常行为的分类都集中在对成年人障碍的研究上，并没有针对儿童和青少年障碍通用的分类系统。直到 20 世纪 60 年代，人们对于一个通用分类系统的需求更加强烈。明显扩展了一些关于儿童与青少年特定类别的数目，并第一次列入了对于婴儿、儿童或青少年的部分障碍的诊断。另外，成年人的障碍（如焦虑障碍、心境障碍、精神分裂症、睡眠障碍）也被用于诊断儿童与青少年。DSM-5 不再单独将"通常在婴儿期、儿童期或青少年期首次诊断的障碍"分列。我们仍然关注儿童和青少年所经历的障碍，但是就像其他障碍一样，本章之前包括的障碍也被归入相关障碍章节中。例如，在焦虑障碍的章节中描述了分离性焦虑障碍，而注意缺陷/多动障碍被写进神经发育障碍的章节中。

分类的组织和结构的各种变化是 DSM 系统发展的特点。在 DSM-5 中，该组织反映了相关障碍的分类（各个章节）。一组内的障碍的分类，或相邻章节中的障碍实际上被认为在症状或遗传、神经或环境风险、认知或情感过程以及对治疗的反应等因素方面相似。

因此，DSM-5 为特定障碍的诊断和相关信息提供了标准。有了 DSM-5 方法，临床医生会得出一个诊断思路来了解青少年的问题（如行为障碍、分离性焦虑障碍）。除了提供诊断，我们建议临床医生可能希望青少年表明的其他相关的经历等其他信息。这可能包括其他可能是临床焦点的困难（如学术问题），或是任何可能与了解或治疗青少年相关的当前的医疗条件（如关节炎或糖尿病）。此外，还关注可能影响诊断、治疗或预后的社会心理或环境问题（如家庭成员的死亡或住房问题）。在某些情况下，临床医生也可能被要求对青少年的整体功能水平或缺陷做出判断。这些信息可以帮助我们更全面地了解某一特定的青少年问题。小男孩凯文的案例就说明了这一点。

案例
凯文：一个关于如何诊断的案例

九岁男孩凯文是一名三年级的小学生。老师不断地给他家打电话诉说他在学校里的恶劣行为。出于这个原因，他们把凯文送到了诊所。老师描述，凯文平时可爱又友善，但在有些情况下不断地用滑稽的动作扰乱课堂。他会用嘴巴发出哼哼唧唧的声音，或者制造各种噪声。此外，他还会突然说出某个问题的答案，这使得老师必须不断地提醒他安静地坐在自己的座位上。凯文在操场上活力四射，但只有很少的玩伴，而且往往不会被其他孩子选择队友。当进行垒球比赛时，凯文会在场外关注天上的东西或是地上有趣的鹅卵石。虽然凯文非常聪明，但是他在课堂上很少能完成作业。尽管凯文的母亲叙述自己常常花费相当多的时间和精力让凯文集中精力完成作业，但老师发给凯文的作业本很少能收回来，他常常忘记带作业，或是把作业放在书包里揉得皱皱巴巴的。

凯文在家里也是忙个不停。他在玩耍时非常吵闹，而且把玩具堆得乱七八糟。凯文家里到处堆满了没有整理或是没有归位的杂物。凯文的母亲这样描述他：他在我的心中是最可爱的孩子，但也很难管教。在体检过后，发现凯文身体健康、营养充足，在他身上除了有少许的擦伤、瘀伤和已经痊愈的割伤之外，他的身体状况良好。唯一的疾病史是凯文三岁时因试图爬上高墙而跌落下来，摔断了手腕。凯文在出生和早期发展上都很正常，他的成长也符合发展的标志性阶段的时间。

为了说明如何运用DSM-5进行诊断并提供其他信息，这里有一些和诊断及凯文的病例相关的附加信息，这些信息可能由他的临床医生提供。

诊断：注意缺陷/多动障碍，混合型
其他困难：学业问题
相关医疗条件：无
心理社会问题或环境问题：即将被学校开除
整体判断：学业严重损害，社会关系中等损害
资料来源：Frances & Ross, 2001, pp. 8–11.

考虑DSM方法

DSM方法分类的发展仍在持续这一进程中有一些核心问题。讨论DSM方法分类方法的一个重要方面就是所谓的**共病**（comorbidity）。这个术语是用来描述青少年符合一种以上障碍标准的情况。不过，这个词的使用是有争议的，现在有些人更倾向于使用"**共现**"（co-occurrence）这个说法。共病是指在同一个体身上同时存在两种或两种以上不同的障碍。这种同时发生的现象经常被报道（参见"重点"专栏），并导致有些人质疑DSM的分类方法。这些青少年身上是否有多种目标症状的重叠，还是说他们经历的这些困难有其他的方式来解释？

重点
共现：一种常见的状况

当专业人员对儿童或青少年在临床条件下或者在学校环境中进行评估时，他们总是会同时表现出各种问题。这些问题的表现往往符合不同障碍的诊断标准，因此在诊断时，临床医生会给出这些儿童或青少年不止一个的诊断结果。我们需要不断探索这个问题：如何正确地理解这种"共现"或"共病"的情形。下面有关塞缪尔的例子就解释了这种常见的情形。

案例
塞缪尔：一个关于共现障碍的案例

11岁的男孩塞缪尔因试图服用大量药物自杀而被送至医院就诊。根据塞缪尔母亲的描述，塞缪尔在家里昏睡了整整两天两夜，最终被他的母亲喊醒，并被送至医院。

塞缪尔住在市中心附近，他从二年级开始就不断因为盗窃和撬开并闯入空宅而惹上麻烦。塞缪尔有学习障碍，在特殊的阅读障碍班中就读，还因为各种原因逃学和旷课。塞缪尔的母亲曾经有过一段非常困

> 难和绝望的时期，常常酗酒并以卖淫为生。从塞缪尔出生开始，他的父亲就再也没有和他的母亲有过联系了。
> 当塞缪尔和医生沟通时，他表现出一种哀伤，而且在谈到某个方面的时候还会号啕大哭。根据塞缪尔所述，他常常会感到很绝望，他经常觉得，也许死亡才是一种真正的解脱。塞缪尔还说，最近一段时间，他常会在半夜醒过来，他要避免邻居成群结队的"打扰"。
> 医生将塞缪尔诊断为重性抑郁障碍与心境障碍（一种相对比较温和但持续性的情绪低落）。此外，塞缪尔还接受了有关行为障碍、儿童发病类型与阅读障碍等一系列相关诊断和评估。
> 资料来源：Rapoport & Ismond, 1996.

有多种方法可以解释儿童和青少年符合多种障碍诊断标准的情况：一是很多障碍可能都会有综合症状的表现，比如，心境障碍的特征可能是抑郁和焦虑的混合；二是存在共同的风险因素，一些相同的风险因素可以在两种不同的症状中表现出来，或是一种障碍的存在能够导致另一种障碍发展的风险；第三种观点认为，第二个问题是发展过程中的后期阶段，在这个阶段中，最初的症状和问题也许会消失也许会继续保留，也有可能发展为额外的问题。例如，有些被诊断为患有对立违抗性障碍的儿童与青少年，在之后会发展行为障碍问题。这一切都表明，对于青少年来说，诊断可能代表了一种单一常见障碍的发展模式。

这些只是一些可能用来解释共病现象的方法。各种障碍出现这样共病的现象的原因也是很复杂的，目前解决方式也不明晰。不过，出现共现的频率和共现的概念问题，仍然是儿童和青少年病理心理学的研究核心，也是如今 DSM 方法讨论的核心。

多年以来，人们为了提高与完善 DSM 系统做出了很多的努力，包括全面地涵盖儿童和青少年的各种障碍、增加使用结构化诊断标准，并试图用更一致的方式对待经验性数据。然而，那些有关临床科学、概念化和政治的问题也被提了出来。由于 DSM 系统是目前主导的分类方法，所以有必要提及一些关于这个系统已经提出的其他问题。

例如，在我们把关注儿童与青少年的障碍表现当作一种积极的发展的同时，人们也对分类的激增和 DSM 系统的全面性感到担忧。这进一步提出了一个基本问题，即我们可能过度定义了异常行为，换言之，我们对于儿童异常行为定义得太过宽泛。这种典型的案例就是，把常见的某些学业技能方面的问题（如阅读障碍与算术障碍）列为精神障碍。

提高 DSM 的信度，也是我们需要考虑的因素之一。在 DSM 早期的版本中，诊断标准的不充分常常导致诊断医师之间存在一些争议（即评分者效度）。因此，从 DSM-III 开始，研究者努力用更清晰和更详细的诊断标准取代对障碍的一般性描述，以提高 DSM 的评分者效度。这一更加结构化的诊断规则为医师与研究者的交流提供了便利，也提高了不同的临床医生在诊断上的一致性。然而，正如预期的那样，尽管信度仍然是不同的，可能取决于具体的障碍、性质和信息的来源，这就要求我们知道青少年患者的其他特征（如性别和种族），或是临床医生的某些特征。此外，如果诊断者接受过特殊的训练或是不采用严格的临床诊断程序，在诊断时通常可以获得较高效度的证据。

也有人认为，诊断研究过于注重信度与会谈的准确性。虽然这些很重要，但是 DSM 诊断系统能够准确表述障碍的性质也是非常关键的。一个系统对临床医生是否有用或有帮助，与能否在心理机能上准确描述病症临床显著差异的实质是不同的——这是一个效度的问题。

事实上，为指导未来分类发展而提出的许多问题，都是对现行系统有效性的质疑。例如，如果研究发现了特定障碍的治疗方法或病因，那么将会显现出有效性。然而，库普弗（Kupfer）、弗里斯特（Frist）和雷西尔（Rehier）在2002年的研究发现中指出，许多药物被报道在治疗收录在 DSM 中的几种障碍时取得了不错的效果。同样就病因学而言，研究已经挑战了不同的障碍有完全不同的潜在遗传和神经生物学基础的假设。例如，已经发现焦虑与抑郁可能都与遗传和神经生物学因素有关。

另外一个问题是，DSM 系统是一种注重生物学病因和治疗的障碍医学模型，它将障碍定义为一种伴随儿童发生的状态，而不是由多种原因以及儿童与所处环境相互作用的结果。

还有一些情况也引起了人们的关注，即 DSM 系统对于文化环境、年龄、性别等相关因素的忽略。在 DSM-5 中，一些诊断增加了年龄、性别和文化相关症状表达的差异。DSM-5 在每套诊断标准和其他地方所附的文本中也包含了与特殊文化、年龄、性别特征相关的章节。这些文本材料可以提醒临床医生，应该根据不同的文化背景、年龄阶段与性别特征对不同的患者进行诊断和治疗。然而，在 DSM-5 以前的版本中，对于所有的性别、年龄和文化背景，诊断标准都是基本相同的。

这样的方法也许会产生一些重要的后果。例如，阿肯巴克（Achenbach）与胡德扎克（Hudziak）等人指出，如果在诊断标准中采用一组固定的分割点（诊断所需的症状数），那么障碍的患病率可能会随着年龄和性别的变化而变化，同样适用于不同的文化背景。然而，我们可能会问，障碍患病率上的差异是真实存在的吗？例如，DSM 中阐明了注意缺陷/多动障碍（ADHD）在男性中更为普遍。这种诊断上的性别差异导致 ADHD 研究主要基于对男性的研究。然而，由于即使是正常的男孩在 ADHD 的行为上也比女孩表现出更高的发病率，因此 ADHD 的性别差异就可能会造成这样的一种假象：问题男孩有着更高的发生基准率。假如我们以人口发生基准率上的性别差异来考虑设置诊断分割点（如稍微减少女孩所需标准的数量），那么在 ADHD 患病率上还存在性别差异吗？胡德扎克与同事们不仅采用了一种包含了 ADHD 的 DSM 测量——康奈斯评分量表（Corner's rating scales，CRS），而且还提供了性别规范。研究者使用 CRS 测量 ADHD，并使用性别规范以确定哪些儿童在 ADHD 量表上存在统计学差异。这种方法导致了符合 ADHD 标准的男孩和女孩数量一样多——男孩和女孩的患病率几乎相等。相比之下，假如用了 DSM 标准（诊断阈值不因性别而异），那么许多受损害的女孩就没有满足诊断标准。同样地，随着年龄的增长，ADHD 的诊断率逐渐下降，也可能是 ADHD 行为发生基准率随年龄增长而下降的产物。

除了影响对患病率的估计之外，是否有固定或可变的界限或者基于性别、年龄或文化考虑的标准问题，对于被确定为谁需要服务会产生影响。在某些情况下，如上所述，"固定"的界限可能导致无法识别哪些人可能从服务中获益。在其他情况下，那些行为没有异常的人也有可能被认定为有障碍。

此外，当我们试图理解精神病理学的发展时，研究表明我们应该进一步关注文化、环境和行为之间潜在的复杂交互作用。诸如，吉尔（Gil）与他的同事们在2000年发现，在美国出生的拉丁裔男性青少年因为家庭传统价值观、凝聚力、社会控制等方面的恶化会更容易酗酒。此外，麦克劳克林（Mclaughlin）、希特（Hilt）和诺伦-胡克西玛（Nolen-Hoeksema）于2007年发现，与欧裔美国人和非裔美国人相比，拉丁裔美国女孩更倾向于患有共病。从上述案例与其他资料来看，未来诊断和分类系统需要更多地关注文化和发展背景的影响。

在现行 DSM 效度中，最后一个经常提到的内容是其分类的方法（参见"重点"专栏）。例如，研究已经证实了注意缺陷/多动障碍的三种亚型的效度。不过，1998 年，胡德扎克及其同事对处于青春期的女性双生子进行了大量的样本结构性的诊断评估。他们的研究结果又一次支持了亚型的存在，同时也建议将亚型最好表述为三种维度（关于这个问题，一直在临床与非临床层面存在着持续不断的争议），而不是三种相互独立的类别。这项研究与其他的研究提出了考虑 ADHD 和其他障碍的维度的概念化的重要性。

> **重点**
> 维度和 DSM
>
> 试图建立一个分类和诊断的系统，应该是一个推动科学进步的持续过程。目前的 DSM 是一种分类/诊断的方法——是否存在障碍；一种障碍区别于另一种障碍。基于多个领域进行研究的信息，促使一些人思考在临床诊断或研究分类中，使用一种分类方法是否适合和足够。接下来的问题是，是否需要将更多的连续概念和维度考虑纳入诊断系统。事实上，"维度"问题是正在进行的新版 DSM 开发过程的一部分。在这里，我们简要回顾了一些导致我们考虑维度策略的发现和思考。与这个问题相关的其他信息贯穿全书。
>
> "维度"是什么意思？我们如何将其纳入 DSM？在这类讨论中，我们经常会听到"谱系"和"维度"这两个术语。
>
> 术语"谱系"（spectrum）一词被用来描述那些具有某些心理或生理特征的障碍群。例如，在第 12 章，我们会看到"孤独症谱系障碍"（autism spectrum disorders）这个术语，它已经被用来描述那些曾经被单独诊断为孤独症、阿斯佩格综合征（Asperger syndrome）以及其他广泛发展障碍（pervasive developmental disorder）。因此，某些相关的疾病可能不被视为单独存在的，而是作为更大谱系障碍中的一部分。
>
> 术语"维度"（dimension）指的是一种对障碍进行的定量而非定性的思考方法。在本文的一个单独章节中，DSM 建议维度的概念可以通过多种方式被纳入 DSM 当中。例如，对症状的数量、频率及强度或进行维度评估，可以补充青少年是否符合诊断标准。又例如，一个人可以显示出注意力不集中和冲动过度症状的数量，而不是仅仅表明一个孩子是否符合注意缺陷/多动障碍的诊断标准。实际上，研究结果表明，明确症状的数量有助于研究和预测障碍可能的病程，可以指导临床干预。
>
> DSM 方法试图解决维度问题的另一种方式是交叉评估。之所以使用"交叉"（cross-cutting）这个术语，是因为它涉及跨越任何单一障碍边界的测量。这项评估涉及的临床重要领域不一定是青年特定障碍诊断标准的一部分。然而，对于干预后、治疗计划和治疗结果等方面而言，它们可能很重要。对于抑郁情绪、焦虑、睡眠等问题或药物使用程度的测量，所有青少年都可能会在就诊的诊所完成。
>
> 这是 DSM 方法已经开始处理维度的一些方法。然而，许多人认为这些只是适度的改变，目前的 DSM 仍然清晰地保留了对障碍的分类，而不是一个连续的或维度的混乱概念。然而，越来越多的研究表明，维度将成为未来诊断系统的重要组成部分。例如，美国国家精神卫生研究院（National Institute of Mental Health, NIMH）启动了一个项目——开发新的基于研究的诊断标准，该标准采用维度方法。

研究指出，将连续症状一分为二，形成了一个紊乱类别和一个非紊乱类别的做法会降低统计效度，可能导致误导性的研究结果。诊断在治疗研究中的应用举例说明了这一点。饮食障碍患者被随机分配到治疗组或自助对照组。在治疗结束时，是否诊断有神经性厌食症被作为结果的衡量指标。研究者并没有发现在两个治疗组之间使用这种分类方法评估结果会存在显著差异。然而，当通过维度分析（酗酒和呕吐的频率）来决定结果时，显著的差异就出现了。

DSM 持续发展过程中的一个核心问题是，如何将精神病理学的维度概念整合到 DSM 的分类系统中。已有一种从维度上考虑儿童和青少年问题的分类方法。现在，我们来研究一下这种以经验为基础的分类方法。

经验主义分类法

对行为问题进行**分类的经验方法**（empirical approach to classification），是对分类的临床方法的一种替代。它基于统计方法来识别相互关联的行为模式。使用这种方法的常规程序是，让父母或其他监护人去观察青少年是否存在某些特定行为。研究者会通过某些方式去量化这些反馈回来的信息。比如，如果青少年没有表现出某种特征，被调查者可以将结果记录为"0"；如果青少年有中等强度的表现，则记录为"1"；当青少年在某种特征上的表现特别明显，则记录为"2"。这种方法及信息是通过对青少年的大量观察研究后总结出来的。然后使用诸如因子分析之类的统计方法分析这些数据，从而确定倾向于一起出现的大量项目组。这些组被称为因子或集群。"**综合征**"（syndrome）这个专业术语经常被用来描述倾向于同时发生的行为，无论它们是由经验判断程序还是由临床判断程序来确定的。因此，研究者可以将经验和统计方法作为制订分类方案的基础，而不是仅仅依靠临床医生关于哪些行为可能同时发生的看法。

有大量的证据表明，存在两种**宽带综合征**（broadband syndrome），或一般行为或特征集群。其中一个集群被贴上了各种标签，如**内化性**（internalizing）、过度控制或焦虑性回避等。焦虑、害羞、回避、抑郁是这类人的一些特征。第二个组别就被贴上了这样的标签：**外化性**（externalizing）、控制力不足或行为障碍等。好斗、发怒、拒绝服从、具有破坏性等特征经常与这个亚型有关。

阿肯巴克量表是用来推导上文描述过的两个宽带集群的措施之一。儿童行为量表（child behavior checklist，CBCL）完全适用于 6~18 岁的儿童家长使用。教师评定量表（teacher report form，TRF）是 CBCL 的平行量表，教师用来评价 6~18 岁儿童。而青少年自评量表（youth self-report，YSR）则由 11~18 岁的青少年完成。还包括针对较年幼儿童的平行测量，针对 1.5~5 岁的儿童专门设计的儿童量表和护理者 - 教师量表（caregiver–teacher report form，C-TRF）。

除了两种被标记为内化性和外化性的宽带综合征因子外，研究者还利用这些工具发现了经验性定义的、不太普遍的**窄带综合征**（narrowband syndrome）。表 5-1 描述了学龄期量表的这些综合征。被评价的儿童会在每个综合征上得到一个综合分数，从而绘制出属于每个孩子关于综合征的特殊剖面图。这种分类方法可以从几个不同的维度来评价每个孩子。

因此，这种分类方法与以临床方法为主的

表 5-1　CBCL、TRF 和 YSR 常见的八大综合征——样本项目举例

内化综合征		
焦虑 / 抑郁	**退缩 / 沮丧**	**躯体主诉**
经常哭泣	经常独处	易疲劳
害怕、焦虑	害羞、胆怯	疼痛、痛苦
无意义感	社会退缩	胃痛
混合性综合征		
社交问题	**思维问题**	**注意力缺失**
孤独感	幻听	不能集中精力
被人耻笑	幻视	不能长久保持静坐
不被同伴喜爱	奇怪的想法	易冲动
外化综合征		
违纪行为	**攻击行为**	
缺乏内疚感	对他人冷漠	
结交不良朋友	破坏别人的物品	
在家中存在偷窃行为	陷入争斗中	

资料来源：Achenbach & Rescorla, 2001.

DSM 的分类系统有几个方面的不同。这两种方法之间的一个重要区别是，如何定义和形成分组（经验描述或临床一致）。另一个重要区别是，经验主义分类法选择从维度的角度描述问题，而不是单从范畴角度描述。这表明个体之间的差异是定量的而不是定性的，且常态与病态之间的差别是程度上的而不是种类上的。

基于经验的分类也以来自规范性样本的数据作为判断一个青少年个体问题的参考框架。例如，对 CBCL、TRF 和 YSR 而言，都有两套常模分别比对个体儿童时期与青少年时期的分数。某个青少年的分数既可以和未转诊青少年的常模分数相比较，也可以和那些接受心理健康服务的青少年相比较。因为不同类型的被试均给研究者提供了分数，所以在特定的年龄阶段，不同性别的孩子也有着不一样的常模分数。此外，CBCL 还有不同家长提供的常模分数，可分别提供给 6~11 岁男孩、12~18 岁男孩，以及 6~11 岁女孩、12~18 岁女孩使用，还有可以提供给老师和青少年自评的常模。青少年的分数也可以根据不同文化的标准来评估。

举例来说，为了评价 11 岁男孩杰森的行为问题，我们会把杰森父母报告的分数，也就是杰森基于经验的综合征上的得分和两套常模做对比，即和其他 11 岁男孩父母所报告的未转诊常模，以及其他 11 岁男孩父母报告的转诊临床治疗的常模做对比。杰森自己的 YSR 分数，也会和他这个年龄的未转诊组常模与临床转诊组、临床治疗组常模相比较。

值得注意的是，除去上文提到的维度/综合征，以及表 5-1 的概述之外，我们可以把阿肯巴克量表进行评分，提出了 DSM 的某些类别相对应的量表分数。这些 DSM 主导的测量，是一种把两种分类方法进行比较的方法。

信度

经验派生系统的信度研究表明，有关症状问题的分数是相当可靠的。信度系统是有趣且翔实的。

测试重测信度的相关系数在同一组被试中的两次测验所得分数在 0.80 或 0.90 范围之间。例如，CBCL 总分在重测时的相关系数达到了 0.94。让不同的实验者在同一个情境中对儿童进行观察，尽管同一个人做两次评价的一致性略微差一些，但评分者信度还是很高。CBCL 问题量表上，父母之间的平均一致性分数为 0.76。

然而，在截然不同的情况下，观察青少年的评分者之间的内部一致性程度明显较低。比如，青少年的问题总分达到了显著性的水平，家长与教师之间评定的总分平均相关系数为 0.35，青少年总体问题得分是明显而适度的，并与家长评定之间的相关系数（0.54）和教师评定之间的相关系数（0.21）有关。这些较低的相关性也许揭露了青少年的某些行为问题，而不仅是特定分类方法的信度问题。上述比较低的内部一致性，可能也表明了分类过程的总体情况，特别是青少年的某些特殊行为。青少年行为在跨时间和跨情境上有相一致的方面，但个体的差异性和不同情境也有所不同。此外，一些特定的原因可能会或多或少地影响不同的个体表现出某些特征，甚至比对青少年本身的影响更大。因此，这些研究结论提醒我们，任何一个评分者的观点都可能存在局限性和偏见，无论这种观点是通过特定测量量表还是通过临床访谈获得的。

效度

很多研究已经验证了经验主义分类系统的效度。在不同的实验研究中，同一种宽带综合征也会采用不同的量表、不同的被试、不同的样本，这表明分类反映出一种效度上的区分性。研究结果表明，综合征之所以具有效度，是因为它们在不同的实验条件下都会产生。跨文化研究发现，相似的综合征需要进一步的支持研究。然而，他们也指出了文化差异可能会导致青少年问题的出现。

当分数差异与其他标准相关时，效度理论也得到了支持。事实上，把一个接受转诊的青少年和一个在社会经济状况、年龄和性别等各个方面都相匹配的没有接受过转诊的青少年相比较，临床样本和非转诊样本在所有得分上具有显著差异。

此外，青少年在不同综合征上的高分差异可以说明在综合征上存在经验性的效度。例如，将有内化问题的儿童与有外化问题的儿童进行比较，可以说明他们表现出来的消极情绪类型、情绪调节和情绪控制的能力可能会不一样。另外，也有证据表明，两种不同的综合征在外部问题上存在不同的相关系数（见表5–1）。比如，研究表明，攻击性综合征在生化相关性、遗传性及发展稳定性上的相关系数都高于违纪性综合征。最后，根据经验主义分类系统得出的综合征的分数也被证明可以预测结果，如关于未来的发展问题、精神健康服务、与警方的接触。这些发现支持了经验主义和维度分类方法的效度。

污名化和标签的影响

正如上文所述，分类和诊断的目的是为了促进对心理问题的理解和治疗。尽管诊断看起来是一种科学与临床的事业，但它也可以被看作一种社会过程。**诊断标签**（diagnostic label）将青少年归入一个特殊群体的位置，这意味着其他人将如何看待与对待这个青少年。假如这种影响是消极的，那么部分原因可能是与污名化精神疾病相关联。**污名化**（stigmatization）是指刻板印象、偏见、歧视与自我堕落，这些常常与低社会评价群体成员相关联（参见"重点"专栏）。

重点
污名化的影响

人们越发意识到，将污名与精神疾病相联系，是关注儿童、青少年及其家庭幸福的一个核心问题。污名化通过多种方式影响着青少年。它可能影响患有精神障碍的青少年和父母患有精神障碍的青少年。

污名化通常被认为涉及三个维度：消极的刻板印象、价值贬低和歧视。刻板印象意味着一个患有障碍的青少年被视为具有消极的特征或属性，如危险或无能。价值贬低可能会导致与他人的分离和社会地位的丧失。歧视意味着社会会限制这个患有障碍的青少年的权利和权力。除此之外，青少年可能会将这种消极评价内化，并对自己的能力甚至对自己产生消极看法。研究表明，污名化还会在其他方面影响青少年。举例来说，一个患有障碍的青少年可能会经历各种消极的社会经历：被诋毁或是被同伴排挤。一个青少年也许会在和成人甚至专家的交往中，经历类似污名化的影响。此外，青少年产生这些困难往往要归咎于父母。正因为如此，再加上污名化和青少年障碍的这种联系，可能会降低家庭寻求帮助的可能性。

我们也知道，父母的心理对于儿童未来的精神病理学也是一个风险因素。与精神障碍污名化相关的可能使得家长因为精神障碍而停止寻求帮助，从而增加了孩子的风险。此外，把污名与患有障碍的家长联系在一起，也许会阻碍家庭的开放性讨论，进而增加危险。对孩子很有限的支持，也许会导致孩子因为给父母乃至整个家庭带来困难而自责。如果父母与家庭认为他们有必要去隐瞒自己的困难，从而减少获得社会支持的机会，那么也可能会增加风险。

如何正确理解污名化及其影响，显然是一个复杂并且困难的问题。通过关于儿童精神病理学以及污名化现象的教育显然是解决这个问题的方法之一。然而，我们还应更加努力地克服污名化，正如欣肖（Hinshaw）在2001年所述："对于儿童与青少年而言，污名化的过程发生在家庭、学校和社区。儿童的行为与环境的契合产生，是诊断儿童是否患有精神障碍的重要指标。因此，社区对于发展性障碍的包容与接受的程度，以及社区能否为有特殊教育需要的青少年提供相应的住宿便利，是促进学术、社会和生活能力的必要组成部分。"

诊断标签的所有消极影响，都会偏离分类的最初目标——帮助青少年。当试图定义一种精神障碍时，最重要的是要记住正式的分类是为了分类障碍，而不是分类人们。因此，举例来说，说"比利·格林患有孤独症"是对的，而说"比利·格林是孤独症儿童"则是错误的。

意识到给青少年贴标签的潜在消极影响是很重要的。因为贴标签可能会导致各种想象不到的后果，其中之一就是过度推论。例如，人们可能会错误地认为所有被贴上"注意缺陷/多动障碍"这个标签的青少年，其患病的严重程度都差不多。这种假设非常容易导致人们忽视个别儿童或青少年。标签也会让人们对青少年产生一些消极的印象。例如，沃克（Walker）及其同事于2008年在一个以8~18岁的青少年为被试的大样本中，展示了给被试贴上诸如"ADHD""抑郁"或"哮喘"的标签。除了疾病名称外，对被试的描述都是一样的。被贴上"ADHD"或"抑郁"标签的被试与那些被贴上"哮喘"标签的被试相比，似乎更多地被视为参与了反社会行为和暴力行为。

另外，这种标签可能会让人们对一个青少年的社会期待出现偏差。其他青少年会因为社会期待而表现出某些行为，同样影响青少年按照社会期待行事。布里格斯（Briggs）及其同事的一项研究证明，标签可能会传递消极的社会期待。成人阅读六岁儿童的故事，故事中的儿童都是在学校有攻击性行为的孩子。所有的这些故事都会涉及孩子们（正常的、母亲死于癌症的、遭受过性虐待）的不同的家庭故事。在读完这些故事后，研究者让成人完成一份关于他们对儿童行为期待的问卷。结果表明，成人对遭受过性虐待的儿童有不同的社会期望。例如，他们认为，遭受过性虐待的儿童与另外两类儿童相比，会存在更多的行为问题，而且成就动机也更低。

然而，标签也并不总是产生消极的社会期待。有人认为，贴标签为儿童的问题行为提供了某种"解释"。当成人理解了这个儿童为什么会有这样的行为时，他们就不会产生那些消极的反应，而可能会对这些儿童有更为合理的期待。伍德（Wood）与瓦尔德兹-门查卡（Valdez-Menchaca）在1996年的一项研究表明，贴标签并不总是导致消极的社会期待。在研究中，他们让成年人和四个儿童相处，其中一个儿童曾被诊断为患有语言障碍（language disorder，LD）。成年人被随机分到具有两种条件之一组：第一种是非标签条件，即患有LD的儿童没有被识别出来；第二种是标签条件，即患有LD的儿童被识别出来了。实验的结果是，在非标签组的成人认为，患有LD的孩子明显不那么讨人喜欢、效率低下、学业能力低下等问题。然而在标签组的成人却没有这样的评价，他们和非标签组的成人一样，也观察到了患有LD儿童的不适宜行为，但是他们似乎更能接受这样的行为。

最后，有人提出，诊断标签使儿童的行为问题在人际交互作用和社会环境上的关注最小化。传统的诊断类别忽略了这样一个事实：青少年的问题行为至少也"属于"除了患者之外的另外一个人，即那个发现问题或报告问题的人。正如我们在本书中看到的那样，有很多证据证明，描述和看待青少年的方式，不仅会对儿童和青少年的行为产生影响，也会对进行描述的个人产生影响。

很多参与青少年研究与治疗的专家都很关注诊断标签所带来的潜在的负面后果，这些专家主张采取多种方式减少可能的消极影响。然而，分类化已经根植于我们的观念并补充着我们的知识，彻底抛弃分类既不可取也不可能。因此，完善分类系统的同时，也要对使用分类方法所固有的社会因素、标签对社会地位的影响，以及标签对青少年及其家庭的影响保持敏感。

评估

评估儿童和青少年的问题是一个相当复杂的

过程。当临床医生关注一个青少年时,其问题都是经常发生的,如果不是经常发生的,则是存在多方面的问题。然而,由于评估是任何接触的第一部分,因此专业人员关于问题的了解还是非常有限的。考虑到这些因素,也是出于常识与谨慎的考虑,我们认为最符合青少年最佳利益的途径,就是对其本身及其所处的环境进行多角度、全方位的评估。

案例

艾丽西亚:一个初步评估的例子

艾丽西亚六岁了,她的父母希望了解她的问题,并希望能找到一种可以帮助女儿更好地适应在学校和家里与同龄人相处的方式。艾丽西亚的父母形容她是冲动、情绪化的,而且在学校存在着适应困难的问题。他们提供的初步资料表明,母亲一方的几名男性亲属均存在智力迟缓的现象,其中一人近来已被诊断为脆性X染色体综合征。因此,临床医生推断,因为女性是这种综合征缺陷基因的携带者,所以艾丽西亚是脆性的X染色体的携带者。根据这些初步资料,临床医生还假设艾丽西亚也许患有ADHD与学习障碍。

有关艾丽西亚的信息来自以下几个方面:父母方面(访谈、量表测量、日常行为记录、亲子互动观察)、教师方面(量表测量、学习成绩和考试成绩),还有艾丽西亚本人(访谈、直接观察、心理教育测试)。评估期间,我们得到了这样的信息:艾丽西亚具有许多脆性X染色体女性携带者的特征。关于这个问题,医生不仅和艾丽西亚的父母进行了详细的探讨,还对其进行了基因评估,表明情况确实如此。评估还表明,艾丽西亚符合ADHD的诊断标准,而且她还患有学习障碍。

此外,评估显示,艾丽西亚的父母为她提供了一个有条理但又刺激的环境。艾丽西亚有自己的朋友,她可以参加适宜其年龄的活动,并且能够感受到父母的爱。艾丽西亚也意识到了自己的冲动行为给自己和家庭带来了麻烦。这个案例积极的一面是,艾丽西亚渴望取悦他人,她有较好的社会技能,她的父母富有爱心,能获得家庭和学校的支持。

评估带来的干预策略包括:改变艾丽西亚的班级环境和支持资源、来自家庭的支持、转诊到脆性X染色体综合征家长的支持小组;针对父母的行为评估技术,帮助艾丽西亚认识到自己的力量并解决自己的困境。临床医生认为,艾丽西亚会适应一切并会发展得更好,但需要进一步的评估和干预,这是我们面临的新挑战。

资料来源:Schroeder & Gordon, 2002, pp. 49–50.

进行综合评估

正如我们将在整个讨论中看到的,青少年的行为障碍是非常复杂的,通常包括多种多样的内容,而不是单一的问题行为。此外,这些问题通常是由多种影响因素引起的,并由多重影响维持。这些影响包括:生物因素;青少年行为、认知与社会功能的多种方面;家庭与其他社会系统(如同伴与学校)的影响。因此,需要一个全面的系统来评估青少年存在的各种潜在问题表现,衡量青少年自身的各个方面,评估各种环境和其他个体影响。

必须从多个渠道(如青少年、父母和教师)获得信息,因为评估可能会因为环境的不同或个体的不同而表现出不同的问题。一个儿童在其家里、学校,或是在他和同伴玩耍时可能表现得不一样。另外,观察者也可能对相同的和相似的行为表现出不同的看法。一个抑郁的、遭遇过各种生活压力的母亲往往无法忍受期望行为存在轻微偏差。这种感知上的差异可能对于理解儿童现在的问题和干预措施都很重要。因此,评估需要多种多样的方法,也需要各年龄阶段个体的评估工具,这种程序对技巧性和敏感性有一定的要求。

评估最好由在实施与解释程序以及使用工具上都经过良好训练的临床医生组成的团队来完成。由临床医生采用**循证评估**(evidence-based assessment)的方法是可取的,该程序依赖于经验性证据和理论来指导其选择和支持其效度。正如我们将在本章后面探讨经验性支持治疗时看到的那样，以证据为基础的或经验性支持的实践是研究者和临床医生不断追求的目标。

因为评估通常是在接触到青少年或其家庭成员之后立即实施的，所以需要对焦虑、恐惧、害羞、喜欢操控他人等特别敏感。如果治疗方案明确，那么评估就应该是一个持续的过程，以便收集新的信息，并确定治疗的持续影响。通过这种方式，临床医生对细微的差别保持开放态度并能避免对一个多方面的复杂现象做出僵化判断。

访谈

一般性临床访谈

评估中最常用的方法，显然是**一般性临床访谈**（general clinical interview）。在评估中，有关各方面功能的信息都是通过对儿童、青少年的访谈，或是对社会环境中其他人的访谈而获得的。

儿童和青少年能否单独接受访谈，可能会因年龄而异。年龄稍大一些的儿童或青少年通常更有能力，更有可能提供一些有价值的信息。然而，临床医生也常常对幼童进行访谈，以获得他们自己对幼童的印象。如果考虑到孩子适当的发展阶段，为每个孩子量身定制访谈，那么幼儿园与小学的儿童其实都可以提供有价值的信息。举例而言，成人式的面对面访谈可能会让儿童感到害怕，所以更好的方法可能是以熟悉的游戏或学校任务为背景做模拟访谈。

大多数临床医生想获取的信息主要是关注障碍问题的本质、过去和近期的历史、现在的条件、感知和感觉信息、试图解决的问题，以及与治疗有关的期望。一般性临床访谈不仅用于确定现有症状的性质，或可能帮助做出诊断，而且有助于收集信息、使临床医生理解案例，以及制订适合的治疗干预方案。

结构式诊断访谈

一般性临床访谈常常被描述成开放式的或非结构式的。因为这样的访谈常常是在治疗互动用的背景下进行的，并且与各种其他评估工具一起使用，因此很难评估信度和效度。**结构式诊断访谈**（structured diagnostic interview）的出现，在某种程度上是为了创造更可靠的访谈。它们也有可能是因为某些更简单的目的而发展起来的。比如，像DSM那样根据特殊分类系统进行诊断，或是筛查大量人群的疾病患病率。这类访谈可以与青少年和/或其父母完成。儿童焦虑障碍访谈（anxiety disorders interview for children schedule，ADIS）、儿童和青少年诊断访谈（diagnostic interview for children and adolescents，DICA），以及学龄儿童情感性障碍与精神分裂症检查量表（schedule for affective disorders and schizophrenia for school-age children，K-SADS），均为诊断性访谈的典型范例。

在非结构化的一般性临床访谈中，没有临床医生必须提问的特殊问题，没有指定的格式，也没有规定记录信息的方法。这并不意味着就不存在着一个指引或一致的程序进行有效的访谈。其实，有大量关于有效访谈的文献。然而，非结构式访谈的目的是为了给临床医生很大的自由度；与此相反，结构式访谈则是由一系列临床医生需要询问青少年的问题组成的。在结构式访谈中，关于如何进行访谈有明确的规定，对于如何记录和评价青少年的反应也有明确的指导原则。

问题调查表和自我报告工具

我们已经在讨论的分类中详细地描述了**问题调查表**（problem checklist）和评定量表。这样的工具种类繁多，其中有一些是做一般性用途的，如儿童行为量表、儿童人格量表以及儿童行为评估系统。其他的则用于特殊人群，如主要用来筛选和评估儿童注意缺陷/多动障碍的康奈斯评分量表。

大量的实证文献表明，对于临床医生和研究者而言，上述测量工具非常有意义。在一项研究之中，将接受心理健康服务的父母所报告的问题青少年的能力评估分数与那些人口统计学上匹配的非转诊青少年进行比较。量表的分数明显区分了临床和非转诊青少年在行为问题和社交能力上的差异。

一般性量表能够帮助临床医生判断转诊与非转介儿童群体对环境的适应能力。这个程序可以帮助医生评估转诊的适宜性。一旦出现特定的问题，临床医生就能够选择使用一个更具体的评分量表。

另外，由不同的测试者完成的评分量表，还能够帮助临床医生更全面地了解临床症状和儿童问题潜在情境方面的信息。比如，图 5-1 呈现了一个 11 岁女孩父母双方评价的不同。两个测试者不同的认知可能为临床医生提供更为重要的信息。举例来说，在阿肯巴克的量表中的 CBCL、TRF 与 YSR 就通过测试题目和维度，比较了多个测试者对同一个儿童的评估。当两个或两个以上的测试者使用这些量表去描述同一个儿童或青少年时，能够计算出统计数据来表明一致性程度。然后，可以将某个特殊儿童的评分一致程度和大样本的具有可比性的评分者一致程度相比较。因此我们便可以得知，某个男孩的母亲与老师之间的评分一致性程度是低于、相似还是高于这个年龄阶段男孩的母亲与教师之间的评分的平均一致性程度。

此外，临床医生与研究者也可能采用一系列**自我评述工具**（self-report measure）。这里有一般性方法与自我评述工具来评估诸如焦虑和抑郁等特殊问题。工具也可以去评估一些与适应力相关的构想，比如自我控制与自我概念。我们将在后面阐述儿童和青少年问题的具体章节中详细介绍。

家长和其他成人也可以自己完成自我评述工具。这些工具可以评估特定问题，如家长自身的焦虑或抑郁水平，或是广泛地评估成人技能的各个方面，比如成人的感情、态度、信念，特别是对儿童与青少年的看法（如家庭环境的稳定性与活动量表），或可以测量家庭环境的各个方面（如家庭环境量表、父母-青少年亲子关系量表）。这种评估能够提供与形成行为问题有关的社会环境信息和其他有关因素。这些评估的使用表明，现有的问题是复杂的，而且受到社会环境的影响。

观察评估

早期观察儿童行为时，人们尝试用日记法或持续的观察与记录，这在当时是别无选择的。根据这个传统而演变出来一种重点更集中、更精确

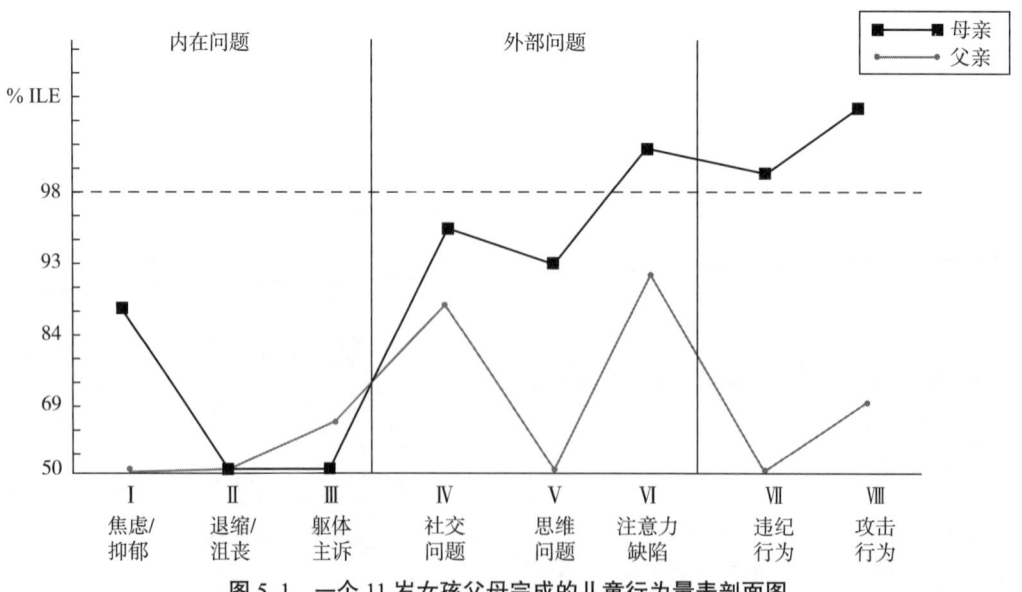

图 5-1 一个 11 岁女孩父母完成的儿童行为量表剖面图

的行为集合的观察，而且观察员还能够编码出可靠的行为。这种结构化的观察仍然是评估过程中潜在的重要方面，包括注意和系统地观察青少年或其父母的行为，或青少年所处环境的某些其他方面。

行为观察（behavioral observation）往往是在儿童处在自然环境中进行的，尽管有时在临床或实验室也可能会创设某些情境使得互动更为自然。这类行为观察包括：单一的儿童、相对简单的和离散的行为评估；儿童与其同伴的相互作用；家庭成员之间复杂的相互作用。显然，持续的相互作用比单个个体的行为更加难以观察和编码，但是它们在治疗和临床上都具有相关性。

在任何行为观察系统中，第一步就是要明确地定义和定位问题行为。观察者通过训练使用这个系统，并记录是否有特殊的行为及行为发生的序列。研究表明，许多因素影响观察系统信度、效度以及临床效用。例如，观察系统的复杂性和观察者使用的系统会随着时间推移而发生转变（观察者漂移），就是两个这样的影响因素。反应性（即当个体知道自己被观察时的行为变化）是直接观察效用的最大妨碍。为减少在直接观察中产生信息扭曲，搭建的方法是：对观察者进行认真的训练、定期监测观察者系统的使用情况，以及监测身处情境中的观察者（如老师）。

行为观察是最直接且需要最少推论的评估方法。训练并保持观察者的可靠性，可能是在非研究环境中普遍使用这种方法的主要障碍。因为长久以来，人们都认为行为评估的标志是直接观察，所以人们一直在努力创造一个能够被广泛使用的系统。然而，直接观察仅仅是多种行为评估方法中的一个方面，行为评估还包括行为者的自我监测、访谈、量表与评估以及自我评述工具等。

投射测验

投射测验曾一度是在评估儿童时最常使用的心理测试形式。然而，这些测试在如今已经很少使用了，在很大程度上是因为缺少实证规范，而且在测验的信度与效度方面也存在争议。

投射测验源于将投射作为一种心理防御机制的精神病理学理念，当人们在潜意识中处理不被自己所接受的冲动时，常常会把这些冲动投射到外部对象上，因而冲动不能直接表达出来。因此，很多投射测验都呈现模棱两可的刺激，允许个体把其"不可接受的"想法与冲动投射出来，或者把其他防御机制投射到刺激上。投射测验也被一些较少涉及心理学推理的临床医生采用。例如，一个青少年在看到这种模棱两可的刺激时，会根据自己过去的经验和现在的欲望来促使他们将这些解释报告出来。人们分析了常规的测试反应，比如儿童所绘制的人物之间的距离。然后，我们根据这种回答方式提出了投射测验的解释，而不是基于这些反应的内容。

投射测验通常会让孩子去解释一幅画，或是让孩子画一幅他自己的画。在罗夏墨迹测验中，研究者通常会问青少年在 10 幅墨迹图中分别看见了什么。最常用的计分和解释方法就是基于问答的特征，如被试回应了哪部分的印记（位置）、颜色或阴影等因素（决定因素）、所看到的自然印记性质（内容）。绘人测验或是画人测验，要求儿童先画一个人然后再画一个异性的人像。房-树-人测验技术，则是让儿童去画一座房子、一棵树与一个人。在动态家庭绘画技术中，临床医生一般会让儿童画一幅关于每个家庭成员的图画，包括儿童自己以及大家正在做的事情，并问儿童一些关于这幅图画的问题。默里（Murray）的主题统觉测验（thematic apperception test，TAT）、儿童统觉测验（children's apperception test，CAT），与罗伯茨（Roberts）的儿童统觉测验，都是给青少年看一幅图片，让他们为这幅图片编造一个故事。图 5-2 就与 CAT 中使用的测验图片相类似。

智力—教育评估

关于智力和学业技能的评估，几乎是整个临

图 5-2　此图与 CAT 测验采用的图片相类似

床评估中重要的组成部分。智力机能是确定某些障碍（如智力障碍与学习障碍）的核心定义特征，但它也可能导致一系列行为问题，并被各种行为问题影响。与大多数其他的评估工具相比，智力机能测试往往具有更好的规范性数据、信度与效度。虽然我们目前对于这些工具的讨论还很简单，但是我们将在后面的章节中补充更多的相关信息。

智力测验

迄今为止，用于评估智力机能最常见的评估手段是一般性智力测验，如斯坦福-比奈量表、韦克斯勒智力量表——韦氏学龄前和小学儿童智力量表、韦氏儿童智力量表、考夫曼儿童成套评估测验，都是在临床背景中被广泛应用的智力测验。所有测试都是单独进行的，然后得到一个**智商**（intelligence quotient，IQ）分数，其平均分数是 100 分，个体分数反映了该个体的智商分数比其同龄人的平均分数高出或低出多少。

长期以来，智力测验一直是一个备受争议的话题。批评者认为，IQ 分数的使用使得智力被量化成了一个具体的数字，具有僵化而固定的属性，而不是一个复杂和微妙的概念。批评者还认为，这种智力测验会引起文化偏见，并导致社会的不公正。尽管智力测验在预测各种结果方面很流行也很有用，但是人们在使用智力测验时仍然需要

持续地关注法律、伦理和实践问题需求，并谨慎使用。人们也在不断努力优化智力测验，并监测测验的使用是否恰当。

发展性测验

在评估年幼的儿童，尤其是婴儿的智力机能时，需要一种特殊的评估工具，一种流行的测量方法是贝利婴幼儿发展量表。这个量表适用于评估 1~42 个月大的婴幼儿，包括评估多方面发展的量表。婴幼儿在发展量表上的表现是一个**发展指数**（developmental index），而不是智力分数。一般智力测验非常注重语言和抽象推理能力，而发展量表则非常注重感觉运动与简单的社交技能。例如，贝利测试了婴儿坐、走、运送物品的能力，对视觉和听觉刺激的注意力，微笑及模仿成人的能力。也许是因为各个量表测量了不同的能力，所以发展量表，尤其是儿童早期的测量结果与在童年后期的智力测验结果的相关性很低。然而，早期的发展性测验分数能够预测有严重发展障碍的儿童的后期智力机能。

能力与成就测验

除了评估青少年的一般智力机能外，评估儿童或青少年在特殊领域的机能通常是有必要的或有帮助的。**能力和成就测验**（ability and achievement test）就是因此而发展起来的。广度成

就测验与伍德考克阅读通达性测验是对青少年个体进行的两种学业成绩的测验方法，像艾奥瓦基本技能测验、斯坦福成就测验就是在许多学校环境中经常被采用的集中管理的成就测验。特殊能力和成就测验在对与儿童学业和学校有关的问题方面进行专业判断时是非常重要的。

身体机能评估

一般性的身体评估

对身体机能的评估，可以为研究者理解障碍行为提供多种重要信息。家庭成员与儿童的病历或身体检查，也许可以了解那些通过操纵环境就能治愈的基因问题。例如，苯丙酮尿症（PKU）是一种隐性基因疾病，受饮食治疗影响。避免在孩子的饮食之中使用苯丙氨酸食品可以预防大多数和基因相关的神经系统问题。此外，也可以直接（如如厕训练中造成尿路感染问题）或者间接（如父母对体弱多病的孩子的过度保护）地诊断出影响了身体机能重要方面的疾病与缺陷。此外，发展障碍最终会影响行为的各个方面，而身体发育上的非典型或滞后的迹象可能就是发展障碍的早期指示。

心理生理性评估

生理系统的变化与人的内化和外化问题均有关联。因此，**心理生理评估**（psychophysiological assessment）通常是在儿童与青少年的觉醒水平受到关注的环境中进行的。因为在进行心理生理评估时需要使用某些必需的设备，所以这样的评估在研究环境中比在一般的临床实践（如关于心率、肌肉张力、呼吸速率的测量）中更常见。心理生理评估的重要方面还包括对自主神经系统中电位活动（如皮肤电导）的测量、对中枢神经系统的电位测量［如脑电图（EEG）］。

神经系统机能的评估

神经系统机能的评估对于我们理解各种各样的障碍尤为重要。这些评估技术可能会提供有关障碍病因的信息，并通过提供有关治疗（尤其是药物治疗）产生作用机制的信息以促进治疗研究。神经系统评估也是评估青少年脑损伤后果的一个重要方面。神经系统–行为关系的评估需要神经学家、心理学家和其他专家的协调努力。

神经系统检查。神经系统检查（neurological assessment）可以通过一些程序来直接检查神经系统的完整性。为了记录脑电图（EEG）或事件相关电位（ERP），会在儿童或青少年的头皮上放置电极，记录大脑皮质的总体活动或是青少年从事信息处理任务期时大脑皮质的活动。EEG/ERP 激活模式有助于了解一些人群中的大脑功能，包括有焦虑和心境障碍的青少年、患有学习与语言障碍的青少年，以及患有注意缺陷/多动障碍、孤独症的青少年等。

脑成像技术的新技术极大地提高了我们评估大脑结构和机能的能力。例如，磁共振成像（MRI）方法是一种无创性的方法，能够生成大脑结构的图像。一组通常被称为结构或体积 MRI（structural or volumetric MRI）的方法利用磁体和无线电波来创建大脑区域的三维计算机图像。其他各种 MRI 程序也可以评估大脑的结构和完整性。例如，扩散张量成像利用水扩散的测量来研究脑白质的完整性。磁共振波谱提供了局部脑区神经化学物质浓度的信息。

功能磁共振成像（functional magnetic resonance imaging，fMRI）与结构磁共振成像（structural MRI）采用相同的技术，即通过追踪大脑不同部位氧气的细微变化来生成图像。当大脑中的某个特定部位被唤醒去执行某些任务时，这些区域就会获得更多的血流量，从而增加氧气量。fMRI 扫描仪能检测到这些变化，并产生可以显示大脑活动区域的图像。

还有一些其他的技术有助于揭示大脑活动。例如，**正电子发射断层扫描**［（positron emission tomography，PET）scan］是通过评估氧气和葡萄糖的消耗量来确定大脑不同部位的活动速率，而

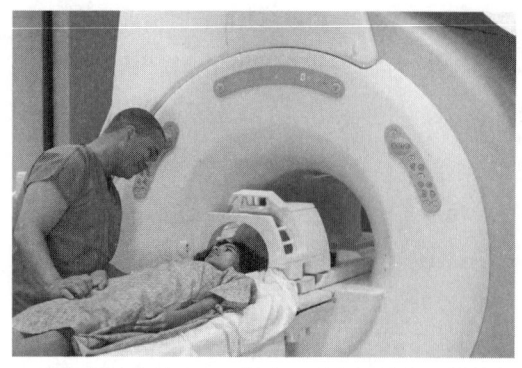

◎ 脑成像技术的运用，提高了我们评估大脑结构和功能的能力。

这两者都是大脑活动的燃料。大脑中越活跃的部位，消耗的氧气和葡萄糖越多。在将少量放射性物质注入血管后，在人们从事某项特定任务时，大脑不同区域出现的辐射量就会被测量出来。研究者从大脑中拍摄了很多图像，形成了一个彩色编码的图像，以显示大脑不同部位的不同活动水平。

神经心理学评估。神经心理学评估（neuropsychological evaluation）是一种思考行为的方式，它用各种测试来评估诸如一般智力能力、注意力、记忆、学习、感觉运动技能和语言技能等属性，根据个体在这些评估任务中的表现来推断大脑机能。

神经心理学的评估有很多用途。例如，它可以用来描述因中枢神经系统的改变或其他障碍或状况而引起的心理功能的变化，还可以用于评估一段时间内的变化和发展的预后（如评估头部受伤的恢复状况）。神经心理学评估还能够为治疗计划提供指导。

目前，人们对精神心理学评估的兴趣至少部分归因于对为残疾儿童提供服务的需求和法律要求的敏感性日益增加，其中一些残疾儿童表现出被认为由神经病因学引起的问题。此外，由于医学的进步，越来越多的儿童在遭受已知或未知的神经创伤后幸存。早产婴儿存活率的提高就是一个例子。目前用于治疗患有癌症的儿童的疗法包括向脊椎注射药物与对头部进行放射性疗法。

神经心理学评估认识到有必要进行广泛的评估。其中，霍尔斯特德-瑞坦儿童神经心理成套测验（Halstead-Reitan neuropsychological test battery for Children），以及鲁利亚-内布拉斯加神经心理成套测验（Luria-Nebraska neuropsychological battery），是两个应用最广泛的数据采集量表。正如术语"成套"一词所暗示的：这些量表是由若干子测验或分量表组成的，每个都可以评估一种或多种能力。广泛使用测试是神经心理学评估方法中常用的策略。就如本文提到的几个案例那样，测试范围必须适合组合的要求，或根据现有的多个测试进行灵活的组合。表 5-2 列出了一些区域，它们是通过各种测试被评估出来的。当我们讨论具体的疾病时，这些不同功能区域的重要性将变得更为明显。

表 5-2　神经心理学评估中的几个区域

注意力
记忆力
新的学习能力
语言理解能力与表达能力
执行功能（如计划、抑制、抽象推理）
视觉空间功能
运动与视觉运动功能
一般智力
学业成就

儿童神经心理学评估（小儿神经心理学）仍然处于初步的探究阶段。这项持续进行的工作的一部分是开发工具，它源于对认知发展、神经发展和大脑-行为关系的不断发展的研究，包括参考规范的儿童发展数据。上述研究也正致力于指定更明确地规定损伤和指导康复的策略。

干预

"干预"（intervention）是一个涵盖了系统的

预防和治疗心理困难的术语。**预防**（prevention）指的是针对尚未经历临床疾病的个体（即普通人群或有患病风险的人群）的干预措施。例如，在所有的中学生中，或者是在初步有不良饮食习惯和患有肥胖问题的特殊人群中，可以提供一种能预防饮食紊乱的方法。另外，治疗在传统意义上所描述的是针对已经出现的某种临床水平症状（或接近诊断水平的症状）的个体干预。例如，被诊断为患有强迫症的青少年可能会接受药物和行为策略的联合治疗。

图 5-3 说明了一种概念化方法用于帮助青少年及其家庭而采用的各种干预措施。在韦兹等人于 2005 年提出的这个模型中，上半圆包含各种干预措施。干预措施从左侧最普遍适用的一直排列到右侧最狭义的；从左侧的预防策略到右侧的治疗策略。下半圆代表可能提供干预的潜在环境范围的样本，干预设置从最不受限制的左侧排列到受限制的右边。

图 5-3 中间的同心圆表明，青少年个体的优势是由家庭和社区的联系支持的，这种联系受到文化和种族差异的影响。图中所示的各种干预措施被认为是相互补充的，可以联合起来在不同的时间点帮助某类特殊的青少年或人群。可以在同一环境中提供多个干预，也可以在多个环境中进行多种干预措施。

无论是在家里、学校，还是在社区，都可以开展预防和治疗项目。治疗也可以在专门的环境中（如精神卫生诊所）进行。就治疗而言，让青少年远离原生家庭的环境，并在住宅环境中提供治疗（如集体之家、治疗性露营计划、少年司法系统）或入院治疗，有时是很有必要的。我们通常只考虑严重的行为问题。这些问题可能很难治

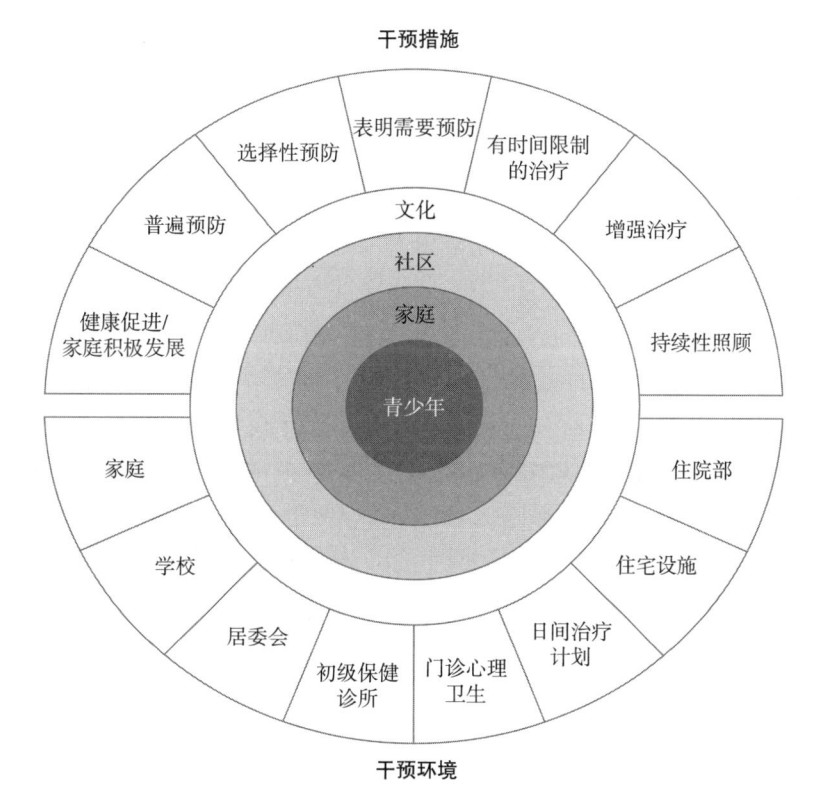

图 5-3　干预措施与干预环境

◎ 提醒：干预的主要力量存在于青少年、家庭、社区和文化（位于中部），由有效的干预措施（如上半圆）的支持与保护，在一系列生活环境（如下半圆）中提供。

资料来源：Adapted from Weisz, Sandler, Durlak, & Anton, 2005.

疗，如果这些青少年继续在原生家庭生活，就会缺少与外界环境足够的接触或控制来取得成功的结果。人们很担心，青少年自我伤害或伤害别人，有必要进行严密地监督。对那些有严重的问题倾向性的家庭，儿童或青少年也可能被逐出家门，这表明干预措施在这些家庭环境中无法实现成功的干预。遗憾的是，缺少可行的替代场所与适宜的资金支持，会导致被安置在机构环境中的青少年很难得到治疗，而在家庭干预和向家庭提供额外支持的情况下，或在限制较少的环境（如寄养家庭）中，干预可能会取得成功。通常情况下，专家会努力采取干预措施，让青少年和儿童留在家庭环境之中，并且和家人保持接触。另一方面，在其他干预措施证明不成功时，通常会在住宅环境中进行治疗。

如第 1 章所述，20 世纪初，美国在解决青少年心理与社会问题方面取得了显著进展。目前，研究者的热情与奉献精神对心理障碍的预防和治疗，以及儿童和青少年的健康成长，都起到了促进作用。在本章中，我们提供了干预过程中可能涉及的一般意义。在接下来的几章，我们将研究针对特定疾病的各种干预措施。

预防

在美国，人们对预防的研究可以追溯到 20 世纪初期的克利福德·比尔斯（Clifford Beers）的著作、心理卫生运动，以及儿童诊断诊所的创建。然而，进展并不容易。心理卫生专家当时只接受了治疗而非预防方面的培训，而且大量的卫生预算主要用于为已经出现心理健康问题的个人提供护理基金，而不是预防未来的问题。一些专家对预防的医学循证基础表示怀疑，因为心理疾病的病因往往是由多种因素引起的，并且很难确定。此外，一些具体的预防措施（如性教育和毒品计划），有时会遭到公众的抵制，因为他们认为这些措施侵犯了父母的特权和价值观。

加强预防工作的理由有如下几个：从人道主义的观点来看，预防显然是可取的，因为它可以避免不适和痛苦；出于实际考虑也要加大预防力度；治疗精神障碍的专家不够（可能永远都不够），对某些人群不太可能提供干预，而且治疗费用高昂；此外，对精神病理学中的风险和保护因素的进一步了解，为预防工作提供了更坚实的基础；重要的是，预防工作的优势也越来越明显。

预防的概念

卡普兰（Caplan）通常被认为是心理健康预防的催化剂。基于主要疾病仅由预防措施控制的公共卫生假设，卡普兰的三叉模型（three-prong model）是一种思考预防的一般框架。在这个模型中，预防被分为 I 级、II 级和 III 级。I 级预防，通常适用于可以直接避免患病的发生，包括提高普通民众健康和预防特殊功能障碍。II 级预防，通常被定义为通过早期转诊、诊断和治疗来缩短现有病例的持续时间，是一种"防患于未然"的策略。III 级预防是一种事后战略，旨在减少后遗症，并且尽可能减少儿童事后被贴上"学习障碍"标签等不利影响，也能够帮助那些患有严重精神疾病的患者得到康复，或是避免康复后的病情反复。

卡普兰模型和他使用的专业术语仍在被使用。不过，他们也提出了一些不同的方法。许多术语倾向于强调在疾病或问题完全发作之前所采取的预防措施（而不是 III 级预防）。美国国家科学院（National Academy of Sciences）下属的医学研究所（The Institute of Medicine）提出了三个组成部分，详细情况参见图 5-3。

- **普遍的预防策略**。适用于尚未确定个体风险高于平均风险的全体人群。假设性的例子有：鼓励父母给孩子阅读以避免学习问题；督促孩子进行适当锻炼与合理饮食以避免造成肥胖。
- **选择性预防策略**（或称高风险预防策略）。适用于那些患病风险高于平均水平的个体。干预可能针对那些有着生理问题、高压力、家庭功能紊乱或贫困的个人或一些群体。

- **指示性预防策略**。适用于已有轻微症状或有患病前兆的高危人群。或是存在有障碍的生物学表现，但还不符合障碍诊断标准的人。

值得注意的是，医学研究所的影响模式并没有包括旨在促进健康与个人福祉的努力，即提高人民的健康水平与积极发展的前景。如图 5-3 所示，其他工作人员还将促进身心健康与个人福祉纳入预防工作中，并建议培养个人能力和自尊、与他人的社会联系、安全感和乐观精神，以防止出现紊乱和疾病的影响。就这点看来，阿尔比（Albee）指出，许多精神障碍都和贫穷、性别歧视和种族主义有关，必须正视这样的社会弊病。美国心理学会预防工作组指出，促进青少年坚强、复原力和身心健康才是更广泛的健康方式。

预防项目的多样性

鉴于预防的几个组成部分，干预措施在目标、环境、侧重点上存在着很大的差异就不足为奇了。要想提高积极发展的预防方法，就需要在诸如人类发展、心理健康、社区规划、社会政策等领域的投入。发展精神病理学方法在指出促进最佳生长和复原力的因素方面是有价值的。其他针对儿童的预防项目强调改变儿童的生长环境、学习方法或行为习惯，并让心理健康专家、教师、父母和大学生等作为改变的推动者。然而，在现实生活中，许多预防措施针对高危人群（如发育迟缓的儿童或是单亲家庭的孩子）。

我们可以对侧重于预防一系列潜在负面结果的项目，以及对特殊症状患者的项目进行区分。例如，前者包括对经济困难儿童的干预，以防止因贫穷所导致的认知问题、社会问题与情绪问题。更多关注特定精神病理学的项目包括阻止抑郁或行为障碍的干预措施。

治疗

在临床方面，医生普遍认为治疗儿童与青少年的问题是多方面的。例如，一个青少年也许会在同一时间存在焦虑、抑郁、与同伴的社交问题及学习困难等问题。事实上，青少年可能会有多重问题。此外，问题可能因情况而异，其定义可能更广泛，包括其他个人。因此，临床注意往往不仅针对儿童或青少年，还针对家庭成员，甚至可能包括学校工作人员和同龄人。因此，治疗可能会包含解决临床问题不同方面的多种因素。

有很多种方法可以使治疗方法概念化。例如，临床医生对当前问题和治疗过程的理论概念，改变的发生将影响如何提供治疗。因此，如果一名心理学家对这种障碍的概念化强调环境的影响和偶然性，他可能会考虑同时包括青少年和其他重要人群的治疗方法，并且关注改变环境刺激和行为的后果。同时，一位强调认知过程的心理学家，可能会考虑旨在改变特定认知的干预。而一个强调人际过程或家庭动态的心理学家可能会考虑关注这些方面问题的治疗。然而，许多专业人士意识到心理问题受到多种影响，治疗可能涉及多种因素。

如图 5-3 所示，治疗也可以根据所需治疗的时间长短和采用的策略数量来概念化。治疗可能包括有限的疗程（如 20 次）和一个标准的治疗方案，它可能通过强化疗程和补充策略获得加强，也可能需要在一段较长的时间内以持续的方式使用多种治疗策略。

心理治疗的模式

治疗工作的另一个方面，是提供心理治疗的模式。治疗可以通过多种方式（如个体治疗、家庭治疗）来进行。事实上，可以采用一种或多种治疗方式来帮助特定的儿童或青少年。

个人心理疗法和群体心理疗法。治疗师可能以一对一的方式治疗青少年和儿童患者。例如，治疗患有焦虑障碍的儿童或青少年，治疗师可以帮助他们理解问题，并教他们积极面对及应对焦虑。这些会话可能类似于成人会话的口头交流和活动，或者特别是对幼儿，可能主要运用游戏来交流。另外，不同形式的个体化治疗可以在一个小组中进行，而不是以一个单独的形式进行。而且，同样的假设和理论也具有指导性作用。可以选择小组的形式来为更多的儿童与青少年服务。这种选择的另一个优点是，群体提供了一个在个体模式下不存在的社会化体验的机会。对于青少年而言，群体治疗更具有吸引力，因为群体治疗给他们带来的恐惧感小一些；能让他们知道，周围的同龄人也有着一样的困难；这种疗法还包括一些在一对一的心理治疗中不太可能存在的活动。

游戏疗法。为了匹配儿童的认知与情绪发展水平，需要对治疗的方式进行调整，这样就可以通过非言语的方式与儿童交流。将游戏作为一种治疗手段，是现今用于儿童治疗的一种常见的方式，这与游戏在他们发展中的重要性是一致的。治疗师不是完全依赖抽象的语言互动，而是利用游戏来促进交流。玩耍也是儿童与成人互动的一种更熟悉的方式，能让儿童感到放松。治疗师会借助木偶和玩偶、让患儿画画、使用专门制作的桌游，或是朗读与患儿有类似困难的童话故事。在这种情况下，大多数从业者将游戏作为治疗的一部分。另一个选择是把游戏本身视为一种治疗手段，并将**游戏疗法**（play therapy）作为一种更结构化的、更独特的治疗方法。关于游戏治疗理论的两个最著名的观点，分别是心理动力学以及当事人中心疗法。

早期的精神分析治疗师们一致认为，儿童患者需要的治疗方式，与针对成年患者的精神分析中使用的高度口头化的、自由联想的治疗方式不同。梅兰妮·克莱因（Melanie Klein）认为，儿童在治疗过程中扮演着重要的角色，并以此作为精神分析学解释的基础。与梅兰妮·克莱因不同，安娜·弗洛伊德则认为，游戏只是一种潜在的表达方式，并认为游戏所表达出来的象征意义并不重要。例如，她不认同克莱因的观点——孩子打开女士手提包，象征性地表达了对母亲子宫内容物的好奇。安娜认为，孩子可能是对以前有

◎ 将游戏作为一种治疗方式在较年幼的儿童中很常用。游戏可以建立融洽的关系，也为儿童提供了一种比言语治疗更符合其年龄的交流方式。

人把礼物放在了类似的容器中的经历的一种反应。安娜·弗洛伊德对游戏疗法的现实逐渐成为主导现实。

另一位对游戏治疗发展有重要影响的是弗吉尼娅·阿克塞林（Virgina Axline），她和卡尔·罗杰斯（Carl Rogers）共同提出了当事人中心疗法。阿克塞林概述的基本原则仍是当事人中心疗法中的游戏疗法的指导原则。治疗师调整其沟通方式，以创造一个可被接受的、允许的、非指导性的治疗环境。与患儿一起做游戏，有助于创造这样的环境。

家庭治疗与父母训练。治疗师也可以和青少年的父母或家人一起工作。我们将看到，治疗师可以采取多种形式与家庭合作。以下，我们将着重介绍几个案例。

将家庭成员作为治疗过程中的一部分，符合这样的理解：临床问题存在于社会环境中，而家庭是社会环境中非常重要的一部分。例如，治疗青少年饮食障碍的临床医生经常与整个家庭合作，以改变可能导致饮食障碍的发展和维持不同家庭

的互动模式。同样，临床医生与有重大行为问题（如青少年犯罪和药物滥用）的青少年一起工作时，可能会寻求发展能力，并通过让家庭和其他社会系统参与治疗过程来的方式来建立适应关系。

父母训练。父母训练（parent training）是一种常见的治疗手段。许多专业人士认为，要想改变儿童或青少年的行为，最好的办法是通过改变父母对他们的管理方式来实现。这个观点与父母的感知及孩子的实际行为会导致孩子被转诊治疗的现实是一致的。所涉及的儿童或青少年的兄弟姐妹也可能存在着类似的问题是另一个原因；对于整个家庭，这个方法都是很有帮助的，而且可以为父母提供一套普遍的育儿技巧。

父母训练程度被广泛用于治疗各种各样的儿童与青少年的心理问题。如今已有多种关于父母训练方法的畅销书籍在各大书店的架子上随处可见。然而，在系统应用和研究方面，大部分的工作都来自社会学习/工作行为方法。

关于父母行为的训练已经得到了临床和研究的广泛关注，并引发了很多评论与讨论。训练的重点是，教会父母识别和监控管理孩子的行为和后果或偶发事件。父母训练方法还包括语言沟通和情感表达等技能。另外，父母训练尝试去思考压力（如经济问题、单亲问题、社会孤立和父母抑郁）对治疗效果的影响。父母训练经常被作为很多治疗方法中的一部分，并且可以实施特定的文化适应。其他组成方面可能还包括，与父母的

◎ 治疗涉及青少年本人、其父母与其他家庭成员。

额外治疗工作，与孩子一起工作，或是与教师和学校的工作。

治疗策略

使用上述治疗模式之一的治疗师，也可能会使用多种治疗策略，将这样的治疗模式提供给青少年及其家庭。在这些治疗策略中，最常采用的是每周一次去诊所与治疗师会面的传统方式。不过，如表5-3所示，可以为青少年及其家庭提供的治疗策略有很多。研究者们如今仍致力于为青少年及其家庭提供有效的治疗策略，可用的一系列治疗策略将得到继续的发展。

表5-3　为青少年及其家庭提供治疗的替代性策略实例

将核心原则和技巧视频片段嵌入给父母的故事或视频中
将相关概念或教训嵌入故事或视频中
当亲子在真实的情境中互动时，青少年治疗师充当他们的教练
将干预纳入夏令营项目
聘请能在青少年环境中发挥作用的旅行治疗师
向照料者传授技能
通过简单易读的书籍和配套的DVD，向父母传授技能
基于计算机的项目程序，以及不同程度的治疗师参与

资料来源：Weisz & Kazdin, 2010.

药物治疗

药理学治疗（药物治疗）是另一种干预模式，用于治疗各种儿童和青少年障碍。影响情绪、思维过程或外显行为的药物被称为**精神药物**（psychotropic）或**精神活性药物**（psychoactive）；使用药物的治疗被称为**精神药理学治疗**（psychopharmacological treatment）。

是否要采用精神药理学治疗，在一定程度上取决于当前问题的性质。此外，还取决于诸如可能出现的副作用以及家庭使用药物所带来的舒适度如何等。在种族/氏族和收入上的差异导致了青少年服用精神药物的比率。例如，莱斯利

（Leslie）及其同事在2003年发现，在接受公共资源服务的大样本家庭中，非裔美国儿童和拉丁裔美国儿童的照料者使用药物的可能性低于白人儿童的照料者。高收入与私人保险，也与较强的使用精神药物的可能性有关。

精神药物通过以下方式影响神经传递过程产生治疗效果：

- 改变神经递质的产生；
- 干扰神经传递的存储；
- 改变神经传递的释放；
- 防止神经传递的失活；
- 防止神经传递的再摄取；
- 与神经传递受体相互作用。

目前，对一些精神活性药物有一种具体和明确假设的作用机制，而对于其他药物的有效性的具体原则尚未可知。

儿童与青少年越来越多地接受精神药物治疗，虽然使用精神药物可能成为治疗的有益组成部分的趋势备受关注，但对学前儿童使用精神药物治疗常常会引发一些特殊的考虑和顾虑。关于这些药物对儿童与青少年的疗效和安全性的研究常常会滞后于它们的使用。因此，随着研究继续解决安全和有效性的问题，伦理与实践问题也依然存在。作为干预计划的一部分，我们仍然需要展开此类研究来指导精神药物的适当使用，尤其是对有严重问题的青少年。

循证干预

在本书后续几个章节中，作为我们对青少年各种障碍讨论的一部分，我们检查了针对特定疾病的干预措施。尤其强调有经验支持的干预策略，即通过科学评估后被判定为有价值的预防计划与治疗。这种方法遵循了本书的一个主题：对实证方法和科学方法的取向。

同样需要强调的是，随着专家越来越看重他们提供服务的效度，出现了验证干预措施有效性的专业机构。作为这种不断发展的努力的一部分，几个不同的术语包括"**循证干预**"（evidence-based intervention）与"**经验性干预**"（empirically supported intervention）已能够被适用于某些治疗，研究者也提出了干预措施相应的界定标准。

美国临床心理协会（美国心理学会的一个分支机构）等多个专业机构都提出了这样的标准，这些标准具有很多共同的特点。为了让治疗被认为是以循证为基础的，通常建议的、必须控制良好的研究表明，与其他干预或不治疗相比，这种治疗在产生变化方面是有效果的。另外，这些研究发现必须能够被复制，通常认为最好由两个独立的研究小组重复这些发现。越来越多的以循证为基础的干预措施已被确定，在接下来的章节中，我们将讨论干预的敏感性与必要性，因为经验证据是最有力的。如在第4章所述，一个持续关注的问题是，在典型的服务设置中，干预措施从研究设置到实施的适用性和可移植性问题。这有时被称为"科学到服务的差距"或是"转化研究"。这显然是我们需要不断努力帮助儿童和青少年解决的一个焦点问题。

第6章
焦虑和相关障碍

本章将涉及：

- 内化性精神障碍；
- 焦虑、恐惧、担忧的定义和心理症状表现，以及与焦虑相关障碍的分类；
- 各种焦虑及相关障碍的特征；
- 焦虑及相关障碍的流行病学和发展病程；
- 焦虑及相关障碍发展的生物学和心理社会影响；
- 儿童和青少年焦虑及相关障碍的评估策略；
- 焦虑及相关障碍的心理、药物治疗和预防。

从本章开始，将讨论特定问题和精神障碍。本章与第7章中的儿童和青少年，被形容为焦虑、恐惧、孤僻、胆小、抑郁等，他们看上去非常不快乐，并且缺乏自信，他们被认为存在自身情绪控制困难，他们常会拿自己出气。因此，他们的问题通常定义为**内化性精神障碍**（internalizing disorder）。

内化性精神障碍

研究者们对儿童和青少年行为障碍进行分类的实证研究，已经清楚地发现，内化性精神障碍可以导致宽带综合征（参见第5章）。有人认为，这种情绪/内化性精神障碍的基本分类能够最准确地描述临床情况。另外，临床定义分类中的许多问题都被认定为内化性精神障碍。在临床分类系统（如DSM）中可能会使用恐惧症、强迫行为和强迫症、焦虑障碍、抑郁障碍、心境障碍等专业术语。

然而，更具体的临床诊断类别之间的关系或区分能力也常常被讨论。举例来说，在儿童和青少年中，DSM中描述的各种焦虑诊断是否代表明显不同的障碍？为什么会这样呢？尽管这是一个复杂的问题，但也存在一些关键的相关问题。例如，已经发现风险因素与多种障碍有关。也就是说，一种特定的风险因素可能与一种特定的障碍无关，但可能导致几种不同障碍的发展。

另一个相关的担忧是，内化性精神障碍的共病的高发生率。大量证据表明，一个特定病例中的儿童或青少年经常符合一种以上不同障碍的诊断标准。第5章讨论了个体满足一种以上障碍诊断标准的现象，通常被称为共病，这是一个相当棘手的难题。

也有人认为，有时被视为分离性焦虑障碍的可能只是一个或多个具有内化困难发展一般倾向的不同表现。特殊环境或经历将个体性格塑造成一种特定的症状或障碍模式。文化差异可能是以这种方式产生影响的。目前尚不清楚不同文化群体之间在焦虑障碍的总体患病率症状类型方面是否存在差异，但已有不同文化背景下特定焦虑障碍的患病率差异的报告。例如，西班牙裔美国儿童的分离性焦虑障碍和躯体/生理症状及相关障碍的患病率高于欧裔美国儿童，因为西班牙文化强调家庭成员间的相互依赖（集体主义），强调与他人交往和保持融洽（和谐），这种强烈的价值观可能导致社会成员具有普遍的焦虑倾向。

带着这些思考进行关于内化性精神障碍的讨论，本章重点是焦虑及相关障碍，第7章讨论心境障碍。

焦虑及相关障碍的定义与分类

当我们说某个人焦虑时意味着什么？巴洛（Barlow）在2002年给出的定义是：

焦虑（anxiety）最好的特征似乎是一种面向未来的情绪，其特征是一个人对潜在的令人厌恶的事件发生后产生不可控制和不可预测的感觉，以及对潜在危险事件的注意力的迅速转移，或是对这些事件的情感反应。

恐惧（fear）与焦虑有许多共同之处，有时可以互换使用。然而人们常常对二者加以区分：恐惧是一种以警觉反应为特征的、对眼前/当下威胁的反应；焦虑是一种表现为高度忧虑和缺乏控制感的、面向未来的情绪。个体在焦虑和恐惧时，往往有三种反应类型，包括：明显的行为反应，如逃跑、声音发颤、闭眼；认知反应，如感到恐惧，产生自我贬低、对身体受到伤害的想象；生理反应，如心率与呼吸的变化、肌肉紧张、胃部不适。

与定义恐惧和焦虑的三种复杂类型不同，**担忧**（worry），即对可能出现的负面结果的担忧想法是侵入性的且难以控制的，被认为是焦虑障碍的认知成分。

临床工作者面临的挑战之一是，确定儿童或

◎ 恐惧和焦虑在儿童中很常见。只有当这些症状持续、强烈、干扰功能行使或发展超出正常程度时，才需接受临床治疗。

青少年表现出的焦虑是属于正常的和暂时性的，还是非典型的和持久性的。焦虑是人类的一种基本情绪，是一种适应功能，提醒儿童面对新奇的或危险的情境。因此，焦虑是个体正常发展过程的一部分，儿童和青少年能通过这个过程学会识别和应对唤醒、发展能力，并变得更加自主。因此，年幼的儿童要学会应对黑暗和分离，青少年要学会应对步入高中生活和约会带来的焦虑。那么，我们对典型的恐惧、担忧和焦虑又了解多少呢？

正常的恐惧、担忧与焦虑

一般患病率

几项对普通人群样本的经典研究表明，儿童表现出惊人数量的恐惧、担忧和焦虑。父母们可能低估了孩子们普遍存在的恐惧心理，尤其是年龄较大的儿童，他们越来越能够掩饰自己的情绪。

性别、年龄与文化差异

多数研究表明，女孩比男孩表现出更多的恐惧，这种差异在年龄较大的儿童中也较明显，但在学龄前和小学阶段的儿童中则不那么明显。研究普遍表明，女孩的恐惧强度更高。我们应该谨慎地解释性别差异的研究结果，因为性别差异通常是造成男孩与女孩在表现恐惧与承认恐惧上存在差异性的部分原因。

常有报告称，儿童经历恐惧的次数和强度会随着年龄的增长而下降。儿童在7岁左右表现出来的焦虑情绪尤为突出，而且随着儿童的成长会变得更加复杂和多样化。

某些恐惧似乎在特定的年龄更为常见。例如：6~9个月大的婴儿会对陌生人产生恐惧；两岁的幼儿会对想象中的生物产生恐惧；4岁儿童会对黑暗产生恐惧；年龄较大的儿童和青少年则会产生社交恐惧和对失败的焦虑。与此类似，学龄前儿童会担心假想的威胁，幼童会担心自己的人身安全，而年龄较大的儿童和青少年则担心他们的社会地位和自身能力。此外，对青少年健康的威胁是这个年龄段突出担忧的问题。恐惧和担忧内容的变化可能反映了个体认知、社交和情感方面的发展。

跨文化研究发现，不同文化中常见的共同恐惧具有相似性。儿童恐惧调查表（fear survey schedule for children，FSSC-R）是一份针对儿童恐惧刺激和情境的调查表，已被翻译成多种语言。研究者发现，在不同的国家和文化中，最常见的恐惧是相似的，而且女孩比男孩的得分高。

焦虑及相关障碍的分类

大多数权威人士认为，儿童和青少年与年龄相符的焦虑不需要接受临床治疗，除非焦虑程度非常强烈或持续时间比预期长。然而，即使恐惧或焦虑持续时间很短，但只要是这种情况引起了儿童和青少年较大的不适，或是致使他们出现了功能障碍，就必须采取适当的干预措施。此外，如果没有及时治疗，焦虑就会延续下去，并伴发其他障碍。那么，如何对儿童和青少年的焦虑症状进行定义和分类呢？

*DSM*诊断方法

*DSM*描述了一些与焦虑相关的障碍。包括分离性焦虑障碍、特定恐惧症、社交焦虑障碍（社交恐惧症）、选择性缄默症、惊恐障碍、广场恐惧症以及广泛性焦虑障碍。另外独立设两章介绍相关障碍，包括强迫症、创伤后应激障碍、急性应激障碍、反应性依恋障碍和脱抑制性社会交往障

碍，可以用来诊断儿童和青少年患有的一种或多种包含在 DSM 中的焦虑及相关障碍。在研究特定障碍时，我们将进一步加以定义和讨论。这些焦虑及相关障碍的定义大多都存在类似的过程，如对物体或情境的恐惧、回避／减轻焦虑的行为。

实证的方法

基于统计测查的实证体系也论证了与焦虑障碍有关的子类别。例如，在内化性精神障碍的广义范畴内，阿肯巴克和雷斯科拉（Rescorla）于 2001 年描述了一种焦虑／抑郁综合征（参见表 6–1）。然而，没有单独的焦虑综合征或其他更小范围的综合征与特定的 DSM 焦虑及相关障碍相对应，这表明对于儿童和青少年而言，各种焦虑和抑郁障碍往往同时发生。其他内化性综合征，诸如"躯体症状"（如头晕、胃痛）、退缩／抑郁（如拒绝交谈、感觉很孤独），可能包含焦虑及相关障碍的部分症状。

焦虑障碍的流行病学

焦虑障碍是儿童和青少年最常见的疾病之一，对患病率的估算存在着很大差异，其中在美国最常被引用的患病率为 2.5%~5%。然而，在 2006 年，美国心理学会提出，焦虑障碍的患病率高达 12%~25%。儿童和青少年很可能符合不止一种焦虑障碍的诊断标准。此外，有证据表明，相当数量的儿童及青少年从童年期到青春期直至是成年早期，持续符合一种或多种焦虑障碍的标准，还可能发展出其他障碍。

研究表明，女孩患病率略高于男孩。然而，焦虑障碍的平均患病率未被证实存在民族差异。不过，某些障碍（如分离性焦虑障碍、社交焦虑障碍）在不同民族群体中的患病率可能存在差异。

表 6–1　焦虑／抑郁症状中的行为问题

爱哭	内疚感
恐惧	难为情
害怕上学	被批评时感觉受伤
害怕做错事	讨论或有自杀想法
追求完美	渴望取悦别人
感觉不被爱	感觉没有价值
不安、紧张	害怕犯错
担心、焦虑	担忧

资料来源：Achenbach & Rescorla, 2001.

重点
文化、民族与精神障碍

文化和民族的多种方式影响儿童和青少年的心理健康，例如，某些障碍（如社交恐惧症）可能在某些文化或民族群体中更普遍。那么，关于焦虑及其相关障碍的发展，流行病学的研究结果告诉我们什么呢？

无论患病率是否存在差异，焦虑及相关障碍在表现方式上都可能存在文化／民族差异，例如，某些症状（如躯体症状）可能在某些文化或民族群体中更为常见。此外，还应考虑症状的表达方式，例如，焦虑的认知内容可能会有所不同。

文化和民族的考量如何帮助我们理解焦虑及其相关障碍的发展？例如，某些风险因素在某个群体或其居住的社区中更为普遍？父母教养方式是否存在文化差异，是否会增加这些障碍发生的风险，或成为预防因素？此外，歧视和／或文化适应的过程对焦虑障碍的发展起到了促进作用，也对我们应对焦虑的能力产生了挑战。

文化敏感性评估的必要性得到越来越多的关注，在某种文化背景下研发的心理测查工具，可能无法准确评估不同文化背景或民族群体中的焦虑程度。而且对于不同文化或民族群体，症状可能会以不同方式分为不同的类别。如上所述，部分原因可能是焦虑表现方式的不同，也可能是不同文化群体成员对焦虑的看法和理解方式存在差异。在进行评估时，语言也是一个重要的因素，访谈或评估工具所使用的语言不同，也可能会导致评估结果出现不同。

人们对治疗问题的敏感度也越来越高，调整有效的治疗方案能更好地适应不同的文化，这些调整可能会提高这些治疗的有效性，并使它们更容易被不同文化群体所接受。同样重要的是，要认识到儿童和青少年及其家庭寻求治疗的可能性也存在重要的文化/民族差异。增加有效干预措施的使用和获取，有助于帮助更多儿童和青少年及其家庭实现更大的目标。显然，这些考量不仅适用于焦虑障碍，还适用于后续章节中涉及的许多（如果不是全部的话）精神障碍。

特定恐惧症

与发育阶段相适应的恐惧相比，**恐惧症**（phobia）之所以值得研究，是因为恐惧症的恐惧程度是强烈过度、无法运用理性消除、无法自主控制、导致回避行为且重要领域功能受损的。

诊断标准

特定恐惧症（specific phobia）的基本诊断特征是对特定物体或情境（如动物、高度）明显感到害怕或焦虑。除此之外，做出诊断需要同时符合以下几点：

- 几乎每次个体暴露于恐惧刺激下，都会立即产生焦虑反应；
- 个体必须避免焦虑的情况，或者忍受暴露在任何焦虑或者压力的环境下；
- 对焦虑的恐惧与实际风险并不成比例；
- 对焦虑的恐惧一直持续（持续六个月或六个月以上）。

除上述主要特征之外，特定恐惧症必须产生不当的焦虑，或导致日常活动、学业或社交等重要领域功能受损。DSM提到了儿童的发展差异，指出儿童的害怕或焦虑可能表现为哭闹、发脾气、惊呆或依恋他人。

描述

从行为上讲，患有特定恐惧症的儿童和青少年会试图回避他们恐惧的情境或物体。例如，特别怕狗的儿童可能会拒绝出门，遇到大狗时会"身体僵直"或跑向父母寻求保护。此外，青少年还可能会表达对恐怖性物体或情境紧张、恐慌或厌恶的感觉。通常，青少年的反应包括对暴露在恐惧情境下可能发生的灾难性事件的想法以及身体反应，如恶心、心率加快与呼吸困难。这些反应中的任何一种或所有反应都可能会发生，即使

"我不是胆小鬼，我有特定恐惧症。"

接触到的恐惧情况仅仅是在预期的情况下。因此，恐惧症不仅限制了青少年的日常活动，还可能会改变整个家庭的生活方式和日常活动。

> **案例**
>
> **卡洛斯：一个关于特定恐惧症的案例**
>
> 九岁的西班牙裔美国男孩卡洛斯在一家儿童焦虑障碍诊所中被确诊为纽扣恐惧症。这个问题始于他五岁时。有一天，他在幼儿园的教室里做一项需要用到纽扣的手工作品，但是没有纽扣了。老师让他去教室前面，从教师办公桌上的一个大碗里拿他需要的纽扣。然而，他伸手拿扣子时不小心滑了一下，碗里所有的纽扣都掉到了他身上。卡洛斯报告说，那一刻他感到非常痛苦。自那以后，他和他的母亲都尽量回避纽扣。随着时间的推移，他越来越难应对纽扣了。他认为纽扣接触到身体让他感到非常恶心（他会说"纽扣很恶心"）。这导致他和家人的生活方式在多个方面受到了干扰，例如：他不能自己穿衣服；在学校里很难集中注意力，因为他需要全神贯注不碰校服纽扣或不让衬衫上的纽扣触碰到任何东西。
>
> 资料来源：Silverman & Moreno, 2005, pp. 834–835.

流行病学

特定恐惧症是儿童和青少年最常见的焦虑障碍之一。经常患病率的估计有所不同，但在社区样本中，患病率通常为3%~4%，而且特定的恐惧症在女孩中比在男孩中的患病率更高。对特定恐惧症的民族差异的研究有限，但欧裔、非裔西班牙裔美国儿童和青少年患病率的比较结果显示，相似大于差异。

患有特定恐惧症的儿童和青少年通常有不止一种的恐惧症，而且很可能符合其他精神障碍的诊断标准，包括其他焦虑障碍、抑郁障碍和心境障碍，以及外化性行为障碍（如对立违抗性障碍）。2000年，在一个儿童和青少年社区样本中，埃索（Essau）及其同事报告说，近一半患有特定恐惧症的儿童和青少年同时符合另一种焦虑障碍的诊断标准，符合躯体症状及相关障碍（缺乏已知物理病理的情况下出现的身体症状）诊断标准的情况也很常见。此外，弗德温（Verduin）和肯德尔于2003年报告称，在主要诊断为另一种焦虑障碍的儿童和青少年临床样本中，有近一半符合特定恐惧症的诊断标准。

发展与病程

人们认为，相当一部分的特定恐惧症起病于童年早期至中期，这些恐惧症通常被认为是相对良性的，无论治疗与否，病情都会随时间而自愈或有所改善。然而，从时间的连续性角度进行思考，这种观点是站不住脚的。例如，2000年埃索及其同事对德国青少年群体展开的抽样调查结果发现，在某些青少年身上，恐惧症症状会持续一段时间并引起功能损害。这一发现与存在恐惧症的成年人的报告相符，后者表明特定恐惧症很可能开始于儿童期，而且有些人可能会持续到成年期。因此，一个合理的结论是，特定恐惧症可能在儿童期就开始了，并且至少对部分患者来说，它们会持续很长一段时间。

社交焦虑障碍（社交恐惧症）

诊断标准

社交焦虑障碍［social anxiety disorder，即社交恐惧症（social phobia）］的诊断标准与特定恐惧症的诊断标准相似。不过，社交恐惧症关注的是与社交情境或他人品评有关的焦虑，而不是针对特定对象或非社交情境的焦虑。因此，社交焦虑障碍的基本特征是，个体对在社交场合或表演场合中尴尬或羞辱性行为的一种持续的恐惧。

与特定恐惧症情况一样，该诊断标准承认了发展差异，指出儿童和青少年表达焦虑的方式可能与成年人不同。此外，为了将社交焦虑障碍与儿童和青少年社会发展的其他方面区别开来，儿童和青少年的这种焦虑必须发生在同伴环境中而不只是在与成年人互动时。

除了这些特征外，要被诊断为社交恐惧症，还必须是在儿童和青少年的正常日常生活、学业或社交关系受到了严重干扰的前提下，并引起有临床意义的痛苦。此外，这种害怕、焦虑或回避通常持续至少六个月。

描述

患有社交焦虑障碍的儿童和青少年害怕社交活动和社交情境。例如，在公共场所发言、朗读、书写、表演、发起或保持对话，以及与权威人物交谈，或是与其在非正式社交场合互动。

个体在社交焦虑障碍中最为普遍的表现是回避涉及社交情境或评估的情况，儿童和青少年甚至会避免参与日常活动甚至是看似平凡的活动，如在公共场所吃东西。2003年，阿尔巴诺（Albano）、乔皮塔（Chorpita）与巴洛描述了一个十几岁的女孩的案例，她每天都在浴室隔间里吃午餐，只为了避开学校的自助食堂。在认知方面，对这些儿童和青少年来说，害怕尴尬或负面评价是很常见的，他们会把注意力集中在自身的短处上，消极地评价自己的表现，并把别人的反应解释为批评或否定，即使事实并非如此。有社交焦虑障碍的儿童和青少年经常出现如坐立不安、脸红、流汗、抱怨疾病和胃痛等躯体症状。

因为这些儿童和青少年试图回避社交情境，他们可能会逃学，也不太可能参与娱乐活动。例如，年幼的儿童可能不会去参加同学的生日派对或童子军会议，而青少年则可能不会参加学校活动，如俱乐部活动、舞会或约会。这些青少年中至少有一部分人可能会因此而感到孤独，感受不到友情，或者友情的质量不是很好。

患有社交焦虑障碍的儿童和青少年的自我价值感通常比较低，常常会感到悲伤与孤独。随着时间的推移，他们的学习成绩会下降，因此该障碍对儿童和青少年的潜在影响是相当广泛的。

选择性缄默症和社交焦虑障碍

艾米在幼儿园几乎不和同伴们说话。她从幼儿园开始就这样。像她这样的孩子，可能会被诊断为患有**选择性缄默症**（selective mutism，SM）。

> **案例**
>
> **布鲁斯：一个关于选择性缄默症的案例**
>
> 八岁男孩布鲁斯，来自一个父母双全、有几个兄弟姐妹的家庭。他正在接受转诊治疗。他的母亲报告说，布鲁斯只跟直系亲属讲话，不和大家庭里的其他成员、老师或同伴讲话。布鲁斯的精神病医生给他开了抗抑郁药物——百忧解（Prozac），在药物治疗下他的病情稳定了三个月。在布鲁斯这类案件中，进行评估并让孩子担任主要的报告人特别具有挑战性。通过从多个渠道获得的信息——报告者、观察者收集的信息，以及布鲁斯参与一些非言语的评估任务，发现布鲁斯符合选择性缄默症和社交焦虑障碍的诊断标准。布鲁斯的妈妈报告说，他在学校里，只在一种场合下说话——当他感觉沮丧时。这种时候，布鲁斯会服下百忧解，然后会简短地说上几句。她还说，布鲁斯没有受到同学的嘲笑，但如果同学们注意到他需要什么，就会替他说出来。在其他场合，他的直系亲属会替他说话，而布鲁斯在公共场合甚至不愿和他的直系亲属说话。
>
> 在诊所接受评估时，他和家人进行了交谈，但也只是闭门进行，没有治疗师在场。
>
> 研究者为布鲁斯及其家人提供了一个有21节课的认知行为治疗计划。到治疗结束时，布鲁斯的症状已大大改善，他不再符合选择性缄默症的标准。治疗效果在六个月的随访中得以维持。
>
> 资料来源：Reuther, Davis, Moree, & Matson, 2011.

患有选择性缄默症的儿童在一些特定的社交情境中不会说话——这些社交情境常常是同龄人交谈最多的场合，或是锻炼儿童讲话能力的重要场合，如在教室或游乐场所，尽管在其他情况下他们能够讲话，但还是会出现缄默症。例如，如果没有其他人在场，他们可能会轻松地与家人交谈。研究报告指出，选择性缄默症起病的平均年龄通常在两岁半至四岁之间，但可能到五岁左右入学后才会引起临床关注。通常表现为害羞、退缩、害怕和黏人，部分个体可能还会表现出语言障碍、顽固、违拗和对立行为。

选择性缄默症被视为环境和遗传因素相互影响、相互作用的一种复杂结果。还有一些证据表明，选择性缄默症可能被概念化为社交焦虑障碍的一种极端形式，如高达90%~100%罹患选择性缄默症的儿童和青少年同时也符合社交焦虑障碍的诊断标准。还有一些证据表明，患有选择性缄默症的儿童比患有社交焦虑障碍的儿童更容易产生社交焦虑，而后者并非患有选择性缄默症。选择性缄默症和社交焦虑障碍之间的关系尚不清楚。然而，临床医生可能需要考虑选择性缄默症患者潜在的高水平社会焦虑以及在计划治疗时可能出现的对立行为和语言障碍。

> **案例**
>
> **路易斯：一个关于社交焦虑障碍及其后果的案例**
>
> 12岁的白人男孩路易斯，由于间歇性地拒绝上学、社交退缩和过度需要安慰，被学校辅导员推荐转诊。路易斯几乎每天都说他不能待在教室里。他通常是被送到医务室或是辅导员的办公室中，直到

> 他的妈妈提前来学校把他带回家。路易斯几乎没有朋友，也很少与其他同学一起参加各种社交活动。路易斯发现，聚会、在公共场所吃饭和使用公共厕所对他来说特别困难。上西班牙语课也特别难，因为他经常会需要大声朗读或与同学进行对话。路易斯的母亲说他总是非常害怕、胆怯——他好像什么都害怕，需要不断地被安慰。路易斯的妈妈也曾有罹患焦虑障碍的病史，害怕结交新朋友，很少社交，她说："在生活中，基本上只有路易斯和我两个人。"医生诊断路易斯患有社交焦虑障碍和广泛性焦虑障碍。
>
> 资料来源：Silverman, & Ginsburg, 1998.

流行病学

社交焦虑障碍的儿童患病率为1%~2%，青少年患病率为3%~4%，青少年的终生患病率约为9%，是临床常见的精神障碍。1992年，拉斯特（Last）及其同事报告说，在一家焦虑障碍诊所接受评估的青少年中，14.9%的人被诊断为社交焦虑障碍，其中32.4%的人有终生社交焦虑障碍病史。诊所报告和回顾性报告表明，青春期中后期是典型的起病年龄。这一发现与下面讨论的病情发展因素相一致。虽然社交焦虑障碍常常是在青少年中被诊断出来的，但起病时间可能更早。患病率可能随着年龄增长而增加，而且该障碍可能未得到充分认识，尤其是在青少年中。原因之一是，患有社交焦虑障碍的青少年可能会将他们的问题最小化，目的是用令人满意的方式展现自己，这与其对负面评价的关注是一致的。女孩有更高的发病率，但尚不清楚在社交焦虑障碍患病率方面是否存在性别差异。

大多数患有社交焦虑障碍的儿童和青少年，也同时符合一种或多种其他精神障碍的诊断标准。和路易斯一样，另一种焦虑障碍是最常见的附加诊断。例如，7~10岁被诊断为社交焦虑障碍的儿童样本中，有84%的儿童符合至少一种其他焦虑障碍的诊断标准。平均而言，儿童符合两种同时发生的障碍的诊断标准。表6-2表明此样本中多种障碍同时发生的患病率，尤其是青少年，可能符合重性抑郁障碍的诊断标准。

表6-2 儿童社交焦虑障碍的共病诊断

共病诊断	患病率（%）
广泛性焦虑障碍	73
分离性焦虑障碍	51
特定恐惧症	36
注意缺陷/多动障碍	9
品行障碍	4
心境恶劣	4
重性抑郁障碍	2
强迫症	2
对立违抗性障碍	2
创伤后应激障碍	2

资料来源：Bernstein et al., 2008.

发展与病程

社交焦虑障碍有其发展因素背景。六个月至三岁的幼儿中，陌生人焦虑和分离性焦虑很常见。然而，作为社交焦虑障碍最核心的自我意识一直都未得到发展。将自己作为社会中的一员并因其他社会成员评价感到尴尬的能力，可能在四五岁时发展出来；想象他人的观点，然后对可能受到的负面评价感到担忧的能力，可能直到八岁才会出现。到童年晚期或青春期早期，个体才能够意识到他人评价是基于自己的表现与行为。例如，韦斯腾贝格（Westenberg）及其同事于2004年对荷兰的儿童和青少年（8~18岁）进行恐惧评估。结果发现，儿童和青少年对社交和成就评估的恐惧会随着年龄的增长而增加，而且这些恐惧程度上的变化与社会认知成熟度水平相关。

在童年晚期或青春期早期，青少年经常被要求完成具有社会评估成分的任务。例如，要求他们在课堂上发言、参加集体活动、参加体育或音乐比赛。发起和安排社会活动的主体责任也在转移——父母的参与程度有所降低。青少年也可能

◎ 处于青春期的青少年被要求参加各类社会活动，有些青少年发现，这些社会要求对他们来说特别困难。

被期望参加不同的社会活动，如参加学校舞会和约会。这些社会需求和自我意识发展结合在一起，为个体产生社交焦虑提供了条件。社交焦虑障碍可能是由一定发展阶段的典型焦虑演变而来的，但由于个体差异和社会需求的不同，某些青少年会夸大焦虑程度。

由于青春期是社交焦虑出现频率很普遍的一个时期，因此区分正常和异常的社交焦虑障碍可能特别困难。在 DSM 诊断标准中，使用"几乎毫无例外""有临床意义的痛苦""强烈的害怕和焦虑"和"显著干扰"等词语来定义严重程度，这在诊断该年龄段个体时显得尤为重要。研究证明，青春期中一定程度的社交焦虑是很正常的。例如，埃索、康拉特（Conradt）与彼得曼（Peterman）于1999年发现，在社区样本中，12~17岁的青少年社区样本中大约有51%的人报告自己至少有一种特定的社交焦虑，但只有一小部分青少年会发展成为一般的临床性的问题。

分离性焦虑障碍

我们之所以先来讨论分离性焦虑障碍，再讨论厌学问题，是因为有关厌学及其病因的许多文献都是从分离性焦虑的角度引申出的。此外，鉴于义务教育法要求所有学龄儿童都必须上学，因此许多患有分离性焦虑障碍的儿童也都存在上学困难。

诊断和分类

分离性焦虑障碍（separation anxiety disorder，SAD）在 DSM 中的分类旨在描述与主要依恋对象/或家庭分离时所引起的焦虑。儿童和青少年的焦虑程度超出了他们发展预期的水平。分离性焦虑障碍的诊断标准包括八项症状，描述了患者与主要依恋对象离别、独处、担心受到各种伤害，其中一个症状是不愿意或拒绝去学校。这些分离症状常常伴随着持续的、过度的害怕或焦虑，以及相关的睡眠问题和躯体性症状（如头疼、胃疼、恶心、呕吐）。

儿童要被诊断为分离性焦虑障碍，DSM 要求至少在四周内出现三个或更多症状和问题，而且这种障碍必然导致社交、学业或其他重要功能方面出现临床意义上的痛苦和损害。

描述

有分离性焦虑障碍的儿童可能会非常依恋并紧紧地跟着父母，会表现出持续和过度地害怕或恐惧、做噩梦，或是抱怨躯体性症状（如头疼、胃疼、恶心、心悸）。年龄较大的儿童可能会抱怨身体不适，担心自己或依恋对象可能受到诸如疾病、灾难的伤害，可能显示出冷淡和悲伤，拒绝离开家或与同龄人一起活动。部分患儿可能会以伤害自己来威胁，这通常被认为是一种逃避或避免分离的手段，严重的自杀行为比较罕见。

案例

肯尼：一个关于分离性焦虑障碍的案例

10岁男孩肯尼和父母及他母亲前一段婚姻中的两个兄弟姐妹住在一起。由于肯尼在过去的几个月中很害怕而且拒绝去学校，他被他的父母带到一家焦虑障碍诊所。肯尼也不愿待在与父母分开的其他场所，比如，在后院玩耍、参加少年棒球联合会训练，或是和保姆待在一起。当与父母分离时，肯尼会哭泣、发脾气，甚至威胁要伤害自己（如从学校窗户跳下去）。他还表现出高度焦虑、一些特定的恐惧、明显的抑郁症状（如悲伤的情绪、对自己的

> 问题感到内疚、偶尔出现死亡的想法，以及周期性早醒）。肯尼的分离性焦虑障碍大约出现在一年前，当时他的父亲有酗酒问题，而且长时间不在家。肯尼的分离焦虑障碍在过去一年不断恶化。
>
> 资料来源：Last, 1988, pp. 12–13.

流行病学

在社区样本中，儿童和青少年分离性焦虑障碍的患病率通常为 3%~12%。转诊至诊所的样本中，有 12%~33% 的儿童和青少年接受了分离性焦虑障碍的初步诊断。而儿童患病率高于青少年，且该障碍在年龄较大的青少年中并不常见。患有分离性焦虑障碍的儿童和青少年通常也符合其他障碍（其中最常见的似乎是广泛性焦虑障碍）的诊断标准。我们尚不清楚性别和种族因素在患病率方面的差异。一些研究报告指出，女孩常有分离性焦虑障碍的比例率高于男孩，但有些报告中则没有体现出性别差异。临床研究表明种族因素对于发病率并无差异。然而，在一些非裔美国青少年的团体样本的研究中，非裔美国青少年的发病率更高。

发展与病程

婴儿与主要照顾者分离而产生焦虑是婴儿正常发展过程中的一部分。一岁到学龄前的儿童与父母或其他依恋对象分离时，通常会表现出周期性的害怕和焦虑。事实上，没有任何分离性焦虑可能表明一种不安全的依恋。即使在年龄较大的儿童中，当他们与父母分离时，对父母的期望、信念和之前的分离经历也会导致思乡之情。只有当其产生与发展阶段不相符的、超出预期的害怕或焦虑时，才被认为是有问题的。

患有分离性焦虑障碍的儿童，症状通常会从轻微发展到更严重的程度。例如，孩子抱怨做噩梦可能会导致父母允许孩子间歇性地睡在他们床上，并通常会迅速发展到孩子定期与父母中的一方或双方睡觉。大多数有分离焦虑障碍的儿童可以得到恢复。然而，在某些情况下，症状可能会持续存在，甚至可能发展为后期的障碍，其中抑郁障碍最为常见。如果青少年表现出了分离性焦虑，可能是患有更严重障碍的前兆。

厌学

定义

一些儿童和青少年对上学表现出过度焦虑，他们拒绝上学的状况通常被称为**厌学**（school refusal）。厌学并不属于 *DSM* 诊断范畴，但不愿或拒绝上学是 *DSM* 诊断分离性焦虑障碍所列出的八个症状之一。一些表现出厌学症状的儿童和青少年也确实被诊断为分离性焦虑障碍。然而，由于儿童和青少年只要表现出八个症状中的三个就可以被诊断为分离性焦虑障碍，因此并非所有患有分离性焦虑障碍的儿童和青少年都会表现出拒绝上学的症状。此外，并非所有厌学的青少年都会表现出分离焦虑。尽管经常将厌学归因于分离性焦虑，但一些儿童和青少年可能是害怕学校经历中的某个方面，在这种情况下可能会被诊断为特定恐惧症或社交焦虑障碍。例如，一个儿童或青少年害怕去学校，可能是因为对学习成绩、评估、公开演讲、与同龄人产生冲突或结识新朋友而感到焦虑从而恐惧上学。

因此，最好不要将所有厌学的情况均视为相似的或是只有单一的原因。事实上，厌学应该被认为是异质的和多因果性的。一个建议是，对于厌学，借助**泛函分析**（functional analysis），从行为功能方面分类可能会比从症状方面分类更加有效。有些儿童和青少年可能会回避与学校有关的刺激（如乘坐校车）而拒绝上学或留在学校，而这些刺激会引起焦虑和抑郁等负面影响。此外，需要社会互动和涉及评价的活动也可能发生在上学期间。厌学的另一个作用可能是逃避这些情况。或者，厌学的儿童和青少年可能会受到他人的关注。对这些儿童和青少年来说，厌学的行为（如抱怨疾病）可能会引起父母的注意。最后，厌学

◎ 厌学和／或与父母分离，是转诊心理服务的常见原因。

的儿童和青少年可能会因此而得到强化，其形式是有形的强化物（如看电视、玩游戏或是获得特殊的照顾）。使用泛函分析，可以设计出针对特定青少年厌学行为的一个或多个功能的治疗方案。

症状

对上学有一定程度的焦虑和恐惧，在儿童和青少年中很普遍，但有些儿童和青少年对上学则表现出过度焦虑。分离性焦虑障碍特有的行为、想法和躯体性症状，通常是厌学的一部分表现。这些儿童和青少年也可能会表现出抑郁的迹象，他们经常旷课，可能会学业落后，有时不得不留级。此外，由于错过了社交体验的机会，他们很可能与同龄人相处困难。厌学可能是一个严重的问题，它会给儿童和青少年及其家庭成员造成相当大的困扰和痛苦，还可能干扰他们的成长。临床报告表明，这些障碍通常是由于一些生活压力所致，如死亡、疾病、转学，或是搬到新社区。

厌学与**逃学**（truancy）是有区别的。逃学者通常被认为不会对上学感到过度焦虑或恐惧，他们通常在父母不知情的情况下间歇性地旷课；相反，厌学者常常是连续地、长时间地缺席，而且在这段时间里，父母知道孩子在家。逃学者还往往会有其他行为问题，如偷盗与说谎，常见于贫困学生。关于逃学或上学问题与品行障碍是否相关，以及反社会行为是否应该被纳入厌学范畴，理论界存在很大分歧。

流行病学和发展病程

厌学在总人口中的患病率为1%~2%，占所有临床转诊病例的5%，在男孩和女孩中同样常见，可能发生在各个年龄段的儿童和青少年身上。然而，与分离性焦虑障碍一样，它更可能发生在人生重大的转折点。有迹象表明，在较年幼的儿童中，这个问题可能与分离性焦虑有关，但对于较大的儿童和青春期早期的青少年来说，则可能有焦虑障碍和抑郁障碍混合的复杂形式的表现。该问题对10岁以下的儿童预后最好，而对年龄较大的青少年和同时患有抑郁障碍的儿童和青少年来说治疗似乎特别困难。如果这些障碍得不到治疗，可能会导致严重的长期后果。

在与厌学者打交道时，各个研究方向的临床工作者都强调让儿童和青少年重返学校的重要性。采取积极的方法来解决这个问题才能获得成功，即使是困难重重或需要法律干预也要找到让儿童和青少年重返学校的方法。采用认知－行为干预措施已显示出实现正常上学和整体功能改善的希望，包括恐惧情境暴露、儿童和青少年应对技能训练、为父母和老师提供培训和建议。

广泛性焦虑障碍

恐惧症、社交焦虑障碍、分离性焦虑障碍与厌学是相对集中的焦虑问题，然而，焦虑有时是以一种不那么集中的方式体验的。

诊断标准

广泛性焦虑障碍（generalized anxiety disorder，GAD）的特征是对一些事件或活动表现出过分的焦虑和担忧。儿童和青少年很难控制这些焦虑和担忧。因此，患有广泛性焦虑障碍的儿童和青少年会产生过度的焦虑和担忧，而并不局限于特定情境。这与患有社交恐惧症的儿童和青少年不同，后者关注社交和表演情境。这与患有分离焦虑障碍的儿童和青少年也不同，后者的焦点在离开家或家庭成员，广泛性焦虑障碍感觉并不局限于一个特定类型的情况。

根据 DSM 的诊断标准，若要判定儿童具有广泛性焦虑和担忧等问题，儿童需要具备以下六个症状中的一个或多个：

- 坐立不安或感到焦躁或紧张；
- 容易疲倦；
- 注意力难以集中或头脑一片空白；
- 易激惹；
- 肌肉紧张；
- 睡眠障碍。

在过去六个月中，其中一些症状在大部分时间内存在，并且引起有临床意义的痛苦，或是导致青少年某些重要功能方面的损害。DSM 也指出了发展性差异，即儿童只需表现出上述六个症状中的至少一个（成人则至少三个）。虽然广泛性焦虑障碍是根据 DSM 来定义的，但如何理解和定义儿童和青少年广泛性焦虑障碍仍存在各种问题，以及这些症状可用于诊断抑郁障碍症状相似性的问题。

描述

临床医生经常将过度担忧并表现出广泛的恐惧行为的儿童和青少年称为"小忧虑者"。这种过度的担忧并不是因某种特定压力而产生的，也不是针对任何特定的对象或情境，而是发生在日常生活情境中的。这些儿童和青少年经常焦虑和担忧他们（如在学校、同学关系、体育方面）的能力或表现。他们是完美主义者，给自己设定不合理的高标准。他们还可能担忧家庭财务和自然灾害性事件。他们反复寻求确认和赞同，并表现出过度紧张的行为（如咬指甲）和睡眠障碍。身体不适（如头疼、胃疼等躯体性症状的抱怨）是很常见的。下述案例记录了约翰的广泛性焦虑障碍的临床表现。

> **案例**
>
> **约翰：一个关于广泛性焦虑障碍的案例**
>
> 约翰和他母亲一样，对自己和自身能力评价很低……他发现自己很难应对内心的恐惧。他的主要问题是有无数的恐惧和时不时袭来的恐慌，他害怕黑暗、魔鬼、怪物、被抛弃、寂寞孤单、陌生人、战争、枪支弹药、刀子、喧嚣的噪声、蛇……和他母亲一样，他也患有很多身心疾病，包括与膀胱、肠道、肾脏、肠道和血液相关的疾病……他还常常失眠，直到母亲入睡后，他才能去睡觉……约翰很害怕独自睡觉，或关灯睡觉，常常会把自己吓出一身冷汗。约翰经常感到害怕，但又说不出为什么，也很害怕与人接触。
>
> 资料来源：Anthon,1981, pp.163-164.

流行病学

对非临床样本流行病学的研究表明，广泛性焦虑障碍是一个相对常见的问题。据 1994 年的数据统计，在各年龄段的儿童和青少年中，广泛性焦虑障碍的患病率是 2%~14%，这可能是他们最常见的焦虑障碍。据 1990 年的数据统计，儿童和青少年一般人群的患病率为 3.7%~7.3%。

该障碍常见于临床环境中的青少年，例如，凯勒（Keller）及其同事在 1992 年的报告中指出，在罹患焦虑障碍的青少年中约有 85% 被诊断为患有广泛性焦虑障碍，是焦虑障碍中发病率最高的一种障碍。

有报告称女孩患病率更高，但也有报告称患病率并不存在性别差异。平均起病年龄约为 10 岁，症状的数量和强度似乎随着年龄的增长而增加。

那些表现符合广泛性焦虑障碍诊断标准的儿童和青少年也可能同时符合其他障碍的诊断标准。而且患有广泛性焦虑障碍的青少年，与其他精神障碍相比，共病率似乎更高，抑郁障碍、分离焦虑障碍与恐惧症是其常见的共病。

儿童广泛性焦虑障碍可能被过度诊断，有些

人质疑它是不是一种明显的障碍。现在被认为是广泛性焦虑障碍的单独病症，可能是对焦虑或情绪反应的一般体质脆弱性。当儿童和青少年在这一层面上表现出其他焦虑或内化性障碍时，可能需要寻求专业帮助。

发展病程

广泛性焦虑障碍并不是短期的，症状可能持续数年，症状更严重的患者其症状更倾向于具有持续性。据报道，患有该障碍的青少年报告有大量的过度焦虑症状、功能损害，以及饮酒风险的提升。

关于共病发展差异的研究提供了一些有趣的信息。例如，虽然所有年龄段的儿童和青少年的共病率都很高，但幼儿更可能同时被诊断为分离性焦虑障碍，而青少年则更可能同时被诊断为抑郁或社会焦虑障碍。这些研究可能表明了广泛性焦虑障碍的发展差异。另外，由于分离性焦虑障碍在幼儿中更为普遍，而抑郁障碍和社交焦虑障碍在青少年中更为常见，因此这些研究结果也可以被视为上述提到的问题的结论，即广泛性焦虑障碍不是一种明显的障碍或是一般性的脆弱性障碍。

惊恐发作与惊恐障碍

极度焦虑的紧张、离散的经历，就像以下案例中的弗兰克一样，似乎迅速而频繁地出现，被称为**惊恐发作**（panic attack），是青少年和儿童经历焦虑障碍的另一种方式。

> **案例**
>
> **弗兰克：一个关于惊恐发作的案例**
>
> 弗兰克在入睡过程中，经常会有间歇性的心跳加速、呼吸短促、双手刺痛的现象，并伴有强烈的恐惧感。这些仅持续15~20分钟，但使他无法在卧室入睡，而是在客厅的沙发上睡觉，他睡着后再由父亲把他抱回卧室的床上。弗兰克在白天感到很累，学习成绩开始下降。
>
> 资料来源：Rapoport & Ismond, 1996, pp.240-241.

诊断标准

需要将惊恐发作和惊恐障碍进行区分。

惊恐发作

惊恐发作的特征是一般连续的强烈的恐惧或不适感在几分钟内突然达到顶峰。*DSM* 描述了下述13种躯体和认知症状，在发作期间必须出现下述症状中的四种或更多：

- 心悸、心慌或心率加快；
- 出汗；
- 震颤或发抖；
- 气短或窒息；
- 哽噎感；
- 胸痛或胸部不适；
- 恶心或腹部不适；
- 感到头晕、脚步不稳、头重脚轻或昏厥；
- 发冷或发热感；
- 皮肤感觉异常（麻木或针刺感）；
- 现实解体（感觉不真实）或者人格解体（感觉脱离了自己）；
- 害怕失去控制或"发疯"；
- 濒死感。

惊恐发作分为可预测的（有线索的）和不可预测的（无线索的）两种类型。不可预测的惊恐发作是自然因素或激发事件，没有明显的情境触发；相反，可预测的惊恐发作有明显的诱因或激发事件，例如，接触到或预期到一个恐惧的物体或出现的情境（如遇到狗）时，或遇到之前发生过惊恐发作的情境。惊恐发作不是 *DSM* 中的一种障碍，但可出现于任意一种焦虑障碍的背景下。例如，**广场恐惧症**（agoraphobia）可能会引发惊恐障碍（害怕处于难以逃脱或尴尬的情境）。惊恐障碍与广场恐惧症的区别在于，患有惊恐障碍的儿童和青少年可能会待在家里或害怕离开家；患有广场恐惧症的儿童和青少年会试图逃避某些可能会让人无法控制，或感到尴尬，抑或是无法获得帮助的情境。

惊恐障碍

虽然惊恐发作出现于多种障碍的背景下，但这些发作是**惊恐障碍**（panic disorder）的核心组成部分。惊恐障碍包括周期性的意外惊恐发作。若要接受惊恐障碍的 DSM 诊断，需要症状持续发作一个月或更长时间，或是同时包含以下症状中的一个或多个：

- 持续地担忧或担心再次的惊恐发作或其结果（例如，失去控制、心脏病发作、"发疯"）；
- 在与惊恐发作相关的行为方面出现显著的不良变化（例如，设计某些行为以回避惊恐发作）。

虽然已有关于成年人的惊恐障碍的文献报道，但直到最近，儿童和青少年惊恐障碍的发生才得到关注。二者的差异部分是由于对儿童和青少年群体是否存在惊恐发作和惊恐障碍的争议而产生的。争议都围绕着以下两个问题而展开。

一是儿童和青少年是否会同时经历惊恐发作在躯体和认知方面的症状。有过惊恐发作的成年人报告说，他们害怕在发作期间会失控、"发疯"甚至死亡，他们还害怕未来的伤害。这些认知症状可能不会出现在儿童或青少年身上。

二是基于惊恐障碍的诊断标准，惊恐发作必须是不可预测的（无线索的）。很难确定儿童和青少年的惊恐发作是否是不可预测的。儿童和青少年可能会认为惊恐发作是"突然发生的"，可能因为他们不能充分了解或没有足够的能力监控环境中的线索。因此，需要通过周密细致的提问来揭示引发的线索，这个问题在幼童群体中尤为严重。

流行病学

尽管对惊恐障碍的诊断是很困难的，但也表明，惊恐发作和惊恐障碍主要发生在青少年身上，但在较低的程度上，也发生在青春期前期的儿童中。例如，许多经历过惊恐发作或惊恐障碍的成年人报告说，他们于青春期或更早起病。

此外，社区样本和基于临床的研究表明，惊恐发作在青少年中可能并不罕见。例如，在澳大利亚青少年社区样本中，12~17 岁的青少年中有 16% 的人报告其一生中至少发生过一次具有全部特征的惊恐发作。在德国青少年样本中也报告了类似的发病率。惊恐障碍很少在青春期中后期之前被诊断出来。例如，福特（Ford）及其同事在 2003 年发现，虽然惊恐障碍很少在年幼的英国儿童中被诊断出来，但在 13~15 岁的青少年中，大约有 0.5% 符合惊恐障碍的诊断标准；在以波多黎各、德国和美国的青少年为团体样本的研究中，也报告了类似或稍高的发病率。惊恐障碍在青少年临床样本中报告的患病率更高，为 10%~15%。男孩和女孩惊恐发作的患病率相同，但惊恐障碍通常在女孩中报道得更多。此外，关于种族差异的信息很少。

症状与发展

经历过惊恐发作的青少年会体会到相当大的痛苦和损伤，然而几乎很少有人会去寻求治疗。对在临床所见的青少年的研究表明，他们会表现出惊恐的生理和认知症状。例如，卡尼（Kearney）及其同事在 1997 年发现，惊恐发作的生理症状是最常见的报告症状，但 50% 的青少年报告了对"发疯"和死亡的恐惧的认知症状。

惊恐发作究竟是因暗示引起的还是自发产生的，目前尚不清楚。在这项研究中，28 名青少年中有 26 人报告了社会心理方面的可能诱发因素（如家庭冲突、同伴冲突）。不过，有研究报告称，部分青少年的惊恐发作被认为是自发的。正如我们提到的，在判断青少年惊恐发作的自发性方面还是存在争议。

关于幼童的惊恐研究较少。尽管惊恐发作和惊恐障碍在儿童临床样本中都有报告，但它们的表达方式可能与青少年和成人中的表现有所不同。幼童普遍会报告担心生病，而不是描述具体的生理症状，如心悸或呼吸困难，或是口头描述对死亡、"发疯"或失去控制的恐惧。

在诊所就诊的患有惊恐发作或惊恐障碍的青

少年，很可能有惊恐发作或其他严重焦虑症状的家族史，他们还可能出现其他症状，大多数符合其他的诊断标准，特别是焦虑障碍和抑郁障碍。许多在临床中被诊断为惊恐障碍的青少年也会表现出广场恐惧症。报告有分离性焦虑障碍的青少年比例很高，很多患有惊恐障碍的青少年都有分离性焦虑障碍的前兆。神经生理学的研究发现，与对照组相比，母亲有惊恐障碍的婴儿有更强的症状。这与早期脆弱性的观点相一致。不过，分离性焦虑障碍似乎只是发展惊恐障碍的诸多风险因素之一。

对创伤性事件的反应

儿童和青少年如何应对自然灾害（如飓风）和其他灾难（如火灾、沉船、绑架、恐怖袭击或战争）？

创伤（trauma）通常被定义为，对几乎所有人都感到痛苦的日常经历之外的事件。对儿童早期遭受创伤的描述表明，这种反应通常是相对温和且短暂的，因此这些经历并未受到足够的重视，然而，开始报告后就会出现更为严重和更加持久的反应。

1976年，研究者对美国加利福尼亚州校车绑架案中的26名受害儿童展开了调查，其结果影响了人们对儿童创伤后反应的理解。孩子们和校车司机被劫持了近27个小时。他们最开始是被黑暗的货车载着四处走动，然后又被转移到一辆埋在地下的废弃的拖拉机拖车中并一直待在那里，直到有些孩子自己逃出来。在绑架发生后的5~13个月内，研究者与这些受害儿童及其家长（至少一名）进行面谈，所有儿童都存在症状，其中有73%的儿童表现出中度或重度反应。绑架事件发生后的2~5年的评估显示，许多症状持续存在。

诊断标准

DSM-III 的引言对儿童和青少年创伤反应进行系统性研究，引入了一种专门的诊断方法——**创伤后应激障碍**（posttraumatic stress disorder, PTSD）。在 *DSM-III*、*DSM-IV* 和 *DSM-5* 的焦虑障碍中，介绍了创伤后应激性反应。在 *DSM-5* 中，创伤后应激障碍和**急性应激障碍**（acute stress disorder, ASD）是创伤和应激相关的障碍章节的一部分。然而，这些障碍仍然被认为与焦虑障碍有关。

除了创伤后应激障碍和急性应激障碍，在 *DSM-5* 中，创伤和应激相关的障碍分类中也包括**反应性依恋障碍**（reactive attachment disorder）和**脱抑制性社会参与障碍**（disinhibited social engagement disorder），这两种疾病均被视为由社会忽视造成的创伤或应激反应（参见"重点"专栏）。本章还包括**适应障碍**（adjustment disorder）。这些障碍描述了个体在面对可识别的应激时所产生的显著的情绪或行为上的痛苦症状，这些症状严重导致了功能方面的损害。适应障碍发生在应激源出现后的三个月内，持续时间不超过应激源或其后果终止后的六个月。适应障碍可能表现为情绪低落、焦虑、行为障碍，或是伴有这些症状模式的组合。我们将集中讨论对创伤性事件和创伤后应激障碍的反应。

重点
缺乏足够的照顾

DSM 在其创伤及应激相关障碍的章节中，还描述了两种障碍：反应性依恋障碍和脱抑制性社会参与障碍，这两种障碍以童年时期缺乏足够的照料为诊断的必需条件，社会忽视表现为以下一个或几个方面：

- 持续地缺乏由成年人照料者提供的安慰、激励和喜爱等基本需求；
- 反复变换主要护理人员，从而限制了形成稳定依恋的机会；
- 成长在不寻常的环境下（如儿童多、照料者少的机构），严重限制了形成选择性依恋的机会。

> 因此这两种障碍被认为有共同的病因，即社会忽视，但在表达儿童困难的方式上存在差异。
>
> 反应性依恋障碍的诊断描述了那些对他们的成年看护者表现出极度罕见的依恋的儿童和青少年。如果受到社会忽视的儿童被诊断出患有此病，那么他们对照料者会表现出持续的抑制和退缩行为。当感觉痛苦时，他们很少寻求安慰，即使被给予了安慰，也很少做出反应。此外，儿童还会有持续的社会/情感障碍，其特征是很少的社交和情感反应、有限的积极情感，以及难以解释的恐惧、易激惹或悲伤。
>
> 相反，一个被社会忽视的儿童被诊断为有脱抑制性社会参与障碍，表现出明显的脱抑制和外化的行为，也会表现出文化上不恰当的、与相对陌生的人过度熟悉的行为模式。有该障碍的儿童与陌生的成年人接触或互动时，无法表现出含蓄，言语和躯体上过度熟悉，当身处危险或是陌生的环境之中，他们很少和/或缺乏向成年看护者知会的行为，很可能会毫不犹豫地跟着一个陌生成年人走。
>
> 这两种障碍只适用于那些发育成熟并能够形成适当的选择性依恋的儿童中。因此，儿童的发育年龄必须至少到九个月。

DSM-5 描述了一套适用于成人、青少年和六岁以上儿童的创伤后应激障碍的诊断标准，针对六岁及以下的儿童也有单独的标准。

创伤后应激障碍的诊断是通过暴露于一个或多个创伤性事件后出现的一系列症状来定义的。因此，要得到创伤后应激障碍的诊断，儿童和青少年须经历严重的创伤性事件。如果儿童或青少年直接经历创伤性事件，或亲眼看到他人经历的创伤性事件，获悉亲密的家庭成员或亲密的朋友发生了创伤性事件，则认为其经历了创伤性事件。此外，重复或深度接触创伤性事件的令人厌恶的信息，也可视为创伤性暴露，但如果此类暴露仅仅是通过电子媒体或电视等媒介进行的，则不被视为创伤性暴露。创伤后应激障碍的诊断还要求暴露于创伤性事件后的人具有四种不同类别的症状：

- 再体验；
- 回避；
- 认知和情绪的消极变化；
- 唤醒反应。

再体验描述了在创伤性事件发生后存在的与创伤性事件有关的一组侵入性症状，包括对创伤性事件反复的、非自愿的和侵入性的心理痛苦记忆；反复做与创伤性事件相关的痛苦的梦；产生强烈或持久的心理痛苦；对提醒事件的线索产生显著的生理反应；解离反应。**解离**（dissociation）是指自我意识的改变，包括人格解体（即感觉和自己的感觉或环境隔绝）和现实解体（即明显的不真实感）。因此，正在经历解离反应的儿童和青少年会表现得或感觉好像创伤性事件就发生在当下（如闪回）。

回避症状包括做出持续的努力以回避关于创伤性事件的想法或感受。这种反应也可能包括回避与创伤性事件相关的外部刺激（如人或情境）。

认知和情绪的消极变化可能包括认知症状，如记不住创伤性事件的重要部分，对创伤性事件的原因或后果的错误认知，或是夸大消极的信念和期望。情绪变化可能包括持续的消极心境状态（如恐惧、愤怒、羞愧），不能持续地感受到积极情绪，对重要活动的兴趣减少，或与他人脱离或疏远。

第四组症状涉及儿童和青少年的唤醒反应的显著改变，在创伤性事件发生后出现或加重，这些症状包括激惹的行为、愤怒的爆发、鲁莽行为、过度警觉、过分惊跳反应、注意力难以集中，以及睡眠障碍。

DSM 注意到创伤后应激障碍在表达方面存在潜在的发展差异。例如，对侵入性症状的描述表明，儿童可能会反复玩与创伤性事件有关的游戏，而不是报告与创伤性事件相关的记忆；经历过创伤的儿童可能会做可怕的梦但不能识别内容。这些发展方面的考虑，在早期版本的 *DSM* 已有所涵盖；仍然有人担心，使用现行标准对幼儿的诊断不足，在诊断创伤后应激障碍时，有必要更加重视发展方面的考虑。事实上，有研究者认为现行标准不适用于婴幼儿，并提出了替代标准。针对这些问题，*DSM-5* 为六岁及以下的儿童制定了一套单独的平行标准，减少了诊断所需的症状数量，并提供了各种创伤后应激障碍在这个年龄段可能出现的例子。

急性应激障碍的诊断标准和创伤后应激障碍相似。主要区别是：急性应激障碍症状至少持续三天，但少于四个星期；而创伤后应激障碍在创伤发生后至少持续一个月，或延迟发作。一个对创伤有明显即时反应的儿童或青少年可能被诊断为急性应激障碍，这种诊断可能有助于提醒成年人注意儿童和青少年的需求，但目前还不清楚急性应激障碍如何预测以后的创伤后应激障碍。

症状

儿童和青少年对创伤性事件的反应可能大不相同，许多人表现出的症状不符合创伤后应激障碍诊断标准，但他们仍遭受了相当大的痛苦和功能方面的损害。

大多数儿童和青少年一听到与创伤有关的提醒就感到不安，他们会有反复的侵入性记忆，即使是经历过轻微危及生命的灾难的儿童，也会产生这样的想法。学龄前与学龄儿童经常在绘画、故事与游戏中重演特定的创伤。最初，这种行为可能是重新体验症状的一部分，但也可能成为恢复过程中有用的一部分。例如，塞勒（Saylor）、鲍威尔（Powell）与斯文森（Sweson）在 1992 年的报告中指出：在美国南卡罗来纳州经历飓风"雨果"之后，孩子们的游戏从之前常玩的模拟房屋倒塌演变为模拟工人们重建房屋。

儿童和青少年还可能表现出与创伤经历直接相关或间接相关的高频率和高强度的特定恐惧。例如，一些在学校旅行中经历了游船沉没的英国少女，对游泳、黑暗、船只和其他交通工具产生了恐惧。但对于与事故无关的恐惧，她们与没有参加旅行的同学或来自同类学校的女孩相比并无明显差别。

分离障碍和顽固的依赖行为也很常见，这些行为可能表现为不愿上学或渴望与父母同睡。其他睡眠问题，如入睡困难、梦魇、反复做与创伤性事件有关的梦等，也很常见。有报告称，人们会感到脆弱、对未来没有信心。对青少年而言，这种障碍可能会妨碍未来的教育和职业规划。此外，他们在学校的表现也会受到影响。其他常见的症状包括：情绪低落、对曾经喜欢的活动失去兴趣、易怒，以及攻击性的言语或躯体行为。在他人死后，有人还会因自己还活着而产生罪恶感。对于儿童和青少年来说，符合附加诊断标准和多种障碍诊断标准的情况也很常见。

创伤后应激障碍与儿童虐待

儿童虐待是创伤的一种形式，被视为属于创伤后应激障碍的框架。实际上，许多遭遇过虐待的儿童和青少年都会表现出明显的或是符合创伤后应激障碍诊断标准的症状。在第 3 章，我们看到了儿童虐待创伤发展模型，这表明创伤引起的

◎ 许多因素影响儿童对创伤性事件的反应，包括经历创伤性事件的各个方面，以及父母和其他成年人的反应。

神经生物学变化是受虐待儿童精神病理学发展的基础。在这个模型中，创伤后应激障碍症状被视为将连续虐待和随后的精神病理学联系起来的关键介质。因此，创伤后应激障碍症状是最初的问题，这些问题会导致在生命的不同时期发展成一系列行为和情绪问题。

流行病学

自然灾害、恐怖主义和意外事故都是不可预测的灾难性事件，因此很难确定每年将经历创伤性事件的儿童和青少年的数量。然而，的确如我们所知，儿童和青少年确实经常遭受虐待，经常会成为暴力犯罪的受害者，有些孩子还可能会处于特别危险的情境之中。例如，婴儿和幼童受到虐待的风险更高，无家可归的青少年遭受伤害的风险也会增加。似乎有相当多的儿童和青少年经历过至少一次创伤性事件。事实上，美国一项针对儿童和青少年的调查表明，约有25%的儿童和青少年在16岁之前经历过严重的创伤性事件。

弗莱彻（Fletcher）在2003年指出，约有三分之一的遭受创伤性事件的儿童和青少年被确诊为创伤后应激障碍，比例略高于遭受创伤的成年人。此外，还有一些研究证明，一半甚至更多的受过伤害的儿童和青少年患有创伤后应激障碍。大多数研究发现，女孩患创伤后应激障碍的概率更高。如前所述，创伤后应激障碍的表达方式可能存在发展差异，尤其是在非常年幼的儿童中。研究表明，儿童、青少年和成年人关于创伤的基本神经生物学反应可能不同。例如，下丘脑-垂体-肾上腺轴（HPA）的反应可能不同，这是一个主要的神经激素调节系统，在极度紧张的情况下，会刺激包括皮质醇在内的神经递质的释放，该系统的反应被认为是创伤后应激障碍和其他障碍形成的机制之一。

创伤后应激障碍症状的患病率高于20%。在不同文化背景下的儿童和青少年都会表现出创伤后应激障碍的多种症状（侵入性症状、回避症状、认知/情感的改变、唤醒症状），最常见的是侵入性症状。

不是所有的儿童和青少年都经历过相同的症状模式或强度，而且不是所有遭受过创伤的儿童和青少年都符合创伤后应激障碍的诊断标准。症状持续的时间可能会不同，症状也可能会随着时间的变化而不同，许多因素会影响儿童和青少年的初始反应，以及症状的持续时间和严重程度。

创伤性事件的性质可能会影响反应。例如，可以将应激源分为两类：（1）急性或非虐待性的应激源，即只发生一次的事件，如洪水或意外事故；（2）慢性或虐待性的应激源，持续性的压力，如战争、躯体或性虐待。创伤后应激障碍的有些症状似乎很容易出现，无论创伤性事件的类型是什么（如创伤相关的恐惧、睡眠困难）。然而，其他症状会因经历的创伤性事件类型的不同而异。此外，虽然经历过两种创伤的儿童和青少年可能被诊断为创伤后应激障碍，但他们可能符合不同种类的其他障碍的诊断标准（见表6-3）。令人惊

表6-3 急性或非虐待性的压力源与慢性或虐待性压力源引起的创伤障碍及相关症状/诊断发病率

项目	压力类型	
	急性或非虐待性	慢性或虐待性
<u>DSM症状</u>		
侵入性症状	92%	86%
回避症状	30%	54%
唤醒症状	55%	71%
<u>相关症状/诊断</u>		
创伤后应激障碍	36%	36%
广泛性焦虑障碍	55%	26%
分离性焦虑障碍	45%	35%
恐惧症	35%	6%
抑郁障碍	10%	28%
注意缺陷/多动障碍	22%	11%

资料来源：Fletcher, 2003.

讶的是，一些症状或问题在暴露于急性、非虐待性创伤的儿童和青少年中出现的频率比遭受慢性或虐待性创伤的儿童和青少年还要多。一种可能的解释是，随着时间的推移，遭受慢性应激源的儿童和青少年会对创伤做出某种程度的适应。

暴露于创伤性事件的程度似乎也是一个重要的影响因素。皮诺斯（Pynoos）及其同事在 1987 年研究了 159 名加利福尼亚州小学生。这些学生在学校遭到狙击手的袭击，导致 1 名儿童和 1 名路人死亡，另有 13 名儿童受伤。与那些不在枪击现场或当天不在学校的儿童相比，被困在操场上的儿童受到的影响更大。在 14 个月后的随访中，74% 的严重暴露儿童仍然报告有中度至重度的创伤后应激障碍症状，而 81% 的未暴露儿童报告无创伤后应激障碍。另外，在这种危及生命的创伤中，暴露程度是一个重要因素，但在没有经历过严重暴露的儿童中确实也发生了反应。然而，那些对威胁有主观感受、对被杀害同学有更深入了解的儿童，更易出现创伤后应激障碍症状。

创伤性事件发生之前存在的个体差异（如焦虑水平、民族）也可能会影响儿童和青少年的反应。例如，一个儿童或青少年原有的广泛性焦虑水平也许会影响其对创伤性事件的反应。

发展病程与预后

总的来说，创伤后应激障碍的症状会随时间的推移而减轻，但仍有大量的儿童和青少年报告障碍持续存在。例如，1996 年，拉·格雷卡（La Greca）及其同事在美国佛罗里达州的飓风"安德鲁"发生后的一年中，对三至五年级的学生展开了研究。研究结果表明，约有 49% 的儿童在三个月后出现回避症状以及认知/情感的改变，但在十个月后只有 24% 的儿童出现症状。同样，在同一时间段内，有唤醒症状的儿童数量从 67% 降至 49%。然而，仍有相当数量的儿童在事发三个月和十个月后报告再次出现症状，分别为 90% 和 78%。

儿童最初的应对尝试也可能影响他们的反应过程，倾向于使用消极应对策略（如指责他人、尖叫）的儿童，可能更容易出现持续性症状。儿童和青少年对创伤性事件的反应，也与父母和处于同一环境中的其他人的反应有关。如果父母自身有严重的创伤后应激障碍，或由于其他原因无法提供一个支持和安慰的氛围，那么他们的孩子的症状可能会更严重。

重点
恐怖袭击与创伤后应激障碍

2001 年 9 月 11 日，恐怖分子袭击了美国纽约和华盛顿特区。在袭击和营救过程中，许多人失去了亲人，有近 3000 人在此事件中丧生。在幸存者、遇难者亲属以及很多人的脑海中都留下了飞机撞向建筑物、建筑物燃烧并倒塌、无数人伤亡的画面，事件的目击者们的脸上都流露出了恐惧和悲伤等情绪。这些对儿童和青少年有什么影响？

1995 年美国俄克拉荷马市爆炸案发生后，在爆炸案中失去亲人、朋友、熟人的儿童和青少年，或仅仅是住在附近的儿童和青少年，都表现出急性和持续性的创伤后应激障碍症状，包括发抖、紧张、恐惧、震惊，以及害怕家人或朋友受伤。袭击事件发生两年后，许多儿童和青少年仍报告有症状，并在家或学校表现出功能受损。那些失去直系亲属的儿童和青少年的症状最严重，许多失去远亲、朋友或熟人的儿童和青少年也受到了影响，电视曝光是创伤后应激障碍症状的重要预测因素。

"9·11"事件之后，许多人也都出现了类似的反应。这对家庭的影响也很明显。在美国纽约，很多儿童和青少年认识被杀害的人，或是得知自己的老师或教练失去了某位亲人，或是有一名家长参与应对这次袭击，从袭击发生到父母和孩子团聚，通常要经过几个小时。在美国华盛顿特区，人们对社区服务的使用与上年同期相比有所增加。

> 大多数儿童和青少年是间接了解到这次袭击的,他们可能是在教室里通过电视观看了这次事件,也可能是被他人告知,或是通过随后的媒体报道得知。事实上,广泛和频繁的媒体报道给全国各地的许多家庭造成了创伤。很多儿童和青少年,甚至是远离家乡的儿童,也可能表现出与压力有关的症状,并担心安全问题。
>
> 有证据表明,对大多数人来说,恐怖袭击对心理症状有一定的影响。然而,一些儿童和青少年经历了严重的症状,尤其是那些失去亲人或有家庭成员直接经历但幸存下来的儿童和青少年。
>
> 父母对事件的反应和教养行为,与儿童自身特质(如气质)及环境(如学校)相互作用,会影响儿童出现创伤后应激障碍症状的风险。此外,看电视的时间与报告的压力症状数量显著相关。值得关注的是,观看积极的图像(如英雄事迹和救援)不仅没有帮助,反而再一次证明了,观看更多的图像与儿童创伤后应激障碍症状相关。
>
> 人们对恐怖主义的反应在许多方面似乎与对其他创伤性事件的反应相似,但也可能有一些独特之处。恐怖主义是一种不可预测的威胁,并有广泛的媒体报道。这对通常为儿童和青少年提供支持的成年人和社区也有深远影响。例如,对发展(如情绪调节、应对措施、社会政治态度)以及灾后长期生活混乱(如失业、旅行受限)后的社会经济产生巨大影响。
>
> "9·11"事件之后,人们的注意力继续集中在调查和了解这种创伤性事件的影响以及开发成功的干预措施上。袭击发生后在美国纽约市进行的一次大规模筛查结果显示,多达7.5万名儿童和青少年出现了创伤后应激障碍症状,其中很多还报告了其他症状(如抑郁、其他焦虑障碍症状),但他们中只有不到三分之一寻求帮助。
>
> 资料来源:Hoagwood et al., 2007.

强迫症

诊断标准

早期版本的 DSM 将强迫症(obsessive-compulsive disorder,OCD)列入焦虑障碍章节。在 DSM-5 中,强迫症是强迫及相关障碍章节的一部分。然而强迫症及相关障碍仍被认为与焦虑有关。除了强迫症,DSM-5 的这一章节还描述了其他几种障碍,包括囤积障碍(hoarding disorder)、拔毛癖(hair-pulling disorder,拔毛障碍)、抓痕(excoriation,皮肤搔抓)障碍、躯体变形障碍(body dysmorphic disorder,过分关注一个人的外表缺陷,而这些缺陷是不能被观察到的或被认为是不可观察到的)。这里主要讨论强迫症。

强迫观念(obsession)是一种不想要的反复的、持续的侵入性的想法,它不仅仅是现实生活中的过多关注,而且对大多数人来说,会造成相当大的痛苦或焦虑。**强迫行为**(compulsion)是重复的、刻板的行为,这些行为是儿童和青少年感到被迫去做的,以减少焦虑或者防止可怕的事情发生。强迫症包括强迫观念和强迫行为,在大多数儿童和青少年患者身上,这两个症状会兼而有之。DMS-5 中针对强迫症的标准还表明,幼童可能不能明确地表达这些重复行为或精神活动的目的。然而,即便是很小的儿童,奇怪的重复行为也会被认为是奇怪的。正如我们即将在下文斯坦利的案例中看到的那样,儿童甚至可能在一开始就有自己的想法,随着时间的推移,他们可能会意识到强迫观念或强迫行为是不合理的,但仍觉得有必要重复。

> **案例**
>
> **斯坦利:火星人的仪式**
>
> ……斯坦利在七岁那年看过一个电视节目,节目中友善的火星人通过向人类灌输奇怪的想法来与人类接触。基于这个节目,他决定以四个一组的顺序去做每件事,来表明火星人选择了他作为他们在地球上的"联络人"。经过两年毫无结果的计数仪式,火星人并没有联系他,于是斯坦利最终放弃了这个信念,然而,他并没有放弃计数。
>
> 资料来源:Rapoport, 1989, p.84.

诊断强迫症的另一个标准是，强迫观念或强迫行为是非常耗时的，并且严重干扰了正常生活、学术功能和社会关系。强迫症对谢尔盖的负面影响，说明了这种障碍的特征及其行为后果。

> **案例**
>
> **谢尔盖：一个关于功能障碍的案例**
>
> 17岁的高中生谢尔盖在一年多以前还是一个多才多艺、兴趣广泛的正常青少年。然而，几乎就在一夜之间，他变成了一个孤独的局外人——他因有心理障碍而被排斥在社交生活之外。具体地说，他无法停止清洗。尽管有相反的证据表明他的观念是错的，但他还是坚信自己是"肮脏的"，这种想法一直困扰着他，他开始花费越来越多的时间去清理想象中的污垢。起初，他的例行洗浴仅限于周末和晚上，那时他还可以待在学校里确保学习的时间并保证睡眠，但很快清洗就占用了他所有时间，最终他不得不辍学——这是他感觉自己"不够干净"的代价。
>
> 资料来源：Rapoport, 1989, p.83.

症状

在美国国家精神卫生研究院（NIMH），朱迪思·拉波波尔（Judith Rapoport）及其同事进行了一系列研究，提高了人们对儿童和青少年强迫症的关注。表6-4显示了研究小组和其他组报告的儿童和青少年中常见的强迫观念和强迫行为。

在青少年中，强迫行为比强迫观念更常见，这一发现不同于成年人的研究报告。在成年患者中，强迫观念和强迫行为的报告比例相当。儿童和青少年的过度关注和仪式似乎主要有两大主题：一是对清洁、打扮和避免危险的关注；二是普遍怀疑——不知道自己怎么做是"正确的"。

儿童强迫症通常只有在症状非常严重时才会被发现。如果一个儿童和青少年寻求帮助，往往是在经历了多年的痛苦之后。青少年常常承认他们会对自己的问题保密。在那些寻求帮助的儿童和青少年中，许多人表示他们的父母没有意识到他们的问题。例如，在一个对社区抽样的9~17岁的儿童和青少年及其母亲的访谈调查中发现，在确诊的35例强迫症病例中，有4例是根据父母的报告而被诊断为强迫症，有32例是由于儿童和青少年的报告而被诊断为强迫症，但只有1例是基于青少年和父母达成一致而确诊的。

流行病学

对非转诊青少年的流行病学研究表明，强迫症在普通青少年人群中的患病率约为1%，终生患病率约为1.9%。大多数推测还表明，在低年龄段，男孩起病的数量多于女孩；但到了青春期，男女比例相等。在美国国家精神卫生研究院追踪观察的70例儿童和青少年病例中，有7例在7岁之前起病，平均起病年龄为10岁。男孩的强迫症症状通常出现在青春期前（平均9岁），女孩的强迫症症状则出现在青春期前后（平均11岁）。在社区样本中，强迫症的起病年龄也体现出了相似的年龄差异。

大多数被诊断为强迫症的儿童与青少年符合至少一种其他障碍的标准。多重焦虑障碍、注意缺陷/多动障碍、品行障碍与对立违抗性障碍、物质使用与抑郁障碍是常见共病。强迫症还常与**抽动秽语综合征**（Tourette syndrome）——一种有遗传和神经解剖学基础的慢性疾病，以运动和声音抽搐及相关冲动为特征——或其他抽动障碍一起发生。抽动往往是突然的、快速的和经常性的，而且症状表现主要是刻板的动作或发音。尽管目

表6-4 一些常见的强迫观念和强迫行为

强迫观念
污染问题（如灰尘、细菌或环境毒素）
害怕伤害自己或他人（如死亡、疾病、绑架）
对称、秩序、精确
做正确的事（谨慎、宗教性的强迫观念）
强迫行为
反复洗手、打扮
重复（如不停地进门、出门）
重复检查（如检查门锁、家庭作业）
排序或整理

前尚不清楚，但有研究者认为患有抽动秽语综合征的儿童和青少年，从症状、发展过程、家庭模式和治疗反应的方面来看是强迫症的一个独特的亚型。

发展病程和预后

强迫行为可发生在正常发育的不同阶段，例如，幼童可能会有就寝和吃饭的固定习惯，或者可能要求事情"保持这样"，打乱这些习惯往往会导致痛苦。此外，幼儿经常被观察到玩重复性游戏，并表现出明显的对相同事物的偏好。本杰明·斯波克（Benjamin Spock）在其广为阅读的父母读物中指出：8~10岁的孩子经常会做出一些轻微的强迫行为，如跨过人行道上的裂缝，或是每隔三根栏杆就去摸一下。很多读过这些内容的人可能都还记得自己也曾有过此类行为。在同伴看来，儿童和青少年常见的强迫行为可能被视为游戏，只有当强迫行为主宰了儿童和青少年的生活并干扰了正常功能时，才会引起关注。此外，强迫症仪式的具体内容通常与常见的发育仪式不同，强迫症仪式有一个较晚的发作阶段，尚不清楚发育仪式是否代表了某些儿童强迫症的早期表现。

强迫症的病程存在异质性。随着时间的推移，这种障碍的症状会出现和消失。多重强迫和强迫症通常在任何时间出现，而且症状的内容和强度随着时间的推移而变化。研究还表明，这种障碍可能是慢性的。虽然有75%的接受治疗的儿童和青少年会有实质性的改善，但问题依然存在。然而，症状的持久性可能比之前认为的要低。

焦虑及相关障碍的病因

焦虑及相关障碍的发展会受到多种风险因素的影响，这些因素以复杂的方式相互作用。我们对风险因素和因果机制的理解不断发展，并通过不断的研究得到更多启发。

生物学影响

有证据表明，焦虑及相关障碍与遗传因素有关。焦虑障碍在家庭中的聚合与遗传的作用是一致的。例如，对家庭的研究表明，如果父母患有焦虑障碍，那么他们的孩子也有患焦虑障碍的风险；如果儿童患有焦虑障碍，那么他的父母也有可能患有焦虑障碍。此外，对遗传因素影响的具体研究（如双生子研究、全基因组关联研究）表明，遗传和环境共同作用，对焦虑及相关障碍的发展产生影响。

对焦虑障碍遗传概率的估算存在争议，建议采用中等的遗传率。在美国弗吉尼亚州的双生子青少年行为发展的研究中，焦虑障碍的遗传率估计值往往低于其他障碍；然而，其他研究结果则表明遗传率估计值较高。遗传率可能取决于焦虑表现的性质，广泛性焦虑障碍和强迫症受到的影响最大。另外，一些研究表明幼童受遗传因素的影响较大。随着儿童的成长，遗传因素的影响可能会减少，但共享的家庭环境的影响可能会增加。

总之，研究结果表明，遗传因素可能在焦虑及相关障碍的发展中发挥作用，不同的焦虑障碍可能有不同的遗传模式。或者，具有遗传性的不是某种特定的焦虑障碍，而是一种普遍的倾向，例如对刺激的情绪和行为反应。此外，这些普遍倾向可能是抑郁和焦虑的风险因素，这些发现也表明了发展环境对焦虑障碍的重要作用。因此，遗传的普遍倾向和个体独特的经历可能有助于对这种脆弱性的特定障碍的表述。

遗传基因的影响可能通过特定的脑回路和神经递质系统的差异来表达。例如，血清素（5-羟色胺）被认为在焦虑和惊恐的发展中起作用。γ-氨基丁酸（GABA）也受到了关注。GABA能抑制焦虑，在焦虑的人的大脑的特定区域中，GABA水平较低。人们的注意力也集中在促肾上腺皮质激素（CRH）上，CRH在人感知到压力或威胁时释放，它会影响到其他激素以及与焦虑有关的大脑区域。

边缘系统（尤其是杏仁核）通常被认为是大

脑中与焦虑直接相关的区域。神经科学利用 fMRI 等神经成像技术对注意力、引起恐惧反射和其他情绪过程进行了研究。研究结果表明，杏仁核和前额叶皮质在焦虑中起作用。例如，研究发现，在面对危险刺激时，焦虑和不焦虑的儿童和青少年的这些脑区呈现出不同的反应。

强迫症的生物学影响

许多专家开始相信，强迫症是有其生物学基础的。双生子研究和家庭研究也表明，强迫症具有相当高的遗传率。例如，在一级亲属中有强迫症行为的儿童和青少年患强迫症的患病率比一般人群更高，而且许多患有强迫症的青少年的父母更符合强迫症的诊断标准或是表现出强迫症症状。此外，许多研究报告称，强迫症和抽动秽语综合征（或轻度抽动障碍）在同一个体中以高于预期的比率出现，并且这些研究已经发现了二者之间存在家族联系，它们似乎具有共同的遗传基础。与强迫症发展相关的基因网络研究目前正在进行中。

神经成像学研究表明，强迫症和基底神经节（一组位于大脑皮质和前额叶皮质下的大脑结构）的神经生物学异常有关。强迫症有一个症状亚群，称为**链球菌感染相关的儿童自身免疫性神经精神障碍**（pediatric autoimmune neuropsychiatric disorders associated with streptococcal infections，PANDAS），包括感染后强迫症症状的突然发作或恶化，儿童和青少年也表现出抽动障碍。尽管对于强迫症的亚群尚不很清楚，但已经确定的是，人体在应对引起基底神经节细胞炎症的链球菌抗体细胞的时候会形成抗体，这是一种自身免疫反应。

气质

生命早期的焦虑症状可能与儿童气质的某些方面有关，有生物学基础，可能是遗传的，在情绪、注意力、行为方式等方面存在个体差异。

1997 年，杰尔姆·卡根（Jerome Kagan）及其同事的研究对理解气质与焦虑障碍之间的关系做出了重要贡献。他们的发现是基于对被称为**行为抑制**（behavioral inhibition，BI）的气质品质的纵向研究。有行为抑制的儿童对周围环境高度警惕，特别是对新奇或不熟悉的情况表现出退缩行为。研究表明，15%~20% 的儿童会表现出高度的行为抑制，其中大约一半的儿童会在整个童年期持续表现出症状，特别是自主神经活动和大脑活动模式，包括更强的自主神经系统反应能力、早晨皮质醇水平升高、杏仁核对新奇或威胁性刺激的激活增强。

特别令人感兴趣的是，行为抑制儿童的内化性精神障碍的发展。在五岁半时，最初被归类为行为受抑制的儿童与不受抑制的儿童相比会产生更多的恐惧。此外，行为不受抑制的儿童的恐惧通常与之前受过的创伤有关，但对于行为受抑制的儿童来说并非如此。其他研究也表明，行为受抑制的儿童有发展成焦虑障碍的风险，如社交焦虑障碍、分离性焦虑障碍和广场恐惧症。行为受抑制的儿童与不受抑制的儿童相比，似乎更符合多种焦虑障碍的诊断标准。尽管在气质–焦虑关系方面存在概念和方法上的争议，这方面和其他证据表明，行为抑制和类似的气质差异在某些环境（如父母的教养方式、同伴关系）的影响下，可能是导致个体向焦虑障碍发展的脆弱性风险因素，并贯穿个体发展的童年期、青春期和成年早期。

1987 年，加里（Gary）描述了一个功能性大脑系统模型（我们将在第 8 章进一步介绍），其中一部分是行为抑制系统（B2S），涉及大脑的多个区域。B2S 系统与恐惧和焦虑的情绪有关，倾向于在新奇或恐惧的情境中，或是在惩罚或没有奖励的条件下抑制行为。加里的抑制模型为人们思考气质对焦虑障碍发展的贡献带来启发。

另一种关于气质对焦虑障碍的影响的研究来自克拉克（Clark）与沃森（Watson）在 1991 年

提出的情绪模型和**消极情感**（negative affectivity，NA）概念。NA 是一种气质维度，其特征是普遍而持续的消极情绪（如紧张、悲伤、愤怒）。研究支持以下假设：焦虑和抑郁的发展可能以高水平的 NA 为特征，NA 可能在某种程度上导致了这些疾病的高发病率。抑郁障碍而不是焦虑障碍，被认为具有低水平的积极情感（愉悦情绪）的气质特征。

消极情感也可能伴随着低水平的气质因素的**有意控制**（effortful control，EC），这是一种进行自我调节的能力。患有焦虑障碍的儿童和青少年可能会表现出关注威胁性刺激的倾向，因此，消极情感水平高的儿童和青少年可能会注意到更多的负面刺激，并做出强烈的反应，因此，他们需要更高水平的 EC。由此可见，低 EC 和高 NA 的气质结合有助于焦虑及相关障碍的发展和持续。

心理社会影响

心理社会影响显然是风险因素复杂作用的一部分，这些因素会导致焦虑及相关障碍的发展。容易焦虑的儿童和青少年可能会经历改变其患各种焦虑障碍风险的事情。

拉赫曼（Rachman）的"三路径理论"是一种将心理社会影响概念化的方法，提出了了解害怕和恐惧的三种主要方式：通过经典条件反射习得；观察他人对恐惧情境的反应习得；语言威胁信息传递习得。每一条通向恐惧发展的途径都得到了研究的支持。

第一条途径是通过经典条件反射习得，华生和雷纳的小阿尔伯特的案例（见第 3 章）就证明了，这种模式可能会导致恐惧发展的潜在途经。因此，儿童恐惧或焦虑的发展可能从接触创伤性或威胁性事件开始，个体为减少焦虑而产生了回避症状。

第二条途径是儿童通过观察他人对恐惧的反应来间接地习得害怕某些事物或情境。这表明儿童可以从父母那里习得焦虑，父母会促使、塑造和强化焦虑行为。尤其是那些自身特别焦虑的父母会表现出害怕的行为，这为孩子们提供了可以模仿的示范。孩子们可以通过观察父母的反应来学习，这在一项研究中得到了证明。研究者研究了幼儿对玩玩具的反应。在早期实验中，如果母亲对玩具表现出消极的情绪反应，那么幼儿就不太可能接近这些玩具，也更可能对玩具表现出消极的情绪反应。同样，焦虑母亲的幼儿表现出恐惧行为，并对之前与母亲有过互动的陌生女性表现出回避，婴儿的回避与他们看到的母亲所表现出的焦虑和低鼓励性有关。

第三条途径是恐惧通过信息的传递而习得。因此，除示范焦虑行为外，父母还可能会传递某种具有威胁性的信息。菲尔德（Field）和绍扎（Schorah）于 2007 年证明了此理论，他们给 6~9 岁的儿童提供关于未知动物的信息（威胁性的、正面的或无信息），要求孩子们靠近并把手放进装有未知动物的盒子里。当孩子们靠近那个可能装着让他们感受到威胁的动物的盒子时，他们的心率明显加快。

除了示范焦虑行为和提供有关恐惧、创伤经历的信息外，父母还通过其他育儿方式或做法来影响焦虑的发展。例如，达兹及其同事在 1996 年发现，焦虑的孩子及其父母更有可能感知到威胁，因此选择回避情境来模糊社会问题。7~14 岁的儿童与其家人之间的讨论录像显示，焦虑儿童的父母较少去关注孩子的想法，很少对孩子的适应性行为指出积极结果，并且可能会对孩子的问题采取回避的解决方式。相比之下，没有被临床诊断为焦虑障碍的儿童的父母更愿意倾听孩子的想法，支持孩子的一些不回避的行为。在实验中，我们要求两组儿童家庭讨论之后提出关于如何解决问题的方案。结果表明，有焦虑障碍的儿童提供的多是回避问题的解决方案。由此可知，父母的教养方式会影响儿童认知方式的发展，例如对情境的感知是敌对的或威胁的。

父母的教养方式对焦虑障碍发展的影响可能始于早期看护，早期看护的质量可以促使焦虑发展，尤其是对具有恐惧气质的儿童。例如，阿纳斯（Hane）与福克斯（Fox）在2006年研究了由敏感性和侵入性等结构性定义的母亲看护行为的影响。他们发现，与接受高质量母亲看护行为的婴儿相比，接受低质量母亲看护行为的婴儿表现出了脑电图和行为差异，包括更多的恐惧行为。

研究表明，心理社会因素对焦虑发展的影响与儿童的控制感和回避性应对方式的发展有关。从出生起，对婴儿的需求保持敏感有助于在兴奋性变得无法控制之前减少或得到控制。人们认为，这种看护能够帮助孩子学会调节自己的情绪。随着孩子的成长，对孩子需求敏感的父母，其育儿方式会随着孩子需求的变化而改变，从而促进孩子自我调节能力的发展。

焦虑儿童的父母经常被描述为过度保护或具有侵入性。**过度保护/侵入式教养方式**（overprotective/intrusive parenting）是指亲子互动涉及可预见威胁、过度规范和限制孩子的活动，并指导孩子如何思考和感受。这种教养方式会影响孩子的控制感/自我效能感，干扰他们解决问题的方式。研究者观察到，与不焦虑孩子的母亲相比，焦虑孩子的母亲对孩子更具侵扰性和批评性。然而，这些影响可能是双向的。一个焦虑的孩子也可能会引起父母的过度保护和侵入性反应。

不安全的母子依恋关系也被证明是焦虑障碍发展的一个风险因素。如前所述，依恋关系被认为在很多重要方面促进了儿童的发展，包括情绪调节和社会关系的性质。因此，不安全的依恋关系可能是导致焦虑障碍发展的风险因素之一的看法就不足为奇了。

我们一直在讨论家庭因素是如何影响儿童焦虑问题发展的。我们还应该记得，家庭可以保护儿童免受这些问题的影响。例如，人们发现，家庭支持可以保护遭受创伤的儿童；家庭可能会培养孩子应对各种可能引发焦虑的环境的能力。

同伴关系是另一个以多种方式影响儿童和青少年焦虑发展的社会关系。退缩/压抑的儿童和青少年可能被同伴认为是不受欢迎的，可能会遇到同伴排斥，因为儿童和青少年的退缩和压抑行为和同伴交往规范相反。研究发现，孤僻及被同伴拒绝或排斥与内化性精神障碍（包括高度焦虑）有关，同样，有退缩行为的孩子可能易被同伴欺负和伤害，这也与其高水平的焦虑有关。与社交退缩产生的风险相比，即使加入的团体不是真正意义上的"同伴"，成为同龄人中的一员也可能是焦虑发展的保护性因素。同样，有一个亲密朋友可以保护儿童和青少年免受被多数同龄人排斥的负面影响。但是，有退缩行为的孩子间的亲密友谊有可能成为危险因素。因为"亲密朋友"本身也可能是有退缩行为和社交能力差等问题的，他们的友谊在沟通和开导等方面的质量较差。这可能会维持受抑制的孩子们的行为，也会使得社会关系不那么安全可靠。在这些方面，友谊可能会导致焦虑水平达到有问题的程度，尤其会导致社交恐惧症的发生。

焦虑障碍的评估

对表现出焦虑症状的儿童或青少年进行综合评估，可能涉及多种评估需求。评估的策略依据的是敏感性的发展。他们主要表现在感知变化能力和理解与表达能力的差异上。评估过程应以焦虑和焦虑障碍概念为指导，并将其与发展中正常的恐惧和担忧区分开来。

评估还需要对文化、民族多样化的人群的需求保持敏感。例如，雷恩（Wren）及其同事在2007年研究了一种被广泛使用的多民族人群焦虑障碍评估量表的属性，他们发现了结构因子上的民族差异，即由不同焦虑因素组成的项目（如躯体/恐慌，广泛性）程度因民族而异，这种差异在西班牙裔儿童及其父母身上表现得尤其明显。种族因素也可能影响焦虑症状的报告，例如，皮纳（Pina）与西尔弗曼（Silverman）于2004年发现，民族与选择的语言（西班牙语或英语）会影响躯体症状的报告，这对原始和后续的评估来说是一项巨大的挑战。

儿童或青少年的焦虑并不是唯一需要解决的问题，还需评估他们的生活环境。例如，评估与焦虑加剧有关的特定情境、家庭互动和交流方式、成年人或同龄人对他们行为的反应，以及其他家庭成员是否存在问题。多角度的评估，并利用包括儿童或青少年在内的多个信息提供者，可能会产生有价值的信息。

焦虑障碍的评估通常是以方面焦虑模型为指导的。因此，评估方法主要针对三个反应系统（行为、认知、生理）中的一个或多个，而且评估方法也是多种多样的。

访谈和自陈量表

通常情况下，一般的临床访谈可能会产生对临床工作者在理解病例并制定干预措施方面有价值的信息。访谈对象通常为儿童和青少年及其父母（至少一方）。可采用结构化访谈方式，借此做出临床诊断。例如，儿童焦虑障碍访谈量表（ADIS）是针对儿童和青少年及其父母的一种半结构化访谈工具，旨在确定 DSM 诊断。

评估儿童和青少年焦虑最被广泛使用的方法是自我陈述法，其能提供焦虑的行为、认知和生理方面的报告。从儿童或青少年的角度来评估症状显然是非常重要的，因为成人很难列举并确定儿童和青少年是否存在这种不适。然而，幼童难以辨别和表达他们的主观感受，这给评估带来了巨大的挑战。因此，一些家长、教师和临床工作者采用替代性评估工具来诊断儿童和青少年的焦虑障碍。

有许多不同类型的自陈量表，有些量表是让儿童和青少年报告他们在特定情况下的焦虑程度。也有评估总体（在各种情境下）的主观焦虑的自陈量表，如施皮尔贝格尔（Spielberger）于1973年设计的儿童状态－特质焦虑量表、雷诺兹（Reynolds）和里奇蒙（Richmond）于2008年设计的儿童显性焦虑量表（修订版），其中包括"我无法下定决心""我害怕很多事情"等内容。另外，马奇（March）及其同事于1997年设计的儿童多维度焦虑量表（MASC）解决了焦虑的多维本质。

此外，有一些自陈量表专门设计用来解决焦虑的认知成分。罗南（Ronan）、肯德尔和罗韦（Rowe）于1994年设计的消极情感自陈问卷被用于评估与消极情感有关的认知内容。焦虑自评量表（如"我看起来像傻瓜"）可以区分焦虑和不焦虑的孩子。儿童版本的应对问卷评估了儿童在挑战性情境下应对焦虑的能力。施尼尔英（Schniering）和劳佩（Rapee）于2002年设计的儿童自动思维量表可以评估儿童对威胁、失败和敌对情绪自动产生的想法。

还有一些自陈量表可以评估特定的焦虑障碍，例如，奥伦迪克（Ollendick）于1983年设计的儿童恐惧调查表（修订版），拉·格雷卡于1999年设计的儿童与青少年社交焦虑障碍量表，贝戴尔（Beidel）、特纳（Turner）和莫里斯（Morris）于1995年设计的儿童社交恐惧和焦虑量表，均可用来评估社交恐惧症。儿童焦虑及相关心境异常筛查量表（SCARED）可以评估几种焦虑障碍的症状。

鉴于患有焦虑障碍的儿童和青少年通常也会出现其他精神障碍，评估过程也应包含对其他精神障碍领域的广泛探索，例如，阿肯巴克行为量表可以评估一系列行为障碍。这些工具还提供了对问题的不同视角（青少年、父母、老师）的调查。

直接观察

直接观察主要用于评估恐惧和焦虑的显性行为症状，但也可用于评估可能控制焦虑的环境影响。行为回避测试要求儿童或青少年执行一系列涉及恐惧对象或情境的任务。比如，儿童和青少年可能会被要求慢慢接近一只凶猛的狗，然后增加与狗的互动。

观察者也可以在引发恐惧或焦虑的自然环境中进行观察。另外，自我监控程序要求儿童和青少年观察并系统地记录自己的行为，这种对观察的每天记录可能是初步评估的一部分，也常常是治疗的一部分。

生理记录

如前所述，焦虑的生理变化包括在自我报告中。然而，测量心率、血压、皮肤电传导和皮质醇水平等参数可以更直接地评估焦虑的生理变化。实际工作中临床工作者往往很难获取这些数据，但是，如果测量方法变得更容易使用，这些评估就会被更频繁地实施，并且有可观的价值。

焦虑及相关障碍的干预措施

心理治疗

许多关于儿童和青少年焦虑障碍治疗方法的研究都支持使用行为或认知行为干预措施。一些治疗恐惧症的行为技术，以及治疗焦虑障碍（分离性焦虑障碍、社交焦虑障碍、广泛性焦虑障碍）的认知行为疗法被认为是"已经确认"或"可能有效的"。

让个体暴露（exposure）在引发焦虑的环境中是成功减少恐惧和治疗方案的基本要素。因此，许多针对恐惧症的行为疗法和针对其他焦虑障碍的认知行为疗法的组成成分，都可以被概化为促进接触相关焦虑对象或情境的各种方式。

放松与脱敏

放松训练（relaxation training）教导个体意识到他对焦虑产生的生理反应并控制这些反应的技能。通过绷紧与放松不同的肌肉群，个体会意识到身体紧张的早期迹象，并将其作为放松的信号。通过练习，当感知到最初的紧张迹象时，个体能够在现实中放松肌肉群。在肌肉放松训练中，个体需要默念一个提示词（如"冷静"）。在实际情境中，当焦虑被预期或感受到时，个体可以借助这个提示词来帮助自己获得放松的状态。此外，放松过程往往会伴随着想象，因此治疗师会鼓励来访者创建生动的、积极的心理意象，以获得放松。

当放松训练与暴露在恐惧情境中相结合时，这个过程被称为**脱敏**（desensitization）或是**系统脱敏**（systematic desensitization）。在"想象脱敏"过程中，研究者构建了一系列令人恐惧的情景，要求被试想象场景——从最不容易产生恐惧的场景逐步想象。当人们在放松的时候，这些想象就会呈现出来。重复这个过程，直到最令人感到焦虑的场景也可以轻松地想象出来。现实脱敏使用真实的恐惧对象或情境，而不是想象中的场景。

模仿

模仿（modeling）是一种常用的行为疗法。班杜拉（Bandura）和门勒福（Menlove）在1968年的早期研究为其后续一系列研究提供了动力。在所有模仿治疗中，研究者都会让儿童和青少年观察榜样如何对恐惧情境进行适应性互动。榜样可以是真实的，也可以是象征性的（如对电影情节的模仿）。让儿童观察并模仿，逐渐接近恐惧对象的参与者模仿是最有效的治疗方法之一。

条件性管理

模仿和系统脱敏及其变体是作为减少儿童和青少年的恐惧或焦虑方法而发展起来的治疗方法。**条件性管理**（contingency management）则是立足于工作原理，直接解决儿童或青少年的回避/焦虑行为，通过改变此类行为的意外情况，以确保个体在接触但不回避恐惧刺激的情况下产生积极的后果，并奖励儿童和青少年的改进。这些程序有时也被称为强化实践。条件性管理或强化实践已被证明可以有效地治疗恐惧和恐惧症，并且可辅助治疗其他焦虑障碍。条件性管理通常与模仿、放松或脱敏结合使用。

认知行为疗法

认知行为疗法能够有效治疗儿童和青少年的焦虑障碍。这些治疗方案整合了多种行为和认知行为策略，这些干预措施的总体目标是教会儿童和青少年：

- 识别焦虑唤醒的迹象；
- 识别与焦虑唤醒相关的认知过程；
- 运用应对焦虑的策略和技巧。

认知行为疗法（CBT）采用多种治疗策略来实现这些目标，见表6-5。

表6-5　儿童和青少年焦虑障碍认知行为疗法中的治疗策略

焦虑和情绪教育
注意身体反应和生理症状
放松过程
焦虑性的自我对话和焦虑认知的识别与修正
角色扮演与奖励程序
解决问题模型教学
应对模型的使用
暴露在引发焦虑的环境中
在越来越令人焦虑的情境中练习使用新技能
家庭作业
开发可以扩大收益和防止复发的方法

资料来源：Kendall & Suvge, 2006; Kendall et al., 2010.

肯德尔、富尔（Furr）和波德尔（Podell）于2010年制订了一个为期16周的治疗方案，包含多种认知行为策略（见表6-5），并分为两个部分：前8周介绍基本概念和渐进式技能的培养；后8周主要是让孩子暴露在日益增加的焦虑环境中来练习。行为策略包括模仿、现场暴露、角色扮演、放松训练与条件性管理。认知策略包括识别焦虑的生理症状、挑战和修正焦虑性的话语、制订应对方案、评估应对策略并自我强化。在整个治疗过程中，治疗师做示范，负责展示新情境中的每种应对技能。以下是一个儿童即将进行逛商场的现场暴露的准备工作的案例，它描述了在肯德尔的认知行为治疗方案当中，治疗师和儿童之间可能会发生的交流。

治疗师：你现在感觉紧张吗？
患儿：我不知道，我不清楚。
治疗师：你什么时候会知道你开始紧张了呢？
患儿：我的心跳加快的时候。
治疗师：（让患儿回忆一些常见的躯体症状）你感觉呼吸怎么样？
患儿：呼吸开始加快了。
治疗师：你在想什么？
患儿：我也许是迷路了，我不知道自己在哪儿。
治疗师：当你开始紧张时，你会做什么呢？
患儿：我会深呼吸，并且告诉自己一切都会好起来的。
治疗师：非常好。假如你不确定自己在哪里或是迷路了，你会怎么做呢？
患儿：我会问问别人。
治疗师：问别人是个好办法。问问引导员或向警察寻求帮助是个好办法吗？你感觉如何？你觉得你准备好了去试一试吗？

资料来源：Kendall & Suvge, 2006, p. 273.

这个方案针对7~13岁的儿童，充分利用《应对猫手册》（Coping Cat Workbook）和首字母缩略词"FEAR"，来强调儿童在该计划中学习的四种技能：

- F—感到害怕吗（认识到身体的焦虑症状）？
- E—感觉会发生可怕的事情吗（识别焦虑的认知，参见图6-1）？
- A—有帮助的态度和行为（制定一套应对策略）？
- R—结果与奖励如何（条件性管理）？

这种方法的有效性已得到了研究支持。例如，被诊断为焦虑障碍的儿童被随机分配到一种治疗条件下，在治疗结束时，在一些焦虑测量指标上的表现要比对照组儿童好。接受治疗的儿童平均恢复到了这些指标的正常范围。此外，接受治疗的儿童中有64%不再符合焦虑障碍的诊断标准，而对照组儿童中只有5%（1例）。研究者对参加

图 6-1 治疗师可以使用这样的插图来帮助儿童激发与焦虑相关的认知或自我对话

这个项目的儿童和青少年进行了超过七年的随访评估，结果表明这些治疗效果得到了保持。研究还表明在群体治疗中认知行为疗法比个体治疗的效果更好。肯德尔的项目是一个以儿童为中心的项目，但其对焦虑的前后影响是很明显的。因此，父母作为顾问和合作者参与其中，他们参与全部环节并发挥了积极的作用。

青少年项目也可以使用。此外，研究者还开发了计算机辅助项目的儿童版本，项目的前半部分由儿童独立完成，后半部分（主要是暴露环节）则在治疗师/教练的协助下完成。

在澳大利亚，肯德尔的项目被称为"FRIENDS"方案，扩大了家庭参与的角色。该项目以儿童为中心，使用了《应对考拉小组手册》(*Coping Koala Group Workbook*)，是对肯德尔的《应对猫手册》的修订版。此外，在家庭组成部分，儿童与其父母在小型家庭团体中接受治疗。因此，除了对儿童进行认知行为治疗之外还训练父母，并允许他们学习儿童管理、焦虑管理、沟通和解决问题的技能，以建立一个支持性的家庭环境。

对这个方案的评估表明，无论是单独的儿童治疗还是儿童－家庭治疗，绝大多数的孩子在治疗结束和几年后的随访中都不再符合焦虑障碍的诊断标准。对一些儿童和青少年来说，父母参与更多的治疗方法可能是治疗的选择。此项研究和其他一些研究结果证明了父母参与的价值，并表明这可能尤其适用于幼童和父母自身高度焦虑的情况。

药物治疗

对患有焦虑及相关障碍的儿童和青少年可以采取药物治疗，选择性 5-羟色胺再摄取抑制剂（SSRIs，如氟伏沙明、氟西汀、舍曲林）用于治疗广泛性焦虑、分离性焦虑与社交焦虑障碍。这些焦虑障碍具有相同的临床特征，表现出与成人相似的家族关系，并经常在儿童和青少年中并发。SSRIs 可以降低焦虑的唤醒，但无法提供认知行为疗法能解决焦虑的应对技巧，虽然 SSRIs 副作用往往被描述为轻微和短暂的，但美国食品药品监督管理局（FDA）已发出警告，要求仔细监控服用 SSRIs 类药物是否会加重抑郁或自杀倾向。此外，长期使用 SSRIs 的益处和风险还需进一步调查。因此，使用药物治疗儿童和青少年的焦虑障碍可能不是首选，而是在其症状严重时可以使用。何时将 SSRIs 和认知行为疗法合用更为适合还有待研究。

强迫症的治疗

强迫症与我们讨论过的其他焦虑障碍在许多方面有所不同（例如，已知和可疑的病因、共病模式）。确实，理论界有一些关于强迫症是否归属于焦虑障碍的争论。因此，我们将对这种障碍进行单独简要的讨论。

认知行为疗法和药物治疗这两种干预方法，单独干预或联合实施，似乎是目前治疗强迫症的首选方法。认知行为干预是首选的一线治疗；药物治疗是另一种治疗选择。SSRIs（如氟西汀、舍曲林、帕罗西汀和氟伏沙明）和 5-羟色胺再摄取抑制剂氯米帕明已被证明是有效的治疗药物，SSRIs 因其耐受性更好而被首选。然而，药物的疗效并不明显，许多接受治疗的儿童和青少年都出现了临床显著的持续性症状。同时，对 SSRIs 安全性的检测审查建议谨慎使用。是否以及在何种情况下将 CBT 与药物结合，仍是一个正在进行的研究课题。

CBT治疗通常包括关于强迫症的教育、训练改变认知来抵抗强迫行为和强迫观念、强化改变、条件性管理与自我教育。然而，认知行为疗法的核心是对暴露的**反应预防**（response prevention）。儿童或青少年逐渐暴露在引起焦虑的情境中，通过帮助他们抵制意识冲动来阻止强制性重复行为。

在想象暴露中，儿童会对恐惧情况进行几分钟的详细和形象的描述，从而产生焦虑情绪。同时，阻止其产生任何想法或是做出任何行为来避免焦虑，并持续几分钟，直到其焦虑降低到预定的水平。以下是一个引发焦虑的想象暴露的案例。

你走到学校门口，必须用手开门。你忘了戴手套，所以没有什么可以保护你免受细菌的侵害。在你触摸到门把手的一刹那，你感觉手上有一些黏糊糊的东西，你感到皮肤发麻。哦，不！你接触了什么人留下的细菌，它们正渗入你的皮肤，会让你感染疾病。你感到虚弱，感觉到细菌在你的皮肤下移动。你想在衣服上擦手，但为时已晚。细菌已经进入你的血液，并遍及你的整个身体。你感到虚弱和头晕，甚至无法打开门。你感觉自己要呕吐了，可以尝到呕吐物溢到喉咙口的味道……

资料来源：Albano & DiBartolo, 1997.

此外，除了想象过程，儿童还经常会被置于真实的焦虑情绪之中，还包括加强泛化能力和预防复发的培训。在对幼童的治疗中，家庭的参与可能是治疗的一个重要组成部分。

焦虑障碍的预防

从预防角度来看，焦虑障碍有很多病因。焦虑障碍常起病于儿童期和青春期。此外，焦虑障碍可能会增加罹患其他疾病的风险，其影响可能会贯穿整个儿童期和青少年期，直至成年。正式的、人为控制的预防方案的制订只是最近才发展起来的。

焦虑障碍预防方案的内容与认知行为疗法中讨论的内容高度相似。预防措施针对已经显示出一些症状但不符合诊断标准或程度较轻的患者。例如，在FRIENDS基础上，对7~14岁的青少年及其父母进行干预，范围从没有罹患疾病但表现出轻微焦虑的个体到符合焦虑障碍的诊断标准但不太严重的人。一项为期两年的跟踪调查将这些儿童和青少年与未接受干预治疗的对照组进行了比较，结果证明，该项目在预防有轻度至中度焦虑障碍的个体发展为更严重的焦虑障碍方面作用明显。

选择性干预措施是针对那些可能日后有患焦虑障碍风险的儿童和青少年。2005年，劳佩及其同事为有高水平退缩/抑制行为的学龄前儿童的父母研发了一个简短的（六节90分钟的课程）父母教育项目。这种退缩/抑制行为是日后患焦虑障碍的一个风险因素。研究小组讨论环节向家长提供了有关焦虑障碍的性质和发展病程、父母管理技巧（特别是应对孩子焦虑时的过度保护现象）、逐渐暴露于引发焦虑的情境的原则，以及家长自身焦虑的认知重组等方面的信息。在为期12个月的随访中，那些父母参与此项目的孩子的焦虑水平低于父母没有参与此项目的孩子。

2006年，巴雷特（Barrett）及其同事描述了一个基于学校的普遍预防计划，这个计划是针对几所学校的六年级（10~11岁）和九年级（13~14岁）的学生，采取的是FRIENDS干预。在干预结束后的36个月的随访中，与那些没有接受干预的对照组相比，干预组的焦虑评分明显降低，被归为高风险人群的可能性更小。六年级的学生似乎比九年级的学生受益更多，这说明了早期干预的价值。

第 7 章
心境障碍

本章将涉及：

- 抑郁的定义和分类；
- 抑郁的流行病学与发展病程；
- 生物心理社会因素对抑郁发展的影响；
- 对抑郁的评估；
- 抑郁的治疗和预防；
- 青少年躁狂症与双相障碍的分类；
- 双相障碍的流行病学、发展过程和病因；
- 双相障碍的治疗；
- 自杀行为、自杀风险与自杀预防。

心境障碍或情感性障碍是内化性精神障碍的另一个主要部分。儿童和青少年可能会经历一种心境，一面会异常悲伤，另一面却异常兴奋。当这些心境特别极端或持续，或是当它们干扰个体功能时，就可能会被标记为"抑郁"和"躁狂"。

长期以来，儿童和青少年的心境障碍都没得到重视。研究者们对情感问题兴趣的增加可以追溯到在成人心境障碍的识别和治疗中取得的可喜的进展。此外，多种评估方法的出现也使研究者能够在临床以及儿童和青少年群体中发现症状。此外，诊断方法的改进也促进了儿童和青少年心境障碍的研究。然而，我们发现，可以将成人诊断标准应用到儿童和青少年群体身上，但并不能让我们过早地得出"在这两个群体中的情况一样"的结论。

当尝试将心境障碍分为不同类别时，会遇到很多与研究焦虑障碍时发现的相似问题，例如，符合抑郁症诊断标准的儿童和青少年往往也符合其他障碍的诊断标准。我们将其视为单独的疾病，还是更大的内化性精神障碍的一部分？尽管如此，从完善理论研究文献和治疗文献系统性的角度来看，核查抑郁障碍和躁狂症是有意义的。

历史回顾

简单回顾一下历史上有助于我们理解当前关于儿童抑郁障碍的观点。多年来，正统的精神分析学一直在儿童临床工作中占据主导地位。基于这一历史观点，凯斯勒（Kessler）在1988年提出，抑郁是因超我与本我的冲突而导致的。例如，有人认为抑郁障碍患者的超我是自我的惩罚者。由于儿童的超我不能充分发展到扮演这个角色，因此儿童不可能患有抑郁障碍。由此可见，儿童抑郁障碍很少受到关注就不足为奇了。

另一个是关于儿童抑郁障碍是否存在明显症状这一颇具争议性的观点。**隐匿性抑郁障碍**（masked depression）的概念显示确实存在儿童抑郁障碍，但儿童患者通常没有抑郁障碍诊断标准中至关重要的悲伤情绪和其他症状。因此，人们认为潜在的抑郁失调确实存在，但被其他问题（与抑郁相似的问题）"掩盖"，如活动过度或行为不良。"潜在的"抑郁症状没有直接表现出来，但可通过临床工作者的推断得知。事实上，专业人士认为隐匿性抑郁障碍相当普遍，因其隐蔽性而导致儿童抑郁障碍诊断不足。

隐匿性抑郁障碍的观点显然是存在问题的，没有可行的方法判断一种症状是不是抑郁障碍的先兆。例如，如果一个孩子表现出了愤怒，那么这是其攻击性的一部分，还是抑郁的迹象？事实上，那些"隐匿"的抑郁症状包括了儿童和青少年的所有问题行为，因此隐匿性抑郁障碍的概念备受争议。

然而，这个观点也非常重要，因为它清楚地认识到抑郁障碍是一个重要和普遍的儿童问题。隐匿性抑郁障碍的核心概念——儿童抑郁障碍确实存在，且可能以不同于成人抑郁障碍的年龄相关的形式出现——仍被广泛接受。抑郁障碍在儿童和成年群体中的表现形式不同，这一观点在一定程度上促成了精神病理学的发展。

在这个观点发展的早期，莱夫科维茨（Lefkowitz）和伯顿（Burton）于1978年提出，儿童符合抑郁障碍诊断标准的行为（如食欲减退、过度缄默）可能只是其所处年龄段常见的短期的发展行为。这个观点使人们注意到，有必要将儿童短期的悲伤、消极情感（可能是儿童的常见反应）与持续表现出某种情绪区分开来。此外，抑郁作为一种症状和一种综合征之间的区别也很重要。一到两种抑郁行为可能被视为正常发展阶段的典型行为，但正如科瓦奇（Kovacs）于1997年指出的那样，如果在儿童身上出现大量问题行为，并伴随其他问题和功能受损，就不仅仅是发展性行为了。发展观点已成为心境障碍研究的一个重要方面。

DSM 对心境障碍的分类

心境障碍有时也被称为**单相**（unipolar，只经历一种情绪，典型的是抑郁）或**双相**（bipolar，经历两种心境，抑郁与躁狂）障碍。*DSM* 包括对单相抑郁障碍和双相障碍的描述，将抑郁障碍与双相及相关障碍分为两章，分别称为抑郁障碍和双相情感障碍及相关障碍。然而，尽管有所区别，但这两种心境障碍的相关性众所周知，即抑郁障碍和双相障碍都有一个"特定的"诊断标准，能够使临床工作者指出两种障碍中的抑郁和躁狂症状的潜在存在。

我们从抑郁障碍开始讨论心境障碍，然后介绍双相障碍，最后讨论自杀现象。

抑郁障碍的定义与分类

定义抑郁障碍

研究儿童和青少年的抑郁障碍是非常复杂的，因为各种症状之间涉及互相影响、相互作用，具有复杂的临床表现。此外，关于儿童和青少年抑郁障碍的观点和定义方式也很不同。

有研究表明，不同儿童和青少年群体是否被诊断为抑郁障碍，取决于如何定义和评估抑郁。这些不同可导致在病因和抑郁相关性方面得出不同结论。

1989 年，卡兹丁（Kazdin）的一项研究说明了信息来源与所采用的方法是如何影响对抑郁障碍的看法的。研究者依据与儿童及其父母的访谈，对 231 例连续住院的临床患儿根据 *DSM* 做出诊断，并将这种诊断抑郁的方法与基于儿童抑郁量表（children's depression inventory，CDI）临界值的诊断进行了比较，儿童及其家长都完成了 CDI。此外，儿童和 / 或他们的父母完成了其他方法来评估与抑郁有关的属性，不同组的儿童常常会因为采用了不同的测量方法而被确定为抑郁障碍。例如，近三分之一的病例根据 *DSM*、CDI（儿童版）、CDI（父母版）中的两种进行诊断，符合抑郁障碍的诊断标准；4.8% 的儿童符合所有三个抑郁障碍测量标准。此外，与抑郁障碍相关的特征也因所使用的方法不同而有所变化，表 7–1 列出了其中的一些变化。当将 CDI 报告的高分儿童诊断为抑郁障碍时，抑郁与非抑郁的儿童在与抑郁相关的特征上有所不同——前者更加绝望、自尊水平更低、对负性事件更可能向内归因（而非向外归因）。根据控制量表分数轨迹可知，他们更有可能认为可控状态是由外部因素而非自身造成的。由其他两个标准，即 CDI（父母版）和 *DSM* 定义的抑郁和非抑郁儿童在与"抑郁相关"的特征上没有差异。当使用 CDI（父母版）评分来定义抑郁时，抑郁评分高的儿童比抑郁评分低的儿童表现出更多的症状——这与采用儿童行为量表（CBCL）一样。另外两个标准所定义的抑郁障碍似乎与这些症状无关。因此，抑郁障碍相关关系

表 7–1　　不同标准测量下抑郁儿童和非抑郁儿童特征的平均得分

测量项目	CDI（儿童版）高	CDI（儿童版）低	CDI（父母版）高	CDI（父母版）低	*DSM* 诊断 抑郁	*DSM* 诊断 非抑郁
无望感	7.3	3.3	5.3	5.0	5.4	4.8
自尊水平	22.7	38.9	28.2	30.8	29.2	30.9
归因	5.4	6.5	5.8	5.8	6.0	6.0
控制点	9.8	6.8	8.2	8.7	7.9	8.4
总体行为问题（CBCL）	75.8	75.3	81.6	69.0	76.5	75.0

资料来源：Kazdin，1989.

的结论可能会受到报告者和诊断采用方法的影响。

由此可见，要想对抑郁障碍的"正确"定义做出明确的表述是不可能的。然而，主流观点认为儿童/青少年抑郁障碍是一种综合征或精神障碍，最常用的定义是 DSM 中的定义，这可能是公平的。

DSM 中的抑郁障碍

DSM 描述了几种类型的抑郁障碍，均具有悲伤、空虚或易激惹的共同特征，并伴随躯体和认知改变。

重性抑郁障碍（major depressive disorder, MDD）代表了 DSM 中抑郁障碍的典型疾病，被描述为一次或多次严重抑郁发作。重性抑郁发作会出现下列症状中的五个或以上的症状，对于儿童、青少年和成人而言是相同的，唯一的例外是，心境抑郁在儿童和青少年中可能表现为心境易激惹。事实上，一些报告表明，超过 80% 的重性抑郁障碍的儿童和青少年会表现出心境易激惹。

- 心境抑郁或易激惹；
- 失去兴趣或乐趣；
- 体重或食欲变化；
- 睡眠障碍；
- 精神运动性激越或迟滞；
- 疲劳或精力不足；
- 无价值感或感到内疚；
- 思考注意力集中的能力减退或犹豫不决；
- 死亡的想法或自杀观念/企图。

要诊断出一种重性抑郁障碍必须存在上述列出的五个或以上的症状，其中至少一项是心境抑郁（或易激惹）或丧失兴趣或愉悦感，且症状持续出现至少两周，必须伴随临床上造成显著的痛苦或青少年重要功能领域的损害。

重性抑郁障碍的诊断是单次发作或反复发作（发作间隙症状缓解）。相对而言，持续性抑郁障碍［persistent depressive disorder，又称恶劣心境（dysthymia）］是一种更为慢性的抑郁障碍。"持续性抑郁障碍"一词在 DSM-5 中被引入，作为早期诊断恶劣心境障碍的替代。持续性抑郁障碍（即恶劣心境）本质上是一种重度抑郁发作，许多症状以较不严重的形式出现，但是持续时间较长。心境抑郁（儿童和青少年可能会表现为心境易激惹）持续至少一年（成人至少两年），存在下列两项（或两项以上）的症状：

- 心境抑郁或易激惹；
- 食欲缺乏或过度进食；
- 睡眠障碍；
- 缺乏精力或疲劳；
- 自尊心低；
- 注意力不集中或犹豫不决；
- 感到无望。

这些症状会引起有明显临床意义的痛苦或损害。**双重抑郁障碍**（double depression）有时被用来描述同时存在持续性抑郁（恶劣心境）和重度抑郁发作的情况。恶劣心境通常指在重度抑郁发作之前的症状。

抑郁障碍章节中还包含了一种新的诊断，即**破坏性心境失调障碍**（disruptive mood dysregulation disorder）。DSM-5 中新增了此诊断，目的是试图解决本章稍后将要讨论的问题，即关于儿童双相障碍可能被过度诊断和治疗的担忧。破坏性心境失调障碍被描述为持续的易激惹和频繁发作的极端症状（如极端的情绪爆发、身体攻击）。患病儿童和青少年的愤怒和心境易激惹被描述为即使在不发脾气期间也会出现，而且几乎每天都会出现。这些症状的起病年龄在 10 岁以前，且诊断不应在 6 岁之前或 18 岁之后。虽然这种症状可能易与双相障碍相混淆，但具有这种症状模式的儿童被认为更可能发展成单相抑郁障碍或焦虑障碍，而非双相障碍。

抑郁障碍的实证方法

包含抑郁症状的综合征也可用实证方法进行分类，阿肯巴克儿童行为量表已对此进行了阐释，包括定期同时出现的抑郁症状、伴有焦虑障碍的症状和回避行为的症状。本研究未发现一种单独包括抑郁症状的综合征。儿童和青少年群体表现出抑郁和焦虑的混合特征。

如何科学地对儿童和青少年抑郁障碍进行定义和分类仍然是有待进一步研究的焦点。一个难点是确定发展敏感性的诊断标准，因为儿童和青少年发育阶段的不同节点可能经历不同的抑郁症状。另一个难点是儿童和青少年的抑郁障碍概念最好被定义为多维的而非一维的。很多专家选择关注儿童和青少年表现出的一系列抑郁症状，不管他们是否符合 DSM 中对心境障碍的诊断标准。诊断方法具有意义，因为诊断标准放置的截止时间是否为关键时间并不清楚。很多不符合诊断标准的儿童和青少年表现出日常生活功能受损，并有未来发展为更严重问题的风险。

抑郁障碍的描述

在日常生活中，"抑郁"指的是普遍存在的不愉快情绪。悲伤或烦躁不安的主观体验也是临床抑郁障碍定义的主要特征。对儿童和青少年的抑郁描述表明，他们也存在很多其他问题，表现出易激惹和不稳定心境——如突然大怒、哭泣、尖叫、扔东西等。了解孩子们的家庭成员经常注意到其快乐体验的丧失、社交退缩、自尊水平变低、无法集中注意力、学习成绩变差。同时，生理功能（睡眠、饮食、排便）发生改变，抱怨躯体不适，儿童和青少年也可能表达死亡想法。

这些儿童和青少年也会同时罹患其他心理障碍及焦虑障碍，如分离性焦虑障碍是最常见的，品行障碍与对立违抗性障碍也可能发生，在抑郁青少年中，酗酒和药物成瘾也是常见的问题。

15岁男孩尼克的案例展示了许多这些特征，即一些影响抑郁障碍病程发展的因素。

> **案例**
>
> **尼克：一个关于抑郁障碍的案例**
>
> 尼克和母亲住在一起，父亲在他出生前就离开了。尼克因天生脊柱弯曲而行走不便，身体能力有缺陷。他因入店行窃被捕而被带到心理诊所接受治疗……（母亲）报告说，尼克大部分时间都很易怒、闷闷不乐，母子俩经常打架、争吵……最近，尼克的愤怒情绪爆发升级了，开始乱扔东西，往墙上和门上猛击……
>
> 尼克说自己非常不开心，生活中几乎没什么能让他感到高兴的事，对改善心境感到绝望。他很在意自己的外表缺陷，他的同伴因此而嘲笑他。这让他觉得自己不受欢迎，并且开始讨厌自己。
>
> ……尼克的一天通常是这样度过的：前一天看电视熬夜到很晚，早上很早就起床，但会一直躺到九点或十点，然后，一天的大部分时间独自在家玩电子游戏或看电视。体重明显增加，他说自己很难控制食欲……他的母亲每天很晚才下班回家，他们经常因为尼克又没去上学而发生争执。母子俩常常一边看电视一边默默地共进晚餐，晚上的其余时间则争吵不断……
>
> 资料来源：Compass, 1997, pp.197-198.

抑郁障碍的流行病学

重性抑郁障碍是儿童和青少年中最常被诊断出的心境障碍。在患有单相抑郁障碍的儿童和青少年中，约有80%是重性抑郁障碍，10%是无重性抑郁症状的恶劣心境，10%是双重抑郁障碍。在社区调查中，重性抑郁障碍的总体患病率约为12%，其中，儿童的患病率为0.4%~2.5%，青少年

◎ 悲伤或烦躁不安是多数抑郁障碍定义的主要特征。

的患病率则为 0.4%~8.3%。据报道，重性抑郁障碍的终生患病率为 4%~25%，青少年终生患病率为 15%~20%，儿童终生患病率为 1.5%~2.5%。恶劣心境的流行病学研究较少，报告显示儿童患病率为 0.5%~1.5%，青少年患病率为 1.5%~8%。

报告的患病率可能低估了障碍的范围，例如，数据可能是终生患病率，而不是一个任何时间点的患病率，这表明临床抑郁的发作可能相当普遍，尤其是在青少年群体中。1998 年，卢因森（Lewinsohn）及其同事在美国俄勒冈州进行的青少年抑郁研究项目（Oregon adolescent depression project，OADP）中，对 14~18 岁青少年的社区代表样本进行了大规模的前瞻性流行病学研究，到 19 岁时，大约有 28% 的青少年将经历一次重度抑郁发作（在女性中约为 35%，在男性中约为 19%）。其他资料表明，普通人群中诊断为抑郁障碍的终生患病率高达 20%~30%。这一发现意味着，在普通人群中，约有 25% 的儿童和青少年在童年期或青少年期经历过抑郁障碍。当使用其他抑郁定义进行估算时，患病率会更高。例如，40%~50% 参加 OADP 项目的青少年在标准抑郁自陈问卷中得分高于抑郁情况的"病例"标准；相比之下，有 16%~20% 的成年人符合"病例"标准。

最后，如果把表现出抑郁症状但不符合诊断标准的儿童和青少年也包含在内，患病严重的范围就更清楚，上述患病率估算并未包含这些儿童和青少年。然而，与未表现出抑郁症状的个体相比，他们通常在学业、社交和认知功能方面表现出障碍和功能受损，并且未来患精神障碍的风险也更大。

年龄与性别

儿童和青少年抑郁障碍患病率存在年龄和性别的明显差异。抑郁障碍在低龄儿童中不如在青少年中普遍。报告表明，在 12 岁以下的儿童中不存在性别差异，当报告显示差异时，这一年龄段的男孩比女孩更易患病。然而，在青少年中，抑郁障碍在女孩中更常见，并开始接近通常报告的成年男女比例——2∶1。图 7-1 展示了年龄－性别模式。值得注意的是，青少年中无论是男性还是女性，抑郁障碍的患病情况都比在幼童中更普遍。

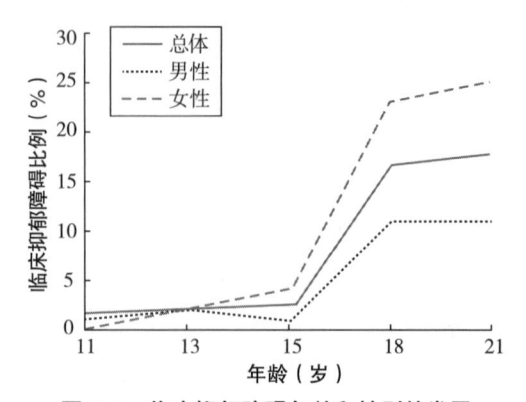

图 7-1 临床抑郁障碍年龄和性别的发展

资料来源：Hankin, Abramson, Moffitt, Silva, McGee, & Angell, 1998.

OADP 研究结果和其他资料表明，重性抑郁障碍患病率的性别差异可能出现在 12~14 岁之间。在新西兰进行的一项大型流行病学研究（达尼丁的多学科健康与发展研究）结果与图 7-1 一致，在 11~21 岁之间的多个年龄节点对儿童和青少年的临床抑郁发生率（重度抑郁发作或恶劣心境）进行评估，11 岁时，男性比女性更容易患抑郁障碍；13 岁时，没有性别差异；在 15 岁、18 岁和 21 岁时，女性患抑郁障碍的概率更高；15~18 岁之间，性别差异最大；18 岁后，抑郁障碍性别比例开始趋于平稳。其他研究发现，转诊的儿童和青少年的抑郁障碍的患病率性别差异比未转诊的样本更为明显。

社会经济、民族与文化的考量

较低的社会经济地位与较高的抑郁障碍发生率有关，这种联系可能是由收入、父母较低的教育文化水平、长期压力、家庭破裂、环境困境以及种族/民族歧视等因素造成的。尽管社会经济地位差异可能在某些民族群体中产生不成比例的影响，但关于抑郁障碍患病率的种族和民族差异的信息并不充分。各民族群体都有可用来进行比较的患病率，但在拉美裔美国女孩中患病率较高。尽管非裔美国（AA）和欧裔美国（EA）儿童和青少年有典型的可比性，但一项对三至五年级的学生进行的为期一个学年的跟踪比较研究发现了一个有趣的现象，即随着年级的增长，抑郁情形显现出一种基于性别互动的民族分类。图 7-2 展示了这些研究结果。与 AA 女孩和 EA 男孩和女孩相比，AA 男孩表现出更多的抑郁症状。此外，AA 男孩的抑郁症状随着年级的增长逐渐增多，而其他组的抑郁症状有所减轻或保持稳定。从整体样本来看，AA 男孩随着时间的推移学习成绩下降预示了抑郁症状的增加。

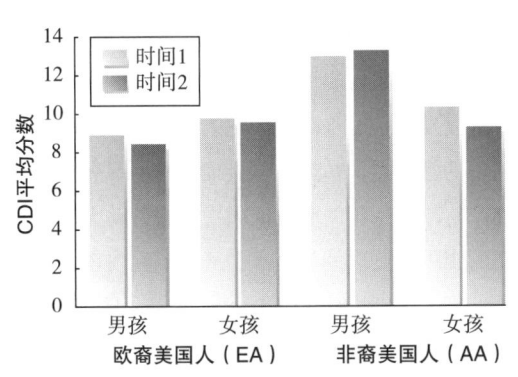

图 7-2　三至五年级欧裔与非裔美国男孩、女孩抑郁症状平均得分

资料来源：Kisner, David-Ferdon, Lopez, & Dunkel, 2007.

共病

患有抑郁障碍的儿童和青少年通常还会经历其他障碍。事实上，有报告表明，40%~70% 被诊断为重性抑郁障碍的儿童和青少年也符合另一种障碍的诊断标准；20%~50% 的儿童和青少年患有两种或多种其他障碍，常见的其他障碍有焦虑障碍、破坏性行为障碍、饮食障碍和物质滥用障碍。

抑郁障碍及其发展

研究抑郁障碍如何表现出来，以及在不同发展阶段患病率如何变化是很有趣的。尽管 DSM 中对儿童、青少年和成年人的诊断标准大致相同，但抑郁障碍在不同年龄群体中的表现可能有所不同。

1998 年，施瓦茨（Schwartz）、格拉斯通（Gladstone）和卡斯洛（Kaslow）描述了抑郁障碍在不同发展阶段的表现。婴幼儿缺乏自我意识和报告抑郁想法、问题所必需的认知和语言能力，因此，很难知道这个年龄段与成年期相当的抑郁障碍状是什么。考虑到认知和语言能力的差异及其他发展性差异，这一年龄段的抑郁行为很可能与成年人的表现完全不同。有趣的是，婴儿与其主要照顾者分离症状的描述在许多方面与抑郁症状相似。卢比（Luby）于 2009 年已观察到，这些婴儿和其他抑郁的婴儿以及抑郁母亲的婴儿不那么活跃、更加沉默寡言、有进食和睡眠问题、易怒、积极情绪很少、面部表情悲伤、过度哭泣和反应能力下降等特点，这些行为通常都与抑郁有关。

学龄前儿童的抑郁也很难评估。这个年龄段的儿童出现了许多与后期抑郁相关的症状（如易怒、面部表情悲伤、情绪的变化、进食和睡眠问题、嗜睡、过度哭泣），但症状也可能以不同的形式出现（参见艾米的案例）。同样，认知和语言上的差异，以及信息的有限性，使得理解这些行为与成年期抑郁有怎样的关系，以及是否代表稳定的模式成为一个具有挑战性的问题。

案例

艾米：一个学龄前抑郁的案例

艾米的儿科医生报告说，三岁半的艾米有胃痛的毛病，同时伴有周期性呕吐。家里出现新生儿后，她的如厕训练能力倒退。胃肠症状的医学检查为阴性，于是艾米及其家人被转诊到心理诊所。艾米的父母报告说，她食欲缺乏，患有睡眠障碍，在学校有社会退缩行为，在家里当需求没有立即得到满足时，就会出现长时间的悲伤、易怒和社交退缩。她的父母表示，艾米对她的小弟弟很感兴

> 趣，愿意和婴儿一起玩，但她在婴儿出生前就非常焦虑。他们还报告说，艾米总是很害羞，而且很慢热，在她还是婴儿时就很挑剔难以相处。艾米有抑郁障碍家族史，她的母亲在妊娠期间就出现抑郁。
>
> 　　就诊期间，艾米表现得很慢热，情绪低落且害羞。不过，她并不是一直悲伤。在观察游戏中发现，艾米确实有时很开心。在与母亲一起玩时，表现出了与其年龄相符的快乐，但她的母亲虽然看起来很积极，实际上却很疲倦，也缺乏热情。在与母亲短暂分离时，艾米立刻变得孤僻，不再玩耍，看起来很悲伤，而且没有试图寻找母亲。在她暂时离开游戏室后再回来却发现玩具被收起来时，艾米就会哭着说，她感到了受伤和"被遗弃"。
>
> 资料来源：Luby, 2009, pp.417-418.

有更多的证据表明，儿童在童年中期（6~12岁）可能出现长期的抑郁症状。这个年龄段的儿童一般不会用语言表达与抑郁障碍相关的绝望感和低自尊。然而，表现出其他抑郁症状的9~12岁的青少年可能会用语言表达这些感觉，尽管如此，在这个年龄段的青少年中，他们的抑郁症状可能不是一种单独的综合征，而更可能是与其他障碍相关的症状一起出现。例如，如前所述，阿肯巴克和雷斯科拉于2001年使用经验主义分类方法来研究混合型抑郁/焦虑的症状，而不是单独的抑郁症状。

在青春期早期，抑郁表现的方式在很多方面与童年时期类似。然而，随着时间的推移，可能与生理、社会和认知发展的变化有关，青少年抑郁症状开始与成年抑郁症状更加接近。在OADP项目中，卢因森及其同事发现，重性抑郁障碍的平均起病年龄是15.5岁。

作为纵向研究的一部分，哈林顿（Harrington）及其同事于1997年将一组青春期前起病的儿童和青少年与一组青春期后起病的儿童和青少年进行了比较，发现他们的亲属的患病率没有差异，但有其他不同之处：躁狂发作在青春期后起病组的亲属中更常见，而青春期前起病组的亲属中有更

高的犯罪率和更多的家庭不和。该研究支持了青春期前抑郁与青春期后抑郁不同的观点。另外，青春期前起病的儿童和青少年在其成年后，重度抑郁障碍症状的持续性比青春期后起病的个体要低，这一发现也支持了这个观点：儿童和青少年抑郁与成年抑郁相似，但不同于起病较早的抑郁。

由此可见，青春期似乎是儿童和青少年抑郁障碍类似于成人抑郁障碍发作的时期。如前所述，抑郁障碍在青春期的患病率显著增加，在青春期后期患病率可能达到成人水平。那么，抑郁障碍在青春期到成年期的临床病程是什么，重度抑郁发作持续多长时间，将来还会继续发作吗？

青少年抑郁发作可能持续一段时间，某些个体可能会出现复发的问题。在OADP项目社区样本中，重度抑郁发作的中位持续时间为8周，范围为2~520周。早年抑郁障碍（15岁或15岁之前）通常发作时间也较长。这些青少年中，有26%的人有复发性重度抑郁发作史，这说明了抑郁障碍复发的性质。1996年，科瓦奇（Kovacs）在其对临床转诊青少年的研究回顾中发现，重度抑郁发作的中位持续时间为7~9个月。研究发现，当随访五年甚至更长时间时，约有70%的人出现重度抑郁的复发。因此，临床样本中发作的持续时间可能是社区样本中的三倍以上，而重度抑郁的复发率可能是社区样本的两倍以上。

OADP项目的被试在年满24周岁后接受了随访，那些19岁前符合重性抑郁障碍或抑郁情绪适应障碍标准的个体，比19岁前有非心境障碍或没有障碍的同龄人更有可能在成年早期符合重性抑郁障碍的诊断标准。此外，后续研究表明，一些患有重性抑郁障碍的青少年在抑郁发作后的五年内发展成双相障碍，但具体是哪些人、占多大比例尚不清楚。

抑郁障碍的病因

当代多数关于抑郁障碍的观点认为抑郁障碍

是一个综合了多种因素的模型，该模型整合了多个决定因素，包括生物、社会心理、家庭和同伴的影响。

生物学影响

抑郁障碍的生物学病因集中在基因与生物学的功能障碍上。此外，诸如睡眠模式及大脑结构和功能差异的观点也引起了人们的关注。盖伯（Garber）于2010年提出，尽管在生物学相关性上，成年人与儿童和青少年的抑郁有相似之处，但也应关注发展的差异性。

基因影响

一般认为，基因影响在儿童和青少年的抑郁障碍中扮演着一个角色。对基因在抑郁障碍中的作用的支持来自大量的研究，例如，基于成年双生子、家庭和领养的研究数据表明存在遗传因素。针对儿童和青少年样本双生子和家庭设计的研究结果也表明了抑郁症状的遗传性。遗传因素对青春期抑郁障碍的影响可能比青春期前起病的要大。

有研究证明，抑郁的遗传因素也表明了环境影响的重要性，以及基因和环境复杂的交互作用。例如，2003年，伊夫斯（Eaves）、西尔贝格（Silberg）和埃里坎里（Erkanli）指出，影响早期焦虑的相同基因日后会增加导致抑郁障碍的环境暴露风险。此外，2003年，格洛夫斯基（Glowinski）及其同事在对大量青春期女性双生子样本的研究中，也发现了基因和不同成长环境对抑郁的巨大影响的证据。

还有一个问题是，抑郁障碍遗传了什么。1993年，伦德（Rende）及其同事在一项家庭遗传研究中检查整个样本的抑郁症状时，发现了显著的遗传影响。然而，令人意外的是，如果只考虑患有重性抑郁障碍的儿童和青少年，就没有发现显著的基因对抑郁障碍的影响。他们与其他研究者都认为，遗传因素会通过气质、认知方式和应激反应等影响抑郁的全部症状。在中度遗传因素加上生活应激事件的背景下，可能会导致重度抑郁症状的出现。

大脑功能与神经化学

在抑郁障碍的病因中，大脑结构和功能神经化学及神经内分泌系统的失调所起的作用引起了人们的广泛关注。然而，这些关于抑郁障碍的研究程序既复杂又困难，我们在成人、儿童和青少年等不同层面的研究也一直在进行中。

塔塞（Thase）于2009年指出，神经递质（如血清素、去甲肾上腺素和乙酰胆碱）的作用一直是抑郁障碍生物化学研究的核心。研究这些神经递质的动力来自以下发现：某些抗抑郁药物对成人的疗效，与个体的神经递质水平或个体对它们的接受能力有关。例如，当过多的神经递质被神经元重新吸收，或当酶过于有效地分解神经递质时，就会出现低水平的神经递质。研究者认为，这个过程导致突触处的神经递质水平过低，无法激发下一个神经元。研究继续探索神经递质的作用，然而其作用机制可能是相当复杂的，而不仅仅是可用的神经递质的数量。

对神经内分泌系统（大脑、激素与各器官之间的联系）的研究也为病因学观点提供了证据。包括下丘脑、脑下垂体、肾上腺和甲状腺在内的内分泌系统失调是成年抑郁障碍的标志。应激激素皮质醇和垂体产生的生长激素失调的研究，就是关于儿童和青少年抑郁障碍的神经内分泌因素研究的例子。这些神经内分泌系统也受神经递质的调节。因此，关于抑郁障碍的生物学病因可能是非常复杂的，儿童期和青少年期迅速的生理变化也为研究带来了特殊的挑战。

本书对儿童和青少年抑郁障碍的神经生物学的理解仍然相对有限。然而，有研究表明，在儿童和青少年的早期发育阶段，神经调节系统不同于成年期。在后期的发育阶段（即年龄大一些的青少年），重性抑郁障碍或抑郁风险高的群体中，生物学指标可能与成年期抑郁相似。因此，尽管很多研究者发现了儿童抑郁障碍存在生物学功能障碍的证据，但只对成年期抑郁研究结果进行简单的转换是不够的。

例如，睡眠障碍与抑郁障碍的临床水平相关。研究表明，睡眠期间的脑电图模式是成年重性抑郁障碍患者的重要生物学标志。研究结果表明，成年患者的许多睡眠障碍并未明显地出现在被诊断为抑郁障碍的儿童身上，但在青少年的报告中会出现一些。例如，与正常人相比，成年患者在快速眼动睡眠（REM）阶段出现频率更高。这些睡眠差异不是儿童患者的特征，但一些特点可能会存在于青少年患者身上。

除了神经递质，另一个需要研究的就是**皮质醇**（cortisol）的作用。皮质醇是肾上腺分泌的一种应激激素。重性抑郁障碍成年患者表现出应激反应失调，包括更高的皮质醇基础水平和面对应激时产生过量的皮质醇。在对儿童和青少年的皮质醇功能的研究中，并没有发现一致的类似模式。事实上，人们在儿童和青少年患者身上发现了偶发性的皮质醇分泌减少的现象。然而，年龄较大或病情较重的青少年患者可能会出现与成年患者类似的皮质醇增高现象。

对采用结构和功能MRI进行的神经影像学研究发现，抑郁成年人的前额叶皮质、杏仁核和其他大脑区域存在解剖和功能异常的证据。针对儿童和青少年的研究较少，但有一些证据表明，抑郁青少年和抑郁母亲的子女的杏仁核和前额叶皮质等区域存在结构和功能异常。

我们如何理解这些不同的发现呢？总的来说，抑郁障碍生物学标记的差异可能表明儿童、青少年和成年人障碍有所不同，也可能代表同一障碍不同发展阶段的差异。

气质

气质通常被认为具有遗传或生物学基础，但环境的影响也被认为影响其发展。抑郁障碍的发展与气质有关，气质的两个方面受到了特别的关注，各种术语被用来描述这些概念：一是**消极情感**（NA），是指感受消极情绪的倾向、对负面刺激敏感、保持谨慎和警惕的特质；二是**积极情感**（positive affectivity，PA），是指主动接近、精力旺盛、社交能力强和对奖励线索保持敏感等特质。1991年，克拉克与沃森提出的三元模型显示，高水平的NA与焦虑和抑郁相关，而低水平的PA只与抑郁相关。有研究支持NA和PA在儿童和青少年抑郁发展中的作用。但在安德森（Anderson）和霍普（Hope）于2008年提出的三元模型中，焦虑障碍与抑郁障碍之间的区别可能不那么明显。然而，明显的是，这些气质对抑郁障碍发展的影响是在其与环境影响的交互作用中发生的。例如，气质与抑郁的关系，在那些父母管教严厉且前后矛盾的孩子身上体现得比那些感受到父母温暖的孩子更明显。积极的气质可以作为一种缓冲，防止孩子因父母的拒绝而导致抑郁。因此盖伯于2010年指出，关于抑郁障碍的发展，儿童和青少年气质与父母教养方式（以及其他环境影响，如同伴排斥和近期生活事件）之间的互动可能是双向的。

社会心理影响

与气质有关的互动的影响说明了环境被认为是抑郁障碍发展的影响因素。这里将讨论几种儿童和青少年抑郁障碍的社会心理影响因素。

分离与丧失

盖伯指出，一种常见的理解是，抑郁障碍是由分离、丧失或拒绝所产生的。例如，如前所述，与主要照料者分离的婴儿可能会表现出与抑郁障碍患者相似的行为和生物学模式。弗洛伊德的精神分析理论对抑郁障碍的定义强调了客体丧失的概念，客体丧失既可以是真实的（父母死亡、离婚），也可以是象征意义上的。对客体丧失的认同和矛盾情绪被认为导致了个体将与客体丧失有关的敌对情绪指向自我。包括凯斯勒（Kessler）在内的精神动力学家在1988年强调，客体丧失导致自尊感降低和无助感增加，但这将减少指向自我的敌意。

1974 年，费尔斯特（Ferster）和卢因森等一些行为主义心理学家也提出"分离"与"丧失"的概念，一些行为导向的解释也通过强调正强化不足在抑郁障碍发展中的作用。失去或与所爱的人分离会导致儿童正强化的来源减少。然而，人们认识到，缺乏足够技巧去获得所需奖励也可能是正强化缺失的原因之一。

对分离在抑郁障碍发展中的作用的理论，很多不同的研究都予以支持。例如，鲍尔比和斯皮茨（Spitz）描述了幼童对与父母长期分离的一系列典型反应，在这种"依恋性抑郁障碍"中，儿童最初经历了一个以哭泣、向父母求助和躁动不安为特征的"抗议"时期，随后不久便出现了抑郁与退缩，多数儿童会在几周后开始好转。

对成年抑郁障碍的研究也证明了丧失与抑郁的关系。长期以来的主流观点是，早期的丧失经历会提高日后患抑郁障碍的风险，尤其是在女性群体中。然而，芬克尔斯坦（Finkelstein）和坦南特（Tennant）于 1988 年的研究对这个观点提出了质疑，部分原因是多数研究都存在方法论问题。目前的观点是，早期的丧失本身不会导致抑郁障碍起病。它们之间并没有直接的关系，更可能的情况是，丧失及其他类似状况可能会引发一系列不利情况（如缺乏照料、家庭结构的变化以及社会经济困难等），这些困难会导致个体处于日后可能起病的风险中。

许多关于丧失与抑郁之间关系的研究都基于成年患者的追溯性报告。然而，有关丧失对儿童抑郁的影响也引起了人们的关注。例如，桑德勒（Sandler）及其同事于 1991 年的研究为与"丧失和抑郁之间存在间接关系"相一致的模型提供了支持。在两年内经历父母一方去世的 92 个家庭样本中，儿童（8~15 岁）的抑郁障碍和这种丧失并没有直接的关系；相反，尚存父母的情绪低落程度、家庭的温暖，以及失去亲人后的积极事件，这些家庭变量都会调节孩子们因痛失父母而产生抑郁的影响。事实上，经历这些家庭变量积极方面的孩子，在痛失父母后很可能会有较强的复原力。同时，在针对这些家庭和儿童的风险变量的家庭丧亲治疗项目中的儿童，在六年的时间里总体上表现出更少的悲伤和更少反常的悲伤反应。

认知行为 / 人际关系观点

在行为、认知与认知行为观点中，包含很多相关和重叠的概念。这些观点的核心观念包括：人际交往能力、认知扭曲、自我概念、控制信念、自我调节和压力影响。导致抑郁障碍发展和持续的原因包括：患者与他人的联结方式、他人对患者的评价和看法、患者的自我评价和患者的思维方式。

1974 年，费尔斯特和卢因森等研究者认为，活跃度低和缺乏人际交往技能会共同导致抑郁障碍的发展和持续。抑郁障碍患者的人际关系理论强调一种交换关系。抑郁儿童和青少年既造成了这种人际上的问题关系，也是这种问题关系的受害者。研究者发现，患者不能引发他人积极的人际反应。的确，有证据表明，抑郁儿童和青少年可能表现出社交能力不足，有消极的人际期望和感知，而且很少得到他人积极的评价。

抑郁障碍与一系列认知有关。1986 年，塞利格曼（Seligman）和彼得森（Peterson）对抑郁障碍**习得性无助**（learned helplessness）的解释表明，

◎ 分离、丧失是很多抑郁理论的中心概念，丧失既可以是真实的，也可以是儿童想象出来的。

患者因其历史经验而认为自己对周围环境几乎没有控制力。习得性无助反过来又与抑郁障碍特有的情绪和行为有关。分离可能是习得性无助的一种特例，孩子无法使父母返回身边，可能导致孩子形成个人行为与积极结果无关的想法。

无助感的概念强调个体对行为和结果的看法，即人的**归因方式**（attributional style）或**解释方式**（explanatory style）。对于消极性事件，抑郁障碍患者往往归咎于自己（内归因），认为造成事件的原因不会随着时间的变化而变化（固定的），且适用于所有情境（全局的）；相反，对于积极性事件，往往采用外归因–不固定–特定性的归因方式。1989年，艾布拉姆森（Abramson）、梅塔尔斯基（Metalsky）和阿洛伊（Alloy）对此观点进行了修正，更加强调日常应激事件与认知方式的交互作用，被称为抑郁障碍的**无望感理论**（hopelessness）。归因方式（易损性或易感性）在个体认为重要的消极生活事件（应激）和绝望之间起到了调节作用，无望感会导致抑郁。图7–3说明了无望感理论如何阐述抑郁障碍的发展。这个理论预测，具有消极归因心理素质的儿童和青少年，同时暴露在高水平的消极应激事件中，会更易患抑郁障碍。许多研究报告了抑郁儿童和青少年的不良归因方式和无望感，从而使无望感理论的脆弱性–压力概念得到了支持。除此之外，研究结果的不一致性、发展模式、潜在的性别差异以及对归因方式与生活事件之间关系更明确的表达方式，都得到了持续的关注。

认知因素在抑郁障碍中的作用，也是其他理论强调的重点。例如，贝克（Beck）假设：抑郁障碍源于对自我、他人和未来的消极看法。贝克假设抑郁障碍患者产生了某些错误思维，致使他们将轻微的恼人事件都扭曲成失败并加以自责。尽管研究结果喜忧参半，但已有研究发现抑郁儿童和青少年存在**认知扭曲**（cognitive distortion）的证据。他们表现出一种灾难化、过度概括、个性化和选择性参与消极事件的倾向。

认知影响（如归因方式、无望感、认知扭曲）与抑郁障碍之间的关系要进一步说明。目前尚不清楚认知影响是作为潜在的脆弱性在抑郁障碍中起因果作用，还是以其他方式与抑郁障碍相关；可能与抑郁障碍同时发生，是抑郁障碍的后果，或是与抑郁障碍交互作用的一部分。尽管如此，挑战和改变错误认知已经成为抑郁障碍认知行为疗法的核心组成部分，通常被称为**认知重构**（cognitive restructuring）。

控制维度是前文讨论过的无望感理论的一部分，也是需要特别关注的重点。例如，1993年，韦兹及其同事发现，低水平的感知能力（执行相关行为的能力）和预知能力（结果不取决于行为）都与儿童抑郁障碍有关。同样地，研究者也将应对应激的方式作为抑郁障碍发展的一个组成部分进行研究。例如，低水平的积极应对（如解决问题）、较高水平的反思（如反复进行思考）和解离应对（如回避）都与儿童和青少年的抑郁有关。不断发展的压力和应对模式才能有助于更好地理解抑郁障碍的发生。鉴于这些问题，研究抑郁儿童和青少年在父母的引导或鼓励下形成的应对模式和自我调节行为类型是有必要的。考虑到这一点，我们将讨论父母抑郁对儿童和青少年的影响。

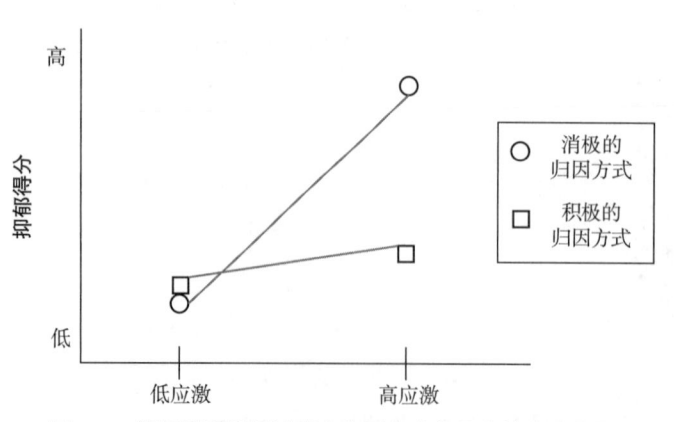

图7–3　抑郁障碍发展过程中归因方式与压力的交互作用

父母抑郁对儿童和青少年的影响

儿童抑郁研究的一个主要方面是对父母患有抑郁障碍的儿童进行评估,此类评估激增的原因有很多。由于成年心境障碍的家庭聚集现象是已知的,因此推测对患有抑郁障碍的儿童的父母进行检查,就可以了解儿童的患病情况与父母抑郁的相关性。这种高风险识别研究可能比随机抽样更有效,除此之外,还能提供关于儿童、青少年和成人心境障碍之间连续性的信息。

大量研究发现,父母抑郁的儿童和青少年患心理障碍的风险更高。例如,1990年,哈蒙(Hammen)及其同事比较了产后抑郁和产后慢性疾病的长期影响,在为期三年的研究中,每六个月进行一次评估。结果显示,与健康母亲的孩子相比,抑郁母亲和患病母亲的孩子出现心理障碍的比例更高。与母亲患有其他疾病相比,患有抑郁障碍的母亲的孩子的患病率更高。

1997年,韦斯曼(Weissman)及其同事对两组家庭的儿童进行了长达10年的跟踪研究。进行随访时,这些孩子已经处于青春期晚期或成年期。研究者对父母和孩子进行了结构化访谈评估,将父母双方均没有心理障碍(低风险)的孩子与父母一方或双方被诊断患有重性抑郁障碍(高风险)的孩子进行比较。研究发现,父母抑郁的孩子患重性抑郁障碍的比例较高,尤其是在青春期前期。高危组患有其他疾病的概率增加,包括恐惧症和酒精依赖。此外,抑郁父母的孩子比非抑郁父母的孩子抑郁程度更高,然而,抑郁父母的抑郁孩子接受治疗的可能性比非抑郁父母的抑郁孩子更小——事实上,超过30%的此类患者从未接受过任何治疗。

比尔兹利(Beardslee)及其同事研究了抑郁父母对非临床转诊人群的影响。这些家庭是从一个大型健康维护组织中招募的,在开始阶段和四年后分别进行了结构化访谈评估。这些家庭被分为三类:健康的父母、没有心境障碍的父母、一方或双方有心境障碍的父母。根据父母没有心境障碍、父母患有重性抑郁障碍及儿童和青少年在第一次评估前被诊断出障碍的次数,可以预测儿童和青少年在两次评估之间是否经历了严重的心境障碍。

上述研究结果表明,抑郁父母与高患病风险相关并非偶然。父母抑郁的孩子似乎有患各种障碍的风险,而不仅仅是抑郁障碍的风险。父母患有其他疾病或慢性疾病的孩子也有患抑郁障碍的风险。也许儿童和青少年经历的各种疾病具有共同的风险因素,然而某些风险因素是抑郁障碍特有的。对于患有各种障碍的父母来说,很可能会中断有效的育儿方式,当然这种情况更可能发生在患有特定障碍(如抑郁障碍)的父母身上。

父母的抑郁状态通过各种机制对孩子的功能障碍产生影响。遗传在父母与孩子抑郁关系中发挥着一定作用。父母的抑郁也会通过各种非生物学途径产生影响。例如,父母可以通过亲子互动、指导和教学实践及安排孩子的社会环境来影响孩子。在讨论这些机制之前,重要的是要注意父母与孩子之间的影响可能是双向的,例如,抑郁的孩子会产生过多的应激反应,这也会削弱父母的养育能力。

父母影响的机制

如前文所述,成年抑郁与儿童和青少年抑郁都与特定的思维方式和认知方式有关。抑郁的父母可能会通过不同的方式把这些传递给他们的孩子。例如,盖伯和弗林(Flynn)从孩子六年级开始,连续三年每年对母亲及其孩子进行一次评估。评估结果表明,父母有抑郁史的儿童也有较低的自我价值感、消极的归因方式和无望感。孩子适应不良的思维方式可能是父母塑造的,父母适应不良的认知也可能会影响他们养育孩子的方式。

例如,抑郁父母的行为也许会伴随着诸如愤怒或敌意等消极影响,此外,他们专注于自己的问题也可能会导致孤僻,在情感上难以接近,并使孩子感到自己无法获得奖赏。抑郁还可能使父母对孩子漠不关心，对孩子的行为一无所知，而监控孩子的行为又是有效育儿的关键因素。此外，除了注意力不集中外，抑郁的父母还可能察觉到其他父母认为可以忽略的问题，这种认知上的差异很重要，因为能够忽略或容忍低水平的问题行为可以减少家庭破裂。对罹患抑郁障碍的父母或孩子的家庭的观察也发现了上述困难，并表明这些家庭的互动模式可能助推抑郁状态的持续。一个家庭成员的抑郁行为之所以会持续下去，可能是因为它有助于避免或减少这类家庭中可能存在的高度攻击性和不和谐。

案例

玛丽：一个关于家庭互动导致抑郁的案例

玛丽是一个患有严重焦虑和抑郁障碍的少女。她的妈妈被确诊为重性抑郁障碍。她的父母经常吵架，经常谈论的是钱或与她父亲工作有关的问题和压力。母亲借酒消愁，导致了严重的酒精依赖。家庭冲突、酗酒和其他压力似乎是导致玛丽母亲出现抑郁症状的原因。为了所有家庭成员的利益，也出于对母亲的关心，玛丽觉得自己有必要充当父母纠纷的调解人，她有责任减轻母亲的悲伤。随着时间的推移，这些家庭冲突和问题导致玛丽自己出现了心理问题。

资料来源：Commings, Davies, & Campbell, 2000, pp. 305-306.

除了婚姻不和外，父母抑郁的家庭还可能存在不利的情况（如成为弱势群体、生活水平低下），还可能会经历高强度的生活应激事件（如健康与经济困难）。这些情况反过来又可能加剧父母的抑郁，并导致养育过程的中断。例如，高水平应激的父母可能会限制孩子参与家庭以外的活动，并会限制家庭的社交网络。因此，儿童与家庭以外的成年人互动或获得其他社会支持的机会也会变得有限。

最后，在依恋的背景下来研究父母与儿童抑郁之间的关系。事实证明，与父母抑郁有关的情绪不佳和麻木不仁是预测亲子依恋不安全的强有力且可靠的因素。依恋理论认为，儿童的内在心理模式或对自我和社会边界的表征受早期依恋的强烈影响。正是通过这些早期的关系，儿童开始体验并学会调节强烈的情绪和唤醒反应。换句话说，引导未来经历的心理模式被认为是在早期依恋关系中发展起来的。在不安全依恋的儿童中，心理模式的认知和情感内容与抑郁障碍特有的认知和情感模式非常相似。不安全依恋关系可能会干扰儿童调节情绪和唤醒反应能力的发展，还会导致消极的自我评价和对社会的信任与责任的缺失。

父母抑郁对儿童的影响可能因儿童年龄和性别的不同而不同。此外，尽管抑郁父母的孩子面临一些障碍的风险增加，但并非所有孩子都会遭遇不良后果（参见乔与弗兰克的案例），很多孩子形成了安全的依恋关系，接受了良好的教育，不会发展为精神障碍。

事实上，家庭的影响可能以多种方式充当保护因素，对抗父母抑郁潜在的不利影响。例如，2006年，伊万诺娃（Ivanova）和伊斯雷尔在一个儿童临床样本中研究了家庭稳定性（定义为家庭活动和日常生活的可预测性和一致性）对儿童适应性的影响。伊斯雷尔、罗德里克（Roderick）与伊万诺娃于2002年采用家庭环境活动稳定量表（stability of activities in the family environment, SAFE）进行评估后形成的儿童家庭稳定性报告，显著减弱了父母抑郁对儿童内化、外化和整体问题的影响。也就是说，当家庭稳定性较低时，父母抑郁与儿童的适应障碍有关；当家庭稳定性较高时，则与此无关。图7-4说明了家庭稳定性对父母报告的内化性精神障碍的保护作用。

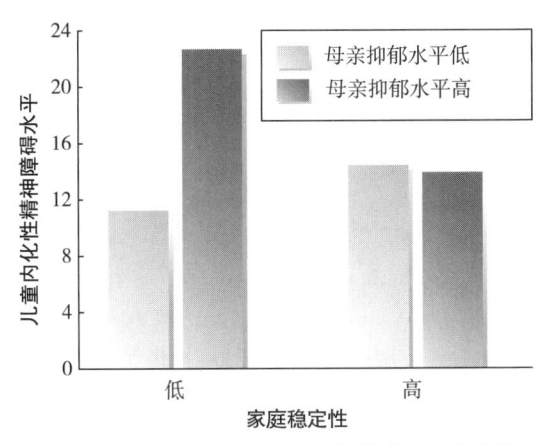

图 7-4 家庭稳定性对父母抑郁影响儿童内化性精神障碍的调节作用

资料来源：Ivanova & Israel, 2006.

案例

乔与弗兰克：不同结果的案例

乔的父亲被诊断为重性抑郁障碍，祖父也经历过抑郁发作。乔的父母都很关心他，能够很好地回应他，即使他的父亲在抑郁很严重时，也很关心乔，为他提供情感上的温暖。乔的母亲非常支持父亲，他们的婚姻很稳定。乔和两个姐妹的关系亲密并且互相支持。因此，虽然乔在人多的时候还会有些害羞，但他在学校表现良好，并且很受欢迎。他考上了一所优秀的大学，学习医学，毕业后成了一名儿科医生。乔结婚后和妻子很幸福，他们都是尽心尽责的父母。乔曾经历过一段时间的焦虑情绪，偶尔会出现轻度到中度的抑郁症状，但很少超出亚临床的程度，所以他从来没有感到需要寻求治疗。

弗兰克的母亲被诊断为重性抑郁障碍，他的外祖母也患有抑郁障碍。他的父母多年来矛盾不断，在他 10 岁时父母离异。他们对弗兰克很少有情感回应，而且还把弗兰克和妹妹卷入他们的婚姻冲突，因此弗兰克与妹妹也经常打架，彼此之间不怎么亲近。他在上幼儿园时就非常好斗，很难相处。到了青春期，他又养成了很多不良习惯，高中就辍学了。成年后，弗兰克被诊断为抑郁障碍，他的人际关系混乱，且不持久。

资料来源：Commings, Davies, & Campbell, 2000, pp. 299-300.

同伴关系与抑郁

尽管同伴关系问题在普通人群中很常见，但阿肯巴克和雷斯科拉于 2001 年指出，同伴关系问题确实能将接受心理服务的儿童和青少年与无须接受心理服务的儿童和青少年区分开来。与强调抑郁障碍人际关系的观点一致，同伴关系问题似乎会导致抑郁障碍的发展与持续。

例如，1991 年，库珀尔斯米特（Kupersmidt）和帕特森的一项研究发现，同伴关系状态与适应困难有关。他们通过要求学生说出各自最喜欢和最不喜欢的同学对二至四年级学生的社会地位进行评估，确定了每个学生的同伴关系状态。两年后，在他们升入四至六年级时，已完成了包括青少年自评量表在内的多种评估程序。研究者查看了不良结果指标，即检查儿童和青少年在一个或多个特定问题领域（YSR 的窄带综合征）的得分是否达到临床范围。发现被排斥的男孩或女孩有高于预期的临床范围的障碍发生率，被同伴忽视的女孩在临床范围内表现出的障碍程度甚至更高。

研究者还研究了同伴关系状态与 YSR 的窄带综合征评分定义的每个特定问题领域之间的关系。结果表明，同伴关系状态与男孩任何特定行为问

◎ 退缩或社交孤立的孩子需要发展相应的社交技能和增加同伴互动方面的帮助。

题之间都没有关系。然而，女孩的情况则值得关注——被排斥的女孩与一般女孩、受欢迎的女孩和有争议的女孩相比更易患抑郁障碍。此外，被忽视的女孩抑郁的患病率也比被排斥女孩的高出两倍，比其他女孩抑郁的患病率高出五倍多。

同伴关系问题既可能导致抑郁的发展，也可能是抑郁导致的结果。2007年，佩德森（Pederson）及其同事展示了一种关于同伴关系可能会导致抑郁发展的可能模型。这个模型具有中介特点，早期的破坏性行为导致了随后童年中期的同伴关系问题，反过来又与青少年早期的抑郁症状有关。然而抑郁也可能导致同伴关系问题的出现。事实上，儿童和青少年罹患抑郁障碍已经被发现与一些人际关系特征有关，而这些特征对同伴关系和友谊等很重要，例如，抑郁的儿童和青少年可能认为自己缺乏人际交往能力，对同龄人持消极看法，在解决社交问题的方式方面存在问题，在处理社交信息时会存在歪曲现象。在儿童和青少年中，伴随抑郁而来的许多社会关系问题可能部分源于抑郁的儿童和青少年的自身观念，包括对他人的排斥和批评。这种观念可能导致他们产生惹恼同伴的行为，限制友谊的发展，最终被孤立。因此，与其他因素一样，同伴及其他社会关系与抑郁发展之间的影响模式是相互作用、相互交换的。

抑郁障碍的评估

抑郁障碍的评估可能会涉及多种策略，以广泛的属性为样本，并包括来自各方面的信息。结构化访谈可能被用于 DSM 诊断，尽管它更可能被用于研究中而不是典型的临床环境。如前文所述，抑郁障碍可能在整个发展过程中以多种形式表现出来，而患抑郁障碍的儿童和青少年很可能会表现出其他障碍。评估常用的方法有一般性的临床访谈和采用儿童行为量表（CBCL）这样的广泛性行为量表。由于导致抑郁障碍发生的因素很多，因此对父母、家庭和社会环境及儿童或青少年自身进行评估是很有益处的。

研究者们已经研发出一系列针对抑郁障碍的相关理论的测量方法，其中自我报告是最常用的方法。考虑到抑郁障碍的很多关键问题（如悲伤和无价值感）都是主观的，这些问题尤其重要。科瓦奇制定的儿童抑郁量表（CDI）是最常用的测量工具，是根据成人的贝克抑郁量表（Beck depression inventory）改编的。CDI 要求儿童和青少年选择在过去两周内最能代表自己表现的三种特征，表中涉及抑郁障碍的情感、行为和认知的27项指标。雷诺兹于1994年对 CDI 进行了性别与年龄差异、信度、效度和具有临床意义的临界评分研究。也有报告称雷诺兹儿童抑郁量表和雷诺兹青少年抑郁量表具有良好的心理测量特性。尽管自评量表测量被广泛使用，一些研究建议，在不同民族群体中进行抑郁障碍等效测量时需要谨慎假设。

许多自评量表也被重新改写，以便由孩子的重要他人（如父母）完成。儿童与家长共同完成的报告只显示出低水平的相关性，并且一致性可能会随儿童年龄的增长而变化。这些研究结果表明，不同来源的信息可能触及儿童不同方面的问题。评估工具也可由教师、临床工作者或其他成年人完成，同伴的评估同样能提供一个独特的视角。

与抑郁障碍相关的测量工具也得到了发展，如哈特（Harter）提出的"自尊"和康奈尔（Connell）提出的"对事件的预知控制力"等，都可能是评估的候选因素。此外，评估各种认知过程，如卡兹丁、罗杰斯（Rodgers）和科尔布斯（Colbus）提出的"无望感"，塞利格曼和帕特松提出的"归因方式"，以及利滕伯格（Leitenberg）等人提出的"认知扭曲"，可能对临床和研究都有所帮助。

许多观察性测量工具可以帮助评估儿童和青

少年抑郁障碍。在受控环境下对抑郁儿童和青少年与他人互动的系统性观察，为观察他们与其他重要人物的社交行为提供了机会。表 7-2 列出了一些可以观察到的行为类别，这些行为使用现有的与抑郁相关的社会互动编码系统。作为评估治疗目标的一部分，临床工作者也希望通过观察来评估某些方面的功能（如亲子沟通）。观察性测量的使用可能不如其他评估工具那样频繁，因为它们需要进行大量的培训，且编码工作本身非常耗力。观察的真实有效性也令人担忧，即一个简短的实验室互动能够在多大程度上反映真实世界的社会互动。

表 7-2　从社会互动任务中观察到的与抑郁相关行为的类别和举例

情绪：微笑、皱眉、哭泣、喜悦、悲伤、愤怒、恐惧
情绪调节：情绪的控制或表达
解决问题：发现问题、提出解决方案
非言语行为：眼神接触、身体姿势
冲突：违抗、忽视、要求、谈判
认知内容：批评、赞美、自我贬低
语言表达：语速、语音、语调、发起对话
投入或脱离：热情、参与、坚持
执行或拒绝任务行为
躯体接触：威胁、击打、亲昵
症状：抑郁、易怒、精神运动性激越或抑制、疲劳、专注

资料来源：Garber & Kaminski，2000.

抑郁障碍的治疗

为儿童和青少年提供有效的抑郁障碍治疗方法十分具有挑战性。儿童和青少年及其家庭通常不寻求治疗，许多社区也没有有效的心理治疗方法。我们对治疗的讨论侧重于药物治疗、认知行为疗法和人际疗法，研究者尤其关注这些干预措施的单独或联合使用。

药物治疗

在美国，医生给儿童和青少年开抗抑郁处方药的做法很普遍。然而，这种治疗方法颇具争议，因为药物治疗抑郁儿童或青少年的有效性和安全性尚不清楚。下列这些药物都曾被广泛用于治疗患抑郁障碍的儿童和青少年：三环类抗抑郁药（TCAs）中的丙咪嗪、阿米替林、去甲替林和去丙咪嗪。但是 TCAs 尚未被证明对儿童和青少年的抑郁障碍治疗有效，而且还具有多种副作用。选择性 5-羟色胺再摄取抑制药（SSRIs），诸如氟西汀和帕罗西汀，以及其他第二代抗抑郁药，如丁氨苯丙酮和文拉法辛，也被用于治疗患抑郁障碍的儿童和青少年。SSRIs 可防止血清素的再摄取，从而使更多的血清素进入大脑。SSRIs 比 TCAs 副作用少，也更常被推荐使用。

然而，这些抗抑郁药物的效果只得到了少数研究的支持，对青春期前期的儿童或青少年群体中的有效性都没有明确的研究支持。此外，我们对这些药物的长期疗效更是知之甚少。

单独使用药物治疗或与其他疗法联合使用可能对某些儿童和青少年个体有效。然而，抗抑郁药主要是针对成年人研发和销售的，因此，针对儿童和青少年的用药指南尚不完善，其安全性的系统性数据也较少。抗抑郁药的安全性和副作用问题是值得关注的，因为关于这些药物对发育的长期影响的信息很少，尤其是对幼儿的影响。SSRIs 与自杀行为增加之间可能存在的联系引起了人们的特别关注。正如在关于 SSRIs 治疗焦虑障碍作用中讨论的那样，这种担忧导致美国食品药品监督管理局（FDA）对儿童和青少年使用 SSRIs 药物发出警告。

抑郁障碍本身也有自杀风险，因此关于使用 SSRIs 的风险与益处是一个重要的课题。患者家属与临床工作者也许会问："对于有自杀风险的儿童和青少年，不使用 SSRIs 治疗抑郁障碍的风险是否大于使用这些药物的具体风险？"如果在治疗中使用抗抑郁药，FDA 建议这些儿童和青少年增加问诊次数，与主治医师多沟通，尤其是在治疗早期阶段或药物剂量变化时，并建议照料者和临床工作者对其行为的异常变化保持警惕。

联合治疗

美国青少年抑郁治疗研究（treatment of adolescent depressions study，TADS）小组研究了氟西汀与某种认知行为疗法（CBT）的联合治疗方法。将中度至重度抑郁的青少年（12~17岁）随机分为四组，分别是单独使用氟西汀治疗组、单独使用 CBT 治疗组、CBT 与氟西汀联合治疗组，以及安慰剂（药丸）对照组。TADS 小组报告，在治疗结束时，联合治疗组 MDD 症状的改善最大，且优于单独治疗。然而，在 18 周的随访治疗结束时（第 36 周），三个治疗组效果没有差异。总的来说，在一年后的随访中，治疗效果维持不变。尽管这项研究的结果很重要，但在方法学和结果解释方面一直受到质疑，而且，**症状缓解率**（remission，即不再符合诊断标准或只达到临界分数）非常低，许多儿童和青少年仍然有明显症状，有些经治疗情况改善的儿童和青少年甚至在随访中报告症状有所恶化。

不过，联合治疗的潜在益处之一是缓解 SSRIs 造成的自杀风险。在治疗期间，单独使用氟西汀的治疗组自杀率最高（9.2%），几乎是其他治疗组的两倍。这表明，对于接受 SSRIs 治疗的青少年来说，氟西汀与 CBT 联合治疗可预防自杀。对于本身患有重性抑郁障碍的儿童和青少年而言，自杀尤其可能发生在人际关系紧张的情况下（如与家庭成员发生冲突后）。

2010 年，韦尔斯恩（Weersing）和布伦特（Brent）展开的美国青少年的抗抑郁症的治疗研究（treatment of resistant depression in adolescents，TORDIA）是基于早期针对重性抑郁障碍青少年 CBT 的有效性的证明。在这项研究中，青少年经历抑郁的时间平均为两年，并表现出明显的自杀倾向和共病症状，同时参与者都有 SSRIs 治疗失败的经历。他们被随机分配为两组：第一组是单独使用药物（改用与之前不同的其他 SSRIs 药物）组；第二组是药物与 CBT 联合治疗组。CBT 提供的是一种单独的治疗方案，也让家庭参与到基于 CBT 的家庭问题解决方案中。在经过 12 周的治疗后，41% 的单独药物治疗组的被试和 55% 的药物与 CBT 联合治疗组的被试表现出了实质性的临床改善。在该重性抑郁障碍儿童和青少年样本中，研究结果证实了 CBT 与药物联合治疗的方法对抑郁障碍治疗的价值，其优越性在有共病的儿童和青少年中更加明显。

心理社会治疗

在制订针对儿童和青少年抑郁障碍的心理社会干预措施时，有必要借鉴成人抑郁障碍治疗的成功经验。虽然这是合理的，但在实践中应该注意一些事项，如罹患抑郁障碍的儿童和青少年与成年人的生活状况有差异。儿童和青少年每天都与父母接触，这可能导致抑郁障碍。此外，他们每天还要面对潜在的社交技能不足和同伴关系问题的负面影响；相反，成年患者会使自己的生活远离家庭和社会交往。针对抑郁儿童和青少年发展经历的治疗方法可能是最有效的。

针对儿童和青少年抑郁患者的大多数心理干预都是从"认知行为"的角度出发的。CBT 的主要目标是对儿童和青少年适应不良的认知进行处理与调整（诸如对问题的归因方式、过高的标准、消极的自我监控），重点干预目标包括：增加愉快体验、提高社交技巧、加强沟通、解决冲突、解决社会问题和应对技能。以下是两个认知行为疗法干预措施的案例。

1987 年，斯塔克（Stark）、雷诺兹和卡斯洛比较了自我控制组、行为问题解决组和等待治疗（无治疗）对照组，对 9~12 岁抑郁患者的治疗效果。基于学校的自我控制治疗组侧重于教育儿童自我管理能力，如自我监控、自我评价和自我强化。行为问题解决组强调教育、对愉悦事件的自我监测、解决团体问题以改善社交行为。两种治疗均有改善，且优于对照组。然而，这两种治疗方法的效果并没有显著差异。基于这些研究结果和随后的发现，斯塔克及其同事于1991年研发了扩展性CBT治疗项目，将自我控制解决行为问题、其他的认知策略、家长训练和家庭参与结合在一起。这种扩大的干预与传统的咨询控制条件进行了比较，后者提供给四至七年级重性抑郁障碍患者，二者都包括每月一次的家庭聚会。在治疗结束时发现，接受CBT治疗组的儿童和青少年报告的抑郁症状比对照组少。

研究者于近些年开发了针对9~13岁女孩的名为"行动治疗计划"的学校团体CBT课程项目。表7-3列出了20个治疗项目的内容的简要描述，同时也代表许多治疗抑郁障碍的CBT干预措施。我们认为，这个计划的主要目标和主题体现在给女孩们的卡片上的三条信息上：

表7-3 针对女孩的"行动治疗计划"的主要组成部分

章节	主要治疗方法
1	介绍和讨论项目的基本方面
2	情感教育和应对介绍
个人部分1	回顾概念并建立治疗目标
3	情感教育和应对技巧
4	评估团体凝聚力；回顾目标，运用应对技能
5	评估应对技能，介绍解决问题的方式
6	认知和情绪，介绍认知重组的概念
7~9	运用解决问题的方法
个人部分2	回顾概念和个性化治疗活动
10	按步骤准备和练习认知重组
11	进一步阐明认知重组
12~19	认知重组练习和自我地图（识别个人优势）
20	整合所有活动及终止活动

资料来源：Stark et al., 2010.

- 如果你感觉糟糕且不知道原因，请使用应对技能；
- 如果你感觉糟糕，但你能够改变情况，请使用解决问题的方法；
- 如果你感觉糟糕，且知道这源于自己的消极观念，请改变想法。

课程内容涉及三个核心技能，贯穿始终的子目标是**行为激活**（behavioral activation），即鼓励被试积极行动并做令自己愉快的事情。父母训练（PT）部分旨在帮助父母树立榜样并加强治疗技巧的应用，改变家庭的情感基调和沟通方式，营造支持性的环境，向女孩传递积极的信息。

被试被随机分配为三组，分别是CBT组、CBT+PT组、最低接触对照组。在治疗后，两组积极治疗的女孩的抑郁症状明显少于对照组。同时，80%的接受治疗组的女孩不再符合抑郁障碍的诊断标准，而对照组的女孩只有45%。尽管存在一些差异，但两个治疗组的主要测量工具并无不同。接受治疗的女孩在一年后的随访中，病情仍有改善。

卢因森、克拉克等人开发了一种名为"青少年应对抑郁计划"的认知行为干预项目。这是对多元团体进行干预的技能训练措施。在一项初始研究中，符合抑郁障碍诊断标准的14~18岁青少年被随机分为青少年组、青少年及其父母组、等待名单控制的对照组。青少年在小组或班级环境中参加16节课程，每周两次，每次两小时，课程重点是监控情绪、增加愉快事件、识别并控制非理性及消极观念、教授放松的方法、增强社交技能，以及教授解决冲突（沟通和解决问题）的技能。在家长参与的小组中，家长每周见面九次，告知家长已教给青少年的技能信息，并教授解决问题和解决冲突的技巧。

与对照组相比，治疗组的个体在抑郁方面有所改善。例如，在治疗结束时，接受治疗的青少年的治愈率为46%，而对照组只有5%不再符合诊断标准。在结束治疗后，对接受治疗的青少年进行了为期两年的随访，发现治疗效果维持不变。无法对对照组进行随访，因为他们在研究项目结束后接受了治疗。另一项类似的研究也得出了类似的结果。在这两项研究中，家长参与对治疗几乎没有或没有显著作用，对此，克拉克和德巴（DeBar）指出，部分原因可能是家长参与程度比较低。

2010年，雅各布森（Jacobson）和穆夫森（Mufson）对青少年人际关系心理治疗（interpersonal psychotherapy for adolescents，IPT-A）的有效性展开了研究。这种治疗方法是对成年抑郁障碍患者人际关系心理治疗的改进。IPA-A 基于这样一种假设：无论病因为何，抑郁障碍都与个体的人际关系密不可分。治疗师通过各种积极的策略帮助青少年了解当前的人际关系问题，如与父母分离、角色转换、恋爱关系、人际关系缺陷、同伴压力、悲伤和单亲家庭状况等。1999年，穆夫森及其同事发现，接受 IPT-A 治疗的患有重性抑郁障碍的青少年在抑郁症状、社交功能和解决问题技能方面与接受临床监测的对照组青少年相比有所改善。他们在学校展开了第二项研究，与对照组相比，IPT-A 组的抑郁症状明显减轻。1999年，罗塞略（Rossello）和贝尔纳尔（Bernal）在波多黎各以临床抑郁青少年为样本展开了研究，将他们分为 IPA-A 组、CBT 组和对照组（WL）进行比较。与对照组相比，两个治疗组在抑郁症状（见图 7-5）和自尊方面都有显著改善。

值得注意的是，穆夫森及其同事的研究包含了很大比例的拉丁裔美国青少年；罗塞略和贝尔纳尔则努力将拉美裔文化的人际关系内容纳入治疗方法，即 personalismo（拉丁文，意思是对人际交往的偏爱）和 familismo（拉丁文，意思是对家人的强烈认同和联结）。这是通过多次调整治疗方法来实现的。例如，从青少年的文化和生活环境中选择示例、谚语和图片，强调治疗方法的人际关系性质，以及对家庭依赖性和独立性的讨论。虽然在罗塞略和贝尔纳尔的研究中，两个治疗组的青少年在抑郁方面有相似的改善，但在 IPT-A 组中，其他结果指标的改善程度更大。我们认为，这可能是因为 IPT-A 与波多黎各文化价值观一致。麦克卢尔（McClure）及其同事于 2005 年开发了一种针对抑郁的非裔美国青春期女孩的家庭疗法——青少年抑郁增强心理社会治疗（adolescent depression empowerment psychosocial treatment，ADEPT），其中包括 CBT、IPT-A、按文化敏感方式提供的家庭治疗因素，这些努力强调了评估不同文化群体治疗效果的重要性。

从认知行为角度出发的治疗方法以及针对儿童和青少年抑郁障碍的人际关系和家庭因素的治疗方法都是前途无量的。然而，研究结果还不够充分，特别是对于 MDD 的儿童和青少年、患有饮食失调的儿童和幼童，以及有关长期疗效的研究。研究者们目前正在努力确定关键要素、优化治疗方法、确定最佳治疗时间、普遍提高心理和

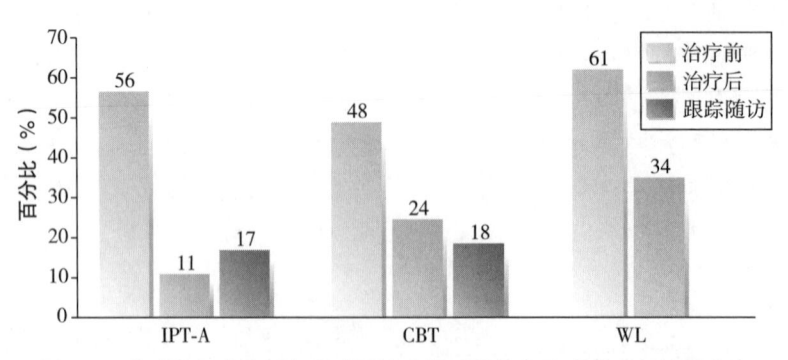

图 7-5 治疗前、治疗后和跟踪随访阶段重性抑郁障碍青少年的百分比

资料来源：Rossello & Bernal,1999.

药物治疗的有效性。

抑郁障碍的预防

2007年，有研究者实施并评估了许多普遍适用的抑郁障碍预防方案。这些项目大多以学校为基础，并强调认知行为疗程，其中一些包含了从人际关系心理治疗的角度引出的内容。这些方案实施的对象是一个或多个学校指定年级的所有儿童和青少年。

例如，斯彭斯（Spence）及其同事评估了一项由教师实施的、基于课堂的普遍干预措施。这项措施向澳大利亚八年级学生传授了一系列解决问题和认知应对技能，以应对具有挑战性的生活环境。16所学校被随机分配到干预组或对照组。在项目实施过程中，干预组的学生比对照组的学生表现得更好。干预的积极影响（提高解决问题的能力，减少抑郁症状）对那些最初患有重性抑郁障碍的学生效果最为明显。然而，在1~4年每年的随访中，两组学生的抑郁症状（或解决问题的能力）上没有差异。另一项针对九年级学生的单独的大规模评估甚至在项目结束时也没有发现干预组和对照组项目的任何差异。

总的来说，针对儿童和青少年抑郁障碍的普遍预防方案的研究效果一般，而且长期的随访效果也没有维持下去。不过，已取得的成果表明应该继续努力。例如，斯彭斯与肖特（Shortt）建议，需要进行更长时间和更频繁的干预。为了与抑郁症病因学的生态学模型保持一致，预防措施可能需要更加强调减少青少年环境中的风险因素并增加保护性因素。

一些普遍的预防方案报告应对有中度、初发重度抑郁症状的儿童和青少年有更大影响，这暗示了预防是有价值的。研究者尝试了很多这样的方案，其中很多的方案是从认知行为疗法衍生出来的。青少年应对压力课程（adolescent coping with stress，CWS-A），是青少年应对抑郁治疗项目的延伸，强调干预的认知重组，旨在防止高风险青少年未来罹患抑郁障碍。三所学校的九年级学生在抑郁障碍流行病学研究中心的测试中得分较高，但根据结构化诊断访谈得出的结果，他们并没有患抑郁障碍。2010年，克莱克和德巴将他们分为两组，即课后进行15次认知行为干预组和对照组。在一年的随访中，接受CWS-A干预的青少年中，MDD或精神抑郁病例明显减少（由26%下降至14%）。2001年，克莱克及其同事对由美国健康维护组织（Health Maintenance Organization，HMO）实施的CWS-A进行了类似的评估。这个项目的对象是亚综合征程度的抑郁儿童和青少年，他们的父母正在HMO接受抑郁障碍治疗。在15个月的随访中，CWS-A组的心境障碍新发作率（9%）低于对照组（29%）。这些和其他干预方案证明这种干预方法非常有前景，值得继续关注。

双相障碍

如果一个七岁的儿童表现出明显的"愤怒"，有明显的注意缺陷/多动障碍症状，并且母亲有抑郁障碍家族史，父亲有双相障碍家族史，那么用兴奋剂治疗这个孩子的注意缺陷/多动障碍合适吗？如果他还时不时地笑个不停，几乎不睡觉，表现出异常的活跃和健谈，那么此时可以进行治疗吗？这些表现是儿童期正常行为的一种自然变异还是儿童双相障碍的早期迹象……谁将承担未来的物质滥用、法律诉讼、入狱和自杀的风险？

以上是丹纳（Danner）及其同事对临床和概念问题的描述，从多个角度说明了研究双相障碍的发展及其在儿童和青少年中的表现时所面临的挑战：患有双相障碍的儿童和青少年会有什么样的表现？与成年双相障碍是否相似？如何与其他障碍进行区分？与典型的发展模式有何不同？可能的发展病程是什么？这些和其他问题已成为儿童和青少年双相障碍关注程度显著提高的一部分。

DSM 关于双相及相关障碍的分类

DSM 中的**双相及相关障碍**（bipolar and related disorders）的分类描述了包括躁狂发作和抑郁发作的障碍。**躁狂**（mania）通常被描述为一段不正常的持续的心境高涨或易激惹的时期，以及持续的精力旺盛或活动增多。躁狂发作期的心境通常可描述为欣快、过度愉悦、高涨或"感到站在世界之巅"。目标导向的活动增加，说话快速、紧迫、大声、难以打断，个体通常思维奔逸，比语言表达的速度更快，注意力太容易被不重要或无关的外界刺激所吸引，以及对身心健康的夸张强调。对儿童来说，快乐、愚蠢和"疯癫"在特殊情境中是正常的。然而，如果这些症状反复发生，与情境不符，而且背离了儿童发育阶段所应有的状态，就可能符合诊断标准。儿童过度膨胀的自尊和自负可能表现为高估自己的能力（相信自己是班级里最聪明的）或者尝试明显危险的举动。这些欣快情绪的表现所代表的变化明显不同于儿童的典型行为。

出现下列症状符合躁狂发作的诊断标准，持续至少一周，在几乎每天的大部分时间里，存在至少三项（如果心境仅仅是易激惹，则为四项）：

- 自尊心膨胀；
- 睡眠的需求减少；
- 比平时更健谈；
- 思维奔逸；
- 注意力太容易被不重要或无关的外界刺激所吸引；
- 目标导向的活动增多或精神运动性激越；
- 过度地参与那些很可能产生痛苦后果的高风险活动（如无节制的购物、轻率的性行为等）。

此外，诊断双相障碍要求躁狂发作必须导致明显的社交或学业功能障碍，或需要住院治疗，以避免对自身或他人的伤害。

DSM 包括一些可被用于儿童和青少年双相障碍的诊断标准。对双相 I 型障碍的诊断需要个体一生中至少有一次躁狂发作，绝大多数症状完全符合躁狂发作诊断标准的个体在生命历程中也经历了重度抑郁发作。双相 II 型障碍要求个体一生至少经历一次重度抑郁发作和一次**轻躁狂发作**（hypomania）。轻躁狂发作持续时间较短（至少连续四天），比躁狂发作的症状较轻。环性心境障碍的基本特征是慢性、轻微的波动的心境紊乱，发生在轻躁狂和抑郁症状的不同时期，但不符合重度抑郁发作和轻躁狂发作的诊断标准。在 DSM 的早期版本中，还存在一类非特定的双相障碍（not otherwise specified, NOS），但是没有特别说明。该诊断用于具有双相障碍特征的症状，但不满足其他双相障碍诊断的全部标准的病例。比尔马赫尔（Birmaher）和阿克塞尔森（Axelson）于 2005 年指出，大量具有双相症状的儿童和青少年被诊断为 NOS。DSM-5 已经取代了 NOS 术语，但其诊断目标不变。双相障碍章节中 NOS 已被"其他特定的双相及相关障碍"和"未特定的双相及相关障碍"所取代，这与 NOS 类似，适用于那些具备双相及相关障碍的典型症状，但没有达到其全部诊断标准的病例。在前者的诊断中，临床工作者选择指出不符合其他双相及相关障碍全部临床诊断标准的原因。在"未特定的双相及相关障碍"诊断中，临床工作者选择不说明未能符合任一种双相及相关障碍全部诊断标准的原因。

讨论儿童和青少年双相障碍诊断的一个主要问题是，儿童版本和成人版本应被认为是相同的或不同的障碍。从历史上看，DSM 标准对成年人、儿童和青少年基本是相同的。但在 DSM-5 中，这种情况在很大程度上仍然存在，但对潜在的发展性差异开始有了一定的敏感度。例如，在伴随诊断标准的文本中举例说明了儿童可能出现诸如欣快情绪和夸大症状。与此类似，在本章之前的内容中和 DSM-5 将破坏性心境失调障碍作为一种抑郁障碍的诊断方法进行了介绍。DSM-5 引入这一诊断方法是为了减少儿童双相障碍的过度诊断。

使用与成年人相同的标准来诊断儿童和青少

年的双相障碍引起人们广泛关注。例如，在儿童和成年双相障碍起病的神经生物学案例中，两者似乎既有相似之处，也有不同之处。

此外，青少年躁狂发作的症状表现和模式特征，可能与成人双相障碍的典型描述不同。两者的发展性差异使得对现有诊断标准的应用具有挑战性，促使临床工作者要同时具备对发展差异的敏感性。例如，在成年患者中，典型的临床表现是周期性心境紊乱，心境发作包括躁狂发作和抑郁发作，在两次发作之间有相对良好的功能；相反，儿童和青少年可能表现出短时间的发作，情绪混杂且转换频繁，并且会有部分人长期难以调整情绪。

以上考量使得区分儿童和青少年与成人的诊断标准成为一个相当大的挑战，即如何定义躁狂发作或心境发作，如何描述发作是周期循环的。没有表现出短暂的心境改变或躁狂症状增多但未达到诊断标准的儿童应被视为青少年双相障碍的一种亚型，还是以其他方式对其进行分类？例如，对于有严重心境失调模式（慢性易激惹和过度兴奋）的儿童，这种模式是持续性的，而不是在不同发作中发生的，应被诊断为双相障碍，还是有破坏性心境失调障碍（一种抑郁障碍）？请参见斯科特的案例。

案例
斯科特：一个关于混合症状和攻击特征的案例

四岁的小男孩斯科特因为有伴攻击特征的易激惹心境被转诊到心理服务诊所，他还有周期性的悲伤、内疚和悔恨。他的母亲无法控制他每天多次发作的暴躁脾气——即使是一点小事甚至是没人激怒他，他也会发作。最令人担忧的是他对弟弟妹妹的攻击，妹妹被他推下楼梯后住院了，他随后伤心欲绝，哭了好几个小时。

资料来源：Luby, Belden, & Tandon, 2010, p.116.

此外，心境高涨是成年躁狂发作/双相障碍的特征，但定义儿童和青少年的类似心境有很多挑战。其中之一是在儿童和青少年中，易激惹的心境与双相障碍有关，因此，就出现了什么是主导心境的问题。此外，躁狂，尤其是在青春期前儿童和青少年中，如果出现，可能在将来与成人样本中的表现非常不同。

在诊断儿童双相障碍中，还存在另一个挑战，即从儿童正常行为中区分躁狂症状。2005年，科瓦奇（Kowatch）及其同事提出了FIND（frequency、intensity、number and duration of symptoms）策略，即症状的频率、强度、次数和持续时间以及每个指数的阈值，可以帮助临床工作者判断行为是双相障碍的症状还是正常发展阶段的典型行为。与此类似，2003年，盖勒（Geller）及其同事试图描述儿童各种躁狂发作的标准。表7-4列举了儿童躁狂症状表现和正常儿童行为对比的例子。在做出临床诊断时，临床工作者必须考虑一些因素来判断儿童的行为，例如：某种行为与孩子的年龄和发展水平相适应吗？某些在特定情境中恰当的行为在其他情境出现是否非常不当或出人意料？对预期功能的损害或干扰程度如何？

患有双相障碍的儿童和青少年共病和障碍的患病率也很高。例如，报告的注意缺陷/多动障碍共病率相当高（86%）。此外，他们的共病模式可能与成人不同。例如，较大的青少年的躁狂发作和双相障碍在某些方面可能与成人的表现相似。而青少年躁狂发作更可能与反社会行为、逃学、学业失败及物质使用障碍有关，并可能包含精神病特征。此外，双相障碍最初可能表现为抑郁，一段时间后才会出现心境改变。

因此，诊断儿童和青少年双相障碍可能是困难的，因为在定义、症状表现及共病方面存在混淆和重叠。美国儿童和青少年精神病学学会指出，多种原因导致关于是否或如何将现行DSM双相障碍诊断标准应用于儿童和青少年的问题正在被多方讨论，这些问题可能会影响未来的诊断方法。

表 7-4　　　　　　　　　　儿童躁狂症状表现和正常儿童行为

症状	儿童躁狂发作	正常儿童
心境高涨	• 一个九岁女孩不停地在屋子周围跳舞，边跳边说："我很高，可以越过高山之巅。" • 一个七岁男孩因在课堂上傻笑并扮小丑而被校长多次叫到办公室（没有其他人的时候）	一个孩子因在圣诞节早晨和家人一起去迪士尼玩而非常兴奋
浮夸的行为	• 一个八岁女孩在教室里开了一个纸花店，对老师布置的课堂作业置之不理，并表现出不满情绪 • 一个七岁男孩偷了一辆手推车，他知道偷东西是错的，但他认为自己没有错，以为警察是来跟他玩耍	一个七岁男孩假装自己是消防员，指挥别人对受害者进行营救。在游戏中，他并没有真的拨打火警电话，他的表演与他的年龄相符，且没有对他人造成损害
纵欲过度	• 一个八岁男孩在采访中模仿摇滚明星的动作，扭动臀部并磨蹭自己的裆部 • 一个九岁男孩在公共场所画裸体女性，并称她们是自己未来的妻子	一个七岁孩子和同龄伙伴玩医生扮演游戏

资料来源：Geller et al., 2003.

参与讨论的一些学者提出，是否可以将双相障碍症状的表现更好地概念化为一系列症状集，或作为一系列症状表现，而不是单独的一种障碍？一些研究者指出，这种替代方法可能有助于理解儿童和青少年与成年人的症状表现，并有助于在整个发展阶段中把这些问题概念化。

双相及相关障碍症状

在定义和诊断双相障碍都具有挑战性的情况下，对儿童和青少年双相障碍患者的描述常常会出现各种各样的特征。2006 年，科瓦奇和德尔贝洛（DelBello）描述了儿童和青少年双相障碍可能表现出的躁狂症状（见表 7-5）。我们根据他们的报告进行描述。躁狂发作的儿童可能会因为极度快乐或愚蠢而激怒周围的人，而这种快乐的情绪似乎没有任何理由。青少年可能会表现出极度愚蠢或过分乐观。易激惹心境也很常见，儿童可能会出现多次暴怒，青少年可能会表现出严重的对立情绪、粗鲁、对人充满敌意。父母常常报告说孩子每天有很多次激烈的心境改变（情绪不稳定）。儿童和青少年经常报告说比平常需要更少的睡眠，却有更多的精力。患有双相障碍的儿童和青少年躁狂发作时，会表现出坐立不安，走来走去，会对自己的能力夸大其词。他们也许会在很短的时间内做很多事情，最初是很有效率的，但随后可能变得越来越杂乱无章、效率低下。他们说话大声，往往采取侵袭性的方式，难以被打断，可能说话快速、紧迫，难以理解或令人难以跟进。他们可能会报告称自己的想法塞满脑子以致难以表达；他们也常常会出现"思维奔逸"，即在不同话题之间快速转换，即使是熟悉他们的成年人也很难听懂。他们的注意力分散，也可能表现出判断力差、容易冲动或参与高风险活动（如经常打

表 7-5　儿童和青少年双相障碍的躁狂症状

心境高涨
心境易激惹
心境改变
睡眠需求减少
精力异乎寻常地充沛
活动增多或精神运动性激越
目标导向的活动增多
妄想型夸大
说话快速，持续讲话的压力感，比平时更健谈
思维奔逸
意念飘忽
注意力分散或随境转移
判断力差
幻觉
妄想

资料分析：Kowatch & DelBello, 2006.

架、酗酒或吸毒、鲁莽驾驶等）。部分儿童和青少年也许会出现幻觉与妄想的症状。

双相及相关障碍的流行病学

定义和方法问题使得躁狂发作和双相障碍的患病率很难被准确地估算出来。以前人们认为双相障碍在童年期和青少年期相对罕见，但似乎诊断已变得更普遍。2007 年，莫雷诺（Moreno）及其同事报告了一项全美范围内的关于 0~19 岁儿童和青少年就诊情况的抽样调查，发现儿童和青少年双相障碍的诊断比例从 1994—1995 年的 0.42% 上升到了 2002—2003 年的 6.67%，增长率比成年人高。同样，布莱德（Blader）和卡尔森（Carlson）2007 年报告了住院儿童和青少年中双相障碍的诊断增加，1996—2004 年儿童的诊断率从 0.14‰ 上升到 0.73‰，青少年的诊断率从 0.51‰ 上升到 2.04‰。

在社区样本中患病率估计为 0~6%，在临床样本中则是 17%~30%。一般报告女性和男性比例相当，青春期前患病率远低于青春期后。

与讨论抑郁障碍时所注意到的情况类似，在青少年社区样本中，有些不符合双相障碍诊断标准的青少年表现出类似躁狂的症状，包括心境高涨、自我膨胀和易激惹，有这些**亚综合征**（subsyndromal）症状的个体确实有严重的实质性的功能损害。事实上，正如前文已经指出的，从正常的情绪调节困难到亚综合征症状再到中度和重度的障碍，是一个连续的过程而不是各种分类的明确的差别。

在儿童和青少年身上，双相障碍与其他精神障碍并存很常见。注意缺陷/多动障碍、品行障碍、对立违抗性障碍和物质使用障碍是常见的共病报告。这些儿童和青少年在认知、学业、社交和家庭功能方面受到了严重的损害。他们的家庭面临着巨大挑战，需要对孩子的精神障碍和家庭需要保持敏感并予以援助和支持。在以下案例中，一位通过网上互助小组获得支持的母亲描述了这些需求。

> **案例**
> 双相障碍：一位需要支持的母亲的自述
>
> 作为母亲，我最大的压力是完全的孤立，并且缺乏支持。我从来没有属于自己的时间，几乎没有朋友，也没有存在感。几乎每天我都在极度的恐惧中度过，怕我们会回到确诊前和病情稳定前的恐慌状态。任何父母和孩子都不应经历我和我在美国儿童和青少年双相障碍基金会（CABF）见到的患儿父母所经历的事情。我早就厌倦了这种生活，为我失去做母亲应有的东西而悲伤。假如没有网上互助小组，难以想象我会怎样过那些夜晚。在经历了糟糕的一天后，我可以上网获得支持与力量，然后面带微笑去迎接新的一天，如此一来，我便能够更好地陪伴我的孩子了。
>
> 资料来源：Hellander, Sisson, & Fristad, 2003, p.314.

发展病程与预后

患有双相障碍的儿童和青少年可能较早出现情感困难，也可能在相当长的一段时间里经历这种困难，期间频繁地恢复和复发。

在 OADP 项目中，卢因森及其同事通过大量社区青少年（14~18 岁）样本研究了双相障碍的病程。这些青少年最近一次躁狂发作的平均持续时间为 10.8 个月。这项研究的被试中被诊断为双相障碍的青少年比有重度抑郁发作但没有躁狂发作的青少年（平均年龄为 14.95 岁）更早经历了第一次心境发作（平均年龄为 11.75 岁）。与心境障碍患者相处的总时长也比双相障碍患者长。这些患有双相障碍的青少年的患病平均持续时间为 80.2 个月，而在 OADP 样本中患有重性抑郁障碍青少年的患病时间平均为 15.7 个月。此发现与其他研究表明，在某些儿童和青少年中，抑郁障碍可能是双相障碍的早期阶段。从重性抑郁障碍到双相障碍的转变更容易发生在早期抑郁发作的儿童和青少年身上。早在学龄前，就可能有一个抑郁儿童亚群，他们有双相障碍的家族史，在其发展后期表现出躁狂发作的风险更高。

> **案例**
>
> **约瑟夫：一个关于早期双相障碍的案例**
>
> 约瑟夫第一次入院时的资料表明，他在童年期经历的疾病远远多于他的八个兄弟姐妹。当他六岁开始上学时，就已经有一段时间的厌学情绪了。约瑟夫平时是一个"快乐的男孩子，可以自娱自乐"，但也有哭闹不休、坐立不安、情绪低落的时候。在学校里，他有时表现得"特别优秀"，但对其他事物是完全"不感兴趣"的。
>
> 约瑟夫13岁时，他的家人报告说，他们能够感到他的病情开始发生变化，开始出现"缄默与易激惹"交替出现。上一刻他还在操场上专横跋扈地指挥周围的人，下一刻就变得孤僻，静静地坐在那里阅读《圣经》。有时在一周左右或更长的时间里，他只是坐着，看起来很疲惫，也不说话，有时会哭，在这段时间里，他似乎"很害怕"。
>
> 当他要毁掉兄弟姐妹的玩具时，就会发生迅速而极端的变化。在这期间，他会过分活跃、焦灼不安、话多、胆大妄为、大声说话、苛刻，表现出敌对和暴怒的行为。他在13~14岁时有过一段短暂的"缄默和易激惹"的交替时期，15岁第一次去医院，医生诊断他符合双相障碍的诊断标准时，他的症状和周期循环正在急剧恶化。
>
> 资料来源：Egeland, Hostetter, Pauls, & Sussex, 2000, p.1249.

OADP样本中一些符合双相障碍诊断标准的青少年经历了慢性/复发的过程。12%的患者在24岁之前没有缓解（继续符合诊断标准）；在18岁时缓解的患者中，约有25%的患者在19~24岁之间再一次发作。在青少年期，患有双相障碍的个体比患有亚综合征双相障碍的个体更有可能在成年早期符合双相障碍的诊断标准。然而，患有综合征双相障碍的青少年在成年早期患重性抑郁障碍的概率更高。

2003年，盖勒及其同事研究了一组青春期前患有双相障碍的儿童和青少年。他们在实验环境中接受评估，但由社区医生进行治疗。两年中，他们中的三分之二康复（至少连续八周的诊断均未达到 *DSM* 躁狂发作或轻躁狂发作的标准），超过一半的人在康复后复发，很多人在康复期间继续符合其他疾病的标准。

尽管纵向研究数据有限，然而现有的回顾性和前瞻性信息表明，患有双相障碍或有症状的儿童和青少年，至少在成年早期可能会继续表现出心境障碍和其他障碍的症状，并经历相当严重的社交和学业障碍。

风险因素与病因

对于双相障碍病因的讨论倾向于强调生物学的影响，事实上，遗传和神经生物学因素似乎是理解这种障碍的核心。不过，也有越来越多的研究者一致认为，双相障碍是由遗传因素、早期生命与环境经历以复杂方式交互作用造成的，各个人生发展阶段都受上述因素的影响。

双相障碍的家族史显然是一个风险因素，患者的父母及同胞的患病率明显高于预期。一般来说，成人双相障碍患者的孩子患有双相障碍和心境障碍的风险增大。然而，值得注意的是，大多数在成年期查出双相障碍的儿童和青少年，在儿童期没有被诊断为双相障碍或其他心境障碍。

其他研究表明，遗传因素的影响非常大。成年双生子和领养研究结果是一致的，双相障碍有很强的遗传成分。来自儿童双生子研究的间接证据表明，儿童和青少年双相障碍也有显著的遗传成分。在针对成年人的研究中，遗传率为60%~90%。利用候选基因和关联分析技术进行的研究正在试图确定所能涉及的致病基因。结合神经成像技术，这些分子遗传学研究提出，多种基因可能影响大脑区域（如杏仁核）的激活，并与双相障碍发展有关，双相障碍可能并不是由单独一种基因引起的。

双生子研究和其他研究也表明，环境影响在双相障碍的发展中起作用。应激性生活事件、家庭关系、父母教养方式都得到了非常多的关注。同伴关系的问题和社会支持不良也是潜在环境影响因素，这些影响可能与个体发展过程中的生物脆弱性相互作用，从而影响双相障碍症状和相关障碍的表达。为阐明上述和其他环境影响因素对双相障碍的起病、持续和病程影响的时间点及具体作用，还需进行更多的研究。

双相及相关障碍的评估

在对儿童和青少年双相障碍进行评估时，评估目标依然是广泛进行信息收集。结构化的诊断访谈，例如，儿童情感障碍与精神分裂症定式检查问卷（K-SADS）已被用于做出诊断决策并获取更多信息。然而，结构化诊断访谈的长度使其在大多数临床中用处不大。也有很多从成年人量表中改编而来的躁狂状态评定量表供临床工作者、父母和青少年使用。2004年，扬斯德姆（Youngstrom）、芬德林（Findling）与菲尼（Feeny）将杨氏躁狂状态评定量表（young mania rating scale, YMRS）改编为适用于儿童和青少年的量表（PYMRS），旨在评估抑郁、轻度躁狂、躁狂和混合症状的行为普查。该量表已被应用于儿童和青少年，并成为一种家长报告的测量方法。扬斯德姆指出，需要使用这些评级量表观察大量具有代表性的儿童和青少年的典型大样本信息，以便与正常发展的信息进行比较，并对双相障碍临界点保持敏感。

双相及相关障碍的治疗

需要通过多种途径，对双相及相关障碍本身、可能发生的共病、大量涉及的家庭成员进行治疗。需要将有躁狂发作的儿童和青少年患者收治到儿童或青少年医院，以确保他们的安全，并提供一个适当的可控环境。住院环境由患者困扰水平、受伤或自杀的风险决定，由家庭可提供的支持水平和医药医疗监督的需要所指导。

最常见的治疗方法是药物治疗，通常被认为是首选疗法。不过，药物疗法在对儿童和青少年的研究上还是很少的。如果过分依赖成人研究文献的治疗方法，那么很可能会导致边际效应的信息有所缺失。对躁狂发作的药物治疗通常单独或联合使用心境稳定剂和非典型抗精神病药（如阿立哌唑、奥氮平、喹硫平、利培酮）。不过，还是建议谨慎行事，因为有报告称使用抗抑郁药会导致患者情绪不稳定或引发其他问题。

尽管在治疗儿童和青少年的双相障碍中通常会采用药物治疗，但人们也认识到将其他治疗方式和家庭成员纳入进来的重要性（见表7-6）。**心理健康教育**（psychoeducation）是干预措施的一个重要组成部分，其目的是对患者及其家属进行有关精神障碍、可能的病程和治疗性质的教育。除了心理教育的组成部分，个体和家庭的理论也常被推荐使用。2010年，门登霍尔（Mendenhall）与弗里斯塔德（Fristad）、米克洛维兹（Miklowitz）与戈尔茨坦（Goldstein）分别研发了针对儿童和青少年及其家庭成员的治疗方案，这些治疗方案包括对患儿及其家庭成员进行有关抑郁障碍及治疗的教育，以及抑郁障碍心理社会治疗中描述的许多认知行为要素。此外，一些项目还包括最初是针对边缘型人格障碍的成年人开发的辩证行为疗法（dialectical behavior therapy, DBT），它侧重于情绪失调，也包括心理教育和认知行为策略。DBT还包括正念技术，以帮助家庭成员集中注意力，获得对想法和情绪更强的控制感。还需要互助小组和其他形式的家庭援助，如美国儿童和青少年双相障碍基金会（Child and Adolescent Bipolar Foundation, CABF）网站。

表7-6　为什么要让家庭成员参与治疗

- 被诊断为双相障碍的儿童和青少年通常与家人同住
- 家人很可能在寻求和促进孩子治疗方面发挥重要作用
- 该障碍对家庭和家庭关系有重大影响，家庭成员常常受到社会污名化的影响
- 家庭环境的情感氛围会影响病程和药物治疗的效果
- 家庭的多个成员经常受到该障碍的影响

资料来源：Miklowitz & Goldstein, 2010.

自杀

自杀经常在讨论心境障碍时被提及。之所以有这种关联，可能是因为抑郁障碍是自杀的一个重要风险因素，而且二者在病因和流行病学上模式相同。然而，尽管二者有很多重叠，但也截然不同。大多数患抑郁障碍的儿童和青少年并没有自杀企图或实施自杀，也不是每个有自杀倾向的儿童和青少年都患有抑郁障碍。关于自杀的讨论，不仅包括自杀已遂，还包括自杀未遂和自杀想法。我们有理由去关注自杀行为的全部范围。

自杀的流行病学

与成年人相比，儿童和青少年的自杀率相对较低，青春期前儿童的自杀率也低于青少年，然而，儿童和青少年的自杀行为仍令人担忧。在20世纪50年代中期至90年代初，青少年和成年早期的自杀率显著上升。据美国国家卫生统计中心数据显示，自20世纪90年代中期以来，截至2011年，美国总体的自杀率稳步下降，但仍是显著上升前的两倍左右，而且位居儿童和青少年死亡原因的第三位。1980年，15~19岁青少年的自杀率是每10万人中有8.5人自杀；2007年，自杀率为每10万人中有6.9人自杀，比1980年轻微下降。相比之下，儿童的自杀率与20年前相比有所提高，尽管自杀在这个年龄段仍是一个相对罕见的事情。1980年，5~14岁儿童的自杀率是每10万人中有0.4人自杀；但到了2007年，自杀率为每10万人中有0.5人自杀，增长了25%。2007年，在5~14岁儿童和青少年群体中，每10万名男性中有0.6人自杀，女性是0.3人；在15~19岁青少年群体中，每10万男性中有11.1人自杀，女性是2.5人；两个群体中男性自杀率均远超女性。除去美国本土青少年，白种人（非西班牙裔与拉丁裔）儿童和青少年的自杀率高于其他民族群体。

自杀想法和自杀企图

如果将自杀的整个范围都考虑在内，发生率似乎相当高，尤其是在青少年中。显然，很难准确地估算自杀率。许多自杀企图可能未被发现和报告，因为不是所有病例都寻求医治或一些治疗。此外，方法学和定义也会限制对自杀想法和自杀企图自我报告的解释。一些自杀既遂甚至可能被错误地认定为意外事故。

> **案例**
>
> **帕蒂：一个有自杀企图的案例**
>
> 帕蒂是一个漂亮的八岁女孩。有一天晚上在上床睡觉前，她偷偷服用了两片她母亲的抗抑郁药，超过了儿童推荐剂量。第二天早上，帕蒂没有按时起床上学，母亲把她叫醒后才知道这件事。帕蒂抱怨头痛、头晕、疲倦。她泪流满面，脾气暴躁，对母亲叫嚷："不要管我！我想死！"母亲惊恐万分，带她去看儿科医生，医生建议帕蒂住院接受自杀行为评估，他认为帕蒂待在家里并不安全。帕蒂不停地说："对我来说，最好的事就是死掉。"
>
> 母亲告诉医生，家里在过去的两个月中充满压力，因为她和丈夫分居了，正打算离婚。母亲说，在过去的一年里，她都非常沮丧和焦虑，她的丈夫经常醉醺醺地回家，还威胁甚至伤害她。
>
> 帕蒂是个好学生，有很多朋友。老师曾与帕蒂母亲谈论过帕蒂两个月以来的行为：她在课堂坐立不安，无法集中注意力，经常走神，不能按时完成作业，成绩也有所下滑，与以前的行为不同。帕蒂在上个月非常喜欢独处，没有参加同学们的课外活动，还和最好的朋友吵了几次架。
>
> 资料来源：Pfeffer, 2000, p. 238.

美国疾病预防控制中心于2010年进行的美国国家青少年危险行为调查统计显示，1991~2009年，在美国9至12年级的青少年中，产生自杀想法的比率显著下降。然而，尽管人数有所减少，但在同一时期，有伤害性自杀企图的青少年人数却显著增加（见表7-7）。伤害性自杀企图（需要医疗救助）的比率，在西班牙裔/拉丁裔的青少年中似乎特别高。虽然更多的年轻男性死于自杀，但女性报告了更多的自杀想法和自杀企图。

1996年，卢因森及其同事对大约1500名

表 7–7　9 至 12 年级儿童和青少年的自杀行为

	有自杀想法的百分比（%）			
	1991		2009	
	男性	女性	男性	女性
白人（非西班牙裔或拉丁裔）	21.7	38.6	10.5	16.1
黑人或非裔美国人	13.3	29.4	7.8	18.1
西班牙裔或拉丁裔	18.0	34.6	10.7	22.0

	因为自杀企图而受伤的百分比（%）			
	1991		2009	
	女性	男性	女性	男性
白人（非西班牙裔或拉丁裔）	1.0	2.3	3.8	6.5
黑人或非裔美国人	0.4	2.9	5.4	10.4
西班牙裔或拉丁裔	0.5	2.7	5.1	11.1

资料来源：美国国家卫生统计中心，2010.

14~18 岁的青少年开展了一项前瞻性纵向研究，也提供了关于青少年自杀行为发生率的信息。共有 19.4% 的青少年曾有过自杀想法，在女性（23.7%）中比男性（14.8%）更普遍，更频繁的自杀想法预示将来的自杀企图，即便是轻微且相对不频繁的自杀想法也有增加自杀企图的风险。

该社区样本中自杀企图的发生率为 7.1%。女性（10.1%）比男性（3.8%）更高。青春期前的自杀企图很少见。大多数女孩的自杀企图包括吞下有害物质（55%）或割伤自己（31%）。男孩使用的方法更多，如吞下有害的物质（20%）、割伤自己（25%）、利用枪支自杀（15%）、上吊自杀（11%）以及其他方法，如向静脉注射空气或冲进车流来自杀（22%）。有些青少年不止一次企图自杀，第一次企图自杀后的前三个月是反复发作的高风险期，在此期间，大约 27% 的男孩和 21% 的女孩企图再次自杀。至少在两年内，这些青少年企图自杀的可能性高于一般人群的预期比率。在 24 个月时，39% 的男孩与 33% 的女孩会再次产生自杀企图。

儿童和青少年容易有自杀倾向，因为他们解决问题和自我调节的能力以及应对应激性环境的能力是有限的。他们可能会面临一些自认为无法控制的、造成巨大应激的情况，他们的认知也有限，难以理解不利且多变的情境。

自杀与精神病理学

自杀被认为是精神障碍的一种症状，尤其是抑郁障碍。事实上，抑郁障碍确实与儿童和青少年的自杀有关，与抑郁有关的无望感也已被证明可预测自杀行为。例如，科瓦切（Kovace）、戈德斯通（Goldston）和加特索尼斯（Gatsonis）在一项纵向研究中发现，患有抑郁障碍的儿童和青少年比患有其他障碍的儿童和青少年企图自杀的比例更高。然而，自杀行为可能与多种疾病有关，自杀风险随诊断次数的增加而增加，双相障碍与自杀风险有显著相关。此外，行为障碍和物质使用障碍诊断在自杀既遂者中也很常见。的确有研究证明，在儿童和青少年自杀死亡者中存在多种诊断差异。因此，尽管抑郁是一个重要的风险因素，但抑郁障碍的存在既不是自杀行为发生的必要条件，也不是充分条件。需要注意的是，专业人士指出，低于障碍诊断标准的问题（例如，与抑郁障碍结合或独立于抑郁障碍的攻击和冲动行为）也会增加自杀行为的风险。

风险因素

不存在典型的自杀儿童和青少年,有多种因素可能会导致自杀。自杀未遂历史是自杀的一个有力预测指标,但儿童和青少年所处的社会环境和他们自身的多种特征似乎是自杀行为发生的风险因素。

有自杀行为的家族史也会提高儿童和青少年的自杀风险。家庭因素(如虐待、父母忽视、沟通不畅)和家庭破裂,也经常被列为危险因素。尽管还需要进一步研究才能确定,但企图自杀的儿童和青少年很可能成长在极度混乱的家庭中。不过,来自家庭、学校或其他机构的高度参与和支持可能会起到保护作用。

其他因素,如校园欺凌、学业高压、社会关系、社会文化的影响(包括枪支武器的易获得性)也被认为是增加自杀风险的原因。媒体对儿童和青少年自杀故事的过度渲染性报道,可能会导致自杀情况的**蔓延**(contagion,即"模仿"或增加自杀行为)。

如上所述,以抑郁、无望感、冲动和攻击性为特征的心理障碍会增加自杀风险。另外,有研究表明,生物因素(如血清素功能异常)和遗传影响也可能导致自杀风险。其他个人风险因素包括人际关系问题、问题解决能力低下和身体疾病。少数民族的性取向可能是一个要特别关注的风险因素。

通常认为,自杀在同性恋青少年中比在异性恋青少年群体中更普遍。没有证据表明同性恋群体的自杀率更高。然而,人们普遍认为这些青少年有自杀想法和自杀未遂的风险。针对大量社区样本的几项研究表明,该群体的自杀风险增加了2~7倍,而且他们的自杀企图更可能达到需要医疗救助的程度。为什么会这样呢?

研究表明,同性恋和双性恋青少年更可能报告属于重要风险因素的经历,例如,他们在学校更容易受到欺凌和伤害。许多临床工作者认为,处理同性恋耻辱感遇到的困难以及由此带来的人际交往困难可能会导致抑郁,而且有报告称,此类青少年的抑郁程度很高。

美国国家青少年健康研究中心进行的一项针对全美青少年代表样本的研究,得出的数据支持以下观点:性取向是产生自杀意念和导致自杀未遂的一个风险因素,在某种程度上属于已知的青少年自杀与风险因素。约 12 000 名青少年在家里完成了这一调查,并以尽量不侵犯隐私和个人秘密的方式提交了有关性和自杀问题的信息。有同性恋倾向(有同性恋情或恋爱关系)的青少年更容易产生自杀想法,自杀企图是同性同龄人的两倍多。然而,值得注意的是,绝大多数有同性性取向的青少年(男性约为85%,女性约为72%)报告没有自杀意念或自杀企图。具有同性倾向的青少年在几项重要自杀风险因素上的得分更高,包括更多的酒精滥用和抑郁障碍、更多的家庭成员和朋友的自杀企图,以及受害经历。这些研究结果和萨文-威廉斯(Savin-Williams)与里姆(Ream)在 2003 年的发现表明,性取向本身并不是自杀企图的风险因素,而是同性取向与所有青少年常见的已知风险因素相互作用会导致自杀风险增加。对于同性恋和双性恋青少年来说,自杀意念和自杀企图的风险因素可能相对更容易起作用,值得特别关注。

重点
非自杀性自伤

当临床工作者和研究者讨论严重的自伤时,这些行为通常包括不成功的自杀企图和没有自杀意图的反复自残,后者通常被称为非自杀性自伤(non-suicidal self-injury,NSSI),包括切割、灼烧、击打、咬伤自己的行为,可能会引起疼痛、流血或瘀伤。

> 对这些行为的区分并不那么简单。对非自杀性自伤与自杀未遂进行区分需要考虑个体行为的意图。临床工作者会仔细询问病患，在实施自残行为时，自己是否真的想要去死。然而，这种区分通常是基于对行为致命性的假设（例如，割伤或灼烧自己与上吊或使用枪支相比，致命性较低）。
>
> NSSI 在青少年早期相对少见，但在青春期增加。据统计，发生率为 5%~25%，女性比男性更常见。
>
> 既然假定没有自杀意图，那么是什么激发了这种行为呢？NSSI 通常是一时冲动，而不是精心策划的行为。2007 年，戈德斯通和康普顿（Compton）提出了儿童和青少年发生 NSSI 的几种原因，所有这些都涉及某种形式的心理困扰。例如，它也许是处理精神障碍（抑郁障碍、焦虑障碍）感受的一种方式，缓解无法忍受的紧张情绪，表达愤怒或挫败感，通过身体痛苦来分散对其他强烈消极情绪的注意力，或者是阻止"麻木"或"空虚"的感觉。在病因方面，NSSI 通常发生在那些生理脆弱、对强烈情绪易感且有严重冲突的家庭关系和同伴关系的个体身上。他们的外部环境不能支持他们管理情绪的尝试，情绪失调使得他们处于 NSSI 的风险中。
>
> 成年人发生 NSSI 是诊断边缘型人格障碍的标准之一。研究表明，青少年发生 NSSI 通常与重性抑郁障碍、焦虑障碍、外化性障碍和物质使用障碍等多种障碍共病。一些研究者和临床工作者认为，在未来的精神障碍分类系统中，应将 NSSI 作为一种单独的障碍，以便对儿童和青少年割伤等自伤行为进行识别和治疗。

自杀预防

美国青少年自杀预防委员会的审查表明，针对儿童和青少年的自杀预防是普遍存在的。最常见的方案是采取普遍的预防措施，即针对特定环境（如学校）中的所有儿童和青少年，而不考虑个人风险。目前有两种类型的普遍预防方案，分别是自杀觉察与教育项目，后者旨在提高学生对自杀行为的意识和认识，并鼓励他们寻求帮助。这些项目试图增强学校工作人员与社区其他成年人对预防儿童和青少年自杀重要性的意识。大多数增强意识和教育的项目只涉及有限次数的简短课程，且常是针对高风险行为的大型课程的一部分。尽管这些项目得到了广泛应用，但其有效性及作用尚不清楚。例如，尽管许多项目报告说学生对自杀的认识有所增加，但其对自杀行为的影响是未知的。

筛选项目旨在确定有风险的儿童和青少年并将其转诊。此项目的假设是，自杀行为和与自杀有关的心理疾病（如抑郁障碍、物质使用障碍）未被发现或治疗。研究者还假定，对高危个体的识别将增加治疗人数，并降低自杀的可能。这些方法的成功与否取决于筛选措施的可用性，这些措施既敏感（即能够发现有自杀风险的个体）又有选择性（即能筛查出没有风险的个体）。筛选的时间（如高中初始阶段、考试前）也会影响识别的准确性。目前，尚不清楚筛选项目是否具有成本效益，或者是否会使高危人群有较高的随访率。识别有自杀风险的儿童和青少年并让其按推荐疗程进行治疗，显然是一个复杂的问题，例如涉及对儿童和青少年的适当鼓励、父母支持和提供高质量的治疗服务。没有明确的证据证明筛查程序可以减少自杀风险因素或自杀行为。

选择性或有针对性的自杀预防项目，旨在预防可能还没有表现出自杀行为但存在自杀倾向的青少年做出过激的行为。例如，这样的项目可能会针对最近有家庭成员或要好的朋友自杀的青少年。这些项目设想暴露在这些环境中的儿童和青少年会增加患抑郁障碍、创伤后应激障碍和自杀行为的风险。这些项目有时被称为"创伤后支持"，通常通过学校实施。我们去发现那些正在寻求支持的悲痛的青少年，去识别那些身处危险之中的青少年，并通过社区的帮助重新让他们的生活步入正轨。尽管这些项目的影响与日俱增，但目前尚无系统性证据来证明其有效性。总体而言，科学有效的评估过程滞后于预防方案的制订和实施。关于青少年和儿童自杀和有效的干预，还有很多需要研究。

第 8 章

品行问题

本章将涉及：

- 对外化性行为/品行问题的描述和分类；
- 对立违抗性障碍和品行障碍的特征；
- 品行问题的流行病学；
- 了解品行问题发展过程的方法；
- 社会心理和生理因素对品行问题发展的影响；
- 儿童和青少年的物质使用障碍、流行病学、病因和发展病程；
- 对有品行问题的儿童和青少年的评估策略；
- 品行问题的治疗和预防。

本章和第9章讨论的内容为外化性行为障碍，代表导致儿童和青少年与他人发生冲突的障碍。与前两章讨论的内化性精神障碍相比，外化性行为障碍更容易被觉察和测量。还有一些术语（"破坏性""冲动""控制""反抗""反社会""行为失调""违规"）也可以用来描述这类问题。虽然我们对这个宽泛的类别有一个综合性的认识，但仍需进一步了解、定义和细分此类行为。

在破坏性行为问题中，专业人士常将注意缺陷、多动和冲动视为一组，将攻击、对立行为和更严重的品行问题视为另一组。我们将在第9章详细讨论前一组，并着重讨论注意缺陷/多动障碍。本章将讨论后一组品行问题，有这些问题的儿童和青少年被转诊到心理卫生服务及其他社会和法律服务机构的比例很高，他们中一部分人的暴力和犯罪水平引起了社会的广泛关注。因此，品行问题成为社会和科学界关注的焦点。

有很多概念是描述这类儿童和青少年的，这里用"品行问题"指代这一类破坏性和反社会行为问题，用"品行障碍"和"破坏性行为障碍"指代符合诊断标准的障碍。"**未成年人违法犯罪**"（delinquency）是刑事司法系统中用来描述表现出品行问题/反社会行为儿童和青少年的法律术语，指的是未成年（通常是指18岁以下）犯重罪或严重违反规则。重罪是指无论是对于成年人还是未成年人来说都是违法的行为（如偷窃、致人重伤、强奸或谋杀）。严重违反规则是仅针对未成年人的（如逃学、与"不道德"的人交往、违反宵禁或有其他不可矫正的行为）。

分类和描述

破坏性行为在发展的各个阶段都很普遍，临床工作者经常听到关于儿童和青少年不服从行为、攻击性行为和反社会行为的抱怨。家长和老师经常描述那些不听从指挥、不服从要求、易怒或爱生气的儿童和青少年。学龄前期儿童经常打、踢

或咬同伴。从小学到初中，这些儿童可能会用各种方法攻击和欺负同伴。许多青少年参与危险行为，使用违禁物品。这些问题很普遍且具有破坏性，成为父母和相关工作人员关注的话题。它们可能会给家长和老师造成极大困扰，在家庭成员之间制造分歧，干扰正常课堂秩序，其中一些极端和持续行为造成干扰和破坏的程度远远超出了正常水平。因此，这些儿童和青少年不仅引起家庭的特别关注，也引起了学校乃至社会的关注。对某些个体来说，这些行为似乎持续存在，也许会从儿童早期持续到成年，并贯穿整个成人期，成为个体的重要组成部分。表8–1概述了通常被成年人描述为有问题的、令人反感的品行问题类型，以及与之相关的 DSM 障碍。

表 8–1　从儿童早期持续到青春期的品行问题及相关障碍

发展阶段	问题行为	相关障碍
童年早期	不顺从 反抗 发脾气	对立违抗性障碍
童年中期	外显行为/内隐行为 反社会行为 关系型攻击	对立违抗性障碍 品行障碍
青少年时期	违法犯罪 物质滥用 高危性行为	品行障碍

资料来源：Dishin & Patterson, 2006.

DSM 方法：回顾

本章所讨论的对立违抗性障碍和品行障碍归属于 *DSM* 中破坏性、冲动控制及品行障碍章节。在 *DSM* 中，除了对立违抗性障碍和品行障碍外，还包括间歇性暴发性障碍、反社会型人格障碍、纵火狂、偷窃狂及其他特定和未特定的破坏性、冲动控制及品行障碍。

间歇性暴发性障碍（intermittent explosive disorder）的特点是反复和频繁的攻击性暴发。攻击

性暴发可能是言语攻击（如发脾气、长篇的批评性发言）或躯体性攻击（如对财产的侵犯，或是对他人或动物的躯体性攻击）。这种障碍代表了一种无法控制攻击性冲动的反复的行为暴发，通常是冲动性的或愤怒的，是非预谋的或事先承诺的，不是为了实现某些切实的目标。攻击性暴发通常迅速起病，很少或没有前驱期，暴发持续时间通常少于30分钟，过程中所表达出的攻击性程度明显与被挑衅或任何诱发的心理社会应激源不成比例。该诊断不适用于六岁以下的幼儿，也不适用于攻击性行为可能由另一种障碍（如双相障碍、破坏性心境失调障碍、适应障碍）更好解释的青少年。

反社会型人格障碍（antisocial personality disorder, APD）的诊断适用于18岁以上表现出持续的攻击性和反社会行为的个体。反社会型人格障碍的基本特征是"漠视或侵犯他人权利的普遍模式"，通常伴随多种非法和侵犯行为。做出APD诊断要求个体在15岁之前具有品行障碍的一些症状的病史。

我们将集中讨论对立违抗性障碍和品行障碍。

案例

亨利：一个幼儿对抗性行为的案例

斯威特太太报告说，她三岁半的儿子亨利出了问题。她认为亨利正常、活跃、聪明，但还是觉得有必要和专业人士聊聊，因为她的朋友和家人对亨利不断加剧的破坏性行为表示了不满。

斯威特太太有两个孩子，除了亨利，她还有一个九个月大的女儿。斯威特太太最开始填写的问卷表明，她认为亨利有大量破坏性行为，但这些行为在她看来并不是问题。在她过去一周的日记中对此有一些描述，例如："亨利用棒球棒打祖父的小腿。""亨利用刀子在厨房墙壁上刮来刮去。"

斯威特先生没有参加最初阶段的访谈，因为他认为问题主要出在妻子身上。斯威特太太表示，亨利的每个发展阶段都算正常，但他从生下来就是个"难搞"的孩子。对于亨利来说，每星期有三个上午在幼儿园度过没有问题，但老师说他们不得不对他"坚决"一些。他去小朋友家玩耍时也很顺利，但当小朋友去他家找他玩时则出现了问题——他异常活跃，总要去做一些大人禁止的事，还经常制造混乱。斯威特先生经常带亨利出去玩一整天，玩得很开心。父亲认为，妻子对亨利的态度应该更坚决一些。斯威特太太将亨利的主要问题形容为"不听话""拒绝按要求做"和"顶嘴"，亨利出现这样的行为主要是针对她，不过也会针对家里的其他成员。

依据斯威特太太的说法，亨利通常可以很轻松地完成一些日常活动，如吃饭和洗澡。但无论对他提出什么要求，他都拒绝服从。为避免他说"不"，母亲不得不重新安排日程，并为此花费了很多时间。然而，这变得越来越不容易做到，因为女儿也需要她多加关注。

在临床观察阶段，亨利身穿迷彩服，头戴牛仔帽，脚穿长靴，拿着两把六发式左轮玩具手枪和一把玩具机关枪，他对医生说："我要射瞎你的眼睛！"医生严厉地说："在我的办公室不可以这样讲话。"他马上懊悔地回应："哦，对不起。"对亲子互动的观察表明，母亲对他提出了许多要求，并试图通过讲道理使他顺从，出现前后矛盾的频率很高；亨利对母亲也提出了许多要求，但很少遵从她的要求。母子俩很喜欢一起玩，他们的行为之间有正强化作用。亨利拒绝遵从母亲的要求去拿玩具，医生要求他整理玩具，他却欣然同意。

医生建议父母双方都参加儿童发展和管理课程。亨利和父母也都参与了治疗，增加积极的亲子互动，设定与年龄相符的界限，提高亨利的依从性，确定前后一致的规则。家长培训时间为六周，进行了两次随访，治疗结束后，亨利依然是"任性"的孩子，但父母双方都认为他的行为是可以接受的，且大多易于控制。

资料来源：Schroeder & Gordon, 2002, pp. 374-376.

DSM 中的对立违抗性障碍

儿童和青少年通常很固执，不遵从要求或指令，并以各种方式表现出对立的行为。亨利的案例表明，并非所有此类行为都会发展为临床问题。

事实上，尤其是对较大的儿童和青少年来说，适当地维护自己的权利是可取的，这可能会促进其发展。那些缺乏技巧、过分反抗和挑衅的行为可能暗示了个体当前或将来会存在一些行为问题。

DSM 将**对立违抗性障碍**（oppositional defiant disorder，ODD）的症状分为三类：愤怒的/易激惹的心境、争辩的/对抗的行为、报复。做出此诊断要求儿童和青少年必须经常（对于个体的年龄、性别和文化而言，症状的频率和持续性超过正常的范围）表现出至少以下症状中的四项：

- 经常发脾气；
- 经常是敏感的或易被惹恼的；
- 经常是愤怒和怨恨的；
- 经常与权威人士或成年人辩论；
- 经常主动地对抗或拒绝遵守权威人士或规则的要求；
- 经常故意惹恼他人；
- 自己有错误或不当行为却经常指责他人；
- 在过去六个月内至少有两次是怀恨的或报复性的。

症状必须持续至少六个月，这些行为的持续性和频率应被用来区分那些在正常范围内的行为。对于年龄不足五岁的幼儿，此行为应出现在至少六个月内的大多数日子里，除非另有说明。对于五岁及以上的儿童，此行为应每周至少出现一次，在过去六个月内至少有两次是怀恨的或报复性的。还要求标注目前的严重程度：轻度（症状仅限于一种场合，最常见于家庭）、中度（症状出现在至少两种场合）或重度（症状出现在三个及以上场合）。

通过为对立违抗性障碍症状分组，DSM 强调这种障碍诊断标准同时包含心境（如愤怒）和行为（如争辩）指标，提示儿童和青少年通常会体现出这种障碍的行为特征而没有负性的心境。然而，显示出愤怒/易激惹心境症状的有这种障碍的个体，通常也表现出行为特征。2009 年，斯特林加里斯（Stringaris）和古德曼（Goodman）指出，对立违抗性障碍所包含的心境和行为特征可预测青少年将来的破坏性/外化性行为障碍，其心境症状也可能对预测以后的内化性精神障碍有独特的贡献。

考虑对立违抗性障碍诊断时，重要的是区分问题层面的行为和心境反应与正常范围内的行为。因此，必须有行为或心境反应的发生频率比同龄人高的判断。此外，对立违抗行为必须给青少年自己或他人（如家人、同伴、同学）带来痛苦，或对其社交、学习或其他重要功能方面带来损伤，才符合诊断标准。

在学龄前期和青少年期，出现与对立违抗性障碍有关的行为的频率会有所增加。虽然在学龄前的非临床儿童中普遍存在类似的心境和行为，但在确定是否为对立违抗性障碍的症状之前，应将这些行为的频率和强度与正常水平相比较。对于父母、老师和临床工作者而言，不顺从是一个实际问题。同样，高水平的不顺从、顽固和对立行为可能代表一些儿童和青少年发展出持续性的反社会行为和其他障碍的早期阶段症状。因此，做对立违抗性障碍诊断应在"将儿童和青少年常见问题过度诊断为障碍"与"忽略潜在严重问题"之间找到平衡，这些潜在严重问题可能是持续性反社会行为或其他障碍的先兆。

DSM 中的品行障碍

品行障碍（conduct disorder，CD）指的是更严重的攻击性和反社会行为。事实上，这种障碍行为所特有的暴力和财产破坏可能会对个人、家庭和社会造成相当大的影响。非攻击性行为（如逃学、偷窃）对个人、家庭和社会也会造成严重的伤害。

品行障碍的基本特征是侵犯他人的基本权利或反复地、持续地违反与年龄相符的主要社会规范或规则的行为模式。DSM 将其分为以下四类：

- 针对人和动物的攻击性行为；
- 破坏财产；

- 欺诈或盗窃；
- 严重违反规则。

攻击性行为包括欺负、躯体虐待、使用武器、残忍地伤害他人或动物、当着受害者的面夺取、强迫他人与自己发生性行为等。破坏财产包括故意纵火与其他蓄意破坏他人财产。欺诈或盗窃包括：闯入他人的房屋、建筑或汽车；经常说谎以获得物品或好处或规避责任；盗窃值钱的物品。严重违反规则包括：尽管父母禁止，仍经常夜不归宿（在不足 13 岁时开始）；曾至少两次离开家在外过夜；经常逃学（在不足 13 岁时开始）。品行障碍的诊断要求在过去的 12 个月内至少有三项上述行为，且在过去的 6 个月内至少出现其中一项。此外，还必须在社交或学业功能方面造成了有临床意义的损害。

这种障碍的亚型是根据起病年龄来分类的。儿童期起病型或青少年期起病型是基于至少一种特征性症状是否在 10 岁以前发生。如果没有足够的可获得的信息来确定首次症状起病于 10 岁之前还是之后，就会标注"未特定起病型"。临床工作者还可根据行为问题的数量及其对他人造成的伤害程度，标注目前的严重程度为轻度、中度、重度。还可这样标注：伴随有限的亲社会情感；缺乏悔意或内疚；冷酷－缺乏共情；不关心表现；情感浅表化或缺乏。这些特质也被称为"冷酷无情的特质"，将在本章后面的"发展病程"小节中进一步讨论。

品行障碍在 DSM 中的症状包括不同的行为。由于诊断只需三种特征性行为，因此诊断可能代表由多种行为组成的不同亚型。在研究调查中应特别关注该障碍的多样性。

关于品行障碍的诊断需要注意很多问题（参见"重点"专栏）。例如，大多数关于品行障碍的研究都集中在学龄儿童和青少年身上。DSM 指出，品行障碍的症状通常出现在儿童中期到青少年中期，因此目前的诊断标准可能不适用于幼童。但也有研究表明，问题行为很早就开始了，早期干预可以预防其持续存在。瓦克斯拉格（Wakschlag）和达尼斯（Danis）于 2009 年建议修改 DSM 标准，以使其适用于学龄前儿童。开展这项工作的挑战之一是要区分在这个年龄段普遍存在的行为问题和更严重的行为，两者可能预测更长期和更持久的精神障碍。

类似地，关于现行品行障碍诊断标准是否同等适用于两性得到了越来越多的关注。男孩被诊断为品行障碍的比例更高（男女比例是 3∶1 或 4∶1）。一些学者质疑这是真正的性别差异，还是出于诊断标准的偏见。实际上，DSM 不包含针对性别的标准，标准中所包含的攻击性行为可能更多地出现在男孩身上，相比于躯体攻击，女孩更倾向于关系攻击。有研究发现，有品行障碍亚临床症状的女孩会继续发展成临床上显著的问题。此研究结果也使"诊断标准对女性是否合适"这个问题得到更多关注。继续将女孩纳入品行障碍研究将为诊断标准的完善提供依据。

重点
品行障碍是一种精神障碍吗

对品行障碍诊断的争议，经常是关于心理障碍或精神障碍构成的争议的一部分。里希特斯（Richters）和奇凯蒂（Cicchetti）试图通过提出马克·吐温笔下的两个角色汤姆·索亚（Tom Sawyer）和哈克贝利·费恩（Huckleberry Finn）是否患有心理障碍来解决这个问题。他们指出，这两个男孩长期的反社会行为足以被诊断为品行障碍，他们说谎、偷窃、攻击他人、逃学、逃跑、虐待动物，小说中镇上的居民从社会道德角度评价两个男孩，但关于他们本质上是好是坏却众说纷纭，没有定论。

品行障碍的病因很复杂。其中一个问题是，是否可以忽视社会/文化背景，把这些反常行为完全归因于个

> 体？从以下摘录中可以看出，DSM 也注意到了这个问题："在将破坏性行为模式视为近乎规范的场所（如在充满威胁、高犯罪区域或战场），品行障碍的诊断有时可能会被误用。因此，应该考虑不良行为发生的情境。"
>
> 如何确定儿童和青少年的行为是对危险情境的反应，还是个体心理障碍的征兆？临床工作者和研究者必须对典型的发展模式与贫穷、压力和暴力环境对反社会行为发展的实际影响保持敏感和清醒的认识。

实证派生综合征

DSM 诊断是一种将问题外化的分类方法。与其他问题一样，有大量证据表明，以维度而非分类的方式将问题外化是有益的。确实存在破坏性行为问题维度上的替代方法。正如第 5 章提到的，实证派生综合征包括攻击、反抗、破坏、反社会等行为，已在大量研究中被确认。这种综合征经常被称为外化性障碍。它的强大之处在于，采用了各种措施、报告代理和设置。对这种广泛的外化性综合征，又进行了小范围的细分。

例如，阿肯巴克和雷斯科拉于 2001 年描述了两种外化性综合征，分别是攻击性行为综合征（如爱争执、损毁物品、不服从、挑起打架）和违规行为综合征（如违规、说谎、偷盗、逃学）。表 8-2 列出了上述两种综合征的特征行为，儿童和青少年可能表现出一种综合征或两种综合征中的行为。阿肯巴克和雷斯科拉指出，多项研究结果支持了区别两种综合征的有效性。例如，有研究表明，攻击性行为的遗传度比违规行为要高。两种综合征的症状也存在发育差异。斯坦格（Stanger）、阿肯巴克与费尔胡尔斯特（Verhuslst）经过纵向研究分析发现，两种综合征的平均得分在 4~10 岁均有所下降；但在 10 岁之后，攻击性行为综合征的得分继续下降，违规行为综合征（以前被称为违规行为）却有所上升。研究者还发现，攻击性行为的稳定性（即特定个体在两个时间点的行为类似）要高于违规行为。这些发现和其他研究表明，对外化性综合征／品行障碍进行分类很重要。

用实证法对品行障碍进行分类还提出了在广泛外向性综合征中将问题行为进行分组的其他方式，不同分组并不是相互排斥的，与攻击性行为／

表 8-2 攻击性行为和违规行为综合征的具体行为表现

攻击性行为综合征	违规行为综合征
爱争执	酗酒
叛逆	无羞耻感
对他人吝啬	违规
要求得到关注	结交坏朋友
损毁自己的物品	说谎、欺骗
损毁他人的物品	喜欢与年龄大的孩子在一起
在家里不服从家长	离家出走
在学校不服从老师	纵火
挑起打架	性方面有问题
攻击他人	偷盗家里的财物
常常尖叫	骂人
暴躁	想太多关于性的问题
容易沮丧	迟到
固执、乖戾	吸烟
心境改变	逃学
爱生闷气	吸毒
猜疑	故意破坏公物
戏弄他人	
发怒	
威胁他人	
吵闹	

注：表中列出的行为条目是基于对测量工具内容的总结而得出的。大多数条目都包含在儿童行为量表（CBCL）、教师评定量表（TRF）和青少年自评量表（YSR）的症状表述中，其他条目是一种或两种测量工具特有的。

资料来源：Achenbach & Rescola, 2001.

违规行为这种分组方式既有区别又彼此重叠。一些分组方式如下。

一种是基于起病年龄的区分，即一组是晚期起病或青少年期起病，主要包括非攻击性和违规行为；另一组是早期起病，包括第一组中的行为和攻击性行为。

还有一种是突出症状分组方式，基于所出现的主要行为问题，分为攻击性的反社会儿童与偷窃的反社会儿童，这种方式尤其能识别出攻击性行为。洛伯（Loeber）和斯托萨摩尔－洛伯（Stouthamer-Loeber）于1998年的研究支持了这种分组方式：根据攻击性行为的社会影响、相关因素、性别差异和发展过程，可将其与其他品行障碍特征行为进行区分。

突出症状分组方式的扩展版提出了范围更广的分组，分为**外显式**（overt）行为（如打架、乱发脾气）和**隐蔽式**（covert）行为（如纵火、盗窃、逃学）。1998年，弗里克（Frick）将其进一步扩展，提出除了外显式和隐蔽式的区别外，还可以分为破坏性行为和非破坏性行为：外显式破坏性行为包括攻击性行为、虐待动物、挑起打架、袭击别人和欺凌；外显式非破坏性行为包括固执、对立或挑衅行为、发脾气和争吵；隐蔽式破坏性行为包括说谎、破坏财产行为（包括盗窃、纵火、故意破坏他人或公共财产）；隐蔽式非破坏性行为包括离家出走、逃学与物质滥用。随着实证法和发展方法对品行问题的进一步深入理解，我们将继续探索更多品行障碍的分组方法。

性别差异：关系攻击

在患病率、发展病程及影响品行问题发展的因素方面都存在性别差异。性别差异最基本的方面是男孩和女孩表达行为问题的方式，许多关于品行障碍的研究都是基于男性样本。我们在第5章曾讨论过聚焦单性别如何影响患病率的估算和障碍的定义。

经常有报告指出，男孩的攻击性明显高于女孩。可这能表明女孩的攻击性行为少吗？克里克（Crick）及其同事对此展开了研究，攻击性的定义是故意伤害他人。他们指出，在儿童的早期与中期，同伴交往往往限于同性，这表明儿童的攻击性行为集中在社交问题最突出的同性同伴群体。在研究外化性行为障碍时，攻击性行为通常指外显式故意伤害他人的身体或言语行为（如打或推、威胁要打人）。有理由认为，这与男孩在儿童期身体机能和身体优势相一致，而女孩更注重培养亲密的成对关系。因此，有一种假设认为，女孩伤害他人的行为可能集中在关系问题上，即故意伤害他人的感情或友情，这种**关系攻击**（relational aggression）的例子如下：

- 故意不让某个孩子参加游戏或其他活动；
- 对他人乱发脾气，并把这个人排除在同伴团体之外；
- 对他人表达不会喜欢某个人，除非这个人听从指挥；
- 对某个人说话刻薄或编造关于这个人的谣言，好让别人讨厌这个人。

关系攻击可能属于隐蔽式反社会行为范畴，从学龄前期到青少年期都有可能存在。此外，关系攻击与同伴排斥、抑郁、焦虑、孤独感和孤立感相关。

因此，广义地定义攻击性行为很重要。首先，仅仅关注身体攻击可能无法识别出有攻击性的女孩。克里克与格罗特比特（Grotpeter）于1995年指出，如果用狭义的身体攻击定义来判断，那么80%以上有攻击性的女孩不会被诊断出。关系攻击的概念挑战了女孩不具攻击性的观点，雅沃达尼（Javdani）、萨戴（Sadeh）与韦龙娜（Verona）于2011年建议，在对研究结果进行无性别差异的解释时要保持谨慎。

对男孩和女孩按年龄估算的攻击性和违规性症状的平均分如图8-1所示。

暴力

儿童和青少年的暴力问题一直是社会关注的焦点。**暴力**（violence）的典型定义是身体攻击的一种极端形式，也可以定义为对他人造成严重伤害的攻击性行为，如严重的恐吓行为、强奸、抢劫与杀人。洛伯和斯托萨摩尔－洛伯于1998年提出，可以将攻击性行为定义为造成较轻伤害的行

图 8-1　对男孩和女孩按年龄估算的攻击性和违规性症状的平均分

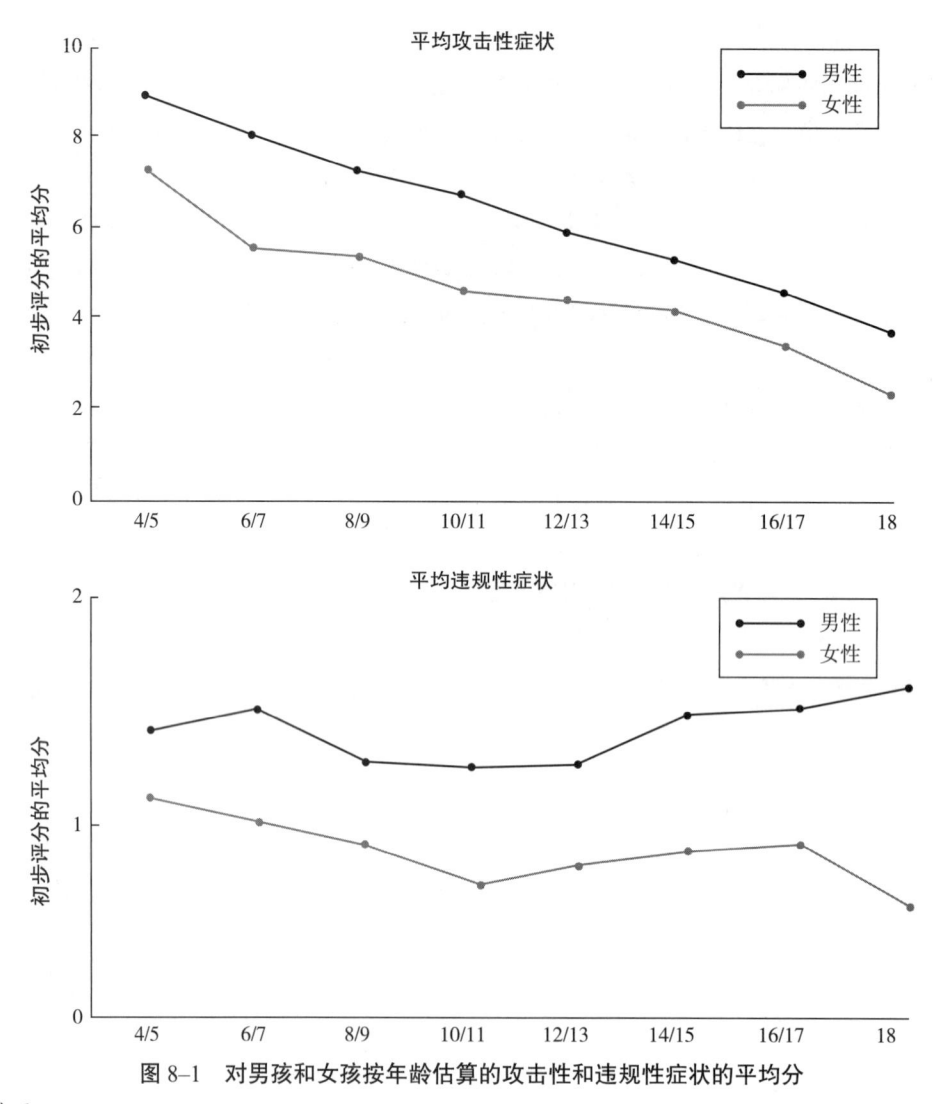

资料来源：Stanger, Achenbach, & Verhulst, 1997.

为。因此，本章中讨论的关于攻击性行为和品行问题的大部分内容，也适用于对暴力行为的理解。然而，其他因素也会影响暴力行为的发展，暴力行为的预防与治疗的需求也可能不同。

当谈到儿童和青少年暴力时，至少会涉及两个问题。第一个问题是，担心青少年是暴力行为的实施者。虽然自20世纪90年代末以来，美国青少年暴力犯罪率已大幅下降，但仍有相当数量的青少年参与了暴力行为。例如，据美国司法部2010年的统计，美国因暴力犯罪被捕的群体中，近15%是未成年人，具体来说，谋杀犯、强奸犯、抢劫犯、严重攻击犯中未成年人的比例分别约为10%、15%、25%、12%。

第二个问题是，儿童和青少年经常成为暴力的受害者。接触暴力的儿童和青少年也面临巨大的风险，这种接触的一部分形式是与暴力同伴的接触，但他们也会接触到成年人暴力和其他多种形式的暴力，通过看电视、电影和玩视频游戏等途径。如果再加上遭受身体虐待、目睹家庭暴力、居住在暴力发生率高的社区的儿童和青少年的数量，情况就更堪忧了。

长期处于暴力环境中，可能导致儿童和青少

年神经系统发育异常，出现与应激唤醒和调节有关的生理系统的失调。与此同时，这些变化会对儿童和青少年产生深远的心理与生理影响。接触暴力的儿童和青少年，无论是受害者还是目击者，都面临着发展出攻击性、反社会性和其他外化性行为障碍的巨大风险，还有患焦虑障碍、抑郁障碍、躯体症状障碍等内化性精神障碍的风险。

提到暴力，学校是最受关注的场所之一。人们一直担心学生把危险武器带进学校以及校园暴力的高发率。在美国发生了几起媒体报道的引起广泛社会关注的校园暴力事件之后，学校和社会感受到了减少暴力风险和保护学生的压力。学校实施了校园规章改革以增加安全，教育学生增加校园暴力危险意识，并着重强调使用非暴力性的社交问题解决策略，同时向有暴力行为倾向的学生提供更多心理服务以降低其暴力倾向。

尽管媒体对校园重大事故的高度关注提高了社会的意识和努力，但也可能引发其他更具争议性的行为，包括在学校安装金属探测器、有些学校管理人员要求学生报告同学的任何奇怪行为，以及各种类似政策。尽管有理由担心校园暴力，但尚不清楚其发生率是否在急剧升高，以及所采取的一些行动是否对青少年产生了负面影响。斯奈德（Snyder）和西克曼德（Sickmund）于2006年指出，仅有一小部分青少年暴力行为是在校园里发生的，青少年暴力犯罪率在上学期间很低，但在放假期间却会上升。因此，在考虑和设法解决校园暴力问题时，应将其放到更大范围的社区和社会暴力的背景中。同时，减少校园暴力的方案应营造良好的校园氛围，在促进儿童和青少年全面发展的同时还要确保他们的安全。

> **重点**
> **纵火**
>
> 据美国司法部于2010年公布的数据，在美国15岁以下的儿童和青少年中，因纵火被捕的人数约占总人数的44%，其他国家的比例与此类似或更高。纵火会造成严重的人身伤亡、创伤后应激障碍症状和财产损失。科尔科（Kolko）于2005年指出，纵火给儿童和青少年、家庭、社会造成了严重伤害。
>
> 因此，科尔科以及兰比（Lambie）、兰德尔（Randell）先后分别尝试将青少年纵火犯进行细分，例如，他们也许在动机上有所不同。在缺乏监管的情况下，一些年轻的纵火者可能因为对纵火有着非同寻常的兴趣而参与纵火。也有学者认为，另一个可能的动机是为了寻求成年人的关注，是一种求救信号。对另一些纵火者而言，纵火也许是其较普通的精神病理的一部分。也可根据纵火的严重程度或持续时间进行细分，或者根据是否与家庭重度功能障碍和更广泛的青少年精神病理有关进行细分。
>
> 然而，比较清楚的是，对于大部分青少年纵火者来说，纵火与存在其他反社会行为有关。纵火是一种隐蔽式行为，因此，纵火也许是一系列隐蔽式反社会行为的一部分，包括破坏财产、偷盗、说谎和逃学。事实上，在社区和临床转诊的儿童和青少年中，隐蔽式反社会行为的程度轻重可用于预测其将来做出纵火行为的可能性。
>
> 虽然只有相当小的一部分有品行问题的儿童和青少年参与纵火，但他们可能有更严重的行为问题。事实上，即使是在那些有严重反社会行为的儿童和青少年中，有纵火行为的个体也会有更极端的反社会行为。纵火者将来被移交到青少年法庭和因暴力犯罪被逮捕的风险，比根据现有品行障碍行为所做出的预测要高。
>
> 引发这些儿童和青少年纵火的因素与引发品行障碍特征行为的因素类似，包括儿童和青少年自身因素（如攻击性、冲动）、父母因素（如缺乏参与、对孩子监控不力）和家庭因素（如家庭冲突、生活压力事件）等。纵火者可能接触了数量更多、形式更极端的风险因素，例如，儿童纵火犯更可能来自有婚姻暴力的家庭，或者有酗酒和虐待宠物的父亲。此外，卡兹丁和科尔科还发现，与非纵火者的母亲相比，纵火者母亲的婚姻适应度更低，心理障碍尤其是抑郁障碍的程度更高。

欺凌

许多人通过亲身经历或文学作品、电视、电影来了解**欺凌**（bullying）问题。1993 年，奥尔文尔斯（Olweus）在斯堪的纳维亚半岛的实验，以及媒体对与欺凌有关的校园暴力事件的关注，引起了社会对这一问题的兴趣。

欺凌的基本特征是力量失衡，包括故意、反复地对那些难以保护自己的人造成恐惧、痛苦或伤害。对欺凌发生率的估算在一定程度上取决于所采用的定义。欺凌在学龄前期开始出现，在小学阶段的儿童中很常见。许多国家的研究结果表明，有 9%~54% 的儿童被卷入欺凌行为中。据 2001 年的统计，来自全美 15 000 多名青少年样本的数据说明了欺凌在中学阶段和中学以后的范围：六至十年级报告中涉及欺凌行为的学生中，约有 30% 报告涉及中度或频繁的欺凌（13% 是欺凌者，11% 是受害者，6% 是二者均有），六至八年级发生的频率高于九至十年级，上述数据与其他研究结果一致。总的来说，报告受欺凌的儿童和青少年比例随着年龄的增长而下降。但戴维-费尔顿（David-Ferdon）和赫兹（Hertz）于 2007 年指出，网络攻击、恐吓、为难受害者的报告不断增多，说明欺凌行为的发生率被低估了。个体的遗传影响及环境影响导致儿童成为欺凌者、受害者，或两者皆是。

与女性相比，男性更有可能既是欺凌者又是受害者，男孩接触更多直接且明显的攻击。间接欺凌可能是散布谣言、操控友谊关系和社交孤立，更难被察觉，女孩接触更多此类欺凌，而不是公开攻击。不过，男孩接触间接欺凌的比率可能与女孩相当。

1994 年，奥尔文尔斯这样描述典型的欺凌者：对同伴和成年人都极具攻击性；对暴力的态度比一般学生更积极、易冲动；有很强的操控他人的欲望；对受害者缺乏同情心；身材比一般人更强壮（如果是男孩）。并非所有具有很强攻击性的个体都是欺凌者，二者之间的区别以及欺凌基础形成的过程仍需进行更多研究。

与其他学生相比，典型的受害者更焦虑不安，更没有安全感，他们谨慎、敏感、安静、没有攻击性，且饱受低自尊的困扰。男孩受害者可能身体更弱。这些顺从且生性随和的儿童和青少年，似乎更容易成为被欺凌的对象，他们在班级里没有好朋友，尤其是没有受欢迎的朋友。2001 年海斯曼奖杯得主艾里克·克劳奇（Eric Crouch）是一名杰出的大学橄榄球运动员，一篇关于他的采访稿说明了拥有受欢迎朋友的重要性：

令艾里克的母亲感到骄傲的是，儿子作为一个受欢迎的学生，经常会和那些被人戏弄的同学做朋友。"我和他们聊天，成了他们的朋友，他们就再也没被戏弄了。"艾里克这样告诉母亲。

除了免受伤害外，亲密朋友的支持也可以缓解伤害的影响。

解决欺凌问题显然很重要，欺凌可能是更普遍的反社会品行障碍发展模式的一部分。因此，欺凌者有出现更多行为问题的风险。实际上，奥尔文尔斯在报告中指出，六至九年级被归类为欺凌者的男生，在 24 岁之前，60% 有至少一项被记录在案的罪行，35%~40% 有三项罪行；相比之下，对照组只有 10%。

欺凌对受害者的负面影响也表明了早期干预的重要性。反复伤害可能会给他们带来巨大应激，

◎ 男孩中的欺凌以身体攻击与威胁为主。

"泰勒，你打算怎么办？是交出午餐钱还是继续挨骂？"

并对其中一些个体造成相当大的负面影响。例如，萨格登（Sugden）等人于2010年发现，某些儿童特别容易受到欺凌的影响。5-羟色胺转运体（5-HTT）基因的一种特殊变体与应激事件暴露的心境障碍风险有关，经常受欺凌、有这种5-HTT基因特殊变体的受害儿童，与其他基因型的受害儿童相比，在12岁时更有可能表现出心境障碍，即使是在控制了受害前的心境障碍和其他风险因素的情况下也是如此。受害者会遭遇各种负面结果，尤其是抑郁和孤独感。

受害者是一个在很大程度上被学校管理人员忽视的群体，他们的父母可能也未意识到欺凌对孩子的影响。可以设想一下，在多年的学校生活中一直处于惊恐、焦虑、感觉不安全的状态会对一个人产生多么大的影响。他们中的一部分有很高的自杀风险。亨利的案例说明了受害者遭受的痛苦。

案例
亨利：一个受欺凌的受害者的案例

13岁的亨利是一个安静敏感的男孩，几年来不时受到一些同学的骚扰和攻击。在过去的几个月，这些同学对他的攻击更加频繁，也更加严重。

他的日常生活充满了不愉快和屈辱的事：课本被人从书桌上推下来，欺凌者折断他的铅笔，往他身上扔东西，当他偶尔回答老师问题时，他们大声地嘲笑他。甚至在课堂上，他们也会喊他"蠕虫"。

对此，亨利通常不会回应，只会坐在那里面无表情地、被动地等着下一次攻击。当这种情况发生时，教师常常会看向别的方向，有几个同学也会为他感到难过，但没有一个人会竭尽全力保护他。

一个月前，他被迫穿着衣服洗澡。两个欺凌者还多次威胁他，管他要钱，让他帮他们偷烟。一天下午，在被迫躺在学校小便池的排水管上之后，他默默回到家，翻出一瓶安眠药，抓了一把吞了下去。当他被父母发现时，他躺在客厅的沙发上，昏迷不醒，但还活着。桌上有一张他留下的纸条，写着他再也忍受不了了，他觉得自己一无是处，相信没有他的世界会更美好。

资料来源：Olweus, 1993, pp. 49-50.

流行病学

品行障碍是最常见的儿童和青少年的问题之一。因受方法学与定义因素的影响，很难估算确切的患病率。据美国心理学会于2013年采用 DSM 标准的调查研究显示，对立违抗性障碍患病率为1%~15%，中位数是3.3%；品行障碍患病率为2%~10%，中位数是4%。一项具有全国代表性的美国成年人大型抽样调查的回顾性报告表明，儿童和青少年时期对立违抗性障碍的终身患病率为10.2%。

性别、年龄与背景

男孩比女孩更容易被诊断出品行障碍，男女患病比例约为3:1或4:1。由于 DSM 中品行障碍的诊断标准强调"男性化"的攻击性行为（如身体攻击），因此女孩的品行障碍可能被低估了。男孩对立违抗性障碍患病率更高，但尚不清楚该障碍的性别差异度，DSM 诊断标准对女孩的适用性也受到了质疑。图8-2说明了基于英国全国代表性样本，对立违抗性障碍与品行障碍患病率的性别和年龄差异情况。

经常有报告表明，男孩和女孩的品行障碍患病率均随着年龄的增长而升高。还有一些报告显示，由于女孩在青春期前后的特殊风险，性别差品行障碍行为/违法犯罪行为与社会阶层和社区之间确实存在关系，但可能比以前认为的关联性更小，上述差异对儿童和青少年品行问题特征行为的影响可能会因父母良好的教养方式等因素的影响得到调节。

共病模式

2007年，美国儿童与青少年精神病协会（American Academy of Child and Adolescent Psychiatry）指出，患破坏性障碍的儿童和青少年往往也符合其他障碍的诊断标准。大多数患品行障碍的儿童和青少年也符合对立违抗性障碍的诊断标准。一项针对临床转诊的7~12岁男孩的发展趋势研究中，符合品行障碍诊断标准的男孩中，有96%也符合对立违抗性障碍的诊断标准。对立违抗性障碍和品行障碍报告的平均起病年龄分别为6岁和9岁，这意味着患品行障碍的男孩出现这种障碍之前，其行为是以对立违抗性障碍为特征的，而后随着其他反社会行为出现而发展为品行障碍。然而，对立违抗性障碍也并不总是会发展为品行障碍，在初次评估时患有对立违抗性障碍（但无品行障碍）的男孩中，25%在两年后没有发展为品行障碍。在第一年，患有对立违抗性障碍的男孩，大约一半在第三年继续符合对立违抗性障碍标准，而大约25%不再符合对立违抗性障碍标准。因此，虽然多数品行障碍患者符合对立违抗性障碍的诊断标准，但多数罹患对立违抗性障碍的儿童和青少年并没有发展成为品行障碍。

对立违抗性障碍、品行障碍与注意缺陷/多动障碍并存的现象很常见。1999年，约翰斯顿（Johnston）和奥汉（Ohan）估算，在被诊断为注意缺陷/多动障碍的儿童中，有35%~70%发展为对立违抗性障碍，30%~50%发展为品行障碍。当这些障碍同时出现时，注意缺陷/多动障碍似乎比其他障碍发展得更早。可以推测，注意缺陷/多动

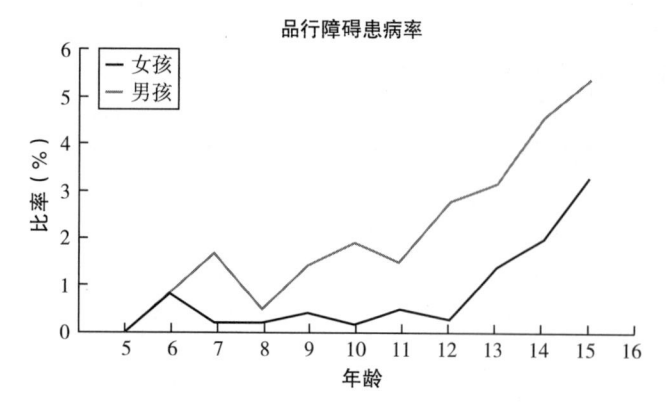

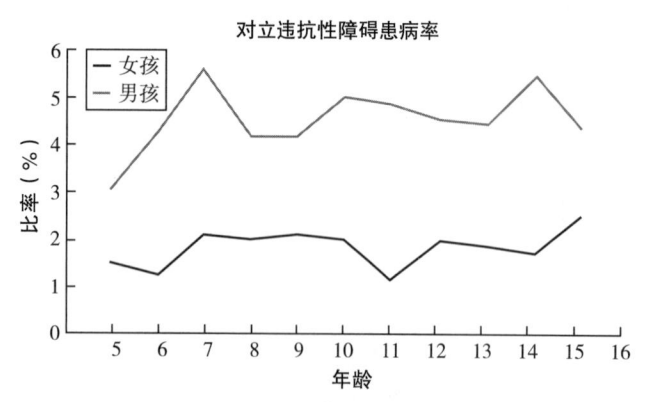

图8-2 不同年龄和性别的品行障碍与对立违抗性障碍的患病率

资料来源：Maughan et al., 2004.

异在15~17岁期间暂时缩小。有些报告指出，随着年龄的增长，对立违抗性障碍减少，但研究结果并不一致，可能是受到现行诊断方法的影响。

民族与社会经济差异方面的报告有很多。然而，2006年罗伯茨及其同事研究了11~17岁的非裔、欧裔和墨西哥裔美国儿童和青少年中是否存在破坏性行为障碍或注意缺陷/多动障碍。结果发现，此类问题的患病率并不存在民族差异，但贫穷和高犯罪率社区的压力等环境因素会增加品行障碍的风险，而且城市地区的患病率高于农村地区。美国官方报告也经常显示，低社会阶层和少数民族及其周围社区的儿童和青少年犯罪率更高，这种差异可能是因为选择特定群体作为起诉对象而造成的，说明应考虑官方以外的定义。然而，基于替代方法的评估（如自评量表）存在其他方法上的困难。虽然还需要更多研究文献来证明

障碍的冲动、注意缺陷和多动对父母教养提出了特殊的挑战。当教养能力有限时，可能会慢慢形成一种不服从和互相反感的亲子互动模式。因此，养育有注意缺陷/多动障碍的儿童的挑战可能在对立违抗性障碍行为发展的早期起到了一定的作用，并可能在整个发展过程中使对立违抗性障碍/品行障碍行为继续存在并加剧。亲子关系只是潜在可能的机制之一，注意缺陷/多动障碍的存在会增加对立违抗性障碍/品行障碍的风险。然而，一项关于双生子研究的结果表明，虽然注意缺陷/多动障碍、对立违抗性障碍和品行障碍均受到遗传和环境因素的影响，但这三种障碍共病可能是受到同一环境因素的影响。这一发现与教养方式具有潜在影响的结论相一致。不管影响这些障碍共病的因素是什么，破坏性行为障碍和注意缺陷/多动障碍共病是发展为更持久、更严重的品行问题的一个可能途径。

此外，有破坏性行为障碍的儿童和青少年通常会经历其他困难，包括物质滥用问题。有攻击性的儿童也经常被同龄人排斥。有持续性品行障碍的个体也经常被认为有某种神经认知障碍，学业成绩也较差。社区和临床样本报告中，特别提到他们在阅读及其他语言技能方面的缺陷，以及**执行功能**（executive function）（在处理信息和解决问题中发挥作用的高级认知功能）的缺陷。这些缺陷和品行障碍是如何联系在一起的是一个复杂的问题，也引发了许多问题。认知与语言障碍以何种方式促进行为障碍的发展呢？这些缺陷、品行障碍与学习成绩差之间有什么关系？这些缺陷在多大程度上与注意缺陷/多动障碍有关？其特征是否只是代表品行障碍和注意缺陷/多动障碍共有的一种亚型？

在患有破坏性行为障碍的儿童和青少年中，内化性精神障碍的患病率也高于预期。事实上，有些研究认为，外化性行为和内化性精神问题的早期共病与长期负面影响的高风险相关。对品行障碍与焦虑障碍共病患病率的各种估算结果差异很大。此外，有关二者之间关系的文献还不多，且常常会相互矛盾。一个关键的问题是，焦虑是增加还是降低了品行障碍行为的风险？无论情况如何，焦虑障碍与品行障碍的共同发生都很可能是由多种因素造成的。

抑郁障碍与品行障碍共病也很明显。1995年，卢因森、罗德（Rohde）与西利（Seeley）在较大的青少年社区样本中发现，38%的罹患破坏性行为障碍（品行障碍、对立违抗性障碍或注意缺陷/多动障碍）与重性抑郁障碍共病。在临床样本中，约有33%的儿童和青少年同时患有行为障碍和抑郁障碍。在社区和诊所群体中，男孩比女孩共病的患病率更高。许多因素有助于解释这种现象，二者可能互为风险。例如，频繁的失败和冲突经历可能导致有品行问题的儿童和青少年患抑郁，与对立行为相关的负面影响可预测后来的抑郁，在某些个体中抑郁也可能表现为易激惹、愤怒、反社会行为。或者，由于遗传和环境等共同因素的影响，这些障碍可能同时发生。

发展病程

品行问题的稳定性

品行问题的一个重要方面是，某些个体会随时间的推移而趋于稳定。大量证据表明，早期的品行障碍行为与之后出现的攻击性行为、反社会行为及一系列不良的心理和社会性情感有关。

然而，反社会/品行障碍的稳定性或连续性是一个复杂的问题。似乎并不是所有儿童和青少年都会持续表现出攻击性和反社会行为（参见"重点"专栏）。面临的挑战是描述连续性与非连续性的模式和反社会行为之间的转变形式，以及确定随着时间推移影响反社会行为轨迹的变量。专家们提出了观察行为/反社会行为问题的发展轨迹的各种方法。我们将讨论其中的两个，用以说明关于发展轨迹的思考。

> **重点**
> **冷酷无情的特质**
>
> 已有研究在努力识别儿童和青少年品行障碍/反社会行为的亚型。那些较早起病且持续一生都有极端反社会行为和攻击性行为的个体得到了特别关注。研究发现，冷酷无情的特质是此类潜在子群的基础，*DSM-5* 中关于品行障碍的诊断标准也指出，可使用"有限的亲社会情感"对潜在子群进行标注。
>
> **精神病态**（psychopathy）是一种与反社会人格障碍相关的个性特征，其特质被描述为缺乏共情、诡诈、傲慢、操纵人际关系、冲动和不负责任的行为方式。精神病态常与具有极端暴力、残忍的反社会行为的成年群体联系在一起。萨莱克因（Salekin）于2006年指出，儿童和青少年精神病态的关注和争论也已开始发展，很大程度上集中在冷酷无情的特质上。
>
> **冷酷无情的特质**（callous-unemotional traits，CU）是指一种有问题的情感体验的维度，一直被视为成年精神病态的一部分。这个维度包括缺乏内疚、缺乏共情、无情地利用他人为自己谋利等属性，已扩展应用于儿童和青少年，并已制定措施对儿童和青少年进行评估。研究表明，CU是足够稳定的，可以考虑将其作为个体在整个发展过程中的特质，并能预测成人精神病态。不过，值得注意的是，虽然CU相对稳定，但在一些最初CU得分高的儿童和青少年身上，确实出现了CU得分下降的现象。
>
> 对儿童和青少年的研究表明，CU与品行障碍、攻击性和犯罪行为有关。一项特别引人关注的研究发现，在反社会儿童和青少年的样本中，CU对于识别更具攻击性、表现出更稳定的问题行为模式、更容易过早犯罪、日后反社会和犯罪行为的风险更高的群体非常重要。此外，有研究证明，它与其他行为问题/反社会个体的风险因素和发展过程不同。
>
> 例如，关于有稳定CU的儿童和青少年与其他反社会儿童和青少年不同的观点，已被一些关于多种基因影响CU的研究所证实。如维丁（Viding）及其同事分别于2005年和2008年展开了相关研究，以大量双生子儿童为研究对象，在他们七岁时调查儿童期起病的反社会行为的遗传性，在他们九岁时又追踪了一次，发现CU水平高的个体在两个时间点的早期起病的反社会行为的遗传性都比CU水平低的个体更高。
>
> 弗里克和怀特（White）于2008年的研究也支持了CU具有与品行障碍和反社会行为不同的特征的说法。这些特征包括处理消极情感刺激的缺陷、认知特征（如对惩罚不敏感、对与同伴争斗的结果有更积极的预期），以及无所畏惧、寻求刺激和焦虑/神经质水平低等人格特征。总之，这些研究表明，可能存在一个反社会儿童和青少年子群，他们因具有CU而发展出独特的个性，进而发展出更持久和更严重的攻击性和反社会行为。然而，需要特别注意的是，影响可能是双向的。例如，个体的CU可能会影响父母对其的教养方式，而教养方式也可能会影响CU表达的发展过程。

起病年龄

很多研究发现，早期起病与更严重、更持久的反社会行为有关。很多学者针对反社会行为提出了两种主要的发展模式，一种在儿童期起病，另一种在青少年时期起病。

儿童期起病

儿童期起病发展模式（childhood-onset developmental pattern）与品行障碍行为稳定性的观点相符。莫菲特（Moffitt）把这种模式称为"终生持续的反社会行为"。儿童和青少年研究的文献资料及对反社会成年人的回顾性研究都与此观点相一致，即在特定的儿童和青少年群体中行为障碍具有稳定性。不过，需要注意的是，大量早期出现反社会行为的儿童并未遵循这种模式。儿童期起病模式比青少年期起病模式更少见。遵循这种模式的个体从幼儿园开始就更有可能出现其他问题，如注意缺陷/多动障碍、神经生物学与神经认知缺陷及学业困难等。这些早期困难可能是这个发展模式的起点，儿童期起病的特征是儿童和青少年时期持续的破坏性和反社会行为。对某些个体而言，可能导致成年后的反社会人格障碍及其他负面结果。

虽然某些起病较早的儿童和青少年的问题行为具有稳定性，但反社会行为在发展过程中也会发生实质性的改变。1993年，欣肖及其同事描述了反社会行为的异型连续性：

> 学龄前，随意乱发脾气、固执地拒绝大人教导的儿童。上学后，将与其他孩子打架，对老师说谎。接下来，他们还会破坏学校财物，虐待小动物，非法闯入别人家中盗窃贵重物品，酒精成瘾。成年后，他们会强迫相识的人发生性关系，写空头支票，工作和婚姻混乱。

有些性情乖戾的个体甚至可能更早起病（如在婴儿期起病）。然而，要对幼儿的破坏性行为特征进行更好的描述，还需要进行更多的研究。

青少年期起病

达尼丁多学科健康与发展研究（Dunedin multidisciplinary health and development study）阐明了**青少年期起病发展模式**（adolescent-onset developmental pattern）。对新西兰的一组同年出生的儿童和青少年进行的前瞻性研究显示，与11岁相比，15岁时出现非攻击性行为问题的患病率大幅增加，但攻击性行为并没有增加。他们表现出很明显的行为问题，例如，因违法犯罪而被逮捕的可能性与儿童期起病的罪犯相同，但犯罪行为没有后者的攻击性强。女性多为青少年期起病，而11岁时出现品行障碍的人中以男性居多。这种通常在青少年期出现的非攻击性反社会行为与儿童期起病患者的反社会行为形成了对比。

青少年期起病是相对更常见的发展模式，这种模式的个体在儿童期很少有反抗或反社会行为。在青少年期，他们开始从事非法活动，虽然大多数只是表现出孤立的反社会行为，但有些个体的反社会行为足以被诊断为品行障碍。然而，这些反社会行为不太可能持续到青少年期以后，因此有时也被称为青少年限制行为。他们中的一些个体的确在以后的生活中仍然有行为问题，监禁或教育中断等经历可能会导致更多负面结果，但不像病情持续终身的个体那么严重。重要的是辨别成年期时停止了反社会行为的个体和持续甚至升级反社会行为的个体，找出造成这种差异的原因。

发展路径

除了按起病年龄分类外，按照品行问题的发展进行分类的概念模型也得到了高度关注。洛伯于1988年建立了一个模型，展示了一些可能塑造个体品行障碍发展过程的属性。这个模型表明，较轻的行为会发展为较严重的行为，按层级进阶，但只有部分个体会进入下一个阶段，其特征是反社会行为的逐渐多样化，处在发展之中的个体会表现出新的反社会行为，同时保留先前的行为而不是取代，发展速度是因人而异的。

洛伯的三种发展轨迹模型

洛伯及其同事提出了一个模型，此模型将反社会行为沿多条路径概念化。基于对市中心贫民区儿童和青少年进行的纵向研究，根据前文描述的问题行为之间的区别，洛伯提出了以下三种发展模式（见图8-3）。

- 显性模式：先是轻微的攻击行为，然后是肢体冲突，接着是暴力；
- 隐性模式：先是轻微的隐性攻击行为，然后是破坏财物的行为，接着是中等到严重的犯罪行为；
- 12岁以前的权威冲突模式：包括一系列倔强的行为、叛逆行为和回避权威。

个体会按一种或多种模式发展。如图8-3所示，进入权威冲突模式通常比进入其他两个模式要早，而且并不是所有个体都是在其发展模式中一步一步发展的，进入较晚阶段的人数少于进入较早阶段的人数。

研究者正致力于描述反社会、品行障碍行为的发展模式。与此同时，他们还试图找出决定问题行为发展的影响因素和导致反社会行为持续或停止的因素。

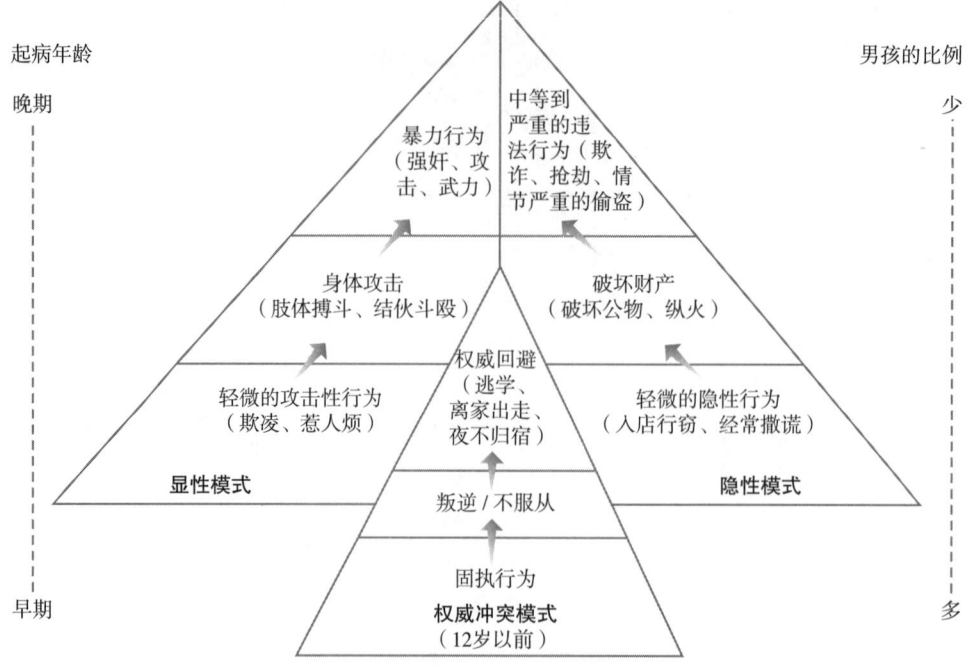

图 8-3 男孩问题行为与违法行为的三种发展模式

资料来源：Loeber & Hay, 1994.

病因

品行问题的发展涉及多种影响因素的相互作用。2000年，洛伯与法林顿（Farrington）提供了一份儿童攻击性行为和之后违规行为的风险因素的分类列表实例（见表 8-3）。尽管此类列表提供了大量信息，但在品行问题的发展过程中，各种影响因素的作用机制相当复杂。本书分别介绍了几种影响因素，但要时刻牢记，因果关系的解释往往涉及交互影响和影响变量。每组影响因素也许都会直接或间接地对行为的发展和反社会行为产生影响。尽管我们会将重点放在个体、关系和生物学影响上，但这些影响因素所在的大环境也不容忽视。

社会经济背景

多项研究结果表明了更大的社会环境背景的重要性，如贫困对反抗和行为问题的影响已经在几个民族群体中得到证实（参见"重点"专栏）。与贫困相关的影响因素（如社区环境）也受到了关注。英戈尔兹比（Ingoldsby）和肖（Shaw）于

表 8-3 儿童攻击性行为和之后违规行为的风险因素的分类列表实例

儿童因素
- 冲动行为
- 活动过度（当与破坏性行为共同出现时）
- 早期攻击性行为
- 早期起病的破坏性行为

家庭因素
- 父母的反社会行为
- 父母缺乏教养子女的经验与实践
- 父母忽视与虐待
- 母亲的抑郁障碍
- 社会经济地位低

学校因素
- 与叛逆的兄弟姐妹和同伴共处
- 被同伴排挤

邻里与社会因素
- 社区条件较差和贫困
- 社区混乱
- 易获得武器
- 媒体曝光暴力事件

资料来源：Loeber & Farrington, 2000.

2002年研究了居住在落后社区的风险。这样的社区往往缺乏经济及其他资源，社会环境混乱，种族分裂，局势紧张。这些因素很可能会增加接触邻居暴力的风险，加入以邻里为基础的违规同伴群体中，进而导致个体早期反社会行为的风险增加。研究还发现，可感知到的歧视会加剧非裔美国儿童和青少年的环境影响风险。社会经济及其他不利因素可能反映了一个过程，在其中，不良个人、家庭、学校和同伴因素共同增加了儿童和青少年出现行为问题的概率。家庭、同伴和学校因素的积极影响也会起到保护和减轻不利影响的作用。

> **重点**
> 脱离贫困
>
> 2003年，科斯特洛（Costello）及其同事提出了自然实验法，用来研究贫困对品行问题的影响。大烟山研究（The Great Smoky Mountains Study）调查了来自美国北卡罗来纳州儿童和青少年的心理障碍发展情况和心理健康服务需求。研究者用了八年从儿童样本中收集了数据，其中有25%是美洲印第安儿童。在这八年间，有一家赌场在印第安人保留地开业，带动了这个地区所有印第安家庭收入增加。这样一来，就可以对家庭脱离贫困、持续贫困和从未贫困的儿童进行比较。研究者发现，家庭脱离贫困的个体症状明显减少，而其他儿童则没有变化。家庭脱离贫困的儿童现在的患病率几乎和家庭从未经历过贫困的儿童一样低，后者患病率比家庭持续贫困的儿童患病率要低。这种效果是专门针对对立违抗性障碍和品行问题的，不包括焦虑障碍和抑郁障碍。研究者经过深入分析后得出这样的结论：问题的减少归因于家长有更多的时间照看孩子。这项研究中很关键的一点是，脱贫并不是由家庭或儿童的特点造成的，因此可以更清楚地将结论归因于脱贫本身。

习得性攻击行为

杰拉尔德·帕特森（Gerald Patterson）于1976年指出，攻击性是品行障碍定义的核心部分，即使是在正常发展的儿童中也常会存在。儿童显然会因为这类行为受到强化而习得攻击性行为，也会通过模仿具有攻击性的榜样来学习。儿童能够间接地学习新的攻击性反应，接触具有攻击性的榜样会使其原本就有的攻击性反应更容易发生，也就是说，会发生脱抑制攻击性行为的去抑制情况。此外，除了学习特定的攻击行为之外，他们还会习得攻击性/敌意的人际互动脚本。

实际上，儿童和青少年身边有很多攻击性行为的示范。对配偶进行身体攻击或体罚孩子的父母就是一种示范。其实，表现出过度攻击性或反社会行为的儿童，他们的同胞、父母甚至祖父母就很可能有品行问题的病史以及攻击性和犯罪行为的记录，并且在家中接触攻击性行为的概率特别高。攻击在电视节目和其他媒体中也无处不在。

家庭影响

家庭环境在品行障碍的发展中起着重要作用。如前所述，在有品行问题的家庭中，报告儿童和青少年反常或犯罪行为的发生率很高。纵向研究结果表明，这种行为具有家庭代际稳定性。这样看来，有品行障碍的儿童可能是不正常家庭系统的一部分，涉及许多家庭变量，包括家庭社会经济地位低下、大家庭成员、父母关系破裂、教养方式不当、父母虐待或忽视、父母患心理疾病等。下文着重介绍其中几个影响因素。

亲子互动与不服从

亲子互动方式会引发品行障碍行为，目中无人、固执和不听话往往是最先出现的问题。考虑到这些在临床和非临床家庭都有可能发生，究竟哪些因素导致某些家庭的儿童患病率更高呢？有研究结果表明，父母指令的数量和类型是其中一个可能性因素。临床转诊的儿童，父母对其有更多的要求、提问和批评。以含糊不清、愤怒、羞辱或唠叨的方式提出的禁令和要求也不太会使儿童服从。父母的反应也会影响儿童的不服从行为，对不服从行为的消极反应（延迟）和奖励与对恰当行为的关注，似乎会使不服从行为居高不下。

帕特森及其同事的研究

帕特森及其同事从社会互动学习的角度提出了俄勒冈模型（Oregon model），这是一种针对有攻击性反社会儿童的家庭的发展性干预模式。虽然这个模型认识到儿童的个性也起到了一定的作用，但其关注的重点是社会背景。

要想改变儿童的攻击性行为，就必须改变儿童生活的环境；要想了解和预测儿童将来的攻击性行为，主要措施就是改变那种误导并维持孩子有叛逆行为的社会环境。问题就在社会环境上。要想改变儿童，就必须系统地改变其生活的环境。

帕特森提出了强迫理论，用以解释问题行为模式的发展路径。对临床转诊家庭的观察表明，身体攻击行为不是孤立的行为，而是往往伴随着一系列有害行为，用来控制家庭成员，这个过程被称为**强迫**（coercion）。强迫过程是如何发展起来的？为什么会发展起来呢？

原因之一是父母缺乏恰当的家庭管理技能。帕特森指出，父母在儿童管理方面的缺陷会导致家庭内部的强迫性互动日益增加，并引发外显式反社会行为。强迫过程的核心概念是**负强化**（negative reinforcement）和**强化困境**（reinforcement trap）。举例如下。

- 儿童在超市发脾气，母亲屈服，给他买了一块糖。
- 短期效果是母子双方都满意：
  - 儿童会利用某个让母亲反感的举动（发脾气）来达到预期目标（糖果）；
  - 母亲的让步终止了这个让她反感的事件（孩子发脾气和她的尴尬）；
- 父母会为短期效果付出代价，长期后果是：
  - 虽然母亲立即获得了片刻安宁，却增加了孩子将来发脾气的可能性；

◎儿童为了得到自己想要的东西会做出让人反感的举动。如果父母不断让步，就会形成强迫模式的家庭互动方式。

- 母亲还受到了负强化，即将来在面对孩子的发脾气行为时，她更有可能做出让步。

除了负强化困境外，强迫行为也可以通过直接的正强化而增加，攻击性行为也许会获得社会的认可。

将互惠概念与强化概念结合考虑，有助于增进对攻击与强迫的习得及维持的理解。儿童早在幼儿园时就能很快学会，如果受到侵犯，攻击对方就可以让自己不再受侵犯。此外，被攻击的受害者也能从这种经验中获得启发，并在将来更有可能发动攻击。但是不断升级的强迫行为会导致最终的受害者屈服，从而提供了一种负强化因素，进而增加"赢家"将来会形成更严重强迫过程的可能性，以使受害者更快让步。在临床家庭中，强迫性的互动随着时间和环境的变化而稳定。

强迫过程和无效教养方式是帕特森的干预项目和不断进化的发展模型的基础。除了描述家庭反社会行为的"训练"外，这个模型还描述了反社会行为与不良同伴关系及其他不良后果之间的关系。这个模型表明，不良教养方式会引发反社会行为中的核心内容——强迫和不服从，进而诱发其他破坏性行为。研究者进一步推测，其中的每种不良结果都预测个体将来会沦为叛逆群体中的一员。

在随后的过程中，隐蔽的反社会行为得以继续发展并"添加到"显性/攻击性行为之中。隐蔽的问题行为可能会发展成一种避免严厉教养方式的手段，也可能是同伴强化的结果。

之后，帕特森及其同事使得这些观点不断扩展，加入了一系列变量（如贫困、压力、高犯罪率社区），这些问题与反社会行为联系在一起。这个复杂理论模型的核心是父母管理训练模型（parent management training），即俄勒冈模型。这个模型中的教养培训旨在减少强迫性教养实践并增加积极的教养经验。

关于教养实践的例子，需要关注教养纪律和教养监控，二者均会促成儿童的反社会行为，并同时受其影响。父母的**教养纪律**（parental discipline）由一系列相关技能来界定：问题行为的精准追踪和分类，忽略不重要的强制性事件，运用积极有效的结果来满足孩子的需要和请求。研究发现，问题儿童的父母与其他父母相比，在对反常行为进行分类时更具包容性，因此他们在跟踪和分类问题行为的方式上有所不同。对那些强迫性比较低的或被其他父母视为中性的、可忽略的行为，他们却会"抱怨"（唠叨、生气地责骂）。当反社会行为孩子不服从时，这些父母无法满足孩子的要求；当孩子听话时，他们也没有给予相应奖赏。

教养监督（parental monitoring）对于防止反社会行为的发展和持续也很重要。儿童脱离父母监督的时间随着年龄的增长而增加，脱离监督时间的长短与反社会行为呈正相关关系。帕特森这样形容那些接受治疗的儿童家长："他们几乎不知道孩子在哪里、和谁在一起、在做什么、什么时候回家。"这种情况的发生可能源于家长的各种顾虑：一是即使问题行为就发生在眼前，他们也没有成功控制局面的经验；二是询问这些问题可能会导致他们想尽力避免的冲突，他们认为自己的参与并不会从孩子或社会机构（如学校）那里得到积极的反馈。

值得注意的是，在这个模型中，父母和孩子的行为是互相影响的，因此，孩子的行为也会影响父母的行为和教养实践。

多代家庭的影响与父母精神障碍

为什么有些家庭管理不合理呢？这个问题引起了专业人士的关注。帕特森假设，随着时间的推移，家庭管理技能会受到许多变量的影响。错误的教养经验会代代相传，在某种程度上解释了反社会家庭教养特征的共性。同时，帕特森的研究及其他研究发现了家庭外的压力（如日常争吵、负性生活事件、财务困境和家庭健康问题）与教养经验之间的关系。社会地位低和生活在需要高水平教养技能的社区也会使一些家庭面临风险。此外，父母的精神障碍也与教养实践不当有关。本身就有反社会障碍的父母，他们的教养经验（如间歇性惩罚、父母参与度低）与品行障碍行为的发展密切相关。此外，父母酗酒会降低其对孩子行为提出反对意见的阈值，并与对孩子监控不力和父母参与度低有关。图8-4中的模型展示了家庭背景下与反社会行为相关的医学模式。

婚姻不和

父母冲突和离异，在有品行问题的儿童和青少年家庭中是很常见的现象。影响父母关系的主要原因是会导致离异或关于离异的争吵。如果离异父母的冲突不太多且关系融洽，孩子的品行问题就会少一些。与父母只是婚姻不和的孩子相比，父母互相攻击的孩子童年期起病的障碍的可能性更大。婚姻冲突和品行障碍之间的关系可以用多种方式解释。婚姻中有很多发生冲突或攻击的父母，为孩子提供了攻击性的学习示范。婚姻不和的压力也会干扰父母的教养实践，比如监控孩子

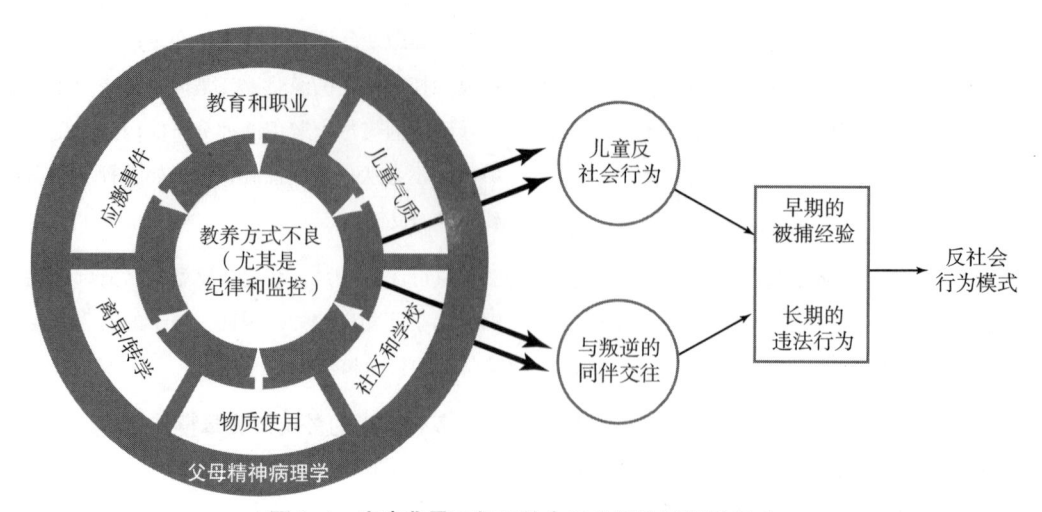

图 8-4　家庭背景下与反社会行为相关的医学模式

资料来源：Capaldi et al.,2002.

行为的能力。敌意和愤怒也会影响儿童的情绪调节发展进程，从而导致品行问题。婚姻不和与品行问题之间的关系是相互的，也就是说，孩子的破坏性行为也会导致父母婚姻不和。

另外，二者都与第三变量 [如父母的反社会型人格障碍（antisocial personality disorder，APD）] 相关。事实上，在有品行障碍的儿童和青少年的父母中，APD 的患病率很高，APD 与婚姻不稳定和婚姻不和的高发生率有关。

婚姻冲突与儿童适应之间的关系很复杂，并随时间的变化而变化。最重要的是，要同时关注这些问题存在的背景环境。环境中的高风险因素（即与家庭和社区 / 邻里相关的因素，如社会经济困难、高犯罪率社区）会对儿童和青少年产生直接影响，也会对身处其中的父母产生影响，从而引发婚姻和亲子问题。

虐待与品行问题

早期虐待，特别是身体虐待，是导致攻击性和严重行为问题的危险因素。身体上受到虐待的儿童和青少年，常常会表现出强烈的敌意和攻击性，并常常发怒，在他们身上，品行障碍和对立违抗性障碍的患病率高于预期。

导致虐待和品行问题产生联系的机制可能有很多种。正如研究者预测的那样，持续性虐待可能极其有害。例如，博尔杰（Bolger）和帕特森于 2001 年指出，长期受虐待的儿童更可能具有攻击性并被同伴排斥。这种受虐 – 攻击性 – 同伴排斥模式中的机制是儿童从原生家庭习得的强迫性互动方式。

身体虐待也会导致个体习得问题性认知与社交信息处理模式。事实上，早期虐待与后来的攻击性行为之间的关系，在一定程度上是以带有偏见的社交信息处理模式为中介的，比如将模棱两可的社交线索解读为威胁性的，并以攻击回应它们。由此可知，在一定程度上，身体虐待是通过问题性同伴关系和认知过程引发品行问题的。

◎ 父母婚姻不和与互相攻击会加速儿童品行障碍的发展。

然而，并非所有受过虐待的儿童和青少年都会表现出攻击性和品行问题。马戈林（Margolin）和戈迪斯（Gordis）于 2004 年指出，虐待和行为后果之间的关系可能会受多种因素的影响。例如，个体差异可能会导致不同的结果。

戈迪斯及其同事于 2010 年研究了交感神经系统（sympathetic nervous system，SNS）和副交感神经系统（parasympathetic nervous system，PNS）的个体差异（SNS 和 PNS 的活动是儿童期虐待与青少年期攻击之间关系的调节变量，二者功能都与攻击性有关），并提出了 SNS 和 PNS 活动与攻击性产生的各种关联机制。他们比较了受过虐待和没受过虐待的青少年的攻击性水平，发现受过虐待的青少年的攻击性水平更高一些，但个体差异起到了调节作用。如图 8-5（a）所示，具有较高基线水平的呼吸周期心率 [呼吸性窦性心律不齐（respiratory sinus arrhythmia，RSA），一项 PNS 功能指标] 的男孩，其攻击性水平与对照组男孩相当，而具有较低基线水平的 RSA 的受虐男孩则表现出更高的攻击性。在受过虐待的女孩中，也观察到这种高基线水平 RSA 的保护效应，但是有进一步的限定条件。这种保护作用是在同时具有高水平 RSA 和低水平的皮肤电传导（skin conductance level，SCL）反应性（一项 SNS 功能指标）的女孩中发现的 [见图 8-5（b）和 8-5（c）]，这表明对女孩来说，PNS 差异的调节作用受到了 SNS 差异的进一步调节。

同伴关系

多种因素以复杂的交互作用使个体出现品行问题，同伴关系就是其中一个影响因素。父母都会担心自己的孩子受到那些"坏孩子"或"危险同伴"的影响。这种担心是有道理的，早期接触攻击性同伴可能是引起早期攻击性和反社会行为的因素之一，之后和叛逆同伴的交往会促进这些

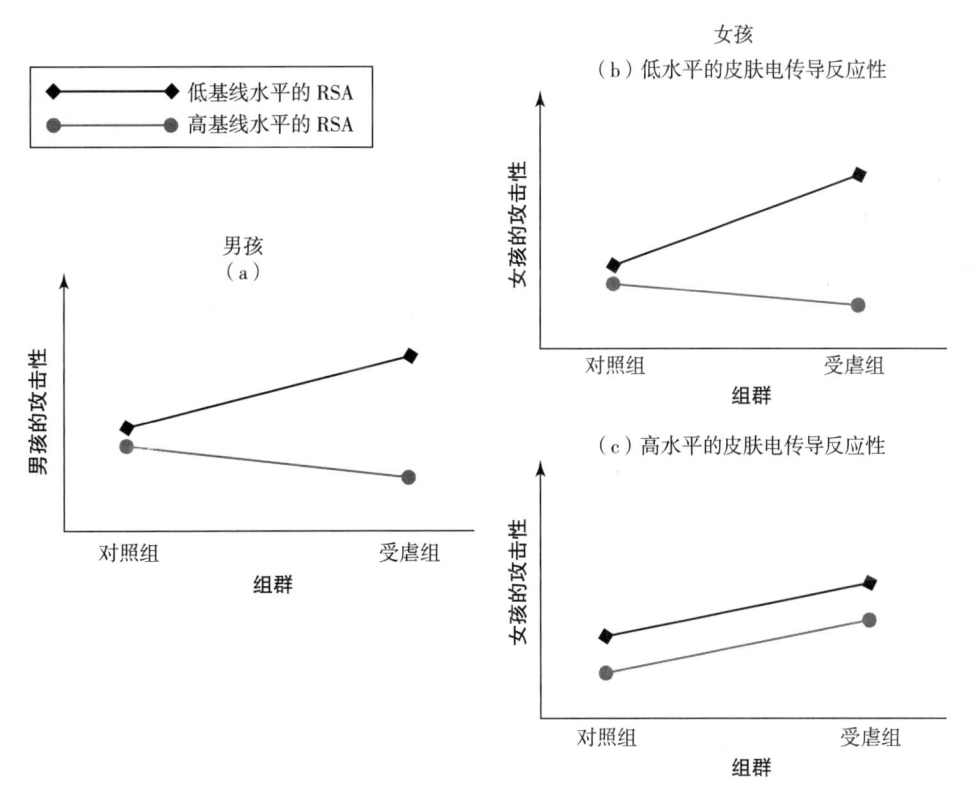

图 8-5　不同自主神经系统功能下的虐待对男孩和女孩攻击性行为的影响

资料来源：Gordis et al., 2010.

行为的持续和升级。

在有品行问题的儿童和青少年中，不断呈现出人际关系问题。有攻击性的儿童很快就会被同伴排斥，并有将来出现不良长期后果（如违规行为、成年犯罪、教育中断、成年期心理障碍）的风险。

然而，并不是所有具有攻击性的个体都会遭到同伴排斥，有些个体是不能没有朋友的。一些有品行障碍的和可能做出违法行为的个体也会有朋友，而这些朋友也会做出攻击性和反社会行为。迪什恩（Dishion）和帕特森于2006年的研究结果表明，叛逆同伴关系的互动与影响，对儿童和青少年反社会行为的产生、维持和加剧都起到了一定的作用。弗格森（Fergusson）和霍伍德（Horwood）在1998年以一组不满18岁的新西兰儿童为研究对象，展开了一项自儿童出生起就进行的纵向研究。研究报告显示了早期品行问题与18岁时的状况之间的联系。有研究者发现，8岁时的品行问题与较差的结果相关，如辍学导致了18岁时没有相应的教育文凭，以及3个月或更长时间的失业。同伴亲和是调节早期攻击性和后期不良结果之间关系的一个因素。14~16岁的青少年中，那些声称存在违规行为或使用违禁物品朋友的个体，以后出现负性结果的风险更大。

迪什恩和帕特森于2006年指出，同伴影响并不独立于其他环境因素。弗格森和霍伍德于1999年对新西兰儿童和青少年的纵向研究发现，可以根据家庭变量（如父母冲突、父母物质使用和犯罪行为的历史，以及问题性早期母子互动）预测儿童到了15岁时与叛逆同伴亲和的可能性。文化和社区影响也发挥了作用。布罗迪（Brody）及其同事于2001年在一份非裔美国儿童的样本中发现，如果父母悉心照料并积极参与，孩子和叛逆同龄人交往的可能性会减少；如果父母教养方式严厉且前后矛盾，可能性就会增加。此外，在有集体社会化实践（如成年人愿意帮忙监管社区其他儿童）的社区中，儿童与叛逆同龄人亲和的可能性更小，社区经济差会增加孩子与叛逆同伴亲和的可能性，但对来自最差社区的孩子在父母抚养/参与和集体社会化方面的益处最显著。

不良同伴关系对青少年的影响存在个体差异。李（Lee）于2011年研究了基因在不良同伴影响中的作用，指出单胺氧化酶-A（monoamine oxidase-A，MAOA）基因型在反社会行为发展中起到了作用，这个基因中的一种酶在相关神经递质的有效传递中起着重要作用。根据MAOA基因在某一特定区域的重传次数，将一个大的青少年样本分为高活跃度（高效率）和低活跃度（低效率）基因型组。研究者发现，在六年内，个体与不良同伴关系越密切，显性和隐性反社会行为（antisocial behavior，ASB）的水平就越高。他们还发现了外显式反社会行为受基因-环境的交互作用，高活跃度MAOA基因型个体明显更易受不良同伴关系的影响（见图8-6）。然而，MAOA基因型对隐蔽式反社会行为似乎没有类似的作用，也没有类似的基因-环境的交互作用。此项研究再次证明了各影响因素在行为发展中复杂的交互作用。

认知-情绪影响

假设一个少年正沿着街道向前走，突然一群同龄人走近他，开始辱骂他、嘲笑他、戏弄他。面对这种情景，有些少年的反应是生气，升级冲突，可能还会用暴力回应；有些少年则能将话题转开，忽视这些，大声地笑，使戏弄变得无关紧要，或是严厉地制止对方。在这种情景下出现的认知和情绪过程，构成了攻击性行为的近端机制。

研究儿童和青少年对社交情境的思考和感觉是理解品行问题的一部分。例如，他们会把对方的行为视为敌意或无法从其他角度看待和思考问题，不会使用社交问题解决技巧，不加思考就行动。总之，他们无法使用自我调节技能来控制自己的情绪和行为，这些社交-认知-情绪过程是攻击性与反社会行为发展和持续的一部分。怀特

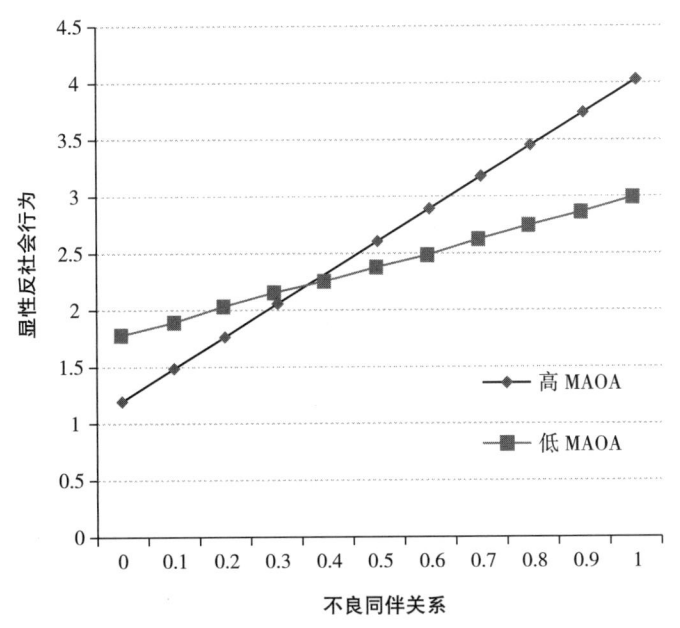

图 8-6 显性反社会行为受单胺氧化酶-A（MAOA）基因型和不良同伴关系的交互作用的影响

资料来源：Lee, 2011.

和弗里克于 2010 年指出，特定的社交信息加工模式，如专注于攻击的积极方面和缺乏对情绪刺激的反应，可能是前文描述的冷酷无情的特质。

道奇（Dodge）及其同事提出的模型展示了社交－认知－情绪过程，这个模型演示了认知处理过程始于编码（寻找和关注），并解释了社交和情绪线索。接下来是确定反应方式，包括搜寻可能的替代反应，选择特定反应并最终执行所选反应。方丹（Fontaine）、伯克斯（Burks）与道奇在 2002 年的调查结果表明，有品行问题的儿童和青少年解决社交问题的能力较弱，会表现出认知缺陷，在认知过程的各个阶段都有可能产生扭曲。例如，在这个过程的早期阶段，有攻击性的个体可能使用较少的社交线索，并将同伴的中性行为错误地理解为敌意。此外，他们更可能将冲突引起的个人唤醒解释并归类为愤怒，而非其他情绪。他们对这种内心唤醒的反应，又导致进一步的认知扭曲和问题解决方式受限。因此，在这个过程后期，他们可能也会产生更少的反应，并更可能采用攻击性解决方案，而且对其有效性没有太大信心，

或是期望攻击性反应会带来正性结果。问题性社交－认知－情绪过程可能在生命早期就开始了，并成为早期起病品行障碍行为的基础。

道奇及其同事将攻击行为分为两类：反应性攻击和主动性攻击。**反应性攻击**（reactive aggression）是指个体感知到挑衅或挫折而产生愤怒（"热血"）的报复性反应。**主动性攻击**（proactive aggression）通常与愤怒无关，其特征是为追求特定目标或正向环境产物下的人为厌恶行为（如挑起打架、欺负、戏弄）。不同社交认知缺陷导致其与不同类型的攻击行为有关。反应性攻击的个体似乎是在社交认知过程早期阶段出现缺陷，如不能充分利用社交线索，并将他人视为敌意。主动性攻击个体在这一过程后期阶段出现缺陷，如高估攻击性解决方案，期待它们带来正性结果。有研究表明，两种类型的攻击似乎会导致不同结果。

布伦德根（Brendgen）及其同事于 2001 年展开了一项研究，其结果证明了与反应性攻击、主动性攻击相关的不同结果，也再一次验证了各影响因素之间的交互作用。研究对象是一些来自加拿大蒙特利尔一个社会经济水平较低社区的男孩（都是说法语的白人男孩）样本，他们在 13 岁时被分为三组：非攻击组、主动性攻击组、反应性攻击与主动性攻击混合组。研究者要求他们在 16~17 岁时报告与违规行为有关的身体暴力（如殴打其他男孩、斗殴中使用武器）和约会施暴行为。据此，研究者得出这样的结论：主动性攻击与更严重的违规行为暴力有关，而反应性攻击与更严重的约会暴力有关。然而，主动性攻击与违规行为暴力之间的关系可通过父母的监督加以调节。在青少年早期，父母监督水平低的男孩与攻

击的相关度更高，而父母监督水平高的男孩与攻击的相关度则较低。类似地，反应性攻击和约会暴力之间的关系是由母亲的温暖和照顾程度调节的，二者呈负相关。由此可见，虽然上述两种攻击的发展受社交认知方式的影响，但似乎也受到父母教养方式的影响。

生物学影响

当代关于生物学影响的讨论强调多种生物因素和非生物因素之间的相互作用。

遗传

攻击性、反社会和其他与品行问题相关的行为在家族中世代相传，这与环境和基因影响行为发展的观点是一致的。尽管关于患病率的各种估算差异很大（似乎与品行问题/反社会行为的测量方式和信息来源有关），但这些行为大约具有中等程度的遗传影响。有研究表明儿童期的问题可能比青少年时期的具有更大的遗传可能性，也有人认为青少年犯罪的遗传因素比成人犯罪行为的少。如何解释这种差异？这可能与前文讨论的儿童期起病与青少年期特有的疾病之间的区别有密切关系。品行障碍和违规行为在青少年期很常见，一般不会持续到成年期。因此，可以合理地假设，从儿童期到成年期，反社会行为受遗传因素的影响会不断增加。

虽然遗传因素起到了一定作用，但可能是间接作用，并以复杂的方式与环境影响，如社会条件、家庭变量，以及对病因起决定作用的某些社会学习经验相互作用。在前文讨论的李的研究中，他发现外显式反社会行为受 MAOA 基因型与不良同伴交互作用的影响。类似地，利尔（Lier）及其同事于 2007 年的研究也提出了基因-环境的交互作用。他们以一对六岁的双生子为研究样本，研究了他们与攻击性同伴亲和对自身攻击性行为产生的影响。结果表明，与攻击性同伴交往是攻击行为的风险因素。对于那些已具有高度遗传风险的儿童来说，与攻击性朋友交往对其攻击行为发展影响最大。

另一项研究与此一脉相承，研究对象是一对五岁的双生子及其家庭成员虐待加剧品行障碍发展中的基因-环境交互作用。虐待使遗传风险低的儿童品行障碍的患病率增长 2%，使遗传风险高的儿童患病率增长 24%。

神经生理学影响

有很多关于心理生理变量与反社会行为有关的假设。多项研究支持了这种假设，研究中对自主唤醒（如心律、皮肤电传导、皮质醇水平）的测量发现，违规/品行障碍组与对照组存在差异，这证明了自主神经系统功能的交感神经和副交感神经与品行问题之间存在联系。

夸伊（Quay）于 1993 年提出了这样的假设：攻击性、终身持续性品行障碍有其生物学基础。这个假设是基于格雷（Gray）于 1987 年提出的大脑系统理论：**行为抑制系统**（behavioral inhibition system，BIS）与**行为激活系统**（behavioral activation/approach system，BAS）具有不同的神经解剖学系统和神经递质系统。BIS 与恐惧和焦虑有关，倾向于在新奇或恐惧、惩罚或无奖励的情境下的抑制行为。BAS 倾向于在有强化作用存在时进行行为激活，与追求奖励和愉快情绪有关。有假设认为，BIS 和 BAS 的失衡容易与不利环境相结合导致产生行为问题。夸伊指出，不够活跃的行为抑制系统和过度活跃的行为激活系统是与持续性攻击性品行障碍相关的遗传因素。

关于这两个系统的运行方式，存在另一种模型。在这个观点中，品行障碍和攻击性行为是由 BAS 和 BIS 均不活跃造成的。品行障碍和攻击性行为作为一种寻求刺激的方式，以应对由不活跃的 BAS 产生的慢性唤醒不足。患有行为障碍的儿童和青少年也有较低的抑制水平（即 BIS 系统不活跃），他们进行攻击性和其他反社会行为是为了追求满意的奖励状态和积极唤醒。

格雷于 1987 年提出的系统理论，也涉及品行障碍。**战/逃系统**（fight/flight system，F/F）涉及不同的大脑和自主神经系统功能。F/F 在挫折、惩罚或痛苦的情境下调节防御反应，威胁性刺激会激活 F/F 系统。某些儿童和青少年（如有品行障碍行为的个体）的 F/F 反应阈值可能较低，而阈值较高的个体具有社会能力和能共情他人痛苦等特征。总之，BIS 和 BAS 是激发性的，而 F/F 系统则是一种情绪调节系统。

有假设认为，大脑结构和功能的缺陷也与反社会和破坏性行为有关。特别是前额叶语言和执行功能（如抑制控制、保持注意力、抽象推理、形成目标、计划、情绪调节）的缺陷会对反社会行为产生影响。因此，神经成像研究发现，有反社会和攻击行为问题的青少年，他们的前额叶皮质功能存在受损模式。研究观察到，前额叶皮质活动的模式与缺乏抑制控制、任务执行自我监控问题以及其他认知能力有关。然而，研究结果并不总是一致的。此外，关于品行障碍的性别差异及其特异性的问题仍待解决。前额叶皮质活动功能及相关执行功能的缺陷并非品行障碍所特有的，在很多障碍中都存在。因此，研究的目标之一是阐明这些缺陷在 CD 或 ODD 及其共病（如ADHD）中的独特作用。此外，上述关于品行障碍发展的神经生物学概念可能并不适用于所有患有品行障碍的儿童和青少年，仅适用于某些子群，如与 ADHD 共病或有冷酷无情特质的个体。

在讨论品行问题的评估与干预之前，先来研究一下物质使用问题。

物质使用障碍

青少年的物质使用障碍是一个重要的临床与公共健康问题。酒精和其他药物的使用在青少年和青少年前期很常见。物质使用障碍和品行障碍是外化行为障碍的一部分，这两个问题既有共同点又各具特点。因此，使用酒精及其他物质可能是有品行障碍的青少年所表现出的反社会和违反规则行为的一部分。实际上，破坏性行为障碍（CD 和 ODD）是与青少年物质使用障碍相关的障碍。一些青少年有物质使用障碍行为，却没有反社会行为。

人们普遍存在的担忧是**非法药物**（illegal/illicit drug），如大麻、可卡因、摇头丸、致幻剂（如 LSD）与海洛因，还有对使用**合法药物**（licit drug，即成人合法或处方药）和其他物质使用的担忧。酒精、烟草、精神药品（如兴奋剂、镇静剂）、非处方药（如安眠药、减肥药）、类固醇、吸入剂（如胶、涂料稀释剂）等物质容易获得，且具有潜在危害。如果青少年使用这些物质，可能会发展为长期依赖性的和不断加量的物质使用问题。

分类与描述

美国许多青少年都有物质使用的经历。一种关于物质使用问题的定义是，未成年人使用任何剂量的酒精或其他物质均被视为滥用，因为这是非法的。然而，有关青少年的研究会将其分为两种类型模式：一种是短期模式，即在实验中使用或是使用与其发展阶段相符的剂量；另一种模式是有严重的短期或长期副作用的模式。

在 *DSM-5* 中，有关物质相关及成瘾障碍的章节包括 10 种不同类别的药物（如酒精、大麻、致幻剂、兴奋剂），以及赌博障碍。如果过度摄取，那么所有这些药物和赌博都能直接激活大脑的犒赏系统。物质相关障碍可以分为两组，分别是物质使用障碍和物质所致的障碍。**物质使用障碍**（substance use disorder）包括行为、认知和生理症状的模式。这些症状表明，尽管存在显著的物质相关问题，但个体仍然继续使用这种物质。诊断标准分为以下四组：

- 物质使用的控制损伤；
- 社会损伤（如人际关系、学校关系）；
- 物质的使用风险；
- 药理学的诊断标准（如耐受、戒断）。

基于诊断标准中症状的数量，物质使用障碍的严重程度可以从轻度到重度（轻度、中度、严重）。**物质所致的障碍**（substance-induced disorder）包括中毒、戒断和其他的精神障碍（如抑郁障碍、焦虑障碍、双相障碍及相关的物质所致的精神病性障碍），这些都是由近期摄入物质引起的。

对于物质相关及成瘾障碍，青少年和成人的 DSM 群体诊断标准是相同的。然而，一直存在关于这些标准是否适用于青少年的争议。例如，青少年经常表现出略低于诊断标准阈值的症状。当青少年"学会使用"物质时，耐受也可能被高估了。由于青少年喜欢"狂饮"作乐，短期生理反应在这个群体中较常见，故戒断也可能被高估了。这些发展性/诊断问题有助于解释为什么青少年使用物质程度较低，却比成年人更容易诊断为物质使用障碍。然而，不应忽视的是，典型的神经生物发展特征可能使青少年更容易使用物质。

案例
罗德尼：一个酒精和烟草使用障碍的案例

17 岁的男孩罗德尼因摩托车车祸被送到医院，他不太记得车祸过程："刚开始喝酒时非常难受，我从没想过不喝会更难受。"车祸的原因是他喝了大量的白兰地亚历山大，没有抓紧摩托车把手。他只知道自己需要一支烟。

他 12 岁就上了高中，在几次全州学术竞赛中脱颖而出，两次参加广受欢迎的电视问答节目。14 岁时，他的父母不情愿地让他接受了一所小型但享有声望的文科学院的奖学金。罗德尼回忆说："我一定是那所大学里最小的学生了……我很确定，我在最初吸烟喝酒是为了弥补与同学们的年龄差距。"

进入大学六个月后，他每天都要吸一包半烟。备考时，他总是感觉自己无法通过考试，于是不停地吸烟，有时一天会吸好几包，远远超出了他的本意。大学第二年，他读到了外科医生关于吸烟的报告，还看了一段关于肺癌的视频《活着－不死－颜色》（*in living—no dying—color*），于是发誓再也不抽烟了，但却变得坐立不安、情绪低落。他报告说："我很容易发怒，室友都求我继续吸烟。"第三年，他又尝试戒烟至少两次。

他的父母是非常虔诚的宗教徒，从未沾过一滴酒，但两人都对酒精对各自父亲的影响感到震惊。在过去的几个月，当罗德尼喝酒酩酊大醉而无法上课时，他有几次隐约地想知道他是否会追随祖父们摇摇晃晃的脚步而去。

当他在医院里清醒过来时，他的股骨穿了钢钉，因宿醉而头疼欲裂。两天后，他的生命体征才恢复稳定，但脉搏只有 56 次/分钟。他说的第一句话竟然是："我想你们没有偷偷带来些尼古丁口香糖吧？"

资料来源：Morrison & Anders, 1999, pp. 286-287.

流行病学

监测未来（monitoring the future，MTF）研究项目是一项针对全美青少年的长期研究，每年都会对八年级、十年级、十二年级的学生进行大数量抽样调查，自 20 世纪 90 年代末达到高峰后，青少年物质使用已有所下降。例如，违禁药物的使用量下降了 20%，但约有 21% 的八年级学生、37% 的十年级学生、48% 的十二年级学生使用过违禁药物，最普遍的是大麻，且在这三个群体中，每天都有新增的使用大麻的报告。

合法药物的使用也令人担忧，如这个年龄段最常见的问题是吸烟。MTF 的研究显示，包括青少年在内的所有年龄组中，酒精也是使用最多的物质，并且目前仍被广泛使用着。虽然青少年酒精使用情况似乎稳定或有所下降，但仍有一些问题值得关注，例如，27% 的十二年级学生、15% 的十年级学生、5% 的八年级学生报告在上个月至少喝醉过一次。青少年滥用安非他命盐混合物和镇静剂等处方药的问题也让人担忧。

此外，随着某些药物使用的报告减少，人们又不禁担心儿童和青少年会转而使用其他药物。这些现象表明，人们对使用药物的选择取决于他们对每种药物带来的好处和风险的了解。令人担忧的是，关于所谓"好处"的谣言比关于"不良后果"的信息传播得快。

关于患病率性别、社会经济地位和种族差异的研究结果并不一致。药物使用定义、获得流行病学信息的方法，以及研究对象等方面的不同可能会得出不同的结论。绝大多数研究结果表明，男性使用违禁药物比例更高。有研究表明，与普通水平的社会经济地位相比，较高社会经济地位和较低社会经济地位的年轻人患病率更高。人们通常认为物质使用障碍在某些种族群体（如非裔美国人、美洲印第安人、拉丁裔美国人、西班牙裔美国人）中更严重，这些群体中物质相关及成瘾障碍患病率比欧裔美国人高。事实上，美洲印第安人终生患病率最高，但经常有报告称非裔美国人的患病率比欧裔美国人及其他种族群体都要低。关于社会经济地位和种族信息的局限性之一是很多结论源于学校研究。不同社会经济地位、不同种族群体的辍学率不同，故很难对患病率进行准确的估算。

有物质相关及成瘾障碍的青少年通常也会表现出其他困难。许多青少年存在几种物质同时使用或先后使用的情况，学业困难、家庭关系冲突及违规行为也很常见。如前文所述，物质相关及成瘾障碍经常出现在品行问题行为后期。因此，有这种障碍的青少年同时符合外化性/破坏性行为障碍（尤其是ODD、CD）标准也就不足为奇了。心境障碍与焦虑障碍也经常与物质使用障碍相关。

病因与发展病程

研究者和临床工作者一致认为，有多种风险因素和病因对儿童和青少年物质相关及成瘾障碍的起病、加剧和持续有影响。2001年，卡维尔（Cavell）、恩尼特（Ennett）与米汉（Meehan）描述了与物质相关及成瘾障碍发展路径相关的不同风险因素和保护性因素，这些因素与影响品行问题发展的因素有很多重叠。

这里借鉴卡维尔及其同事于2001年研究中的概念，讨论关于风险和保护性因素的几个例子。

个体差异，如气质、自我调节和问题解决能力，往往与这种障碍的起病和发展有关。认知情绪构成（态度、期望、意图、控制信念）在青少年物质使用的概念中尤为突出。例如，酒精问题发展的重要调节因素包括对酒精效应夸大的正面期待或负面后果的评估，一项研究阐释了酒精使用行为发展中个体对酒精效应的正面期待的作用。在两年的时间里，许多青少年第一次饮酒，他们对于饮酒能促进人际关系的期待预示着他们会开始喝酒。那些期待饮酒能促进人际关系的青少年在两年内也会饮更多的酒，未来对饮酒影响的预期变得更加积极。

家庭是重要的影响因素。亲子关系的诸多方面，如缺乏安全依恋、家庭冲突、父母缺乏有效的教养方式等，都与青少年物质使用有关。社会学习理论的解释也引起了人们对行为与态度示范效应作用的关注，父母和年长同胞的酒精或其他物质使用增加了个体的患病风险。例如，霍普斯（Hops）及其同事的研究发现，如果青少年的父母或哥哥姐姐使用烟草、酒精或大麻，那么青少年使用它们的可能性也更大，而且不仅限于特定物质使用行为，还可能使用其他物质以获取类似功能（如回避、促进人际关系）。此外，父母的态度也会影响青少年的行为，如果他们感到父母不会阻止，就更可能使用这些物质。

同伴关系是青少年物质相关及成瘾障碍发展的最大影响因素之一。同伴的物质使用及对此的态度被证明是重要的影响因素。社会学习理论的解释还表明，那些以患有物质相关及成瘾障碍同伴为榜样，以及期望从物质使用中获得积极效应的青少年，会开始并持续问题行为。不过，很难建立关于同伴直接影响行为的模型，原因之一是有这种障碍的青少年倾向于选择使用物质的同伴。另外，研究结果是基于青少年对其同伴行为的理解，而这种理解会受到将自身选择视为普遍选择偏见的影响。

学校、邻居、社区和社会也是影响因素。例

如，学习成绩不好和学校活动参与度低与这种障碍相关；相反，学校注重培养学生的责任感和社区意识能降低学生的患病率。虽然有研究结果表明，低收入和高风险社区与青少年的物质使用有关，但研究结果并不一致。一些研究结果显示，早期的实验主要是在较富裕的城市近郊社区进行的。除患病率差异外，对于居住在较贫困社区的青少年来说，尝试使用物质的风险可能更大，特别是有使用或滥用物质的家庭成员的个体。更大范围的社会和文化影响，如药物的易得性和使用规范，也会对青少年药物使用的可能性和程度产生影响。因此，需要深入研究这些因素。

关于风险因素和保护性因素在物质使用问题发展中的作用，有很多相关理论和概念，它们之间既有联系又有不同。如上所述，社会学习理论强调模仿、期待和结果。下面简要介绍几种其他的理论和概念模型。

一种模型认为，青少年期是一个自由和探索不断增多的时期，是一个过渡期，个体试图从事某些被认为适合成年人但不适合青少年的行为以标榜自己的成熟，饮酒就是其中一个例子。个体差异和环境变量会影响个体向成人期过渡的速度，从而决定这些行为开始的年龄。在青少年期，个体神经环路的发育发生变化，使得青少年更容易尝试使用物质和受到物质使用障碍的影响。

这种障碍的发展也可能是青少年应对消极情感、压力和应激的不良方式引发的。从这个观点出发，那些易经历消极情感或面临消极生活事件且感到有压力的青少年，和/或那些对压力有更强生理反应的青少年，更可能使用酒精和其他物质。物质使用行为为他们提供了一种应对应激的方式，或者至少他们自己是这样认为的。有些青少年会尝试各种适应性行为（如搜集信息、考虑替代方案、直接行动）以完善应对机制，其他青少年则更多地依赖回避型应对机制（如走神、社会退缩、愿望思维）和使用酒精及其他物质应对消极情感和应激。

如前文所述，青少年常常会使用不止一种物质。对此，有一种解释如上所述，认为他们这是对同伴示范的模仿。另一种解释是入门理论，认为酒精和烟草等合法物质只是非法物质使用之前的入门阶段，没有物质使用问题的个体直接使用非法药物是极不寻常的。这个理论认为，有了入门阶段的加入使得更有可能进入下一个阶段，但只有部分个体会进入下一个阶段。越早开始入门阶段的个体，发展到使用其他药物阶段的可能性就越大，使用剂量的增加也与"进阶"有关。研究发现，发展早期使用酒精和药物无论是在这个模型还是任何其他发展模型中都有较大的损伤。

神经生物学影响和青少年大脑发育也备受关注。研究强调了大脑动机/犒赏系统和认知控制方面的发展性变化。例如，在青少年早期发生的有关多巴胺系统（包括大脑边缘系统及相关区域）的变化，会导致感觉寻求的变化和犒赏系统的活跃，也许还会导致青少年对物质产生积极反应；相反，与认知控制（执行功能）系统发展相关的前额叶区域变化和白质的增加发育较慢，要到25岁左右才能发育完全。大脑不同系统的发展差距可能导致青少年面临危险行为，尤其是物质相关及成瘾障碍的风险。

有证据支持遗传因素会影响物质使用行为，尤其适用于有临床意义和典型起病于青少年期的

◎ 与支持使用酒精和其他药物的同龄人结为同伴，可能会对物质使用和滥用的发展产生影响。

症状，对于后者来说，遗传影响的作用较小，环境影响尤其重要。关于影响物质使用的特定遗传机制的解释表明，不同遗传因素与不同物质使用发展假设路径有关（如对压力的反应，脱抑制/控制）。

显然，没有任何一种因素或理论可以轻易解释青少年问题性物质使用的起病和持续。相关解释必须包含一系列变量（如生物学因素、心理因素与社会因素），这些变量随时间的推移相互作用，对障碍的发展产生影响，但品行问题显然是经常伴随酒精使用出现的。下面，让我们回到广义品行问题领域的讨论中。

评估

与多数儿童和青少年问题一样，对品行问题的评估也是一个复杂的、要从多方面考虑的过程。接下来，我们将讨论临床工作者评估儿童和青少年使用的主要程序。需要认识到的是，评估过程中可能需要解决各种各样的问题，包括对儿童和青少年周围人的问题进行评估，评估他们的态度、技能（如教养方式）以及正在经历的生活压力。

访谈

对家长、年龄较大的儿童和青少年进行一般性临床访谈是评估过程的常规程序。对幼童进行访谈不容易实施，也不是可靠的信息来源，但与幼童互动可能对临床工作者有帮助。对家庭成员、教师或学校工作人员的访谈，也能提供有价值的信息。结构性访谈有助于全面了解问题及其背景，也有助于做出诊断。

行为评定量表

可用于评估品行问题的评估量表有阿肯巴克儿童行为量表和儿童行为评估系统。这两类量表通过提供多角度的报告来评估一系列广泛的问题。专门针对品行问题和破坏性行为制作的行为评定量表也特别有用，如康纳斯（Conners）于2008年制定的父母和教师评定量表（parent and teacher rating scales）、艾伯格（Eyberg）和平卡斯（Pincus）1999年制定的艾伯格儿童行为量表（Eyberg child behavior inventory, ECBI），以及萨特-艾伯格学生行为量表（Sutter-Eyberg student behavior inventory, SESBI）。

自我报告不良行为量表（self-report delinquency scale, SRD）是一种广泛使用的青少年品行问题自评量表，由统一犯罪报告（uniform crime reports）改编而来，包括指数犯罪（如盗窃、严重袭击）、其他违规行为和物质使用问题，是专为11~19岁青少年制定的量表。自评量表方法较少用于幼童，因为他们无法准确地报告自己的行为问题。

行为观察

大量专门设计的行为观察体系被应用于诊所、家庭和学校。行为观察是评估过程中理想的部分，可以避免访谈与问卷可能存在的潜在偏见，还可以衡量出用其他方法无法获得的信息。

行为编码系统与亲子互动的二元编码系统Ⅱ是在诊所中评估亲子互动的两个观察系统。二者都观察了父母和儿童在不同的情境下的表现，从自由活动到以孩子为主导的活动，再到家长主导的活动，都关注父母的命令（前因变量）及儿童服从或违抗的结果。人际过程编码是由帕特森及其同事开发的观察系统的一个分支。

上述观察系统也已被用于家庭环境中，它们和其他系统（如学校快速通道观察项目、品行问题预防研究组）在学校中使用。临床执业医师很少使用这些系统，因为它们很复杂，需要进行长时间的训练和对观察者的培训。观察过程是冗长的，且很难确定相应行为在家庭或学校发生的频率与次数。替代方案是，培训家长、老师等与儿童密切关联的成年人为观察员，以记录和观察儿童的某些行为在家庭或其他生活环境中的表现。这种方法的优点是，能够观察并记录发生概率非常低的行为（如盗窃或纵火），此类行为可能会在诊所观察中被遗漏。

干预

品行问题使儿童和青少年的生活面临着巨大挑战并会对他人造成不良影响。研究者针对这个问题设计了很多不同种类的干预措施，但只对其中一小部分措施的有效性进行了详细的实证评估。下面将简要介绍一些经常采用的干预措施，它们都是经过实验证明有效的或具有研究前景的措施。

家长培训

减少儿童和青少年的攻击行为、不顺从行为和反社会行为最成功的方法之一就是**家长培训**（parent training）。家长培训项目有很多共同特征（见表8-4）。

一些家长培训项目注重减少对立违抗性行为，但顺从并不总是正向行为，儿童对某些要求说"不"的能力，有的需要矫正，有的需要保留。在这点上，重要的是确保家长不要期望绝对的顺从，不应以训练出绝对安静且顺从的儿童为治疗目标。

福汉德（Forehand）及其同事研发的项目证明了成功的父母培训聚焦于不服从行为。治疗师

表8-4　家长培训项目的共同特征

- 主要培训家长
  - 治疗专家教会家长改变与孩子的互动方式，从而增加儿童的亲社会行为，并减少异常行为
  - 培训的内容会涉及幼童的参与，教家长如何与幼童互动。较大的儿童和青少年会参与协商和改变行为的项目
- 教授识别、定义、观察行为问题的新方法
- 教授社会学习原则和程序（如社会强化、亲社会行为要点、中止强化、没有特权）
- 治疗阶段观察技术的应用并练习掌握的技术。对家庭应用中的行为矫正程序进行随访
- 治疗包含儿童在学校的行为
  - 家长监管学校行为及与学校有关的行为，是行为矫正项目的一部分
  - 在监督儿童行为和提供结果方面，教师是可以起作用的

资料来源：Cazdin, 1997.

教会不顺从儿童（4~7岁）的家长发出直接、简洁的命令，给孩子足够时间去适应，奖励偶尔出现的服从行为，惩罚不顺从的行为。成功矫治不顺从行为后，其他问题行为（如发脾气、攻击性行为和哭闹）出现的频率也会降低。此外，研究者在随访中发现，在许多方面（如学习成绩、亲子关系、适应性），经过治疗的儿童和健康儿童并无差别。家长培训还有一个好处，就是家里其他的孩子也会变得更顺从，导致这种结果的部分原因在于母亲教养方式的改进。

有效利用父母命令来增加儿童依从性和减少不适当行为也是父母-儿童互动疗法（parent-child interaction therapy，PCIT）的部分内容。该疗法是由艾伯格和她的同事们设计开发的，致力于增进亲子感情，改善父母对不良行为的管理技能。本文重点介绍教授父母如何使用有效命令的部分。表8-5列出了家长有效使用命令的原则（包括举例）。

如前文所述，帕特森关于反社会行为发展的概念是在治疗行为问题儿童及其家庭的过程中发展起来的。帕特森关于教养技能重要性的论述激励研究者开发出不断改进的提高父母教养技能的项目，从而培训家长确定问题、观察和记录行为，有效地使用社会和非社会强化因素鼓励恰当或亲社会行为，同时让不恰当行为消退。每个家庭都参加诊所授课和家庭会议，并定期与治疗师电话联系，治疗师会帮助父母开发针对特定目标行为的干预措施，并教授教养技能。针对学校和其他生活场景中的问题行为，干预措施还涉及相关人员。

卡洛琳·韦伯斯特-斯特拉顿（Carolyn Webster-Stratton）及其同事针对2~8岁的儿童的品行问题（包括对立违抗性障碍和品行障碍）开发了一个涉及多方面的治疗方案，名为"不可思议的长期培训系列课程"（incredible years training series）。这个系列课程用一整套录像视频教授教

表 8-5　　　　　　　　　　　　　　PCIT 有效命令原则

原则	举例
要直接而不是间接地表达命令	"画一个圆",而不是"请你给我画一个圆好吗"
积极地表达命令	"请坐到我旁边",而不是"不要在屋里四处乱跑"
一次给予一个命令	"把鞋子放进壁橱",而不是"把你的房间打扫干净"
命令要具体,不要含糊其词	"从桌子上下来",而不是"当心安全"
命令要与孩子的年龄相符	"画一个正方形",而不是"画一个六边形"
命令语气要表达礼貌和尊重	"请把那块木块递给我",而不是"不要乱敲!马上把木块给我"
给出命令前或孩子服从后给予适当解释	"请把手洗干净",在孩子洗完之后,告诉孩子"洗手是为了清除细菌,不让脏东西碰到食物,这样就不容易生病了"
只有在必要或在合适的时机才发出命令	(当孩子在屋里乱跑时)"请坐在这把椅子上"(选择合适的时机),而不是"请把纸巾递给我"(时机不合适,也需要考虑是否必要)

资料来源: Zisser & Eyberg, 2010.

养技能,包含多个时长为两分钟的片段,内容是家长用合适的/不合适的方式与孩子互动的例子。培训中,治疗师播放视频给家长观看,每个片段之后都对其内容进行讨论,治疗师也会给家长布置家庭任务,让他们在家里对孩子练习教养技巧。

韦伯斯特-斯特拉顿和里德(Reid)于 2010 年报告说,很多研究评估了这个治疗方案,并比较了不同控制条件下的效果。与对照组的父母相比,完成这种治疗的家长认为自己的孩子问题较少,并对自己父母的身份有更积极的态度和更大的信心。对家庭的观察也表明,这些家长掌握了更好的教养技巧,其子女的问题行为也有更大改善,并在 1~3 年的后续评估中得以维持。之后,他们又扩展了这个课程项目,增加的项目包括提高家长的人际沟通技能、加大对家庭的社会支持(提前支持)、提高孩子的社交问题解决技能("不可思议的长期培训系列课程"之"恐龙课程")、推动家长参与学校和学业活动(学校)、传授教师有效的课堂管理策略(教师)。

认知问题解决技能培训

家长培训方法侧重于品行障碍行为在家庭方面的诊治,其他方法侧重于对儿童和青少年各个方面功能的治疗,其中一些是针对品行障碍行为

在人际和社会认知方面的治疗。此类干预措施致力于解决社会认知缺陷和认知扭曲。洛克曼(Lochman)及其同事制订的愤怒应对计划就属于这类干预,这个计划对儿童进行解决问题技能的培训(见表 8-6)。

表 8-6　　　愤怒管理程序

序号	内容/重点
1	内容介绍及小组规则
2	了解并写下目标
3	愤怒管理:木偶的自我控制任务
4	运用自我指令
5	换位思考
6	直面愤怒
7	愤怒是什么感觉
8	选择和后果
9	解决问题的步骤
10	用行动解决问题
11	学习视频资料(展示缺乏愤怒控制和攻击性的情境),用学到的理论和技能回顾视频

资料来源: Lochman et al.,2010.

韦伯斯特-斯特拉顿及其同事研发的培训课程是关于认知行为、社交技能、问题解决和愤怒管理的培训课程("不可思议的长期培训系列课

程"之"恐龙课程"),是解决上述认知缺陷和解决问题技能的另一种干预措施。3~8岁起病的品行障碍儿童,在这个项目中以小组形式接受治疗,帮助解决他们遇到的人际关系问题。在治疗师的指导下,教会孩子掌握应对这些问题的各种技能。此外,还会组织儿童观看并讨论关于应激情境的视频短片,让儿童练习解决方法和应对技能。干预措施要与儿童年龄相符,可以使用人偶、涂色书、漫画、贴纸、奖品等提升学习效果。儿童课程包含确保儿童将学到的技能应用到其他情境中的策略,父母和老师也通过定期接收信件的方式参与,要求他们在注意到儿童在家或在学校应用目标技能时,要对其加以强化,并在每周填写良好行为记录表。与对照组儿童相比,接受治疗的儿童在家里和学校表现出更少的攻击性、不服从和其他外化性问题,与同龄人交往时亲社会行为更多,并有更多积极性冲突管理策略,这些效果在一年的随访中得以维持。韦伯斯特-斯特拉顿和里德指出,将这种以儿童为中心的干预措施与对父母和/或教师培训的干预措施结合起来,会起到更好的效果。

联合治疗

卡兹丁及其同事在研究中证实了家长培训与认知问题解决技能培训相结合用于治疗品行问题儿童的潜在好处。有证据表明,对七岁及以上儿童来说,将认知问题解决技能培训(problem-solving skills training, PSST)与家长管理培训(parent management training, PMT)(与前文讨论的项目类似)相结合,比单独运用更有效(PMT针对六岁及以下儿童)。治疗后,这些儿童和青少年在家庭、学校和社区的功能很快就得到了显著改善,在一年后的随访中也得以维持,而且父母应激和功能也有所改善。联合治疗还让多数患儿回归了正常机能水平范围。此外,增加治疗项目以解决父母应激来源,也可以改善儿童的预后。这些研究发现和前文所述的韦伯斯特-斯特拉顿的项目都证明了干预措施的价值,它们可解决品行障碍

对儿童和青少年及其家庭产生的多重影响。可根据个体及其家庭问题的种类和普遍性合并治疗程序,进行联合治疗。

社区项目

对品行障碍儿童有效的干预措施(如家长培训),对青少年和长期少年犯可能就不那么有效了。在美国,将重度品行障碍或违法青少年安置在刑事司法系统中的机构中是一种常被提及的替代选择。人们对这种干预措施的有效性及这类机构对青少年的影响表示担忧,在这些机构中,青少年暴露在一种亚文化中,他们可能不仅会强化原有的反抗行为,还会习得新的行为。这些担忧加上几项社区项目的成功,促使人们寻找有效的替代机构化的方法。

在成就场所开发的教学家庭模型(teaching family mode, TFM)是一个典型示例,是针对违规青少年的社区项目,也是基于行为(主要是操作性行为)的干预措施的范例。在违规或未成年过失案件中被宣判的青少年,被安排与两个受过训练的教学家长住在一起。他们白天上学,还要完成常规的工作。研究者将他们的学业困难、攻击性和其他违反规范的行为,归因于在以前的生活环境中未能习得恰当的行为。对应以上问题,让他们通过模仿、练习、听从指导和反馈纠正自身缺陷。以**代币法**(token economy)为核心,如果青少年做出恰当的行为就会获得分数和表扬,如果做出不当行为就将失去分数,所得积分可以用来兑换各种特权,没有积分则不能享有这些权利。如果个人成绩达到一定绩效水平,就可以升级购买通过其他方式无法购买的权利。这个过程被当作得到真实强化和反馈(如表扬、地位、满意度)的过渡过程,目标是使表现良好的青少年逐步回归家庭。教学家长帮助父母或监护人制订计划,以维持青少年行为矫正的成果。

这个项目的研发者和其他研究者都对TFM的有效性进行了评估。评估结果表明,与类似项目

相比，当青少年处于小组家庭环境中时，TFM 是有效的。然而，当他们离开那个环境时，就与参加其他项目的青少年没有差别了。

针对违规青少年群体的所有干预措施都面临的问题是，青少年难以回归家庭中，以及无法取得长期有效的成果。基于以上考量，TFM 的研发者提出了"长期支持性家庭模型"（long-term supportive family model），即由经过专门培训的寄养父母照顾青少年，直到其进入成年初期。张伯伦（Chamberlain）和史密斯（Smith）于 2008 年开发了多维治疗性寄养（multidimensional treatment foster care，MTFC）干预措施。与 TFM 方法一样，此类项目大多基于行为–社会学习理论，强调把青少年安置在像家庭一样的环境，在一个自然的环境中干预其问题的行为。然而，只能有一或两名青少年（而不是像社区项目中那样是一群青少年）被安置在特别的家庭环境中接受照顾和抚养。迪什恩和道奇于 2005 年指出，允许这些青少年与有类似反社会病史的同龄人交往，可能会使干预措施产生反向效果。养育的父母接受行为管理技能培训，由项目工作人员提供监督和支持。设立明确的行为目标，采用包括积分制在内的系统方案，将青少年所在学校也纳入其中。此外，每周还为青少年提供一次心理治疗辅导，着重培养个人技能。在 MTFC 期间，工作人员与青少年的父母或其他预后照料者一起为青少年做好回归家庭的准备。张伯伦和史密斯于 2010 年的研究表明，MTFC 的被试更少参与违规活动，转送司法系统的刑事案件大幅减少，逃跑的可能性更小，被逮捕的次数更少。MTFC 项目是针对严重违规的男孩和女孩开发的，它是有效的，并且具有经济价值。

多元系统疗法

针对反社会青少年的干预措施需要多种服务机构的共同合作。各种服务通常很难协调，提供个性化服务以满足青少年及其家庭的需求则更具有挑战性。

> **案例**
> 麦琪：一个需要多元服务的案例
>
> 　　13 岁的白人女孩麦琪是七年级学生，她和吸毒的失业母亲、母亲的同居男友、两个妹妹（分别是 10 岁、8 岁），以及母亲男友的女儿住在一起。她是因为在家中（因攻击家庭成员而数次被捕）、学校（用木棍打同学，还威胁要杀了老师）、社区（因攻击所在社区居民而两次被捕）均表现出躯体攻击行为被转诊。她的很多攻击行为都是在母亲通宵狂欢之后发生的。麦琪的同伴也有违规行为，曾被送到特殊班级学习，并被开除。麦琪居住在犯罪高发的社区，家里唯一收入来源是福利救济金。
>
> 资料来源：Henggeler et al., 1998, p. 23.

多元系统疗法是一种以家庭社区为基础的疗法，是根据布朗芬布伦纳（Bronfenbrenner）于 1977 年提出的社会生态模型研发的。社会生态模型阐述了个体存在于一系列系统中，包括家庭、同伴、学校、邻居和社区。MST 聚焦于增强家庭凝聚力，使用经验主义治疗方法（源自家庭系统疗法）、家长培训和认知行为疗法对青少年及其家庭进行治疗。这种疗法旨在保留现有家庭结构使青少年留在自己家中。MST 不仅涉及家庭系统，还涉及青少年的技能和家庭外部（如同伴、学校、社区）影响。临床工作者全天候为家庭提供服务。家庭会议在家庭和社区召开，时间由家庭成员自行安排，每个家庭的治疗方案都有灵活性和个性化特征。表 8–7 总结了多元系统疗法的基本原则。

MST 在治疗青少年严重反社会行为方面的有效性得到了大量的实证支持。亨格勒（Henggeler）、梅尔顿（Melton）与史密斯于 1992 年将 MST 与为犯了严重罪行的少年犯及其家人提供的常规服务进行了比较，他们在研究报告中提出了这种疗法。研究对象有离家出走的危险，他们平均有 3.5 次被逮经历，54% 的青少年曾因暴力犯罪而被捕，71% 的青少年之前至少被监禁三周。研究结果表明，MST 比常规服务更有效。此外，接受 MST 干预的家庭报告，家庭凝聚力得到了提高，而对

表 8-7　多元系统疗法的基本原则

- 从多个角度（如青少年、家庭成员、教师，少年司法系统工作人员）和多个领域（如青少年、家庭、同伴、学校）对表现出的问题进行评估和定义
- 干预措施以全面综合化的方式解决多个领域的问题
- 干预措施是密集的（即家庭成员每天或每周的任务）
- 干预措施符合青少年的发育水平
- 干预措施以当下为重点，以行动为导向
- 干预措施的目标是鼓励各方采取负责任的行动
- 干预措施从一开始就旨在促进治疗效果的推广和维持
- 干预措施利用各种生态环境中的力量作为变革的杠杆，并传达积极乐观的观点
- 干预措施的效果从多个角度进行持续性评估，反馈到系统中，并适时对干预进行修改

资料来源：Henggeler & Schaeffer, 2010.

照组则报告凝聚力有所降低。MST 组的青少年对同伴的攻击行为也减少了，但对照组则没有变化。其他多个报告也证明了 MST 对不同人群（包括暴力和长期少年犯、青少年性犯罪者、滥用物质和物质依赖的青少年，以及出现急性精神病的青少年）均有疗效。这些研究报告都表明了 MST 具有长期疗效和成本效益。

药物干预

已有多种精神药物用于治疗攻击、ODD 和 CD，包括心境稳定剂（如锂盐）和非典型抗精神病药（如利培酮）。然而，关于这类药物治疗破坏性行为障碍有效性的研究是有限的。必须加以注意的是，很多患有这些障碍的儿童和青少年表现出 ADHD 症状或满足其诊断标准。ADHD 的药物干预有相当多的证据支持。因此，有这种共病的儿童和青少年可能会受益于兴奋剂等药物。然而，从研究的角度出发，在评估 ODD 或 CD 的药物治疗效果时，需要保证药物对这两种障碍的有效性，而不是对研究对象的 ADHD 症状有效。现有的很多研究都因缺乏对这个因素的考虑而受到质疑。

鉴于缺乏批准用于治疗 ODD 或 CD 的药物，以及对儿童使用精神药物用量的增加的广泛不安，人们对使用此类药物治疗破坏性行为问题表示担忧。当用精神药物治疗患有攻击性行为障碍的儿童和青少年时，必须同时结合多种其他治疗方法，包括家长培训和其他心理干预措施。

预防

治疗有严重和持续性品行障碍的青少年是非常困难的，反社会行为会受到多重因素的影响以及品行障碍行为的潜在稳定性无疑表明，对于某些儿童和青少年进行早期、多角度、灵活且持续的干预治疗是很有必要的，下面介绍几个早期干预的案例。

针对有对立违抗性行为或早期攻击迹象的幼童家庭的干预措施或类似项目也可被视为预防策略。成功的治疗可以减少品行障碍行为的早期发展症状。提高教养技能，增加家庭互动也可以减少风险因素，并提供与品行问题发展相关的保护性因素。因此，针对学龄前儿童和小学早期儿童及其家庭的干预措施，可视为对现有品行问题的治疗，以及对今后品行障碍的预防。

除了概念上的重叠外，前文提到的一些治疗方案也被用作预防方案。例如，韦伯斯特-斯特拉顿及其同事于 2005 年将"不可思议的长期培训系列课程"计划评估为一项预防方案。除了常规的"启蒙计划"（head start）的家庭外，这个项目研究者还随机抽取样本中的一些家庭，为他们提供"基本家长课程"（BASIC parent program）。与那些在研究中心定期接受"启蒙计划"的对照组家庭相比，被选中家庭的母亲提高了教养技能。与对照组孩子相比，被选中家庭的孩子表现出更少的不良行为和更多的积极情绪。此外，教师报告说，参与新项目的家长的参与度有所增加，但对照组家长的参与度基本保持不变。一年后，在幼儿园随访中发现，家长和儿童的行为和情感效果都得以维持。韦伯斯特-斯特拉顿在报告中指出，该项目对"启蒙计划"家庭（多民族）中社会经济地位低下的家庭，以及虐待和忽视儿童的家庭也是有效的。其他独立研究者也成功地将这

个项目用作预防方案。

还有一些针对品行问题的选择性预防试验，可长期提供全面的干预。例如，"快速跟踪"项目是一个多元协作项目，研究对象是由一大批在幼儿园被确定为有品行问题的高危幼儿组成的高危组，以及来自同一所幼儿园的具有代表性的幼儿组成的对照组。在高危组中，半数幼儿接受了长期的强化干预，符合前文中"要为早期起病的品行问题儿童和青少年提供多种长期干预"的观点。这个项目的靶向目标是行为、技能和其他品行问题早期发展中涉及的风险因素。干预措施包括家长培训、社会认知技能训练、关注同伴亲和、辅导学业、家访和以教师为主的课堂干预。对干预效果的评估令人鼓舞，并提供了导致品行问题之间相互转换的中介变量的信息（行为问题预防研究小组）。

俄勒冈小组已将其临床模型改良为多种预防措施。他们意识到有必要根据儿童和青少年及其家庭的需求提供不同水平的干预，并意识到青少年的品行问题存在于多种环境中。例如，迪什恩和卡瓦纳（Kavanagh）于2002年制定的"青少年过渡"项目（adolescents transition program，ATP）是以家庭为基础的干预措施，也已嵌入学校环境，其目标是减少青少年的问题行为。这个项目为家庭提供了三个层次的服务。学校成立家庭资源中心促进了家校协作，为家长提供了有效的信息和知识，这是一项普遍的干预措施。"家庭检查"是为那些被认定有高风险儿童和青少年的家庭提供的一种选择性干预措施。此项简短的干预措施提供了评估方法，试图维持当前积极的教养方式，并寻求增强父母改变问题性教养方式的动机。对于有持续性行为问题儿童和青少年的家庭，可采用指定的干预措施。向这些家庭提供与前文所述治疗内容中类似的专业干预措施。ATP已被证明有助于解决品行问题。例如，那些在六年级参与"家庭检查"项目的青少年，在11~17岁期间表现出较少的物质使用和其他问题行为，在18岁时的逮捕记录也比对照组低。"家庭检查"项目最初是为青少年制定的，并被证明是有效的。将其应用于两岁幼童，也被证明是非常成功的。

第 9 章
注意缺陷 / 多动障碍

本章将涉及：

- ADHD 的早期演化理念；
- ADHD 的分类和诊断标准（包括亚型的分类和标准）；
- ADHD 的特征及其共病；
- ADHD 的流行病学和发展病程；
- ADHD 的神经心理学理论；
- ADHD 的神经生物学异常；
- ADHD 的病因与发展模式；
- ADHD 的评估与干预。

埃利奥特在婴幼儿时期非常活跃。他的母亲发现，他在12个月大时就不停地从婴儿床爬到旁边的梳妆台上，再从梳妆台爬回婴儿床。母亲在他三岁时把他送到了幼儿园，因为照看他实在是让她精疲力竭。老师们注意到，埃利奥特不能安静地坐着好好听讲。他的行为有"破坏性"，他经常大声讲话且跑来跑去，后来在社交方面出现问题。

琼八年级时因成绩差而被转诊至门诊接受评估。父母对她学业的担忧自她刚上小学时就开始了，上三年级时她在阅读方面需要帮助；到了五年级，她在学习方面的问题增加了；到了八年级，她难以集中注意力，不能聚精会神地听课、参加活动、按时完成老师布置的任务，也不能按时完成作业、阅读或写作。

上述病例描述的症状体现了注意缺陷/多动障碍（ADHD）在维度和分类方面的多样化表征。只有几个关于ADHD儿童和青少年的症状引起了人们的关注并被广泛讨论，争论焦点主要集中在ADHD的本质和20世纪60年代末广泛采用的药物治疗上。

ADHD的早期演化理念

本书中的ADHD指的是一种影响终生的神经发展障碍。ADHD的定义之路异常曲折。英国医师乔治·斯蒂尔（George Still）是早期定义者之一，他把一群有"道德控制缺陷"的男孩描述为注意力不集中、冲动、过度活跃、目无法纪、好斗等。1917—1918年间在美国流行的脑炎，掀起了研究脑炎及有类似特质人群的热潮。研究者在同期发现，在遭受头部创伤、分娩创伤、感染及中毒的儿童中也有类似的临床表现。

到20世纪50年代末，研究者将关注重点放在了这些儿童表现出的过度活跃或不由自主地坐立不安上，提出了"运动过度""多动症""儿童多动综合征"等术语。随着时间和研究的深入发展，运动过度的重要性降低了，注意缺陷成了研究的中心问题。这种转变反映在*DSM-III*（1980）中，其中列出了注意缺陷障碍（ADD），症状表现有或没有活动过度均可被诊断。

更多的变化出现在*DSM-III-R*（1987）中，这种障碍被重新命名为"注意缺陷/多动障碍"。在临床诊断中，*DSM-III-R*给出了14项症状，儿童表现出8项或以上，就可以确诊，这些项目可能是注意力不集中、过度活跃与冲动之间的不同组合。也就是说，*DSM-III-R*认为这种障碍是一维的，故任意症状的组合都能符合诊断标准。然而，关于ADHD这三个主要特征之间的关系问题尚未得到解决。它们是同一维度的不同组成部分吗？是共病还是彼此独立的障碍？其中的两个是相似的吗？是与第三个不同吗？当旨在更好地理解ADHD本质的因素分析研究设计出来时，单一维度观点就被抛到一边了。研究指出，这种障碍是二维的，包含两方面因素：（1）注意缺陷；（2）多动和冲动。目前，这两个因素的有效性得到了大量不同文化的共识。此外，虽然每个因素各有其独特的遗传影响，但各因素联合作用也会产生遗传影响。

对ADHD的关注仍集中在其本质和治疗这样的关键问题上，过去10年这一领域也发生了巨大的变化。随着对ADHD在儿童期之后并没有消失的认识不断加深，青少年和成年患者也得到了更多关注。另外，遗传学和脑科学的进步也带来了新的挑战。

*DSM*分类和诊断标准

*DSM-5*确认了注意缺陷和多动–冲动两个因素，并将这种障碍命名为"注意缺陷/多动障碍"。注意缺陷的典型症状有：

- 经常不能密切关注细节或在作业、工作及其他活动中犯粗心大意的错误；
- 当别人对其直接讲话时，经常看起来没有在听；
- 经常不遵循指示以致无法完成作业、家务或工作中的职责；
- 经常难以组织任务和活动；
- 经常容易被外界的刺激分神。

多动–冲动表现为：

- 经常手脚动个不停或在座位上扭动；
- 经常在不适当的场所跑来跑去或爬上爬下；
- 经常讲话过多；
- 经常难以等待轮到他（如当排队等待时）；
- 经常打断或侵扰他人。

根据症状表现，儿童诊断标准又将其分为以下三种亚型：**注意缺陷型**（predominately inattentive），即 **ADHD-I 型**；**多动－冲动型**（predominately hyperactive/impulsive），即 **ADHD-HI 型**；**组合表现型**（combined），即 **ADHD-C 型**。

要想做出 ADHD 诊断，需要注意缺陷或多动－冲动的若干症状在 12 岁之前就已存在，且症状至少持续六个月。在正常儿童群体中，也会出现某种程度的症状，并且可能随着发展水平的不同而有所不同，因此只有在症状达到了与发育水平不相符的程度时才能进行诊断。此外，有明确的证据显示，这些症状干扰或降低了社交、学业功能的质量。与此同时，症状存在于两个或更多的场所（如在学校、家里）。此外，这些症状也不能用其他精神障碍来更好地解释。

下面对 ADHD 的基本特征或核心特征进一步阐述，并讨论与这种障碍有次要关联的困难。下文中的 ADHD 用来指被诊断为注意缺陷/多动－冲动障碍的儿童和青少年。

主要特征

注意缺陷

接触过 ADHD 儿童的成年人报告了这些儿童存在多种注意力不集中的现象，他们在行为上表现为当别人对其直接讲话时，经常看起来没有在听，显得心不在焉，容易分神，游离于任务，从一个活动很快转到另一个活动，做事杂乱无章，经常丢失物品，做白日梦等。令人困惑的是，尽管 ADHD 儿童有时难以维持注意力或全神贯注做一件事，但有时也能连续几个小时坐着画画或搭积木。事实上，注意力随情境而变，在儿童感兴趣的情境中，注意力集中是正常的，但当任务枯燥、重复或是需要努力的时候，就会出现问题。

尽管成年患者的报告有对 ADHD 良好的整体描述，但也进行了正式的观察性实验和对照研究以验证并阐明注意缺陷。患有 ADHD 的儿童和青少年确实比特定学习障碍组和对照组更难在任务或游戏中维持注意力。在实验室中，ADHD 儿童在许多需要注意力的任务中都比对照组儿童做得差，并在他们身上发现了特定的注意缺陷。

其中之一是**选择性注意**（selective attention），即专注于相关刺激的能力，不会因无关刺激而分散注意力。当任务枯燥、有难度、无关刺激新奇或很突出时，患有 ADHD 的儿童更容易分心。他们的**注意提醒**（attention alerting，立即专注于重要事物的能力）也出现了损伤。此外，在**连续注意**（sustained attention，在一段时间内持续地专注于一项任务或刺激）方面也存在困难。

值得注意的是，注意有多组成分和各种概念，不同成分或不同能力在不同发展时期内发展，并与大脑不同部位或系统相关。研究者对注意力在行为和情绪的再调节中扮演的角色很感兴趣。罗特巴特（Rothbart）和波斯纳（Posner）于 2006 年提出一种假说，认为脑前侧结构的执行注意力网络调节其他大脑网络的活动，执行注意力在个体调和相互冲突的刺激或抑制反应时发挥重要作用。因此，让 ADHD 患者保持专注至关重要，因为这种障碍的核心就是行为调节。

多动和冲动

多动

患有 ADHD 的儿童被形容为经常"忙个不停"，好像"被发动机驱动着"，烦躁，过于坐立不安。他们在不恰当的时候躯体运动或讲话过多。在教室里，他们经常离开座位、手脚动个不停、从事与课堂无关的活动。

可以从家长和老师的报告中收集到很多关于

活动问题的信息,也可以通过直接观察和活动记录仪来进行客观评估。儿童将佩戴活动记录仪以记录其行动,这将客观测量出 ADHD 儿童的过度运动和他们所处情境及其他各种变化。在其中一项研究中,根据活动记录仪的显示,无论是否患有 ADHD,被试儿童在上午时的活动量都没有显著差异。到了下午,对照组儿童活力明显减少,ADHD 组变得更加活跃(见图 9–1)。在另一项研究中,研究者对两组男孩的活动进行了持续一周的记录,发现他们在学校阅读和数学课上,ADHD 男孩比对照组更活跃,但在体育课、午饭时间、课间休息时,两组男孩并没有呈现出差异。在要求儿童静坐并当面强迫其规范行为等高度结构化的情境下,往往 ADHD 儿童更有可能发生过量活动和坐立不安的情况。

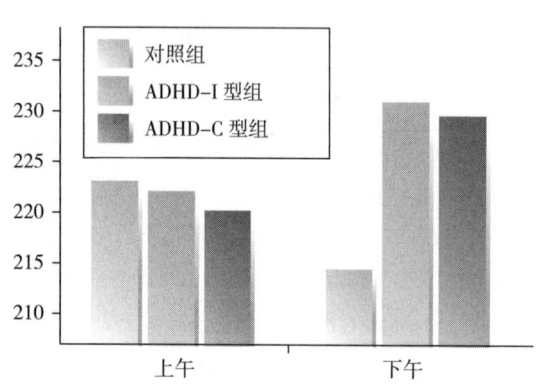

图 9–1 上午和下午的平均活动水平

资料来源:Dane, Schar, & Tannock, 2000.

冲动

冲动的本质是抑制行为、保留或控制行为方面的缺陷,表现为"不经过思考就行动"。儿童会经常打断他人、插队或没有事先考虑就匆忙从事危险行为,不能很好地完成需要耐心或克制的任务。巴克利(Barkley)于 1998 年指出,这些儿童和青少年的冲动行为常被评价为粗心大意、不负责任、不成熟、懒惰或粗鲁。

尼格于 2001 年在实验室以不同方式评估 ADHD 的冲动,研究广泛应用了任务暂停信号,例如,把字母 X、O 之类的刺激因素投放在屏幕上,要求儿童按下与屏幕上出现的字母相对应的按键,当偶尔出现特殊信号(音调)时,要停止按动按键,这样儿童就在某些时候必须迅速抑制(停止)反应。多项研究结果表明,ADHD 儿童在执行这项任务中表现出了缺陷。这一发现及其他研究结果清楚地表明,抑制反应的缺陷是 ADHD 的重要方面。

次要特征

除了 ADHD 的主要特征外,患有这种障碍的儿童和青少年在多个功能领域也会遇到更多困难。不过,值得注意的是,这些研究结果是基于 ADHD-C 型的学龄儿童得出的,样本不具有代表性,因此,将其应用到其他患有 ADHD 的儿童和青少年身上时需谨慎。

动作技能

动作不协调可能会影响大约一半患有 ADHD 的儿童,超过了正常发育儿童的比例,具体表现为:笨拙的动作、完成动作的延迟、运动中表现不佳等。儿童可能表现出神经系统软体征,在各种测试中表现出细微动作协调和时间把握方面的缺陷。在动作控制方面,患有 ADHD 的女孩表现比男孩好,可能是因为女孩的大脑比较早熟。当任务涉及复杂动作和动作排序时,ADHD 儿童受到的影响就更明显了,这表明这种障碍对高阶控制过程(如行为组织和行为调节)产生了影响。

智力与学业成就

患有 ADHD 的儿童在智力测试中的表现略低于对照组的正常儿童,但关联似乎不太大。安特沙(Antshel)及其同事于 2007 年对一个儿童群体样本进行了一系列智力测试(包括对天赋的测试),许多儿童在阅读、数学和其他学业领域有特定学习障碍,且其原因并不是智商低(本章后面小节内容)。

学业成绩下降在 ADHD 儿童和青少年中尤为

◎ 虽然儿童都有吵闹的一面，但患有 ADHD 的儿童经常表现出精力过剩并做出失控的行为。

显著。学业失败表现为考试分数低、就读年级低、留级、接受特殊教育，以及中学未毕业。在这些孩子中，多达 56% 的孩子需要学业辅导，30% 的孩子留级，30%~40% 的孩子有过至少一种特殊教育经历。另外，10%~35% 的孩子无法从中学毕业。肯特（Kent）及其同事于 2011 年指出，ADHD 青少年的辍学率是未患 ADHD 青少年的 8 倍，老师注意到他们不能完成家庭作业，缺课过多，无法发挥潜能。

执行功能

一部分 ADHD 儿童在大量实验任务和神经心理学任务中表现出缺陷，即**执行功能**（executive function）障碍。执行功能是指目标导向行为调节中的核心认知过程，参与行动的计划与组织，包括工作记忆、言语的自我调节、行为抑制、运动控制。执行这些功能的核心区域是大脑前额皮质及相关区域。与正常发展的青少年一样，可根据 ADHD 患者在儿童期执行功能及并行功能受到的损害预测其在青少年期的学业和社交功能受到的损害。

适应性行为

与 ADHD 儿童的一般智力水平相关的是，他们在日常生活中的许多领域都有缺陷。与正常发展儿童及筛选的患其他障碍的儿童相比，ADHD 儿童的表现得尤为明显。欣肖于 1998 年指出，自我照顾和独立能力的缺失有时会导致更严重的智力损伤。许多儿童的行为比预期中更不成熟，更需要成人的看护。虽然会出现无法学习日常生活技能的情况，但已知技能执行失败的情况可能更严重。实际上，ADHD 的连续注意和执行功能的缺陷导致了目标导向行为的失败，因此这是一种执行障碍，而不是缺乏执行的想法。

社交行为与人际关系

社交问题在 ADHD 病例中报告比例很高，也是其家长寻求专业帮助的主要原因。这些儿童的社交行为缺陷通常与两种行为因素有关：一个是打断或侵扰他人的行为，行为过激、肆意插入别人的对话、游戏或活动；另一个是攻击性的、消极的社交方式，表现为对他人进行言语和躯体上的攻击、破坏规则、敌意性控制行为。这种消极的社交方式反映出这种障碍与对立性违抗障碍（ODD）或品行障碍（CD）共病。通常很少有人能意识到，ADHD 儿童表现出的注意障碍也可能与社交问题有关，因为他们不会倾听、注意力分散、行为迟缓，还有焦虑、害羞和退缩倾向。

然而，并非所有 ADHD 儿童都有社交问题，这就引发了一个问题：社交问题的根源是什么？对此有很多种解释，他们可能只是没有办法处理社交情绪线索，或者可能知道什么是恰当的，却无法采取相应行为，尤其是兴奋或被激怒时。ADHD 儿童在情绪调节、计划组织、工作记忆方面的缺陷可能都会对同伴关系产生影响。此

外，ADHD-C 型的儿童在其社交能力、行为举止和学习能力方面存在相对稳定的**积极自我偏差**（positive self-bias）。他们没有意识到自己对他人的负面影响，对自己的人际关系评价过高，高估自己被喜欢和被接受的程度。然而，如果意识不到有些患儿因社交问题而深感难过，那就错了。

案例

科里：一个成为"坏孩子"的案例

康纳夫人哭着走进心理咨询师的办公室，说她的儿子科里太活跃了，经常满屋子乱跑，撞倒家具。她说科里10个月大时就会走路了，之后就一直跑来跑去。科里的老师霍尔女士建议他马上服用利他林，因为他太好动，扰乱了课堂秩序。

康纳夫人认为儿子的行为之所以会扰乱课堂秩序，是因为老师没有及时制止他。科里也说，如果他在家里也跟在学校一样，就会挨打。

科里说，他知道父母和老师对他很生气，因为他是个"坏孩子"。

资料来源：Morgan, 1999, pp. 6-8.

同伴关系与师生关系

基于以上考量，ADHD 儿童经常遭到同龄人的厌恶和排斥也就不足为奇了。经过几次交往后，同龄人就可能会认为他们具有破坏性且不可预测，然后拒绝和他们继续交往，并采取退缩的态度。米卡米（Mikami）于 2010 年估算，大约有 50% 以上的 ADHD 学龄期儿童被同伴排斥；相比之下，普通儿童中只有 10%~15% 被同伴排斥。冲动和多动的儿童会得到消极反馈，而只有注意缺陷的儿童则往往被忽略或忽视。

米卡米还指出，除了被排斥或忽视外，ADHD 儿童在交友和维持友谊方面也存在困难，因为这些需要特定技能（如情感沟通和表达关心的能力）。对于其他方面，缺少朋友意味着缺乏获得社交能力和共情的机会，被欺负时也得不到朋友的保护。正如前文中提到的那样，可以根据同伴问题预测青少年期的心理问题和学业困难。

遗憾的是，师生关系也对患儿有很大的影响。入学以后，ADHD 儿童的心不在焉和破坏性行为很早就会表现出来。在一项研究中，幼儿园教师认为 ADHD 儿童与正常儿童相比，问题行为更多，社交技能更弱。在另一项研究中，幼儿园教师认为所有类型的 ADHD 儿童都没有合作精神及其他正性行为，认为多动和冲动是因为 ADHD 儿童的行为具有破坏性且自控能力很差。教师对 ADHD 儿童倾向于采取指挥和控制的手段。

家庭关系

巴克利于 2006 年指出，ADHD 显然会对家庭互动产生负面影响，负性互动可能早在学龄前期就开始了，父母通常给孩子更少奖赏和更多的负性信息与指令。虽然父子关系也会受到这种障碍的影响，但母子关系比父子关系显现的问题更多。有证据证实，母亲给儿子的指令和奖赏要比给女儿的多，这种互动更情绪化，更容易产生怨恨。负性互动似乎源于儿童的行为，而冲突与儿童的叛逆心理有着密切的关系。患有 ADHD 与 ODD 共病的青少年，其家庭中的争吵、负性沟通和敌意更多。

与 ADHD 有关的更广泛的家庭特征（如婚姻冲突、压力）在亲子关系中发挥作用，并可能影响孩子的同伴关系，患儿父母本身就有各种障碍的遗传风险，包括 ADHD 症状。负性家庭状况与孩子的对立或品行问题有密切关系。

健康、睡眠与事故

有许多关于 ADHD 引发一般性或特定障碍的报告，如过敏和哮喘，但研究数据并不一致，故无法得出准确结论。

ADHD 儿童的父母经常报告子女出现睡眠问题，包括入睡困难、半夜惊醒、睡眠时间过短、睡眠中的不自主运动（如磨牙、踢腿）。但实验室关于深度睡眠的研究表明，ADHD 与睡眠生理问题并没有直接的关系。这项研究还指出，睡眠问题可归因于共病症状，如焦虑与抑郁障碍，也可能是治疗中使用兴奋剂所致。

有相对充分的证据表明，ADHD儿童比未患这种障碍的儿童遭受的意外伤害更多。一项全面性的调查指出，57%的ADHD儿童属于"事故易感群体"，其中有15%至少遭受过四次及四次以上更严重的伤害，如骨折、头裂伤、挫伤、牙齿脱落、中毒。是什么引发了这些风险？注意缺陷和冲动与意外伤害有关。父母认为，ADHD儿童在与ADHD有关的危险情境下仍漫不经心，对自己行为的后果一无所知。同样值得关注的是动作不协调、违抗和攻击性行为，以及父母监控不到位。上述某些因素导致ADHD青少年存在与汽车驾驶行为相关的各种问题（参见"重点"专栏）。

> **重点**
> 驾驶、青少年和ADHD
>
> 美国大多数青少年都盼望有朝一日能驾驶汽车，而父母们则对这一时刻的到来感受复杂，深表担忧，而且他们也有足够的理由担忧。多项研究通过自评量表和官方记录证明，患有ADHD的青少年有以下高危风险：
> - 多次受到交通处罚，大部分是因为超速；
> - 多次发生严重车祸；
> - 驾驶证被吊销；
> - 无证驾驶。
>
> 有证据证明，那些患有ADHD的年轻驾驶员存在注意缺陷、注意力分散、行为抑制方面的问题。在青少年期ADHD症状得分高的人，关于其成年后不久的驾驶行为的研究发现，他们的品行问题、缺乏驾驶经验和注意缺陷，都会导致严重的交通事故。有限数据的调查发现，他们与其他青少年在实际驾驶习惯上（即安全驾驶及其他操纵车辆方面）存在着差异。患有ADHD的青少年和刚成年不久的驾驶员均认为自己存在不良的驾驶习惯，而且了解他们的人也对他们有类似评价。

*DSM*中关于ADHD的亚型

如前所述，*DSM-5*中介绍了三种ADHD亚型：注意缺陷型（ADHD-I型）、多动–冲动型（ADHD-HI型）、组合表现型（ADHD-C型），这是根据针对症状的聚类分析与其他群体差异的研究做出的分类。来自多个国家的多项调查研究结果表明，这种分类方法是合理有效的。尽管如此，数据也是混杂的，出现了关于亚型的争议性问题。

其中一个问题涉及ADHD-HI型的诊断，做出该诊断需要六种多动–冲动症状和六种以下注意缺陷症状。符合这一诊断标准的儿童很少，针对ADHD-HI型的研究很少，本章对这个亚型的讨论也很少。有观点认为，ADHD-HI型是ADHD-C型的初期表现，而不是单独的亚型。在一些案例中，看起来似乎是ADHD-HI型的学龄前儿童，他们的行为更可能是对立违抗行为，随着年龄的增长，这种症状可能会消失，也可能一直延续下去。

临床样本中最常见的是组合表现型，关于这种亚型的描述和研究也很多。需要个体至少表现出六项注意缺陷症状和六项冲动/多动症状才能做出判断。吉米的案例展示了一个七岁儿童的ADHC-C型情况，他表现出明显的注意缺陷、多动和冲动的症状。

> **案例**
> 吉米：一个ADHD-C型的案例
>
> 吉米的父母并不认为他是个坏孩子，他既不叛逆好斗，也不固执或有坏脾气。不过，他确实总是动来动去，常会离群走散，有时甚至会出现没有观察就冲进街道这样的危险举动。他似乎急于取悦父母，却经常不按他们的要求去做，似乎总会被更

有趣的事吸引。他的父母采取积极主动的方式应对他，加强管控和提醒，对其行为及时加以强化或进行惩罚。

吉米因其注意缺陷、过度活跃、冲动行为而被迫换了两个幼儿园。他在安静的场合讲话、对集体活动缺乏兴趣、打扰别人、总是沉迷于想象的游戏中。幼儿园老师也反映他难以集中注意力、过度活跃、无法独立完成任务。当时的一项评估测试显示，吉米的智商很高，成绩却不好。

升入一年级后，易冲动性格开始影响他的社交关系，他被形容为"不成熟的"和"愚蠢的"，同伴抱怨他侵扰、推搡、抓伤他们。尽管他的态度很友好，却没有朋友。同伴们还小的时候比较容易接受他的行为，但在长大后则都不喜欢他了。体育老师也发现，吉米无法参加组织性的体育活动，会游离在任务之外，表现得很蠢笨。老师们也抱怨他不按要求行事，或是不能按时完成作业，说他的过度活跃和大声喊叫是具有破坏性的。他在学业上也落后了。

资料来源：Hathaway, Dooling-Litfin, & Edwards, 2006, pp. 390-391.

案例
蒂姆：一个 ADHD-I 型的案例

蒂姆非常安静，有些内向，在人群中非常不起眼。他在早期发育阶段没有什么标志性的事件，也没有出现行为问题。

上小学时，他的行为和学习成绩中规中矩，但从不主动说话，常常发呆，在老师点到他时，他表现得听不懂老师的问题。他在阅读方面没有障碍，但不具备连续思考的能力，导致理解能力比较差。升入三年级后，学校要求学生独立完成作业，蒂姆开始出现更多困难，不能按时完成作业。学校决定不为他提供特殊服务，但学校工作人员反映他注意力分散，专注力差，表现"呆滞"，总做白日梦。他在中学的成绩出现不稳定迹象，从 B 到 D 不等，升入七八年级后继续下滑。他的注意力问题和不良学习习惯对高中学习成绩产生了巨大影响，到了十一年级时他转入了一所职业学校。

虽然成绩不理想，在组织娱乐活动方面也表现冷淡，但他还是交了不少朋友并能够维持友谊。学习成绩不好是导致他与母亲产生冲突的原因，母亲报告说他易被激怒，经常顶嘴，把自己的过失归咎于他人，但在其他方面（如帮助做家务）很配合。他在 18 岁时做的测试结果显示，他的智力水平中等，有长期注意缺陷、注意力分散和成绩不良的情况。

资料来源：Hathaway, Dooling-Litfin, & Edwards, 2006, pp. 410-411.

可以将 ADHD-C 型症状与 ADHD-I 型症状进行比较，后者似乎是在普通儿童群体样本中最普遍的亚型，研究者们对这个亚型的关注也已持续多年。*DSM* 曾有一版包含一种没有多动症状的注意缺陷障碍。类似地，*DSM*-5 中关于 ADHD-I 型的诊断标准，要求最少有六项注意缺陷症状和最多五项冲动多动症状，因此一些 ADHD-I 型的案例并不是"纯粹的"注意缺陷。值得注意的是，针对有注意缺陷的儿童的研究，有时会发现一个叫作**迟缓认知节奏**（sluggish cognitive tempo）的因素。有迟缓认知节奏的儿童无精打采，容易做白日梦，迷迷糊糊，更常回避社交。这些行为并未被列入 *DSM* 的 ADHD 症状中。下面蒂姆的案例描述了他从儿童期到青少年期的迟缓认知节奏和注意缺陷，他的行为与那些坐立不安、跑来跑去、有破坏性多动冲动行为的儿童不同。

要成为一种单独的亚型，不仅要有不同的症状，还要在其他重要特征方面有所不同。ADHD-I 型在几个方面与 ADHD-C 型存在不同，前者起病年龄较晚，患有 ADHD 的女孩似乎更容易被诊断为 ADHD-I 型。ADHD-I 型儿童更被动且比较害羞，较少参与打架，也较少有攻击性行为，与外化性行为障碍关联较少，与内化性精神障碍症状的关联更强。因此，尽管 ADHD-I 型儿童也会被孤立，但被同伴排斥的程度较低也就不足为奇了。有证据表明，ADHD-I 型与 ADHD-C 型在教育、遗传和大脑生理功能方面也存在差异。

尽管上述差异被视为支持 ADHD-I 型是 ADHD 的有效亚型的证据，但问题仍未得到解决。神经心理学测试和针对注意缺陷和冲动的实验室研究结果显示，ADHD-I 型和 ADHD-C 型并无差异。无论何种亚型，妊娠期吸烟都与 ADHD 相关。这些结果表明，某些亚型并不明显，ADHD-I 型可能是 ADHD-C 型的轻度或中度版本。

为了解决上述问题，尼格及其同事在 2006 年对比了不同亚型 ADHD 患儿及其家庭。与对照组相比，ADHD-I 型患儿家族没有 ADHD-C 型的遗传高风险，而 ADHD-C 型患儿家族有 ADHD-I 型的遗传高风险。他们指出，ADHD-I 型患儿实际包含两类群体：ADHD-I 型患儿，以及症状较轻的组成不同亚型的患儿。

还有一些研究者建议，应把有注意缺陷的儿童划入 DSM-5 注意缺陷症状范畴，或者以精神恍惚和迟缓认知节奏为特征的范畴，后者可以是 ADHD 的一个亚型，甚至是一种单独的障碍。有人提出，迟缓认知节奏可能涉及选择性注意缺陷和认知过程缓慢。

一些研究者注意到，DSM 的 ADHD-I 型要求最多五项多动/冲动症状，其定义更严格，即只有注意缺陷和仅几个多动/冲动症状，目的是确定更严格的诊断标准，将 ADHD-I 型与其他亚型及正常发育儿童区分开来。不过，这个策略有时成功，有时失败，因此目前尚不清楚更严格的诊断标准是否有用。

对 DSM 亚型更普遍的关注与诊断的不稳定性有关。在某一时刻被诊断为特定亚型的儿童，在另一时刻可能又会被归于不同的亚型。尽管也可能是个体发生了实质性的变化，但似乎是因为使用了不同的归类方法。瓦洛（Valo）和坦诺克（Tannock）于 2010 年指出，在一个临床儿童样本中，无论信息提供者是家长还是教师，以及如何整合信息，使用的评估工具不同，就会导致多达 50% 的病例被重新归类，从而得出不同的诊断结果。这种诊断的不稳定性对以临床和研究为目标的亚型分类的有效性提出了挑战。

总的来说，虽然研究者普遍支持注意缺陷和多动/冲动这两个维度的说法，但对 DSM 目前将这两个维度分为三个亚型的做法，还是有相当多的担忧和不满。

共病

关于 ADHD，特别是 ADHD-C 型，一个显著的事实是，它与其他障碍或症状共病的程度非常高，如特定学习障碍、外化性与内化性障碍、孤独症症状。与其他精神病理学概念一样，共病率取决于样本、测量工具、特定障碍等因素，临床样本的共病率高于社区样本，转诊的儿童和青少年大多表现出另一种障碍的症状，而不是另一种障碍，而且大多有两种及两种以上障碍的症状。事实上，"纯粹"的 ADHD 似乎是例外，而非常态。共病主要与更大的损伤和发展风险有关。

学习障碍

关于 ADHD 患者的学习障碍（learning disability, LD）患病率的报告很多，但差异很大，总体范围为 15%~40%。最近的一项研究报告了在患有 ADHD 的人群样本中，到 19 岁时，男性和女性在阅读障碍方面的累积发病率都在 50% 左右，远高于未患 ADHD 的群体。不出所料的是，与仅患 ADHD 的儿童相比，同时患有 ADHD 和特定学习障碍的儿童，他们的学业功能受损风险要大很多。

虽然尚不完全清楚 ADHD 与特定学习障碍之间的关系，但有证据表明，是 ADHD 引发了阅读障碍，而不是相反，注意缺陷比多动/冲动在其中起到的作用更大。ADHD 与阅读障碍共病似乎也反映了在每一个单独障碍中发现的认知缺陷的共同作用效果，如 ADHD 的执行功能受损和阅读障碍的语音受损。二者共病似乎很大程度上源于共同的遗传影响因素，因此会持续存在。

外化性障碍

研究者曾一度怀疑 ADHD 与品行问题（ODD 和 CD）是否只是同一种常见的障碍。然而，流行病学和临床研究给出了明确证据，指出这些障碍具有不同的症状集群及其他不同特征。很多研究者均试图证明这些障碍其实属于同一障碍的不同亚型。例如，与 ODD 相比，ADHD 与神经认知受损有更强的联系。还有报告指出了 ADHD 和 ODD 在大脑异常方面的差异。与 ADHD 相比，ODD 和 CD 与家庭不利因素和心理社会逆境的关系更大一些。

然而，ADHD 会导致 ODD，进而引发 CD，而 ODD 和 CD 的症状常共同出现。实际上，很大比例的 ADHD 儿童和青少年会发展出 ODD，或同时患有 ODD 和 CD。研究者对临床和普通群体中这些障碍症状的共病展开了广泛的研究，发现与只患 ADHD 的儿童相比，有共病的儿童 ADHD 和品行问题的症状都更严重，功能损害也更严重，这个结果对学龄前儿童也同样适用。更重要的是，如果共病形式的行为困难在儿童早期出现，那么将很可能持续下去，后果也更严重。其他差异也值得关注，ADHD 与品行问题共同出现，通常与强迫性亲子互动、父母的精神症状、物质使用及社会经济地位低下密切相关。

内化性障碍

在临床或社区样本中，ADHD 与焦虑障碍共病的患病率为 25%~35%。一些与焦虑障碍共病的 ADHD 个体比未患焦虑障碍的 ADHD 儿童有较少的多动和冲动症状，并且可能有更少的品行问题和更高程度的注意缺陷，也可能在认知任务表现和对干预措施的反应方面存在差异。有限的研究表明，这种共病与母亲的焦虑和过度保护、不鼓励自主的家庭有关。

在儿童和青少年以及临床和社区样本中，ADHD 与轻度抑郁症状共病和与重性抑郁障碍共病的患病率有所不同。有 25%~30% 的 ADHD 儿童和青少年会出现重性抑郁障碍的症状。ADHD 与抑郁障碍共病比这两种障碍单独出现产生的后果更严重。ADHD 与抑郁之间的关系很复杂，例如，一项针对临床儿童和青少年的研究表明，ADHD 会引发 ODD，继而又通过多种途径引发抑郁的途径（见图 9-2）。发生在儿童和青少年身上的 ADHD 与抑郁的共病，与家庭应激和痛苦有关，还会增加家庭成员罹患这两种障碍的风险。值得注意的是，一些 ADHD 儿童表现出的正性错觉倾向可能是预防抑郁的短期保护措施。

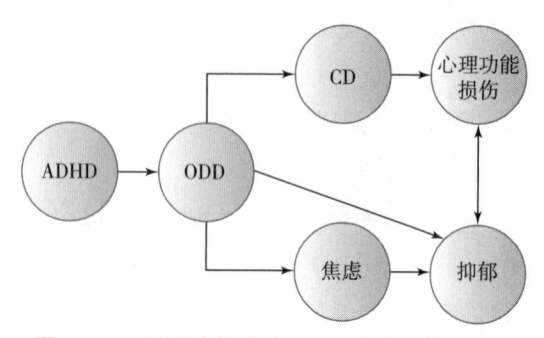

图 9-2　一项研究提出的 7~12 岁男孩样本到 18 岁时的发展模型，表明 ADHD 与抑郁之间的关系十分复杂

资料来源：Burke et al., 2005.

巴克利于 2003 年指出，ADHD 与双相障碍共病的患病率为 10%~20%，但这一发现存在争议。争议的一部分是 ADHD 症状与双相障碍的躁狂发作症状类似，例如，二者都有频繁的活动和讲话。对于这种以及其他 ADHD 的共病需要进一步的研究。

流行病学

美国心理学会于 2000 年指出，美国学龄期儿童的 ADHD 患病率为 3%~7%，而且根据最近的数据可知，此范围的上限还要更高一些，流行率也更广。尼格和尼古拉斯（Nikolas）于 2008 年用多种方法对数据收集进行复核后得出了这样的结论：在美国，ADHD 患病率为 6%~7%。一项基于对全美父母的研究表明，从 1998—2000 年间到

2007—2009年间，5~17岁儿童和青少年诊断为ADHD的比例从6.9%增长到9%。不过，尚不清楚这个比例的增长是否反映出了真实的变化，因为父母回忆或对ADHD识别和诊断能力增强也可能会产生这种结果。

研究ADHD患病率时，必须将临床诊断和根据父母或老师的知情者症状量表做出的诊断加以区分，后者报告的患病率更高，可达到20%以上，可能是因为后者的统计方法通常不包含临床诊断标准（如起病年龄、症状的普遍功能缺陷）。

学龄前期和青春期的患病率往往比儿童期低。虽然对被诊断为ADHD儿童的后续研究显示，步入青少年期后症状会减少，但这一发现可能是受到以下事实影响：ADHD的诊断症状适合儿童，但对青少年期的症状描述却不够充分。因此，青少年ADHD可能诊断不足，尽管这个群体的患病率可能升高。

性别

虽然性别差异在不同研究中结论不同，但男孩病例数始终多于女孩。根据美国心理学会于2013年的报告，普通人群中的男女比例约为2∶1，社区样本中的男女比例为3.4∶1，而在临床样本中男孩所占比例则更高。

临床样本的性别差异可能反映了对男孩有更强攻击性和反社会行为的转诊偏见。此外，临床诊断标准倾向于对更多男性行为（如奔跑、攀爬和上课离座等）的观察。当涉及女孩诊断时，更多是基于注意缺陷和杂乱无章的行为，这些行为不如多动和冲动明显。以上所述可能有助于解释某些女孩表现出ADHD症状却不符合DSM诊断标准的现象。存在对女孩诊断不足以及因此错过预防或改善干预的担忧。

为了更好地理解ADHD女孩的病损，欣肖及其同事对一个社区样本（6~12岁）和对照组进行了比较。他们发现，ADHD组有执行功能缺陷、学业缺陷、负面同伴评价、重度焦虑、心境障碍和品行问题。儿科和精神科转诊病例中，女孩也有类似问题。这些研究表明，需要解决ADHD女孩的病损。

可以通过对女孩和男孩的比较，更直接地研究两者症状的性别差异。一项早期研究表明，女孩多动行为较少，表现出更少的外化性症状，智商也相对较低。其他行为及相关方面没有体现出性别差异。随后的回顾和发现，有些研究结果与此一致，有些不一致，后来的研究提供了更清晰的图景：在临床样本中，女孩表现出更多注意缺陷、较少冲动和多动、语言能力和智商较低、内化性症状较多。不过，也有研究发现并不存在性别差异。

社会阶层、种族/民族和文化

ADHD出现在所有社会阶层，有时与较低的社会阶层有关。在美国，与非西班牙裔儿童和青少年相比，西班牙裔群体患病率较低，但呈上升趋势；但白人儿童患病率要高于非裔美国儿童。群体差异可以归因于几个因素（参见"重点"专栏）。

重点
ADHD与非裔美国儿童

关于少数民族家庭中ADHD儿童的研究相对较少，但关于非裔美国儿童的信息正在不断得到补充。米勒和尼格回顾了1990—2007年发表的研究，比较了3~18岁的非裔美国儿童与白人儿童，得出了两个重要结论。

第一，根据父母和老师的评估，非裔美国儿童的ADHD症状多于白人，不存在社会阶层或教师对非裔美国儿童有更多ADHD行为的偏见。考虑到实验总会有偏差，回顾性研究中指出，如果非裔美国儿童确实表现出更多症状，那么原因之一是他们接触的风险因素（如低出生体重、接触铅、早期发展阶段遭受攻击）更多。

第二，非裔美国儿童被诊断患有ADHD的比例是白人儿童的三分之二。研究者不禁想知道，如何解释这些

> 看似矛盾的结果？回顾性研究报告提出了以下因素。
> - 获得治疗的机会因种族而异，非裔美国儿童接受治疗进而得到诊断的机会较少。
> - 寻求治疗的阻碍包括家人不知道去哪里寻求帮助、对治疗有消极想法。对教育制度的不信任也可能存在，而教育系统往往对识别和照顾 ADHD 儿童至关重要。
> - 非裔美国儿童的父母可能对这种障碍了解不多，例如，对病因持有不正确的观念（如认为与日常饮食摄入过量糖有关）。
> - 非裔美国儿童的父母可能不鼓励治疗 ADHD，例如，他们认为孩子的状况反映了孩子的固有特性或不良教养。
>
> 上述因素都可能导致对非裔美国儿童的照顾不足，并加重 ADHD 症状。不过，还需要进一步研究来证实或扩大研究成果。米勒和尼格建议，未来的调查应探讨这些青少年的病因风险因素和非裔美国人的经历与文化如何影响 ADHD 的认知及其治疗。

不同地域 ADHD 报告的临床特征都与美国报告类似，也就是说，男孩患病率比女孩高，在青少年期有下降趋势，并表现出相同的相关特征和共病。全世界范围内的患病率略高于 5%，但在不同文化中差异很大，主要归因于样本、诊断标准、方法学和对待儿童行为的态度或解释方面的文化差异。

发展病程

研究不同发育水平的注意缺陷/多动障碍尤为重要，ADHD 在很多儿童身上出现的较早，故对儿童生命最初几年的检查对于理解 ADHD 的起源至关重要。同时，儿童不一定像以前认为的那样"长大后自然脱离"ADHD，因此只有对青少年期和成年期症状进行持续观察，才能了解 ADHD 的发展病程。

婴儿期与学龄前期

至少有一部分 ADHD 可能始于婴儿期，为何会这么早就出现呢？注意缺陷/多动障碍的行为症状通常在学龄前出现，但对这个年龄段群体的了解相对较少。桑松（Sanson）及其同事于 1993 年指出，一组极度活跃且好斗的儿童在八岁时就表现出早期患病气质，他们在三四岁时就比普通儿童更好动、更不配合、更难管教。ADHD 可能是由气质引发的，包括不良自我调节和对新事物的追求增加。

坎贝尔（Campbell）于 2002 年对难以管教的学龄前儿童的研究表明，儿童行为问题往往会慢慢减少，但对一些儿童来说，症状会持续存在并符合儿童 ADHD 的诊断标准。研究继续进行，将对可能预示将来 ADHD 或品行问题的幼儿早期行为与高度多变的正常行为进行鉴别。

肖、拉库尔斯（Lacourse）与纳金（Nagin）于 2005 年的研究有助于了解 ADHD 症状的早期病程，他们对城市低收入家庭中 1.5~10 岁的男孩的社区样本进行了跟踪研究。基于对 ADHD 主要症状的多重评估，提出四种发展路径。图 9-3 展示了发展轨迹及与之对应的儿童百分比数。从两岁到儿童期，20% 的儿童表现出长期高水平症状，47% 的儿童表现出相对稳定的中度症状水平。虽然这项研究的普遍性还有待商榷，但其总体发现与一项针对年龄较大的 ADHD 儿童的研究结果一致。

儿童期

多数 ADHD 转诊患儿年龄为 6~12 岁，可能是由于学校要求学生集中注意力——遵守校规、与同学相处，以及其他自我调节行为。在这期间，儿童的行为得到充分描述和记录，儿童的注意缺陷也会变得更加明显。ADHD 儿童的自我调节和自我组织是有问题的，社交关系远不尽如人意，学业成就也很差，他们在临床水平上的对立行为、

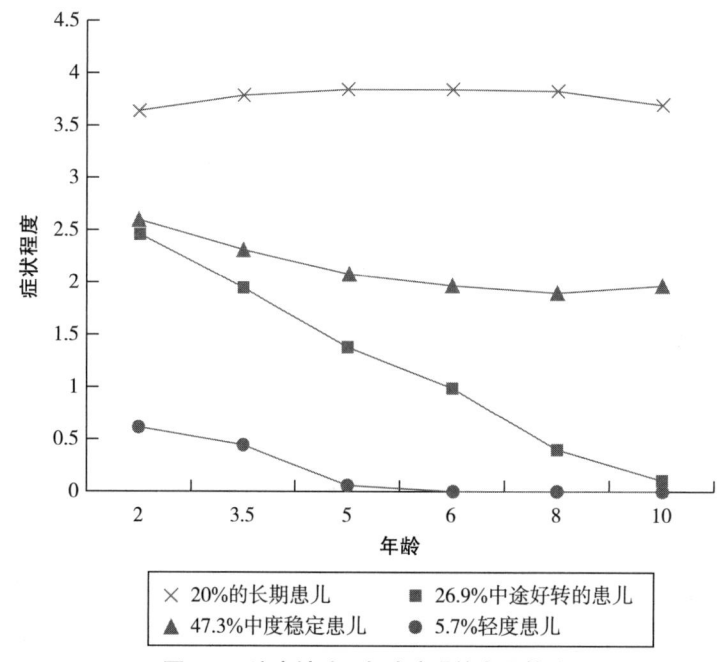

图 9–3 注意缺陷/多动障碍的发展轨迹

× 20%的长期患儿
■ 26.9%中途好转的患儿
▲ 47.3%中度稳定患儿
● 5.7%轻度患儿

资料来源：Shaw, Lacourse, & Nagin, 2005.

品行问题和内化性症状也变得很明显。

青少年期与成年期

在青少年期，ADHD 的核心症状（尤其是多动/冲动的行为）不太常见，故相当数量的病例可能不再适用于 ADHD 诊断标准。然而，这个障碍仍持续存在，估计受其影响的青少年为 40%~80%。有两个症状值得注意。第一，可能出现症状的异型连续性，这意味着核心症状可能以不同形式延续。例如，儿童期的奔跑可能被限定为烦躁不安或战战兢兢的内心感受、坐立不安或不耐烦。第二，与未患 ADHD 的同伴相比，许多不再符合 ADHD 诊断标准的青少年仍然表现出较高的症状水平。

一些纵向研究明确显示，ADHD 会增加这些儿童在青少年期出现各种问题的风险，如学业成绩差、阅读障碍、内化性障碍、品行障碍、反社会行为、物质使用或滥用问题、意外事故、进食障碍症状和早孕。这些青少年突出的问题（如不服从规则、因宵禁和家庭作业产生的冲突），都使家庭关系面临挑战。虽然早期研究不成比例地集中在男孩身上，但最近的数据证实 ADHD 对女孩同样具有危害性。一项研究评估了儿童期起病的 ADHD 女孩和对照组未患 ADHD 女孩的调整能力，在几个领域中，两组分别有 16% 和 86% 的女孩做出了积极调整。

对 ADHD 进入成年期后的跟踪研究表明，有 40%~60% 的病例依然表现出一些核心缺陷和其他问题，包括社交关系损伤、抑郁、自我评价低、反社会行为和人格、物质使用问题、教育和职业劣势。最近对患有 ADHD 的女孩的随访发现，62% 的女孩有一些 ADHD 症状，而且与对照组女孩相比，她们一生出现心境障碍、焦虑障碍、反社会型人格障碍的风险更高。当这些女孩成年后（平均年龄是 22 岁）与在类似年龄被诊断出患有 ADHD 并同样被随访的男孩相比，两组将来发生问题的风险都很明显。然而，正如图 9–4 所示，具体障碍的种类有所不同。

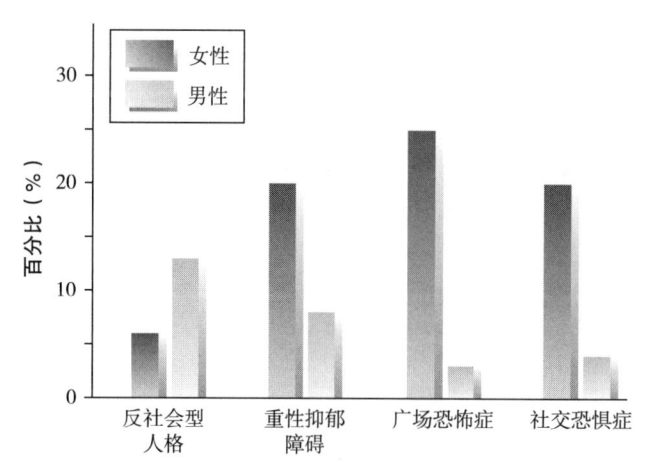

图 9–4 在儿童期/青少年期诊断出 ADHD 的患者，11 年后在成年早期表现出特定障碍的女性和男性的比例

资料来源：Biederman et al., 2010.

最近，研究者对成年期首次鉴别出 ADHD 症状，以及儿童期 ADHD 症状病史的回顾性报告的关注增多了。虽然回顾性报告的可信度存在疑问，但据此估算出美国成年人的 ADHD 患病率约为 4%，其中只有 25% 在儿童期或青少年期被诊断出 ADHD。这些病例的存在支持了这样一个观点：对某些个体来说，ADHD 可能是伴其终生的慢性病。

结果的差异与预测

在研究 ADHD 的发展病程时，重要的是对全局进行考虑：第一，多动和冲动之类的核心症状会随年龄增长而减少；第二，会出现很多次要问题，并持续数年；第三，ADHD 的病程和后果差异很大，一些儿童克服了障碍，其他则继续表现出不同种类和程度障碍的问题。这个事实提出了一个问题：如何通过变异性预测后果呢？关于青少年期和成年期的问题有一些预测（见表 9–1）。遗传因素可能对症状的持续性有重大影响，但情况复杂。例如，对不同功能领域可能有不同风险。儿童较早出现的注意缺陷、智商缺陷、学业技能缺失、内化性障碍症状和缺乏教养实践，可能导致接受的学校教育更少；相反，持续的反社会行为与家庭干扰、儿童的攻击性和品行问题有密切关系。

表 9–1　一些可预测儿童期 ADHD 在青少年期和成年期后果的变量

- 起病年龄
- 症状严重程度
- 攻击性与品行障碍
- 学业成绩
- 家庭变故
- 父母有 ADHD 及其他精神障碍
- 父母教养实践与亲子互动
- 遗传基因

ADHD 的神经心理学理论

一些假说认为，儿童和青少年的神经心理功能障碍引发了 ADHD。如果有一条从异常基因通往 ADHD 的路径，那么受损的神经心理功能就是其中一个环节（本身为内表型）。引起 ADHD 的功能障碍包括执行功能、抑制、注意力、唤醒、对奖赏的反应、时间知觉、工作记忆、自我调节等的障碍。上述功能在概念上是相互关联的，但在综合程度上各不相同，而且经常涉及脑功能。下面将重点讨论执行功能、回报敏感性和时间加工。

执行功能与抑制

如前文所述，ADHD 儿童有执行功能缺陷。执行功能是一种高阶技能，要求儿童具有计划、组织、完成目标导向行为的能力。它的一个组成部分是抑制反应的能力。在 ADHD 患者的报告中有大量执行功能与抑制缺陷，在对这种障碍的各种解释中占据中心地位。

例如，巴克利的多元化模型展示了**反应抑制**（response inhibition）在 ADHD 多动和冲动中的核心作用。行为抑制是影响运动控制行为的其他四种执行功能表现的关键（见图 9–5）。

行为抑制
↓
非言语工作记忆
内部语言
自我调节
重建
↓
目标导向行动的运动控制

图 9–5　巴克利的 ADHD-C 型模型
资料来源：Barkley, 1997.

行为抑制包括三方面的能力：一是抑制优势反应的能力，即可能是强化或有强化历史的反应；二是中断进行中的无效反应的能力；三是抑制竞争性刺激的能力，以保护执行功能的运作不受干扰，可将其视为不受干扰的自由。行为抑制通过阻止优势反应、停止无效反应、阻碍分心，为自我调节创造了条件。自我调节还包括其他执行功能，以下是简要描述。

- 作为记忆系统的一部分，非言语工作记忆帮助人们在头脑中保留信息，或可称为"在线保留"，用来控制随后反应，包括感觉动作的记忆。
- 内在语言是一种言语工作记忆，帮助人们在心里完成对相关规则和指令的回顾，以指导自己的行为。
- 对各种影响、动机和唤醒的自我调节能力，帮助人们调节情绪和动机。例如，减轻愤怒，这会影响动机和唤醒。
- 重建，帮助人们进行分析和综合评定，也就是说，分解并重组非言语及言语单元信息，产生新颖、创造性的行为或行为序列。

上述四种执行功能帮助个体调节自身行为，使儿童可以完成与任务相关的、以目标为导向的灵活行为；相反，如果抑制出现故障，那么这些执行机能以及自我调节和适应能力将受到不利影响。

奖励敏感性

ADHD 儿童有异常的**奖励敏感性**（sensitivity to reward），这是一种动机性问题，表现为过度寻求奖赏行为和对惩罚的敏感性下降。ADHD 儿童在局部强化和其他低激励情况下表现较差。需要特别注意的是，ADHD 儿童会表现出对即时奖励的非典型性选择倾向，即使是在即时奖励比延迟奖励少的情况下。一项研究报告表明，ADHD 儿童在面对奖赏和惩罚时会出现异常的心率波动。这些研究结果可以解释 ADHD 儿童的大脑奖励系统与常人的不同，这会导致其对涉及集中注意力、完成任务、遵守规则等日常事件做出不同反应。

时间加工与延迟厌恶

分配时间的能力是一项多维度的基本技能，涉及感知和组织事件序列并预测将来会发生的事件。ADHD 儿童在**时间加工**（temporal processing）方面有缺陷，表现在完成各种任务上，例如，他们会低估时间的流逝。时间加工在控制和调节行为中非常重要，并且可能与 ADHD 儿童等待和计划方面的困难有关。

索纽加-巴克（Sonuga-Barke）及其同事于 2003 年提出，形成 ADHD 的一种途径涉及对延迟的厌恶。患者通常会通过避免或逃避延迟来表现**延迟厌恶**（delay aversion）。从这个角度来看，ADHD 儿童对即时奖励的偏好可能更多地与避免延迟有关，而不是对奖赏的偏爱。有观点认为，在无法避免或逃避延迟的情况下，ADHD 儿童会将注意力转到有助于"加速"时间感知的环境中的其他方面。安托罗普（Antrop）及其同事通过观察患有和未患 ADHD 的儿童的表现来验证这个观点。当这些儿童不得不在一个几乎没有任何刺激的房间里等待时，ADHD 儿童会设法进行更多的活动，可能是为了减少主观的延迟感。索纽加-巴克及其同事在 2004 年的一项研究中，发现了 ADHD 儿童对环境中的延迟信号更敏感，并将其解释为延迟对他们来说有特殊的情绪或动机意义。

多重路径

由于发现了 ADHD 存在众多缺陷，因此研究者在早期认为单一的神经心理学或认知缺陷就能够解释 ADHD 的观点已经让位于现在的假说——多重损伤更可能有效解释 ADHD 的障碍。对于某些儿童来说，某方面的缺陷对其影响巨大，而不同类别的缺陷可能定义了其他儿童，基于神经心理损伤的亚型也可能是存在的。也许最好将 ADHD 看作一把大伞，它包含了有不同缺陷和不同病因学路径的群体。

虽然对这一问题的研究并不广泛，但也有研究者提出了一种双路径模型，展示了这种障碍发展的独立路径。该模型包含两种替代性解释：一条路径是执行能力缺失，另一条路径是延迟厌恶。不同的脑回路可能是形成这些路径的基础。目前已有一些支持双路径模型的证据。

索纽加-巴克、比萨克（Bitsakou）与汤普森（Thompson）于2007年探索了时间加工可能构成第三条路径的可能性。他们安排ADHD组儿童和未患ADHD的对照组儿童完成任务，以评估抑制、延迟厌恶、时间加工。对ADHD儿童而言，在这三种任务中表现出的共同缺陷不比偶然预期中的明显。此外，研究者还观察到很多儿童只在一种类型的任务中有缺陷。这些发现支持了三重路径模型和神经心理损伤的亚型是存在的。对ADHD的这些异质性需要进一步研究。

神经生物学异常

脑损伤或脑受伤曾被认为是ADHD的主要病因。人们在发现无法识别大多数患儿的脑损伤时，转而认为存在某些无法检测到的"脑部轻微功能障碍"。到了20世纪50年代末至60年代初，人们意识到需要更好的实验证据来证明这一假设。如今大量证据表明，ADHD患者确实存在脑部功能障碍。

ADHD患者有许多大脑结构的损伤，包括额叶及下部纹状体区域、顶叶、颞叶、丘脑、胼胝体和小脑。泰勒（Taylor）于2009年发现了几种脑结构的脑容量减少，估计共减少3%~5%。脑容量减少程度与ADHD症状的严重程度有关。研究还发现，在典型ADHD患者的发育过程中，额叶存在不对称现象，右侧叶通常大于左侧叶。

研究者们把研究重点放在前额叶及其与大脑深处和小脑连接的纹状区域（见图9-6）。研究结果令人信服，前额叶区域、部分纹状体和小脑区域的体积小于正常平均值与ADHD的发生有关。额叶、纹状体和颞叶区域的体积与抑制直接相关。前额叶、纹状体区域与ADHD的核心症状以及ADHD中发现的许多神经心理（如抑制、工作记忆、其他执行功能，以及奖赏和动机）缺陷有关。此外，各种脑部扫描与电生理学的测量结果表明，ADHD儿童的血流量减少，葡萄糖利用率不高，脑波缓慢，这些都是额叶区域及其与小脑连接的纹状体区域机能低下的迹象。

另一项神经生物学研究的焦点是大脑的生物化学特性。最充分的证据就是多巴胺和去甲肾上腺素的不足（见图9-6）。这些神经递质的传导回路在执行功能、奖赏和动机的领域都有分支，这些领域都与ADHD有关。与这些发现相一致的是，在ADHD的治疗中常采用兴奋剂一类的药物来阻止多巴胺和去甲肾上腺素被神经元突触吸收，使二者对神经元突触产生更有效的作用。然而，ADHD可能涉及几种神经递质的相互作用，包括血清素和乙酰胆碱。

从脑部研究中可得出以下几个结论：第一，

多巴胺系统

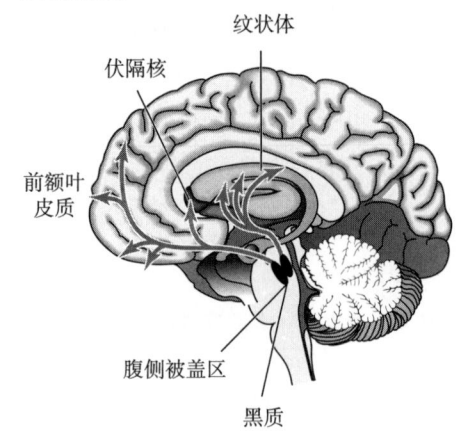

去甲肾上腺素系统

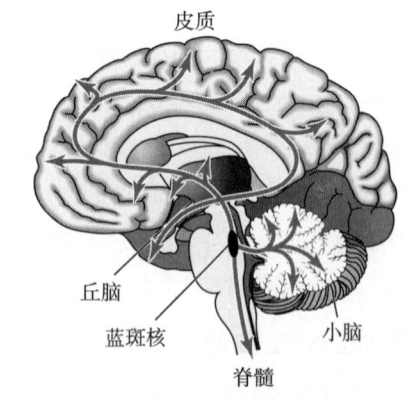

图9-6 额叶皮质、纹状体、小脑，以及它们之间的连接区域

资料来源：Aquiar, Eubig, & Schantz, 2010.

额叶、纹状体和小脑结构及连接它们的纹状体的异常与ADHD有重新关联；第二，ADHD与大脑唤醒不足有关；第三，ADHD与多巴胺和去甲肾上腺素的缺失有关；第四，ADHD与大脑其他区域也有关。ADHD无疑是一种异质性障碍，涉及不同脑部区域或脑网络。虽然在理解大脑功能方面取得了很多进步，但仍有很多东西要学习。

关于ADHD脑异常的一个关键问题是，这些异常是代表发育迟缓还是成熟的延迟？脑发育迟缓的假说得到了一些支持。在典型发展过程中，大脑皮质在整个儿童期不断增厚（体积增大），到了儿童晚期达到顶峰，在青少年期变薄。这个过程发生在高级感觉区域之前的初级感觉区域。2007年，肖及其同事的研究结果表明，ADHD儿童的脑发育也有这个过程，但明显延迟。在正常发展的对照组中，50%的皮质厚度高峰点平均在7.5岁达到峰值厚度；而在ADHD组中，达到峰值的平均年龄是10.5岁，前额叶区域成熟延迟最为明显。值得注意的是，关于ADHD儿童皮质变薄过程的最新研究提出了另一个关键问题：ADHD应分为不同类别还是分为不同维度（参见"重点"专栏）？

重点
ADHD：应划分为不同类别还是不同维度

肖及其同事于2011年注意到，关于ADHD应被视为具有明显边界的不同类别还是不同维度上的表现是一个极具争议性的问题。事实上，许多研究表明，ADHD的症状以及与之相关的神经心理损伤，其严重度具有连续性，被诊断患有这种障碍的个体是处于连续体的极端。研究者致力于将ADHD的生物学基础引入争论中。

他们对比了八岁或更大的ADHD青少年与未患ADHD的正常发展青少年的MRI脑成像图，并对所有青少年进行了冲动–多动行为评估。随后分析了行为或症状严重度与皮质变薄之间的关系。经研究后发现，ADHD青少年的皮质变薄的速度最慢，正如之前研究预料的那样。显而易见的是，症状的严重程度与皮质变薄的速度有关，越严重，变薄的速度就越慢。未患ADHD的正常发展青少年与有ADHD症状的青少年在脑发育方面有共同点，这一发现为ADHD的维度观点提供了神经生物学上的支持，尽管这项研究只涉及ADHD神经生物学中的一个方面，但也提供了重要发现。

病因

遗传影响

对ADHD有实质遗传效应的有力支持来自定量和分子遗传学研究。ADHD患儿的家庭成员患此类心理障碍的概率比预期的高，且其中10%~35%的家庭成员可能罹患ADHD。父母患有ADHD的儿童有很高的患病风险。家庭聚合研究证明了ADHD与其他障碍共病中遗传因素的影响作用。此外，有限的研究发现，ADHD儿童的同胞脑容积也较低，且其父母额叶区域活跃度较低，也表现出多动症状。

双生子研究为遗传因素对ADHD的影响作用提供了有力证据，单项研究最高遗传度达到90%，跨研究平均遗传度约为80%。这个研究结果是运用多种测量方法，通过多渠道收集信息，对多个群体进行研究后得出的。用ADHD诊断标准及其亚型对个体进行类别上和维度上的定义的研究也支持了上述结论。

分子机制的研究增加了对ADHD病因的了解程度。与多巴胺的传递有关的DRD4和DAT1基因与这种障碍最为相关，其他去甲肾上腺素和血清素基因也已证实会产生影响。全基因组关联分析显示，单独一种鉴定的基因影响非常小。

研究者最近通过全基因组的扫描，比较了

ADHD 样本和健康对照组的拷贝数变异（copy number variations，CNVs）。其中一项调查显示，患有这种障碍的儿童，尤其是智商较低的个体，有罕见的 DNA 片段缺失或重复的高发生率（CNVs 发生率低于 1% 就是罕见的）。在另一项研究中则没有发现这种现象，但罕见的遗传性 CNVs 涉及中枢神经系统发育、突触传递、学习和行为中的重要基因。研究者将在未来对这种结构变异以及其他候选基因展开深入的研究。

总之，ADHD 的遗传因素非常复杂，也可能并没有致病基因。此外，遗传异质性可能是不同基因或是单个基因的变异，或不同遗传机制，这些都对这种障碍有影响作用。基因可能相互影响，也可能与其他影响因素交互作用，故很重要的一点是，遗传度的估算应包含基因环境相互作用的影响。因此，有必要加强对基因环境交互作用的研究。

胎儿期影响与分娩并发症

产前条件与 ADHD 症状或确诊 ADHD 没有关系。这种互相矛盾的发现在一定程度上可能要归因于方法学上的不同。妊娠期吸烟和饮酒对胎儿是有害的。例如，在芬兰进行的一项大规模人口调查研究显示，在调整了其他几种变量后发现，妊娠期吸烟与 ADHD 有关。一项美国的广泛研究，从母亲妊娠到孩子 14 岁期间进行跟踪调查，发现母亲产前饮酒与孩子活动水平、注意缺陷和组织困难有关。值得注意的是，已经有报告指出了 DRD4 或 DAT1 基因与妊娠期吸烟或饮酒之间的基因 - 环境交互作用。例如，有研究发现，DAT1 基因的变体可调节妊娠期饮酒的风险。此外，动物实验显示，给妊娠期动物食用含酒精和尼古丁的食品，其后代脑发育会受到不良影响，正如 ADHD 报告中所述的那样，会出现脑神经网络缩小的现象。

一些研究结果表明，出生时受伤、早产或低体重的儿童患 ADHD 的风险更高。近期瑞典的一项针对 1987—2000 年出生的儿童的队列研究发现，中度特别是重度早产儿在学龄期出现 ADHD 的可能性增加。研究结果没有对基因、围产期或社会经济变量做出解释，但母体教育水平低提高了中度早产的风险。出生体重低也与注意力问题及 ADHD 风险有关。此外，一项研究发现婴儿出生时的体型小和头围小也与此有关，不过这项研究似乎没有考虑到其他几个因素。

饮食与铅的影响

饮食的病因作用多年来一直备受关注。一种有争议的观点认为，食物中含有人工染料、防腐剂和自然产生的水杨酸盐（如在西红柿和黄瓜中）均与 ADHD 有关。不过，后续研究在很大程度上并没有支持这个观点。同样，数据聚类分析表明，ADHD 儿童的行为和认知功能均不受糖摄入的影响。人们普遍认为食物并不会导致 ADHD 的发生。然而，关于特定食物或食品添加剂可能会对 ADHD 儿童的子集群体产生影响的假说，还是引起了研究者们的兴趣。

"铅暴露会引发 ADHD"的观点并非没有道理，因铅暴露与生理功能、认知功能和行为缺陷有关。近期的研究表明，铅暴露与 ADHD 诊断案例、ADHD 儿童的几种执行功能缺陷之间存在关联，铅暴露对 ADHD 的总体影响可能很小，但也不意味我们可以忽视铅的危害或铅对儿童没有其他方面的负面影响。为了谨慎起见，应尽量避免儿童接触含铅涂料、含铅玩具、汽车排放物、含铅的水晶和陶瓷餐具，以及旧铜管的焊料。

心理社会影响

很少有研究者和临床工作者认为 ADHD 的主要病因是心理社会因素。首先，一般人群的 ADHD 症状的变化形式和 ADHD 确诊案例的病因似乎是遗传因素。然而，一些证明表明，心理社会因素可能影响 ADHD 的严重程度、持续时间、症状性质，以及共病。

家庭因素是关键的心理社会变量，许多方面

与 ADHD 有关，如经济困难、压力、家庭冲突、父母分居、心理健康和应对能力差等。尼格和欣肖于 1998 年在科学观察后指出，患有 ADHD 的男孩，无论是否有反社会行为，其母亲都很有可能有抑郁障碍或焦虑障碍病史，其父亲更可能有儿童期 ADHD 病史。塔利（Tully）及其同事在 2004 年研究了一对出生时低体重的五岁双生子表现出的 ADHD 症状，结果显示，母亲对孩子的温暖对症状评分有调节作用。

总之，有证据表明，ADHD 儿童会影响父母的行为，父母的行为又会反过来影响 ADHD 的性质和发展进程，但由于各项研究结果不一致，因此对这个因素应谨慎对待。此外，还有必要进一步了解遗传和心理可能存在的交互作用，以及这些因素可能产生影响的其他方式。例如，儿童可能和父母共有一种基因，容易引发冲动和无序的行为。父母的行为会影响孩子的自我调节能力，孩子的行为也会导致无效的父母教养方式。因此，确实存在遗传的影响，也可以通过基因－环境的关系发挥作用。

儿童在学校的行为对 ADHD 的识别和诊断具有重要意义。教师的行为可能在儿童注意力和冲动性形成方面发挥着一定的作用。此外，班级组织形式和活动结构模式也会对儿童的行为和学习成绩产生影响，特别是有 ADHD 倾向的个体。这并不是说教师行为会导致 ADHD，而是可能影响 ADHD 的外在表现和后果。

ADHD 发展图式

总之，对 ADHD 的研究有助于更好地理解遗传对 ADHD 的影响、脑功能与 ADHD 症状之间的关系，以及环境影响是病因的一部分还是问题行为产生和持续的原因。图 9-7 提供了一种简单的 ADHD 发展图式，借鉴了泰勒和索纽加－巴克在 2008 年的工作成果，表明各种风险基因都可能与产前或围产期的影响因素相互作用，导致脑异常

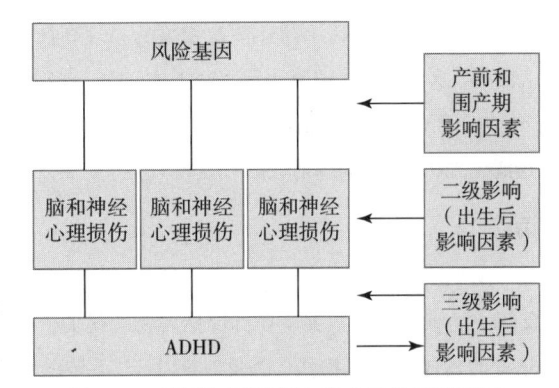

图 9-7　基因和环境复杂的交互作用导致了 ADHD 发展的不同路径

资料来源：Talor & Sonuga-Bark，2008.

及相关的神经心理损伤。如前文所述，ADHD 儿童存在脑异常和不同程度的神经心理损伤，因此 ADHD 的发展路径是不同的（这个图式显示了三种假设路径）。出生后的环境也在这些路径中起重要作用。一些次要因素（如饮食和各种毒素）也许会直接影响脑部活动。第三级影响可能通过社交互动（如负性教养方式）调节结果。上述复杂的影响作用不仅会引发 ADHD，还会引发共病。

当然，这个图式并不包括 ADHD 发展病程中的所有内容。例如，它并没有说明遗传和环境影响的相对重要性，也没有提供关于社交、学业或其他功能障碍的信息，但为 ADHD 的发展提供了一个基本框架。

评估

无论评估的目的是鉴别 ADHD、制订治疗计划，还是两者兼具，都可以将这个障碍的几个方面作为指导方针：

- ADHD 是一种心理社会障碍，必须进行广泛的评估；
- ADHD 是一种发展性障碍，故发展病程很重要，评估随发展水平不同而变化；
- ADHD 具有普遍性，但在不同环境中表现不同，所以需要特定环境的信息；
- ADHD 经常与其他心理障碍共病，因此评估时需要将其与其他障碍加以区分。

以下内容着重讨论与评估最相关的心理和社会因素，大量借鉴了巴克利和爱德华兹（Edwards）于2006年的报告，以及普利兹卡（Pliszka）及其同事在2007年发布的研究报告。

访谈

ADHD通常是在生命早期进行评估的，因此父母在访谈过程中至关重要。评估需要获得关于儿童的具体问题和损伤、强度、病史与用药史、学业成绩、同伴关系的信息。推荐在访谈中提出关于家庭压力和家庭关系的问题，因为这些问题在儿童的社交环境中处于中心地位，且对治疗有影响。将半结构化访谈和标准化结构访谈相结合（如对儿童和青少年的诊断性访谈），为收集大量信息提供了一种可靠有效的方法。

评估具体的亲子互动不仅对做出诊断很重要，对治疗也很重要。一种有效的方式是，先提出具体问题，再将话题转移到与儿童的问题有关的特定情境以及父母的处理方式上，可询问儿童的行为、父母的反应，以及问题行为在特定情境（如吃饭时、要求儿童做家务时）下发生的频率。

还需要对儿童进行访谈。对于较小的儿童，访谈只是与儿童互相熟识，建立和睦关系，观察儿童的表现、所用语言、人际交往技能等。应该对观察结果的解读保持谨慎，因为ADHD儿童在就诊时的行为表现比在其他场合中更规矩。与年龄较大的儿童和青少年的交谈内容可以包括他们对自身问题、学校成绩、同伴关系、家庭功能的看法，以及他们认为可以使生活变得更好的事物等。尽管ADHD儿童和青少年的回答会存在对其自身症状的积极偏差，但私人访谈能让他们说出父母在场时不愿提及的问题或话题。当然，访谈必须与儿童和青少年的发展水平相符，对孩子来说，从他们可能看到的问题入手是有益的（见表9-2）。

教师访谈对解决儿童在学校环境中家长无法有效评估的困难是很有帮助的。最好是采取直接

表9-2 访谈问题需考虑儿童的理解能力，关于询问儿童在学校表现的示例

- 你在课堂上，有没有出现过突然意识到老师正在讲话，却不知道他在讲什么的情况
- 你有没有发现，和其他同学相比，你完成作业需要更长时间
- 你发现你的作业写得比其他同学的乱吗
- 你上学时是不是总忘带东西
- 你写作业时有没有感到很费力
- 老师曾因为你不该讲话时讲话或该做作业时无所事事而批评过你吗

资料来源：Barkley & Edwards, 2006.

访谈的方式，重点是学习情况、学业问题和同伴互动。另外，还可获得关于家长与学校互动与合作的信息，以及学校服务的信息。一些ADHD儿童和青少年有权接受特殊评估和教育服务。事实上，在美国《残疾人教育法》（*Disabilities Education Act*）的保护下，许多患儿都获得了特殊教育服务，通常被归入特定学习障碍、品行障碍或心境障碍的范畴。

评定量表

父母和教师评定量表和行为检核表是评估ADHD的常用工具，花费相对较少的时间和精力就能提供大量信息。许多量表可靠有效，且与*DSM*中的ADHD概念一致，对临床和研究工作也很有帮助。其中一些量表测量范围很广，不仅可用于识别ADHD，还能识别ADHD的共病。一些范围窄的量表在评估ADHD的特定方面是很有用的。

其中一个被广泛使用的是康纳斯评定量表（Conners rating scales）。基于以前版本元素的康纳斯评定量表（第3版），提供了针对父母、教师、自评量表的详述表和简述表。针对6~18岁的儿童和青少年，提供了父母版本和教师版本；对于8~18岁的学生，还有自评量表版本，包括ADHD以及与之相关障碍的症状（见表9-3）。ADHD指标用于快速识别ADHD风险，以及监测治疗效果。整体指标对治疗效果也很敏感，可用于一般精神

表 9-3 康纳斯儿童行为量表（第 3 版）

多动/冲动
注意缺陷
学习困难
执行功能
攻击性
同伴关系
家庭关系
对立违抗性障碍
品行障碍
ADHD 症状
ADHD 指标
整体指标

资料来源：Conners, 2008.

病理学评估。

直接观察

对患儿在自然情景中进行直接观察非常有效，因为 ADHD 的行为表现就是情境性的。在家庭和学校的观察值得花费时间，根据对目标行为的观察制定干预措施是成功治疗的关键。当然，观察中 ADHD 的主要特征表现是最重要的，但也要注意叛逆、攻击、寻求关注及其他社交互动和社交关系，还可使用 ADHD 编码系统。

其他程序

辅助评估方法通常是有用的，也是必需的。关于智力、学业成就和适应性行为的标准测试也很有用，尤其是识别与学业功能有关的问题。

已开发出各种程序，专门评估注意缺陷和冲动行为。例如，康纳斯连续操作测验Ⅱ（Conners' continuous performance test Ⅱ，CPT Ⅱ），要求被试在屏幕上出现除"X"之外的字母时，按下电脑按键或单击鼠标。CPT Ⅱ 是专为 6 岁及以上的儿童和青少年设计的，可用于筛查或诊断 ADHD 并监测治疗情况。康纳斯儿童连续操作测验（Conners' kiddie continuous performance test）是 CPT Ⅱ 的改编版，适用于 4~5 岁的儿童。

当怀疑有医学因素病因时，医学评估可为治疗或理解 ADHD 提供潜在的有用信息。评估的有效部分包括神经检查，但不推荐对儿童进行脑电图或脑部扫描，因其不能有效鉴别 ADHD，且有安全隐患。

干预

预防

可以合理地假设产前保健、避免环境中的毒素，以及理想的家庭生活，都有助于预防或将 ADHD 的损害降到最低。然而，最有效的手段是针对症状的早期治疗和减少干扰正常发展的次要问题。如前文所述，ADHD 的核心症状不仅会产生即时损伤，还会导致一系列功能问题，甚至在核心症状减轻后仍然存在，对这些功能障碍应多加关注。

例如，为 ADHD 儿童补课可以避免他们出现学习上的问题。另一个例子是，父母应学会控制儿童的破坏性行为，避免它们发展成为不服从或对立行为，进而增加罹患 ODD 和 CD 的风险。适当地促进社会交往也很重要，因为在 ADHD 个体中经常观察到负性社交行为，会持续很久并影响其他方面功能。此外，监测儿童的药物使用/滥用行为并对其发展进行干预也是很重要的。

药物疗法

现有很多针对 ADHD 的治疗方法，如认知行为培训、社会技能培训、个人心理咨询等。然而，迄今为止，广泛使用的干预措施是有据可依的短期治疗，即兴奋剂疗法、行为疗法，以及这两种方法的结合。这里先讨论药物疗法。

巴克利于 1937 年发表的一份报告，开创了用**兴奋剂疗法**（stimulant medication）治疗儿童期行为障碍的先河。之后又使用了多种药物，但兴奋剂是治疗儿童最常用的抗精神类处方药物，主要用于治疗 ADHD。兴奋剂能增加脑神经网络中的多巴胺和去甲肾上腺素，最常用的是利他林和安非他命（见表 9-4）。这些药物缓释、长效且每天只需服用一次，而且比那些短效型药物更常用。

表 9-4　ADHD 治疗中的常用药物

兴奋剂（说明：s= 药效短，l= 药效长）
　利他林
　　哌甲酯（s）
　　盐酸哌甲酯缓释片（l）
　安非他命
　　右旋苯丙胺（s）
　　苯丙胺盐（s）
　　苯丙胺盐混合物（l）

去甲肾上腺素再摄取抑制剂
　阿托莫西汀（盐酸托莫西汀）

其他药物
　抗抑制药
　　丁氨苯丙酮
　　三环类药物（丙咪嗪、去甲丙咪嗪）
　抗高血压药
　　可乐定
　　胍法新

尽管使用兴奋剂存在很多争议，但多数专家认为这些药物有助于缓解 ADHD 的主要缺陷，有 70%~75% 接受药物治疗的儿童注意力得到改善，

冲动和活动水平降低。此外，兴奋剂可以减少共同出现的攻击性、不顺从、对立行为，并在较小程度上减少社会问题。儿童在服药后，也能与父母和教师有更积极的互动。一些研究也表明服药对学业成绩的益处，但效果可能很小，仍需进一步研究。

　　大多数关于兴奋剂的研究都是针对学龄期儿童的，但近代的一些研究还将学龄前儿童与青少年群体考虑在内。由于越来越多的学龄前儿童开始使用药物，美国国家精神卫生研究院针对 3~5.5 岁的幼童，专门投资启动了一项多方位的随机研究。结果显示，尽管药物对 ADHD 症状的减轻幅度小于学龄期儿童，并且有副作用，但 ADHD 症状明显减轻。兴奋剂对青少年也有积极作用，尽管响应率比儿童低。总之，大量数据支持了兴奋剂在不同环境、不同措施和不同年龄段的有效性。不过，它并非对所有儿童和青少年及其家庭都有效，这是一个经常被忽视的事实（参见"重点"专栏）。另外，仍有一些对 ADHD 进行药物治疗的担忧。

> **重点**
> **药物不总是有用**
>
> 出于种种原因，对一些儿童和青少年及其家庭来说，药物治疗不是首选或有效的治疗方法，原因如下。
> - 少数患儿不能承受药物的生物学副作用。
> - 研究表明，服用药物后，10%~20% 患儿的主要症状没有得到缓解，且在学龄前儿童中的比例更高。
> - 即使主要症状得到缓解，也只有约 50% 的患儿的行为得到了改善，达到了与正常发展的儿童行为类似的水平。
> - 停药后，症状改善的效果就会消失，也没有长期效果的证明。
> - 估计有 20%~45% 的患儿不遵从医嘱，超半数的 ADHD 患儿不管疗效如何都会停止服药。父母有时不知道孩子擅自停药的行为。
> - 有些家庭拒绝使用药物，有限的数据显示，非裔美国人对药物治疗尤为不感兴趣。

担忧

常见的担忧是药物的不良生物学副作用，对学龄前儿童的影响要大过较大的儿童。报告过的副作用有：睡眠问题、食欲缺乏、胃痛、头痛、兴奋、神经过敏等，一般几周后减轻乃至消失，

但会导致治疗中断。也有报告指出，其中一个副作用是对儿童身高和体重增长产生轻微抑制作用，而且随着时间的推移，这种抑制作用会减弱，并在治疗停止后恢复正常。针对这个问题，肖及其同事在 2009 年研究了青少年脑皮质的发育，发现

其与兴奋剂并无关系。有关于抽动秽语症的起病和恶化的报告，但这一报告受到了质疑。对兴奋剂疗法的另一个担忧是，在儿童期服用兴奋剂是否会成为将来物质使用/滥用的风险因素。近代的几项研究证实，ADHD儿童面临使用或滥用烟草、酒精、大麻、可卡因及其他药物的风险。

然而，研究者并不清楚早期使用兴奋剂是否会导致将来物质滥用。物质滥用可能涉及很多因素。例如，共同的遗传因素也许是ADHD症状和物质使用障碍的潜在风险因素，ADHD与外化性障碍共病也可能起到一定作用。尽管如此，对兴奋剂本身的滥用也是值得关注的。从这个角度出发，康纳斯于2006年建议，禁止向已知或存在嫌疑的药物使用者出售兴奋剂类药物。

尽管对药物疗法有合理的担忧，但遵照医生开出的兴奋剂处方合理使用时，对大多数儿童和青少年是相对安全的。当然，这并不意味着放松对其副作用的监控。个体对不同药物和剂量的反应各不相同。事实上，已有对潜在心脏缺陷儿童和青少年使用苯丙胺混合盐的警告。非兴奋剂类药物是一些儿童的备选方案，但也有副作用。对药物使用进行监督是必不可少的，应始终保持适度的谨慎。

即使如此，有批评者认为，处方药在美国很容易获得，1980—2000年处方药使用数量的增加支持了这一论点，1987—1996年，儿童的处方药使用量增长了4倍。2000—2007年，0~14岁儿童使用药物水平平稳下降，但青少年和成年早期个体则有所增加。有批评者指出，对于一些学校和家长来说，药物是"权宜之计"。关于这一点，有趣的是，一些研究表明，兴奋剂在美国被大量使用，这与在其他国家截然不同。一些相关因素可以解释这种差异：关于行为障碍和药物干预的理念、政府政策、制药公司的广告等，都起到了一定作用。

药物疗法非常复杂，例如，有研究结果表明，将低强度的行为疗法与兴奋剂结合使用，可减少药物剂量，从而减少副作用。更普遍的问题是开具处方不当。赖克（Reich）及其同事于2006年发现，59%符合ADHD诊断标准的男孩和46%的女孩接受了药物治疗，但接受兴奋剂治疗的儿童中有35%没有达到诊断标准，尽管他们有ADHD症状。另一项研究结果表明，增加使用抗精神病药物的2~5岁儿童中，大约有25%被临床诊断为ADHD，大部分儿童在服药之前没有接受过评估、心理治疗，或是在此期间看过心理医生。

对ADHD药物使用和滥用的担忧有时会引发激烈的争论，大多是由核心杂志和电视媒体报道引起的。当然，这种争论有助于媒体对教育的关注。遗憾的是，家长、专业人士和社会团体有时会用情绪化、夸大甚至极端的方式表达对这个问题的担忧。与此同时，意识到兴奋剂益处的专业人士也指出了其局限性，并警告不要滥用或过度使用。在整体背景下，另一个需要考虑的因素是大型制药公司参与评估药物疗效的临床试验，与其自身药品营销和广告之间存在潜在的利益冲突。

行为定向疗法

针对ADHD儿童和青少年的行为定向干预措施的实质性益处已在各种研究设计中得到了充分体现。常用的行为策略是针对ADHD的主要症状，改善社交关系之类的功能领域。大多数干预是在家里或学校进行的，由父母、教师与儿童一起完成。此外，还提供了父母培训项目，以优化父母对ADHD子女的管理。

父母培训

一般而言，父母参与儿童和青少年障碍的治疗是有益的，家长培训是ADHD治疗的一个重要方面。ADHD给亲子关系增添了很多额外的压力，一些父母倾向于发出高强度指令，还有一些会认为自己缺乏正常的教养技能。

例如，我们对一项干预措施进行了简要分析，它强调对4~12岁儿童的ADHD核心症状、不服从和反抗的管理，与 ADHD 涉及行为抑制缺陷和品行障碍风险的观点相一致。父母对子女行为进行适当的管理，可使孩子的行为受到管控，促使儿童意识到自身行为后果，从而防止出现共病，并减轻父母应激。

该治疗项目包括 10 个部分，涵盖 8~12 个疗程，形式为单个家庭治疗或几个家庭组成团体治疗。除了对父母进行行为管理培训（见表 9-5）外，还包括加深父母对 ADHD 的深入了解、讨论具体问题和将来可能出现的问题、考虑儿童学校环境和关于回顾与排查的附加章节。

表 9-5　　　父母培训步骤

1. 对培训计划和多动症的概述
2. 讨论亲子关系、行为管理原则
3. 提高父母使用积极手段的技能（"发现孩子病情好转的趋势"）
4. 增加孩子积极方面的注意力；教父母如何发出指令
5. 建立家庭代币/积分系统
6. 增加孩子行为管理的反应成本
7. 对更严重的儿童不良行为，教父母使用暂停的方式
8. 对孩子在公共场所的行为进行管理
9. 处理孩子在学校中表现出来的问题（如每日成绩单）；准备结束培训
10. 强化对儿童状态的研究并解决问题

资料来源：Anastopoulos, Rhoads, & Farley, 2006.

对于有对立和破坏性行为儿童的家庭，父母培训能提高父母教养技能、改进儿童行为，在一定程度上缓解 ADHD 症状。父母培训对学龄期儿童的影响更常见，但在学龄前儿童和青少年群体中也发现了类似变化，似乎是治疗有对立和违抗行为表现的 ADHD 儿童最有效的方法之一。

课堂管理

教师行为管理是学生行为举止的重要方面，包括对学生不完成作业和破坏性行为的管理。基于学校的行为干涉对改善 ADHD 儿童的注意缺陷、破坏性行为和学业成绩很有成效。最常见的是教师实施权变管理干预，典型的是接受心理健康专家的培训和咨询。程序通常包括代币强化、暂停和响应成本。教师和 ADHD 儿童签订相倚合约（见表 9-6），规定其行为和奖惩措施。关键步骤是学校给家长邮寄日常报告卡，及时反映儿童在目标行为方面的表现，使父母据此奖励子女的进步，也能促进家长和教师之间的交流（参见"重点"专栏，使用多种上述行为技巧强化功能结果）。

表 9-6　ADHD 儿童和教师之间的相倚合约

我保证做到
- 每天早上 8 点 10 分前到达学校
- 除非得到达芬女士的允许或遵从课堂要求，否则不会离开座位
- 其他同学讲话时，我保证不去打断
- 在午餐前完成上午的书写作业
- 在下午锻炼或休息前完成下午的书写作业

如果做到上述内容，我将得到
- 额外的上网时间
- 额外的画画时间
- 额外的代币券，用来换取美术用品

如果没有完成以上五项，我将
- 不能参加娱乐活动

资料来源：Dupaul, Guevrement, & Barkley, 1991.

有证据表明，不同亚型的 ADHD 儿童会受益于教师不同的干预策略。例如，ADHD-I 型儿童可能会特别受益于放慢节奏的干预措施，但以个体行为为目标是成功的关键。有效的目标应包括以下几点。

- 强调具体问题的替代技能和行为。教导有组织能力问题的儿童整理课桌和储物柜，教导有社交问题的儿童学会与人交流的适当方式。
- 虽然在任务中的表现很重要，但也要设立更广泛的学业表现目标。作业的完成量是学业成就的一个重要因素。幼童需要加强基本技能（阅读、书写、算术），以避免成绩落后。而对于年龄较大的儿童，需要在其他学业领域予以帮助。
- 需要以问题通常发生的情境内的行为为目标，如在课间休息和不同活动过渡期间的行为。

◎ ADHD 儿童的健康无疑会受到教师组织、管理课堂活动和行为的技能的影响。

虽然行为干预一般基于权变原则进行行为管理，但课堂和学习任务的结构和组织方式对 ADHD 儿童很重要，组织良好和可预期的课堂对他们特别有帮助。应将 ADHD 儿童的课桌安置在远离其他儿童并靠近老师的位置，以减少同伴对其不当行为的强化，也有利于老师对其进行监督及反馈。关于学习任务，有几种有用的策略，如运用色彩、形状、录音等增加学习任务的新鲜感，将时间长度控制在其注意力范围内，改变学习任务的形式和用具。有证据显示，允许儿童做一些与任务相关的选择有助于提高效率，计算机辅助教学系统（通常包含明确的规则、分阶段任务、快速反馈）可以提高儿童的专注程度和效率。这些策略通常都是很有用的，对 ADHD 儿童尤其有用，但对这一领域需要进一步的研究。

在影响课堂学习环境和实施行为计划方面，教师无疑起到了关键性作用。对有心理障碍的儿童进行有效管理，教师需要花费大量的时间和精力，同时还需要与家长、学校管理人员和其他专业人士通力合作。在学校的相关环节中，教师通常可以对学生的代币券进行发放或扣除，使用辅助药物对 ADHD 学生进行药物治疗，借助效率较高的方法（如每日报告卡）来代替效率较低的方法（如反应成本法）。教师的学识、信念、态度、灵活度和宽容都会使得学生的 ADHD 症状减少。教师与学生之间的互动方式更是课堂矫正项目能否成功的重要因素。

多模式治疗

如前文所述，药物治疗 ADHD 具有局限性，也受到多方批评和一定的质疑。同时，行为疗法通常需要更多的精力、时间和金钱。这种状况使得研究者将二者结合起来，形成多模式治疗，并加以实施和评估。

多模式治疗评估研究

治疗方案中所需时间最长的评估是**多模式治疗评估**（multimodal treatment assessment，MTA）研究。美国国家精神卫生研究院发起了包含六个核心项目的调查研究，将近 600 名 7~9 岁的 ADHD-C 型儿童被随机分配到以下四种不同的治疗项目中，并进行了为期 14 个月的治疗。

- **药物疗法**：主要是服用苯哌啶醋酸甲酯，每月与儿童及其家长谨慎地分配、监控、调整所用剂量。教师持续投入其中，并在整个研究期间给药。
- **行为疗法**：此强化项目包括父母培训、以学校为基础的干预措施、以儿童为中心的暑期培训项目（参见"重点"专栏）。培训逐渐趋于平稳，在治疗后期，父母每月参与或不需要参与。
- **联合疗法**：药物疗法和行为疗法相结合。
- **社区护理治疗**：这个对照组儿童在社区接受各种常规治疗。其中有 67% 也在服药，但剂量低于药物治疗组。医生只见过这些孩子一两次，也没有教师反馈。

重点
暑期培训计划

很多专业人士现在认为 ADHD 是一种慢性障碍，需要进行长期综合性的治疗，佩勒姆（Pelham）及其同事共同制定的暑期培训项目（summer treatment program，STP）就是基于这个观点。这个项目是一项强化社会学习的干预措施，目标是缓解 ADHD 造成的功能损害而非主要症状，因为功能性行为与注意缺陷/多动障碍的后果直接相关。这个项目基于露营环境，针对5~15岁的儿童和青少年，持续时间为7~8周的工作日。目标是改善：（1）同伴关系（社交技能、问题解决能力）；（2）与成人的关系（服从）；（3）学业表现；（4）自我效能感。

按年龄将这些儿童和青少年分成几个小组，由大学生实习生负责监管，为同伴关系和与成人的关系工作的开展提供了自然背景。每天都会进行简短的社交技能培训，包括树立榜样和角色扮演，并提供解决团体问题的机会，同时通过积分奖励系统不断提升并强化适宜的社交技能。

各小组每天参加由教师和助手教授的三个小时的课程。人们意识到，不仅是患有ADHD的儿童有学业问题，如果在暑期不学习，那么即使是正常发展的儿童和青少年，他们的成绩也会下滑。在前两个小时的课堂时间里，学生要完成个性化学业领域的任务，与同学合作阅读，学习基于电脑的个性化技能。在第三个小时的个人和团体的艺术项目中，学生们将获得与同龄人合作和互动的机会，这种结构性较小的活动帮助儿童和青少年发展在普通学校环境中所需要的技能，这正是ADHD学生经常遇到困难的地方。

每天其他的时间用于小组游戏和体育活动。ADHD儿童通常运动技能较差，跟不上游戏规则，这会导致被同伴排斥和自尊水平降低。儿童在STP中接受强化技能训练和指导。尽管技能本身很重要，但运动反应能力也很重要，因其可加强自我效能感和促进行为改变。

STP强调行为方法，训练有素的工作人员会记录儿童的行为并做出适当的反应。父母每天都会与工作人员联系，参与每日报告卡部分，每周参加帮助孩子在家里实施学会的行为技能的培训，以及对药物需求和使用的评估。在儿童秋季返校时，会对父母进行每月一次的培训，并在教师的协助下建立报告卡体系。

STP的一个重要内容是研究ADHD的本质及治疗方法，这个项目已在美国许多社区和大学网站上得到推广和应用，在多份评估文件中，都得出了这样的结论：实现了低辍学率、家长的高满意度和参与者行为，主要是功能性行为的改进。美国心理学会及其他相关机构将STP认定为创新干预措施的典范。

◎ 儿童在STP中接受技能培训和指导，以促进发展。

在治疗前、治疗中和治疗结束时，都要分别评估MTA研究，运用多种工具测量ADHD主要症状、相关问题和家庭因素。经过14个月的治疗，所有组的ADHD主要症状都有所减轻，但改善程度因治疗类型而异。总体来说，药物疗法和联合疗法优于行为疗法和社区护理治疗，且二者无显著差异。然而，研究结果多而复杂，如在一些评估中，联合疗法效果最好，包括父母对外化性和内化性障碍症状及阅读成绩的衡量。另外，对于患有ADHD与焦虑障碍共病的儿童，行为疗法、药物疗法、联合疗法具有相同效果。此外，社会阶层对某些结果具有调节作用，受教育程度较高的家庭从联合治疗中受益最多，而受教育程度较低的家庭则并非如此。

后续随访

一些治疗后的评估检查了上述四种疗法对选择措施的持续效果。干预开始后的第24个月，与其他儿童相比，接受过药物治疗或联合治疗的儿童在ADHD和对立反抗症状方面仍表现出改善，但在其他问题方面没有改善。不过，与疗程刚结束时相比，疗效大约降低了50%。

之后的随访（分别在第36个月、第72个月和第96个月）结果表明，在几种ADHD症状和功能评分上，各组间没有显著的差异。图9-8列出了从治疗开始时三个症状领域的父母评估结果，

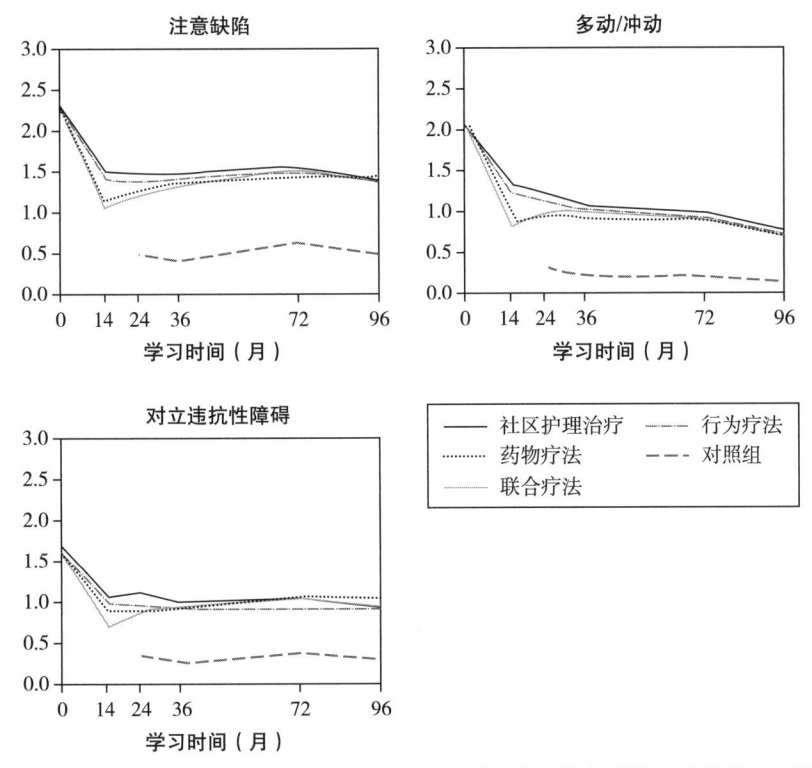

图9-8 在MTA研究中，儿童在数月内关于ADHD的三个症状领域的平均得分（父母评估）

资料来源：Molina et al., 2009.

其中包括后来加入的对照组儿童的评估结果。可以看出，随着时间的推移，所有MTA小组的症状都得到了一定程度的改善。然而，在第96个月的评估中，30%被诊断为ADHD，最常见的是ADHD-I型。与对照组相比，MTA研究中的被试在许多测量中表现较差，例如，他们在学校表现不佳，被捕率和犯罪率相对较高，其中符合 DSM 的ODD或CD诊断标准的儿童更多。

药物疗法和联合疗法的早期疗效并没有维持太久，这也许并不令人感到惊讶，这些儿童及其家庭只接受了相对短期的治疗，治疗结束时又自行选择了各种干预措施。停药后疗效将不再持续，之前的研究也表明了行为疗法和联合疗法只能产生短期效果。MTA研究的结果将会被研究者进一步分析，以更好地了解干预作用的效果。

我们断言，当前美国从业人员对干预措施各持己见。药物疗法被广泛使用，但这并非每个专业人士和家庭的首选。许多精神健康方面的专家认为，由于ADHD的多样性和发生共病的高风险性，最佳方法是药物和行为导向的联合疗法。总的来说，在ADHD的治疗方面取得了很大的进步：越来越多的药物为儿童和青少年提供了更多的选择；行为干预得到了改善；研究结果为治疗提供了一些指导。与此同时，在处方药物、随访、治疗中断和不良后果方面，仍有很大的进步空间。

第 10 章
语言障碍和学习障碍

本章将涉及：

- 历史上有关语言障碍和学习障碍的定义；
- 语言发展的正常模式和交流障碍；
- 特定学习障碍，如阅读、书面表达和计算障碍；
- 语言障碍和学习障碍的社会问题和动机问题；
- 语言障碍和学习障碍的脑异常；
- 语言障碍和学习障碍的病因；
- 语言障碍和学习障碍的评估和干预；
- 特殊教育服务。

本章讨论儿童在语言和学习发展过程中出现的特定障碍，这些障碍的程度从轻度到重度不等，不断干扰日常交流的需求和乐趣，让个体在学生时代蒙上失败和挫折的阴影，并对其职业生涯产生不利影响。事实上，随着工业和科学技术水平的不断发展和多样化，语言和学习障碍对个人生活的影响越来越大，因为现代社会对特定技能和学习能力的需求不断增加。

儿童和青少年在语言和学业方面的困难与许多已知药物、遗传因素和行为综合征有关。不过，上述因素并不是本章的重点，这里主要讨论那些表现出与个体发展其他方面不协调的特定受损的儿童和青少年，他们的起病年龄较早，不适合用社会因素来解释。

来自不同学科的专业人士都对语言和学习问题很感兴趣，尤其是教育工作者、心理学家、医生和语言专家，他们从不同角度进行研究，提出了不同的（尽管通常重叠）术语、定义、重点、因果理论和治疗方法，这在本章中有所反映。

历史回顾

特定语言和学习障碍是长期受关注的问题，这一领域有两个重要的主题：一是学术上和临床上对那些表现出与其智力或其他能力不符的特定缺陷的个体的兴趣；二是强调改善为这些儿童和青少年提供的实用性服务。

研究者对这些存在与智力不符的或未预期的能力缺陷的个体的兴趣，可以追溯到19世纪在欧洲的研究，10岁男孩托马斯的例子就是其中一个早期案例。

案例
托马斯：一个有众多能力的案例

托马斯是一个聪明、在各方面都充满智慧的男孩。他学习音乐只用短短一年时间就取得了很好的成绩。他在所有以口授为主的科目中都表现很好，证明他的听觉记忆非常出色，也能够准确地完成简单算数，数学成绩也令人满意。他在学习书写方面没有困难，视觉也很敏锐。

资料来源：Hinshelwood, 1917, pp.46-47.

虽然托马斯取得了这些成绩，但报告说他无法学会阅读。当时许多类似的案例让医生很困惑，于是在这个领域发展出了一种早期的医学研究方向，将这些特定受损与脑异常联系起来。例如，布罗卡（Broca）在19世纪80年代末描述了他的一些成年病患虽然能理解他人说的话，却无法用语言表达自己的想法。时隔不久，韦尼克（Wernicke）记录了有语言理解问题但未表现出语言和认知缺陷的患者存在脑部损伤。现在脑部与特定障碍相关的区域是以他俩的名字命名的。现今流行多年的观点是哈米尔（Hammill）于1993年提出的，他认为成人的大脑损伤与行为症状有关，如特定语言障碍、学习障碍及注意缺陷。类似地，有假说认为儿童和青少年的发展问题也是由脑受伤或某种脑功能障碍引起的，可能非常轻微，甚至无法识别。

如表10-1所示，美国行为科学家基于欧洲的研究工作，开始以心理学为导向研究学习障碍问题。虽然经常出现关于脑功能障碍引发学习障碍的假设，但对支持了解患者性格的病因学理论和学习缺陷的教育修复却略过不谈。到了20世纪中叶，研究者提出了几种干预措施，但人们对学校不能满足这些儿童群体的教育需求的担忧却越来越多。

1963年，来自多个组织机构的代表参加了由美国知觉障碍基金会赞助的学术研讨会。备受尊敬的美国教育心理学家塞缪尔·柯克（Samuel Kirk）在其会议致辞中提到，他们重点关注表现出多种与神经功能障碍有关缺陷的儿童，尤其是学习困难、知觉问题和多动。他建议使用"学习障碍"这一术语来促进并指导对这些儿童的评估和教育干预。会议当晚，与会者成立了美国学习障碍协会（Learning Disabilities Association of

表 10–1　　　　　　　　　　　　　学习障碍的研究领域历史回顾

欧洲初建期（1800—1920 年）	欧洲医生和研究者探索脑损伤和障碍之间的关系（如在语言和阅读方面）
美国初建期（1920—1960 年）	心理学家、教育家等在欧洲研究工作基础上致力于通过语言、认知和运动的方法识别障碍并进行教育特定修复
萌芽期（1960—1975 年）	提出"学习障碍"的概念 各类团体试图定义学习障碍 家长和专业人士提倡有效的教育服务
稳定期（1975—1985 年）	确定学习障碍的官方定义和使用规则 重点是实证验证研究（如记忆）
动荡期（1985—2000 年）	致力于统一定义 被确诊为学习障碍的学生数量急剧增加 深入研究，在病因、干预方面取得进展 解决难题（如定义、特殊教育）

资料来源：Hallahan & Mock, 2003.

America）。

柯克的报告是学习障碍概念的一个里程碑。此后，家长和教育工作者加入这个一直由医师和心理学家主导的领域，并发挥了重要作用。自此，父母相信孩子的问题是有特定界限的且能够治愈；教师不再认为自己该为这类学生的失败负责；相关专业人士可以使用这个专业术语让儿童获得特殊服务。人们意识到这些有学习障碍的儿童和青少年是一个异质性群体。

20 世纪后期，研究者们开始致力于统一学习障碍的定义，提供特殊教育服务，进行针对性的研究，并在过去几十年取得了多项进展，被诊断为学习障碍的儿童和青少年的数量急剧增加，但在语言和学习障碍及相关问题的定义和概念方面仍然存在争议。

关于定义的疑虑

为理解定义问题，本书参考了美国 1975 年颁布的《残疾儿童教育法》（Education for All Handicapped Children Act），这个法案对语言和学习障碍这一领域的研究产生了巨大影响，涉及广泛的教育任务，多年来经过多次修订，重新命名为《残疾人教育法》（Individuals with Disabilities Education Act, IDEA），其中关于学习障碍的定义对教育系统、儿童及其家庭、临床工作者和研究者均产生了影响。

特定学习障碍是指在理解或运用语言（口语或书面语）的一个或多个基本心理过程中出现的一种障碍，这种障碍可能表现为听、想、说、读、写、拼写或数学计算的能力不完善。这个术语包括诸如知觉缺陷、脑损伤、轻微脑功能失调、诵读困难、发展性失语症。这个术语不包括有学习问题的儿童，这些障碍主要是由视觉障碍、听觉或运动障碍、智力落后、情绪紊乱等原因，或是环境、文化或经济劣势造成的。（美国教育部，1977, p. 65083）

这是一个笼统的定义，指出了这种障碍是基本心理过程中的障碍，但并未进行鉴别，而且虽然指出了几种情况，但没有确定障碍的鉴别标准。此外，这个定义还排除了那些由多种因素引发学习问题的儿童。有学者对排除标准提出质疑，部分是因其会对区分由心境障碍、动机缺乏、文化或经济上的不利因素引发的学习问题产生困难。排除标准的存在以及缺乏学习障碍的具体标准，使人们得出这样一个结论：学习障碍更多是根据"不是什么"来定义的，而不是根据"是什么"来界定的。

对定义的疑虑导致出现不同的、相互重叠的

定义和识别障碍的方法。定义上的问题导致患病率的研究结果不同，为研究目的选择的群体之间没有可比性，以及确定儿童是否应接受特殊教育服务的标准不同。本章将根据识别学习障碍的通用方法和一种既具争议又获得不少支持的新方法，简要地讨论关于学习障碍的定义问题。

鉴别特定障碍

一直存在的一个问题是缺乏公认的学习障碍鉴别标准。哪些标准或方法可以用来确定儿童的语言或学习技能是否低于预期呢？目前已有多种标准和方法可供使用。

智力与成绩不符

鉴别这种障碍的常用方法是比较个体智力水平和具体成绩水平之间的差异。假如个体存在特定障碍，那么他在一般能力测验（通常为智力测验）的表现将超过假设的特定受损功能的测验成绩。通常要求差异严重或显著，但在定义上有所不同。对智力测验分数和成绩测验分数之间存在两个或两个以上标准差的个体可做出诊断，但较小的差异在正常的范围内。

成绩低于平均水平：年级或年龄

另一种方法是通过确定儿童和青少年在至少一个学业领域的表现低于预期来识别障碍。不过，具体标准会存在差异，例如，当一个六年级的儿童的成绩仅仅达到四年级或是五年级的水平时，就可能会被贴上"学习障碍"的标签。这种方法的普遍问题是，年龄较小的儿童存在的差异比年龄较大的儿童更大，即同样是落后两年，三年级的学生比六年级的学生差异更大。

将儿童在语言、阅读、书写、算术等标准化测验中的表现与同龄人进行比较，能够识别其低学业成绩，低于同龄人的程度因学校所在地区和研究者不同而有所差异，一般为低于平均分1~2个标准差。

低学业成绩，尤其是智力－成绩差异的方法受到多方质疑。有学者指出，智力测验成绩严重依赖语言能力，有语言障碍或学习障碍的儿童的整体智力会被低估，可能导致差异比实际上大。还有学者指出，当识别高智商儿童的这种差异时，其"障碍"可能与低智商儿童的差异大不相同。另有一种批评是，无法区分差异是由儿童缺陷造成的还是由不良教育造成的。研究者们还提出了一些非常严重的问题，即应排除"学习缓慢者"，也就是说，这些儿童并没有表现出差异。越来越多的学者意识到，在某些方面，特定障碍与不符合智力－成绩差异公式的一般学习问题没有太大区别。总之，这些质疑对智力－成绩差异方法提出挑战。尽管如此，智力也是需要考虑的因素，那些低学业成绩儿童需具备平均水平的智商，或至少不低于标准化智力测验成绩智商下限的分数（70分）。通过这种做法，低学业成绩和相对低智商的儿童就不会被认定为学习障碍了。

对干预的反应

一种定义学习障碍的创新方法是在做诊断前对儿童进行干预，这种方法受到2004年 *IDEA* 最新授权草案的推动。*IDEA* 建议，教育机构可以考虑通过测量儿童对基于研究的干预的反应筛选有学习障碍的个体。其基本原理是，与同龄人相比，对有效干预反应较差的儿童可被认定为患有学习障碍。虽然学校获得了实施对干预的反应（response to intervention，RTI）的动力，但专业人士对这种方法持不同态度，仍有许多尚未解决的问题（参见"重点"专栏）。

尽管对定义有许多质疑，但在理解语言和学习障碍方面取得了实质性进展。这里先从交流障碍开始讨论，因其更易较早被发现并影响其他障碍。

> **重点**
> **对干预的反应**
>
> RTI 是一个识别和解决学生学习问题的框架，关键成分包括学校范围的指导/干预、监控学生的进步，以及识别障碍。虽然 RTI 也会被认为是智力－成绩差异的替代方法，但最好将其视为广泛教育的一个组成部分。
>
> RTI 方法对儿童实施不断升级的干预措施。先对一组儿童（如幼儿园儿童）进行特定干预（如基于研究的阅读项目），并监控每个儿童的阅读技能。表现出障碍的儿童接下来也许会以小组的形式接受特殊的、强度更高的干预措施，然后再次接受评估。这时候，或是在接受了更高强度的附加干预措施之后，反应不够良好的儿童将被认定为有障碍的，并被赋予接受特殊教育服务的资格。图 10–1 呈现了这种多层次干预识别系统。值得注意的是，其中第Ⅲ级水平是最大变量，因项目不同或有时因特殊教育服务内容不同而不同。
>
> 总体而言，在美国各州和学校实施的 RTI 方法存在很大差异。实施干预措施涉及很多决定，包括选择以证据为基础的干预措施、确定障碍的标准，以及在课堂实施 RTI 的方式。这些问题在较小学生群体的阅读技能方面已经得到解决，但仍需解决高级阅读技能、其他学业领域和年龄较大的学生的问题。
>
> 此外，还有很多尚未得到解决的问题，并非所有专业人士都赞成放弃传统的鉴别方法而采用这种存在质疑的新方法。还有学者担忧，将所有学生包含在内，会使学习障碍的概念转变为特殊的障碍，使之成为普遍的低成就障碍，这可能会导致某些学生没有得到其真正需要的特殊教育；相反，一些专业人士对 RTI 持积极态度，认为这种方法是广泛的教育改革，可以加强早期干预并预防学习问题。他们对特殊教育的益处并没抱太大信心，支持所有学生在普通教育课上接受服务。因此，关于 RTI 的目标和本质的信念存在着根本的差异。
>
> 第Ⅰ级水平：以一般课程的形式对所有学生进行指导和筛查；
> 第Ⅱ级水平：以小组形式对目标学生进行深入指导；
> 第Ⅲ级水平：根据目标学生的需求进行个性化教学，且课程数量更多，疗程持续时间更长。
>
> **图 10–1　指导（干预）和识别患儿的三种 RTI 水平**
> ◎ 第Ⅰ级水平是针对 80% 的学生的学习需求，第Ⅱ级水平针对 15% 的学生，第Ⅲ级水平针对 5% 的学生。
> 资料来源：Drummond, et al., 2011.

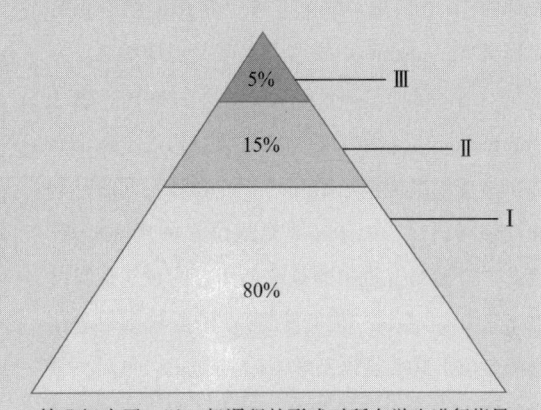

语言障碍

关于语言障碍的研究与治疗，既独立于学习障碍的研究与治疗，又与之相结合。学习障碍通常指阅读、书写表达和算术的能力。语言障碍曾被称为失语症，是指由脑损伤或脑功能障碍导致语言能力的丧失。这里讨论的是儿童和青少年的神经发育障碍，失语症并不适合。之后采用的"发展性失语症"（developmental aphasia）和"发展性言语障碍"（developmental dysphasia）等术语，也在很大程度上被"语言缺陷"（language impairment，LI）、"特定语言障碍"（specific language impairment，SLI）或"语言失调"（language disorder，LD）所取代。

语言发展的正常模式

回顾语言发展的正常模式是理解语言障碍的一个框架。语言通常是一种基于声音的交流系统，这些声音组成词汇和句子来表述经验和传达意思。表 10–2 定义了所有口语和书面语言使用者必须掌握的语言基本成分。

音系（phonology）与语言的基本声音有关，

表 10–2　　　语言的基本成分

·音系	语言的声音，以及把它们组合起来的规则
·词法	词汇的构成，包括运用具有意义的前缀和后缀（如 un-、-ed、-s）
·句法	将词汇组构成短语和句子
·语义学	语言的意义
·语用学	具体语境中应用语言

英语口语有 42 个基本声音或**音素**（phoneme），书面语有 26 个字母，单个或多个字母的组合被称为**形素**（grapheme），音素与形素是对应关系。字母组合在一起就形成了承载意义的单词。**词法**（morphology）与单词的构成有关，**句法**（syntax）是指将单词组构成短语和句子的规则，词法和句法均属于语法，而语法是组成语言的规则体系。因此，遵循语言规则的英语使用者会说"他舞跳得好"，而不会说"他好跳舞"。语言规则促进信息的交流，这就是**语义学**（semantics）。最后，**语用学**（pragmatics）是指在语境中使用语言。在社交情境中包括与人交谈时，要轮流说话，或是判断何时发起对话。

叠加在语言基本成分上的是感受和表达能力。**接受性语言**（receptive language）与理解他人传达的信息密切相关。**表达性语言**（expressive language）涉及语言的产生，即传达信息。在发展过程中，接受性语言比表达性语言生成得早一些，任何学习第二语言的人都会迅速发现这一点。

婴儿从来到这个世界上就为语言学习做好了准备，他们的能力进步速度惊人，在出生后的前几年相继出现了几个里程碑式的重要阶段（见表10–3）。在出生后的第一年，婴儿就可以分辨出他们周围非母语的声音并跟着发出类似声音，这种能力随后会转移到母语的声音上。因此，婴儿看似天生的言语能力，其实是通过经验获得的。在刚满一岁时，绝大多数婴儿就已经能够说出几个词了。有些语音比其他语音更难发，在发音、清晰度上就出现了个体差异。甚至在比这更早的时

表 10–3　　　　　　　　　　　　　语言与交流的早期习得

时间	感受能力	表达能力
0~6 个月	· 对突然出现的声音有反应 · 声音让他们安静下来 · 定位声音 · 听懂名字和如"拜拜"等词语 · 用声音做实验	· 哭 · 吐泡泡、笑 · 发明声音游戏 · 自言自语
6~12 个月	· 听见"不"就会停下来 · 听到"上来"就会举起手 · 能听懂一些简单的指令 · 能理解一些简单的句子	· 发出一些母语的声音 · 发出连续的声音 · 模仿大人的声音 · 说出第一个词
12~18 个月	· 能执行两个连贯的指令 · 理解新词 · 听儿歌	· 说出 10 个词 · 要东西时能说出名称 · 声音连起来，使它们听起来像句子一样流畅
18~24 个月	· 能识别很多声音 · 能理解像"给我"这样的动作指令 · 重复最后几个有韵律的词	· 使用短句 · 使用代词
24~36 个月	· 能遵从"在……里""在……之上""在……之下"这样的指令 · 遵从一句话里的三个口头命令	· 会使用所有格，以及名词和动词结合的词 · 主要照料者能够理解他们 90% 的话
36~48 个月	· 深入理解他人表达的信息和沟通的社会语境	· 使用越来越复杂的语言形式，如连词和助动词

资料来源：Bryant, 1977; Whitehurst, 1982.

候，婴儿就已经开始可以理解他人之间的交流了。

多数儿童到了两岁就从只能说单个词发展到会表达两个词，再发展到说有意义的短语或句子。这个年龄的儿童的词汇量急剧增加，习得了语言的各个方面，并增强了组织词语的能力。理解能力也在不断增强，三岁儿童的父母就会发现自己不再是和一个婴儿在交谈。实际上，"婴儿"的英文"infant"起源于拉丁语，意思是"不会说话的人"，指两岁后不会说话的人。儿童的语言能力提高迅速，也包括语用学方面的进步。到了七岁，儿童就已经掌握了大部分语言的基础知识，并在青少年期甚至成年期继续发展。

DSM 分类与诊断标准

即使是对语言发展过程进行简要的回顾，也很容易发现这其中会出现各种损伤，在音系、词法、句法、语义学等方面都可能出现问题。因此，可以通过几种方式对这些障碍进行分类。尽管根据这些语言成分对语言障碍进行分类的尝试并不成功，但是人们经常将其分为表达性语言障碍和接受性语言障碍，也经常将其分为语音障碍和语言障碍。

在 DSM-5 中，这些障碍都被划入了沟通障碍（DSM-5 中也包括口吃和社交交流障碍，这里不予以讨论）。语音障碍和语言障碍的症状发生在发育早期，能力显著低于年龄预期，导致在有效交流、社交参与、学业成绩或职业表现方面的功能受限。下文描述了这些障碍在临床和研究文献中表现出的困难。

症状描述

语音障碍

美国心理学会于 2013 年提出，当语音生成不符合儿童的年龄和发育阶段的预期，且缺陷不是由躯体、神经系统或听力损害引起时，才可以被诊断为语音障碍（speech sound disorder，SSD）。

SSD 儿童在发一些咬舌音时出现困难，这种技能遵循典型模式，例如，l、r、s、z、th、ch、dzh 和 zh 是儿童通常较晚才能学会的语音。SSD 儿童的语音产生的过程通常与正常发展的儿童类似，但会出现延迟，进展速度也更慢。有言语损伤的儿童会发出不正确的语音，用容易发出的声音替代较困难的声音，或干脆省略掉。由于大部分儿童在获得言语所需的语言和运动技能时都会出现一些发错语音的现象，因此在诊断中选择合适的发展性标准就变得至关重要。根据美国心理学会 2013 的统计数据，正常发育的四岁儿童说话大致上可以被听懂，而两岁儿童的话语只有 50% 能被听懂。拉蒙的案例描述了一个三岁男孩严重的语音障碍。

> **案例**
> 拉蒙：一个语音障碍的案例
>
> 拉蒙是一个健谈的男孩，虽然他的听力和语言理解能力正常，但他说的话却让人无法理解。他说话的节奏和韵律表明他正在尝试进行与他年龄相符的多词汇交流，但他只能发出几个元音，以及一些发展早期的辅音，因此他说出的很多词语都是含糊不清的。当他想说"瓶子"（bottle）、"婴儿"（baby）或"气泡"（bubble）时，只会发出"bahbah"的声音，并用"nee"代表"膝盖"（knee）、"需要"（need）和姐姐的名字"阿妮塔"（Anita）。他还会省略单词尾部的辅音。有时，他会因为无法让别人理解他要的东西而感到沮丧并发脾气。
>
> 资料来源：Johnson & Beitchman, 2005c, p.3151.

语音生成需要协调发育器官（即嘴唇、舌头和下颌）的运动，以及语言所需呼吸和说话的能力。然而，SSD 儿童可能在语言的语音学知识，即音系学上出现学习困难。比如，他们可能很难知道哪两个词是押韵的，或者"soup""coat"哪个与"sam"的起始音相同。比绍普（Bishop）和诺伯里（Norbury）于 2008 年用一个例子说明简单发音和音系学困难之间的区别：以英语为母语的人在学习法语单词"rue"和"roux"时常遇到困难，原因不在于发音本身，而是未能习得法语的语音，因为法语处理元音的方式与英语不同。涉及语音的语音学知识方面的问题可能会产生严重的发展性损伤。

表达性语言障碍和接受性语言障碍

DSM列举了语言障碍的核心诊断特征是由于词汇、句式结构和表述的理解或生成方面的缺陷而导致的语言习得和使用的困难，这些困难并非听觉或其他感觉的损伤、运动功能失调或其他躯体疾病或神经疾病所致，也不能用智力缺陷或全面发育迟缓来更好地解释。诊断是基于儿童病史、临床观察、语言能力标准化测验成绩等做出的，涉及表达能力和接受能力受损。

表达性语言障碍是指在声音、语法和其他言语信号的生成方面产生困难。有这种困难的儿童和青少年很少说话，说的句子也更短、更简单，他们的词汇量比预期的更少，可能会漏掉句子的关键成分，或出现不正常的语序。尤其当这些困难是问题性的时候，患儿会在做英语复数或动词时态的词形变化时出现错误，还可能会出现语音障碍。不过，患有表达性语言障碍的儿童能够理解言语和与年龄相符的概念，因此能够对他人的交流做出适当回应。在下文艾米的案例中，我们可以看到其中一些这样的特征，她是一个活泼、好交际的五岁小女孩。

> **案例**
> **艾米：一个表达性语言障碍的案例**
>
> 有一天，艾米和她的朋友莉萨在一起玩，她们都在给洋娃娃讲小红帽的故事。莉萨的版本是这样开始的："小红帽挎着一篮子食物去探望生病的奶奶。一只凶恶的大灰狼在森林中拦住了她，想抢走食物，但小红帽就是不给它。"
>
> 与之相比，艾米的版本则说明她有严重的口语表达问题，她是这样讲的："小红帽去奶奶家。她的拿着食物。大灰狼在床上。小红帽说，'什么大耳朵，奶奶？''听到你，宝贝。''什么大眼睛，奶奶？''看到你，宝贝。''什么大嘴巴，奶奶？''把你全部吞下去！'"
>
> 艾米的版本体现了她这个年龄段表达性语言障碍的许多特征：句子很短且不完整；句子的结构很简单；缺失语法功能词（如"是""这""那"）和韵尾（如所有格）；疑问句的结构有问题；代词使用不当（如用"她的"表达"她"）。但当测试时，艾米显然和她的朋友一样都能很好地理解小红帽故事的细节与情节。她在幼儿园也表现出与年龄相符的理解能力，能很好地遵从老师的口头指导语。
>
> 资料来源：Johnson & Beitchman, 2005a, p.3138.

接受性语言障碍包括接收和理解语言信息的能力缺陷。可能对理解单个词语、短语、句子，以及同义词、词语的多重含义或与年龄和文化相符的双关语、时态等都存在问题。有这种障碍的儿童可能无法对言语做出回应，像是聋了一样，或是做出不当回应，他们对电视不感兴趣或无法遵从指导语。

当考虑做出语言障碍诊断时，要牢记不同儿童所患障碍的种类和严重程度都是不同的。请设想一个仅有轻微发音缺陷的儿童和一个言语很难被理解的儿童之间的差别。即使是那些只有较轻微语言障碍的儿童和无法理解他人所表达的大部分内容的儿童相比，他们的生活也是不同的。此外，还应意识到语音障碍、表达性语言障碍和接受性语言障碍往往共同出现。五岁男孩特兰的案例就说明了这一点，他和父母及兄弟姐妹住在一起，父母都精通英语和越南语，但他在这两门语言上的发展要比兄弟姐妹慢得多，幼儿园的评估结果显示他在语言接受和表达两个方面都存在障碍。

> **案例**
> **特兰：一个语言接受和表达方面的问题的案例**
>
> 特兰只能理解有限的几个代表物体、动作、关系的词。他经常无法跟上课程进度，尤其是碰到那些涉及时间（如"昨天""之后""下星期"）和空间（如"在……下面""在……之前""在……周围"）的词。他与同伴的交谈经常无法进行下去，因为他不能完全理解对方在说什么，也不能清晰地表达自

> 己的想法，因此他不是受欢迎的玩伴，班上大多数同学都不理他。与同伴互动有限又进一步减少了提高和练习语言技巧的机会。在越南语翻译的协助下完成的附加评估显示，特兰在越南语方面也表现出相似的接受性语言障碍和表达性语言障碍。但他的非言语技能大体上与年龄相符，他可以轻松地用小塑料积木搭建出非常复杂的建筑和交通工具，以及复杂的智力拼图。只要不是通过语言的形式展现，他就能成功地解答数字、概念或类推问题。
>
> 资料来源：Johnson & Beitchman, 2006b, p. 2642.

流行病学与发展病程

有限的流行病学研究表明，特定语言障碍的患病率是3%~7%。即使如此，患病率也因年龄和障碍类型而异。男孩的患病率普遍高于女孩，虽然在临床样本中，更高的患病率可能反映了转诊偏向，但这似乎不能很好地解释性别差异。

来自社会经济地位低家庭的儿童患病率较高。如何解释这种相关性呢？一种解释是，遗传因素发挥了作用，家族性语言失能可能会导致家庭教育程度和职业地位低下。另一种可能的解释是，标准化评估工具使用的是标准英语，使用方言的贫困儿童可能被过度识别。

语言障碍通常在儿童到了三四岁时才能被诊断出来，但轻度困难可能要到晚些时候才能被发现。随着学业要求和语言复杂度的提高，其中一些缺陷会首先变得明显。确定儿童的理解程度比观察他们的表达缺陷要难得多。

针对不同年龄段的儿童和成人在不同时间段进行的跟踪研究表明，语言能力随着时间的推移有显著改善，并能够达到正常水平。然而，根据障碍类型提出了风险等级，仅表现出语音问题的儿童属于最低风险，有表达性语言障碍的儿童处于中度风险，而那些有接受性语言障碍的儿童将来发生语言损伤的风险最高。

大多数有语音问题的儿童治疗效果良好，语音困难可随时间的推移而改善。有相当数量的早期表达性语言困难儿童有持续性损伤。一些"说话晚"的儿童，最终达到了语言发展的正常水平，但仍比大多数同龄人的平均水平低。许多有接受性语言障碍的儿童可能永远都不会发展到正常水平，他们的问题可能会随时间的推移而增多。一项研究跟踪调查了患有重度接受性-表达性语言障碍的男孩，当他们成长到20多岁时，其中20%的个体的理解水平低于10岁儿童，25%的个体的表达能力同样较差，在接下来的10年里，情况几乎没有发生变化。一般而言，如果儿童到五六岁时问题没有得到改善，那么将继续面临语言障碍和随后出现阅读障碍（reading disabilities，RD）的风险。也有报告指出，即使该个体的语言障碍问题有所改善，但其随后也会出现阅读障碍。

共病

语言障碍不仅会导致学业进步慢，还会影响学习成绩——出现更多的留级生，升学率低。这种情况至少部分是由语言障碍和学习障碍共同造成的。例如，一项纵向研究发现，与正常发展的儿童相比，语言受损的儿童随后患上阅读障碍的数量是前者的4.6倍（见表10-4）。在另一项研究中发现，51%患有语言障碍的儿童同时患有阅读障碍，55%患有阅读障碍的儿童同时患有语言障碍。有研究发现，早期语言问题（如不知道字母的名称和发音、词汇、语法）与随后的阅读问题有关，这表明了语言在阅读问题中的作用。在临床和社区样本中，同时患有语言障碍和学习障碍的儿童和青少年患其他障碍的风险也高于平均水平。

在不同年龄的儿童和青少年群体中，语言损伤与外化性和内化性障碍有关。一项针对5岁儿童的研究表明，有40%表现出退缩行为、躯体症状和攻击性行为。行为障碍的连续性是通过针对5岁儿童语言缺陷的社区样本的纵向研究得出的。与对照组相比，在语言障碍儿童长到19岁时进行的随访研究结果表明，他们罹患焦虑障碍的风险

表 10-4 一组 5 岁诊断出语言障碍的儿童在 19 岁时罹患学习障碍[1]的风险

语言障碍	风险
阅读	4.6
拼写	4.1
数学	3.7
阅读+拼写	4.7
阅读+数学	9.4
拼写+数学	4.4
阅读+拼写+数学	7.8

资料来源：Young et al., 2002.

较高，男性存在反社会型人格风险。然而，也有研究提出，前述风险相对较低，并指出需要考虑语言障碍的类型和严重程度。只有语音障碍的儿童表现出的心理困难最少，程度也最轻。

认知缺陷及相关理论

有语言障碍的儿童通常也表现出非言语性认知缺陷，此研究的领域包括信息加工的速度、听知觉和记忆。

第一种假设是，信息加工容量的限制引发语言障碍。信息加工模型假设理论认为，信息的快速处理有助于加工过程。患有语言障碍的儿童的信息加工速度非常有限，他们在各项任务中均反应较慢，这表明信息加工的受限会影响多个领域的表现。当某一特定语言操作需要特别快地进行加工时，就会造成有害的影响。这种假设的问题是，既然有一般学习问题的儿童和青少年存在信息加工速度不足的问题，那么为什么只影响语言领域呢？

第二种假设是，语言障碍与听觉加工中的各种缺陷有关。对简短、快速的声音的感知在语言习得中扮演重要的角色，因此，一个不能捕捉快速变化声音线索的儿童很可能有语言障碍。研究结果表明，有语言障碍的儿童确实很难识别嵌入在一段话中的快速出现又消失的声音。此外，已经证明有语言或学习障碍遗传风险的婴儿，表现出对听觉刺激更长的加工时间。许多研究结果支持这一假设，在实验研究中，当言语音节中的声音线索延长时，患儿的言语辨别会得到改善。然而，各项研究结果并不一致。在总结这项工作时，休姆（Hulme）和斯诺林（Snowling）于 2009 年推测出了导致不一致的可能性原因：一是实验对象可能有不同类型的语言障碍，或与年龄、听觉加工中的成熟延迟有关；二是研究中使用的不同任务对实验对象提出了不同的要求，或在有其他风险因素的背景下，听觉加工影响语言的习得。尽管如此，得出的结论是，尽管听觉加工最多，但只对语言障碍产生微乎其微的影响。

第三种假设认为，影响语言障碍的是认知，并重点关注言语短时记忆和工作记忆。记忆分为不同类型，言语短时记忆专门用于与语言有关信息的临时存储，同时涉及语言的声音结构、音系。言语短时记忆缺陷在许多实验对象进行的任务中是显而易见的，如立即重复一串听到的非单词字符（如"mep""shom"）这样的任务。调查和元分析结果表明，有语言障碍的儿童在重复非单词字符和音系记忆方面存在缺陷。然而，还有这样一个问题：这项任务是否仅仅是单纯测量音系加工，而不是音系记忆的一个索引？值得注意的是，在正常发育的儿童中，音系记忆与言语生成、词汇、理解及句法加工的习得有关。

言语工作记忆涉及言语信息的存储和加工，要求在使用言语信息时将其记下来，例如，遵从一系列指令。患有语言障碍的儿童在复杂的言语记忆测验中表现很差。这些困难可能不是语言问题的潜在原因，但可能加剧与语言障碍相关的阅读和数学障碍。

虽然研究者在理解语言损伤的儿童所表现出的认知缺陷方面取得了进步，但还有非常多的问题留待进一步研究。考虑到问题的异质性，可能

---

[1] 学习障碍是由阅读、拼写或数学测验成绩低于 25 分（百分制），以及 IQ（言语或操作）至少 80 分来定义的。

还涉及多种缺陷。

学习障碍：阅读、书写、算术

术语"学习障碍""特定学习障碍"（specific learning disabilities，SLD）是指，在阅读（reading）、书写（writing）和算术（arithmetic）中的特定发展性问题，是课堂学习和日常功能中必不可少的"三要素"。这些障碍分别被称为阅读困难（dyslexia）、书写困难（dysgraphia）和计算困难（dyscalculia）。虽然学习障碍被描述为"纯粹的"困难，但各种缺陷往往共同出现。大多数有学习障碍的儿童也有阅读问题，其中有很多儿童有其他方面的学习困难。教育系统、DSM 和 ICD 用特定学习障碍识别此类障碍。

DSM 分类与诊断标准

DSM-5 将学习障碍定义为特定学习障碍，是指学习和使用学业技能的困难，且持续至少六个月，尽管针对这些困难采取了适当的干预措施。这些技能困难包括识字、理解所阅读内容、拼写、书面表达、掌握数字感、数学推理等的困难。它们可以标注为三个学业领域：阅读、书面表达、数学中的一个或一个以上领域受损。在每个受损领域内也可标注次级技能（如数字感、计算能力的准确性），参见 DSM。

学习困难开始于学龄期，但直到对个体学业技能的要求超过其有限能力，学习困难才会完全表现出来。做出诊断要求个体最少在一个学业领域的成就显著地、可量化地低于个体实际年龄预期的水平，并显著地干扰了学业或职业表现或日常生活的活动，且被个体的标准化成就测评和综合临床评估确认。此外，学习困难不能用智力障碍、未校正的视觉或听觉的敏感性、其他精神或神经病性障碍、心理社会的逆境、对学业指导的语言不精通，或不充分的教育指导来更好地解释。

在探讨一般性问题之前，我们先分别单独讨论每一种障碍。目前我们将重点放在阅读障碍上，因为这种障碍患病率很高且相关研究最多。

阅读障碍

症状描述

阅读，指的是基于某种目的，从书面文本中提取和构建意义的过程。它是一种能无困难地识别行文中的词汇以理解文本含义的能力。这种"即时"过程涉及多种技能，包括语言能力、认知技能、理解书面文本的规则（如从左到右阅读），以及知识储备。

阅读是一个相当复杂的过程，几乎总是需要指导。当未掌握这种技能时，儿童很难识别单个词汇或在诵读时很难正确地发音、阅读速度过慢或结结巴巴、词汇量有限、对所读内容缺乏理解，或是记不住所读内容。由于上述问题的复杂性，研究者们付出了大量努力想确定阅读障碍到底是属于阅读技能缺陷的亚型，还是属于潜在认知缺陷的亚型，但在很大程度上人们未能得出有效的亚型。然而，人们在单词型阅读和书面文本理解问题之间做了一个重要的区分。

阅读困难：单词型阅读。"阅读困难"这个术语有不同种用法，目前最常指词汇型阅读受损或基本阅读技能习得受损。人们历来认为阅读困难涉及不同的心理过程。从 20 世纪初到七八十年代，视觉系统异常理论一直是最具影响力的理论。例如，塞缪尔·奥顿（Samuel Orton）是早期阅读研究的核心人物，曾指出视觉缺陷会导致有阅读困难的儿童在视觉形式方面产生字母方向错误或者顺序错误（如将"b"看成"d"，将"was"看成"saw"），甚至用镜像方式书写，然而这一理论已不再被认可。其他理论认为，阅读困难是由视觉系统缺陷引起的，这些缺陷导致扫描、跟踪或加工视觉刺激的功能受损。目前研究者认为，包括听觉加工在内的知觉加工缺陷，可能以某种方式在某些阅读问题中发挥作用。

然而，当前的阅读困难理论强调与语言损伤的基本关系。**语音处理**（phonological processing）

是一个关键角色，即用语言的声音结构来处理书面材料。在开始学习阅读之前，儿童必须意识到口语可以被分解成声音，这种能力就称为语音觉察。例如，他们必须意识到单词"sad"包含三个声音，即使在说"sad"的时候是将其作为一个整体的声音单元。语音译码在阅读中也很重要，即理解与声音（音素）对应的字母（形素），并能确定声音代表的字母。

有很多证据支持语音加工在学习阅读中的重要性。儿童如果能意识到自己说话的声音，并能解码字母、音节和单词，就能成为一个更好的阅读者；相反，语音加工缺陷与难以阅读单词、阅读困难和拼写困难有关。此外，以语音处理缺陷为干预目标就是促进单词识别和阅读。在其他不是以字母为基础的语言中，跨文化研究也支持了这个观点，即语音处理在阅读中是非常重要的。

理解困难。理解困难和语音处理一样，也对儿童的阅读非常重要，一些儿童（5%~10%）没有表现出语音处理缺陷，但他们很难理解自己所读的内容。这些儿童可以解码并识别单个单词，还能准确地大声读出一段文字，但无法理解含义，因此教师往往难以发现他们是有问题的。

理解书面材料是复杂的，涉及很多加工过程，其中包括词汇，即单词含义的知识。理解语言的语法结构的能力是必要的。语法包括造词法（词法）和将单词组成短语和句子以赋予意义（句法）。例如，语法能力有助于阅读者理解"苏珊给了简一个苹果，她很快乐"这句话中到底是谁很快乐。一项对6~8岁儿童的纵向研究结果表明，单词阅读可以很好地预测理解能力，进一步来说，如果儿童能熟练掌握单词和语法技能，那么也能预测其具有良好的理解能力。

对于较大的儿童来说，单词技能不那么重要，他们的理解能力更多的是建立在语言和认知的其他方面，其中之一是从文本提供的特定信息中得出推论的能力。还有一种能力是元认知能力，包括思考文本的目的、评估个体对文本的理解，并在必要时重读并修正对文本的理解。对于理解缺陷中的其他过程，需要进行更多研究和调查，包括可能的发展路径和干预措施。

后期出现的问题

虽然早期阅读习得中的问题引起了很多关注，但似乎单词型阅读和理解问题都在四五年级左右出现。如何解释这种现象呢？利普卡（Lipka）及其同事于2006年进行了一项研究来解决这个问题。他们从一个有代表性的儿童样本（这些儿童从幼儿园开始每年都接受几项阅读测试）中抽取一组有阅读障碍的四年级学生作为研究对象。研究数据显示，他们通过三条路径发展出阅读障碍（见图10–2）。第一条路径是持续性的不良阅读（poor reading，PR）；第二条路径是一些波动性阅读表现（fluctuation reading，FR）；最令人感兴趣的是第三条呈现出戏剧性下降的路径，只有在四年级时分数下降到障碍全距（LE）。经过多年跟踪研究发现，第三条路径中的儿童之所以会在后期出现问题，是因为他们其实没有掌握早期的语音加工技能，但通过视觉阅读学习了许多单词来掩盖缺陷；或者对语音处理技能掌握不足，到四年级时对阅读的要求增多，对他们产生了负面影响。值得注意的是，这些后期出现问题的群体代表了36%有阅读障碍的儿童，在其他研究中这个

◎ 对于患有学习障碍的儿童来说，教室并不是令人愉快的地方。

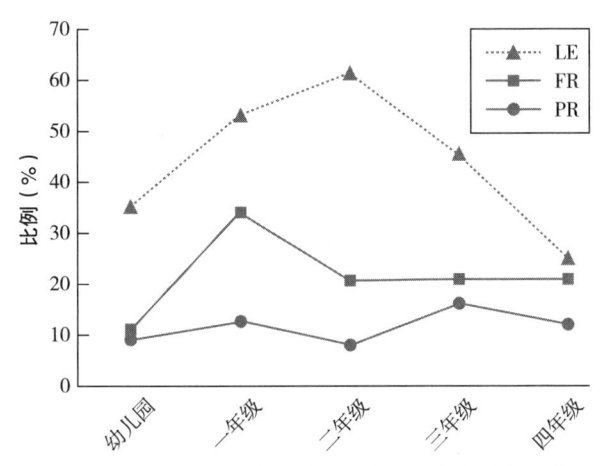

图 10–2　四年级学生阅读障碍的发展路径［在标准化阅读测验中成绩低于 25 分（百分制）即为阅读障碍］

资料来源：Lipka, Leaux, & Siegel, 2006.

群体的比例更高。利普卡及其同事认为，这类儿童可能会有早期难以察觉的缺陷，需要对他们进行监测。这个问题值得继续研究。

流行病学与发展病程

关于阅读障碍患病率的报告差异很大，保守估计在美国学龄人群中为 4%~10%。莱昂（Lyon）及其同事于 2006 年指出，历史上对美国学龄人群的患病率的估值在 10%~15% 之间。各项报告结果的差异部分可能归因于样本和定义的不同。例如，在大城市中的低收入地区的样本中，或是当障碍被定义为低阅读成绩而非智力成绩差异时，患病率就会比较高。

男孩比女孩更容易被诊断为有阅读障碍，对此的解释是遗传影响和选择性偏差。在临床样本中，男女比率约为 3∶1 或 4∶1，在一般儿童群体中，这一比率可能较低。

不同国家的阅读障碍患病率存在差异，进一步的研究有助于确定差异的程度，原因可能是不同语言的结构不同，社会对阅读障碍的态度不同或方法论因素的影响。

这种障碍往往会贯穿学龄期、青少年期乃至成年期，但结果存在变异性。有报告称，一些早期阅读技能差的儿童到了青春前期或青少年期时，阅读技能能够达到正常水平，甚至在更晚的时候也会出现改善，但也有可能随时间的推移保持不变甚至恶化。

所谓"马太效应"（Mathew effect）是指随着时间推移，阅读能力强和弱之间的差异不断扩大，虽然不是总能找到证据，但其在阅读及其他障碍中确实存在，社会阶层和行为问题是可能的预测因素之一。还有研究认为，初期有严重问题的儿童和青少年会因不能练习阅读而进一步处于不利地位，因为在提高文化技能方面，使用印刷材料的经验和实践是很重要的。

共病

我们已经注意到阅读障碍与语言及其他学习障碍有关。此外，阅读障碍经常与品行问题联系在一起，尤其是在男孩身上，可能有几种因果联系。纵向研究结果表明，从阅读障碍到后来的品行问题有一条间接路径，早期行为问题和家庭因素都在其中发挥了作用。一项针对双生子的研究表明，阅读障碍与反社会行为之间存在联系，主要是因为二者共享环境因素，更重要的是，二者互相影响。也就是说，不但遗传影响相对较小，而且阅读和反社会问题相互交织，当其中一个变化时，另一个也随之变化。

阅读障碍还与注意缺陷/多动障碍（ADHD）有关。据估算，在美国学龄人口中，二者共病患病率约为 3.5%。阅读障碍更多是与 ADHD 中的注意缺陷有关，而非多动－冲动，共病中的缺陷似乎就是每种障碍的缺陷的组合。

威尔卡特（Willcutt）及其同事于 2001 年比较了表现出阅读障碍、ADHD 或这两种障碍共病的非转诊双生子的认知缺陷。发现阅读障碍与单词的发音和记忆缺陷有关，ADHD 与抑制缺陷有关。表现出共病的儿童在这两个领域都有缺陷，症状最严重。此外，阅读障碍与 ADHD 共病增加了患其他障碍的风险，图 10–3 展示了男性群体中的这

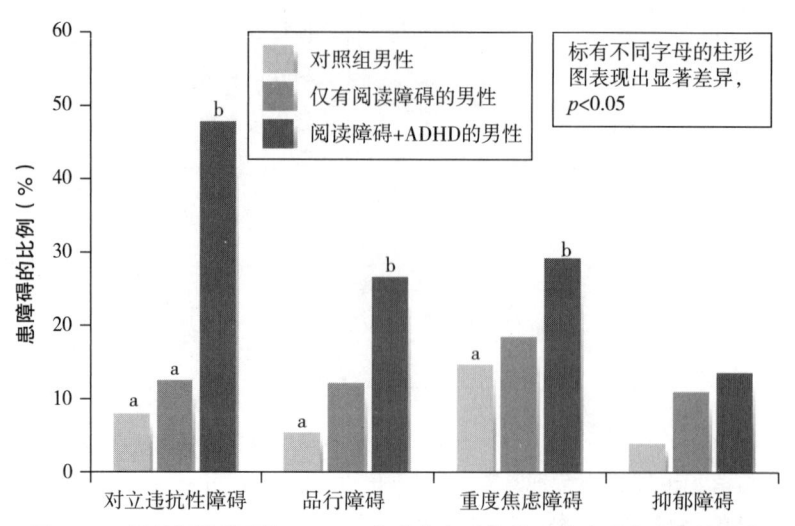

图 10–3　男性阅读障碍与 ADHD 共病患者对其他四种障碍患病率的影响

资料来源：Willcutt & Pennington，2000.

个发现结果；在女性中则有些许不同，效应更弱。

书写表达障碍

那些患有书写表达障碍的儿童交课堂作业最迟，做家庭作业时也会花费好几个小时，他们的书写满是各种错误，难以解读，内容杂乱无章且缺乏长度和丰富性。写作是一种复合能力，涉及多种语言加工、视觉运动及其他认知能力。对标音和文本生成（作文）进行区分是有所裨益的。

写作（transcription）是指把想法转化为书面形式，在早期写作发展中具有基础性意义。在较差的书写中会看到很多缺陷，如标点、大写字母、单词位置的使用错误。不过，笔迹和拼写问题是关键，写作表达障碍会在其中一个或两个方面出现问题。在正常发展过程中，流畅、快速、清晰的笔迹是逐渐形成并需要付出努力的。有书写问题的儿童在纸上慢慢地、费力地写出字母和单词，有时并不成功（见图 10–4）。好的书写不仅需要运动技能，还需要为记忆做好安排，把在工作记忆和长时记忆中存储的字母提取出来。在其他能力方面，良好的拼写能力取决于对声音和常规拼写之间关系的理解、识别词汇，以及从记忆中提取学过的字母/单词的知识储备。11 岁的 C.J. 表现出在书写方面的缺陷，也对文本生成产生了影响。

案例
C.J.：一个写、写、写、整天写的案例

五年级的 C.J. 表现出越来越严重的问题，并逐渐恶化，无法完成作业，无法集中注意力，并有对立行为。他的同卵双生子兄弟有早期语言和阅读问题的病史。尽管能够参加课堂讨论，在阅读和数学计算上也没有任何问题，但他的书写作业很难达到同年级学生的水平。C.J. 越来越不喜欢上学，有时会逃课。他认为写作极其乏味，喜欢说出自己的想法但不愿意写出来，他说："写、写、写，整天写个没完没了，连数学和科学课也要写、写、写。"C.J. 报告说，老师认为他懒，认为他写得非常糟糕。他抱怨道："老师把我的作业扔给我，让我放学后留下来重新写，还关我禁闭。我想向他解释，但他说我态度不好。"

广度成就测验–3（wide range achievement test-3）的评估结果，C.J. 的阅读成绩和数学成绩高于平均水平，但拼写方面存在非常大的问题，在写作表达的标准化测验和非正规的写作任务中表现也很差。在作文任务中，他造了三个勉强能辨认的短句，没有标点符号和大写字母，有好几处拼写和语法错误。虽然他在标准化口语测验中获得了中等分数，但在非言词测验中，不是漏掉声母就是漏掉韵母，说明他有轻度的语言损伤和书面语言损伤。评估团队对 C.J. 做出了书写表达障碍的诊断，没有其他 DSM 障碍。

资料来源：Tannock，2005a，pp. 3126-3127.

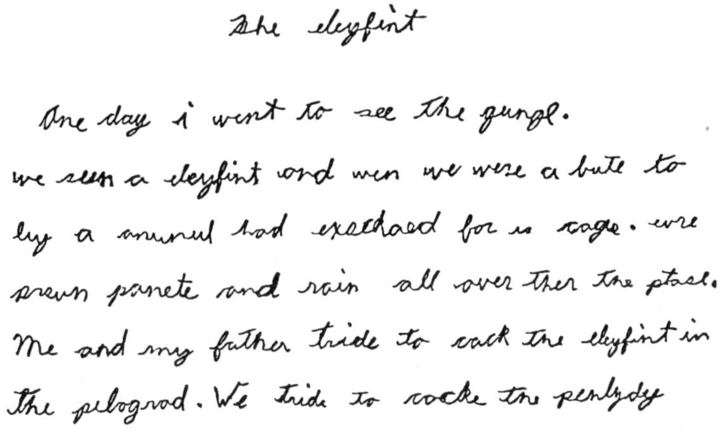

> she elyfint
>
> One day i went to see the jungle.
> we seen a elyfint ond wen we were a bute to
> ly a animul had exethaed for us cage. evre
> prevn panete and rain all over ther the ptasl.
> Me and my father tride to cath tne elyfint in
> the pelogrod. We tride to cocke tne penlydy
>
> The Elephant
> One day I went to see the jungle. We seen a elephant and when we were about to leave an animal escaped from his cage. Every person panicked and ran all over the place. Me and my father tried to catch the elephant in the playground.
>
> 大象
> 一天，我去看丛林。我们看到了一头大象。当我们正要离开时，一只动物从笼子里逃了出来。每个人都惊慌失措，四处逃窜。我（宾格）和我父亲试图在操场上捉住那头大象。

图 10–4　11 岁男孩的手写文字和他可能要表达的意思

◎ 上述文字说明他具有想象力，词汇丰富，拥有基本的故事会话能力。其中有一些常见和不常见的单词拼写错误、字母组合错误等。这些错误说明这个男孩存在书写困难。

资料来源：Taylor, 1988.

文本生成（text generation），或称作文，是以书面形式创造意义，除其他要求外，还需要儿童能够从记忆中提取单词、句子结构和感兴趣的话题信息。更高级别的执行功能和元认知技能也很重要，因为后者涉及个体信息加工的理解方式。患者缺乏对书写目标的理解，无法制订计划、组织论点，以及整理各种想法之间的关系，也不能控制或修改自己的作品。这些是语言和思维过程中普遍的组成成分，因此相对于抄写而言，这些成分针对书写表达障碍的可能性更小。但这并不意味着这些技能在理解和改善儿童的书写困难方面不重要。图 10–5 是一个青少年按照要求写的一篇运用对比与比较的文章。尽管这篇文章是可以读懂的，但句子结构性差，遣词造句笨拙，缺乏分段，有组织性缺陷。在他参加了以教授认知和

> 曲棍球和篮球是两种运动它们都有同伴它们都是运动，它们在很多方面不同比如曲棍球你使用一个棍子和一个冰球，但篮球你使用一个球和你的双手。当你玩它们时目标是让冰球或者篮球进入一个球门或网里。曲棍球是在冰上玩而篮球在球场上玩。当你玩曲棍球或者篮球时你注意到冰球和篮球都接触地面。曲棍球的球门是放在地面上的而篮球网是在空中的篮板上这是另一个对比。如果你曾经观看过曲棍球或是篮球比赛总是有节或者时段在一个比赛中因此运动员们可以休息一下，在这个方面它们比较。篮球有四节而曲棍球有三个时段因此两者有所不同。但是曲棍球是另一种比较的方式。在曲棍球和篮球最好的比较是球迷，很多人热爱曲棍球和篮球这就是为什么它们是世界上玩得最多和最受欢迎的运动之一。

图 10–5　一个患有学习障碍的青少年写的一篇运用对比与比较的文章

资料来源：Wong et al., 1997.

元认知技能为目标的干预项目后，他的写作能力得到了很大改善。

流行病学和发展病程

书写表达障碍的患病率尚不明确，有6%~10%的学龄儿童患有不同形式的书写表达障碍。书写技能的标准化测验是有限的，评估也需要分析儿童的书写作业。当然，在判断书写质量时，发展性标准是很重要的，例如，在八岁之前，儿童的运动技能还没发育完全，只能进行简单的叙述；到了二年级，这种障碍通常会完全表现出来；到了四年级左右，当学校课程对书写的要求增多时，因这种问题转诊的儿童就会急剧增多。尽管缺乏发展性纵向研究，但横向研究结果表明，某些儿童的书写表达障碍会持续很长一段时间。

计算障碍

"数学"这一术语涵盖了很多领域，如代数学、微积分学和集合论。不过，计算障碍作为一个诊断性标注，指的是（或强调）在基本计算能力或数学推理中的问题。儿童的计算障碍症状描述指出了一系列困难，包括执行简单加减法、理解算术术语和符号、记忆数学事实、理解空间组织等方面的困难。尽管还没有确定的关于计算障碍的定义，但其核心缺陷包括在理解数字和学习、表示、提取基本算术事实方面的缺陷，接下来将重点讨论这些内容。

数的基本理解

在一些动物和习得语言能力之前的人类婴儿中，似乎存在原始的数字能力。例如，研究者教黑猩猩将一杯半满的水与另一杯半满的水相匹配，而不是与四分之三满的水匹配。然后让它们选择装了半玻璃杯的苹果或装了四分之三玻璃杯的苹果，它们选择了装了半杯的苹果，这表明黑猩猩能理解一些数字或感知数量。六个月大的婴儿能够区分8个点和16个点，或指出16个点和32个点是不同的，但不能区分16个点和24个点。这些实验表明，在习得语言之前，人类就已经有了一个量值上的表征以建立数学能力。

早期过程性及策略性损伤

数学问题研究的重点是儿童对早期数数和算术能力的基本理解。对于幼童来说，即使是完成相对简单的计算，也需要对数和计数有所了解。到五岁时，许多正常发展的儿童会理解基本的计数规则（如在一组中，一个对象只能被计数一次），尽管他们可能会在其他规则方面遇到困难（如在一组中，对象可以按任何顺序计数）。儿童在进行简单计算时，会逐渐过渡到更高级的水平。例如，由数全体（如计算2+3，儿童是数1、2、3、4、5），逐渐过渡到加上数（如儿童开始在2上面加上1，变成3，然后再到4、5）。计算过程会在记忆中迅速表现出来，然后计算事实会被自动唤醒。计算2+3时就不再需要数数，而是毫不费力地、快速地提取出来5。

有计算障碍的儿童习得这些早期计数和基本算术步骤与策略的速度非常慢，也不常使用，或是使用速度慢、准确率低。此外，基于记忆的提取过程也存在缺陷或迟滞现象，这种情况也会出现在整个小学阶段。三年级及以上儿童可能会在快速提取计算事实（如7×9=63）的时候出现错误。较大儿童的数学困难的原因可以追溯到早期未掌握基本程序时的困难。他们会在用加、减、乘、除计算较复杂问题时出现错误，也会在运用分数和小数时出错。在算术应用和复杂计算方面，那些与阅读问题共病的个体特别容易出错。

在对这些结论进行验证的时候，应注意以下几点。

- 纵向研究对更全面地了解计算障碍的发展病程是必要的。
- 一些研究者未能将仅有计算障碍的儿童与和阅读障碍共病的儿童区分开来。约50%患有计算障碍的儿童有这种共病，并与更严重的困难有关，尤其是在字词问题方面，而非理解数字或提取计算事实方面。
- 需要对潜在的认知缺陷进行研究，如工作记忆、刺激加工功能和视觉－空间技能。
- 虽然有限的家族和双生子研究提供了有关遗传影响的证据，但计算技能与课堂教学质量是息息相关的。

流行病学与发展病程

关于计算障碍患病率的研究相对较少，并且在定义和测量缺陷方面也有所不同。有 5%~8% 的学龄儿童表现出某种形式的计算障碍。如果排除与阅读障碍以及与 ADHD 共病的病例，那么这个数目会更小。研究中并未发现性别差异。

有关计算障碍病程和连续性的研究也有限。不过，有研究结果表明，这种障碍具有一定的连续性，例如，普赖尔（Prior）及其同事于 1999 年发现，57% 在七八岁时出现了计算障碍的儿童，过了四年后仍然有算术问题。虽然需要进一步的研究，但计算障碍能够在学龄早期被识别出来，并可能持续到青少年期甚至成年期。幸运的是，研究者研发了儿童干预措施，重点放在基本技能（如事实检索和程序）和高阶技能（如单词问题）上。

社会问题与动机问题

虽然有很多患有语言障碍和学习障碍的儿童和青少年在社会性上会表现得很好，发展了积极的自我概念，保持了对学习的兴趣，但在这些领域中，人们发现还有非常多的患儿表现出了一定的缺陷。

社会关系与职责

至少在一些患儿身上，社会关系并不令人满意。教师常把学习障碍和各种问题行为联系在一起，而同龄人通常认为，与未患学习障碍的儿童相比，患有学习障碍的儿童更不受欢迎，更容易被排斥和被忽视。总体而言，这些儿童朋友较少、友谊质量较低，也更容易感到孤独。

是什么引起了这些社会问题？关于这个问题没有确切的答案。行为问题（如 ADHD）与学习障碍共病，可能使同龄人对患儿产生不好的印象。此外，有学习障碍的儿童似乎比正常儿童的社会胜任力低，这很可能会严重影响他们的社会关系。他们可能难以识别他人的表情，无法理解社会情境，无法猜出同龄人在特定情境中的感受，不能解决社会问题。

不管潜在原因是什么，不良社会关系和社交技能低下都会增加患儿辍学、退学、孤独、退缩的风险。被同伴欺骗或欺负的风险也可能增加，例如，在一项以两组 11 岁儿童为研究对象的研究中，结果表明，在有语言损伤的儿童中，每周被骗一次以上的人数是正常儿童的三倍。

◎ 社交互动和动机因素在语言和学习障碍的发展过程中起到了重要作用。

学业自我概念与学习动力

针对正常发展的儿童和青少年的研究表明，对成就的信念会影响努力和表现。总之，相信智力是可塑的，并且努力激发潜能是具有适应性的。此外，把失败看作可控的，要比感到无助更具适应性。可控感表明把失败归因于自身努力不足或任务艰巨，期待未来能力的提高，继续解决问题并保持积极情感。无助感是指预期失败，放弃，表现出消极自我认知与情感。自我效能感是指相信自己的能力，相信自己能够胜任某项任务，这些都与任务结果相关。

元分析显示，学习障碍与自我价值感低有关。

一些有学习障碍的儿童对自己的一般评价较低，通常会用消极的态度评价自己的学业能力。与普通学生相比，即使在学习成绩相当的情况下，学习障碍的学生报告的无助感和低自我效能感也更多。在青少年期，他们对自己管理学习能力的信心呈下降趋势，这也与学业成就有关。

基于上述考虑，很容易就能看出这些有学习障碍的儿童会进入学业失败与学习动机缺乏的恶性循环中，这对他们不利。学业失败让他们开始怀疑自己的智力，并认为努力是徒劳的。这种习得性无助会加剧他们对困难情境严重性的评估，进而在遇到困难时更有可能选择放弃；反之亦然，他们经历更多的失败，又进一步强化了关于自己缺乏能力和控制力的信念（见图10-6）。

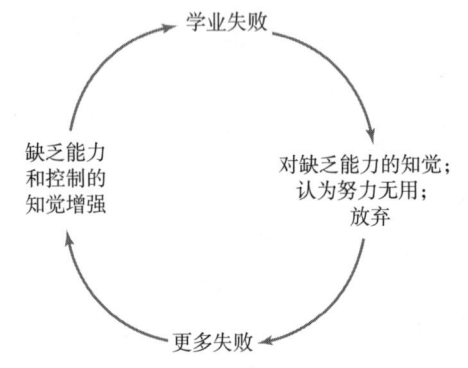

图 10-6　患有学习障碍的儿童会处于学业失败与学习动机缺乏的恶性循环中

然而，并非所有患有学习障碍的儿童和青少年都有消极的知觉和行为。这在一项关于学习障碍的中学生的自我知觉研究中得到了证实。第一组学生报告有积极的学业自我知觉，第二组有消极的自我知觉。第一组学生要比第二组学生花费更多的精力完成作业，并会采用学习策略绕开学习障碍对自己的影响。教师对待两组学生也是一视同仁的，认为他们的学业水平是相当的。这项研究及其他相关研究都建议应深入了解学习障碍的儿童和青少年的复原力。

语言障碍和学习障碍中的脑异常

语言障碍和学习障碍与脑性瘫痪、癫痫、神经系统感染、头部损伤、妊娠期酒精使用、极早早产/低出生体重、神经延迟和软体征有关。对脑的直接研究表明了它对特定障碍产生影响的方式。很多脑区域可能以某种方式参与其中，例如，小脑、某些视觉和听觉通路可能在语言或阅读障碍的知觉加工中发挥作用。研究的一个主要关注点是大脑的左半球，其一直被认为是行使语言功能的重要脑区域。

脑结构

研究者通过尸体解剖和脑部扫描研究了脑结构，特别是颞平面及其周围区域。这些区域基本上是与韦尼克区相对应的，它是言语中枢，是从颞叶上表面一直延展到顶叶下表面的区域。在一般人群中，绝大多数成年人的左半球比右半球大。有特定语言和阅读障碍的人不存在这种不对称性，研究者发现他们的右半球与左半球一样大，甚至更大，而左侧颞叶比正常的小。

此外，研究者还观察到脑细胞异常在患有特定障碍的个体中更常见。然而，尽管这些以及其他脑结构上的发现非常丰富且有趣，但对得出的结论仍需保持谨慎。这种障碍对成人大脑产生的影响并不完全适用于儿童，儿童研究样本通常较小，各项研究结果也不一致。

脑功能

有研究者用各种扫描方法来评估儿童和成年人在完成语言和阅读任务过程中的脑活动情况。研究结果表明，与语言和阅读有关的脑区域在受损和未受损的个体中存在差异（见图10-7）。一是脑前部的一个区域（布罗卡区），有助于词分析；二是顶叶-颞叶区域（包括韦尼克区），在语音处理中起核心作用，即整合语言的视觉和声音；三是枕叶-颞叶区域，专门与词快速再认有关，当阅读者更多依赖词的自动即时再认而非基本语音

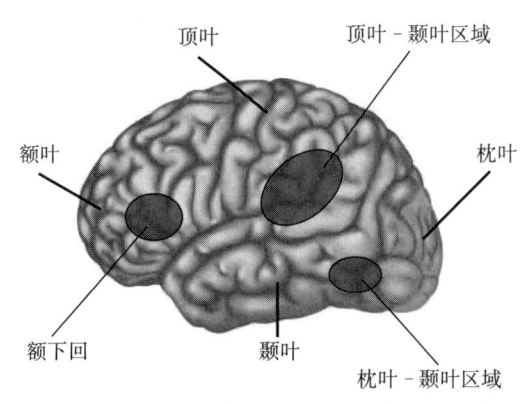

图 10-7 大脑左半球上与语言和阅读有关的大致区域

资料来源：Shaywitz & Shaywitz, 2003.

处理时，这部分区域就变得非常重要了。总之，阅读水平较高者在阅读时更多地依赖脑的后部区域，且大多数加工发生在左半球。

有研究者提出，阅读障碍指的是良好的语言和阅读能力所必需的系统存在连接错误。几项研究结果表明，在进行各种语音和阅读任务时，有阅读障碍的儿童和成年人的脑激活模式与没有障碍的个体不同。有阅读障碍的个体，其左脑后侧似乎并不活跃，而与之对应的右脑后侧则表现得过分活跃。也有证据表明，那些脑的左前区域过度活跃的阅读障碍儿童，长大后使用额叶区域会更多一些。

在研究以上发现时要牢记，脑是一个动态的网络，一个区域的异常会影响另一个区域，这可能是为了弥补异常区域的功能不足。萨莉·谢维茨（Sally Shaywitz）及其同事认为，使用迂回路由（更依赖脑前区和右半球）虽然无法快速流畅地阅读，但能使一些患者进行准确的阅读。

在 2010 年的一项有趣的研究中，普雷斯顿（Perston）及其同事调查了说话早、准时说话和说话晚的小学生，用脑成像记录了他们在听、读单词或发出非单词声音时的图像。他们发现，说话晚的儿童的脑成像中，几个皮质区域和皮质下区域活跃度较低，这些区域与语言和阅读有关。这组儿童在语言和文学任务中的表现也较差。

研究者在理解与语言和阅读障碍有关的脑功能方面取得了一些成果。同时，令人惊异的研究结果表明，脑的变化与对阅读和语言缺陷的干预有关（参见"重点"专栏）。

重点
干预与脑变化

2002 年，西莫斯（Simos）及其同事在一项研究中以一组 7~17 岁的青少年为被试，发现尽管他们的智力达到了平均水平，但他们有严重的单词识别障碍和语音技巧障碍。干预前脑部扫描显示，他们的语音任务中活动模式异常，即左后侧（顶叶-颞叶）区域激活很少或几乎没有活动，而右侧脑的相应区域活动增多。研究者发现，被试在经历了持续八周多、约 80 个小时的语音训练后，通过测量词准确度，他们的能力达到了正常水平，脑扫描也显示，左后半球与右半球相对应的区域的激活增多。正常发展的对照组的活动模式并没有随时间表现出变化。图 10-8 举例说明了其中一名接受治疗的儿童的研究结果。随后，西莫斯及其同事报告称，7~9 岁接受了以语音处理和阅读流畅性为重点干预的儿童也出现了类似的积极结果。

一项规模更大的研究调查了 6~9 岁有阅读障碍的儿童，检验了在学校进行的为期八个多月的语音干预结果。干预措施包括每天 50 分钟逐步集中于字母-声音的联想、单词的音系分析、单词的定时阅读、故事诵读和单词听写。接受干预的儿童的阅读水平得到

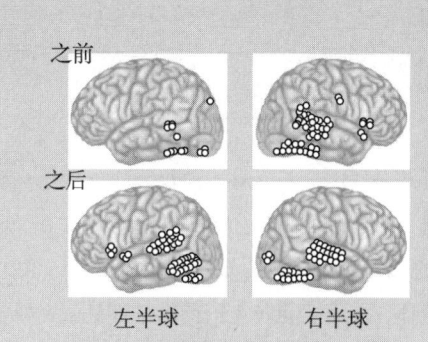

图 10-8 儿童接受干预后的脑变化
◎ 左后区域激活增多最为明显。
资料来源：Sinos et al., 2002. Courtesy of J.M. Fletcher.

了显著改善，他们的脑激活与未受损的对照组更加接近了。一年后对一些儿童进行的随访表明，与单词自动加工有关的枕叶–颞叶区域的改善得以维持。

研究记录显示出选取语言/阅读技能方面的改善，相关神经生物学变化证明心理社会干预可以影响脑发育，有望增加人们对障碍的理解，以及改善对患有阅读障碍儿童的治疗。

语言障碍和学习障碍的病因

遗传影响

研究者已经使用全方位的遗传学方法研究了语言障碍和学习障碍的遗传影响。

语言

与其他发展性障碍相比，关于语言障碍的遗传学研究相对滞后，但正在取得进展。目前已在表现出特定言语损伤的家庭中鉴定出的FOXP2基因，为后续研究奠定了基础（参见"重点"专栏）。

特定语言障碍在家族中聚集，有语言损伤家族史的儿童面临出现语言和阅读缺陷的风险可能会增加。尽管跨研究数据存在差异，但格里戈连科（Grigorenko）于2009年指出，有家族病史的儿童患病率中数为35%，对照组为11%。双生子对比研究显示，语言障碍在同卵双生子中一致性约为75%，在异卵双生子中则为45%左右。双生子研究记录证明了在发音问题、表达性语言障碍和非单词字符重复任务（语音记忆的一个指标）中有高度的遗传性。

重点

FOXP2 的故事

FOXP2是第一个被发现与语言障碍有关的基因，是通过对一个名为KE家族进行的研究发现的。KE家族中有许多成员都表现出一种特定语言障碍症状，其多种症状同时影响口语和书面语。有这种障碍的个体在语言清晰度、表达和感受词汇、形态学和句法方面都存在问题，认知能力也受到影响。与没有障碍的家族成员相比，有障碍的家族成员的非言语智力更低。

7号染色体上的FOXP2基因是显性复制模式，这似乎是引发这种家族性障碍的主要原因。研究者在所有受到影响的家族成员身上都发现了这个基因的突变，未患这种障碍的家族成员则没有发生突变。这个基因编码控制着其他基因转录的蛋白质，因而具有广泛的影响。FOXP2在早期胎儿发育（特别是脑发育时期）中非常重要。

FOXP2的发现引起了研究者相当大的兴趣：也许其他语言障碍的病因也可以追溯到FOXP2或其他单个基因。但调查研究并未发现FOXP2与其他语言障碍有关，也没发现有单个基因异常在这些问题中发挥重要作用。总之，FOXP2的发现是一座里程碑，这促使研究者开展了大量寻找其他致病基因的研究，并且在这个过程中加深了他们对语言障碍的理解。

有针对性的全基因组连锁及关联分析已经确定了语言缺陷在几个染色体和候选基因上的区域。涉及的染色体有1、3、6、7、13、15、16和19号染色体。16号染色体上的两个基因是研究特定语言障碍的研究样本，ATP2C2和CMIP基因与在语音短时记忆任务中的表现有关。

阅读

患有阅读障碍的儿童和青少年的父母也有阅读问题的高发生率；相反，父母患有阅读障碍的儿童和青少年群体中，有30%~50%的儿童和青少年会发展为该障碍。双生子对比研究提供了遗传影响的证据，阅读障碍同卵双生子的阅读障碍一致性约为85%，异卵双生子的一致性约为50%。阅读障碍的遗传率约为60%。研究显示，遗传会影响阅读的几个组成成分，包括语音处理和单字阅读，例如，与阅读障碍相关的几个基因位置与语音障碍有关。考虑到这些处理过程在语言和阅读障碍中的重要性，这是个有趣的发现。

研究者在确定可能引发阅读障碍的特定染色体方面取得了一些进展，他们先是确定了6号和15号染色体，之后的连锁分析又提出其他几条染色体。此外，已经确定了几个候选基因，其中一些会参与脑发育中的神经元迁移和轴突路径。

有家族遗传风险的儿童和普通人群的阅读技能似乎呈连续下降趋势，这为多种基因影响阅读障碍的理论提供了证据。此外，一般的阅读能力和阅读障碍都有遗传性，并且有基因关联。研究结果表明，许多基因与其他风险因素共同作用，引发了阅读障碍的易感性。一些单基因和染色体综合征与阅读问题有关，但只与罕见的、严重的学习障碍有关。

书写与数学

基因对书面表达的影响与拼写有关。双生子研究揭示了拼写问题的家族聚集性和遗传性。15号染色体可能与拼写障碍有关。

沙莱夫（Shalev）及其同事于2001年指出，父母和同胞患有数学障碍的个体表现出损伤的概率预期要比一般人群高出10倍。此外，有限的双生子研究数据显示，同卵双生子的数学障碍比异卵双生子具有更高的一致性。最近一项关于数学能力和障碍的全基因组关联分析指出了几个引起研究者关注的位置。作者注意到，虽然这项工作需要复制，但也涉及引起研究者关注的候选基因。此外，这项研究及其他研究结果表明，数学能力和障碍受许多基因的影响，每种基因都起到较小的影响作用。

共享遗传影响和通才基因

如本章前文所述，在儿童和青少年中，语言和学习障碍经常同时出现。此外，这些障碍的共病在家族中"泛滥"，由此引发一个问题：这些障碍是否共享一种遗传预先倾向性？研究明确表明，答案是肯定的。例如，一项研究显示，阅读和数学障碍之间的遗传相关值为0.67。

重要研究表明，影响一种障碍的同一组基因——通才基因（generalist genes），也会影响另一种障碍。正如普洛明·科瓦什（Plomin Kovas）和霍沃思（Haworth）于2007年所指出的，这一发现似乎违反直觉，因为有些孩子有阅读障碍但没有数学障碍，或者相反。这些障碍的分离可能是由这一事实引起的：只有一些基因是共享的，非共享的环境影响也发挥了作用，使儿童彼此不同。无论如何，考虑到通才基因的存在，识别出一种障碍的特定基因对理解另一种障碍都是至关重要的。

心理社会影响

遗传行为研究指出，遗传和环境对正常发展和受损发育的影响与特定障碍有关。根据其他类型的研究结果可知，几种心理社会变量在正常语言发展模式中是很重要的。通过儿童从母亲那里听到的单词量或复杂程度可以预测其早期词汇增长，更快的语言发展可以通过以下现象来预测：如母亲能详细描述孩子的说话内容并评述孩子的关注点。即使家庭变量不是语言问题的根源，它也会在缺陷持续性方面发挥作用。

史蒂文森（Stevenson）和弗雷德曼（Fredman）于1990年指出，家庭规模和母子互动的某些方面与阅读问题有关。他们指出，家庭成员参与儿童的学习过程对儿童早期阅读能力的获得特别重要。不过，人们并非总能发现家庭因素的影响。也有证据表明，患有阅读障碍的儿童会回避阅读，而儿童的阅读量又与阅读技能的提高有关。教师和儿童自己降低期望的行为，可能会给那些在学习上需要特别努力的儿童带来负面影响。

人们普遍认为，教室过于拥挤、数学焦虑、

教学质量等因素会影响数学技能的习得。事实上，教学质量、班级规模和交互式计算机程序都会显著地影响学业技能。尤其是早期学习，可以通过家庭、幼儿园和一年级的认知刺激加以促进。

语言和学习障碍的评估

儿童的语言或学习问题通常最先被父母或教师注意到，他们对障碍的敏感性在早期干预中很有价值（参见"重点"专栏）。

当怀疑学龄前儿童有语言障碍时，父母会向各类专业人士寻求评估，评估通常包括家族史和儿童病史评估、语言评估、言语智力和非言语智力评估，以及听觉、神经系统和医学问题筛查。拥有渊博语言系统知识的专家可以为早期的评估或对后期干预效果的评估做出很大的贡献。还可以组成包括语言专家、幼儿园教师、心理师、医师等专家在内的多学科专家组，对干预效果进行评估。后来出现的或更轻微的语言和学习障碍可以在心理卫生诊所进行评估，但通常是遵循政府规章推荐的残障儿童和青少年评估和教育程序，在教育系统中进行评价。

评估语言、阅读、拼写和数学的标准化测验对语言和学习障碍的识别以及理解儿童的特定缺陷非常重要。测验可用来评估这些领域的特定组成部分，如词汇或接受性语言。

重点
识别阅读障碍的线索

神经科学家、医师萨莉·谢维茨一直处于阅读障碍研究的最前沿，她于 2003 年指出，在识别阅读障碍方面，父母发挥了非常重要的作用。父母在识别的过程中需要仔细观察孩子，了解重点观察的内容，并愿意花时间去倾听孩子说的话和诵读。考虑到这一点，谢维茨提出了一些识别儿童需要进一步评估的线索（见表 10–5）。

表 10–5　　识别儿童是否有阅读障碍需要进一步评估的线索

学龄前线索
- 语言迟缓
- 在学习和听普通儿歌时有困难
- 单词的错误发音；不停地说话
- 在学习（和记忆）由字母组成的名字上有困难
- 不知道自己名字中的字母

幼儿园和一年级线索
- 无法理解单词音段或发音
- 无法将字母与对应的声音相匹配
- 阅读错误与字母读音无关（如把"big"读成"goat"）
- 无法读出常见的单音节单词，或者无法说简单的单词
- 抱怨阅读很难，或尽量不去阅读
- 父母或同胞有阅读障碍病史

二年级及以上线索
- 话语线索：对较长、不熟悉或复杂的单词发音时经常出错；不流畅的言语（犹豫、停顿、使用"嗯"）；无法找到准确的单词；受到质疑时无法迅速回应；难以记住一些口头信息（如日期和清单）
- 阅读线索：阅读进展缓慢；阅读不熟悉的单词、功能词（如"that"和"in"）或多音节单词时有困难；省略单词的一部分；诵读断断续续、费力或缓慢；避免阅读；能提高阅读的正确率但不能提高流畅性；阅读和拼写障碍家族史

一般智力测验也很有价值，这种测验在诊断智力-成绩差异，或确定是否需要特殊教育服务方面是必要的。附加心理评估（如认知加工或运动技能的评估）可能有用，也可能没用，这取决于设定的评价目标。

评估人也应考虑儿童的学习习惯、动机、自尊和关注点。语言和学习障碍是根据成绩和智力来定义的，因此，人们可能倾向于忽略儿童的行为、社会和动机背景。然而，心理社会因素能对儿童的功能产生促进或不良影响。

语言和学习障碍的干预

预防

一般来说，发展性障碍的预防与早期识别和治疗有关。对语言障碍而言，除了重度病例外，发现幼童有临床意义的损伤并非易事。那些说话晚或表现出其他表达性问题的两三岁幼童可能到学龄前期才达到语言发展的正常水平，或者继续存在困难。因此，预防需要监控早期语言问题。

如今，学习问题的预防得到了多方关注。在全美范围内，相当数量的儿童和青少年没有习得必要的学业技能，这引起了极大的关注。其中一些儿童有特定障碍，而其他人更多的只是有一般性的成绩问题。众所周知，未经治疗的障碍经常会持续发展，且后期治疗没有早期干预的效果好。然而，很多阅读问题直到儿童到二三年级时才会被发现，而且经常在经过几年的学业失败后才出现了学习问题。对阅读障碍早期风险因素和早期识别的研究仍在继续。

正如本章前文所述，有些研究者认为干预反应方法是一种预防出现阅读障碍的方法。富克斯（Fuchs）及其同事在2007年将多种干预水平的RTI作为预防手段。开始时，所有儿童都接受精心挑选的干预（课程），这被称为初级（总体）预防。在这一水平上，那些比同龄人表现差的儿童被认为存在问题，他们将被提供强度更大的教育活动，也就是第二级干预（选择性干预）。那些对第二级干预反应较差的儿童被认为存在意想不到的缺陷，这些孩子将接受综合评价，以决定是否为他们提供特殊教育服务，即第三级干预（指示干预）。由此可见，RTI是将预防和治疗结合在一起的。不管儿童和青少年是否被认定为阅读障碍，早期干预都倾向于以基本技能为目标，而阅读计划占主导地位，因此，许多努力都集中在语音处理和单词型阅读上。

治疗语言障碍

有关治疗语言障碍的历史和文献资料与学习障碍的治疗有所不同，这里对这个领域只提供简要描述。对干预措施的回顾及元分析显示，干预可促进语言发展，尽管效果部分取决于障碍的类型和采用的测量方法。与接受性能力相比，清晰度和表达技能（如句法、词汇）更容易矫正。有一些证据表明，临床工作者指导下的治疗和家长指导下的治疗均有一定效果，更长的治疗时间可能会带来更好的结果。

伦纳德（Leonard）在1998年进行的治疗研究（大多聚焦于表达性语言障碍）中注意到，在许多方面，干预措施似乎与父母及其他成年人教授正常发展中的儿童学习语言的方法相似。操作性程序和模仿在治疗中被广泛使用，玩具和图片也经常成为训练程序的一部分。例如，训练者呈现语言形式（如复数名词），然后鼓励儿童模仿训练者，和/或在儿童自然情境交流中加以强化。伦纳德的报告称，治疗可以让一些儿童在某些任务中缩小与正常发展的儿童之间的差距。然而，关于训练的可推广性的证据还很有限，如习得的语言形式能够被用在自然口语的不同语句中。此外，后续评价显示，训练效果会随时间得以保持。

尽管有这些研究发现，但情况也并不总是乐观的。虽然儿童和青少年的语言能力会得到改善，但并未达到正常发展水平，因此他们在社交和学业方面往往仍处于劣势。几乎无法证明接受性语言障碍治疗的成功实践。此外，使用不同治疗方法似乎可以使不同个体的语言能力达到相同水平，也许有共同的要素存在，但尚未得到确认。因此，成功的干预措施和需要经验支持的干预措施的作用都是很明显的。

上述治疗大部分针对的是儿童表现出的特定语言障碍。最近几年备受关注的一项干预措施旨在提高听觉加工缺陷的速度，这个缺陷被认为是口语和阅读技能的基础。学习通（Fast For Word）是一款针对4~14岁儿童和青少年设计的视听游戏程序，包含经过声学处理的声音，以及类似语音和语言治疗师使用的语言训练技术。这款游戏是商业化生产的，据称可以在短时间内提高用户的语言能力，并在几个国家的学校和诊所中得到了广泛应用。然而，它却遭到了质疑，因为并没有得到一些研究和近代的元分析结果的支持。

学习障碍的干预

纵观历史，对学习障碍的干预反映了这个领域的多学科性质。心理学研究者、医师、教育者、验光师和沟通治疗师都参与了治疗。在20世纪60年代至70年代末期，人们采用了多种不同的方法对学习障碍进行干预。这些方法从概念上可分为医学方法、心理教育方法和行为方法（见图10-9）。

以医学（或病因学）为导向的方法认为学习障碍源于生理病理学。这种方法假设神经传导过程中潜在的缺陷会阻碍语言的发展、视知觉和听知觉，以及知觉运动功能等。例如，口语问题可能是由缺氧引起的脑损伤导致的，治疗需要通过训练来刺激与语音相关的脑区域。然而，几乎没有证据支持这个模型及其治疗方法。

心理教育（或诊断-治疗）方法是一种非常流行的方法，这种方法假设各种知觉和认知过程是各种障碍的基础。它采用了由教育专家提出的培训项目来治疗，包括手眼协调训练、空间关系训练和语言训练。与医学方法不同，这种方法主张传授学业技能和信息加工技能，同时考虑学生在视觉、听觉、语言、运动特性上的水平。虽然这些工作已经普遍开展，但很多人却因为缺乏成功的记录而半途而废。

与其他方法大不相同，行为（或任务分析）方法没有对潜在有机病理或信息加工缺陷做出任何假设。这种方法的目标是，通过基于学习原则的技术提升学业或社交技能，如处理偶发事件、反馈和模仿。

正如莱昂及其同事于2006年所指出的，这三种历史性的方法都对当今的干预措施的发展做出了贡献。如今的神经心理学模型与早期的医学方法相呼应，强调潜在的大脑功能，还结合了早期的心理教育方法，将教学与儿童认知加工中的优势和劣势联系起来。行为或任务分析方法在当今的直接教学中得到了体现，精确对标所需技能的获取和技能传授。

干预效果

关于阅读、数学、书写、拼写障碍的治疗有大量的文字材料记录。直接教学（任务解析）、认知取向及认知行为疗法逐渐被证实比其他治疗学习障碍的方法更有效。

例如，在直接教学中，如果儿童在书写方面有障碍，就指导他练习写句子和段落。在其他方面，直接教学还包括选择和陈述目标，分步骤呈现新材料并进行清晰和详细的解释，结合学生实

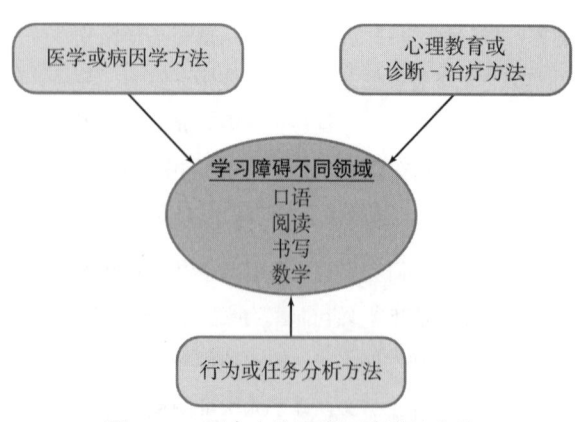

图 10-9　历史上治疗学习障碍的方法

践和教学反馈，指导学生，并监督学生的进步。

认知取向旨在提高学生对学习任务要求的认识，使用适合这项任务的学习策略（如复述材料），监控策略的成功实施，并在必要时转换策略。组织和使用策略是关键要素。这种方法已应用于对提高阅读理解、数学、书写表达的能力，以及提升记忆和学习技能。

认知行为疗法重点强调学生的自学能力。这个疗法要求学生记录自己的学习活动，评估个人进展，自我强化行为，并在其他方面管理或调节学习行为。认知取向及认知行为疗法可被用于干预书写技能缺陷，指导学生如何组织写作任务，采用不同策略，并评价工作效果。

斯旺森（Swanson）和霍斯金（Hoskyn）于1998年对干预效果进行了大量元分析，其中之一是将180个干预案例与对照组进行对比。这些干预措施针对各种学习障碍（包括语言缺陷），最常治疗的是阅读障碍。直接教学和教学策略（强调提示、解释、模仿策略和认知取向）都显示出适度的积极效果，将二者结合使用效果更佳。另一项元分析检验了教学活动对较大的儿童和青少年的干预效果。组织技能和外显实践的教学效果尤其明显，后者包括重复练习、复习和反馈。有人指出，最优教学应包括下位教学（技能水平的教学）和上位教学（强调知识基础和明确的策略），因为阅读、数学及其他学业领域涉及多个组成过程。

总的来说，研究表明，精心设计、实施的干预措施有可能对学习障碍有实质性修复。当然，这并不是说任务对各种有障碍的人的挑战都是一样的，也不是说在各种障碍的干预中都取得了相同进展。例如，研究者对阅读障碍的了解相当深入，并有证据证明成功的干预措施包括在阅读和书写任务情景中训练语音觉察、字母知识和形素音素对应。另外，对阅读理解困难的治疗更具挑战性，包括元认知策略、词汇和口头叙事。最后，值得注意的是，即使干预措施具有相当的改善作用，也仍有一部分儿童的问题没有得到改善，还需进一步努力来满足这些没有得到改善的儿童的需求。

特殊教育服务

在过去的几十年中，美国为各种有障碍的患者提供的教育服务迅速发展。对服务的批评、法律规定，以及不断增多的让障碍儿童获得适当教育权利的社会责任催生了1975年《残疾儿童教育法》的诞生。之后，美国联邦政府法规增加了残疾儿童的机会和权利。后来，政府对《残疾儿童教育法》（公共法99-457）进行了修订，将条款扩大到发育迟缓的3~5岁儿童，并为婴幼儿提供了自愿干预措施。1990年，政府又出台了《残疾人教育法》（IDEA），并分别在1997年和2004年进行了重新授权和修订。

IDEA为以下几类儿童和青少年提供服务：言语或语言损伤、学习障碍、智力障碍（精神发育迟缓）、情绪失调、孤独症，以及如失明、耳聋和矫形问题带来的感觉损伤和医疗损伤。IDEA为越来越多的人提供服务，据美国教育部于2007年的统计，在2005—2006年间，IDEA的服务人数约为670万，年龄跨度为3~21岁，其中41%的人患有特定学习障碍，22%的人患有言语或语言损伤。

在过去数年中，IDEA的四个宗旨没有发生改变：

- 确保所有患有障碍的学生获得适宜的免费公共教育，强调特殊教育及相关服务以满足他们的特殊需求；
- 确保这些学生及其父母的权利受到保护；
- 协助各州及各地区为障碍儿童提供教育；
- 评估以及确保这些教育工作的成效。

"适宜的教育"的根本意义是，教育实践要满足每个孩子的需求。**个性化教育计划**（individual

education plan，IEP）是在父母参与下，由专家团体实施的特殊教育服务。除其他方面外，IEP必须考虑儿童当前的表现、近期和长期教育目标、即将提供的教育服务、服务的预期持续时间、评估的程序，以及对于年龄较大的儿童从学校到工作岗位的过渡项目。委员会和儿童家长必须对个性化教育计划进行系统性审查。

根据IDEA，障碍儿童将在**最少的受限制环境**（least restrictive environment）中，即在允许的最大限度上与正常发展的同龄人一起接受教育。将这些学生纳入普通教室成为教育设置的一个中心特色。20世纪80年代末，相关人士通过《普通教育倡议》（Regular Education Initiative）发出了**全纳**（inclusion）主流之外学生的号召。全纳行动的前提是，公立学校应重建支持性和培育性的社区学院，以满足所有学生的需求，同时由普通教育的教师承担起吸纳学生的首要责任。

在实践中，与"在最少的受限制环境中进行适宜教育"的理念相一致的是，应为需要特殊教育服务的儿童提供若干选择。选择范围包括：普通教育教室（辅助服务或无辅助服务）、社区学校的特殊教室、特殊全日制和寄宿学校（见图10-10）。这些教育设置所提供的支持水平是不断提高的。适宜的教育是指环境设置适合学生。

美国教育部2011年的统计结果显示，截至2008年，美国有95%的年龄为6~21岁的残疾学生在普通学校接受教育，3%在单设的公立特殊教育学校接受教育，剩余的一小部分在其他教育设定中接受教育。大部分患有学习障碍和语言障碍的学生都在普通教室里接受辅助服务，如教室的特殊教学或资源教室的定时制教学。约有70%的学习障碍的儿童和青少年在普通教室外的时间少于21%。

全纳：益处与担忧

如何更好地为有特殊需求的学生提供服务一直存在争议。这不是一个容易解决的问题，因为

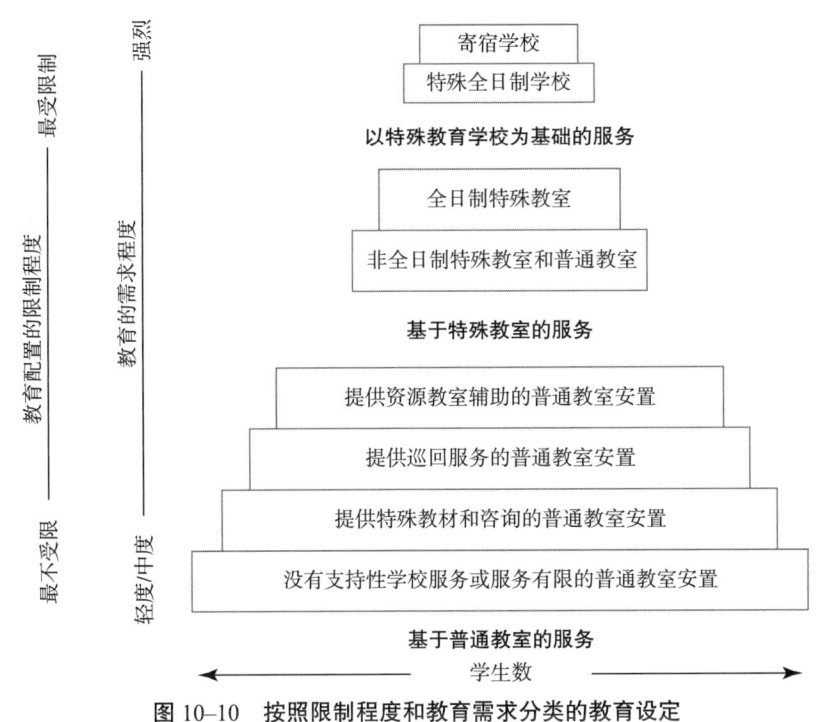

图 10-10　按照限制程度和教育需求分类的教育设定

资料来源：Mercer，1997.

研究必须设法解决不同类型和程度的障碍儿童的问题，以及许多备选方案。考虑到这个问题的复杂性，早期的大量研究并未明确支持曾经预期的特殊教育教室对儿童学业和社交上的益处。

对全纳政策的态度是支持与反对并存。支持者提出，研究结果显示，全纳的学生在学业成就和社交结果中获益。研究发现，这些学生在标准化成就测验和与他人交往中表现更好，且没有更多的行为困难。报告还称，全纳教育对普通学生也是有利的。他们认为，关注点不在于是否应提供全纳教育，而在于应如何实施以发挥其最佳效果。

不过，反对者也提出了反对数据，包括关于残疾学生几乎没有学业优势和自尊水平低的报告。他们也指出，虽然全纳政策在减少对残疾学生的歧视和隔离方面有所帮助，但强化了一个错误观念，即不需要对残疾学生进行特殊照顾，将其置于特殊教育设定中是有害的歧视性做法。此外，反对者认为，全纳政策侵犯了儿童权利和美国联邦政府对适宜教育的布局。他们认为，连续的教育设定最能满足不同学生的需求，也与许多家长和教育者的意愿相符。

总之，对于大部分时间在普通教室的学习障碍的学生来说，相关研究支持全纳政策，教师也大多支持这项政策。不过，全纳教育要求在教育设定中的工作人员顺应课程、教学材料、教学策略、测验和管理。

这些对普通教育教师来说要求很高，他们担心自己缺乏完成这项任务的专业知识，且没有足够资源和时间执行特殊课程和实践。另外，全纳教育要求曾在相对独立的特殊教室授课的特殊教育教师与常规教师在普通教室中合作。此外，虽然残疾儿童的家长渴望自己的孩子接受高质量的教育，但他们又担心孩子的福利，特别是对重度残疾的儿童的健康表示担忧。显而易见，全纳政策有很多益处，也对教育系统提出了要求。"好的"和"坏的"项目都能得到实施，而且那些实施了成功项目的学校也得到了认可。

第 11 章
智力障碍

本章将涉及:

- 美国智力与发展障碍协会（AAIDD）和智力障碍在 *DSM* 中的概念及分类；
- 智力和适应性行为的本质及测量；
- 智力障碍儿童和青少年的残疾、特征和共病；
- 智力障碍的流行病学和发展病程；
- 唐氏综合征、脆性 X 染色体综合征、威廉斯综合征和普拉德－威利综合征；
- 家庭顺应和经历；
- 对智力和适应功能的评估；
- 预防和干预的方法。

智力障碍（intellectual disability，ID），之前以"精神发育迟缓"（mental retardation）之名而被人们熟知，但人们在18世纪前对其知之甚少，认为它与其他障碍并无区别。到了19世纪初，人们认识到这个障碍涉及智力功能缺陷和日常生活中的残障。时至今日，尽管关于智力障碍的理论有了长足发展，但这两个特征依然是智力障碍的核心特征。

智力障碍之所以被当作个人特质，可能是因为它比许多障碍更为强烈，但这种观点正被另一种新观点所取代：智力障碍并不是"你拥有的东西，如蓝色的眼珠"，不是"你是什么，如高矮胖瘦"，也不是躯体或精神障碍，而是一种个体拟合个人能力和个人环境、社会环境的功能状态。人们已经充分认识到生理因素对智力的影响，目前更值得关注的是环境对智力的影响。

智力障碍的名称也随着时间的推移不断变化。专业文献曾用过很多术语，如"白痴"（idiot）源自希腊语"无知的人"；"低能"（imbecile）源自拉丁语"弱点"；"愚鲁"（moron）则说的是"愚蠢或缺乏判断力的人"。这些术语被广泛用于临床描述，但越来越具有负面内涵，研究者不断改变术语的部分原因是希望用积极的名称标注这种障碍。极具影响力的美国精神发育迟缓协会（American Association on Mental Retardation）用"智力障碍"一词替换了使用了数十年的"精神发育迟缓"，协会也更名为"美国智力与发展障碍协会"（American Association on Intellectual and Developmental Disabilities，AAIDD）。2010年，美国总统奥巴马签署了《罗莎法案》（*Rosa's Law*），通过美国联邦法律的确认正式采用了这一术语。类似地，*DSM-5* 用"智力障碍"取代了"精神发育迟缓"。这个术语更准确地描述了具有一般认知缺陷的个体，同时避免了出现负面内涵（参见"重点"专栏）。本章仅在引用既往临床或研究文献时使用"精神发育迟缓"这一术语，以澄清其与现行术语的关系。

重点
棍棒、石头与污名

2010年的一项研究表明，"精神发育迟缓"这个术语已经沦为带有贬义的俚语词。当术语"智障"在"可别成了智障"或"真是智障"这类短语中出现时，似乎传达了一种不喜欢的感觉。

研究者通过一项在线调查探索了8~18岁青少年在日常会话中使用"智障"的情况。调查问卷包含七个问题，其中两个问题只需回答"是"或"否"。

1. 你听到过有人喊另一个人"智障"吗？
2. 你听到过有人将患有智力障碍（精神发育迟缓）的人称为"智障"吗？

92%的被试对第一个问题的回答是肯定的，36%的被试听到过用"智障"直接称呼智力障碍人士。大多数被试听过同龄人使用这个词。只有20%的被试报告说他们曾这样使用过这个词。

研究者关注的是被试听到这个词的反应，他们要求被试从一个项目列表中选择（可多选）听到这个词的反应。研究者发现，被试的反应取决于这个词的指向：当"智障"指向智力障碍人士时，被试更可能感到难过或遗憾，并告诉使用这个词的人这样说是不对的；相反，当"智障"指向一般人时，被试更可能只是笑笑而已，他们并没有表示关心，或者什么也不会做。

对自己朋友或非朋友的人使用这个词的反应也是不同的。当听到自己朋友这样说时，被试更多是一笑而过或一起说；当非朋友的人使用这个词时，被试更有可能为被称作"智障"的人感到难过。被试的性别和年龄也很重要，女性和较年轻的被试倾向于反对使用这个词，并为被嘲笑的人感到难过；男性和年龄较大的被试更可能无动于衷。

总之，这个词被报告更常作为侮辱性词语使用，而不是指患有智力障碍的人。在某些情境下，人们对那些被嘲笑的人表现出同情，而在其他情境中则没有表现出同情，至少有很多人是持冷漠的态度。尽管这项调查是以自评量表的形式进行的，但调查人员与部分学生之间的讨论也非正式地证实了这一调查结果，这些学生致力于消除"智障"的贬损性用法。讨论内容表明，很多儿童和青少年认为，如果不是直接针对患有智力障碍的人，或者有智力障碍的人没有听到，那么使用"智障"这个词就是可以被接受的。研究者由此注意到，依然缺乏对这个术语污名化和边缘化智力障碍人士的方式的理解。

定义与分类

美国智力与发展障碍协会的方法

成立于1876年的美国智力与发展障碍协会（AAIDD）一直致力于理解和改善智力障碍。这个组织提出的关于智力障碍的定义经常被其他专业团体采用。其2010年出版的最新手册中对智力障碍的定义如下：

智力障碍的特征是在智力功能和适应行为方面都存在明显的局限性，表现为概念、社交、实践上的适应技能有限，这种障碍起病于18岁之前。

做出ID诊断，必须符合以下三项标准。

- 年龄标准，不满18岁。这意味着智力障碍是发展性障碍。在美国，18岁是个体需要开始承担成年人责任的年龄，也是心理社会发展和脑发育的关键阶段。
- 智力功能有限。这是由一般智力测验的成绩定义的，即在诸如斯坦福－比奈智力量表和韦氏儿童智力量表等测验中，所得分数大概低于人群均值两个或两个以上标准差，70分或70分以下通常符合这一标准。
- 适应技能有限。在概念、社交或实践技能的标准化测验中的成绩至少低于人群均值两个标准差。需要对智力和适应行为障碍两方面进行评估，这意味着尽管那些智力测验分数属于障碍范围，但能较好地适应家庭、学校或工作的个体不符合智力障碍的诊断标准。那些有适应功能障碍，却在智力测验中成绩良好的个体也不能被诊断为智力障碍。此外，功能有限的评估与判断必须考虑个人生活环境，即社区、文化的多样性等。

AAIDD提出了一个多维度模型，有助于人们理解智力障碍（见图11–1）。这个模型有两个主要组成部分：五个维度以及对个体功能支持作用的描述。智力障碍的表现包括五个维度（智力、适应性行为、身心健康、参与日常生活及社会互动/角色、环境特征及个人特质）和个体的支持性因素。与这个多维度模型一致的智力障碍不是个体的绝对特质，通常认为适宜的支持能够使个体的功能得到改善。此外，有精神残疾的儿童和青少年是强度与有限并存的复杂个体。

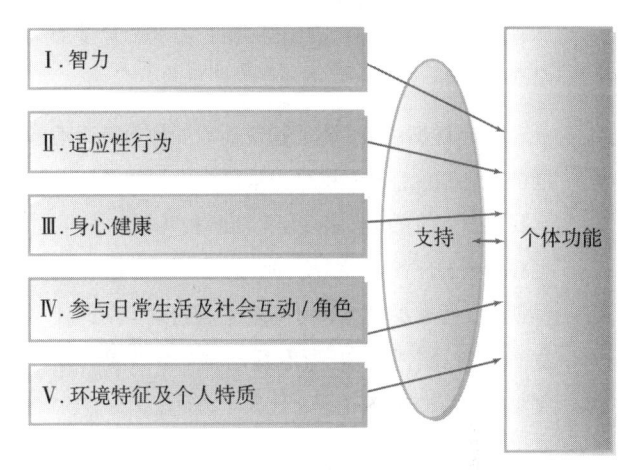

图11–1　AAIDD提出的多维度模型

◎ 在这个模型中，提供给个体的支持对个体功能起到了媒介作用。

资料来源：Schalock et al., 2010.

所需支持的程度

由于不同智力障碍患者的能力存在很大差异，因此在干预和研究中应基于智力损伤的严重程度进行分组。依据这个逻辑，AAIDD曾把损伤程度分为四种：轻度、中度、重度和极重度。根据个人智力测验成绩进行分组的方法还被广泛应用于其他分类系统。然而，AAIDD在1992年放弃了这种分类方法，并指出**智商**（intelligence quotient, IQ）子群也许适用于研究目的，但不适用于做出智力障碍个体的护理决定。AAIDD 建议评估每个人所需支持的水平，即促进个人发展和幸福感的资源和战略。这种方法认识到，某一方面功能所需的支持可能不同于另一功能，还可能随时间变化而改变，同时也强调了智力障碍与社会环境是动态相关的，而不是个体的静态品质。

DSM 方法与既往方法

DSM-5 的诊断和分类方法与现行 AAIDD 方法相似。虽然没有明确具体的起病年龄，但必须起病于发育阶段。做出诊断必须同时具备智力和适应有限这两个方面的缺陷。DSM 指出，智力功能通常是通过适宜的、单独进行的标准化智力测验（如韦氏量表）来测量的，智力障碍患者一般得分为 70 ± 5。适应性行为的评定需要同时使用临床评估和个体化、与文化相匹配、心理测量学上合理的方法；至少一个领域受到严重的损害。

DSM 详细说明了基于适应功能的智力障碍不同的严重程度，从轻度到极重度。例如，个体在自我照顾方面可能会表现出与年龄相匹配的技能，但在复杂的任务方面需要一些支持（轻度），需要早期的、很长的教育和时间才能达到成年期的独立自我照顾（中度），所有活动都需要支持（重度），或所有方面都依赖于他人（极重度）。

值得注意的是，2013 年之前，DSM 根据 IQ 分数确定智力障碍的严重程度。人们普遍认为，IQ 分类方式消除了适应功能的评定，使得临床工作者和研究者没有可靠且有意义的方式对个人进行分组。实际上，对大多数研究者和许多医生来说，用 IQ 分数分类的方法是习惯性做法，本章也反映了这一点。

表 11-1 显示了公认的智力障碍严重程度。在所有病例中，约有 85% 的患者是轻度障碍，他们在功能和其他重要方面与其他三类患者相比有非常大的差异。因此，在实践中通常将轻度障碍与更严重的障碍进行区分，以 IQ 分数 50 分为分界线。

表 11-1　公认的智力障碍严重程度

严重程度	IQ 范围
轻度	50~70
中度	35~50
重度	20~35
极重度	低于 20

同样值得关注的是，在美国，轻度和中度智力障碍曾经分别被教育工作者贴上"可教育的智力障碍"（educable mentally retarded）和"可训练的智力障碍"（trainable mentally retarded）的标签。这一分类为学校安置提供了依据。教育政策和实践的改变使得这种分类变得不再重要，当今教育工作者更少依赖 IQ，更多考虑儿童在功能领域的需求。

精神发育迟滞诊断标准的改变经常招来批评。许多专业人士在 1992 年批评 AAIDD，因为当时这个组织建议把 75 分作为诊断 IQ 标准的上限。这些专业人士认为，虽然这个建议考虑了智力测验中 5% 的标准误差，但上限为 75 分意味着符合诊断的人数可能会翻倍，尤其会影响某些社会弱势群体。早在 1959 年，AAIDD 采用的是这样的定义：在智力测验中，得分低于人群均值一个或一个以上标准差的个体就可以被诊断为精神发育迟滞（见图 11-2），得分为 69~85 分的个体被标注为精神发育迟滞边缘型。如果用这个定义来鉴别精神发育迟缓者，那么约有 16% 的人也许会被诊断为精神发育迟缓。批评者认为，这个标准是不合理的，会不成比例地为一些弱势群体贴上"精神发育迟滞"的标签。随后，AAIDD 对其进行了修正。精神发育迟滞定义的变化与相关的争议说明它是一种社会建构的类别，有时会引发激烈的争论。

标准差间的间隔表明了实测智商比人群均值 100 分高多少分或低多少分，韦氏儿童智力量表的标准差是 15 分。当智力障碍定义为所测成绩低于人群均值一个或一个以上标准差时，约有 16%

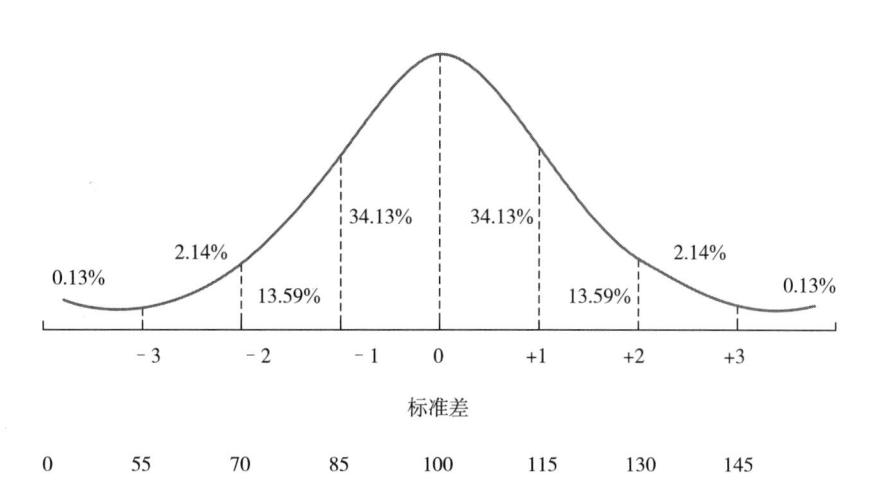

图 11-2 与正态分布一致的韦氏儿童智力量表所测分数的分布

的人会被诊断为智力障碍；当智力障碍定义为所测成绩低于人群均值两个或两个以上标准差时，2%~3% 的人会被诊断为智力障碍。

智力的本质与适应行为

由于智力和适应行为的测量一直是定义智力障碍的核心，因此其背后的发展病程和概念非常重要。接下来，我们将从历史的角度出发展开讨论，同时考虑测验的可靠性和有效性，以及智力和适应行为之间的关系。

智力测量

尽管智力的概念表面看来很简单，但其内涵引发了很多争议。与理论家一样，我们认为其内涵包括个人所拥有的知识、学习能力、思考能力或适应新情境的能力。除了这些公认的定义之外，我们还会讨论出现的分歧。理论家们有时也激烈地争论智力的精确本质，并持有不同观点。虽然我们很难公正地讨论这一话题，但我们的目标是设法解决与智力障碍密切相关的问题。

现代智力测验可以追溯到 20 世纪初期阿尔弗雷德·比奈（Alfred Binet）及其同事的研究，他们采用了传统的心理测量方法，注重个体差异，并强调个人潜能对个体智力功能之间的差异的影响。他们认为智力是由一般能力（general ability，简称为 g 因素）和很多特殊能力组成的，如运动能力、言语能力等。研究中要求被试完成一系列任务（需要同时用到一般能力和特殊能力），以测量个体的智力、认知、能力的外在表现，而非过程。

近年来，信息加工理论开始崭露头角，这个理论关注个体感知感觉刺激、存储信息、操作信息以及针对信息采取行动的过程。理论家们用不同的方式对这个过程进行了概念化处理，但无论如何，他们都是根据个人处理任务时的表现来测量智力的。例如，可以通过测验个体的注意力和同时处理几种信息的能力来测量个体的智力。信息加工方法在理解智力障碍中起到了非常大的作用，并越来越多地融入智力测量中。然而，在 20 世纪的大部分时间里，心理测量方法在很大程度上影响了关于智力的观点。

早期测验的结构与假设

应巴黎的学校官员要求，比奈及其同事西蒙（Simon）研发出一种可以鉴别出那些需要特殊教育的儿童的方法。他们用与课堂学习内容有关的简单任务测试了不同年龄段的学生。1905 年，他们编制了第一份智力量表，由各年龄段的普通学生均能通过的任务组成。用这份智力量表对儿童进行评估后可以确定他们的**心理年龄**（mental age, MA），即与表现符合年龄预期的儿童的实足年龄（chronological age, CA）相对应的年龄。因此，如果一个七岁儿童通过了七岁 MA 测验，那么他的心理年龄也是七岁；如果一个七岁儿童只通过了五岁 MA 测验，他的心理年龄就是五岁。

比奈对智力做出了一些假设，认为智力包括许多复杂的过程，在一定范围内是可塑的，并受社会环境的影响。比奈提出，要想减小评估中的误差，就必须认真编制标准化测验。此外，比奈及其同事还发现了有助于提高智力功能的方法，并建议针对每名儿童的特殊需求制订教育计划。

智力测验最早是由亨利·戈达德（Henry Goddard）引进美国的，他和新泽西州文兰特殊教育学校的住院医师共同翻译并应用了比奈量表。1916 年，也就是比奈逝世五年后，在美国斯坦福大学工作的刘易斯·推孟（Lewis Terman）将早期量表修订为斯坦福－比奈测验。推孟采用了智商（IQ）的概念，它是个体心理年龄与实足年龄的比值，再乘以 100（为避免小数）得出的数值。IQ 可以用来直接比较不同年龄儿童的智力。如今，主要智力测验运用统计法进行比较，因此通常所指的 IQ 已不再是一个商数，而是一个分数值，可用于不同分龄组的比较（见表 11–2）。

表 11–2　智力测验的相关度量

CA	实足年龄
MA	心理年龄，与儿童在测验中的表现有关；对测验得分与实足年龄相符的一般儿童来说，MA=CA
IQ（比）	心理年龄与实足年龄的比，再乘以 100，IQ=MA/CA×100
IQ（离差）	源于统计法的标准分数，反映个体表现与分龄组平均得分的离差的方向和程度

戈达德和推孟对智力的本质做出了一些与比奈截然不同的假设，他们称这些测验能测出遗传智力，而这部分智力在人的一生中是保持稳定的。他们还看到了优生学的必要性，即通过遗传控制改善人类物种。这些观点均具有一定的社会意义，引发了关于智力测验的假设理论和使用以及智力障碍患者治疗的激烈争论（参见"重点"专栏）。

重点

智力测验：一段滥用测验结果的历史

在戈达德等人引入智力测验后不久，智力测验就在美国和欧洲诸国与社会和政治问题交织在了一起。在美国，IQ 测验被用于确定是否接受来自欧洲南部的移民，还被引入要求有精神缺陷的患者进行绝育的法案。实际上，对"不合适"的人进行"绝育"的做法早就出现了，并在 20 世纪初期不断增多。美国许多州都通过了绝育法案，最高法院于 1927 年在弗吉尼亚州的一宗巴克（Buck）诉贝尔（Bell）案件中维持了这一法案。美国加利福尼亚州法律要求，对州立医院里的患者和住在州立收容所的"低能"儿童进行绝育手术。在科学家与社会人士纷纷公开批评这种充满争议的法案前，被迫绝育的人已超过五万人。

尽管还没达到引人注目的效果，智力测验在学校的滥用也已引发了很多争议。美国《义务教育法》通过后，公立学校开始采用智力测验评估儿童在学校的学习能力，家庭贫困和一些少数民族出身的儿童在测验中成绩较差。近些年，这一群体包括非裔儿童、西班牙裔儿童和美国本土儿童，尽管不同社会阶层和种族/民族的混合应该得到承认。人们一直（现在仍然）担心测验结果会不成比例地将少数民族和家庭贫困的儿童识别为有智力缺陷，并将他们安置在特殊教育教室中。批评者指出，用标准英语测验来测试双语儿童是很不合理的，测验的内容并没有与学生的亚文化密切相关，并且质量也不高。接着发生了与教育体制的质对，其中有些起诉到了法院，诉讼结果通常（但并非总是）对少数原告群体有利。由黑人原告提起的拉里诉赖尔斯一案具有深远影响，它限制了用智力测验来鉴定黑人儿童并将其安置在加利福尼亚州的特殊教育机构。总的来说，教育体制应严格监控智力测验的使用和实施。

> 早期使用和滥用测验的内在假设是智力是个体一个稳定的生理特性。如今，以下说法得到了越来越多的认可：智力测验可以评估功能的重要方面，因为智力受到遗传和环境因素的共同影响，至少在某种程度上会受到环境因素的影响。

智力测验的稳定性与有效性

智力争论的内在问题是，测量的智力是否会随时间而改变。稳定性可通过对一个人群样本进行纵向研究，并将早期 IQ 分数和之后的 IQ 分数进行关联分析来检验。研究者在学龄前期过后进行此类再测，发现关联系数的中数为 0.77。此外，智力障碍人士的 IQ 分数似乎比一般或更高智商得分者的更稳定，IQ 分数越低，稳定性就越高。不过，需要指出的是，这种分析方法是针对人群样本进行的，个人分数可能会随家庭状况或教育机会的变化而变化。

智力的另一核心问题是，IQ 分数能够提供哪些个人信息。这也是智力测验的问题，即这个测验能否测出我们想要测出的那些特质。智力测验可以很好地预测学校成绩。测量的智力还与之后的学校结业、就业和收入有关。另外，IQ 测验很难解释各种社会行为（如社会适应）。然而，与之相关的是，那些低于人群均值的 IQ 分数比正常范围内的分数更能预测个体学业和非学业成绩。

总之，智力测验是一种重要的工具，但在解释测验结果时须谨慎，IQ 分数相对稳定，但并非一成不变，可以提供个体功能的重要信息，但不能说明一切。有研究者提出了测验的文化偏见和有限性这类严重的问题，如 IQ 测验可能无法很好地反映出人们处理实际问题的能力。还应考虑由于弗林效应（Flynn effect）导致的不确定性。弗林效应是指，随着时间的推移，人群的 IQ 分数会逐年提高。人们会对智力测验进行定期更新，建立新的诊断标准，重新确定测验的平均数，这一系列的更新往往会使智力测验的难度增加，从而使得属于正常区间的精神发育迟缓区间的成绩平均都会下降几分。因此，正如卡纳亚（Kanaya）、苏林（Sulin）和切奇（Ceci）注意到的，当儿童接受评估时，ID 的诊断会受到过时的测验常模的影响，"在判断儿童是否符合残疾的 IQ 标准时，仅看 IQ 分数是否低于临界分数是不够的"。

适应功能

历史上，即使智力测验在评估中占主导地位时，个体无法适应社会环境也一直是智力障碍的核心概念。几十年前，在文兰特殊教育学校工作的埃德加·多尔（Edgar Doll），强调了智力障碍患者日常生活中社交能力和个人能力的重要性。他出版了一种量表，用来测量适应行为（现行概念）。AAIDD 在 1959 年首次将适应功能缺陷列入智力障碍的标准。

通常情况下，适应行为是指"个体在日常生活中照顾自己和与他人相处所做的事"。对适应行为的研究已形成某些共识，适应行为是多维度的，包括以下内容。

- 概念技能：语言、阅读和书写、时间和数字概念。
- 社交技能：人际交流技能、社会责任、自尊、易轻信、遵守规则、避免成为受害者、解决社交问题。
- 实用技能：日常生活活动和自我照顾、财务管理、安全、卫生保健、旅行、惯例、使用电话、职业技能。

显然，考虑适应技能时一定会考虑发育水平。在早期生活中强调与感觉运动、沟通、自助和初级社会化技能有关的行为，而在随后的儿童期和青少年期，关于环境和社会关系推理和判断能力变得更加重要。在进行适应的判断时，还应考虑社会期望和个体所处的社会文化背景。例如，一名儿童在学校场所中可能有社交技能缺陷，却能与邻居友好相处。

适应行为与智力的概念有重叠，但不完全相

◎ 提高参加常规活动和任务的能力，可以极大地提升智力障碍儿童和青少年的幸福感。

同。有研究显示，适应行为测验分数和智力测验分数呈正相关关系，相关系数为 0.3~0.6，因此测出的智力分数越低，个体在日常生活中越有可能遇到更多困难，那些智力水平较低的个体尤其如此。

并非所有专业人士都对在智力障碍定义中适应行为与智力同等重要这种观点表示认同。有些专家将适应行为视为智力损伤的后果或相关行为，而不是一种独立的能力。适应行为的测量也得到了关注。事实上，适应行为量表的发展落后于智力量表，且适应行为的判断因评估者而异。然而，适应行为量表得到了一些改善，研究者普遍认为日常生活技能对智力障碍青少年的调整和自我满意感至关重要。

描述

智力障碍与许多识别型综合征及未知情况有关。在一些案例中，缺陷是轻度的，但在另一些案例中，在认知、感觉、运动、语言、社会情绪或行为系统方面存在严重损伤。我们的目标是可以用几种方式说明功能上的差异。重要的是，要认识到测试智力的方法在描述自我认知能力和其他很多与障碍相关的话题中的重要性。尽管对 IQ 的重视程度降低了，但它一直是智力障碍的重要标准，且与心理缺陷的概念密不可分。

因此，一种观察功能变异的方法是依据智力水平检验症状描述的。表 11-3 从沟通技能、学业学习、需要监督的生活安排这几个角度，简要地描述了轻度、中度、重度、极重度的智力障碍，这类列表能使人感觉到能力的巨大差异。安娜莉斯（Annalize）的案例简要介绍了患有极重度智力障碍的儿童遇到的一些问题。

在观察功能变异方面，通过比较智力障碍儿童的个体发育情况也可以获得许多信息。例如，图 11-3 显示了由柯克（Kirk）、加拉格尔（Gallagher）和阿纳斯塔西奥（Anastasiow）于 2000 年提供的两

表 11-3 不同严重程度智力障碍的功能简述

轻度
- 通常在学龄前期发展出社交技能和沟通技能
- 有极小的感觉运动缺陷
- 在青少年后期可习得大约六年级水平的学业技能
- 通常能够靠自己习得成人的职业技能和社交技能
- 生活上可能需要他人引导、协助、监护，但通常在社区中生活得很好

中度
- 通常在儿童早期发展出沟通技能
- 在支持下可以照顾自己的需求
- 学业技能不太能超过二年级水平
- 可以从社会技能和职业技能训练中获益，从事非技术性职业或半技术性职业
- 可以适应被监管的社区生活

重度
- 可能在学龄期才学会说话，几乎不能够照顾自己
- 从学前训练中只能学到有限的能力
- 在成年期，或许在监护下可以完成简单的任务
- 在大多数情况下，在家庭或团体家庭中可以适应社区生活

极重度
- 大多患有神经性障碍
- 在儿童期有感觉运动损伤
- 经过训练，运动、自我照顾和沟通技能也许会有所改善
- 在监护下也许能完成一些简单的任务
- 为了能更好地发展，需要照料者结构化和持续性的监护

资料来源：美国心理学会，2000；Singh, Oswald, & Ellis, 1998.

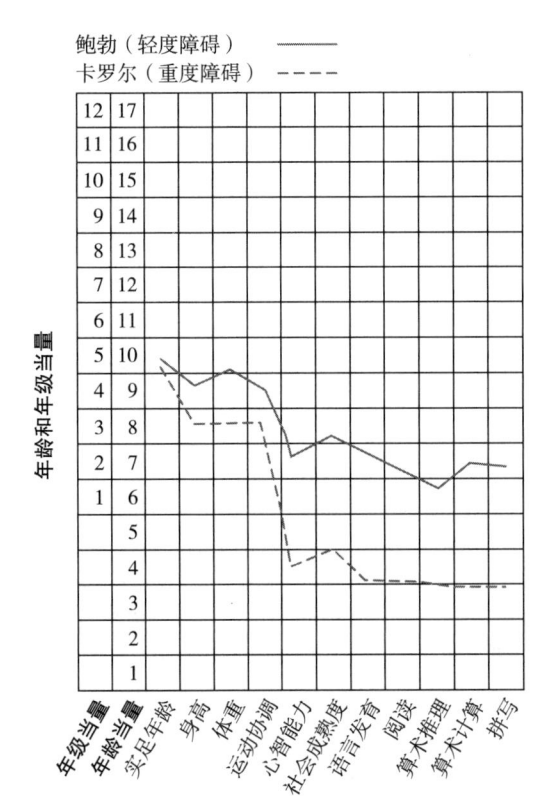

图 11-3 两个不同严重程度智力障碍儿童的发展轮廓图

资料来源：Kirk, Gallagher, & Anastasiow, 2000.

名 10 岁儿童鲍勃和卡罗尔的发育情况。鲍勃被诊断患有轻度障碍，卡罗尔患有重度障碍。鲍勃的躯体属性（身高、体重和运动协调）与正常发育的同伴相差无几，但他在语言、学业和社交领域的能力比同伴落后约三年。相比之下，卡罗尔在躯体属性方面远远落后于同伴，而且功能也只达到了四岁水平。这说明，如果有适宜的帮助，鲍勃就能从正常的学业经验中获益，而卡罗尔则需要特殊培训来帮助她开发潜能。

案例

安娜莉斯：一个极重度智力障碍的案例

母亲从怀孕到生产安娜莉斯的时候都一切正常。母亲记得，在安娜莉斯出生后的几周，喂她吃东西非常困难，而且她的发育关键期也出现延迟，例如，她将近四岁才会走路。虽然参加了一个早期干预项目，但她的进步充满变数，基本上不能掌握口头语言。

安娜莉斯的家人说她的病史非常复杂，包括充血性心力衰竭、甲状腺问题、糖尿病和严重的牛奶过敏症。她在四五岁时开始暴饮暴食，把能看到的东西都吃光。尽管普拉德－威利综合征（Prader-Willi syndrome）的基因检测为阴性，但后来发现她根本没有 1 号染色体。

安娜莉斯从未表现出对他人的想法或感受敏感，有时甚至会从其他儿童身上走过去。她有一些兴趣爱好，但这些兴趣爱好都受到某种程度的限制；如果条件允许，她就会反复观看迪士尼动画片中的片段。她还沉迷于堆存物品，曾有一段时间，当她从一堆石头和鹅卵石旁边走过时，如果家人不允许她堆放，她就会发脾气。由于她吃得太多，家人不得不把冰箱和食品柜锁起来，他们希望药物治疗可以减少她的焦虑和强迫症状，从而缓解这些异常的沉迷行为。

资料来源：King et al., 2005, pp. 3084-3085.

第三种方法是通过临床观察，进一步描述智力障碍儿童的生理（或医学）功能、学习（或认知）功能和社会功能。大多数智力障碍患儿，尤其是只有轻度损伤的个体，都没有不寻常的躯体特性，与普通人群没有差别。但也有相当一部分患儿表现出非典型外观，程度从轻微到较明显的异常不等。躯体功能也会发生紊乱，包括癫痫、运动困难、视觉损害和耳聋。躯体外观和功能异常与程度更重的智力障碍密切相关，如脑性瘫痪、癫痫、心脏问题与肾脏病等躯体疾病。智力障碍患者的寿命虽然有显著增长，但还是低于平均寿限。1983—1997 年间，美国患者的平均寿命从 25 岁增长到了 49 岁。

研究者从不同角度描述了智力障碍患者的学习和认知能力，发现他们可以学习，但因严重程度和病因而存在巨大差异。早期关于经典条件反射和操作性条件反射的研究表明，各种程度的智力障碍患者都能进行基本的学习，但经常需要顺应，尤其是重度患者。多年以来，研究者对操作性学习治疗方面的研究特别感兴趣。患者经过一系列相似的练习，可以形成新行为，此外，如果有适当的经费支持，患者就能够维持期望的行为并减少不良行为。

基于信息加工方法的研究主要针对轻度或中度个体，这种方法已经描述了多种能力缺陷，包括注意力、知觉、工作记忆、精神上运用有效策略组织信息、监控自我思维、归纳总结新情境等方面的能力。此外，言语与语言也经常受到不同程度的严重损害。对智力障碍不同症状的研究有助于阐释认知能力的优势和劣势，这是我们稍后会讨论的话题。

最后，研究者在智力障碍个体的社交技能和社交理解上观察到很大的异质性，这些社交技能包括很多种类的行为，如恰当的目光接触、面部表情、社交问候、解决社交问题的能力。研究重点强调了轻度和中度智力障碍患者的社会胜任力。这些儿童和青少年的确在理解社交线索、社交情境和他人观点方面表现出损伤，但也似乎能够逐步提高胜任力，并改善社交技能。例如，有研究结果表明，在有发展障碍的幼儿中，情绪调节和母亲的支持（也就是使孩子成功的母亲的支持和帮助）都预示着孩子社交技能的提高，并可能对提高社交技能很重要。

有理由假设智力障碍儿童的一些社交问题是影响其智力损伤、语言缺陷和躯体/医学问题的因素，但否认社会经验的影响也是不对的。尽管社会已经高度致力于帮助他们参与社会和教育活动，但患有智力障碍的儿童和青少年往往会遭到更严重的社会隔离。在与患儿的社会互动中，对方也可能会因为感觉不舒服而表现得有些异样，因此，智力障碍个体可能既没有足够的机会与他人进行社会互动，也没有适宜的观摩榜样和社会关系。

共病

智力障碍个体的健康和适应能力都受到了各种心理问题的影响，其中一些问题严重到足以符合临床诊断标准。儿童和青少年被诊断为患有临床障碍或有显著行为问题的概率为30%~50%，大多数研究都表明，这一患病率是普通人群的2~4倍。

智力障碍患者表现出的障碍种类与那些正常人表现出的情况类似，其中最普遍的是注意缺陷/多动障碍和对抗性问题/品行问题。也有关于焦虑、抑郁、攻击性行为、强迫行为、精神分裂症、孤独症、刻板印象、自伤的报告。在许多问题的发展轨迹上，患病儿童与正常发展的儿童表现类似。在学步儿童中出现的共病问题到成年早期往往逐渐减少，但仍然高于普通人群。

然而，问题的种类会因残疾严重程度不同而有所差异。轻度智力障碍患者表现出的抑郁情绪、焦虑和反社会问题，在同一心理年龄段的其他人身上也能观察到；中度或重度智力障碍患者除了有这些问题外，还会表现出在普通人群中不太常见的孤独症、精神病和自伤行为。最后，某些特定的问题与智力障碍的特殊综合征有关，如莱施-奈恩综合征（Lesch–Nyhan syndrome）与自伤有关；普拉德-威利综合征与无法满足的进食有关。

准确地识别或诊断共病问题是非常困难的。第一个原因是专业人士倾向于把这些困难看作智力障碍的错综复杂的一部分而无法识别它们。在不同场所工作的专业人士都有关于**掩蔽**（overshadowing）的记录。第二个原因是智力障碍的认知和沟通损伤会使识别问题变得困难。涉及情绪和内部状态的症状尤其难以评估，特别是重度智力障碍患者。即使是对那些有轻微残疾的个体来说，描述情绪的任务也是复杂的。例如，我们预测抑郁症状可能难以评估，因为需要个体能够识别并说出悲伤、无望感等感受。第三个原因是当IQ为50分或更高时，标准化诊断标准适用良好，但不适用于程度更严重的患者。

是什么原因导致了智力障碍中的问题或障碍的高患病率呢？神经因素无疑能对某些智力障碍

的出现做出解释，还可能在更严重的障碍中发挥重要作用。探究特殊遗传性综合征和特定问题之间关系的研究也确实表明存在生理病因。不过，也存在社会心理变项。2010年的一项研究报告表明，在发育迟缓的五岁儿童中，行为问题的高发病率说明，母亲不那么敏感的教育和家庭压力预示着外在问题的持续存在。智力障碍的污名、低质量的家居方式及缺乏发展机会也是影响行为障碍的因素（见表11-4）。其中一些因素显然能被修正，例如，可以扩大社会接触以促进学习社会互动中的给予和获得。这些努力是值得的，因为共病会导致智力障碍患者的生活质量降低，影响其家庭功能、学校安置及社区适应。

表11-4　智力障碍与心理问题相关的因素

- 与精神退化有关的神经过程
- 药物的副作用
- 缺乏沟通
- 问题解决和应对技巧不足
- 发展社交技能的机会减少
- 发展支持性社会关系的机会减少
- 蔑视导致自我概念低
- 家庭压力
- 易受到剥削和虐待的影响

流行病学

智力障碍的流行率（发病率）约为1%~3%。近代在发展中国家进行的并在1980—2009年发表的普通人群元分析研究显示流行率约为1%。各项研究的患病率各不相同，针对儿童和青少年、低收入和中等收入国家的研究显示的流行率更高。

智力障碍流行率在几个方面都备受关注。如果假设智力测验分数是正态分布的且IQ70分为智力障碍标准，那么流行率就会超过2%（见表11-2）。实际上，研究结果表明，与正态分布的预测相比，更多的病例出现在分布的低端，表明流行率略高。然而，智力障碍的定义同时强调智力和适应行为，当同时考虑这两个因素时，流行率可能会更高。因此，在很多关于流行率的研究中，适应行为似乎被忽略了，而且将其纳入考虑之中并不总会导致更高的流行率。

在检查智力障碍的年龄和严重程度时，流行率特别引人关注。流行率在学龄前期比较低，且那些已被识别的患儿的IQ分数常常在中等或以下。似乎越严重的病例越容易马上引起注意，而且专业人士也会犹豫是否过早做出诊断，而更倾向于考虑幼童可能是发育迟缓。在儿童上学后就发生了戏剧性的转变。随着轻度患者的不断增多，流行率也在不断升高，至少部分原因是学校提出新要求且评估增多，然后在青少年期下降，在成年期又进一步下降。后者下降的一部分原因可能是一些成年人成功地完成了非技能性工作，或功能良好，也有可能是因为难以对成年人进行评估。在重度和极重度智力障碍患者中，流行率会因其寿限短而相对下降。

在检验流行率时，其他变量也很重要。男性智力障碍患者比女性多，也许是由于报告偏见、其他环境因素，以及男性易受生物的影响。事实上，男性患与智力障碍有关的遗传性综合征的风险更高。此外，来自社会经济地位较低家庭的儿童和青少年更容易患病，特别是容易患上轻度智力障碍，本章后面的部分还将再次讨论这一重要发现。有意思的是，研究者已经注意到社会转型会影响未来的流行率。在高收入国家，父母年龄的增加、出生体重过轻婴儿的存活率升高，以及人工辅助受孕可能会使流行率升高。另外，产前筛查与智力障碍相关的疾病以及改善对高危儿的护理，可以降低流行率。

发展病程与发展原因

可以预期智力障碍儿童的生活轨迹与正常儿童有很大不同。诊断结果并非不会改变，轻度患者接受适宜的训练、有合适的机会也能发展出足够的智力或适应技能,以至于不再适用智力障碍的诊断标准。虽然多数智力障碍患儿终身都患有这种障碍,但障碍的严重程度和病因在病程和结果上是有所不同的,相关医学问题、精神病理学和家庭变量也是如此。

理论家和医生都对智力障碍儿童和正常发展儿童认知能力的发展问题很感兴趣。早期研究倾向于关注那些无法鉴定病因的轻度患者,后来也开始关注已知器质性病因的且更严重的患者。

智力发展的速度一直令人关注。正常发展是指,从儿童期到青少年期,个体随着年龄增长逐渐发育,并会伴有一些陡增和退行。智力障碍儿童发育比正常儿童迟,但许多患儿的发展速度相当稳定。尽管如此,但在特殊综合征中已观察到不同的发展模式,例如,经过几年的稳定发展后,速度又会变慢。

发展的另一个原因与智力发育的序列有关,智力通常以某种有序的方式发展。智力障碍儿童的智力发展过程也是这样的吗?早期研究关注的是智力障碍儿童是否依照让·皮亚杰(Jean Piaget)的认知发展四阶段理论来发展。这个理论认为,所有正常发展的儿童开始以更复杂的方式思考时都是按照这四个阶段来发展的。研究证实了智力障碍儿童与未患智力障碍儿童一样,通常依照皮亚杰四阶段理论以及其他认知序列发展,但速度非常缓慢,而且无法达到最终发展水平(尽管早期研究的被试是没有明显器质性病因的自理智力障碍儿童,但之后的研究包含了唐氏综合征儿童)。

这些研究对与智力障碍儿童一起工作的临床工作者有实践意义。例如,轻度患儿的发展序列通常与正常发展儿童类似的事实为教育这些患儿提供了指导依据。

病因

尽管智力障碍与成百上千的特殊躯体疾病、遗传条件及环境情况有关,但相当数量的病例都没有明确的病因。例如,对更严重的智力障碍病例的调查显示,45%~50%的患者病因不明。类似的、大量轻度智力障碍患者的病因不明,如下文提到的约翰尼。

历史上,**二分组方法**(two-group approach)对于智力障碍病因的理论和研究起了非常大的作用,智力障碍个体以几种方式和不同标准被分为两组。表11-5所示将其分为器质性智力障碍组和文化家族性智力障碍组。器质性智力障碍组的生物病因已非常明了。在20世纪六七十年代,文化家族性智力障碍组的病因主要是环境剥夺。现有知识和理论明确地认为这种智障的病因是更复杂的且受到许多因素交互作用的影响。本章的讨论基础是多病因模型,但对病理性器质性、多基因和心理社会方面的病因或风险因素进行区分也是有价值的。

表 11-5　　　　　　　　　　　精神发育迟缓的对照表

器质性智力障碍组	文化家族性智力障碍组
个体的精神发育迟缓有明确的器质性病因	个体未表现出明显的精神发育迟缓病因;有时也有其他家庭成员患有精神发育迟缓
大多为中度、重度、极重度患者	更多的是轻度精神发育迟缓患者
患病率无种族或社会经济地位差异	少数民族和社会经济地位低的群体的患病率较高
更多地与其他肢体障碍有关	基本上与肢体或躯体障碍无关

资料来源:Hodapp, & Dykens, 2003.

案例

约翰尼：一个病因不明的轻度精神发育迟缓的案例

10岁男孩约翰尼有轻度精神发育迟缓。尽管从他出生起，父母就认为这个孩子有点"迟钝"，但他直到学龄早期才被诊断出来，时至今日也没找到病因。在斯坦福-比奈智力测验量表评估中，他的IQ是67分，口语加工和知觉加工的分数没有明显差异。但他确实容易冲动，并且在注意方面也存在问题。约翰尼的精神发育迟缓在一年级结束时才开始变得明显。当时，学校的一个学生研究团体与他的班主任和资源教室老师一起帮助约翰尼提高他的基本工作组织技能和注意广度。在约翰尼父母的要求下，当地一位精神病学家对他进行了注意缺陷/多动障碍评估，给他开的处方兴奋剂也似乎有所帮助。

资料来源：King, Hodapp, & Dykens, 2000, p.2599.

病理性器质性影响

把智力障碍归因于病理性器质性因素意味着某些生物学条件对解释脑功能障碍和智力障碍是至关重要的。有大量证据证明，这种障碍存在生物风险和因果关系。如前文所述，智力障碍患者的IQ分数呈正态分布，但在低端会出现急剧反弹。研究结果表明，具有严重生物学损伤导致了个体这部分过低的分数。事实上，在社会各阶层更严重的患者身上都存在此类证据，这些患者同时也表现出基因过度异常、多重先天性异常、功能障碍（如脑性瘫痪中的障碍）、期望寿命减少。这些病例的潜在病因可能是遗传过程、妊娠期或出生逆境、产后情况（如脑损伤和疾病），或者是这些因素以某种方式联合发生作用。

多基因影响

遗传一直与智力障碍联系在一起。在早期阶段，遗传的生物"缺陷"与智力障碍之间的联系经常成为脆弱或有缺陷的"证据"。例如，戈达德于1912年在其颇具影响力的卡利卡克家族研究中，追溯了马丁·卡利卡克（Martin Kallikak）的两条截然不同的家族谱系。第一条谱系源于马丁与一名酒吧女侍的联络，第二条谱系源于之后的婚姻，他娶了一个"血统更好"的女人。戈达德从马丁的几百个后代的信息中发现，这两条家族谱系有显著的差异，换句话说，马丁的第一次交往产生的家族谱系有更多的精神缺陷、犯罪、酒精中毒和不道德行为。这个研究存在明显的缺陷，最明显的是数据的准确性有待商榷，但其研究结果被视为个体具有遗传生物特质的一个证据，尽管家庭环境也可能是起作用的因素。

当前关于遗传对普通人群智力的影响的理解是以行为遗传研究为基础的。同卵双生子的智力测验成绩比异卵双生子更加接近；当同卵双生子被分开抚养时，成绩的一致性会有所下降，但依然高度相似。关于家庭和收养儿童的研究也支持这一发现。据估计，通常智力测验中有一半的变异是由多基因的遗传传递造成的，这种情况似乎也适用于轻度智力障碍患者。

中度和重度智力障碍的遗传度较低。此外，病理性器质性因素与更严重的残疾有关，而多基因影响则相反。例如，一项家族研究发现，重度精神发育迟缓患儿的同胞的IQ平均分数是103分，这暗示了重度智力障碍并不是"世代相传"的，是某些特殊器质性因素对患儿产生了影响；相反，轻度精神发育迟缓患儿的同胞的IQ平均分数只有85分，这说明家庭影响往往很可能是多基因遗传因素、社会心理学因素造成的，也可能是二者共同作用使然。

不过，这并不是说病理性器质性因素绝对不会引发轻度智力障碍。事实上，我们预计生物学的发展会把那些尚未发现的、会导致轻度损伤的器质性异常揭示出来。然而，轻度病例的病因也可能是多因子性的，包括多基因和心理社会影响。

心理社会影响

历史上，对智力障碍的心理社会因果的兴

趣与**文化家族性精神发育迟缓**（culture-familial retardation）的概念有关。茨尔尼奇（Crnic）于1988年采用了"普通的"（garden variety）和"未分化的"（undifferentiated）这两个术语，用来标注大量不易区分的案例。这些儿童表面上看都很正常，掌握了相对良好的适应技能。然而，当他们开始上学时就会马上被识别出患有智力障碍，成年患者往往又能融入普通人群的生活，他们的家庭成员也类似。

经过多年观察，研究者发现，轻度智力障碍在较低的社会经济地位阶层和某些少数民族群体中不成比例地发生，这可能是由心理社会劣势引起的。许多与较低的社会经济地位相关的心理社会变量使儿童处于风险中，如父母教育的程度低、特定亲代抚养态度、缺乏社会支持，以及应激性生活事件。心理社会变量可通过一种以上路径产生不良反应。智力刺激作用不足会阻碍早期脑发育，特别是突触路径的发育，还可能会导致儿童在应对课堂或其他学习环境中的任务时行为和动机不足。

研究显示，社会阶层、家庭环境与儿童智力发育有关。例如，三岁儿童的能力与其所处的社会阶层和教养实践（如父母与子女互动、交谈）有关。一般而言，父母教养是儿童认知和学业成绩的重要预测指标。未接受教育和经济贫困的父母群体可能缺乏抚养儿童的技能，或无法激发子女的语言和认知发展。一个研究团体多年来一直从事处境不利的学龄前儿童的干预和研究工作，他们提出了一个跨代智力障碍发展模型。在这个模型中，幼童因缺乏亲子互动，智力开始落后，他们在上学后，家庭情境和学校实践会导致其学习动机不足、教育接触与成就低，最终导致辍学率高。在他们为人父母后，也无法为其后代的认知发展提供帮助。

不过，要确定处境不利儿童智力障碍的病因是非常困难的，他们还面临重大遗传异常、产前和出生逆境、出生后营养不良和疾病，以及学校和社区不利条件的风险，也无法排除多基因遗传引起的变异。鉴于发育的错综复杂性，可能经常采用多因子因果的解释。

多因子因果

虽然很容易遵循历史趋势将智力障碍的病因视为要么是生物因素，要么是心理社会因素，但如今，研究者认识到有更复杂的解释。AAIDD认为，多因子解释未必与二分组方法相矛盾。在一些病例中，生物医学因素可能占主导地位，而在其他病例中，社会、行为或教育因素可能占主导地位。不过，即使有已知遗传综合征与智力障碍密切相关，残疾的严重程度在一定范围内也可能是由其他生物和心理社会因素一起决定的。例如，脆性X染色体综合征患儿的智力、适应行为、语言发展和行为问题都会受到家庭和学校环境的影响。AAIDD是在多重风险模型内看待智力障碍的发展，这个模型包括生物医学、社会、行为和教育因素，可能在人生的不同阶段发挥作用（见表11-6）。

遗传综合征与行为表型

智力障碍研究的主流趋势是对遗传综合征的研究。这个方法有两个特别引人关注的地方。第一，它与"理解精神病理学的最好的方式是分类"的观点一致。诊断智力障碍还考虑个体在智力和适应行为测验中的成绩，这些测验的设想是连续的功能。因此，智力障碍的诊断可能既支持障碍的分类，又支持维度观点的有用性。第二，对遗传综合征的研究是与已知器质性病因对照组进行比较，并有望揭示基因、脑功能、认知和行为之间的关系。

本章内容着重强调四种综合征：唐氏综合征、脆性X染色体综合征、威廉斯综合征、普拉德-威利综合征，并试图关注每种综合征潜在的不同遗传机制，描述一些认知特征。此外，表11-7简

表 11-6　　　　　　　　　　AAIDD 针对智力障碍提出的四类风险和病因

时间	生物医学因素	社会因素	行为因素	教育因素
出生前	1. 线粒体紊乱 2. 单基因遗传病 3. 综合征 4. 代谢紊乱 5. 脑疝 6. 母亲患病 7. 父母年龄	1. 贫困 2. 母体营养不良 3. 家庭暴力 4. 缺少产前保健	1. 父母滥用药物 2. 父母滥用酒精 3. 父母吸烟 4. 父母不成熟	1. 父母有认知障碍且无法提供帮助 2. 缺乏父母保护
围产期	1. 早产 2. 产伤 3. 神经紊乱	1. 缺少出生照顾	1. 父母拒绝抚养 2. 父母遗弃儿童	1. 生产时缺少医疗护理
出生后	1. 颅脑损伤 2. 营养不良 3. 脑膜炎 4. 癫痫 5. 退行性障碍	1. 不良的亲子关系 2. 缺少适当的刺激 3. 家庭贫困 4. 家族慢性病 5. 制度化	1. 虐待和忽视儿童 2. 家庭暴力 3. 安全措施不当 4. 社会剥夺 5. 儿童行为困难	1. 教养有缺陷 2. 就诊不及时 3. 早期干预服务不当 4. 特殊教育服务不足 5. 缺乏正确的家庭支持

资料来源：Schalock et al.，2010.

表 11-7　　　　　　　　与智力障碍有关的四种综合征的身体外观和行为属性

	身体外观	行为
唐氏综合征	眼外侧上斜、有内眦赘皮、面宽且起伏较小、裂纹舌、手脚宽、肌张力低下、身材矮小	相对轻度的患者有社会参与行为、行为问题较少但仍有一系列问题（如不顺从、固执、好争论、注意缺陷、社交退缩、青少年期抑郁）
脆性 X 染色体综合征	男性一般面形较长、大耳朵、皮肤异常松软、高腭穹、重关节拇指、大睾丸；这些特征在女性中不太可能出现	注意缺陷、活动过度、刻板运动、焦虑、发脾气、社交退缩、同伴互动很少、共同出现的孤独症与更严重的发育迟缓有关
威廉斯综合征	"精灵"脸（如下颌小、过面颊凸出）、有生长缺陷，以及常常会经常呈现出青少年末期或成人早期的外观	焦虑、恐惧与恐怖、注意缺陷、活动过度，与人交往表现出不加区别的友善，社交判断力差
普拉德-威利综合征	眼型呈杏仁状、下垂嘴、身材矮小、手和脚都很小、肌肉无力、性腺发育不完全、肥胖	无节制饮食、储藏食物、强迫、固执、发脾气、攻击性行为、不服从、焦虑、冲动

资料来源：Corrice & Glidden，2009；DiNuovo & Buono，2009；Dykens et al.，2011；Hagerman，2011；Hazlett et al.，2011；Hodapp et al.，2009.

要描述了这些综合征报告中经常出现的身体外观和行为。特殊综合征和行为之间的关联产生**行为表型**（behavioral phenotype），它是指特定障碍导致个体具有某些行为，这在一些案例中非常明显（如普拉德-威利综合征中的过度饮食），研究者也观察到不同综合征中行为困难的重叠。

唐氏综合征

唐氏综合征（Down syndrome，DS）是智力障碍中最常见的单独障碍，每 800~1200 个新生儿中就有一个患有唐氏综合征。约翰·兰登·唐（John Langdon Down）于 1866 年描述了这种情况，并将其归因于母体结核病。1959 年，仅在发现人类染色体的第三年，研究者就在 DS 患者身上发现三条21号染色体（如图11-4所示），而不是一对。大约95%的唐氏综合征都归因于这种异常，这是由于在形成卵子和精子时，生殖细胞减数分裂前后，21号染色体不分离（其余病例包含21号染色体的其他异常）。这种21三体综合征（即唐氏综合征）似乎是随机出现的，不是遗传的，主要是由母亲造成的。研究者逐渐发现其与母亲在生产时的年龄大有关：母亲的年龄为15~19岁，孩子的患病率是1/2400；母亲的年龄为45~49岁，孩子的患病率是1/40。

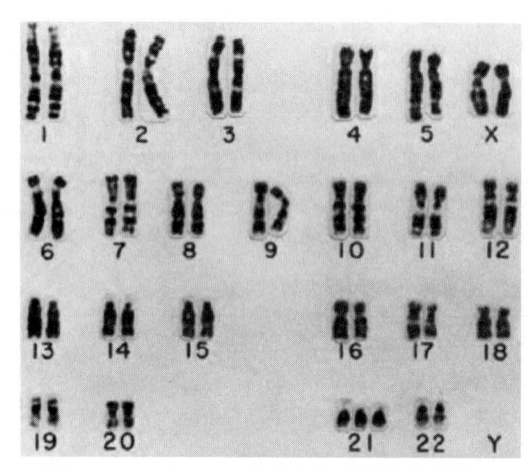

图11-4　一名21三体综合征女性的染色体组

资料来源：Courtesy of the March of Times Birth Defects Foundation.

有几部分脑区受到这种障碍的影响，包括大脑尺寸缩小、神经元数量和密度减少、树突异常。许多患者到了40岁时，其脑病理学与阿尔茨海默病患者脑中发现的异常斑块和缠结非常相似，到70岁时，有75%的患者出现痴呆。这些患者还存在其他健康问题的实质性风险，如心脏缺陷、呼吸异常、胃肠问题及视觉困难。然而，近年来，患者的预期寿命已大大提高，大约到了60岁。

虽然唐氏综合征儿童在生命最初几年表现出智力的显著增长，但残疾通常是明显的，并且在整个儿童期和青少年期发育速度减慢。残疾严重程度通常从中度到重度，但学习能力可持续到青少年期以后。有证据表明，患儿存在语言短时记忆和听觉加工缺陷，视空间能力相对较好，多数患儿能获得语言能力，但会延迟，表达性语言比理解能力更易受障碍影响。成年患者的报告不一致，认知和适应功能会出现不寻常的大幅度下降，这可能与痴呆的发展有关。

值得关注的是，虽然唐氏综合征儿童表现出一系列社会和情绪问题，但他们被认为比其他智力障碍儿童经历的精神障碍要少。基于以上及其他原因，他们相对容易抚养（参见"重点"专栏）。

重点
唐氏综合征优势

一个流行的观点是，与其他发展障碍的儿童相比，患有唐氏综合征的儿童更容易抚养。关于这种"唐氏综合征优势"有两个主要问题：（1）这是真的吗？（2）如果是真的，为什么会这样呢？有几项调查研究给出了答案。

如果养育唐氏综合征优势患儿更容易，那么可以合理地推断，他们的家人相对适应良好和/或更满意、乐观，诸如此类。虽然并非所有研究结果都支持这个推断，但支持这个推断的证据说服力更强。患有唐氏综合征的幼童的母亲承受的压力较小，能获得更满意的社会支持，并且对孩子的悲观情绪更少，家庭也更有凝聚力、更和谐。患有唐氏综合征的青少年的母亲表现出更好的心理调整能力，不那么悲观，并报告与孩子有回报性的、密切的关系。此外，针对成年患者及其母亲的研究也发现了类似证据。在试图解释这些发现的过程中，研究者们观察了唐氏综合征患者的个人属性，以及与唐氏综合征相关的次要因素。

唐氏综合征本身的气质、社会行为和功能行为已引起了研究者相当大的兴趣。有证据表明，与其他综合征患者相比，唐氏综合征患者的父母认为其表现出更多的社会参与行为、更高水平的适应行为和更少的行为问题。此外，这些行为与照料者的幸福感有关。

> 研究发现这个问题似乎还涉及次要因素，其中之一就是母亲的年龄。唐氏综合征儿童的母亲通常比对照组儿童的母亲年长，而儿童出生时母亲的年龄越大，幸福感就越高（如负担较少、满意度较高），可能是因为母亲的成熟度和财务稳定性随年龄增长而升高。另外，唐氏综合征儿童的母亲比某些对照组（如脆性X染色体综合征和孤独症）儿童的母亲在生理上更不易受功能不良的影响。
>
> 因此，虽然一些"唐氏综合征优势"在于其本身，但整体情况是复杂的。加深对这个问题的理解是值得的，因其对告知和支持有智力障碍儿童的家庭有支持的意义。

脆性 X 染色体综合征

研究者在1969年第一次描述了脆性X染色体综合征（fragile X syndrome，FXS），它是仅次于唐氏综合征的造成智力障碍的第二大原因，并且是最常见的智力障碍的遗传形式。男性的患病率是每4000人中有一人，女性的患病率是每6000人中有一人，而且FXS可以发生在不同国家和种族/民族。

追踪复杂的X连锁突变和FXS的潜在机制需要做大量的研究工作。这种障碍涉及FMR1基因的突变，即出现三核苷酸（胞嘧啶、鸟嘌呤、鸟嘌呤，简写为CGG）重复扩增次数异常。正常人群重复不超过50次，但这个数量会在配子生产中增加并遗传给后代。当重复为55~200次时，个体是"前突变"的携带者，增加了在下一代中出现更多重复的风险；当重复大于200次时，FMR1基因就无法表达，个体就变成明显的FXS。这种障碍包括在突触处蛋白质生产过量和大脑回路弱化。研究者在患者大脑的几个区域发现了构造异常，这说明大脑可能在出生前或出生后受到影响。

这种障碍的遗传模式是非常复杂的。一个携带受影响的X染色体的男性会将其遗传给所有的女儿，但不会遗传给儿子，因为儿子仅从父亲那里获得Y染色体。携带受影响的染色体的女性有50%的机会将其遗传给儿子或女儿，但女儿受到其携带的第二条X染色体的保护。此外，当脆性X染色体源于母亲携带者而非父亲时，前突变会扩展为全综合征。因此，在具有受影响的X染色体的家族中，有些个体表现出一系列症状，而有些个体却根本没有症状。萨米的案例描述了一个由DNA检测诊断为FXS的男孩的情况。

> **案例**
>
> 萨米：一个脆性X染色体综合征的案例
>
> 51个月大的小宝宝萨米只表现出很少的几个问题。他的发展速度与常模相比略有延迟：10个月大时能坐起来，15个月大时学会走路。他在一岁时开始拍打并啃咬自己的双手，会过度咀嚼东西，目光接触不良，爱发脾气。他很容易受刺激，表现出过度活动、冲动和随境转移。除了其他身体特征外，萨米有一对招风耳，高腭穹和双关节拇指，他在贝利婴儿发展量表（Bayley scale of infant development）中的成绩是23~25个月大婴儿的水平。在文兰适应行为量表（Vineland adaptive behavior scales，VABS）中的成绩是21~22个月大婴儿的水平。
>
> 资料来源：Hagerman, 2011; pp.280-281.

除了其他区域外，有报告称患者还存在小脑、额叶和顶叶几种脑异常。在FXS儿童中发现的大头围表明脑结构扩大，反向说明早期发育的细胞修剪不够。

几乎所有FXS男性都有智力障碍，通常为中度到重度。可以预测他们到了五岁时，认知发育会减缓，在儿童末期或青少年早期会趋于平稳。患者在视空间认知、顺序信息加工、运动协调、算术和执行功能方面存在明显弱点。他们的语言长时记忆和获得信息的能力似乎相对较强。FXS女性较少患有智力障碍，即使有智力障碍也只是轻度障碍。携带一条受影响的X染色体的女性普遍存在学习障碍、行为问题以及社交障碍。FXS男孩群体中，孤独症谱系障碍的患病率很高。

研究者已经对 FXS 个体的功能或适应技能展开了一些研究。在近代的一项研究中，贝利（Bailey）及其同事于 2009 年要求一大群父母评估他们受影响的子女的特定功能技能，其中既有男孩也有女孩，且年龄跨度很大。研究结果表明，到成年早期，大部分孩子掌握了七个领域的基本技能（如吃饭、穿衣、如厕、洗澡和卫生、沟通、言语清晰度、阅读），但仍存在明显缺陷（见图 11-5）。研究者注意到，整体结果与之前关于日常生活技能较强而沟通技能较弱的报告一致。另外，女性在所有七个领域的表现均优于男性。

威廉斯综合征

在 7000~20 000 人中就有一人患有罕见的威廉斯综合征（Williams Syndrome，WS），它是由 7 号染色体上一小部分基因缺失引发的随机突变所致。威廉斯综合征的症状包括心脏、肾、对声音过分敏感和深度知觉缺陷。威廉斯综合征是与轻度和中度智力障碍有关的典型综合征，患者的 IQ 分数多为 50~70 分。有研究报告称，患者的几个脑区域的体积发生缩小或扩大，同时在涉及反应抑制、视觉加工和对音乐和噪声的听觉加工任务中出现异常脑活动。

患有威廉斯综合征的儿童和成人在听觉加工和音乐方面相对有优势。可能最引人注目的是视觉空间能力和语言功能之间的差异。患者有短期视觉－空间记忆不足，视觉－空间技能远低于心

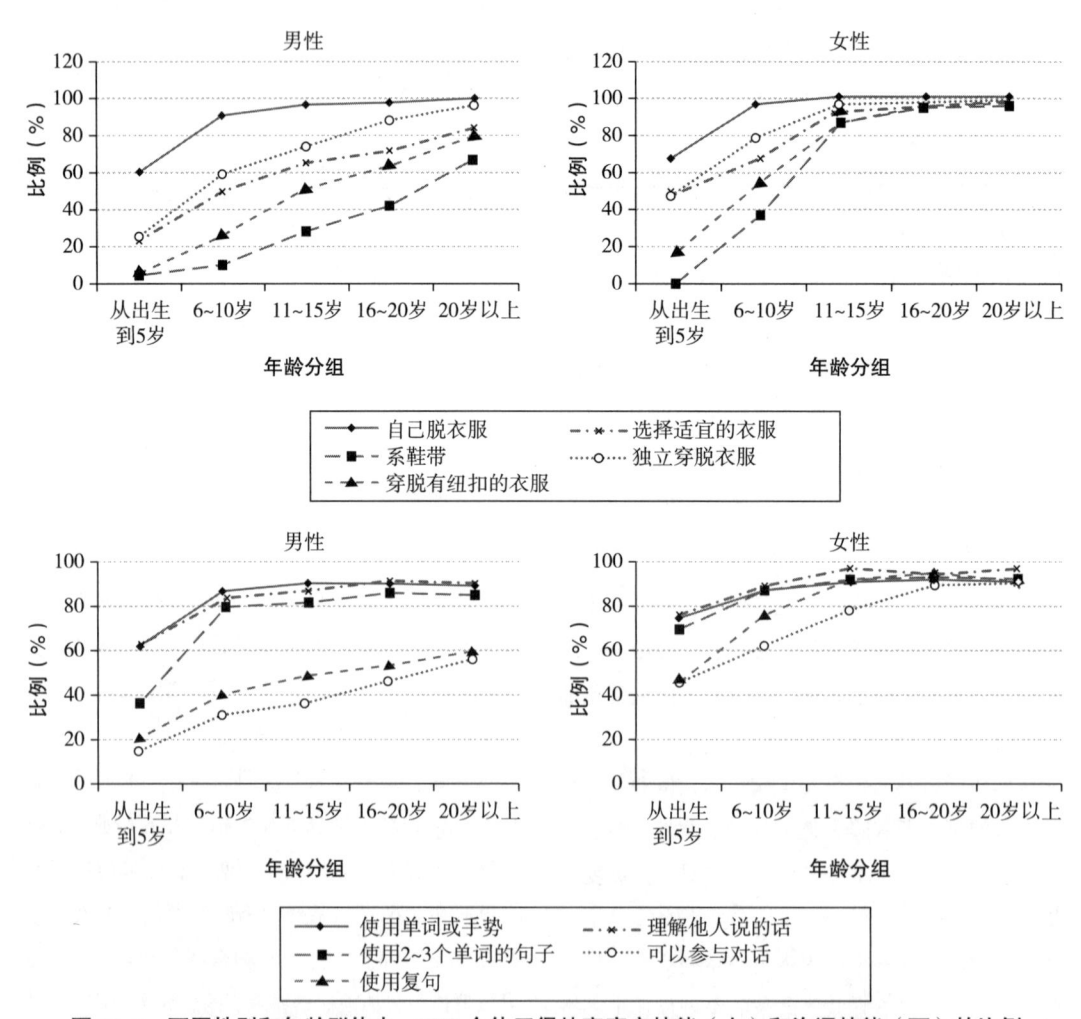

图 11-5 不同性别和年龄群体中，FXS 个体习得特定穿衣技能（上）和沟通技能（下）的比例

理年龄的预期水平。即使在青少年期，也无法察觉空间定向上的巨大差异，也没有能力复制简笔画。与此相反，患者的短时言语记忆较好，言语测验分数通常明显高于操作测验分数。尽管在句法和阅读等语言方面存在弱点，但他们在语法上表现出优势，并且可以运用复杂的词汇。

同样值得注意的是，早期患有威廉斯综合征的个体过于外向和友善，他们会对社交线索（包括人脸）更加敏感。也有研究者认为，低社交焦虑是过度社交的基础，但这一点并没有得到相关研究的支持，因为威廉斯综合征个体会经历广泛性焦虑障碍和特定恐惧症。威廉斯综合征的许多特征性行为和能力在罗伯特的案例描述中显而易见。

案例
罗伯特：一个威廉斯综合征的案例

罗伯特的母亲是音乐教师，父亲是科学教师。母亲怀孕时一切正常，但他刚出生时他就显得非常挑剔，而后又非常挑食。父母认为他十分敏感，姐姐玩时声音太大，他就会大哭或畏缩。罗伯特的发育关键期都有轻微延迟，但儿科医生安慰他的父母说："男孩的发育通常会晚一些，罗伯特是一个活泼、善于社交的男孩，他会赶上来的。"

罗伯特三岁时，父母坚持让他接受评估。评估结果表明，罗伯特在运动、语言、认知功能方面有中度延迟。罗伯特是一个友好、迷人、充满魅力的男孩，有一张可爱且吸引人的脸庞。他被一所特殊的幼儿园录取，余下的学校生活都将在特殊教育和普通教室度过。

罗伯特在七岁时做智力测验只得了66分，医生还发现他有近乎正常的短时记忆和表达性语言，但有严重的视觉－空间技能缺陷。他在书写、算术方面存在困难，但热爱科学和音乐，当有机会与他人交谈时，他表现得非常健谈。事实上，父母认为他过于友好且活跃。

刚迈入青少年期时，罗伯特变得越来越焦虑，开始对风暴云和狗产生了恐惧，并且拒绝乘坐电梯，也开始担心姐姐。他虽然经常做噩梦，偶尔忧心忡忡地踱步，并抱怨胃疼，但他还是会去上学，还有一小群在残奥会结识的朋友。他在高中的唱诗班唱歌，经常被选为学校音乐会的钢琴手。在罗伯特17岁那年，父母偶然在电视上看到一个关于WS的节目，非常震惊地发现罗伯特的情况与节目中描述的患者类似。基因检测证明，罗伯特的确患有WS，而后他与病友聚会并加入他们的活动，这让他感到不再那么孤独。他的父母也找到了一个社群，可以与人分享他们的感受和关心的事。

资料来源：King et al., 2005, p. 3082.

普拉德－威利综合征

据估计，每10 000~15 000个新生儿中就有一个患有普拉德－威利综合征（Prader-Willi Syndrome，P-WS），这个障碍于1956年首次被描述，是第一个由染色体物质微缺失引起的综合征，也是第一个证明基因组印记存在的人类障碍。基因组印记指的是，基因的表达取决于它们是遗传自母亲还是父亲。P-WS涉及15号染色体的长臂上的基因，通常是父亲表达的基因。约有70%的病例存在这些基因的缺失。在其余多数病例中，两条15号染色体都来自母亲，以至于缺失相关的父体基因。困扰患者的基因还与下丘脑和神经递质血清素的异常功能相关。

患者的智力功能范围很广，但IQ通常为70分左右。一些患者表现出较好的空间知觉组织和视觉加工能力，而短时运动、听觉和视觉记忆较弱。

专业人士尤其关注2~6岁幼儿出现的过食症（饮食过多和藏食物），这些症状会伴随患者的一生，是造成他们死亡的主要原因。近代的研究也集中在P-WS患者学龄前期的非食物性强迫症和强迫行为的高发病率上，包括抠抓皮肤、过度关注所处环境中的细节、秩序、洁净度和同一性。

值得关注的是，一些证据证明，P-WS的特征可能与遗传亚型不同。父体基因缺失的患者在智力，尤其是言语方面的表现比较差，并有更频繁或更严重的行为困难，但他们却擅长拼图游戏。有两条来自母亲的 15 号染色体的患者，在视觉－空间任务中的成绩下降，面部特征减少，并有重度抑郁症状和社会互动障碍的趋势。未来需要对这些差异进一步研究。与其他综合征的研究一样，此类研究有望加深人们对智力障碍的认识。

家庭适应性与家庭经验

患有智力障碍或其他发展障碍儿童的出生对一个家庭来说是一件令人悲伤难过的事情。父母担心孩子，意识到他们对孩子的期望将永远无法实现，在一些病例中，还会经历紧张且令人沮丧的诊断过程，同时必须特别注意孩子的智力和心理需要以及生理需要。此外，父母还常常会蒙受针对孩子和自己的污名。他们常常必须面对不同于普通家庭所需要做出的决定，例如，生活和学校安排、健康、关于终身照料和督导的未来计划，有时这些决定会涉及特别困难的实践问题和伦理问题（参见"重点"专栏）。

> **重点**
> 做出对智力障碍儿童最好的决定
>
> 在智力障碍儿童的照料和管理方面可能出现很难做决定的情况，以下的两个截然不同的例子可以说明这一点。
>
> 自 20 世纪 70 年代以来，可能有一小部分（但具体数量很难掌握）父母选择为患有唐氏综合征的孩子做面部整形手术。这种手术通常会涉及多个步骤，包括舌减容，以及填充鼻子、下巴和其他面部区域，以改善身体功能（如言语、呼吸）和外观。唐氏综合征的相貌已被人熟知，想必这会使患儿蒙上污名，包括贬低性偏见和歧视，且在很长时间内都与心理障碍一同出现。因此，对唐氏综合征患者进行整形手术的部分原因是试图减少患儿的污名化。然而，问题随之而来：是否能真正达到这个目标呢？尤其是考虑到痛苦的手术过程和可能造成的负面心理效应。也有研究者指出，整形手术实际上可能会降低人们对唐氏综合征的接受度。
>
> 在一个完全不同的案例中，一项医学干预引起了争议，争议的焦点是注射大量雌激素、摘除子宫和乳房是否会导致六岁女孩生长衰减。这个重度残疾患儿虽然得到了父母的悉心照料，但父母担心她长大后，他们将无力提供照料。由于提高患儿的生活质量是首要问题，因此这项干预措施得到了审查委员会的批准。不过，包括 AAIDD 在内的很多专业机构和人士都强烈谴责了这种决定。批评人士称，这种处理方式存在未知的医疗风险，也无法保证患者最终可以不依赖家人的照料。AAIDD 还指出，生长衰减会贬低儿童，可能会导致将来的医疗滥用，应拒绝将其作为治疗选择。AAIDD 赞成对照料有特殊需要的儿童的父母提供支持与服务。

◎ 有智力障碍或其他发展障碍的儿童和青少年需要家庭的特殊照料和培养，这些家庭承受的压力和对高需求的适应程度取决于很多因素。

对这些智力障碍儿童或有其他发展障碍患儿的家庭该作何考虑？早期调查强调患儿对家庭成员的有害作用，例如，患儿的母亲会经历被拒绝、愤怒、抑郁及其他负面反应。然而，有些家庭显然是没有遇到困难，而且观念也发生了转变。如今，人们以一种更正常的方式看待这些家庭，认为他们只不过是需要应对很多压力的普通一员。整体上，这些家庭只有轻微的负面结果，也能从中获得快乐和满足。

很多因素都会影响父母的应对和满意度，包

括儿童的行为问题、婚姻互动、父母的智力功能、日常吵架行为、同胞的认知、社会阶层的变化、专业服务和社会支持等。患儿家庭所受的影响也会因家庭种族/民族背景的不同而不同。跨种族/民族群体研究报告指出了关于残疾知觉和服务系统参与方面的不同，儿童特性、家庭特性和社会变项等大量因素也使整体情况十分复杂。

家庭成员可能在不同方面受到不同程度的影响。儿童的行为问题与父母报告的压力、抑郁和焦虑有关，母亲比父亲更易受影响。职场母亲会面临比平常更大的工作压力，例如，需要为有特殊需要的孩子寻找托管服务。除此之外，婚姻伴侣会互相影响，母亲的苦恼和儿童的行为问题具有双向关系。

毫无疑问，患儿的兄弟姐妹会面对需要适应智力障碍患儿的挑战。有证据表明，他们为残疾儿童提供了多于常人的看护和情感支持，他们可能不知道该如何告诉别人自己的兄弟姐妹有残疾，将来也往往会参加照料智力障碍儿童的社交活动。关于智力障碍儿童的兄弟姐妹的研究结果混杂不一，在自我概念和自我效能方面，他们与其他儿童和青少年没有差异，但在行为问题、抑郁和孤独方面的研究结果却不尽相同。和亲子关系一样，很多变量会影响兄弟姐妹的关系。

奖赏与满足

虽然抚养一个患有发展障碍的儿童会面临很多挑战，但很多家庭还是表现良好，并报告了他们经历的积极方面。斯科吉（Scorgie）和索伯西（Sobsey）于2000年研究了残疾子女为父母生活带来的变化，即由创伤性或挑战性事件引起的重大的积极行为变化。这些父母报告说，要学会说出自己的感受，变坚强，以一种全新的角度看待生活，有更多的同情心。他们也承认，抚养一个有特殊需要的孩子存在消极的方面，如职业受限、社会参与减少，他们强调了平衡挑战和积极方面的重要性。

一些患儿的兄弟姐妹报告了他们经历的积极影响，如更有同情心和耐心，提高了对差异的接受度，发展了帮助他人的能力，以及对健康和家庭的感恩。一位女士在回忆自己精心照料患有智力障碍的弟弟的不寻常经历时这样写道：

> 如果丹尼没出生，那么我可能都不知道自己会成为什么样的人。在我很小的时候，他就给了我一个方向。他以不寻常的方式教会我分清轻重缓急，以及什么是重要的。他也教会我要有同情心并接受多样性。我必须学会有耐心，因为他有自己的时间框架，他只有在吃东西时动作很快。我认为做丹尼的姐姐让我更有同情心了。

幸运的是，如今人们对家庭互动和功能有了更完整的认识。家庭系统角度聚焦于理解众多家庭需要，并促进家庭生活质量的提高。此外，美国联邦政府要求为幼童提供服务的条款引导了对家庭资源和优先事项敏感的早期干预措施。研究表明，帮助家庭识别并获取社会资源尤为有益。这些资源还可为患儿及其家庭提供治疗、儿童保健、经济救助、医疗和牙齿保健、成人教育。

评估

智力障碍评估可服务于多种目的，初步诊断可以为家长和老师提供指导，并使家庭获得学校和社区服务。除此之外，关于儿童认知优缺点的具体信息有助于教育规划。为了保证患儿的心理健康，有必要对患儿的行为倾向、行为问题及家庭互动进行评估。医学评价可揭示当前或潜在的健康问题，特定综合征诊断对理解健康、智力和行为问题具有重要价值，大量心理学工具有助于全面评估智力障碍个体。本章只简要描述一些广泛使用的智力和适应行为评估测验，在接下来的内容中，我们会将功能性评估作为治疗方法的一部分来展开讨论。

发展测验与智力测验

标准化的、个性化的智力测验是智力障碍诊

断的关键。对婴儿和学步儿或有严重缺陷的儿童来说，发展测验可代替智力测验。

婴儿和学步儿测验

有几种标准化的、个性化的量表用于评估婴儿和学龄前儿童，其中最普及的是贝利量表。最新版本的贝利婴儿和学步儿发展量表（第3版）（Bayley scales of infant and toddler development, third edition）适用于1~42个月的个体，其中包含测量认知、语言和运动发展的量表。这些领域的测验是通过向儿童展示设计的情境或任务来引出可观察的行为反应。此外，还需父母或照料者完成社交情绪量表和适应行为量表。

幼童在测验中的成绩被称为发育商（developmental quotient, DQ），因其评估的能力与较大的儿童IQ测验有所不同，这些量表更强调感觉运动功能，弱化了语言和抽象能力，这个特点是使早期测验成绩没有与之后普通人群的IQ高度相关的部分原因。尽管如此，发展测验对智力障碍的预测性强于对普通或高智商儿童的预测，尤其是重度智力障碍。

斯坦福–比奈智力量表

斯坦福–比奈智力量表（Stanford-Binet intelligence scales）现已发展到第5版（即SB5），该量表对流体推理、知识、数量推理、视觉空间加工和工作记忆这五个领域进行评估。SB5采用了一些幼童的玩具和其他物品来帮助评估，且认知测验的每一个维度都可能存在非文字测验，最后可获取每个认知领域的分数。此外，还可获得非言语智商、言语智商和全量表智商。SB5的标准化样本是具有代表性的2~85岁的美国人群。

韦克斯勒测验

与斯坦福–比奈量表一样，该测验在评估智力障碍中的应用非常广泛。韦克斯勒智力量表（第3版）（Wechsler preschool and primary scale of intelligence Ⅲ，WPPSI-Ⅲ）适用于2.5~7.3岁的儿童，包含评估言语、行为表现或加工速度功能的子量表。对4岁及以上儿童，这个量表可提供全面的认知测量，而对幼童来说，可作为筛查工具。

韦克斯勒儿童智力量表（第4版）（Wechsler intelligence scale for children-fourth edition，WISC-Ⅳ）比早期版本的测验更依赖于认知模型，包括词汇、区组设计、数字广度、编码等分测验。接受测试的儿童获得的不是言语智商或操作智商的评分，而是言语理解、知觉推理、工作记忆和加工速度另外四项指数评分。全量表智商是四类指数包含的十个核心分测验相加所得的分数。WISC-Ⅳ以6~16岁的美国儿童样本为标准。

考夫曼儿童成套评价测验

考夫曼儿童成套评价测验（第2版）（Kaufman assessment battery for children–second edition，KABC-Ⅱ）适用于3~18岁儿童，该测验强调儿童认知加工的过程，共有五个量表：顺序处理、同时加工、计划、学习和知识量表。例如，顺序处理/短时记忆量表需要对内容进行逐级处理，而同时加工量表需要同时收集几个视觉–空间信息。KABC-Ⅱ允许评估者根据与转诊原因或儿童背景相关的两种不同模型采用特定量表，其中一种模型更适合主流语言和文化背景的儿童，另一种模型则更适合不同背景的儿童，两种模型都可以获得总智力测验分数。

评估适应行为

可通过与患者家庭成员或看管者访谈直接观察适应行为，也可通过自评量表（在一些案例中）评估适应行为。研究者已编制了几种标准化量表，并关注它们的信度和效度。

文兰适应行为量表

这些量表最早是由文兰特殊教育学校的多尔编制的，现行的是第二版（Vineland-Ⅱ），它也是被广泛使用的版本。通过半结构式访谈或者让患者父母或照料者填写评定量表，可以收集患儿从出生到90岁的信息。也可通过对教师进行问卷调查来评估3~21岁个体的适应行为。这个量表涵盖沟通、日常生活技能、社会化、运动技能。此外，可选领域内的适应不良行为也可运用文兰适应行为量表来评估（见表 11-8）。各领域的分数和全量表分数都可用于正常标准组与患有残疾的特殊组之间的比较。

表 11-8　文兰适应行为量表评估的领域

沟通	接受性
	表达性
	书写
日常生活技能	个人
	家庭
	社区
社会化	人际关系
	游戏和休闲时光
	应对技巧
运动技能	很好
	差
适应不良行为（可选）	内化性行为
	外化性行为
	其他

适应功能量表

AAIDD 曾发布了适用于学校和社区的适应行为量表。AAIDD 适应行为量表（学校版）（adaptive behavior scales-school edition，ABS-S）检测了大量行为，包括语言发展、身体发育、个人和社区的充足率、社会责任和调整。对照组是来自公立学校的儿童，包括患有障碍和未患障碍的儿童。这个工具适用于 3~18 岁的个体，旨在对学校工作人员进行指导。AAIDD 适应行为量表（社区版）（adaptive behavior scales-residential and community，ABS-RC）是根据患有发展障碍的 18 岁及以上个体的行为表现制定的，其中很多因素与学校版相同。此外，AAIDD 将发布一种新的诊断适应行为量表（diagnostic adaptive behavior scale，DABS），适用于 4~21 岁个体，关注的是与适应行为中的决定性重大限制相关的信息，从而帮助做出诊断。

AAIDD 对支持的评估

AAIDD 制定了评估个人所需支持的指南。虽然不是评估适应行为的工具，但患儿所需支持与改善适应行为的目标是一致的。遵循 AAIDD 的逻辑，其宗旨是为智力障碍个体提供服务，以改善他们的功能，这个过程包括确定所需支持的领域适宜的辅助活动，以及每个活动所需辅助的级别。例如，如果一名青少年在与社区成员互动或个人卫生方面需要支持，就可通过简单监督、教学活动或躯体支持来帮助他们。个体所需支持级别各不相同，可从最低级别到切实辅助，这需要进行判断。AAIDD 还发布了支持强度量表，该量表是根据对 87 个病例在日常生活、医疗和行为领域方面的实践支持需求的评估访谈制定的。依照成人发展障碍规范，这个量表适用于 16 岁及以上个体，因此对儿童和青少年的适用有限。有报告称，目前正在研发适用于 5~15 岁个体的量表。

干预

换一个角度，更好的机会

人们对智力障碍患者的态度反映了那个时代的大众观念，影响了患者在所处社会中的待遇。当今的社会态度可追溯至 18 世纪末 "阿韦龙野孩"（Aveyron）的案例。人们第一次见到这个男孩时，他全身赤裸，正在树丛中奔跑，发现者把他抓了起来，交给了位于巴黎的法国国立聋哑人研究所，接受卫生官员让·M.伊塔尔（Jean M. Itard）的治疗。男孩维克托的感觉发展不完全，记忆、注意和推理存在缺陷，几乎不能与人沟通。伊塔尔将维克托的缺陷归因于缺少与文明人的接触，但他设计的治疗方案并未起作用，维克托直到去世前都需要他人看护。尽管结果令人失望，但伊塔尔的努力引起了人们对"低能"或"精神发育迟缓"的关注。

19 世纪中后期，美国掀起了一股帮助智力障碍患者的风潮，寄宿学校会接收并教育智力障碍儿童，然后再把他们送回社会。遗憾的是，研究者对生物学原因的兴趣增加，而且使用精神分析法的频率也增多了。此外，人们对 IQ 测验的滥用或误解进一步增强了这样一种信念：人们几乎无法帮助智力障碍患者，即使他们对社会构不成一种危险，也是一种危害。所有这些都使持乐观态度的人越来越少。20 世纪上半叶，随着社会机构的数量不断增多、规模不断扩大，公益机构在社会上分布广泛。

在过去的几十年中，人们对患者的态度、条件和干预又都有所改善。此外，在 20 世纪 60 年代，随着知识的丰富以及科技的进步，人们致力于保护穷人、残疾人士和少数民族群体的权利，**标准化**（normalization）的哲学被广泛接受，它主张每个人都享有尽可能正常、最少受限的生活经历的权利。标准化对智力障碍患者生活的多个方面（如生活安排、教育服务、工作生活和治疗）都产生了影响。

在生活安排方面，人们曾一度鼓励将残疾儿童送到非家庭看护中心，让大量患者居住在提供具有争议性的看护的大型机构中。尽管一些患者的自身情况可能仍需非家庭性安排，但人们对此的态度发生了巨大转变，21 岁或更小的智力障碍或发展障碍患者居住在非家庭看护中心的比例从 1979 年的 37% 下降到 1999 年的 8%，此后趋于平稳。许多大型机构关闭或缩小规模，取而代之的是小型的非家庭性社区保健站，这普遍提高了居住者的生活质量。此外，大多数智力障碍患者都居住在家中，并不同程度地融入了社区。由于通常存在一定数量的智力障碍患者，故还应强调对他们成年后社交和工作机会的需要的关注。

在智力障碍干预方面，标准化的目标是通过采用尽可能与文化相符的方法来塑造正常的行为，并应用于预防、教育努力和治疗。

预防

为与智力障碍的多种风险和病因保持一致，各种预防工作也有实质上的区别。全面性预防包括产前保健与饮食，以及在妊娠期避免酒精和其他致畸剂。研究者一直致力于识别并减少环境中那些会对婴儿出生前后的认知发展产生不利影响的化学品。遗传学的发展有助于预防，具体方式是产前筛查或出生后早期检测。例如，唐氏综合征可在产前被识别出来，产后早期发现苯丙酮尿症（PKU）可以立即进行饮食调整，减少智力障碍。

早期干预计划重点关注的是高危婴儿和学龄前儿童，是认知及其他缺陷的重要选择性预防措施。美国联邦政府鼓励在生命最初的五年进行干预，很多项目都强调儿童及其家庭的需要，其中包含教育等几种因素（参见"重点"专栏）。

当考虑学校服务与治疗时，重要的是认识到

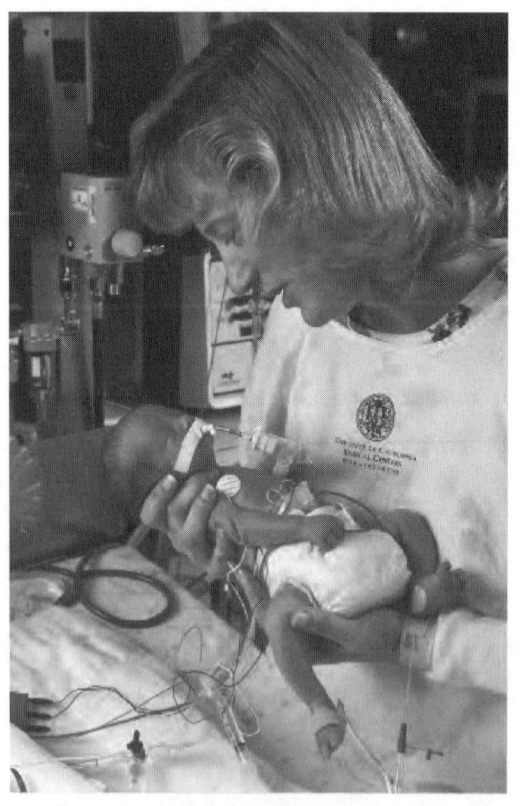

◎ 医学进步降低了早产儿和低出生体重儿的死亡率，研究者正致力于优化发展并防止问题的发生。

智力障碍患儿的多重需要。干预随阅读或算术学业课程、教授自助或社会技能的项目、减少适应不良行为的努力、减少发作或活动过度的药物、心理治疗的变化而产生相应的变化。以下内容将在不同程度上探讨教育服务、行为干预、药理治疗和心理治疗。

重点
早期干预项目的案例

在对有智力障碍风险的婴儿的早期预防中，有一种类型的计划是预防或减少低出生体重或早产造成的不良后果。有些项目是在医院的新生儿监护病房进行的。在一项干预措施中，新生儿将接受系统性身体按摩和锻炼，即每天对新生儿的上下肢实施抚触和/或屈伸。近代的一项综述得出这样的结论：接受治疗的新生儿的体重显著增加（这对这些新生儿来说是一个重要目标），而且可以较早出院。在"优质启动"医院项目中，父母会接受数周的培训，旨在缓冲新生儿压力的影响，增强其大脑功能发育。多种组成部分包括训练新生儿识别应激反应；提供声音和视觉刺激；参与到接触和运动的互动中。训练与大脑的成熟和脑白质的连通性有关。

其他针对低出生体重儿的项目在出院后提供支持。一个例子是多站点婴儿保健和发育计划，这是一项为期三年的综合性随机临床试验，包括家庭访视、家庭教育与支持，以及儿童教育性日间护理。对三岁高危儿童的评估显示出该计划的一些积极影响，包括对认知发展的好处。八岁时，出生时体重相对较重（2100~2500 克）组的儿童显示出认知和学业上的优势，而不是出生体重较轻的个体。18 岁时，出生时体重相对较重组儿童的语言能力和数学成绩都比对照组好，尽管在留级率和特殊教育安置方面与对照组没有差异。

在最重要的早期干预措施中，有一项针对学龄前儿童的多效项目，旨在降低由经济劣势造成的患病风险，这个项目的前提假设是早期经历对认知和社会生长至关重要。1965 年，由美国联邦政府启动的"领先计划"（Head Start）是一项重大努力，除了儿童教育外，还包括儿童卫生保健、父母教育与参与、社会服务。如今，该计划为包含残疾儿童在内的 0~5 岁儿童提供服务。30 多年来，研究者研究了包含开端计划在内的对各种学龄前儿童干预的效果，其中的两项结论是：(1) 参加了这些项目的儿童获得了认知和社交方面的效益；(2) 重要的是在儿童期继续提供教育及其他支持。

教育服务

纵观历史，特殊教育与智力障碍儿童的需要密切相关，尤其是轻度障碍儿童，这部分儿童在这个领域的最初研究与发展中发挥了重要作用，也在早期的批评中发挥了重要作用，批评的是他们与其他儿童隔离教育的做法。在 20 世纪六七十年代，大部分智力障碍儿童都在独立的教室里学习，既有可教育的（轻度）残疾儿童，也有可训练的（中度或较低）的残疾儿童。如前所述，IDEA 的采纳及随后出台的美国联邦政策逐渐改善了特殊学生的教育情况，促进了智力障碍患者个性化教育计划的实施，使父母更多地参与到子女的教育中，提供了更多选择教育设置备选方案的机会。尽管跨学区存在许多差异，但更多智力障碍患儿进入了地方学校并融入了同龄人的普通教室。总之，智力障碍学生可以融入社区学校，教学及其他变量对结果的影响比地点本身的影响更大。

不过，有效纳入此类学生确实需要投入大量资源、时间、努力和承诺，而且仍有几个问题尚未解决。美国教育部于 2011 年指出，普通教室里的许多智力障碍儿童实际上有大量时间都在环境之外；近一半患儿在超过 60% 的时间里与未患残疾的同龄人处于隔离状态，全纳的效益仍不时受到质疑。重度残疾学生（其中许多有躯体问题和特殊健康需要）的全纳尤其具有挑战性，而且他们的父母其实也并不总是支持全纳。例如，在一项研究中，当询问父母是否认为全纳是一个"好主意"时，45% 的家长给予否定回答，被引用最多的理由是，儿童的损伤本身会阻止效益的产生。

也有人担心自己的孩子对强调基本生活技能或功能性技巧课程的需要得不到满足，还可能会被忽视、伤害或嘲笑。这些家长还认为，全纳会给教师带来不必要的负担，也对正常发展的学生不利。然而，一些家长还是强烈支持将所有程度的智力障碍患儿都纳入普通教育。下面案例所描述的吉姆让我们看到了一个患有重度残疾的儿童接受普通教育的情况。

除了考虑如何更好地为智力障碍学生提供教育服务外，还要考虑如何解决他们相对较低的高中毕业率的问题，以及毕业后如何做生活规划的问题。IDEA明确指出，所有儿童都应接受过渡服务，这种服务指的是促进高等教育、职业教育、就业、独立生活或有社区参与的活动。虽然这一领域还需要取得更多进展，但在整个生命周期实现社区融合是当今智力障碍患儿教育规划的一部分。

案例
吉姆：一个融入主流生活的案例

吉姆在出生时被鉴定为有发育风险，他被诊断为腭裂、成长受阻、小头（畸形）和可能的皮质盲。四个月大时，他开始在家里接受语言和身体发育方面的干预服务。两岁时，在他接受了腭裂修复手术后，体内植入了一个胃肠管。他在3~5岁时上幼儿园，一部分时间在普通幼儿园度过，另一部分时间参加了一个独立的特殊教育项目。在3~5岁的评估中，他的整体智商达到了40分。

吉姆的母亲申请让他加入普通幼儿园的班级，但遭到了学区的拒绝，理由是他无法从中获益，幼儿园也无法满足他的沟通需要。吉姆的父母拒绝签署他的个性化教育计划（IEP）的文件，并提起投诉。与此同时，幼儿园直接把吉姆转到了半日制、有支持设备的幼儿园。后来，他父母通过正当诉讼程序获得胜诉，于是吉姆于次年在全日制幼儿园的普通教室上课，接受的各种服务也更加协调，他在语言发展和焦虑减轻方面取得了显著进步。

吉姆后来的学习生涯是在普通教育中度过的，他的障碍标签也由"多重障碍"改为"认知障碍"。从三年级开始，他的IEP注重学业内容，对科学、社会学习、数学和阅读课程都做了调整，重点放在让吉姆尽可能充分地参与上，他继续接受语言、职业和物理治疗，其中许多服务都是在普通教室完成的。

这一模式在吉姆中学时期一直得到了维持，IEP重点放在功能性学业技能上，包括键盘和阅读、写作、数学方面的一级技能的发展。他在学业上取得了进展，而且没有特殊学业或行为方面的问题。五年级时，在父母的鼓励下，吉姆开始在特殊支持下定期参加课外活动，与其他学生建立了积极的关系，尽管他在学校范围外没有好朋友。

在三年的高中期间，吉姆的数据被保存下来，他在普通班上课，课程、教材、教学和评估都有所调整。例外发生在大三时，那时，他每天在特殊教育课堂度过一个半小时，虽然这与他的IEP不符，但提供教学的特殊教育老师说她不赞成全纳教育。吉姆的学业成绩达到K-2年级水平，报告指出他的智商是46分。他参加了军乐队、田径队和学生俱乐部，包括反对酒后驾车的学生活动。他在高中的经历主要是与未患障碍的同龄人一起参加活动。他会"闲逛"，直到学校上课铃响，合理使用储藏柜，像其他学生一样做准备并参加班级活动，还能与他们互相微笑、简短地口头问候以及击掌，他在许多方面都融入了学校的社交环境。

资料来源：Ryndak et al., 2010, pp. 43~49.

行为干预与支持

20世纪60年代，行为矫正提倡者开始在提供看护但很少有培训或教育的机构工作，行为矫正逐渐占据主导地位，并成为大量研究的主题。研究者针对大量不同障碍程度的行为展开了研究，通过操作性程序提高适应技能并减少适应不良行为。

多年来，行为技术不断发展，专业人士已针对各种方法制定了准则，并提高了教学精密度和习得技能的大众化。回合式学习与自然或随机学习之间存在着很大的差别。在回合式学习中，临床工作者会选择被试将要学习的任务并给出清晰的指令、提示以帮助被试做出适当的行为，教学通常是在安静的地方进行，远离干扰。在自然学习中，教学情境是非正式的、较少结构化的，在日常环境中，儿童自发学习的可能性更大，如可利用儿童对玩具的需求进行。结论已证明，回合式学习和自然学习都是有效的，自然学习对学习的概括尤为有效。

相关人员也致力于对在家、学校、社区项目或居住场所中与智力障碍患儿一起工作的人进行培训，为照料者研发课程以传播信息。事实证明，父母培训也卓有成效，父母在与专家的持续接触中获益匪浅。总体而言，行为干预在为智力障碍患儿服务方面取得了巨大成功。

加强适应行为

操作性技术已用于加强各种适应行为，包括自助技能、模仿、言语、社会行为、学业技能和工作行为。以下将讨论其中的两个方面。

习得日常生活技能是干预的重要目标，对于较严重的智力障碍儿童和青少年而言，这是干预的核心组成部分。那些自己无法穿衣、进食或者在其他方面无法满足自身基本需求的儿童和青少年在参加教育和社交活动时常常受限。那些无法自己购物、在餐厅点餐、洗衣服或乘坐公交车的儿童和青少年很难在社区居住并独立生活。因此，自助项目的目标是习得各项日常生活技能。

相关人士对促进社会技能方面给予了很多的关注，关注的群体大多是包括但不限于轻度和中度智力障碍患者，致力于为他们提供各种场所的训练，包括行为和认知行为技术，如教学、自学、模仿、角色扮演、强化。有正常发展的同伴关系已被证明有助于社会互动，教师的鼓励和提示也有这样的效果。除此之外，研究者还认识到，日常活动也可以促进患儿的社会性发展。例如，智力障碍儿童和成年患者参加体育运动和残奥会可获得社会心理效益，如提高社交能力和自尊。

◎ 残奥会是一个试图使残疾儿童和青少年生活正常化的社会项目的例子，它为患儿提供了发展社会技能、提高成就感和自我价值感的机会。

减弱不适行为

自我刺激、奇异言语、发脾气、侵犯及自伤属于干扰社会关系、学习和社区生活的行为，有时还会对智力障碍患者造成直接伤害。相关人士已运用多种技术来减弱这些具有挑战性的行为，单因素实验设计记录了这些技术的成效。

这里着重强调自伤，因为该行为已成为一个严重的问题。约有 5%~16% 的智力障碍患者会表现出**自伤行为**（self-injurious behavior，SIB），在较严重的智力障碍群体中，自伤行为更常见。自伤行为有不同形式，如撞击头部、咬伤和猛撞自己等，其程度从轻微伤害到危及生命的伤害。生物因素或环境因素或二者结合可能是产生自伤行为的原因。自伤行为与莱施-奈恩综合征及其他遗传综合征的关联表明，自伤行为可能提供了对感觉刺激的异常器质性需求。即使如此，自伤行为也明显受到了环境变量的影响。

自伤行为的治疗史表明，这种行为相对较难改变，药物治疗仅会在某种程度上取得成功，而早期行为干预经常以失败告终。当自伤威胁到了患儿的生命安全且干预无效时，有时将采用往患儿嘴里喷柠檬汁、偶尔电击的惩罚方式。虽然这些厌恶性后果在某种程度上是有效的，但会引发严重的伦理问题，违背了人道主义治疗的宗旨。如今并不推荐使用这些方法，或者只有在经过审查并取得同意后，才能对中度患者进行简短的干预。研究者已研发出更有效且更易被接受的程序。

积极行为支持

这种方法是改善各种问题行为最有效的方法之一。**积极行为支持**（positive behavioral support, PBS）适用于各种场所和诊断为智力障碍、孤独症及其他发展障碍的儿童和青少年。积极行为支持起源于应用行为分析，依赖行为原则和**功能性评估**（functional assessment）（或分析）。这种方法的核心是改变环境和行为后果，并教授新反应，以替代经常混合其中的适应不良性行为。

功能性评估的基本原理是假设理解对挑战性行为产生影响的变量，有助于预防或缓解这些行为。图11-6给出了一个概念化这些影响并可应用于自伤行为的图式，此图式考虑了行为发生的环境背景及行为产生的后果。情境事件是影响行为发生概率的背景变量，如疲劳会使患儿更可能做出自伤行为。前发刺激是刚好在自伤行为前出现的，并能促成行为发生。积极后果可能加强或维持自伤行为的偶发因素。

大量研究表明，自伤行为（以及其他具有挑战性的行为）被强化的后果通常可分为四类：寻求关注、寻求有形物、逃避或回避、非社会性偶发因素。正如图11-6所示，当照料者试图通过关注或给予有形物（如食物和活动）阻止儿童自伤时会引发自伤的正强化。自伤也会被负强化，例如，当面对非意愿需要时，儿童可能会自伤，结果是照料者可能停止提要求，因而儿童得以逃避这些要求。在其他情况下，强化似乎是非社会性的，通常归因于儿童经历的一些未知感觉影响。图11-6也指出了如何改变具有挑战性的行为。改变情境事件和前发刺激（如减少）可以完全防止自伤行为的发生。强化相倚可以减少或消除自伤。

功能性评估考察儿童在某种情境下会做出何种行为，以及产生的后果与可能的动机。可以通过与和儿童有互动的成人深度访谈，或在自然情景中观察儿童来获取相关信息。研究者已研发出评定量表（如行为功能量表问卷）用于辅助评估。也可通过模拟的（或实验的）**功能分析**（functional analysis）来完成评估，这个过程需要操作变量，以确定其对行为的影响。在功能性评估的基础上可以制订个体治疗计划，其中可能包括改变环境和/或操作行为后果，以及教授新反应。最近的一项评审发现，干预通常采用强化、强化消退，或者在有/无强化的情况下进行功能性沟通训练。最后一种方法的示范项目参见"重点"

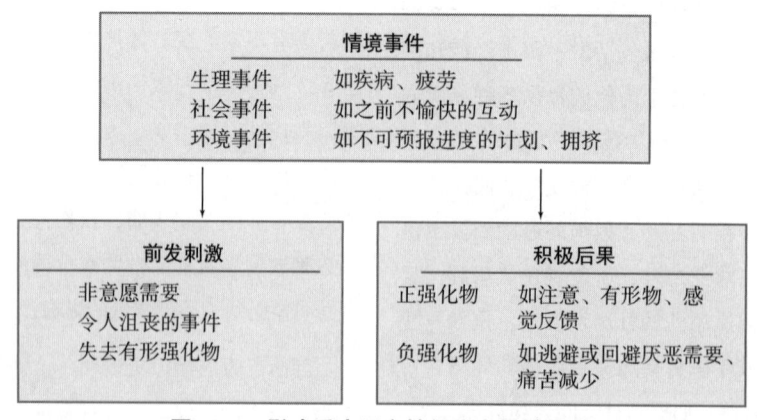

	情境事件
生理事件	如疾病、疲劳
社会事件	如之前不愉快的互动
环境事件	如不可预报进度的计划、拥挤

前发刺激
非意愿需要
令人沮丧的事件
失去有形强化物

积极后果	
正强化物	如注意、有形物、感觉反馈
负强化物	如逃避或回避厌恶需要、痛苦减少

图 11-6　影响适应不良性行为变量的图式

资料来源：Newsom, 1998.

专栏。

研究结果支持了积极行为支持的有效性。而且，虽然广泛规划和训练是重要的，但最大化使用积极行为支持仍存在持续的敏感性。美国心理学会认为，从经验上看，行为干预对治疗发展障碍是有效的。

重点
功能性沟通训练

功能性沟通训练旨在鼓励儿童用适应性行为取代具有挑战性的行为。我们认为适应不良行为经常被作为表达需要或期望的一种方式，训练的第一步是功能分析，第二步是选择和训练用一种更积极的方式沟通。

五岁男孩马特的案例是这种方法的一个例证。马特被诊断为中度智力障碍和脑性瘫痪。他与父母住在一起，就读于一所为发展障碍学生开设的学校。他不会讲话，但能用手势表达自己的期望。他经常咬手，还常常尖叫。之前的干预对这些行为都不起作用。对他的治疗策略包含以下几个部分。

- 对马特的老师进行在教室里实施干预的培训。
- 老师要确定马特出现咬手指、尖叫频率最高的情境，借助评定量表评估他的行为，并在以下四种条件下系统地观察他的行为：在任务中教师关注低、在任务中难以获得他喜欢的有形物、更困难的任务和控制条件。功能分析表明，当面对困难的任务时，他会做出适应不良行为。
- 训练马特在困难任务中通过按设备上的一个触摸板寻求帮助，这个触摸板会激活一个声音："我需要帮助。"
- 对训练的有效性进行了评估。

整个干预需要数周时间，图 11-7 展示了功能分析的结果（a）和对马特行为的最终评估（b），其积极结果与之前类似的研究一致，都证明了功能性沟通训练的有效性。在这个过程中，儿童和青少年学会了用适应性口头语言或机械装置表达自己的需要。如今，这项研究尤为关注他在社区商店的经历。之前买糖果时，马特在付钱过程中会遇到困难和挫折，而经过干预后，他可以使用机械设备请店主帮他拿出需要付的钱。

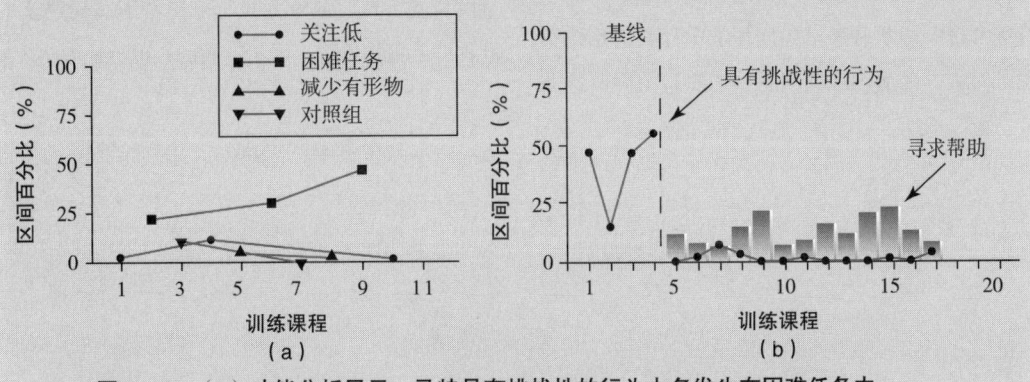

图 11-7　（a）功能分析显示，马特具有挑战性的行为大多发生在困难任务中
　　　　　（b）训练课程显示，马特具有挑战性的行为减少和他寻求帮助的情况

资料来源：Durand, 1990.

药物和心理治疗

药物治疗

在智力障碍病例中，尚不清楚药物对改善智力功能的效果如何，使用药物的目的是缓解躯体或心理症状。虽然缺乏关于儿童或青少年服用药物的数据，但这可能是大量存在的现象。鉴于与智力障碍相关的心理问题的普遍性和变异性，所

有主要类别的精神药物都已被作为处方药使用,但关于药理治疗的有效性的证据有限。

接下来只讨论两类药物。ADHD的症状会对大约9%~16%的智力障碍患儿产生影响,而使用兴奋剂可以缓解这些症状,但与ADHD的典型患者相比,受影响的智力障碍患儿的反应率更低,尤其是那些中度和重度智力障碍患者,且不良副作用也更大。典型的抗精神病药已被用于治疗侵犯行为、机能亢进、反社会行为和刻板行为。最近,非典型抗精神病药则成了治疗的最新选择,因其可能具有较少的副作用。然而,关于抗精神病药疗效的证据有限。此外,还需要认真考虑可能的副作用(如体重增加、镇静、运动障碍)。

总的来说,智力障碍患者对药物治疗的反应似乎与其他人群类似,但智力障碍患者从药物中获益的人数较少,不良副作用出现得也较频繁。此外,药物治疗效果的研究成果并不同时适用于青少年和成年人。事实上,普遍存在对不恰当做法的担忧,包括对疗效和副作用的评估不足,以及药物和处方剂量的选择的疑问。然而,对智力障碍儿童和青少年使用药物进行管理显然应给予特殊考虑。诊断共病精神病理学中存在的困难引发了对处方药适当性的问题,加之智力障碍患儿描述自身经历的能力有限,故确定药物的效果和副作用非常具有挑战性。还需关注可能发生的药物交互作用,尤其是对那些有躯体疾病的患者。

心理治疗

目前,对智力障碍患者使用心理治疗的情况及有效性的研究不足。一些迹象显示,专业人士更倾向于推荐行为干预,而非传统的咨询或"谈话"疗法。此外,各类文献也对心理治疗的有效性和有用性存在分歧。一些专业人士认为,心理治疗对智力障碍患儿作用很小或没有作用。一些专业人士则认为,不应将心理治疗从轻度或中度智力障碍的治疗中排除。

不过,专业人士一致认为,心理治疗技术必须与儿童和青少年的发展水平相符。此外,治疗师应实施指导式咨询,并设定具体目标,应用的语言应具体、清晰。当患儿存在沟通缺陷时,有必要使用非言语技术(如游戏或其他活动)。心理治疗还需分多次进行,每次治疗的时间不能太长。

很多专业人士认为,有关心理治疗的研究在方法论上是薄弱的。现在的关注点是鼓励用高质量的调查方法,研究对智力障碍中不同问题及不同程度的精神发育迟缓最有效的心理治疗方法。

第 12 章
孤独症谱系障碍与精神分裂症

本章将涉及：

- 精神分裂症与孤独症谱系障碍的历史关联；
- 孤独症谱系障碍的 *DSM* 方法；
- 孤独症的描述、病因、评估、治疗以及其他方面；
- 阿斯佩格综合征、未特定的广泛性发展障碍、儿童崩解症；
- 孤独症谱系障碍的评估与干预；
- 精神分裂症的分类、诊断、描述以及其他方面；
- 精神分裂症的病因；
- 精神分裂症的评估与干预。

本章讨论的障碍的特征是神经生物学异常的，以及在社会功能、情绪功能、认知功能方面的广泛性问题，其发展病程与正常发展方式有本质的区别，这引起了研究者的广泛关注，并对此展开了相关研究。如今，孤独症谱系障碍与儿童和青少年精神分裂症障碍是彼此独立的，但二者在历史上的关系交错复杂。

历史回顾

尽管很早以前人们就已经认识到上述障碍的存在，但相关话题一直存在疑问和争论。这些障碍在历史上往往与成年精神病联系在一起，也就是说，重度破坏性障碍隐含真实的异常知觉。20世纪初，专业人士根据克雷珀林（Kraepelin）的工作成果，将精神病性障碍归入心理障碍的分类。布鲁勒（Bleuler）将这些障碍定义为精神分裂症，即对现实的知觉障碍，如听见并不存在的声音，看见并不存在的画面。研究者注意到，一小部分病例起病于儿童期。

关于精神病及其他重度障碍的理念是多年来逐渐形成的。一些研究者描述了精神分裂症早期起病的儿童群体，其他研究者也指出了与精神分裂症相似但不相同的症状，并采用了各种诊断术语，包括崩解性精神病（disintegrative psychoses）和儿童期精神病（childhood psychoses）。从1930年前后开始，在之后几年里，儿童期精神分裂症（childhood schizophrenia）成为许多重度早期起病障碍的一般标注。

在1943年的一份里程碑式的报告中，莱奥·坎纳（Leo Kanner）将这些障碍定义为"婴幼儿孤独症"，他认为这种障碍与其他重度障碍病例不同，后者通常起病较晚。此后不久，在另一个国家工作的阿斯佩格（Asperger）对一组儿童症状的描述与坎纳的病例重叠，他们不相识，并认为各自描述的障碍属于不同类型。

到20世纪70年代初，来自几个国家的数据显示，儿童和青少年重度障碍与年龄有关，相当多的病例似乎起病于三岁前，很少出现在儿童期，在青少年期患病率提高，这个模式表明，早期起病和晚期起病障碍可能导致不同的综合征。研究者逐渐根据症状及其他特征对精神分裂症和一群患有非精神病性障碍的儿童和青少年进行了区分。精神分裂症影响了一小部分儿童，在青少年期发病概率上升，在成年早期增加更多。坎纳和阿斯佩格所描述的综合征以及其他类似的障碍起病于生命早期，儿童这些障碍的载体表现如今被普遍诊断为孤独症谱系障碍，在 DSM 中有体现。

孤独症谱系障碍

要了解当前关于孤独以及相关障碍的方法，有必要从了解 DSM 分类和诊断的历史开始。DSM-IV 在儿童和青少年中最先发现的障碍中包含广泛性发展障碍，分别描述孤独症、阿斯佩格综合征（Asperger syndrome，ASD）、儿童崩解症（childhood disintegrative disorder，CDD），以及其他未特定的广泛性发展障碍（pervasive developmental disorder not otherwise specified，PDD-NOS）（还包括雷特综合征，现在被认为是不同的，因此不在此讨论）。这些障碍在不同程度上表现出相似的特征，但它们之间的关系引发了一些问题。例如，一些研究者提出，孤独症和阿斯佩格综合征是两种不同的障碍，而非同一种障碍。

DSM-5 对上述障碍不再进行区分，而是用孤独症谱系障碍（autism spectrum disorder，ASD）对那些表现出以前包含在 DSM-IV 障碍中的一系列或连续性症状的个体进行诊断。

根据 DSM-5，ASD 的主要症状可分为两个方面。

- 在多种环境下，社会交往和互动方面存在持续性的缺陷，表现为社会情感互惠、非言语交际行为和社会关系中的缺陷。
- 受限的、重复的行为模式、兴趣或活动，表现为以下两种或以上情况：刻板或重复的躯体运动、使用物体或言语；坚持相同性、缺乏弹性地坚持常规或仪式化的语言或非言语的行为模式；高度受限的、固定的兴趣，其强度和专注度是异常的；对感觉输入的过度反应或反应不足或在对环境的感受方面不同寻常的兴趣。

症状必须存在于发育早期，并严重损害社交、职业或其他重要功能。此外，这种障碍不能用智力障碍或全面发育迟缓来解释。

值得注意的是，当 DSM-5 采用 ASD 种类时，这个概念已被这个领域的许多学者采用。然而，这个领域的一些专业人士仍然质疑将先前公认的障碍划为一大类的做法。

我们将在以下各节讨论孤独症的许多方面，并简要介绍阿斯佩格综合征、儿童崩解症和未特定的广泛性发展障碍，重点放在孤独症上。此策略与讨论所依据的文献一致，反映了从不同障碍到强调孤独症谱系的过渡及其伴随术语的转变。

孤独症

坎纳早期对孤独症的描述指出了沟通缺陷、良好但非典型的认知潜能行为问题（如强迫性行为、重复的行为和缺乏想象力的游戏），但他强调最根本的障碍是患儿从生命早期就无法与他人或情景建立联系。他引用了一些患儿家长的描述，如"自给自足""像是在壳里""独处时最快乐""旁若无人"等。坎纳将这种与他人在社会情绪接触方面存在的极大障碍定义为"孤独症"。保罗的案例是坎纳的经典论文中一个案例的简短描述。

尽管坎纳的观察并非全部都是正确的，但他描述的大多数特征都出现在其他研究者随后的记录中。大量研究加深了我们对孤独症以及相关障碍的理解。

案例
保罗：一个孤独症患者的案例

保罗是一个身材修长、体格健美、有吸引力的小孩，看上去聪明、活泼。但事实上，他很少回应别人对他的呼唤，无论是以什么形式，哪怕是叫他的名字，他都表现得好像这些称呼并不属于他。他总是兴致勃勃地忙着什么事，并从中得到极大满足。在他的观念里，自己与他人没有情感联系，好像他人无关紧要甚至不存在。别人的说话态度——友善也好，严厉也好，对他而言没有任何差别。他从不直视对方。当必须与他人接触时，他会用一种对待物品的方式来对待他们，或至少是在一定程度上把他们当成物品。

资料来源：Kanner, 1943, reprinted, 1973, pp. 14-15.

主要特征

在研究孤独症的特征时，我们有必要认识到，并非所有孤独症儿童都表现出孤独症的所有特征，他们的症状的严重程度也不同。

社会互动与交往

孤独症儿童在 6 个月前几乎没有症状，但在 12 个月前，许多患儿的表现与正常发展的婴儿有细微差异。年幼的患儿不太可能有视觉反应，叫他们的名字也很少回应，被他人碰触后更可能表现出厌恶。他们无法视觉追踪他人，会避免眼神接触，眼神空洞，无法通过表情和积极情感回应他人，不喜欢被人拥抱。

孤独症中的**联合注意**（joint attention）交互作用缺陷是相当惊人的，通常是婴儿六个月后发展的能力，涉及手势（如指向）和眼神接触，这些动作将儿童和照料者的注意力集中在同一个物体或情景上，以分享经验。此外，孤独症患儿与正常发展的儿童相比较会少模仿他人行为。在与他人的互动中，他们似乎是被遗忘的一方，由此可能失去了解自己和他人的机会。

因为这些行为干扰了社会互动，因此可预料到患儿对父母缺乏依恋。一项元分析表明，大约超过半数的孤独症儿童在陌生情境中会表现出安全型依恋。一项使用不同测量方法的研究发现，两岁的孤独症谱系障碍儿童（智力障碍或语言发育迟缓）比其他临床或非临床对照组发育迟缓，但通常会出现各种安全、不安全或混乱型依恋关系。考虑到这些儿童的巨大变异性，以及父母照料有孤独症症状婴儿所面临的压力，进一步了解这些儿童的依恋模式可能有助于教养实践。

对社会刺激的异常处理，尤其是面部刺激，是非典型社会互动的另一个组成部分。面部处理被认为是发展的关键，正常发展的婴儿会被人脸吸引，并迅速认出母亲。孤独症儿童经常在识别面孔、匹配表情和记忆面孔方面出现障碍，也可能以不寻常的视觉方式处理面孔，例如，以与正常发展儿童不同的方式聚焦于口或眼。

总之，发育延缓或非典型社会行为出现在至少五个社会行为领域的早期：对社会刺激的定向、联合注意、情绪、模仿和面孔加工。尽管症状会随时间而改变，但许多社会异常将持续存在。在儿童期，各种社交障碍（如缺乏对社交线索的理解和不当的社会行为）都是显而易见的。患儿存在某些冷淡、无兴趣、缺乏社交交互性和共情。患儿可能会忽视他人，无法参与合作游戏，或者似乎对独处过于满足。即使是功能较好的青少年和成年人也可能显得"古怪"，在理解微妙的社会互动方面存在困难，而且在以后的生活中，也不能与他人建立正常的友谊。

◎ 患有孤独症的儿童和青少年往往会有刻板动作。

交流沟通

孤独症还存在非言语和言语交流功能障碍，患儿的手势、视觉目光和表情等非言语沟通是非典型的或存在缺陷。另外，约有30%的孤独症儿童从未发展出口头语言。在那些习得语言的群体中，语言发展迟缓或经常出现异常。咿呀语和言语表现可能在声调、音调、节奏上存在异常，普遍表现为**模仿言语**（echolalia）和**代词逆转**（pronoun reversal）。在模仿言语中，患儿会重复别人说的话，这种行为在功能障碍患者（如语言障碍、精神分裂症和目盲）中也存在。与其他障碍患儿以及正常发展儿童相比，代词逆转在孤独症儿童中较常见，并可能会持续到成年期。他们用"我"或"自己"指代他人，而用"他""她""他们"或"你"指代自己。

孤独症儿童在句法、理解及其他语言结构形式的习得方面也存在困难，可能类似但不等同于特定语言障碍。其中最重要的障碍可能是语用学（即语言的使用）方面的障碍。他们的谈话内容大多是无关的细节，不适当地转换话题，或者无视正常谈话中的交换意见，甚至根本无法展开谈话。

需要强调的是，虽然孤独症有如此多的症状，但一些患儿的功能可以达到较高的水平。当给予提示时，他们也许能够较好地进行沟通、讲故事、阅读。其中一些患儿表现出高读症（hyperlexia），这是一种尚不确知的特征，是一种在单词认读方面表现出超强的能力，但在言语理解方面存在显著困难的学习障碍。

兴趣狭隘和刻板的行为方式

一些重复行为（如婴儿期的踢腿和摇摆，以及后来对相同事物的偏好）是正常发展的特征，但到学龄期大多会减退；与此相反，较小和较大的孤独症患儿都会表现出古怪的行为、兴趣和活动，被描述为受限的、重复的和刻板的（restricted, repetitive, stereotyped behavior，缩写为 RRSB）。

有些被忽视的孤独症核心特征在近期引起了更多研究者的关注，包括努力了解这些异质行为可能存在的亚型。尽管在因素分析中发现了各种亚型，但只有两类被广泛认可。

第一类表现为较低水平的"重复性感觉运动行为"，如拍手、摇摆、轻动、用脚尖走路、重复使用物体，以及一些自伤行为。尽管在正常发展的幼儿或患有其他障碍的儿童身上也能见到这些怪癖，但在孤独症儿童身上出现的频率更高，也更严重，而且在较小的孤独症儿童和智商偏低的儿童身上尤为常见。

第二类是更高级别的"抗拒改变"。这些儿童似乎专注于环境的某个方面。他们可能沉湎于数字，强迫性地收集物品或过度沉迷于嗜好。他们可能会坚持例行动作，如不断重新摆放物品，依照仪式吃饭和睡觉。环境中微小的改变（如家具位置的改变或日程表的更新）都会令他们感到痛苦。这些强迫性行为在较大的 ASD 儿童身上更常见。

尚不清楚 RRSB 发生或持续的原因，过度唤醒或焦虑可能起了一定作用，或者某些行为更像自我刺激，因为他们无法用其他方式与世界接触。无论出于何种原因，一项针对 2~9 岁 ASD 患儿的 RRSB 研究发现，随着时间的推移，他们的模式具有相当大的异质性。

次要特征

虽然这些特征对于诊断来说不是必要的，但其中很多与孤独症有关，这对理解这些障碍具有一定意义。

感觉/知觉障碍

孤独症患儿的感觉器官完好，但他们对刺激的异常反应使人们怀疑他们的感知觉功能是否正常，过度敏感和不足的发生率均明显高于正常发展儿童。这些特征经常出现在孤独症中，在 DSM-5 中也更多地强调其重要性：对刺激过度敏感的个体可能会被真空吸尘器的声音、衣服上的缝合线或轻轻的拥抱干扰，感觉输入可能表现为厌恶、害怕或退缩。一位成年孤独症患者将她的早期经历描述为对声音和触碰"极度敏感"，对他人触碰的反应是"一种压倒性的、淹没性的刺激"。敏感不足则可能是更常见的问题，例证包括儿童无法对人声或其他声音做出反应，或不能进入状态。临床表现可能令人困惑，例如，一个对强烈噪声似乎没有察觉的儿童却被手表发出的轻微滴答声深深吸引。在一些病例中，由于儿童对声音没有反应，父母甚至怀疑他们是聋人。

过度选择性注意（overselectivity）在孤独症中也很常见，这些患儿可能专注于刺激组合中的选定部分，却忽视其他刺激，它可以发生在许多人群中，包括正常发展的儿童以及有特定或一般学习障碍的儿童。这种症状已被各种概念化（如感觉超负荷或注意缺陷），并被认为会干扰正常的发展和功能。忽视学习任务的特定方面显然会阻碍任务的行为表现，社会互动也会受到影响并产生社会后果，例如，ASD 儿童可能注意到同伴拿着玩具，但不会注意到对方的言语表现（如"我们一起玩卡车"或"走开！这是我的卡车"）。

心智表现

尽管孤独症患者的智力水平范围很广，包含高于平均水平的智力，但智力障碍更常见，并且包括重度和极重度障碍。在过去几年中，孤独症患者群体中的智力障碍患病率约为 70%，但目前估算为 40%~55%。较低的患病率可能是因为考虑到这样一个事实：孤独症症状会影响智力的测量；也可能是由于对曾经不符合这种障碍诊断标准的儿童做出了诊断；还可能反映了早期干预产生的功能改善。

专业人士根据智力水平将个体功能分为较高水平或较低水平，以 IQ70 分为临界分数，这是一种区分孤独症患者的重要方式。IQ 分数较高意味着存在较少的重度孤独症症状、有不同的教育需要，以及将来获得正常功能的机会更大。

孤独症患者的试验结果曲线示意图通常表明他们的认知发展不均衡，在抽象和概念思维、语言和社会理解方面存在缺陷，而在机械学习、机械识记、视空间技能方面似乎表现出相对优势。他们的非语言智商得分通常高于言语智商得分，这种偏差在高功能患者身上可能会随着语言技能的发展，从学龄前到青少年期不断缩小。

孤独症症状出现在一般智力差异如此大的群体中着实有些令人困惑，但更令人费解的是，其中一小部分群体表现出了所谓的**分裂技能**（splinter skill，即有超出他们一般智力水平预期的能力）和**学者能力**（savant ability，这些能力明显优于正常发展的个体）。学者能力并不是孤独症特有的，但发生率很高，患者通常在记忆、数学、历算、认字、绘画和音乐方面能取得惊人的成绩。尽管这常与较高的智商水平有关，但在智商低至55分的个体和有不适合测验的缺陷的儿童中，也有关于学者能力的报告。

适应性行为

ASD 的特征是患者在处理日常生活方面存在困难，即使是高功能个体，与智商匹配的正常发展同龄人相比，ASD 患儿在文兰适应行为量表（Vineland adaptive behavior scales，VABS）中的成绩也较差，而且也不如 IQ 得分所预期的那样好。

他们的自助和日常生活技能大致与心智能力预期相符，沟通技能略低于预期，社会技能有最显著的缺陷，障碍往往随年龄增长而增加，一般来说，高功能孤独症个体与智力的不匹配更加严重。此外，家庭因素可能有助于解释适应行为表现出的巨大变异性。例如，在一项研究中，家族抑郁史和害羞的病史与 VABS 得分有关，尤其在社交领域。

社会认知：心理理论

有证据表明，ASD 儿童存在**心理推测能力**（theory of mind，ToM）障碍，即无法推断他人和自己的心理状态。拥有 ToM 意味着能理解心理状态的存在，即人类有期望、意向、信念和情感等，而这些心理状态都与动作联系在一起。ToM 可被认为是解读他人心理的能力，指导我们与他人的互动。在正常发展中，三四岁的儿童具有一级能力，即对他人的私人心理状态有一定的了解，大约在六岁时，习得二级能力——可以思考另一个人对第三个人的想法的考量。

研究者已通过各种任务评估了 ToM 的各个方面，例如通过萨莉-安妮测试来测查儿童是否能够理解他人的错误信念。在实验中，儿童被告知萨莉将一颗弹珠放在篮子里后就离开了，然后安妮将这颗弹珠转移到了另外一个容器里，也离开了。之后询问儿童，在萨莉回来后会去哪里找那颗弹珠。为证明儿童存在 ToM，儿童必须明白萨莉错误地认为弹珠还在她之前放入的那个篮子里。可以修改这一级任务以评估二级能力，在这种情况下，在萨莉离开房间后，她又回来偷看到了安妮将弹珠拿走了。询问被试儿童："安妮认为萨莉会到哪里去找那个弹珠？"儿童必须"读"出安妮对萨莉想法的看法。有令人信服的证据表明，大部分孤独症儿童不能完成一级测试，不能完成二级测试的孤独症儿童的数量更多。尚不清楚造成这些失败的确切原因，语言能力和执行功能确实与 ToM 相关，但在不需要言语能力的任务中已经证明了儿童的错误信念受损。

研究者已开发出许多 ToM 测量工具，例如，《心理推测能力故事书》（ToM Storybooks）介绍了几项测试，用于全面理解学龄前儿童的 ToM 发展，测试涉及 ToM 的各个方面，如情绪、期望和信念。图 12-1 展示了其中一项测试，用于评估儿童的情绪理解和认知能力。

更具挑战性的测试是为较大的儿童或能够通过二级测试的儿童开发的。在失言识别测试中，告知儿童一个故事，故事中的角色 A 犯了一个失言的错误，也就是说 A 在无意中说了一些可能对

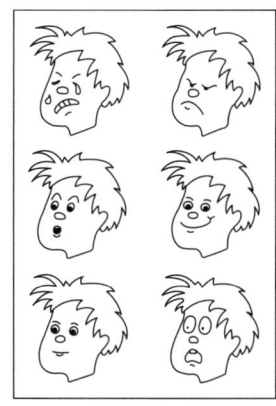

图 12–1　《心理推测能力故事书》中情绪识别任务举例

◎ 儿童被告知："山姆赢了弹珠。他得到了最漂亮的弹珠。"要求儿童选择与之匹配的面孔，并提供正确的情绪标签。此外，还描述了其他情况。

资料来源：Blijd-Hoogewys et al., 2008.

角色 B 产生负面影响的话，要求儿童指出失言错误，并对儿童进行评估。为成功完成测试，儿童必须了解两点：(1) A 和 B 是两个拥有不同认知的个体；(2) A 的情绪状态会影响 B。在这个测试中，那些能够通过二级 ToM 测试的孤独症及有相关障碍的儿童没有正常发展的儿童表现得好。

总体而言，科学研究证据表明，ASD 中的 ToM 缺陷存在于不同年龄的群体中，还会出现在高功能孤独症患者中。由于 ToM 对理解社会世界至关重要，因此研究者假设这些缺陷（有时被称为"精神盲"）可能是 ASD 中许多社会和沟通缺陷的根源。

认知：中枢性统合和执行功能

中枢性统合

在正常认知中，个体倾向于利用语境将信息组织成一个整体，并赋予整体意义，这种倾向被称为**中枢性统合**（central coherence），在普通人群中存在从强到弱的变化。根据在特殊视觉感知任务中的表现，弗里思（Frith）与哈佩（Happe）提出 ASD 个体的中枢统性合差，也就是说，他们倾向于将注意力集中在刺激的某些方面，而不是将信息集成一个整体。简单地说，他们看到的是树，而不是森林。

他们在感知任务中的表现说明了其存在中枢性统合的缺陷，例如，与对照组相比，孤独症儿童通常在嵌入图形任务中表现更好，这项任务要求识别能够嵌入较大图片中的刺激图形。莎（Shah）和弗里思于 1993 年在一项重要的研究中发现，孤独症患者在韦氏智力测验的积木图案测试中的得分高于正常儿童。他们不仅比在其他智力测试中得分较高的正常群体表现得优秀，还比正常发展儿童和智力障碍对照组儿童表现得更为突出。孤独症患者常常将整体视为很多部分的组合，这有助于他们完成此类任务（见图 12–2）。

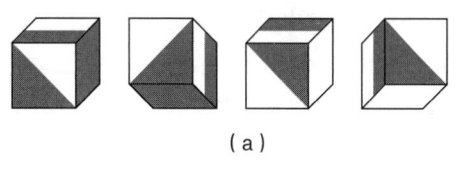

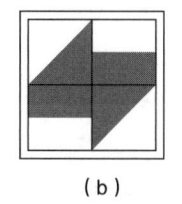

图 12–2　积木图案测试

◎ 要求被试使用四个图形的木块（a）设计图案（b）。例如，先给他们展示几块分割的图案（c）。对照组因观察到（c）而表现良好；有孤独症的被试无论是否在事先观察（c），都表现很好。这一发现表明孤独症患者"看到"设计中单个部分的能力更强。

资料来源：Happe, Briskman, & Frith, 2001.

这些发现表明，与正常儿童和青少年相比，孤独症儿童偏好用解析性更强、整体性和综合性更弱的方式来加工信息，这可能导致他们在某些任务中表现出色，而在其他任务中表现不佳。研究者已经寻求对中枢性统合差的进一步理解，例如，他们审查了其与 ToM 和执行功能的关系。也有研究者认为，脑半球之间的沟通损伤可能是造成患儿在某些任务中中枢性统合差的原因。

执行功能

儿童期、青少年期和成年期的孤独症患者在执行功能测试中的成绩比对照组差得多。研究者提出，执行功能障碍可能是孤独症症状的基础和原因。然而，数据累加结果显示，学龄前末期的孤独症儿童中并不存在执行功能障碍。针对学步儿童（平均年龄2.9岁）的研究表明，他们的成绩与同龄对照组的正常发展儿童相比几乎没有差异。因此，执行功能障碍似乎并不是孤独症的主要缺陷，而是发展病程中的次要特征。

单一缺陷曾一度可以解释孤独症症状的概念，它涉及几种孤独症的认知或知觉缺陷，包括 ToM 和中枢性统合的损伤。然而，没有哪种单一的损伤可以解释 ASD 的所有症状。并非所有孤独症患者都表现出所有缺陷，也不是所有缺陷都是孤独症特有的。虽然这些损伤仍然很重要，但研究者正在大规模探索早期发生的行为，如面孔知觉、联合视觉注意力和模仿，其中许多被认为与情感社会性发展有关，而孤独症中的情感社会性发展相当不正常。在某种程度上，研究者的这种兴趣可以追溯到坎纳时代，这是一直存在的观点，即**主体间性**（intersubjectivity），这是人与人之间的一种特殊觉察，促使人们从出生那一刻起就与他人进行情绪和兴趣的沟通。

身体及其他特征

孤独症幼儿通常被描述为外貌出众，但比一般的身体异常 [包括轻度躯体异常（minor physical anomalies，MPAs）] 高，其与 ASD 有关（见图 12-3）。轻度躯体异常的例子有突出的前额、高而窄的颚、低位耳。轻度躯体异常没有什么医疗上或外貌上的后果，但涉及遗传过程和产前发育干扰。头/面部、四肢和脑在妊娠早期从同一产前细胞层发育而来，这些身体区域的轻度躯体异常可能指向影响脑发育的神经元移行异常。

一些孤独症患者具有某种优雅和身体敏捷

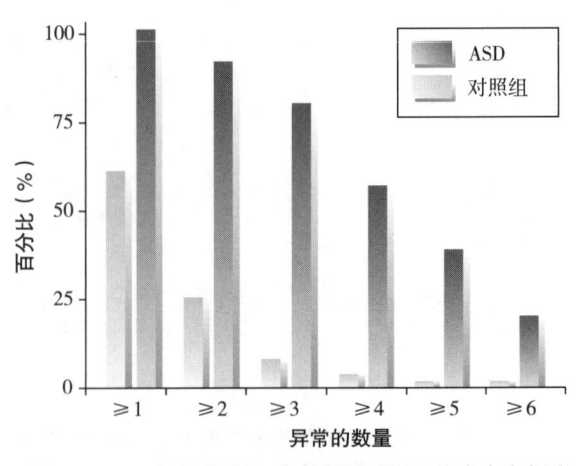

图 12-3　ASD 组儿童和正常发展对照组儿童中有轻度躯体异常的百分比，ASD 儿童没有智力障碍，也没有任何已知的综合征

资料来源：Ozgen et al.，2011.

性，而其他患者从婴儿期到成年期表现出平衡不良、步态不协调、大肌肉群动作机能障碍和动作笨拙。此外，从他们身上还观察到异常的饮食偏好，睡眠问题的发生率为 40%~80%，高于正常发展和没有孤独症的智力障碍儿童和青少年。行为上，ASD 患儿表现出一系列适应不良行为，如攻击、不合作、退缩和自伤行为。

共病

如前文所述，智力障碍与 ASD 共同出现会导致孤独症的多种临床表现，情绪和行为问题共病会产生更大的异质性。确定共病可能特别具有挑战性，因为语言和认知问题会阻碍沟通。此外，ASD 和精神障碍的一些主要特征可能难以区分。例如，在 ASD 患儿中观察到的社会互动异常可能很难与社交恐惧症区分开，而 ASD 的重复性/仪式行为可能很难与强迫症区分开，部分原因是这些障碍的病例和方法论不同，共病的程度也尚不清楚，尽管专业人士认为共病的程度很高，尤其是在临床样本中。例如，一项针对 9~16 岁青少年的社区/诊所研究发现，共病患病率为 74%，而且许多个体患有多重共病。与 ASD 同时出现的症状和障碍包括焦虑、抑郁、活动过度和对立违抗行为。

举个例子来简要地看一下与焦虑相关的共病，其中包括单纯恐惧症、社会焦虑障碍和广泛性焦虑障碍。一系列未知因素可能是 ASD 与焦虑之间产生联系的基础。大约一半的 ASD 儿童对刺激过度敏感，这增加了过度敏感导致某些形式焦虑的可能性，如害怕嘈杂的噪声。或者考虑到患有 ASD 的较大的儿童和青少年似乎经历了更严重的焦虑，就像那些具有更高认知水平的群体一样，这表明，他们对 ASD 社会缺陷的觉察会产生焦虑，进而导致社会互动和社会隔离的恶化，这反过来又加剧了焦虑，因此 ASD 与焦虑之间可能具有双向效应。智力水平也可能与共病的其他症状有关。例如，低功能与易激惹和活动过度密切相关，而高功能与抑郁密切相关。更一般地说，尽管许多 ASD 儿童和青少年有智力障碍，但智力障碍的影响往往与 ASD 的影响是分不开的。为解决这个问题，托特西卡（Totsika）及其同事展开了一项研究，调查了 5~16 岁 ASD 儿童和青少年样本中的情绪和行为问题。他们将样本分为四组进行比较：ASD 组、有 ID（智力障碍）的 ASD 组、ID 组、无 ASD 也无 ID 的对照组。他们发现，尽管 ASD 和 ID 都与问题相关，但无论有没有 ID，ASD 患儿都更易出现困难（见图 12–4）。结合其他研究，这些研究结果表明需要解决共病，因其会损害 ASD 患儿的功能。

流行病学

多年来，研究者针对孤独症或孤独症谱系障碍展开了许多关于流行病学的研究。一份广泛详尽的报告审查了几个国家的 43 项研究，涉及年龄范围广，但大多数是学龄期儿童。这些研究发表于 1996—2008 年间，2000 年后的研究占一半以上。在不同的研究中，障碍的患病率相差很大，在诊断标准、方法、样本规模和年龄等方面均存在差异。关于孤独症患病率的最佳估算约为 20/10 000；未特定的广泛性发展障碍患病率为

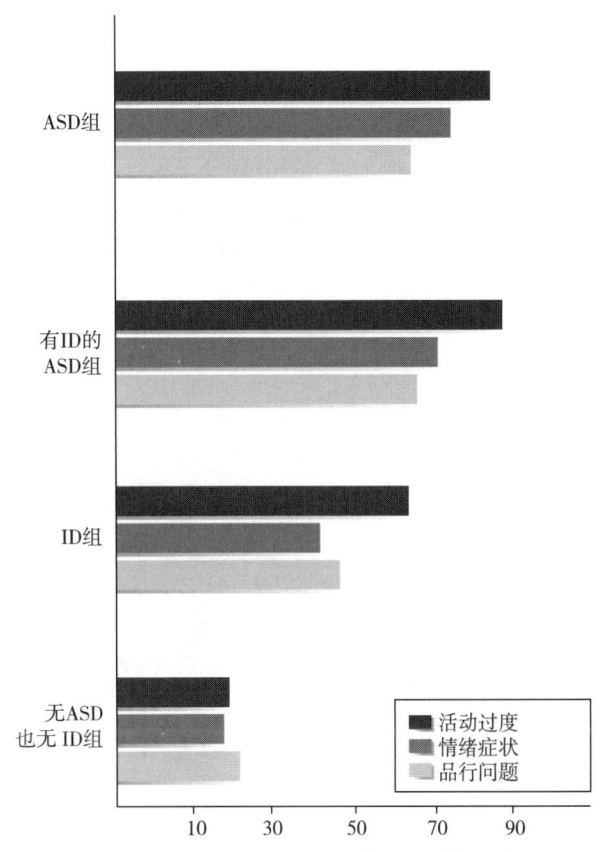

图 12–4　儿童群体中行为和情绪问题的百分比
资料来源：Totsika et al., 2011.

37/10 000；阿斯佩格综合征患病率报告通常比孤独症低，为 6/10 000；儿童崩解症为 2/10 000；通过对所有四种情况的研究，联合比率估算始终为每 10 000 个儿童和青少年中有 60~70 个人患病。

可以将这些数据与针对美国儿童的调查进行比较。根据父母的报告，3~17 岁的群体中，ASD 的确诊率为每 10 000 人中有 110 人患病。2009 年，美国疾病预防控制中心通过 11 个州的卫生部门对 8 岁儿童进行了人群监测，得出的结论是，每 110 名儿童中就有 1 名患有 ASD。2012 年，美国疾病预防控制中心将这一患病率定为每 88 名儿童中就有 1 名。在整体流行病学研究中，最惊人的是，随着时间的流逝，患病率呈上升趋势，不出所料，这种现象引起了极大关注（参见"重点"专栏）。

> **重点**
> 孤独症是流行病吗
>
> 是什么导致孤独症或 ASD 患病率不断上升？是真正的失调增多，还是有其他因素在起作用？许多研究者已经解决了这个问题，他们强调了在概念、理解和管理方面的几种变化的影响，应考虑以下几点：
>
> - 数年来，孤独症或 ASD 的标准不断放宽，似乎功能水平较高和较低的儿童都更易被确诊；
> - 儿童在较小的年纪被确诊，部分归因于相关人士对广泛性发展障碍有了更深入的了解，以及早期筛查和诊断测验的可获得性；
> - 人们的觉察有所提高，更多的病例被识别。家长更熟悉孤独症或 ASD 的症状，医生也接受了关于发展障碍更好的培训；
> - 服务的扩展为孤独症或 ASD 的诊断提供了支持，随着发展障碍医疗诊所的增多，美国保险福利和《残疾人教育法》（IDEA）发生变化，美国的诊断率也随之增多；
> - 有证据表明存在"诊断切换"现象，曾被诊断为智力障碍、学习障碍或情绪困扰的儿童和青少年开始被诊断为孤独症，诊断切换似乎与服务可获得性的变化有关。
>
> 尚不清楚这些因素对孤独症及相关障碍发病率的影响程度。一项针对其中三个因素的影响的调查得出这样的结论：每个因素都预示孤独症会增加。然而，并没有排除 ASD 真正增多的可能性，这是一个重要的问题。发病率的真正上升将引出关于病因的关键问题，尤其是不断变化的环境变量是否使儿童面临更多的风险。

孤独症随时间推移保持不变的一个方面是性别差异。在流行病学和临床研究中，男孩患病率高于女孩，男女比例一般为 3∶1~4.5∶1。女孩更容易出现智力障碍和重度症状，因此在低功能孤独症中，男女比例可能是 2∶1。值得注意的是，男孩患与孤独症相关的几种遗传紊乱的风险更高，这至少可以部分解释患病率的性别差异。更概括地说，研究者假设孤独症是一种将世界系统化的潜在倾向，即根据潜在规则进行详述或分析，是一种更具男性大脑特征的倾向。然而，这一暗示的重要性受到了质疑。

流行病学研究在很大程度上不支持孤独症与社会阶层有关的观点，早期关于社会阶层高的群体中患病率高的报告可能来自非代表性的样本。然而，有证据表明，ASD 在美国的白人儿童中被诊断得更多，但非裔美国人和西班牙裔儿童的患病率上升得更快。

发展病程

可通过回顾性父母报告、诊断前拍摄的婴儿录像带、最近针对 ASD 患儿的高危同胞的前瞻性研究来了解 ASD 的起病和早期发展。虽然多数孤独症儿童的父母在他们两岁时就开始关注症状，但做出诊断通常在几年以后，父母经常提到的症状是语言迟缓和社交异常。

研究者描述了三种起病模式：第一种模式出现在大多数患儿身上，表明患儿在出生后的第一年或之后不久就会出现明显的异常；第二种模式表现为轻度迟缓，一直到两岁左右，然后逐渐或突然出现发育停滞并进入高原期；第三种模式涉及退行，儿童在经过正常或接近正常的发展之后出现技能获得停滞和先前习得的语言、社会和/或运动技能的丧失。

在孤独症儿童中，有 15%~40% 出现退行。退行通常发生在出生后的第二年，除了其他行为外，儿童还会停止使用有意义的词、不回应自己的名字，也不再自发地模仿他人。有证据表明，尽管早期发育相对较好，但与其他模式起病儿童相比，退行儿童表现出更严重的孤独症症状和更差的后果。

研究指出了异质性发展路径，一项针对大量

社区人口的研究中，描述了从诊断到14岁的六种常见轨迹。在社交和沟通行为方面，大多数儿童会随时间的推移有所改善，但一些轨迹显示变化较慢，也几乎没有改善。诊断时症状最轻的儿童往往改善得更快。但有趣的是，有一组被称为"愚蠢的错误"的群体，他们一开始的功能很弱，但改善速度非常快，到青少年期时，就像一群功能一直很强的人。一般来说，受过良好教育的白人母亲的孩子最后表现出更高的功能。

其他调查表明，从儿童期开始，ASD患儿在社交、沟通和自助技能方面表现出些许改善，这些发现在一项审查从儿童早期到成年期变化的纵向研究中得到了证实。许多个体关于ASD的核心症状以及与之相关的适应不良行为都有所减少。尽管如此，个体间仍存在相当大的差异，总的来说，智力障碍个体的改善程度较低，并且家庭收入低也与改善程度较低有关，暗示较难获得优质服务。值得关注的是，另一项研究表明，青少年退出中学教育系统后，尤其是对那些没有智力障碍的个体来说，改善速度变慢了，可能是因为ASD患者缺乏更高功能的职业和教育活动刺激。

尽管随时间有些许改善，但多数ASD患儿的症状通常会持续到成年期，大约有15%顺利完成工作实习，并在一些社交生活中获得了独立。研究一致表明，有早期一般智力和交际语言损伤的个体长期结局相对较差。一项后续研究发现，那些儿童期智商达到70分或以上的个体的表现明显更好，表明智商水平能很好地预测成年期的独立生活，对这些个体来说，尽管有些困难可能会持续存在，但生活中可能会有一些正常成就和回报。坦普尔·葛兰汀（Temple Grandin）发表了大量关于她被诊断为孤独症的经历的文章，并在屡获殊荣的同名影片①中描述了其个人生活和事业成就。她这样写下了一生的动机和平衡：

> 许多孤独症患者感到幻灭、不安，因为他们不适应社会，没有女朋友或男朋友。我接受了这样的关系不是我生活的一部分的现实，我希望所做的工作能得到他人的赞赏。当我做一些有趣的事时，如设计一个工程项目，或者做一些对社会有贡献的事时，我最快乐。

乐观地说，我们将在本章后面看到，早期干预的进展会减轻ASD的影响，尤其对高功能个体而言。

神经生物学异常

有多种关于孤独症存在神经生物学异常的证据，包括神经软体征、脑电图异常和癫痫、轻度躯体异常的高发生率、与智力障碍共病。更直接地说，已通过尸体检查、脑成像及其他类型的研究观察了各种脑结构和区域，研究和涉及最多的是颞叶（边缘系统、额叶、小脑），这些连接区域有时被称为"社会脑"的组成部分。

一个一致性的发现是，这种障碍改变了脑生长，在学步儿中发现了异常大的脑尺寸（也许是增大了5%~10%）。出生时，脑尺寸比正常小，但随后很快就出现了非典型的发育陡增（可能是早在六个月大时），并很快趋于平稳。一项研究发现，患儿在两岁时脑皮质增厚，颞叶白质大得不成比例。

针对ASD患者进行的大量其他调查表明，他们的脑容量存在异常，在他们的大脑中发现了过多的灰色和白色组织，在小脑中发现了过多的白质，这也显示了许多连接脑不同区域和连接两个半球的白质束的融合。

关于颞叶-边缘系统、额叶和小脑的微观研究表明，ASD患者的细胞结构和组织存在异常，包括细胞数量和大小的减少、细胞密度增加、树突分支减少，以及异常细胞的迁移，其中一些微观细胞研究表明，脑异常可能发生在产前。

关于脑功能，研究发现几个区域活动减少，其中最显著的是额叶和边缘系统，尤其是杏仁核。许多关于视觉或听觉任务中脑功能的研究表

---

① 又被译为《自闭历程》。——译者注

明,相应脑区域通常不对信息和异常反应进行加工,例如,关于脑电活动的研究显示,面孔加工速度慢。

虽然研究者对生化系统感兴趣,但缺乏一致的发现。虽然未被充分理解,但最可靠的生化发现是,在25%~50%的病例中,血小板中血清素水平很高。在发育早期,血清素在神经元的发育中发挥作用,而脑血清素及其合成与孤独症症状的表达有关,以及其他的神经递质:多巴胺、谷氨酸盐(兴奋中的重要物质)和氨基丁酸(抑制中的重要物质)。总之,关于它们的作用有互相矛盾的发现。研究者还仔细研究了几种其他生化物质,并未发现催产素和升压素与社会行为有关,而对促胰液素和褪黑素的研究也得出了相似的结论。有时,这些物质受媒体关注的程度似乎超出了研究结果。

对孤独症神经生物学的理解仍在不断加深,尽管还没有一个明确的描述。这项工作的重要部分是努力将脑结构和功能与ASD临床表现联系起来。例如,学步儿杏仁核增大与学龄前期更严重的发展病程有关,而且,正如刚刚提到的,在诸如面孔加工之类的任务中可能出现异常的脑活动。研究结果和障碍中各种症状的混合表明,存在多个脑区域和网络异常。总之,ASD可能是早期脑过度生长和神经元异常导致的一系列生物畸变的后果,包括脑区域之间的非典型连接或连接减少。

病因

早期病因主导理论是父母教养在孤独症中起关键作用。坎纳将孤独症儿童的父母典型描述为"高智商、事业成功,但将全部精力都放在科学、文学和艺术上,用一种冷淡的机械化方式对待子女"。即使坎纳假设了先天社交技巧缺陷,他也认为不恰当的"冰箱式"教养导致了孤独症。贝特尔海姆(Bettelheim)于1967年提出的心理分析理论是非常有影响力的心理社会学解释。相应地,孤独症是由父母拒斥或病理学因素造成的,使得幼儿退缩到一个孤独症的空洞堡垒中。然而,由于缺少相关证据,最终只能从非专业渠道得出这个结论。如今,父母在对患儿的支持和治疗方面仍起着重要作用。当前对病因的关注点强调可能导致神经生物学异常的变量。

遗传影响

双生子和家系研究

大部分关于孤独症双生子的研究记录表明,同卵双生子比异卵双生子具有更高的一致性。有家族病史的同卵双生子约有60%的概率也患孤独症,如果将类似孤独症的障碍也包含在内,甚至会更高(90%)。而异卵双生子的比较患病率约为4.5%。

孤独症的家系研究表明存在遗传影响,患儿同胞的孤独症患病率为2%~7%,且约有8%的几代同堂的大家庭还有一个额外的孤独症成员。还有几个值得关注的发现:第一,家族中类似孤独症的发展障碍的患病率高于预期;第二,有20%~30%的家族成员表现出与孤独症相似的社会、沟通和重复行为,但严重程度达不到诊断标准;第三,ASD患儿的一些同胞会在很小的时候就表现出差异,例如,在他们出生的第一年就出现非典型言语前发声,其中一些有早期表现(如联合注意力低)的同胞的病情继续发展,直至诊断出患有ASD;第四,家族成员表现出的特征,即使不是ASD症状,也在孤独症患者身上存在,如大头(畸形)、血清素升高和神经解剖学异常。

事实表明,亲缘关系越近,一些家族性问题就会越多。此外,一项研究发现,与领养家庭相比,生物家庭在社会、沟通和重复行为方面的遗传影响更大。联合研究支持这样一种观点:遗传预先倾向性引发孤独症、类似孤独症的障碍或轻微的相关问题。由于家族遗传问题比孤独症诊断类别的具体症状更广泛,因此建议采用多维度的概念,而不是一类障碍。一些表明孤独症特质的研究也支持维度概念,如社会交互作用和语言技能之类的孤独症特质在普通人群中持续分布。

染色体与基因

我们对遗传影响有哪些更具体的了解？整体情况很复杂。单基因综合征和染色体异常只出现在不到 10%~20% 的病例中，往往伴随智力障碍。与孤独症明显有关的两种遗传病是脆性 X 染色体综合征和结节状硬化，后者是由遗传或脑及其他器官肿瘤中的新基因突变引起的。在大约 1%~3% 的孤独症病例中也观察到了 15 号染色体特定区域中的基因重复，这个区域也与其他发展障碍有关。此外，全基因组关联分析已经揭示了拷贝数变异，例如，涉及 16 号染色体上的 30 个基因。

对 ASD 的研究体现了识别易感染色体和基因的常用策略，涉及许多染色体，包括 2 号、6 号、7 号、13 号、15 号、16 号、17 号、19 号和 22 号。确定几种易感基因及其对脑功能的影响的研究取得了进展，例如，发现 RELN、MECP2、NLGN3 和 NLGN4 易感基因影响早期脑发育。

一些研究者认为，对大多数 ASD 最好的解释是存在许多相互作用的基因，障碍的连续性、不同临床情况和研究结果证明了这种可能性。孤独症同卵双生子的一致性低于 100% 这一事实表明，基因-环境的交互作用和表观遗传过程可能在孤独症的发展中起一定作用，并都有证据支持。

产前和妊娠期风险

许多妊娠和出生变量与孤独症及其相关障碍的相关性不一致。近期的一项元分析包括 50 多个产前因素，发现其中有六个因素是孤独症的风险因素：父母高龄、孕期用药、母体出血、妊娠糖尿病、出生顺序（第一胎与第三胎或更晚出生）、母亲在国外出生。在中国进行的一项产前和围产期风险研究也指出了许多上述因素。有证据表明，子宫炎症或母体免疫应答异常也是风险因素。

躯体疾病与疫苗

除了已提到的遗传综合征外，孤独症还与许多躯体疾病有关，如脑性瘫痪、脑膜炎等感染、重听和癫痫发作。孤独症患者中约有 25% 患有癫痫发作，发作时间在儿童早期和青少年期不成比例。

一个与医疗条件相关的存在争议的问题是，孤独症谱系障碍与为预防原本与 ASD 无关疾病的疫苗之间的关系。这个问题起源于英国父母将孩子的广泛发展障碍与麻疹、腮腺炎和风疹联合病毒活疫苗（MMR）联系在一起，孩子出现胃肠问题后，他们曾向胃肠专家寻求建议。1998 年，韦克菲尔德（Wakefield）及其同事推测，疫苗中的麻疹病毒可通过包含免疫应答的复杂途径引起胃肠疾病和发展障碍。随后，另一组研究者提出，对疫苗接种的非典型自身免疫性应答会对大脑产生影响，并导致孤独症。然而，在不同国家进行的几项调查没有发现 MMR 与孤独症之间的联系。

人们还担心含硫柳汞（一种含汞防腐剂）的疫苗会使儿童面临广泛发展障碍的风险。汞的潜在负面影响是众所周知的，其中的争论主要有：（1）一些儿童可能特别易感；（2）由于推荐接种疫苗的增加，儿童接受硫柳汞的总量会增加。与 MMR 研究一样，重要证据似乎并不支持广泛发展障碍与含硫柳汞的疫苗有关。无论如何，很多国家都已经消除或减少了疫苗中的汞。

关于疫苗与孤独症的争论仍在继续。韦克菲尔德及其同事最初发表的论文被最初刊发的期刊收回，韦克菲尔德也失去了他在英国的职业资格，成为一个有争议的人物，正如《纽约时报杂志》所描述的那样。由美国主要政府部门和专业团体进行的评审并不支持疫苗是孤独症的病因，尽管一些研究者认识到一小部分儿童可能对 MMR 异常敏感。同时，父母由于孩子的损伤而将相关部门告上法庭，倡导者团体呼吁进行更多研究。还有一些父母拒绝让孩子接受预防危险障碍的疫苗。

环境与社会互动

对病因的研究明确地把重点放在可能导致早期脑异常的原因上，而相对忽视后来可能出现的环境和心理社会影响。道森（Dawson）和法亚（Faja）于2008年注意到孤独症发展模式的重要性，提出了具有更全面视角的三部分模式。如图12-5所示，遗传和/或早期环境易感因素会导致脑异常，从而影响儿童与环境之间的交互作用。这些变异交互作用又会反过来破坏脑进一步发育所需的至关重要的输入，进而导致额外的脑异常和孤独症。这个模式认为，变异交互作用的个人途径影响了最初的脑异常和后来的结果之间的联系。这些发展路径包含儿童的环境，可在一定程度上发生变化和改变，但儿童在不良路径上越久，正常发展的可能性就越小。道森和法亚模型通过关注儿童－环境交互作用和早期干预的可取性，启发了我们对孤独症谱系障碍的思考，这些主题我们将在本章后面展开讨论。

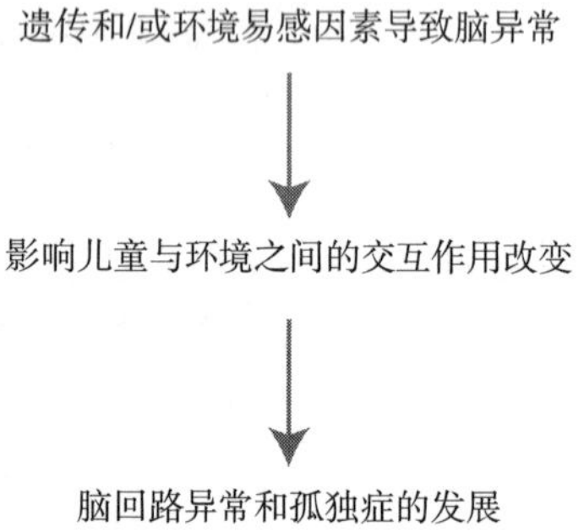

遗传和/或环境易感因素导致脑异常
↓
影响儿童与环境之间的交互作用改变
↓
脑回路异常和孤独症的发展

图12-5 孤独症的发展模式

资料来源：Dawson & Faja, 2008.

孤独症及相关障碍

到目前为止，我们已在本章重点讨论了孤独症，现在简要地讨论阿斯佩格综合征、广泛性发展障碍和儿童崩解症，因为它们被视为不同的障碍。虽然这些障碍中的症状有明显的重叠，但可以看到它们彼此之间以及与孤独症存在一些差异，对这些障碍的讨论能使我们更好地理解ASD特征的各种问题。

阿斯佩格综合征

尽管阿斯佩格在1944年就首次提出了阿斯佩格综合征，但它经过很多年才被翻译成英文，专业人士才注意到这一诊断，DSM和ICD直到20世纪90年代才承认这一诊断。阿斯佩格综合征的特征是社会互动中的质量性缺陷，以及受限的、重复的、刻板的兴趣和行为，它在这些方面与孤独症类似。然而，阿斯佩格综合征患儿在语言、认知发展、适应行为（除了在社会领域）或对环境的好奇心等方面没有表现出明显的迟缓。

阿斯佩格综合征个体很难建立友谊以及其他积极的社会关系，他们在使用非言语社交手势、表情和早期分享行为方面存在缺陷，社交上的尴尬、不适当、缺乏共情和不敏感性是显而易见的。他们似乎对他人有些兴趣，但他们的生活常常以孤独为特征。尽管研究表明他们在ToM技能和复杂情绪的知觉方面存在损伤，但他们的社会障碍的本质还未得到全面解释。

特别引人注目的是强迫性的、受限的兴趣，他们的关注点似乎很少，其中几个例子是天文学、厨房电器、历史事件和地理区域。儿童可能会收集数量过多的事实，然后以一种学究式的、自我中心的、冗长的方式背诵出来。阿斯佩格也确实将他的患者称为"小教授"。患有阿斯佩格综合征的成年人无论是在艺术上还是科学上，均以其细致的工作而著称。患有阿斯佩格综合征的青少年和成年人常常在艺术方面表现出想象力。

他们身上还存在其他的一些次要的困难，可能是运动神经问题，也可能行为问题，例如不顺从、违拗症和攻击。

虽然阿斯佩格综合征的患病率低于孤独症，但具体数目尚未确定。男孩比女孩的识别率更高，做出诊断的平均年龄比孤独症要晚，结局似乎大致良好。阿斯佩格本人认为，他的许多患者可以做得相当好，临床印象也认同在独立生活、找工作和拥有家庭方面的结局可能是好的。不过，社交障碍可能会持续存在。

目前，关于阿斯佩格综合征与孤独症（尤其是高功能孤独症）之间关系的争议引起了极大的关注。争论的问题是，阿斯佩格综合征是与孤独症不同的障碍，还是孤独症的一种表现形式？观点的差异可能是由于不同临床工作者和研究者对阿斯佩格综合征的定义不同。然而，有人认为孤独症与阿斯佩格综合征难以区分。事实上，几项研究发现，几乎没有一致的证据表明阿斯佩格综合征和高功能孤独症之间存在显著差异。因此，可将阿斯佩格综合征视为基于言语和/或认知高功能而诊断的孤独症的一种变异体，而不是一种定性的单独障碍，这与孤独症谱系障碍的概念一致。这还可能表明，阿斯佩格综合征的诊断是不必要的。

对立的论点提醒人们注意阿斯佩格综合征与孤独症在本质上的不同，例如，较晚发作、言语智商大于操作智商而不是相反、语言更复杂或不同、兴趣更明显受限、运动习惯更少。明显不同的是在阿斯佩格综合征中观察到的沟通方式，这种病被形容为片面的或迂腐的，带有夸张的表情和过多的细节。又如，社会行为在阿斯佩格综合征中通常被描述为"活跃的""古怪的"，而在孤独症中则被描述为"冷漠的""消极的"，因此阿斯佩格综合征被视为一种单独的障碍。当然，如何将阿斯佩格综合征概念化也具有影响：不同障碍导致了对不同的发展病程和结局、神经生物学、病因、预后、干预等的探索。

广泛性发展障碍

当症状出现与孤独症及其他广泛发展障碍相关但不符合诊断标准的情况时，适用于 DSM-IV 分类，其诊断标准仅有一般性描述，无具体项。广泛性发展障碍（PDD-NOS）患儿必须表现出正反社会互动损伤、沟通或刻板行为、兴趣损伤。所谓的非典型孤独症属于广泛性发展障碍类别，即指由于起病晚、症状不典型、症状较轻或所有这些原因而未达到孤独症标准的病例。在目前被认为属于孤独症谱系障碍的疾病中，广泛性发展障碍最为常见，但随着时间的推移，其诊断也最不稳定，这可能是由于诊断标准的模糊性或医生常常面临不确定的诊断，或其他原因。莱斯莉的病例简要描述了一个被诊断为广泛性发展障碍的儿童。

> **案例**
> **莱斯莉：一个广泛性发展障碍的案例**
>
> 莱斯莉是一个难以相处的小孩。虽然她在运动和沟通方面的发展似乎很恰当，能与他人建立联结，有时也很享受社会互动，但她很容易被过度刺激，并且对环境各方面异常敏感，有时会激动得拍手。在她四岁时，父母因她在幼儿园出现同伴互动问题和对不良事件的先占观念而寻求评估。当时，她的沟通和认知技能处于正常范围，但她在社会互动方面存在困难，并常常将社会互动仪式化。
>
> 之后，莱斯莉进入一所治疗性托儿所，社会技能得到了提高。她在特殊教育幼儿园的学习成绩很好，但仍存在同伴互动问题和异常情感反应。她在青春期认为自己是一个孤独的人，喜欢独处。
>
> 资料来源：Volkmar et al., 2005, p. 3181.

儿童崩解症

赫勒（Heller）于 1908 年首次描述了儿童崩解症（CDD），他将其定义为婴儿痴呆，又称赫勒综合征、衰退性精神病。根据 DSM-IV 的标准，儿童出生后至少两年是明显正常发展，10 岁前出现症状，临床上显著丧失先前习得的技巧。如前文所述，一些患有孤独症的儿童在大多数正常发展后表现出退行，但技能丧失在儿童崩解症中出现得比退行性孤独症晚。对儿童崩解症的诊断要求在以下几个领域中至少有两项存在严重丧失：语言、社会技能、大小便控制、游戏、运动技能。此外，必须在孤独症主要症状中有两项表现出损伤，即社会互动、社会沟通或 RRSB。

这种罕见的障碍在男性中比在女性中更常见，起病年龄（逐渐或突然）通常为 3~4 岁。损伤随时间保持稳定，退行后，这种障碍与重度孤独症类似。多数患有儿童崩解症的儿童比患有孤独症的儿童更沉默，并表现出自助技能丧失，且智商得分低于 40 分。尼古拉斯的案例说明了在儿童崩解症中惊人的功能丧失。

> **案例**
> **尼古拉斯：一个儿童崩解症的案例**
>
> 直到47个月，尼古拉斯的病史、父母的报告和家庭录像都没有显示出任何问题。当时，他会与他人眼神接触，也会对他人微笑，有联合注意行为，会用完整的句子流畅地沟通，还有复杂的社会行为（如炫耀）。在尼古拉斯38~42个月大时，他的家庭经历了特殊的应激，在此期间，他表现出异常的行为（如睡眠更少、非常活跃、执行指示较慢）。然而，家庭录像显示他具有社交和沟通能力，并在家人应激减轻的情况下，他的行为又恢复了正常。在他44个月大时，他的小弟弟出生了。录像中，尼古拉斯深情地拥抱婴儿、回答问题、做手势、面带微笑。
>
> 就在他四岁生日之前，幼儿园建议评估其行为问题，包括攻击和社交退缩。父母注意到他焦虑、激越，会对着镜子大喊："坏尼古拉斯！你真笨！我恨你！"他还会跑来跑去，掐自己，用头撞墙壁和镜子。在两个月内，除了其他方面的丧失外，父母还报告了他丧失了大部分语言、运动技能和想象力。他不愿意被人碰，也不再接受如厕训练。家庭录像显示了他五岁时的变化，证实了父母对他四岁生日前后戏剧性退行的描述（见图12-6）。
>
> 资料来源：Palono et al., 2008, pp. 1853-1858.

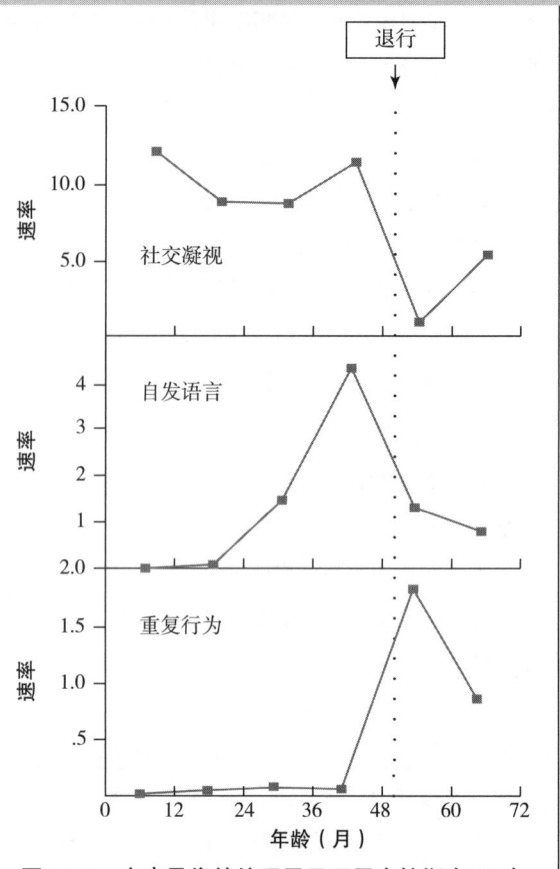

图12-6 家庭录像的编码显示了尼古拉斯在48个月大时丧失了社会和语言技能，重复行为增多

资料来源：Paloma et al., 2008.

ASD的评估

虽然评估不成比例地集中于孤独症，但下面的大部分讨论也适用于ASD。由于ASD包含了很多功能区域，并涉及神经生物学缺陷，因此需要广泛的评估。临床工作者要想对儿童的功能形成一个完整的印象就必须将其父母加入评估，还要为可能需要的治疗提供基础工作。对出生前、出生、发展、家族、医疗因素以及任何之前的干预的历史有所了解也是非常重要的。健康检查可能有助于识别ASD，调查其病因，并对癫痫一类的相关疾病进行治疗。

心理和行为评估通常包括访谈、对儿童直接观察和心理测验。根据个案可采用其他有用的工具，如智力测验、适应行为测验、语言测验等。有几种专门针对孤独症行为或ASD的评估工具，是基于对儿童的观察和/或对过去或现在行为的报告。以下分别简要地描述了这些工具的用途或采用的不同取向。

评估孤独症行为

早期筛查的目的是识别出可能会或可能不会有这种障碍明显表现的儿童。由于早期干预的重要性，早期识别至关重要。儿科医生是接触儿童的专业人员之一，美国儿科学会已颁布了筛查ASD风险儿童的指南，建议与家长讨论，直接观察儿童，以及使用筛查工具。早期筛查工具的一个例子是改良婴幼儿孤独症量表（modified checklist for autism in toddlers, M-CHAT), 包括向父母或照料者询问一系列关于儿童行为的问题, 例如, 儿童是否对其他儿童感兴趣? 是否对噪声过于敏感? 对别人叫他的名字有什么反应? 建议疑似有发展迟缓或风险的儿童立即进行更广泛的评估或参加早期干预项目, 要避免"观望"的态度。

儿童孤独症评定量表(第 2 版)(childhood autism rating scale 2, CARS2)广泛应用于筛查儿童和老年人, 有两种评估形式:(1)适用于六岁以下儿童、有沟通问题或智商低于平均水平的个体的标准格式;(2)适用于六岁或以上智商高于 80 分、口语流利群体的新格式。同时也是从父母或照料者那里收集信息的问卷。两种评估形式都包含 15 个项目, 由专业人员对个体进行观察后评估, 涵盖了多个功能领域, 包括情绪反应、模仿、社会关系、沟通和知觉。CARS2 将孤独症与其他重度认知缺陷区分开, 并指出孤独症的严重程度。

孤独症诊断访谈量表(修订版)(autism diagnostic interview-revised, ADI-R)是一种广泛使用的、由 93 个项目组成的、与家长和照料者进行的半结构化访谈量表。该量表提供了对疑似孤独症或 ASD 的综合评估法, 评估心理年龄大于两岁的儿童和成年人的沟通、社会互动、受限的重复的行为和兴趣。ADI-R 在诊断和治疗/教育计划中很有用, 可以将孤独症与其他发展障碍区分开, 是评估 ASD 的目标标准。

孤独症诊断观察量表(autism diagnostic observation schedule, ADOS)是临床工作者在与儿童的直接互动中对其评估。这个量表由几个标准化活动模块组成, 为个体创造了展示与孤独症相关的行为的机会, 例如, 参与标准化游戏活动或完成构建任务。其中一个模块是根据被评估人的年龄和语言能力来选择的。模块是可用的(或在进行中), 以评估 12~30 个月大的学步儿、儿童、青少年和会说话的成年人。在这个过程中, 观察结果被记录下来, 然后对其进行编码以用于诊断。这个工具对孤独症和 PDD-NOS 之间的差异很敏感。此外, 可将症状的严重程度与大量年龄相仿、表达性语言能力相似的样本的严重程度进行比较。

ASD 的预防

与其他具有明显遗传和神经生物学病因的早发性发展障碍一样, 普遍预防包括产前护理和改善环境质量。不过, 早期识别和干预是预防的核心, 是与治疗结合的方法。

针对幼童的早期干预项目的常见环境是家庭、公立学校、大学的学前教育机构, 以及来自私立教育机构的教室。课程通常侧重于社会技能(如联合注意和与他人的社会交往)、模仿和语言。研究表明, 这些项目可以提高智力、语言能力和全面发展的速度, 并减轻一些儿童的孤独症症状。然而, 这些项目仍存在许多问题, 包括为什么只有一些儿童从中受益。

早期干预项目(持续时间和强度各不相同)的结局研究已得到改善, 而且相关人士也在继续努力以提高项目的有效性。早期丹佛模式(early start Denver model, ESDM)的发展与评估是早期干预的一项主要工作, 近些年在学步儿的随机对照研究中评估了这个模式(参见"重点"专栏)。研究者坚信这一项目对更小的儿童也有效, 正在努力识别并治疗这些儿童。他们观察高危婴儿(由于有一个患有 ASD 的同胞)的社会互动, 并对其进行录像, 以期确定并更改引发 ASD 的行为。

对 ASD 的干预

治疗 ASD 的主流方法是行为干预和教育, 药物干预具有辅助作用。

药物干预

药物干预主要针对问题行为, 如攻击、自伤、激越和刻板行为。美国心理学会于 2006 年指出, 典型抗精神病药物对多巴胺有拮抗作用, 可以通

重点
早期丹佛模式

早期丹佛模式（ESDM）是一种以广泛发展取向为基础，结合应用行为分析的原则而形成的模式。研究者在随机对照试验中评估了 ESDM 的疗效。被试平均年龄为 22 个月，大部分都被诊断为孤独症，少数患有广泛性发展障碍。72% 是白人，其余的是亚裔、拉丁裔和多民族混血儿。男女比例为 3.5∶1。

这些学步儿被分配到 ESDM 组或对照组（A/M），对照组通常在社区接受干预，ESDM 组在家里依照详细的手册接受干预。受过培训的治疗师每周会与每个孩子工作 20 个小时，持续两年。ESDM 强调用与发展相符的策略训练患儿的口语和非言语沟通，包括积极情感、现实活动及对儿童线索的敏感性。教学技术包括操作性条件反射、塑造法等，并提倡为每个儿童制订个性化计划。此外，还教授父母 ESDM 的原理和技术，并要求他们与孩子一起使用 ESMD 策略。

通过比较这个项目实施前以及实施一年后和两年后的结果来评估干预。主要借助文兰适应行为量表和穆林早期学习量表（Mullen scales of early learning），后者是一个适用于 0~68 个月的婴幼儿的发展测验，用于评估运动、视觉感知和语言表达。ESDM 实施后的第一年和第二年，学步儿的认知均得到了改善，如穆林早期学习量表所示（见图 12-7）。在第二年，他们获得了 17.6 分，而对照组只有 7.0 分，主要是由于语言表达能力的提高。适应性行为得分仅在第二年测量时有所不同，ESDM 组成绩显示出稳定的发展速度，而对照组儿童成绩下降。实施干预两年后，与对照组儿童相比，ESDM 组儿童明显更有可能接受改进的诊断，从孤独症变为广泛性发展障碍。用两种次要工具测量后发现，两组儿童的孤独症症状没有差别。这项随机对照试验通过验证发现，患儿在穆林早期学习量表中得分显著提高，语言、适应行为和诊断结果均表明早期干预有望更改或预防将来发展为 ASD 的适应不良和损伤路径。

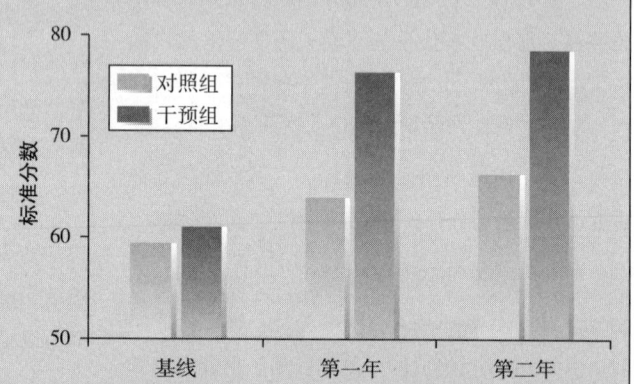

图 12-7 ESDM 组和对照组儿童在基线、进入项目后第一年和第二年在穆林早期学习量表中的平均得分
资料来源：Dawson et al., 2010.

过减少问题性行为来帮助一些患儿，但在少数病例中，不良副作用会随时间累积而出现。特别令人担忧的是诸如对运动的副作用，包括震颤和迟发性运动障碍（舌头、口和颌的不随意重复运动），因此，典型抗精神病药物大多被第二代或非典型抗精神病药物取代，这些药物对多巴胺和血清素都具有拮抗作用，如利培酮对易激怒、攻击、自伤和发脾气相当有效。

兴奋剂已被证明可以减少患有 ASD 儿童和青少年的破坏性行为。然而，利他林似乎对许多患儿都有不良副作用（激越、易激怒、失眠）。在一项研究中，18% 的儿童必须停止服用这种药物。

许多其他种类的药物也被使用，但关于疗效的证据不足或尚未确立，副作用可能相对较大。尽管有相当数量的 ASD 患儿接受药物治疗，但其效果（包括长期效果）大多仍是未知。

行为干预

行为干预有两种方法：第一种方法侧重特定目标，可能涉及语言或社会技能方面的缺陷，或特定适应不良行为，如刻板行为或自伤；第二种方法是在相对较长的时期内进行强化、全面地治疗，以改善孤独症的许多主要和次要问题。

早期行为干预包括对孤独症儿童行为改变的简单示范，随后的工作是教授各种适应性行为并阻止不良行为。早期研究的一个杰出范例是洛瓦斯（Lovaas）和他在美国加州大学洛杉矶分校的同事们所采用的方法，他们是最早教授孤独症儿童言语沟通的学者。在高度结构化的课程中，他们运用操作性干预工具，如后效强化、提示、塑造法、模型和程序，以促进学习的泛化。

早期行为干预有一些获得了成功，但也有一些失败了。例如，接受语言训练的患儿往往无法在日常生活中开口说话或使用语言。儿童学会了某种反应，但不能将其泛化到不同情境中。一些适应不良行为通常只能用惩罚来调整，而其他行为几乎无法改变。

改善的行为实验不断取得成功，研究者投入了大量努力改善社会技能、联合注意力和情绪调节等行为。对适应不良行为的功能分析和功能性沟通训练已成功地应用于孤独症儿童，包括那些有智力障碍的儿童，他们可通过回合式学习和更有可能泛化到其他情境的自然学习来习得适应性行为。此外，一些技能的获得可能会促进其他积极行为，例如，教授儿童发起社会和学业互动可以帮助他们学习语言和社会技能。这些不同的行为方法已被纳入随机教学法、情境教学法、关键反应训练等策略中。

关键反应训练

建立在应用行为分析技术基础上的关键反应训练（pivotal response treatment，PRT）假定强化关键行为能够改善其他行为，总体目标是在促进儿童独立的领域提供综合治疗。儿童与家长、教师及其他服务提供者一起在自然场景中接受干预。孤独症的障碍往往很广泛，且解决每个问题都是非常耗时且昂贵的，关键反应训练有望提供省时、省钱的干预措施。

表12-1展示了PRT使用的一些策略。动机被视为一个关键的组成部分，对几乎所有功能领域都至关重要。在ASD中，动机可能特别成问题，因为儿童经历了反复的失败，有来自看护者的非偶然的帮助和强化。具体的对策被用来减轻这种不幸的历史，包括儿童对活动的选择、自由和偶然的强化，以及实践习得性反应的机会。在功能领域的目标是改善表达性语言、社会互动、自启动动机（如寻求信息、启动联合注意）。据推测，动机和行为的改善会延伸到其他领域，并增强独立性和学习能力。

表12-1 PRT中使用的程序，旨在增强儿童发起和响应环境刺激的动机

增加回应的动力
允许儿童选择活动和客体
任务是多样的
对儿童做出反应的尝试予以大量的强化
使用自然强化物
当儿童学会新反应时，为他们提供使用的机会
教授儿童对环境中的多种线索做出反应
教授儿童自我调节
教授儿童主动采取行动

资料来源：Koegel, Koegel, & McNerney, 2001.

在不同研究环境中，通过人工程序对PRT进行了不同研究设计下的评估。这些研究表明，治疗使目标行为和非目标行为都有获益。初步证据表明，PRT针对父母的小组训练是有效的，而且PRT在社区环境中也有可持续性。

幼儿孤独症研究计划

幼儿孤独症研究计划的一个关键假设是，必须进行密集的综合计划才能大幅改善孤独症儿童的生活。1970年，洛瓦斯及其同事研发了一个开创性干预项目，被称为"幼儿孤独症研究计划"，旨在获得多种积极结果。这项工作影响巨大，激励了至今仍在进行的专门干预开发和研究工作，并促进了为孤独症儿童提供服务的学校及其他机构。

整个干预过程采用回合式学习的方式，在最初几个月结束后采用随机教学的方式，最后几年在幼儿园采用小组教学的方式（见表12-2）。起初，通常有必要减少干扰学习的适应不良行为（如发脾气）；教学生模仿和遵从口头命令；训练基本行为（如穿衣服、玩玩具）。随后在语言和沟通技巧，以及同伴互动和互动游戏方面付出巨大努力。在最后一年左右的时间里，重点放在进一步的沟通和学校适应上。父母是干预的一个组成部分，他们参加所有关于他们孩子的会议，在最初的3~4个月与治疗师一起实施回合式学习，随后使用随机教学，鼓励孩子在日常生活中的适当行为。

幼儿孤独症研究计划最初以四岁以下的儿童作为被试，他们没有重大健康问题。他们中的大部分每周接受40个小时的一对一干预，由经验丰富的行为治疗师进行指导，这个疗程在计划接近尾声时逐渐减少。初步评估比较了三组：第一组接受了每周超过40个小时的行为治疗；第二组接受了几乎相同的治疗，但每周少于10个小时；第三组在计划中没有接受任何训练。三组儿童有相似的特征，干预持续两年以上。第一组儿童现在平均年龄为7岁，智商提高了30分，受教育程度明显高于其他两组，第二组和第三组没有区别。第二次评估时，第一组儿童的平均年龄为13岁，结果表明他们与第二组儿童相比仍然保持进步。在第一次评估中表现良好的9名第一组儿童中，有8名在普通教室中表现良好，功能接近正常。

虽然这个结果研究比当时大多数治疗研究具有更强的科学设计，但也遭到了一些批评。从那时起，对与洛瓦斯方法类似的行为计划的进一步评估也描述了几个效益，一些儿童"恢复了"，因为他们获得了正常范围内的智商，并被安排在正常年龄层次的教室里，语言技能、社会行为和适应功能也得到了改善。然而，并非所有儿童都能从治疗中获益，这表明该方法并非适用于所有儿童。

事实上，应用行为干预的局限性和评估已被多方关注，一些研究者指出，需要进行更多对照研究，将行为计划与特定的其他干预（而不是"折中"计划）进行比较。虽然如此，但总的结论表明行为干预是治疗的主要选择。2000年，施赖布曼（Schreibman）通过对行为干预的评估和对心理教育干预（如接下来将讨论的TEACCH）的评估，总结了以下具有教育性的公认事实：

- 密集治疗，即每天给予数小时的治疗和/或在儿

表12-2 幼儿孤独症研究计划的治疗阶段

阶段	周期	教学方法	目标（举例）
1.建立教学关系	2~4周	主要是回合式教学	遵从"坐下"或"过来"等指示，减少发脾气等干扰行为
2.教授基本技能	1~4个月	主要是回合式教学	模仿大肌肉群动作，识别物品，穿衣，开始玩玩具
3.开始沟通	6个月以上	回合式教学、随机教学	模仿语音，对物品进行表达性标记，感受识别动作和图片，扩展自助和玩耍技巧
4.拓展交际，开始同伴互动	12个月	回合式教学、随机教学、与正常发展的同伴组成二人组	标记颜色和形状，开始使用语言概念（如大/小、是/否），开始使用句子（如"我看到……"），开始玩假装游戏并与同伴互动
5.高级沟通，适应学校	12个月	回合式教学、随机教学、小组、普通教育幼儿园	与他人交谈，描述客体和事件，理解故事，理解他人的观点，独立完成任务，帮忙做家务

资料来源：Lovaas & Smith, 2003.

童的多个日常环境中给予治疗是极其有效的；
- 对幼童的干预可能会有显著效果；
- 有效的治疗与仔细控制的学习情境有关；
- 有效的干预必须使用技巧促进获得性学习的概括和维持（如自然教学）；
- 当儿童家长被培训成为主要治疗者时，儿童更有可能归纳并维持他们的学习；
- 结果存在差异，而且不同儿童可能从不同方法中获益。

TEACCH：心理教育治疗和服务

TEACCH 是孤独症和相关沟通障碍儿童治疗与教育（treatment and education of autistic and related communication handicapped children）英文的缩写，是美国北卡罗来纳州一项基于大学的在全州范围内实施的计划。根据法律规定，这个计划为孤独症和相关障碍的患者提供服务、研究和训练。这个结构化教学法已经发展了几十年，以替代20世纪60年代北卡罗来纳大学使用的一种基于精神分析的方法。从一开始，家庭就在 TEACCH 的发展中起到了关键作用。TEACCH 优先强调三个领域的内容：家庭适应、教育和社区支持。多年来，形成了一套清晰的理念和价值观，包括对个体化治疗的正式评估、通过认知和行为理论教授新技能、家长与专业人士的协同，以及处理全局的整体定位。

TEACCH 设有区域中心，提供个人评估、父母担任子女共同治疗师的培训、家庭支持，为孤独症老年人提供就业支持、咨询、专业训练，以及与其他相关机构协同。TEACCH 与北卡罗来纳州的数百间教室建立了合作关系，为教师提供培训。学生经过 TEACCH 评估并接受个性化教育计划后就可以加入教室。家长与专业人士合作，提供关于孤独症更广泛的社区教育，并开发更多社区服务。近年来，TEACCH 与其他大学项目和研究者合作，研究涉及 ASD 的遗传学、神经病学和流行病学等领域。

研究者已通过各种方式对 TEACCH 进行评估。虽然在结果研究中存在缺陷（包括缺少对照组），但 TEACCH 作为广泛的心理教育方法被认为是卓越的，在美国和欧洲等国得到广泛实施。

教育机会

ASD 属于美国《残疾人教育法》中规定的残疾人。学区有义务识别 ASD 儿童，从患儿出生开始就提供服务，服务包括家庭评估和干预以及合适的教育方案。学校承诺给予患儿最少限制的安置。全纳教育已减少制度化，并增加了孤独症儿童的受教育机会。

也许不足为奇的是，全纳与 ASD 儿童教育的一个问题有关。有人认为，孤独症患者在能力上的显著差异需要不同的教育环境，包括提供特殊服务的特殊教室。也有人担心，将 ASD 患儿纳入普通教室会使他们面临同伴拒绝、不利社会和情感后果的风险。有证据表明，许多主流化的高功能 ASD 患儿拥有的友谊相对较少，且友谊质量较差。还有人认为，正常发展的同伴可以既是干预的积极参与者，也是适宜社会行为的榜样。一些孤独症儿童似乎确实能从全纳中受益。然而，需要进一步研究的关键问题是，预测成功融入主流教室的因素是什么？有些儿童是否能从非主流学校环境中受益？如果是，哪种环境对哪类学生最有利？

在更广泛的计划中，对患儿家庭的支持是至关重要的，因为他们在为孩子争取获得最好的教

◎ 成功的孤独症儿童教学通常需要特殊的策略和密集互动。

育服务的复杂道路上经历了许多挑战，否则就要抚养一个残疾孩子。同样重要的是，提供提升ASD患儿的独立功能和生活质量的校外服务。近代的一项研究显示，近40%患有孤独症的青少年在高中毕业后的头几年没接受过任何服务。由于严谨的研究、家庭和专业人士的承诺与倡导，在改善ASD患儿生活方面已经取得了很大进展，但持续的努力至关重要。

精神分裂症

本章的开头提到，在很多年中，术语"儿童期精神分裂症"用于描述那些具有某些重度智力障碍的异质儿童群体。即使减少诊断混乱（如将孤独症定义为一种不同的障碍）之后也仍然存在一个根本性的问题：儿童中出现的精神分裂症与成人精神分裂症是否不同，还是同一障碍在生命不同阶段的不同表现？直到1980年，专业人士达成了一些共识，认为精神分裂症的本质特征贯穿于整个年龄段，所有年龄群体都适用相同的基本诊断标准。

因此，尽管本章的主要关注点是儿童和青少年的精神分裂症，但当涉及这个主题时，我们还要考虑成年期起病的精神分裂症。为了与临床研究和文献保持一致，讨论的内容分为儿童期起病精神分裂症（childhood-onset schizophrenia，COS）和青少年期起病精神分裂症，前者通常于13岁前起病，后者与成年期起病精神分裂症类似。

DSM-5 分类与诊断

DSM-5 将精神分裂症归入精神分裂症谱系及其他精神病性障碍的广义范畴。精神分裂症的关键特征是：

- 幻觉；
- 妄想；
- 思维（言语）紊乱；
- 明显紊乱或异常的运动行为；
- 阴性症状。

做出诊断要求在一个月中有相当显著的一段时间里存在其中的至少两个特征，并且存在上述前三个症状中的至少一个。这种障碍的特征至少持续六个月。当障碍发生于儿童期或青少年期时，必须是未能达到预期的人际关系、学业或职业功能。

前四个特征被称为**阳性症状**（positive symptom），表明正常功能的变形或过度。**幻觉**（hallucination，又称错误知觉）和**妄想**（delusion，又称错误信念）是精神分裂症中精神病的标志。**思维（言语）紊乱**（disorganized speech）是另一个关键特征，反映了思维障碍。**明显紊乱或异常的运动行为**（disorganized behavior）表现在许多方面：不适当的愚蠢、未预料的激越或攻击，以及缺乏自我照料等。**紧张症行为**（catatonic behavior）是运动障碍，如对环境反应的显著减少，僵硬、古怪的姿态。

精神分裂症患者也可能表现出**阴性症状**（negative symptom），即正常行为的减少或缺乏。因此，他们可能表现出情感表达减少（淡漠情感），他们的言语可能只是简短的回答，似乎没有传达太多信息（失语症），他们还可能既不发起也不会维持目标导向的活动（意志减退）。

儿童和青少年精神分裂症的诊断是相当可靠的，但特别强调阳性症状（如幻觉和妄想）对幼童也有影响。早期发展水平可能不适合这些精神病表现，也不适合儿童或可靠地评估报告这些症状。事实上，很少有病例是在10岁前被诊断出来的。

症状描述：主要症状和次要症状

幻觉

幻觉是当没有实际的外部刺激存在时出现的错误知觉。出现幻觉的个体会报告听到、看到或闻到他人没有听到、看到或闻到的东西。这种知觉异常可能在内容和复杂度上有所不同，比如，简单的幻觉是模糊的形状或声音，而复杂的幻觉更有条理，如可识别的图像或语音。

表 12–3 展示了四个诊断出精神分裂症的儿童样本的一些症状，包括他们报告的幻觉。幻听是最常见的；视幻觉的报告相当频繁，这些发现与青少年和成人精神分裂症的研究一致。下列关于幻觉的例子来自一项对九岁儿童的研究的叙述。

- **幻听**：厨房里的灯说"做你的事，闭嘴"。
- **视幻觉**：在不同地方多次看到一张鬼脸，脸上有红色、烧伤的疤痕。
- **命令**：一个男人的声音说"杀死你的继父"和"出去玩"。
- **被害**：怪兽说"这个孩子很蠢，让我们来教训他"。

妄想

妄想是一种错误的信念，人们即使面对现实的矛盾也会坚持这种信念。它们的内容各不相同。比如，被害妄想是认为自己正被某人陷害，而关系妄想是相信某些事件或物品具有特殊意义。妄想可以是简单的，也可以是复杂的，还可以是碎片化或有组织的。如表 12–3 所示，大多数被诊断为精神分裂症的儿童都出现了固定不变的妄想，以下是示例。

- **被害妄想**：一个孩子认为他的父亲越狱了，并且要来杀他。
- **躯体妄想**：一个孩子认为有一个男精灵和一个女精灵住在他的脑袋里。
- **古怪妄想**：一个男孩认为他是一只正在长毛的狗，有一次他因拒绝离开兽医的办公室而被枪杀。
- **夸大妄想**：一个男孩坚信自己与众不同，能够杀死别人，他相信上帝给他力量时，他就会变强。

思维障碍

妄想是思维内容的障碍，但在精神分裂症中，思维的形式也被扭曲了。思维障碍涉及组织思维的困难，并反映在语无伦次的言语中。有几个迹象表明思维障碍的存在：个体讲话缺乏连贯性，会从一个话题跳到另一个没有什么联系的话题上；他们的言语是不合逻辑、不相干、让人无法理解的；言语内容传达的信息很少，因其含糊、过于抽象或太具体、重复，可能还包含语词新作和对他人无意义的自创词。以下内容节选自对七岁男孩进行的访谈，表明他有思维障碍。

> 我以前做过一个墨西哥梦。我正在家里看电视。我在这个世界消失了，然后我来到了一个密室里。听起来像一个真空室。这是一个墨西哥梦。当我接近那个梦的世界的时候，我完全颠倒了。我不喜欢颠倒。有时我做墨西哥梦和真空梦。在梦里尖叫真的很难。

很大比例的 COS 病例报告了思维障碍，但报告的患病率不同（见表 12–3）。也许差异是真实存

表 12–3　四项研究中儿童期精神分裂症患儿的一些特征

项目	平均年龄	男：女	平均智商	出现症状病例的百分比			
				幻觉		妄想	思维障碍
				幻听	视幻觉		
凯尔文等人，1971 N = 33	≈11.1	2.66:1	86	82	30	58	60
格林等人，1992 N = 38	9.58	2.17:1	86	84	47	55	100
拉塞尔等人，1989 N = 35	9.54	2.2:1	94	80	37	63	40
沃克马等人，1988 N = 14	≈7.86	2.5:1	82	79	28	86	93

资料来源：Green et al., 1992; Russell et al., 1989; and Volkmar, 1991.

在的，但也可能是由识别支离破碎的言语和思维中的困难造成的。

次要特征

与 COS 相关的次要特征是运动异常，包括笨拙、发育指标延迟、协调性差、奇怪的姿势。此外，轻度躯体异常，即脸、头、手和脚的不规则，在精神分裂症中的发生率较高。

精神分裂症中沟通障碍是很常见的，例如，当对精神分裂症儿童提出一个问题时，他们不太可能给出任何回答，而当他们回答时，回答通常很简单，也不太可能给出补充信息。他们也很少使用连词及其他连接观点的语言形式，他们可能出现非典型特征，如模仿言语和语词新作。

智力测验得分反映了一般认知缺陷。许多患有精神分裂症的儿童在 IQ 测验中的得分低于平均水平或处于临界范围；可能有 10%~20% 的病例表现出明显的损伤。有证据显示，在精神病起病前后出现衰退模式，随后出现稳定。一项研究发现，测验得分从精神病症状出现前的 2 年到起病后的 1.7 年出现下降，在最长 13 年后的检查中没有发现进一步的衰退。

与一般认知损伤一致，神经心理学及其他评估表明，在 COS 和青少年精神分裂症中存在特定缺陷，如在注意、记忆、抽象和执行功能任务中的缺陷，许多缺陷通常与成人精神分裂症类似，但报告称更严重。

COS 也表现出明显的情感和社交障碍，他们中的一些人会表现出情感淡漠和缺乏社交兴趣的阴性症状，在早期起病精神分裂症患者中比成年期起病精神分裂症患者中更常见。社交障碍包括害羞、退缩、孤立和笨拙。除此之外，也有关于不恰当的情感、心情易变、焦虑和消沉的报告。

流行病学

虽然目前仍无法确定儿童患有精神分裂症的概率，但研究者认为这种病很罕见。精神分裂症只占普通人群的 1% 或更少，据估算，在所有这些病例中，10 岁之前起病的不高于 1%，15 岁之前起病的不高于 4%。从青少年期到成年早期发病率不断攀升，在 15~30 岁时逐渐达到高峰。儿童期精神分裂症更常出现在男孩身上，在青少年期无性别差异。

COS 在受教育程度低、事业不成功的家庭中发病率较高，但数据不一致，可能因对医院样本的依赖而产生偏差。在成年期，精神分裂症在较低的社会阶层和城市居民中更普遍。全世界不同文化中均存在这种障碍，且症状相似。

发展病程

儿童期精神分裂症的起病是徐发的或**隐匿的**（insidious），只有 5% 的病例是急性的。非精神病性症状比精神病性症状和诊断出现得早，早期病前特征包括语言、运动、感觉和认知功能的迟缓和畸变，以及社交退缩、同伴困难、学校问题、性格"古怪"。

正如预期的那样，发展水平影响儿童的症状，包括精神病性经历。早期幻觉可能只包含动物、玩具和怪兽，比较单一。类似地，妄想刚开始出现时也比较简单（如"一个怪兽想要杀死我"），然后逐渐变得更详细、复杂、抽象、系统化，这些变化与认知和社会情绪发展相一致。

青少年精神分裂症的起病不像儿童期起病那样难以觉察。尽管如此，很多确诊的青少年会有注意、运动知觉及其他神经发育问题、思虑、害羞、心情易变、攻击的病史。这些情况与成年人精神分裂症更为相似，成年人精神分裂症的早期特征在时间、严重程度和本质上存在很大差异。青少年表现出的精神病症状也与成年患者更相似，如被害妄想和夸大妄想比在儿童病例中更常见，且更复杂、更系统化。

总之，精神分裂症病程报告中出现了变异，也就是说，一些个体有慢性症状，一些经历反复发作的困难，还有一些部分或完全康复。起病前适应不良、徐发、精神病发作首发期延长、阴性症状、治疗前较长的时间间隔等都是精神分裂症不良结局的预测指标。从对儿童和青少年的研究来看，似乎约有五分之一伴有轻度障碍的良好结果，而三分之一仍有重度障碍。早期起病与重度症状和认知障碍有关，也与不良症状有关。图12-8是青少年精神分裂（及相关障碍）患者与成人精神分裂症患者症状的严重程度的比较。

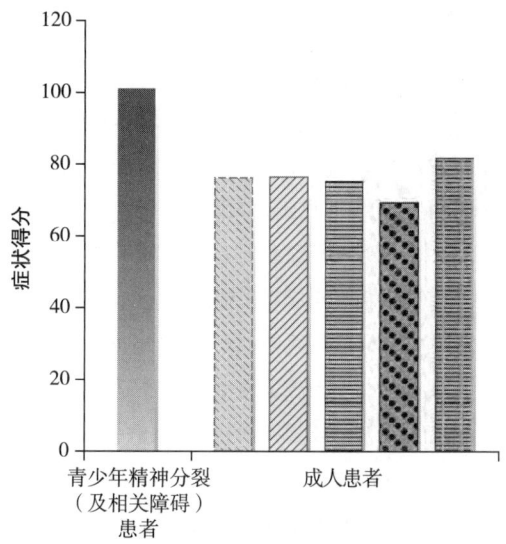

图12-8 青少年精神分裂症（及相关障碍）患者和成人精神分裂症患者症状的严重程度的比较

资料来源：Frazier et al., 2007.

儿童和青少年精神分裂症患者与成年期起病的患者相比，有较高的过早死亡风险，这一结果似乎应归于一系列原因，如未预期的躯体疾病、自杀及其他暴力事件。玛丽的案例描述了以悲剧告终的儿童期起病精神分裂症。

案例
玛丽：一个儿童期精神分裂症悲剧历程的案例

玛丽一直是个非常害羞的孩子，不爱说话，在交友方面有严重困难，经常对抗，偶尔遗尿。大约到10岁时，除了继续与社会隔绝外，她还表现出学业困难，她变得抑郁，感觉有魔鬼想让她做坏事，坚信老师要伤害她，而且身上满是细菌。她的行为变得越来越失控，说要自杀，不注意整洁，会跑到行驶的车前面，表现出明显的自杀意图。

这一事件引发了医生对她在住院治疗期间进行精神病评估。在此期间，她继续表现出奇异行为。虽然她的功能在住院治疗期间有所改善，也回到了家中，但她在整个儿童和青少年期一直被恐惧、幻觉、坚信有人在外面想要抓她的想法折磨，偶尔还会出现抑郁，并伴有自杀意图。她继续与社会隔绝，表现出社会退缩，在学校也表现不佳。在17岁时（经过几轮短暂住院治疗后），她被美国一所州立医院接收，并在那里一直住到19岁。在此期间，她的情感越来越淡漠，精神病症状持续存在。出院一周后，玛丽回到自己房间，锁上了门，服用了过量药物，第二天早上被发现时已身亡。

资料来源：Asarnow & Asarnow, 2003, p. 455.

神经生物学异常

精神分裂症表现为神经系统异常，并与脑的几个区域有关。虽然很多研究结果来自成人病例和在青少年期或成年期确诊的高危儿童，但也针对被诊断出这种障碍的儿童展开了重要研究，在不同年龄组中，得出了明显相似的研究结果。精神分裂症儿童的一般症状是神经生物学功能障碍，如运动发育迟缓、协调问题、轻度躯体异常，更多直接证据来自脑成像和实体解剖研究。

关于脑结构，神经元有时会在异常位置出现异常，神经元密集排列，突触发育过程和连接较少。通常会发现脑中充满液体的侧脑室增大，这种现象存在于包括儿童期在内的各个年龄段；相反，也经常发现小体积的脑组织，特别是在前区和颞边缘区。在这个障碍病程早期，有关于脑异常的报告。此外，脑容量减少和脑室增大通常与阴性症状、诊断前适应不良和神经心理缺陷有关。

这里重点讨论正在进行的一项由美国国家心理卫生研究所发起的COS调查，全面研究了儿童和青少年的脑成像。发现早期出现顶叶灰质丧失，而额叶和颞叶中的灰质丧失出现在青少年晚期，值得关注的是，丧失的进程反映了健康儿童和青少年脑发展前后颠倒的模式。

在一项关于白质的研究中，研究者比较了14岁儿童期起病精神分裂症患者和健康青少年，每年收集他们的 MRI 图像，为期4.5年。发现前者额叶、顶叶和枕叶，特别是右半球的发育速度明显逐年减慢，这种情况与正常发展的青少年的白色组织发育模式相同，即从前到后。这种成熟中的障碍影响纤维的髓鞘形成和脑区域的连接。这一研究及其他研究的重要发现是，脑发育与临床功能的测量有关（见图12-9）。

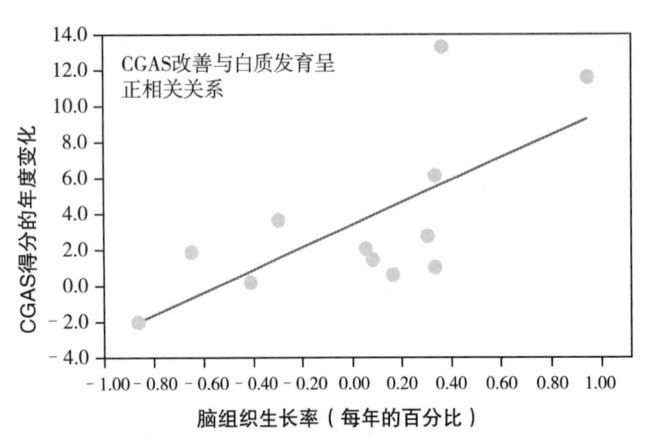

图 12-9 临床功能测量（CGAS）与脑组织发育之间的关系
资料来源：Gogtag et al., 2008.

脑异常也已在其他方面得到证实，研究者已通过各种类型的扫描审查了脑活动。这些发现表明，在不同脑区域和不同任务中，脑活动不足和过度活跃的情况很复杂。

一项持续多年的研究表明，多巴胺失调在精神分裂症中起着重要作用。多巴胺在多个脑通路中都很重要，包括额叶和颞边缘区域，这种神经递质能被缓解精神病的药物所阻断，而增加多巴胺的物质会使精神分裂症的症状恶化。然而，这也涉及其他神经递质，第二代抗精神病药可以在很大程度上阻断血清素。相关人士正在研究谷氨酸盐和氨基丁酸在大脑功能中可能存在的重要作用，似乎存在许多复杂的递质功能障碍。

关于脑，有什么样的发现？综上所述，有证据表明，几个脑区域和神经递质以复杂的方式运作，是精神分裂症的核心。结构、功能和生化研究表明，这种障碍涉及分布式网络各部分之间连接的异常，主要是额叶和颞边缘回路中的异常。

病因

鉴于脑异常的证据，病因的假设和调查试图解释它们的起源及引发精神分裂症的方式。再次强调，针对成年期起病的研究多得不成比例，但针对精神分裂症儿童和青少年的研究也有所增加。

遗传因素

在几个国家针对成年期起病精神分裂症进行的广泛研究表明，遗传率高达80%。双生子数据显示，同卵双生子（平均约为59%）比异卵双生子（平均约为14%）的一致性更强。与成年患者的遗传关系越近，患这种障碍的风险越高，比如，有精神分裂症父母的儿童患病率为12%，而一级堂表亲中有人患精神分裂症的儿童患病率仅为2%。家族中的遗传易感性也表现为与精神分裂症相似但较轻的障碍，以及与精神分裂症相关的认知加工缺陷，这表明遗传的是广义易感性和数量性状，而非一种障碍。最后，COS患者的父母患精神分裂症样障碍的风险要高于成年期起病患者的父母，这一发现表明 COS 中家族易感性更大。

目前还没发现有实质性影响的单个基因，通常认为涉及多个基因，每一个基因只起到小到中等的作用。针对 COS 的研究已经复制了存在于成年期起病精神分裂症中的几个易感基因，识别出的易感基因位于与脑结构和功能相关的几个染色体上，这与对精神分裂症的了解一致。例如，COMT 基因（22号染色体）参与多巴胺调节，DISC 基因（1号染色体）存在于减少的脑物质中，NRD1 基因（8号染色体）参与神经元迁移和连接。

此外，全基因组分析发现，罕见的拷贝数变异（即基因序列的缺失和重复）的比率远远高于对照组。最后，还有表观遗传过程的证据。罗思（Roth）和斯韦特（Sweatt）于2011年报告了多达100个相关基因的位置，显示出表观遗传变化，即甲基化改变。他们推测，在出生前或出生后，生命早期的表观遗传变化可能会导致精神分裂症。

几个基因和几个过程的参与构成了复杂的病因学图像，但遗传影响可能并不是全部，如此多的精神分裂症成年患者的同卵双生子并未患病，这个事实表明，非遗传因素可能也起到一定的作用。双生子研究表明，共享环境影响很小但很明显，包括早期接触毒素、感染和出生前影响。一些环境影响可能独立于遗传影响而起作用，例如，某些出生前因素可能直接对脑产生影响。其他环境影响可能与基因一起发挥作用，如表观遗传影响和基因-环境的交互作用。

出生前因素与妊娠并发症

产前逆境有时与儿童和成人精神分裂症有关，其中包括营养不良和感染原。荷兰的饥荒增加了在饥荒时期怀孕或妊娠早期个体患精神分裂症的风险。关于出生前感染，一项对芬兰女性的研究引起了人们的关注，她们在妊娠期接触过流行性感冒病毒，研究发现，她们在妊娠中期暴露于病毒的胎儿在长大后最终发展为精神分裂症的风险更大。一些补充研究复制了流感的风险，但有些则没有，补充研究表明胎儿会受到细菌感染。

许多妊娠和分娩并发症与精神分裂症有关，如妊娠期出血和紧急剖宫产。事实上，与其他环境因素相比，分娩并发症，尤其是出生时缺氧的婴儿更容易患精神分裂症。分娩并发症与脑室增大有关，但很难从这些发现中得出明确的结论。产科并发症可能会引发精神分裂症，但也可能是因遗传或出生前因素已经异常的胎儿所致。还必须考虑遗传和产科因素的交互作用。确实有证据表明，严重的产科并发症与特定基因的交互作用会引发患精神分裂症的风险。

社会心理影响

有理由相信，社会心理应激可能会导致儿童和青少年的精神分裂症，福尔斯（Fowles）于1992年发现，成年期起病的精神分裂症患者在症状出现前的几周内不良生活事件（应激）增加，应激因素的增加与精神分裂症的亚临床表现有关。社会精神应激还与症状的恶化有关。出生前期的应激与精神病理增加有关，包括后代的精神分裂症。另外，在一项针对高危青少年的研究中，那些后来发展为精神分裂症的青少年与未患障碍的青少年相比，皮质醇显著升高。

长期以来一直存在家族特征导致精神分裂症的猜想，"精神分裂症之母"确实曾用来表述这样一种观点：病态的父母教养是精神分裂症的基本原因。尽管这个假设目前尚无定论，但使人们对家庭互动的作用产生了兴趣。

针对被收养者的有限研究表明了家庭环境对精神分裂症的影响。比如，一项芬兰领养研究说明了家庭氛围可能存在的影响，研究者对比了两组领养子女，一组被试的母亲患有精神分裂症或相关障碍，另一组被试的母亲未患这类障碍。对这些领养子女的家庭的功能评估为分析成长环境对精神分裂症的影响提供了依据，研究结果显示，那些有遗传风险且后来患上精神分裂症及相关障碍的被领养者是在关系不和谐的家庭中长大的。这个研究结果同时也表明遗传风险低可防止个体受负面家庭氛围的影响，由此表明基因和环境的交互作用。

神经发育模型

研究者根据现有对精神分裂症的了解得出下列观点：精神分裂症的病因包括多种因素，提出了一个通用框架，即易感性-应激模型。这个模型假设了生物易感性，可能是遗传易感性，也可能是出生前通过与环境应激的相互作用产生不同的发展路径和结局。一些个体达到精神分裂症确诊症状的临界点，或存在类似但程度稍轻的症状，而另一些则没有。

过去的几十年，相关人士对精神分裂症的神经发育模型越来越感兴趣并给予支持，我们为写本书而查阅的很多研究的确都支持这一观点。这个模型表示，脑的早期发育发生错误，影响了关键脑回路（见图12–10）。早期发育以障碍前的困难为特征，如运动和语言问题，以及在认知、社会和心理功能方面出现的困难越来越多。在大部分病例中，当大脑在青少年期或成年早期发育进一步成熟时，精神病核心症状就会出现。研究者指出，在青少年期，荷尔蒙和脑系统出现大量变化，使障碍的表达成为可能。值得特别关注的是，青少年后期是额叶及相关区域的突触进行选择性修剪的重要时期，研究者假定过度修剪与症状的出现有关。尽管脑的变化被认为是生物学上的变化，但社会环境影响与生物学因素相互作用，从而促进病情的发展。

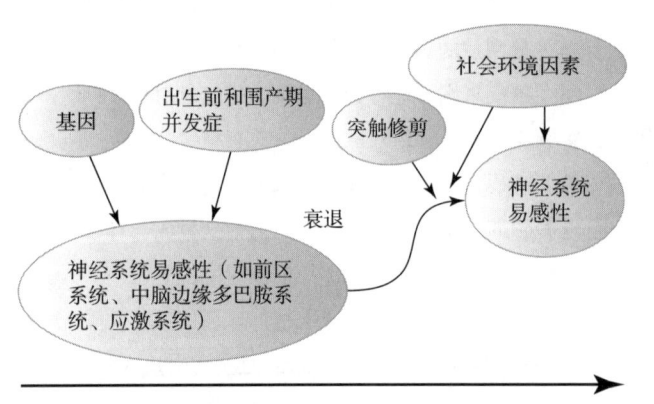

图12–10 精神分裂症的神经发育模型

尚不清楚神经发育–心理模型运用到儿童期精神分裂症的确切路径或作用程度。如上文所述，早期起病和晚期起病精神分裂症之间的大量相似之处有力地说明了它们属于同种障碍。但也有证据表明，COS包括更严重的症状、更不利的结局，以及更强的家族易感性，这表明更强的遗传易感性（或生物易感性）与更差的环境逆境相结合，可能会让人在生命早期就患上相关障碍。

评估

以下分类可作为对疑似患有精神分裂症的儿童或青少年进行全面评估的指南：

- 病史信息，包括妊娠并发症、早期发展、起病年龄、症状病程、躯体病史和家族病史；
- 评估精神分裂症阳性症状、阴性症状及相关特征；
- 心理评估，包括智力、沟通和适应技能评估；
- 在一些病例中，需要做身体检查、脑电图、脑扫描和实验室实验；
- 必要时，向学校和社会服务机构咨询。

虽然早期识别可促进适当的治疗，但也带来了特殊的挑战，早期出现的非精神病行为失调也存在于其他障碍中。除此之外，患有其他障碍（如双相障碍和重性抑郁障碍）的儿童也经常报告出现幻觉。事实上，精神分裂症儿童开始会被诊断为PDD、ADHD、心境障碍、焦虑障碍等。

如前文所述，可能难以识别精神分裂症儿童的阳性症状，标准化评定量表和半结构化访谈会对此有帮助。然而，非临床和临床人群中的儿童报告说看到鬼怪或幻象，听到声音等症状，这些幻觉通常并不代表精神病。类似地，对儿童和青少年报告的奇异想法、强迫观念、先占观念，也很难认定是否属于精神病妄想，对五六岁以下的儿童来说尤为如此，他们在逻辑上区分幻想和现实方面仍然受限。除此之外，评估思维障碍尤为困难，可能会受儿童语言技能的影响，这对于评估思维过程至关重要。此外，我们所认为的异常的思维会随着孩子的发展水平而变化。

与儿童相比，对青少年，尤其是较大的青少年的评估，发现问题较少，精神病症状与成年期起病精神分裂症更相似，尽管并不总是预测精神分裂症的全面爆发。这时的精神病症状可能与多种障碍有关，包括物质滥用、癫痫和心境障碍。

因此，必须通过观察更广泛的临床表现才能理解精神病的载体表现。

预防

尽管研究者对预防有浓厚的兴趣，但病因学的知识有限，阻碍了进展。精神分裂症与出生前和分娩并发症的关联性表明，在妊娠期间，特别是高危家庭，特殊护理是明智的。类似地，提高对早期认知缺陷的敏感性、不良社会功能及青少年的行为问题可能有助于早期识别。

精神分裂症的早期识别和治疗通常与结果改善有关，在许多青少年中出现的徐发为预防工作提供了机会。当前，研究者对识别那些看起来风险很高但症状减轻的个体中的"风险综合征"产生了极大兴趣，识别为此类的个体比一般人群更易发展为精神病。然而，预防是极具挑战性的，因为即使是一些正常的儿童或患有其他障碍的儿童身上也会体现出许多精神分裂症的早期症状，而且虽然很多青少年会呈现出精神分裂症的早期预兆或症状，但他们并不会发展为精神分裂症患者。此外，儿童期精神分裂症的低发病率阻碍了针对此阶段的预防措施的研究。尽管面临这样的困境，以及给被错误识别的儿童和青少年打上烙印或施以药物的危险，还是有一些研究致力于早期干预。用麦戈里（McGorry）及其同事的话说，"在重度且不可逆的症状和功能损伤变得根深蒂固之前不进行治疗，代表照料的失败"。早期干预的目的是延缓、减弱，甚至是预防精神分裂症。

干预

与早期出现的精神分裂症的其他方面一样，必须从对成年患者的治疗的了解中形成对儿童和青少年治疗的概念。根据病情的严重程度、急性期或慢性期、干预可用的机会以及社区/家庭支持，治疗方法可能会有本质差异。许多有这种障碍的儿童和青少年可能住在家里，并在当地学校上学。有重度障碍的儿童和青少年，一些留在家中，可能会上特殊学校；一些则被安置在医院及其他住家护理院一段时间。专业人士认为，最佳的治疗策略是采用多种方法来缓解经常出现的各种问题。

药物治疗

传统的抗精神病药和第二代抗精神病药是治疗精神分裂症的核心手段，可对成年和年轻患者起到缓解幻觉、妄想、思维障碍及其他症状的作用，尽管并非所有人都对抗精神病药有反应。第二代抗精神病药（如利培酮、氯氮平、奥氮平）由于副作用较少而被广泛应用。不过，这些药物确实产生一些不良副作用，对儿童和青少年的影响可能比对成年人更大，其中包括体重增加、镇静、胆固醇和甘油三酯水平升高。氯氮平对儿童和青少年患者尤为有效，但会产生严重的不良副作用，因此需谨慎使用。有些药物除了本身具有一定风险外，其不良副作用还可能导致儿童和青少年中止治疗，进而导致症状的复发。

心理社会学干预

药物治疗主要是为了减少精神病症状，而心理社会学治疗则包括更广泛的目标，其中改善方法或最有前途的方法是技能培训、认知行为疗法和家庭方法。

技能培训的目标是通过教学、模仿、正强化及其他行为技能来提高社会和日常生活技能。认知行为疗法认识到精神分裂症的症状（尤其是幻觉和妄想）会干扰社会功能，因此它旨在缓和这些症状或促进应对方式。家庭疗法是一种成年人采用的策略，对儿童和青少年可能是至关重要的。当今家庭干预被一个相互合作的基本原理支持着，不像过去那样有时将责任归咎于家庭。表12-4列出了家庭疗法的一些主要组成部分。

在过去的20年里，针对精神分裂症中常见的认知缺陷的治疗方法有所增加，如记忆、注意、加工速度和问题解决等方面的缺陷。采用以计算机为基础的项目来提高认知是令人鼓舞的。另一种较新的方法是社会认知训练，旨在改善患

表 12-4 精神分裂症家庭干预的主要组成部分

- 精神分裂症教育（如因果假说、病程、治疗）
- 加强应对精神分裂症的策略
- 在家庭沟通训练中强调清晰性和反馈策略
- 问题解决训练；处理日常情况和应激
- 在有严重的应激和/或障碍复发迹象时采用危机干预

资料来源：Asarnow, Tompson, & McGrath, 2004.

者对社会世界的知觉和理解（如情绪、心理推测能力）。

2006年，美国心理学会建议使用综合方法和支持性环境治疗精神分裂症。对于儿童和青少年，必须解决对正常发展的破坏的问题。因此，治疗不仅要减少特定症状，还要促进心理、社会、教育和职业发展。由于患有精神分裂症的儿童和青少年可能需要相对密集的家庭和社区服务，包括学校服务，因此系统性病例管理和协调是有益的。

与早期起病精神分裂症的其他方面一样，怎么强调提高干预有效性研究的重要性都不为过。幸运的是，自20世纪90年代以来，出现了更乐观的治疗和预防方法。如今认为精神分裂症具有可塑性，并已提升循证护理，以前聚焦于长期障碍的悲观已转移到强调康复的希望上。

第 13 章
基本身体障碍

本章将涉及：

- 排泄障碍分类中的遗尿症和遗粪症；
- 排泄障碍的病因及治疗；
- 常见睡眠问题和睡眠障碍的症状描述与分类；
- 睡眠问题的治疗；
- 早期喂食与进食问题及障碍；
- 肥胖症发展及干预的影响；
- 进食障碍的定义与分类；
- 神经性厌食与神经性贪食的流行病学及发展病程；
- 进食障碍的生物学、心理社会学和文化影响；
- 进食障碍行为的治疗与预防。

本章和第 14 章将讨论身体功能和健康问题，这些问题在许多方面代表心理学与儿科学的交叉学科领域，故"儿科心理学"（pediatric psychology）是这一研究和实践领域的常用术语。其中许多问题（如排便训练、睡眠困难），父母首先向儿科医生寻求帮助，有些问题可能需要心理学家和儿科医生合作解决。患有神经性厌食症的青少年经历危及生命的饥饿和患有遗粪症儿童巨结肠的问题就是两个例子。

儿童在习得排便、睡眠和进食的良好习惯中表现出困难是很常见的。儿童执行这些相关任务的能力和父母帮助孩子发展技能的能力，对于双方的直接幸福感都至关重要。父母可能会因这些早期儿童养育方式受到自己及他人的评判，父母选择的方式也会成为今后的交互作用的基础。尽管他们靠自己解决了许多早期困难，但也经常需要寻求专业帮助。本章将探讨一些常见的困难，有些困难是正常发展的一部分，但重点是严重到足以引起临床关注的问题。

排便问题

典型的排便训练

排便训练是幼童父母关注的一个重要问题，他们会将其看作孩子成长的一个里程碑。此外，儿童能否进入日间护理或其他托管机构也取决于能否自主控制排便。对儿童来说，取悦父母、获取掌控感，以及不再是"婴儿"的感觉，都有助于他们控制排便。

儿童养成控制排便习惯的一般顺序是：夜间控制大便、白天控制大便、白天控制小便、夜间控制小便。尽管儿童发展到可以控制排便的时间点存在很大差异，但一般都能在 18~36 个月时控制大便，并在白天控制小便。

父母在何时开始进行白天训练上常存在分歧，这个决定在很大程度上与父母的文化价值观、态度和现实生活压力（如日间护理需求、其他同胞）有关。其中一个例子是，尿不湿的出现很好地说明了日常考虑如何影响父母的决定，尿不湿的唾手可得降低了许多父母提早开始训练的意愿。

成功训练得益于三个因素。第一，儿童必须已发育到准备好开始训练是很重要的。第二，正确判断儿童何时必须上厕所，也能带来重要的早期成功经验。充分的准备，如使用训练裤而不是尿不湿，给孩子穿上容易脱掉的衣服，准备一个孩童便盆也很有帮助。第三，以轻松的方式表达对适当的如厕行为的赞扬和有形正强化（如贴纸、葡萄干）也比较有效。

遗尿症

描述与分类

"遗尿症"一词的英文"enuresis"来源于希腊语，意思是"我制造水"，是指在白天或夜间反复在床上或衣服上排尿，且不能归因于躯体疾病（如糖尿病、尿路感染）。在诊断前，需要一定的失控频率，通常会随着儿童年龄而变化，DSM 定义要求至少连续三个月、每周两次的频率。如果尿床与临床上显著的疼痛或重要功能区受损有关，那么在不经常尿床时也可诊断为遗尿症。缺乏排尿控制通常不会被诊断为五岁之前的遗尿（或同等发育水平）。选择五岁的年龄/发育水平，因为这是可以预期的排尿可控年龄。

尿床通常可分为夜间尿床和日间尿床。有两种病程类型：一种为**原发型**（primary），这种类型的个体从未被确诊为尿失禁；另一种为**继发型**（secondary），这种类型的障碍在被确诊为尿失禁的一段时间后发生。所有遗尿症病例中，约有 85% 属于夜间遗尿/原发型遗尿症。

> **案例**
> **杰伊：一个遗尿症及其后果的案例**
>
> 七岁的杰伊白天排便很正常，但无法控制夜间排便。这种情况持续了好几年，平均每周他会尿四次床。除了轻度学习困难外，杰伊没有其他明显的行为问题，除了出生时有轻度缺氧和说话晚，他的

> 成长历程与其他人没有明显差别。杰伊的生父直到九岁才停止尿床。
>
> 杰伊的母亲和继父对他尿床的看法不一致，母亲觉得他长大后就会好，而继父则认为这是懒惰的表现，并在他遗尿症发作后收回了给他的特权。父母在更换湿床单以及限制杰伊睡前喝水上保持一致意见，他们认为遗尿症是为家庭带来痛苦的主要来源，如何处理遗尿症的冲突则使问题恶化。
>
> 资料来源：Ondersma & Walker, 1998. pp. 364-365.

流行病学

流行病学估算的患病率表明，约有10%的学龄儿童有遗尿症。患病率随年龄增长而稳步下降，到18岁时，男性患病率降至1%，女性患病率低于1%。这个问题在男孩中至少是女孩的两倍。

病因

很多因素被认为是遗尿症的原因。遗尿症曾一度被广泛认为是情绪困扰的结果，但证据并不支持"遗尿症主要是一种精神病理学障碍"的观点。儿童出现的情绪困难通常是遗尿症的结果，而非原因。夜间和日间尿床儿童的父母会特别容易报告孩子的心理问题。遗尿症儿童，尤其是长大后，很可能会遭遇与同伴和其他家庭成员相处的困难。遗尿症和情绪问题也可能因相似因素（如混乱的家庭环境）而共同出现。

关于遗尿症，最常见的解释是，熟睡时识别膀胱充盈感觉的能力出现成熟延迟，也有研究者提出其他解释。

有人认为睡眠异常会引发遗尿症，例如，许多成年人认为儿童是因不常进入深度睡眠才患上夜间遗尿症的。事实上，父母经常不由自主地报告说，在夜间很难唤醒遗尿症孩子。然而，关于睡眠和唤醒的作用的研究结果不一致。尿床可能发生在睡眠的任何阶段，而不仅仅是深度睡眠。这一证据和其他证据引发对"所有或大多数遗尿症都是睡眠障碍"这一观点的质疑。但在某些儿童和青少年亚群中，遗尿症至少部分是由睡眠唤醒方式引起的。

另一个生物学路径是夜间抗利尿激素（antidiuretic hormone，ADH）分泌不足导致膀胱容量减少或尿量增加，这一假说的证据之一是一些遗尿症儿童对抗利尿药[一种名为醋酸去氨加压素（desmopressin acetate，DDAVP）的激素类似物]反应良好。然而，尽管在某些病例中这可能是一个因素，但证据并不一致，专业人士也不支持将低水平的ADH作为遗尿症的唯一或主要病因。

如果调查家族史，就常常可以发现遗尿症患儿的许多亲属也有相同问题。已有同卵双生子的遗尿症比异卵双生子具有更高一致性的报告，多代同堂研究进一步支持了这种障碍的遗传性。具体的基因位点尚未确定，可能涉及复杂的遗传和环境交互作用。

总之，关于生物学影响的信息强有力地证明了至少一部分遗尿症患儿有患遗尿症的器质性素质，这种素质能否引发遗尿症取决于各种经验因子，如父母的态度和训练程序。

关于遗尿症的行为学理论的核心观点是，遗尿是学习控制反射性排尿失败的结果，失败的原因是错误训练或干扰学习的其他环境（如混乱或充满压力的家庭环境）影响。大多数行为理论都将一些成熟延迟/躯体困难（如膀胱容量或唤醒缺陷）纳入解释。

治疗

在开始治疗前，应由医师对儿童进行评估，以排除任何引起排尿困难的医源性因素。如果父母为幼童寻求治疗，那么讨论发展常模可能会有所帮助。最后，治疗开始前的充分准备工作和父母的配合也是必要的。

在治疗遗尿症中使用了多种药物，DDAVP已成为一级药理治疗手段，部分原因是它比其他药物的副作用风险更低,具有在睡眠中控制排尿量的能力。研究发现,即使在难以治疗的病例中,DDAVP仍可减少尿床,但会复发,即如果停药,遗尿症就会复发。

夜间遗尿症的行为治疗已受到许多研究的关注。最著名的方法是尿液报警系统,这一程序最初是由德国儿科医生普夫劳恩德(Pflaunder)于1904年引进的,后来由莫勒(Mowrer)夫妇在1938年对其加以调整并开始系统地应用,此后许多研究者对其进行了改造。这个系统的基本装置是两个箔片之间的吸液垫,当尿液被吸液垫吸收时,电路就通了,激活警报,直到手动关闭才会停止(见图13-1)。当警报响起时,父母叫醒孩子,并教孩子关掉警报,去洗手间排尿。然后换被褥,孩子回去继续睡觉。家人通常会记录尿床和没尿床的夜晚,连续14个晚上没尿床后移除该装置。

图 13-1　用于遗尿症治疗的尿液警报器

◎ 在儿童内衣佩戴一个尿液传感器,将其与睡衣或手腕上佩戴的警报器相连。

对使用尿液报警系统治疗的研究表明,它在绝大多数情况下都是成功的,是遗尿症的首选的治疗方法,也比DDAVP等药物更具成本效益。报告的复发率约为40%,但经过再训练通常能够完全康复。

为减少复发,相关人士已对标准尿液警报程序进行了修改。全面支持家庭训练建立在初期治疗成功的基础上,旨在减少复发,并降低家庭退出治疗的比率。这个方法是一个治疗手册指导包,包括这些内容:一个尿液报警系统;清洁训练(训练儿童更换床铺和睡衣);一套提高膀胱容量的程序,名为保持控制训练;过度学习,在儿童连续不尿床的次数达到超出必要的高标准后继续训练。训练项目形式分为一个90分钟的小组训练、单独训练、两个一小时的课程。父母和孩子商定训练形式,然后在治疗师定期电话指导下在家完成训练,并根据需要安排30分钟的随访,治疗通常在16~20周完成。

霍兹(Houts)、彼得森(Peterson)和韦兰(Whelan)于1986年进行的一项研究证明了这个项目的有效性,还证实了各项目组元在减少复发方面的作用。参与研究的家庭分为三组:第一组接受尿液报警系统+清洁训练(BP);第二组除了接受这两种训练外,还接受保持控制训练(BP-RCT);第三组接受全套训练,即这三种训练+过度学习(BP-RCT-OL)。与此同时,研究者还对对照组儿童进行为期八周的随访,未发现尿床现象有自动改善的情况。随后,对照组儿童被随机分到以上三组。研究结果显示,三种治疗方案对遗尿症同样有效,但在之后三个月的随访中,第二组的复发率明显低于其他两组,表明过度学习对预防复发的重要性。

遗粪症

描述与分类

功能性**遗粪症**(encopresis)是指因非身体障碍引起的大便排泄到衣物或其他不适当地方的病症。当这个事件每月至少发生一次、持续至少三个月、发生在至少四岁或同等发育水平的儿童身上时,就会给出诊断。根据便秘现象的存在与否,可以识别两种类型的大便失禁。

> **案例**
> 苏珊：一个遗粪症及其后果的案例
>
> 六岁的苏珊自出生以来每天至少遗粪一次。尽管父母不断试图说服她使用马桶，但遗粪发生的频率并没有降低。经过仔细的健康检查后，她的医生排除了医源性因素。然而，检查结果显示她的结肠里有大量粪便。在评估过程中，苏珊的母亲表示，她和女儿都非常沮丧。也有证据表明，苏珊经历了严重的焦虑和痛苦，她似乎已学会控制粪便，早期大量痛苦的排便经历使她很害怕上厕所，遗粪问题已经开始影响她的社会功能和自尊心。

流行病学

儿童遗粪症的患病率约为 1.5%~7.5%，似乎随年龄增长呈下降趋势，在青少年期非常罕见。这个问题在男性中更常见。

接触过广泛儿童群体的儿科医生认为，大部分遗粪症儿童没有相关的精神病理，这一观点得到了其他专业人士的认可。然而，遗粪症在白天发生的次数比晚上多，比遗尿症更易被发现，也更可能被社会污名化，因此给父母和儿童带来了巨大痛苦，还可能与更多行为问题有关。例如，有报告称，与没有排便问题的儿童相比，患有遗粪症的儿童在儿科消化门诊就诊时会出现更多行为问题，社会能力得分也较低。经过治疗后，这些儿童的问题减少，社会技能得到了改善。相关心理困难到了一定程度，但与其说这是遗粪症的原因，倒不如说是其结果，或两者都与共同的环境因素（如应激家庭环境）有关。

病因

多数理论认为，遗粪症可能源于各种致病机制。最初的便秘和遗粪可能受诸如饮食、液体摄入、药物、环境应激或不当排便训练等因素的影响。直肠和结肠可能因排便难而膨胀，如此一来，即使对于正常量的大便，肠道也无法进行正常排粪反射了。

医学上对这个问题的看法倾向于强调神经发育路径。有观点认为，遗粪症是由控便功能所需的生理和解剖机制在结构及功能上发育不足引起的，但这种器质性不足被认为是暂时的。

行为观点强调错误的排便训练程序。不良饮食选择可能与未能持续应用适当的训练方法共同起作用。一些遗粪症病例也可用回避条件反射原则解释，对疼痛或恐惧的回避会强化症状。积极影响也可能导致遗粪症持续，强化不足也会引发适当的如厕。这些不同学习中的解释与生理学解释并不矛盾，例如，不良排便训练可能会加重生理–神经机制的不足。

治疗

多数遗粪症的治疗结合了医疗和行为管理。在父母和儿童接受了关于遗粪症的教育后，治疗的第一步通常包括使用灌肠剂或摄入高纤维消除粪便影响。接下来，要求父母安排规律的如厕时间，如果孩子不能排粪，就要使用栓剂。液体摄入、饮食、轻泻药和大便软化剂都能促进排便。儿童如果能独立（未使用栓剂）排便，保持裤子清洁，就会得到奖励（如儿童可以自己选择一个有父母参与的共享活动）。如果出现遗粪，则可指导孩子清洗自己的身体和衣服。在训练后期，不再使用轻泻药和栓剂。虽然干预措施不如遗尿症那么成熟，但有研究证明这种治疗是有效的，复发率很低。在一些病例中，儿童遗粪是为了操纵环境（如可以不去上学、获得母亲的陪伴和关注），这时可能需要额外的家庭治疗。

睡眠问题

父母经常抱怨年幼的孩子很难入睡和维持睡眠。父母经常报告的另一个担忧是噩梦。为了解这些问题及更严重的睡眠障碍，有必要了解儿童正常睡眠的变异。

睡眠发展

在所有年龄段，正常的睡眠模式都有相当大的个体差异，而且睡眠模式会随个体发育而改变。

例如，新生儿平均每天睡 10~18 个小时，到 1 岁时，平均睡眠时间降至 12 个小时。正常发展的 6~12 岁儿童每天睡 10~11 个小时。除睡眠时间外，其他方面也发生了变化，例如，新生儿的睡眠时间在日间和夜间平均分配。幸运的是，到 3 个月大时，婴儿接受成年人典型的昼夜模式，到 18 个月大时，睡眠模式通常会相当稳定。

在睡眠期间有两大阶段：**快速眼动**（rapid eye movement，REM）睡眠和**非快速眼动**（nonrapid eye movement，NREM）睡眠。NREM 睡眠分为四个阶段，第三阶段和第四阶段属于深度睡眠阶段，其特征是脑电图中出现非常慢的波，因此有时也被称为慢波睡眠阶段。大脑整个晚上都在这些睡眠阶段循环，不同睡眠阶段所用时间随发育而变化。例如，在生命的第一年，活跃的 REM 睡眠从八个小时变为四个小时，从而也减少了 REM 时间相对于其他睡眠阶段的比例。不同睡眠阶段出现的顺序或模式也会改变，婴儿的睡眠阶段以不规则的模式混合在一起，但随着儿童的发育，轻度 NREM、深度 NREM 和 REM 睡眠的规律模式逐渐建立起来。

常见睡眠问题

在孩子出生的第一年，父母最常抱怨的是孩子不整夜睡觉。不愿去睡觉和做噩梦通常发生在第二年，3~5 岁的儿童可能出现各种问题，包括入睡困难、夜间觉醒和做噩梦。调查显示，多达 25% 的婴儿和幼童经历了某种形式的睡眠问题，困扰着他们的家庭。父母的期望和耐受度的差异，部分决定了是否存在睡眠问题。

学龄期儿童也会遇到各种睡眠问题，包括抗拒入眠、睡眠延迟和夜醒症。事实上，较大儿童的睡眠问题可能被低估了，因为他们较少使父母察觉到他们的困难。即使在青少年期，有关睡眠的问题也很普遍，尤其是需要更多睡眠和入睡困难。在这个年龄段，由于上学的原因要晚睡和早起，青少年的睡眠时间通常会减少。斯内尔（Snell）、亚当（Adam）和邓肯（Duncan）在 2007 年指出，根据对全美范围内 3~18 岁儿童代表样本的调查，总体睡眠时间随儿童年龄增长而下降，特别是工作日，较大的儿童睡得更晚、起床更早。当青少年由初中升入高中时，睡眠时间会急剧减少，高中毕业后，他们的睡眠时间会增加。睡眠不足可能会导致学习成绩差、焦虑、抑郁和健康困难等问题（见图 13–2）。

图 13–2 睡眠不足可能导致学习成绩差及其他问题

早期睡眠困难是否会继续存在和/或发展为更严重的睡眠障碍，取决于个人和环境影响之间复杂的相互作用的结果。确实很难明确区分常见的睡眠困难和某些睡眠障碍，但对于青少年来说，频繁的、持续性的及与其他问题相关的睡眠问题被认为是睡眠障碍，而那些没有引起显著痛苦或者没有引起重要功能损伤的睡眠问题不会被诊断为睡眠障碍。

睡眠障碍

婴儿、儿童及青少年的许多睡眠障碍引起了临床工作者的关注，核心关注点是睡眠障碍可分为两大类型：睡眠失调和睡眠失常。睡眠失调包括入睡或维持睡眠困难、过度嗜睡。睡眠失常包括觉醒障碍、局部觉醒障碍、睡眠阶段过渡 [**睡眠异态**（parasomnia）]。

入睡或维持睡眠困难

入睡和维持睡眠的问题很常见，如果足够严重且持续时间很长，就会被归入睡眠失调的范围。这类睡眠障碍很常见，通常被视为儿童神经生理发育不足的一种外在表现形式，因此期望其最终自愈。然而，在很多病例中，儿童、父母和环境因素都会起到一定的作用，例如，有些父母为了帮孩子入睡，会摇晃或安抚幼童，被这样对待的孩子在正常的半夜醒来后很难安抚自己或独自重新入睡。曾有研究者对12~36个月大的睡眠质量差和睡眠质量好的儿童进行了一项比较研究，得出了一些惊人的发现。母亲的睡眠记录显示，睡眠质量差的儿童在夜里醒来的次数更多，但录像显示两组儿童实际醒来次数并无差异。睡眠质量差的儿童无法或不愿重新入睡，不愿吵醒父母。相比之下，睡眠质量好的儿童半夜醒来后，还能自己接着睡，他们可以环顾四周然后睡着，或是让自己安静下来，如拥抱动物玩具或吮吸拇指。父母未能提供就寝时间惯例和设定限制会使入睡困难得以维持。无论是什么原因，这些问题也许都会持续多年，可能给儿童及其家庭带来极大困扰。

这种睡眠问题可能被低估了，当幼童报告自己难以入睡或嗜睡时可能被误认为是寻求关注，或者幼童的认知发展水平有限，可能无法识别自身的睡眠问题。又或者，儿童可能存在各种睡眠问题，客观睡眠记录可能揭示出自己或父母都没有觉察到的睡眠问题。睡眠问题可能导致社交、教育或其他方面的功能损伤，但其家庭可能未意识到睡眠困难是导致其他问题的原因。

睡眠问题可能以多种方式与其他问题联系在一起，例如，儿童的恐惧或担忧可能导致他们在入睡和维持睡眠方面出现问题。在较大的儿童群体中，睡眠问题可能源于对学校或同伴的担忧认知、对过去或预期经历的反刍，或者恐惧。睡眠困难也经常被描述为其他障碍表现的一部分，如ADHD、孤独症、抑郁和焦虑。睡眠困难与其他问题可能同时发生的另一个原因是，可能属于同一组常见的发病机理表征，如困难型气质儿童、家庭不和或父母教养行为。

睡眠－觉醒障碍

还有几种令父母担忧的儿童睡眠障碍也被划入睡眠异态的范畴，包括梦游、睡惊症。

梦游

梦游（sleepwalking）（梦游症）发作时，儿童会突然从床上坐起来，双眼睁开却好像什么也看不到，往往会离开床四处走动，但也会在步行阶段前停止发作。发作期间儿童可能会没有响应，例如，叫他的名字时没有回答或不回应。梦游可能持续几秒钟或30分钟甚至更长的时间。儿童一般记不起自己梦游过，这可能会导致混乱或应激，例如，孩子可能在自己房间睡着后，在另一个房间醒来，因此可能会感到苦恼并担心他们的睡眠问题，但他们在学校、家庭和与同伴交往中的表现都很好。曾有观点认为，梦游儿童身体协调性异常强，没有任何危险，但事实并不是这样，这种障碍有物理性损伤的危险。

5~12岁儿童中约有15%在睡梦中有孤立的行走经历。梦游障碍，即持续性梦游，估计在1%~6%的儿童中发生，并会伴随儿童数年，但频率随着年龄的增加而减少。

绝大多数梦游事件发生在入睡后的1~3个小时。梦游发生在NREM睡眠（深度睡眠）阶段后期的事实，似乎推翻了"梦游是梦中场景再现"的说法，因为梦发生在REM睡眠阶段。研究者发现，每次发生梦游前，儿童的脑电图上都会出现一个特殊模式，不满1岁的儿童中有85%会呈现

"我担心床底下有怪物，我担心上大学。"

这种特殊的脑电图模式，而 7~9 岁的儿童中只有 3% 会出现这种模式。因此，有人指出中枢神经系统尚未发育成熟是造成梦游症的主要原因，这种障碍随儿童成长自然缓解也与这一观点相符，但这个观点并不排除心理因素或环境因素。因此，有报告称，梦游的频率受到睡眠不足、睡眠习惯改变、特定环境、应激和身体疾病的影响。这种障碍似乎有很强的遗传性，研究报告结果表明，同卵双生子患梦游的一致性比例高于异卵双生子，并且梦游的家庭模式也更为一致，有 80%~90% 的患者具有可识别的一级亲属有睡眠异态病史。

睡惊症

睡惊症（sleep terror），又称夜惊，约有 3% 的儿童经历过这种障碍，常见于 4~12 岁的儿童，大多在进入青少年期后会得到自然缓解。

睡惊症发生在深度慢波睡眠阶段，发作时间相当稳定，一般是入睡后两个小时。睡惊症发作时的惊人之处在于，沉睡的儿童会突然在床上坐起来并尖叫，表情痛苦，伴有明显的自主神经唤醒（如呼吸急促、瞳孔放大）。此外，可能会出现重复性运动动作，儿童似乎感到迷惑、分不清方向。个体可能难以安抚，最常见的是，个体没有完全觉醒而是回归睡眠，以及次日早晨觉醒时不记得发作。睡惊症和梦游有类似的病因，二者其实出现在同一睡眠周期。

梦魇

睡惊症和**梦魇**（nightmare）都是发生在睡眠中的恐怖反应，二者经常被混淆，但它们在许多方面有所不同（见表 13–1）。

梦魇在 3~6 岁的儿童中很常见，发生在 REM 睡眠阶段，父母可能低估了孩子的夜晚恐惧。图 13–3 显示的结果表明，较大的儿童出现梦魇时的情况尤为严重。人们经常认为梦直接反映了儿童在白天面临的焦虑。有人提出，儿童通过白天逐渐接触恐怖刺激能消除内心恐惧，但如果父母过

表 13–1　梦魇和睡惊症的不同特征

梦魇	睡惊症
• 发生在 REM 睡眠阶段	• 发生在 NREM 睡眠阶段
• 发生在半夜或后半夜	• 发生在夜晚的前三分之一阶段
• 被抑制的言语表达	• 儿童醒来后大哭或尖叫，常伴有语言表达
• 只有中度生理唤醒	• 高度生理唤醒（心动过速、出汗、瞳孔放大）
• 微小的或没有运动	• 手脚乱动，激越
• 易被唤醒，能对外界做出反应	• 难以被唤醒，无法对外界做出反应
• 通常记得所做的梦	• 醒后没有记忆或只有有限的记忆
• 非常常见	• 比较罕见（1%~6%）

资料来源：Wilson & Haynes, 1985.

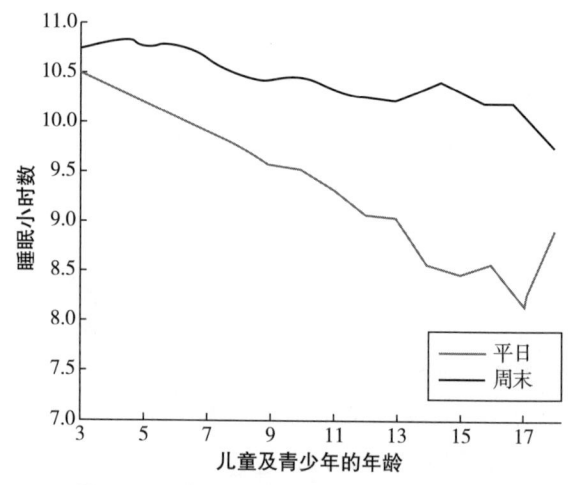

图 13–3　随着年龄的增长，儿童和青少年向父母报告的经历夜间活动的比例

资料来源：Muris et al., 2001.

度保护或没有察觉到儿童的恐惧，可能就会限制儿童白天接触及应对恐惧的能力，在没有接触和应对的情况下，儿童可能焦虑，使得梦魇持续甚至加重。

目前还没有单一理论框架可以有力解释梦魇的发展病程，让人信服的解释可能是多种病因（如发育因素、生理因素、环境因素）共同作用产生梦魇。

案例

马修：一个反复出现梦魇的案例

11岁的马修被反复出现的梦魇折磨，父母带他寻求医生的帮助。他在学校表现很好，参加各种活动，也有好朋友。父母形容他很敏感、很认真，也很快乐。睡眠记录显示，他在14天里有11个晚上经历梦魇。马修先是在自己房间睡觉，梦魇发生后，他跑到父母或哥哥的房里睡。尽管父母和哥哥并不介意，但马修认为去别人房里睡是很幼稚的表现。最近，他在夜间要花更长时间才能入睡，他抱怨白天感到疲倦，并为晚上又会遭遇梦魇感到心烦。

父母说马修在4~6岁时偶尔出现过睡惊症。那时他的外祖父刚刚去世，在经历了一场严重的流感和高烧后，他开始出现睡惊症。在学龄前期，马修每周至少出现一次梦魇，但此后直到上个月，梦魇还只是偶尔出现。除了两个月前他的祖父心脏病发作外，家里没有人出现其他健康问题，祖父现已回家，身体逐渐康复。

马修形容自己的生活是快乐和刺激的，但也有一些事情让他感到难过或生气。例如，校车上有几个欺凌者总是戏弄并推挤较小的儿童，包括马修的弟弟。还有，他总是拿不到童子军徽章，他还说哥哥总惹恼全家人。

医生对他的父母说，马修是个具有很多优秀品质的孩子，对不公平事件及其他伤害也很敏感，他的梦魇可能与在家中和学校的应激有关。医生建议对马修进行简单的干预，包括让马修把梦魇内容讲给父母听并记录下来，同时教他放松技术。医生与马修回顾了梦魇内容并进行角色扮演，最终他战胜了可怕事件。医生还重点解决了马修遇到的应激事件，马修和医生采取了一种问题解决方式来应对校车上的欺凌者，他的父母也请校长对欺负事件进行调查和干预。一家人还就孩子之间的争吵问题展开讨论，鼓励马修的哥哥多和朋友交往。

马修的梦魇在接下来的一个月里减少了，这样的结果是与他能够较好地应对日常事件以及欺凌问题密切相关。马修认识到，自己可能还会出现梦魇，但如果梦魇反复发作，他将能识别并应对环境中的应激源。

资料来源：Schroeder & Gordon, 2002, pp. 214-216.

治疗睡眠问题

入睡和睡眠维持

很多不同的干预已被证明能有效解决儿童拒绝入睡、入睡困难、夜间醒来的问题。

教导父母在指定的固定时间让孩子睡觉，并按照固定的作息时间养成作息习惯，包括孩子喜欢的安静的活动，告知父母在活动结束、孩子上床睡觉后，直到第二天早晨的规定时间都不理会孩子。这种方法的基本假设是父母的夜间关心使儿童的睡眠问题得以持续。一些父母发现，长时间刻意不理会孩子的哭闹令他们备受煎熬，于是他们采用了消退法的一种变式——逐步消退法，实践证明这也是有效的。父母先要在一个事先商定好的时间段内（这段时间不会令父母感到太煎熬）对儿童睡觉期间的哭闹置之不理，过了几晚后，他们会延长这个时间段。

有研究证明，父母所受教育也可以预防这些睡眠问题的发展与恶化。研究者向父母提供睡眠方面的知识，使他们了解养成作息习惯的重要性。还建议父母把半醒的孩子放在床上，孩子才能学会父母不在身边时也能独自入睡。

药物已成为应用最广泛的治疗手段，但还没有有力证据证明其有效性，人们对其副作用也心存忧虑，害怕一旦停药睡眠障碍就会复发。鉴于以上担忧，专业人士建议治疗睡眠问题时，会优

◎ 养成一个可预期的作息习惯有助于减少儿童的睡眠问题。

先考虑行为疗法再考虑药物治疗。

睡眠异态

在许多睡惊症和梦游的病例中，可能不需要强化治疗，因为这些症状通常会自行消失，使用教育、支持及确保儿童安全的程序可能就足够了。不过，研究者提出了一些治疗方法，包括增加睡眠时间、教学程序、焦虑减轻程序。

梦魇

对夜间恐惧的大多数治疗方法都涉及认知行为焦虑减轻技术，与"焦虑是梦魇的基础"这一观点相符。这些治疗方法通常是有效的，但需明确不同方法中的活动组元。

重点
睡眠呼吸暂停

年轻人可能因多种原因经历睡眠中断或睡眠不足的困扰，**阻塞性睡眠呼吸暂停低通气**（obstructive sleep apnea，OSA）便是其中之一。OSA 是一种呼吸睡眠障碍，由反复发作的短暂上呼吸道阻塞引起，并导致多次瞬时睡眠觉醒。睡眠呼吸暂停会导致睡眠变得支离破碎、睡眠不足、日间困倦和注意缺陷。明德尔（Mindell）和欧文斯（Owens）给出了一些有关这种障碍的基本信息。

睡眠呼吸暂停常见的夜间症状包括打鼾、呼吸暂停或呼吸困难、无休息的睡眠、盗汗、尿床，主要发生在后半夜的 REM 睡眠阶段。日间症状除了困倦外，还包括张口呼吸、慢性鼻塞或感染、晨起头痛。

父母可能没有察觉到孩子睡眠时出现的症状，有些父母可能察觉到了但没向儿科医生报告，反而在最初经常抱怨孩子的过度嗜睡、行为问题、过度活跃、不专心和学业问题。可能只有在直接问及父母关于他们孩子的睡眠问题时，OSA 的症状才突显出来。尽管从访谈和体格检查中获得的信息很重要，但最可靠的诊断方式是把儿童留在实验室进行睡眠研究，其间观察其睡眠状况并对其进行 EEG 测量及其他生理测量。

OSA 是一种常见的睡眠障碍，在 2~6 岁的儿童和青少年群体中患病率最高。幼童扁桃体和腺样体肥大是最常见的危险因素。在成年人群体中，这种障碍与肥胖症密切相关。不断增长的肥胖症患病率表明，其对儿童和青少年的威胁也越来越大。

治疗儿童 OSA 最常见的方法是切除扁桃体和腺样体，症状通常会随之减轻，但并非所有患儿都适合这种手术。使用连续气道正压通气（continuous positive airway pressure，CPAP）呼吸机可缓解呼吸暂停症状，但不能根治。儿童睡觉时需要戴一个鼻罩或面罩，此装置会向气道内加压，从而保持气道通畅，许多儿童难以忍受这种装置，故坚持是一个问题。对于肥胖的儿童和青少年，建议他们减肥。

喂食、进食和营养问题

确定个人进食习惯和食物偏好是早期社会化的主要方面。用餐时间通常是家庭互动和进行仪式的时机，其他社会互动通常也都是围绕食物和进食展开的，这些及其他考虑表明食物和进食相关行为的重要性。

常见喂食及进食问题

幼童身上出现的许多问题报告都与进食和喂食有关，例如，吃得太少、挑食、暴饮暴食、咀嚼困难、吞咽困难、异食症、恼人的进食行为以及延迟进食，其中许多问题会让父母极度担忧，并严重干扰家庭生活。例如，克赖斯特（Christ）与内皮尔-菲利普斯（Napier-Phillips）于 2001 年指出，超过 50% 的父母报告孩子存在一种进食行为问题，超过 20% 的父母报告孩子存在多种问题。此外，奥布赖恩（O'Brien）于 1996 年通过对一组婴儿和学步儿父母样本的调查发现，约有 30% 的父母报告孩子拒绝进食。合理营养和健康成长显然是父母关心的问题，但喂食及进食困难也经常伴有行为问题，如发脾气、吐痰、作呕。还有一些此类困难与更复杂的社会和心理问题有关，并可能导致内科疾病和营养不良。事实上，一些病例中的**成长受阻**（failure to thrive；即危及生命的体重下降或未达到预期的体重增长）可以被理解为喂食及进食困难的特殊情况，因此一些喂食及进食问题会真正危及儿童的生理健康。接下来要讨论的问题已被列入 DSM 中的喂食及进食障碍章节，或是已经引起研究者和临床工作者的普遍关注。

早期喂食及进食障碍

反刍障碍

反刍障碍（rumination disorder）的基本特征是喂食或进食后发生的反复的反流食物，这种行为不能更好地用有关的胃肠或其他躯体疾病来解释。当婴儿反刍时，好像故意将胃里的食物反流到口腔，他们保持头部向后、做出咀嚼和吞咽的动作直到食物反流。在许多病例中，婴儿在反刍前把手指放进喉咙或咀嚼物体，他们不会表现出痛苦，给人的印象是能够从这种活动中得到满足。如果反刍继续发展，就会导致严重的内科并发症，在极端病例中甚至会导致死亡。

反刍常见于两大群体：婴儿和有智力障碍的群体。正常发展的儿童，反刍通常发生在出生后的第一年，被认为是一种自我刺激，感觉剥夺和情感剥夺都与之密切相关。反刍在有智力障碍的个体身上特别容易复发，这种障碍的发生率似乎随智力障碍的严重程度而升高。在这两个群体中，反刍在男性身上似乎更常见。

管理这个问题可能需要多学科专家组，强调对儿童适当行为的或有社会关注的治疗是有效的。有研究者指出，婴儿出现反刍时，母亲若能对此灵活反应，提供培育环境和反应环境，就会对治疗有积极作用。这些方法的优点是，父母在家里很容易实施，而且这也是父母可以接受的方法，但需要对干预进行对照评估。

异食症

"异食症"一词的英文 "pica" 来源于拉丁语中的"喜鹊"一词，这是一种什么都吃的鸟。异食症的基本特征是以持续性的方式进食非食用性的物质，如油漆、泥土、纸张、布、头发和虫子。

在生命的第一年，大多数婴儿把各种各样的东西都往嘴里塞，在一定程度上是一种他们探索环境的方式。第二年，他们学会以其他方式探索，并开始学会分辨食用性和非食用性物质。因此，进食非食用性的物质必须与发育水平不相符才能做出诊断，异食症常见于两三岁的儿童。

关于异食症患病率的信息有限，但有报告称，在智力障碍群体中患病率特别高。异食症会造成许多伤害，包括寄生虫感染、由于头发或其他物质在体内积累而造成的肠梗阻，似乎还与意外铅中毒有关。

关于异食症的病因假设较多，包括父母的疏忽、缺乏监管、适宜刺激不足，也应考虑文化影响，如因迷信而食用某种物质。只有当进食行为不属于文化支持或不符合社会正常的实践时，才应诊断为异食症。

教育方法的目标是让父母了解异食症的危害，鼓励他们阻止这类行为，可能会在一定程度上取得成功。然而，在某些情况下，有必要用更为强化的治疗努力补充这类干预。也有研究者建议，使用行为干预措施来解决异食行为的前因和后果。

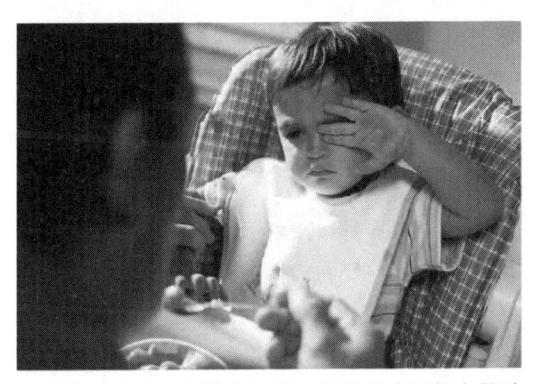

◎ 幼童常会表现出进食问题，这种困难可能会导致发展中断，并给父母带来相当大的痛苦。

回避性/限制性摄食障碍

回避性/限制性摄食障碍（avoidant/restrictive food intake disorder）的关键特征是持续性进食不足，可能会导致一些严重的困难。儿童未能达到预期的体重增加（或体重明显减轻）、显著的营养缺乏，以及显著地干扰了心理社会功能，和/或依赖胃肠道喂养（如管饲饮食），或在婴儿期和儿童期出现的限制性和回避性摄食问题常常作为"成长受阻"的一个方面，这些喂养问题及其治疗的概念化常作为这一更大建构的一部分。

儿科住院群体中约有1%~5%是由于成长受阻，其中约有一半是因进食困扰而住院。基于社区样本估算成长受阻的患病率约为3%~10%。回避性/限制性摄食障碍似乎并不存在性别差异，在出生体重低、患有发展性能力丧失或内科疾病的婴儿和儿童中更普遍。

婴儿或幼童的拒食行为令人困惑，显然也很麻烦。在这个关键时期，这个问题及与之相关的营养不良会导致身体、认知和社会情绪多个领域发展中断。幼童可能在喂食期间易激惹和难以安抚，或显得冷漠而退缩，这些特征可能导致喂食困难。

有多种原因（包括生理行为和环境因素）可能导致进食障碍。因病发前无法对患儿及其家庭进行观察，所以难以确定特殊的影响。德罗塔（Drotar）和鲁滨逊（Robinson）于2000年对成长受阻的评审和讨论表明，可从父母胜任力的角度概念化进食障碍的发展。所谓"父母胜任力"，是指父母对孩子发育过程的感受性，以及与孩子沟通和参与程度，在这个概念中，父母胜任力受三个因素的影响。

第一个因素是父母的个人资源。这些父母对父母角色的判读、有效教育技巧的知识，以及与孩子依恋关系的建立可能被扰乱。这个问题在一定程度上是由于父母自身儿童期的创伤经历会破坏上述抚养过程的发展。父母精神病理也会导致父母资源减少，例如，妊娠期进食障碍可能导致母亲在喂养过程中感到焦虑和沮丧，从而增加其后代进食困难的风险。

第二个因素是婴儿或儿童的自身特征。这些特征可能使那些父母资源有限的父母在抚养子女中遇到更复杂的问题。因此，低体重、急性身体疾病、各种障碍和气质特性都可能导致问题的产生。

第三个因素是家庭所处的社会环境可能与个体父母资源、儿童自身特性相互作用，影响父母胜任力。贫困或经济逆境、严重的父母矛盾或家庭冲突、家庭的社会网络与资源、可利用的社区资源等背景性因素都可能产生影响。

干预聚焦于治疗身体/营养症状，以改善成长和发育结果。典型的多学科治疗包括行为、医疗、营养、教育和心理治疗。有大量证据支持使用行为干预作为问题性进食和喂食行为治疗的核心部分。干预通常包括几种行为程序，但大多数程序包括一个侵入性程度低的"转义/消退"组元（如将拒绝食物的行为置于消退状态，通过在一段时间内不移开装有食物的勺子来忽略破坏性行为）。

肥胖症

尽管儿童期肥胖症不是喂食或进食障碍，但心理学已对此做出了重要贡献。**肥胖症**（obesity）是以术语**体重指数** [body mass index，BMI；以体重（千克）除以身高（米）的平方所得之商] 来定义的。考虑年龄和性别因素，通常将BMI在85%或以上定义为超重，BMI在95%或以上定义为肥胖，但有时"超重"和"肥胖"这两个术语可以互换使用。

肥胖症是严重的健康问题，也是儿童和青少年群体中最常见的营养病。在美国，估计有10%的婴儿和学步儿、17%的2~19岁儿童和青少年超重。某些种族/民族似乎有更大的风险，例如，墨西哥裔美国男性青少年和非西班牙裔黑人女性青少年更容易患肥胖症。此外，有报告称所有年龄群体、男孩和女孩，以及所有种族/民族群体的儿童和青少年的肥胖率都在增长。从美国国家健康与营养调查（national health and nutrition examination survey，NHANES）结果中也可看出这种增长趋势（见图13-4）。这类研究使得美国医务总监、美国儿科学会、白宫以及其他相关机构纷纷呼吁制订减肥计划。

儿童期肥胖症与许多生理、心理、人际和教育方面的困难有关。与肥胖有关的身体健康问题包括糖尿病、心脏病、哮喘和睡眠呼吸暂停。此外，肥胖还与教育、社交、心理困难有关。例如，盖尔（Geier）及其同事于2007年发现，在大城市中的低收入地区的四至六年级的学生样本中，即使在控制年龄、性别和种族/民族的情况下，超重儿童的缺席率也明显高于正常体重的儿童。另外，伊斯雷尔和夏皮罗（Shapiro）于1985年开展的一项研究中，参加减肥项目的儿童的行为问题得分也明显高于普通人群的标准分，但明显低于转诊到心理服务诊所的儿童的平均分，这个结果与其他研究结果相符。这些发现表明，超重的儿童和青少年不一定有显著心理困难的风险，但对识别预测风险的因素具有潜在的价值。

肥胖儿童的社会互动可能受到负面评价的不利影响。由于儿童对肥胖症持负面看法，因此超重的儿童成了不受欢迎的群体。在三岁儿童群体中，研究者就发现了他们对超重同龄人的消极态度。超重儿童和青少年可能会经历社会隔离、欺凌和排斥。与此相对照，有一个亲密的朋友可以保护他们免受社交后果的影响。超重的影响似乎

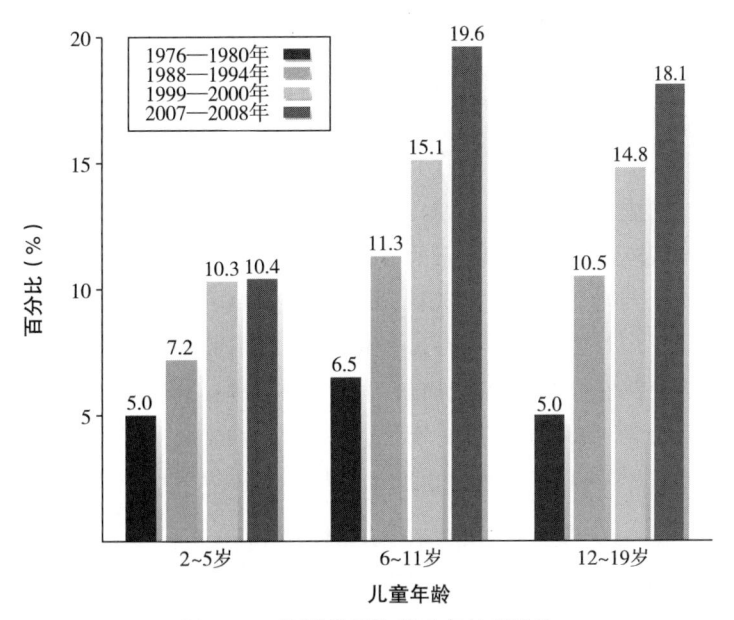

图13-4 肥胖儿童和青少年的百分比

资料来源：Centers for Disease Control and Prevention 2010.

在整个发展中持续存在。肥胖少女的大学录取率低于学历层次相当的非肥胖少女，歧视和降低的期望可能会持续到大学。肥胖儿童和青少年的自尊可能会受到这些经历的负面影响。例如，与正常体重同伴相比，超重少女报告对自己的身材更不满意，对自己的外貌更容易做出负面评价。然而，许多肥胖的儿童和青少年并没有适应困难，尽管有对自己外表的反应，但他们仍可保持自己的一般自尊心。

病因

肥胖症的原因当然是复杂多样的，但任何解释都必须包括生物、心理和社会/文化影响。

生物影响包括饮食和运动的代谢影响以及遗传因素。双生子和领养研究表明，体型大小和构成以及进食方面都有遗传因素。此外，正在进行的研究表明，有望找到与肥胖症相关的特异性基因，可能涉及多个基因，遗传贡献可能是复杂的而非简单的。当然，生物影响并非独立于环境影响，而是这些影响交互作用。

心理社会因素在肥胖症的发展中也很重要，逻辑和研究均表明，肥胖儿童的进食量和活动水

平需要改变。问题性进食量和不活动可能受到家庭、同伴及其他环境因素的影响，以与任何其他行为相同的方式习得。例如，父母会影响并支持与体重相关的行为。儿童也会观察并模仿父母和周围其他人的进食行为，使其自身采用的这种进食方式得到强化。进食和不活动也可能与身体刺激和社会刺激存在强烈的关联，因此它们在某些情境下几乎是自动的。此外，个体可能学会使用食物克服应激和消极心境状态，如厌烦和焦虑。从社会学习角度出发开发的肥胖症治疗方法旨在打破这些学习模式，发展更多适应性模式。

肥胖症与更大的文化影响也有密切关系，电视就是一个显著的例子，说明了更大的社会如何推进体重问题的发展。美国儿童和青少年很容易吃到高热量的食物，可以观看大量电视节目，经常玩视频游戏，久坐不动是其主要的生活方式。除了与看电视有关的不活动的负面影响外，看电视时的进食量也会带来负面影响。儿童和青少年观看的绝大多数食品广告都含有高糖和高脂肪。通过电脑游戏和其他电子媒体向儿童推销不健康食品也引起了同样的担忧。

案例

肖恩：一个肥胖症与家庭环境的案例

超重50%的10岁男孩肖恩参加了一个针对肥胖儿童及其家庭的治疗项目。他的儿科医生描述了他在过去三年体重快速增长（超出预期）的历史。他的父亲体重正常，但他的母亲超重了40%左右，曾多次尝试减肥，但都失败了。他的两个同胞都没有超重。肖恩经常在放学后吃大量高热量零食，母亲在下班回家后经常能在他的房间和口袋里发现糖纸。父母报告说，随着肖恩的体重增加，他的体育健身活动减少了，大部分休闲时间都花在看电视上，他们对他经常呼吸短促表示担心。肖恩没有亲密的朋友，有点孤僻，被学校同伴和他的同胞嘲笑体重。虽然父母表示他们致力于帮助肖恩减肥，但也有迹象表明一些家庭在"蓄意破坏"——这个家庭的很多活动都围绕着食物展开，食物被当作奖励。父亲自称"大厨"，他做的高热量、高脂肪食

物是"家庭时光"必备。肖恩常去他祖母家，祖母很乐意给他准备食物和零食。

资料来源：Israel & Solotar, 1988.

干预

多方面矫正方案强调行为干预和教育在治疗儿童肥胖症中的重要作用。伊斯雷尔及其同事的工作阐明了一般方法。儿童和父母共同参与一个着重强调以下四个方面内容的会议。

- 摄食：包括营养信息、热量限制，以及改变实际进食和食物加工的行为。
- 运动：包括具体的训练方案和增加日常活动中消耗的能量，如步行去朋友家而不是开车。
- 诱因：识别与过度进食或不活动有关的外部和内部刺激。
- 奖赏：对儿童及其父母的进步都有积极影响。用家庭作业鼓励家庭改变他们的环境，实行更适宜的行为。

父母参与对减肥方案的成功起到了重要作用。例如，伊斯雷尔、施托尔马克（Stolmaker）和安德良（Andrian）于1985年为父母提供了关于儿童管理一般原则的简短课程。之后，父母与孩子一起参加了一个行为减肥项目，这个项目强调一般教养技巧在减轻体重方面的应用。另一组父母和孩子仅接受行为减肥项目。在治疗结束时，两组儿童的体重减轻效果均明显高于未接受治疗的对照组儿童。治疗一年后，父母接受了单独儿童管理培训的孩子比其他接受治疗的儿童更能保持体重下降。

这些结果及其他结果表明，改变家庭生活方式的重要性，治疗项目结束后向父母提供必要的技能，以保持适当的行为。这是一个特别重要的问题，因为不断有证据表明，个体在减肥后常常会反弹。除了父母的参与外，增加活动的重要性（尤其是当其成为家庭生活方式的一部分时），以及其他多种家庭因素已被证明与治疗结果有关。

此外，提高儿童的自我调节技能也很有用。

◎ 针对肥胖症的干预解决了问题性进食量和不活动的问题。

将接受多维治疗项目（与前文描述的四个领域项目相似）的儿童与接受类似干预并加强综合自我管理技能培训的儿童进行比较。这项研究的结果如图 13-5 所示，在接受治疗的三年中，两组儿童都表现出相似的超重百分比增加模式。在治疗期间，两组儿童的超重百分比都大幅降低。然而，尽管标准状态组的儿童在干预后的三年似乎回到了治疗前的趋势，但增强自我调节状态组的儿童却没有。

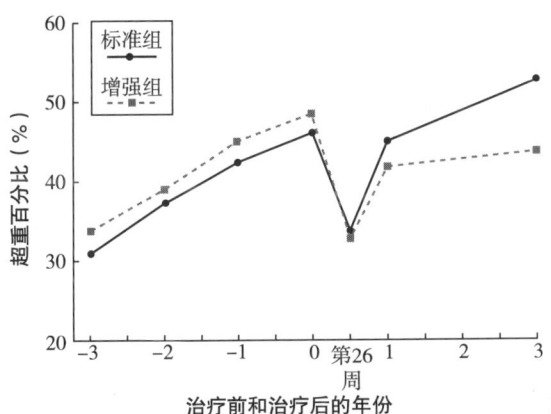

图 13-5　从治疗前三年到治疗后三年的平均超重百分比

资料来源：Israel et al., 1994.

尽管研究支持采取多方面 / 行为方法降低儿童体重的有效性，但仍需改进干预，以产生更大、更一致、更持久的减肥效果，同时关注设定恰当的治疗目标，并针对特定人群定制干预措施。

随着儿童期肥胖症患病率的提高，有人呼吁采取对更多儿童和青少年产生影响的干预措施，因此，还需要更广泛的社会干预和预防工作。一种方法是可以在美国全国或全州范围内实施的针对一般人群的项目，以饮食营养成分为目标，也可在学区增加体育健身活动。学校干预可以包括提高健康食品的可获得性（见图 13-6），限制不健康食品的获取，增加体育课时、课间休息、上学前和放学后体育健身活动。这些项目应通过媒体和学校寻求教育年轻人及其家庭的方法，积极改变不良营养和活动的生活方式。

图 13-6　在学校提供健康食品可能有助于预防儿童期肥胖症

进食障碍：神经性厌食和神经性贪食

神经性厌食和神经性贪食是进食障碍，包括控制体重的不良适应尝试、进食行为的显著障碍、对体形和体重的异常态度。这些障碍通常起病于青少年期。不过，这些障碍的特征（体重控制行为、对体形和体重的态度）也在较小的儿童中能够被观察到。

定义与分类：综述

如何更好地定义和分类进食障碍？在区分进食障碍或试图对某一特定障碍的亚型分类时涉及几个维度，个体体重状况就是其中之一。进食障碍患者可能体重不足、在正常体重范围内或超重。

第二个要考虑的是个体是否存在**暴食**（binge eating）的情况。*DSM* 这样定义暴食：

- 在一段固定的时间（如在任意两小时）内进食，进食量大于大多数人在相似时间段内的进食量；
- 发作时感到无法控制进食。

不过，人们对于定义发作时食物消耗量的重要性存疑。一些专业人士认为，失控的感觉和违反饮食标准是暴食的核心特征。

第三个要考虑的是个体控制体重的方法，通常可分为**限制型**（restricting）和**清除型**（purging）。限制型是通过节食、禁食和/或过度锻炼来实现的。清除型是通过自我引吐、滥用泻药、利尿剂或灌肠等方法排出个体不想要的热量。

因此，体重状况、是否存在暴食以及控制体重的方法，都是进食障碍重点要考虑因素。接下来将讨论这些维度在进食障碍中的表现。

分类与描述：*DSM* 方法

DSM 描述了两种主要的进食障碍诊断——**神经性厌食**（anorexia nervosa，AN）和**神经性贪食**（bulimia nervosa，BN），还有一种未特定的喂食或进食障碍（eating disorder not otherwise specified，EDNOS），用于未能符合神经性厌食或神经性贪食诊断标准的进食障碍。暴食症（binge-eating disorder，BED）就是其中之一，特征是反复发作的暴食行为，但个体没有神经性贪食（如下所述）中不恰当的体重控制行为。

神经性厌食

体重显著低于正常水平的最低值或低于最小的预期值的进食障碍患者有可能被诊断为神经性厌食。支持神经性厌食诊断需要满足以下三个基本特征：

- 因限制能量的摄取而导致显著的低体重；
- 即使处于显著的低体重，仍强烈害怕体重增加或变胖或持续地影响体重增加的行为；
- 对自我的体重或体型的体验和出现障碍。

尽管个体属于低体重，但仍会"感觉肥胖"，自尊在很大程度上基于他们对体型和体重的感知，使他们经常意识不到营养不良状态的严重医学并发症。*DSM* 根据是否有反复的暴食行为分为限制型和暴食/消除型。

神经性厌食导致的极端减重案例可以从布鲁赫（Bruch）对她的来访者阿尔玛的经典描述中得到印证。

案例

阿尔玛：一个骨瘦如柴的女孩

来求诊的时候，阿尔玛看起来骨瘦如柴，衣着暴露，穿着短裤和吊带衫，两条腿像扫把一样伸出来，每根肋骨都清晰可见，肩胛骨像小翅膀一样竖立着。她的母亲说："当我搂着她时，除了骨头什么都感觉不到，就像搂着一只受惊的小鸟。"阿尔玛的手臂和腿上覆盖着柔软的胎毛，肤色呈淡黄色，干枯的头发一缕缕地垂下来。最令人震惊的是她那张凹陷的脸，就像一个得了消耗性疾病的干瘪老妇，眼睛陷进去，鼻子尖尖的，骨头和软骨的连接处清晰可见。

资料来源：Bruch, 1979, p. 2.

神经性贪食

与神经性厌食相反，体重正常或超重的进食障碍患者可能被诊断为神经性贪食。支持神经性贪食诊断需要满足以下三个基本特征。

- 诊断为神经性贪食的个体有反复发作的暴食。再强调一次，暴食被定义为在一段固定的时间内进食，食物量显著大于大多数人在相似时间段内和相似场合下的进食量，且发作时感到无法控制进食。
- 反复出现不恰当的代偿行为以预防体重增加，

如自我引吐，滥用泻药、利尿剂或其他药物，禁食或过度锻炼。
- 自我评价受到身体体型和体重的过度影响。

要做出神经性贪食诊断，暴食和不恰当的代偿行为必须出现，并且在三个月内平均每周至少出现一次。而且，这种障碍并非仅仅出现在神经性厌食的发作期，也就是说，如果这种障碍仅出现在神经性厌食发作期间，就不应诊断为神经性贪食。

流行病学

进食障碍主要发生在年轻女性身上，男性的患病率约为女性的 10%，因此女性占所有病例的 90% 以上。有报告称，女性一生中神经性厌食患病率约为 1.4%~2%，神经性贪食更为常见，女性一生患病率约为 1.1%~4.6%。

这些数字实际上可能低估了进食障碍的患病率，因为患有这种障碍的个体可能在那些不配合现况研究的人群中所占的比例偏高。也许更重要的是，所述患病率是基于个体符合的是神经性厌食还是神经性贪食的诊断标准。然而，许多其他个体表现出进食障碍和身体形象障碍的各个方面。在这些个体中，许多可能符合其他标准（特定的或未特定的）进食障碍 [other eating disorders, OED；以前被称为未特定的喂食或进食障碍（EDNOS）]，这种类型的诊断在儿童和青少年中似乎比神经性厌食或神经性贪食更常见，这些病例有时也被称为"部分综合征"或"亚临床"。斯蒂斯（Stice）和布利克（Bulik）于 2008 年估算，在青少年期女性群体中，阈下神经性厌食的患病率为 1.1%~3%，阈下神经性贪食的患病率为 1.1%~4.6%。患有部分综合征的儿童和青少年可能会经历严重的社会和教育损伤，而未完全符合神经性厌食或神经性贪食诊断标准的个体在很多方面与上述群体相似，而且有罹患其他障碍，尤其是抑郁障碍的巨大风险。

值得关注的研究结果是，与体重、体型和不寻常的进食行为有关的亚临床担忧在青春期甚至是青春期前的女孩中越来越普遍。因此，虽然完全符合进食障碍诊断标准的起病时间通常出现在青少年晚期，但节食、进食行为和态度的障碍出现在较小的儿童群体中，这些问题可能是更严重的进食障碍的先兆。

我们早就知道，很多女孩到四五年级时开始担心超重或变得超重并渴望变瘦。在中学生中，对体重的担忧仍然很普遍，且似乎有些儿童采取更极端的体重控制行为。有证据表明，这些年轻女孩对体重的过度担忧可以预测将来进食障碍和抑郁障碍的发生，以及自尊心降低、缺乏信心和个人毫无价值的感觉。这种感觉反过来又可能导致将个人价值寄托在外观的女孩加重对体重和体型的担忧。有报告称，即使在这么小的年龄，对体重和体型的担忧在女孩中比男孩更普遍。不过，年轻男性进食障碍和对身体的不满也日益加重。

种族/民族和文化差异

进食障碍的报告主要发生在年轻女性身上，尤其是中产阶级到上等阶层的年轻白人女性。不过，关于青少年的种族/民族差异的信息有限，几项研究未发现进食障碍症状的患病率或风险因素存在种族/民族差异。然而，研究者一致发现，年

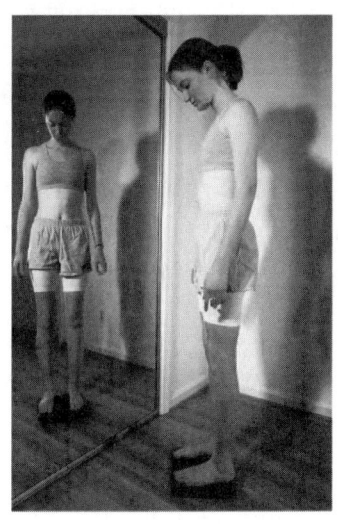

◎ 对体重和体型的过度关注在女孩和年轻女性中很普遍。

轻的非裔美国女性比白人女性对身体的不满意度更低。

有研究者认为，进食障碍是一种与文化有关的现象，尤其是神经性贪食，表明来自其他文化的年轻女性越"西方化"，就越有可能发展为进食障碍。在西方文化中，某些群体可能面临特殊的风险，包括从事体操、摔跤、芭蕾舞和啦啦队等活动的个体，她们依靠体重控制行为和异常的进食习惯提升成绩或改善外貌。

共病

进食障碍通常与其他障碍同时发生。卢因森、斯特里格尔－摩尔（Striegel-Moore）和西利于2000年报告说，在一个青少年期女孩的社区样本中，90%有进食障碍全部症状的女孩也有一种或多种共病，常见的有抑郁、焦虑障碍和物质使用障碍，尤其是容易与进食和体重相关的困难以及神经性厌食和神经性贪食同时发生。

发展病程与预后

神经性厌食

神经性厌食的发作通常在青少年期，在14~18岁时达到高峰，早期起病的病例很少，但也确实存在。一些个体可能只经历一次发作，其他则在恢复正常体重和复发（可能是需要住院的高危低体重）之间波动，还有一些个体可能增加体重，不再符合神经性厌食的诊断标准，但继续出现进食障碍行为，并可能符合神经性贪食或其他（特定或未特定）进食障碍（OED）的标准。

神经性厌食是一种严重的障碍，尽管年轻女性的预后比成年女性好，但很大比例的年轻女性患者有不良结果。极度减肥会导致严重的医疗并发症（如贫血、荷尔蒙变化、心血管问题、牙齿问题、骨密度降低），且这种障碍可能危及生命。已报告患有神经性厌食的女性比同龄女性的死亡率高11%~12%，许多是由自杀造成的。

神经性贪食

神经性贪食的起病期从青少年期一直到成年早期，女性起病高峰期为14~19岁。暴食通常始于节食期间或之后以减轻体重。DSM将这种障碍的病程描述为慢性的或间断性的，缓解期和反复暴食会交替出现。然而，经过更长期的随访，许多个体的症状会减轻。虽然一部分个体可能不再符合神经性贪食的诊断标准，但问题可能仍然存在，例如，他们可能继续暴食而不再有不恰当的代偿行为，其中部分个体可能符合暴食症或OED的标准，并且许多符合重度抑郁障碍的标准。

与神经性贪食相关的反复呕吐会引发牙齿问题，如牙釉质丧失和牙龈疾病。还可能发生其他医学问题，如食道刺激、结肠改变、流体和电解质紊乱，尤其是在那些有清除型代偿行为的患者中。

病因

研究者提出了多种风险因素和因果机制解释进食障碍的发展，神经性厌食和神经性贪食的确可能是由多种因素决定的，且有多种影响模式。女性身份可能是最大的风险因素，但还需其他因素帮助解释性别差异和进食障碍的发展。

生物学影响

进食及其背后的生物学机制十分复杂，因此研究者们提出了许多生物学机制。有研究者提出，产前接触性激素（低水平睾酮和高水平雌激素）可能与进食障碍行为有关。神经性厌食也通常起病于青春期左右，虽然对于青春期会增加患病风险并没有明确的解释，但据推测，青春期的荷尔蒙变化可能会调节遗传对进食障碍行为的影响。

关于生物学影响的研究也集中在神经生物学和遗传影响方向上。进食行为既会受到神经生物学和神经内分泌系统的影响，又会影响其变化，因此，要找出其中的因果关系并不容易。很难确定在患有进食障碍的年轻女性身上发现的特定生物差异是使她们处于这种障碍初始风险的原因，还是进食障碍导致的生物系统变化的结果。

研究表明，神经递质（如血清素、去甲肾上腺素）不同的活跃度与进食障碍有关。例如，血清素在喂食抑制中起主要作用，在神经性厌食和贪食患者患病期间和康复后都观察到血清素活跃度下降。

也有研究者提出了遗传因素对进食障碍的影响，在神经性厌食和神经性贪食患者的家族中，进食障碍的患病率高于预期，双生子研究也表明进食障碍的遗传因素，发现似乎有多种遗传因素促进神经性厌食和神经性贪食的发展，并以复杂的方式与环境因素交互作用。例如，克隆普（Klump）及其同事于2010年在一份10~41岁女性双生子大样本中审查了遗传对体重/体型问题的影响。他们得出了以下结论：遗传影响在青少年期前是温和的，但在青少年早期到成年中期是显著的；共享环境因素则呈现出相反的模式，即在较小年龄群体中影响较大；非共享环境因素在各年龄群体中相对恒定。

研究者们开展了关于识别特定基因及其对进食障碍作用方式的研究。例如，5-羟色胺转运体基因连锁多态性区域（5-HTTLPR）与进食障碍以及抑郁障碍等其他障碍密切相关，事实上，在这些障碍的共病中发挥了作用。

案例

赖利：一个多种因素引发进食障碍的案例

17岁的赖利开始谈论"想要自杀"，在进食障碍诊所接受治疗。母亲报告说她一直很健康，在学校和课外活动中表现都很好。实际上，她在上一个暑假被选中参加了一个为期八周的、针对有天赋的学生设计的强化项目。赖利从10岁起就参加夏令营，但这个项目是她离开家、家人和朋友最长的一段时间，她在过渡期间遇到了困难，报告说在项目早期很难结识他人和朋友。她在与男孩互动中特别没有安全感，并发现每个人（包括她的室友）都已结伴成对。为避免尴尬，她在空闲时间参加了一项高强度的锻炼计划，并将其合理化为确保在学校的秋季足球季中保持良好体型。起初她对这项严格的锻炼计划很满意，但有一天无意听到几个男孩对她身材的贬低性评价，于是她走进更衣室，对着镜子观察自己，心想自己的大腿"苍白且像松软的奶酪一样结成块"。她报告说当时她意识到自己"太胖了"，开始将饮食限制到少量的"健康食品"，她的日常饮食表是依据母亲的杂志《如何在一周内减掉10磅①》中的文章制定的。她报告说12岁（青春期前）时与母亲一起节食，也曾与朋友一起短期节食。上个夏天是她第一次经历严格的节食与锻炼计划，她报告说这让她感觉"很棒""坚强""有掌控感"，并经常被室友称赞"很好"。

夏天过后，当她回到家时，母亲担心她瘦了很多而影响健康。她拒绝和家人一起吃任何东西，但母亲发现某些食物会在一夜间消失。赖利报告说，在又坚持了四个月的夏季减肥计划后，她"失去了控制"，吃掉了一整包饼干，并对自己的暴食感到心烦意乱，决定下一次不吃任何东西，还将日常锻炼加倍。这是暴食模式的开端，然后出现得更加频繁，并在应激时增多。尽管拼命禁食并坚持锻炼，她还是恢复了减掉的体重，到深秋时，她感到自己失去了控制，越来越焦虑、抑郁。母亲很担心她的情绪，也担心她的进食障碍对整个家庭的影响，如她10岁的妹妹已经开始谈论"感觉很胖""需要减肥"。

资料来源：Eddy, Keel, & Leon, 2010, pp. 440–441.

早期喂食困难

儿童早期的喂食困难可发展为日后的进食问题和障碍，临床上有关于进食障碍患者早期喂食困难的报告中有一些研究支持本观点。例如，马奇和科恩（Cohen）于1990年对一组儿童的适应不良饮食模式进行了纵向追踪，研究结果表明，儿童早期的异食症是青少年期暴食症状的风险因素，而挑食是保护性因素。此外，儿童早期的挑食和消化系统问题是青少年期神经性厌食症状加重的风险因素。科特勒（Kotler）及其同事于2001

---

① 1磅＝0.4536千克。——译者注

年指出，根据母亲关于儿童早期的进食冲突、与食物抗争及不愉快进食的报告，可以预测其成长至青少年期或成年早期的神经性厌食，而在儿童期进食过少是将来神经性贪食的保护性因素。儿童早期的经历（如将饥饿与其他情绪反应区分开来、食物接受模式、进食的外部与自我控制之间的平衡）可能是形成日后进食问题的潜在因素。

体重史

家人和个人的体重史通常被认为是潜在的风险因素，例如，关于"个体是否想通过拒绝进食来控制体重"目前仍存在争议，有研究者提出，年轻女孩因被评论为"变胖了"的刺激可能会开始正常的节食，继而发展为厌食症中的拒绝进食。关于神经性贪食也有类似考量，且确实有证据支持个人和家人的超重史是风险因素，部分有这种病史的年轻女性可能会发展为暴食症，她们的问题性行为可能始于因不符合文化理想中苗条的标准而进行的典型减肥尝试。然而，发生在青少年期女孩群体中的普遍性节食引发了这样一个问题：为什么这些女孩节食之后尽管身材已远远超过了社会期望的苗条程度但还是停不下来？

气质/人格特质

消极情感的气质与进食障碍的行为和态度有关，但由于这种气质也与其他障碍有关，如经常与进食障碍共病的焦虑障碍和抑郁障碍，因此这种气质可能是进食障碍的非特定性风险因素。某些人格特质与进食障碍之间的关系也引起了研究者的极大关注。例如，有报告称，完美主义（追求不合理的高标准，并根据成就定义自身价值）与进食障碍有关，但研究不支持将完美主义和其他人格特质（如强迫、冲动、抑制、从众）视为特定进食障碍预先存在的风险因素。最多的情况是，人格特质与进食障碍之间的关系尚不清楚，或者人格特质可能是影响某种进食障碍病程的因素，也可能是某种进食障碍的后果。

性虐待

基于临床病例的报告表明，早期性虐待是进食障碍的一个病因。斯莫拉克（Smolak）与默恩（Murnen）在2002年的综述中指出，儿童期性虐待与进食障碍行为之间存在微小但重要的联系，尚不清楚这种联系的本质。然而，性虐待似乎是精神病理学上的一般性风险因素，而不是进食障碍发展的特定风险因素。当然，这并不意味着临床工作者在开展儿童和青少年工作时不对发生的性虐待加以考虑，因其可能是部分个体进食障碍的部分路径。

文化影响与对身体不满

任何关于进食障碍发展的讨论都可能涉及文化影响、女性的性别角色以及对身体不满的问题。美国社会对苗条和年轻身体价值的强调，尤其是女性群体，可能会导致对身体不满和进食障碍。例如，迪特马尔（Dittmar）、哈利韦尔（Halliwell）和伊夫（Ive）于2006年提出了这样一个问题："芭比娃娃会让女孩想变瘦吗？"美国许多年轻女孩至少拥有一个芭比娃娃，芭比娃娃特别瘦，身材比例难以企及也不健康。在他们的研究中，将5~8岁的女孩分为三组，为第一组女孩呈现芭比娃娃的图片，为第二组女孩呈现艾美娃娃（拥有穿16码[①]衣服的身材比例）的图片，为第三组女孩呈现没有关于身材描述的中性刺激图片。与其他两组女孩相比，第一组女孩报告自己身体自尊更低，对苗条身材的渴望更强烈，低龄的女孩更是如此。第二组女孩和第三组女孩没有差别。这些发现引起了人们的关注，因为女孩在很小的时候就可能将苗条的理想内在化。

媒体、同伴和家人都在传递着关于苗条的文化信息，例如，克拉克与蒂格曼（Tiggeman）发现，在四至七年级的女孩群体中，接触更多强调外表的电视节目和杂志，以及与同伴谈论相关话题，都与更强烈的身体不满有关。研究发现，文

[①] 相当于女装尺寸的 XL 码。——译者注

化影响与身体不满之间的关系是通过外观模式（接受外表的重要性）来调节的。额外的研究也指出了媒体的影响，提出年轻女性将自己与媒体中描述的女性相比处于不利地位。在年轻男性群体中，类似的担忧也在增加（参见"重点"专栏）。除了可能存在的直接影响之外，身体不满还会导致自尊心降低、情绪低落，进而导致进食障碍。

重点
变得强壮：年轻男性对体重和体型的关注

很多文献关注年轻女性进食障碍行为、体重以及身体意象问题，一定程度上是因为女性群体中这类困难的发生率高。近年来，对这种困难的关注开始转向年轻男性，探讨这个群体中进食、体重和体型问题是否被低估了。至少应承认这种障碍的定义在一定程度上存在性别偏见，例如，在有关年轻女性的文献中，关注重点大多是这类群体渴望更苗条、更瘦的身材和减肥。虽然对一些超重的年轻男性来说减肥是个问题，但大多数并不想要苗条、瘦弱的身材，他们理想的身材是更强壮，或者至少是肌肉更发达。如果考虑到年轻男性的身体意象和进食障碍，也许该用另一种方式来定义对身体不满和体重问题。

研究者以及其他相关人士确实已经接受了这个观点，即体重和体型问题及对身体不满在男性中越来越普遍。2004年，麦凯布（McCabe）与里恰尔代利（Ricciardelli）的报告重点突出了这种趋势的部分原因：流行杂志中的男性身材变得肌肉发达；受欢迎的运动员、电影明星及许多其他男性偶像变得越来越强壮；行动派人物 [如特种部队（G.I. Joe）] 也顺应趋势，体格与高级健美运动员相当或更强壮；体重训练在年轻男性中也越来越普遍，也许成了一种规范。因此，与年轻女性的情况类似，文化压力对年轻男性的影响日益增加。

这种趋势会导致什么样的结果？外貌和体重长期以来严重影响年轻女性的自尊，类似担忧可能会成为男性自我价值和心境的核心，问题性饮食方式可能正在增多。此外，过度锻炼和肌肉锻炼在年轻男性中升级到使用类固醇来达到效果。

有关年轻男性进食障碍和对身体不满的文献不多，但有这个群体存在进食障碍行为的资料，他们的进食障碍和追求肌肉发达似乎受到类似因素的影响。此外，一些与年轻女性进食障碍相关的因素（如外貌的重要性、体重指数、负面影响、自尊、完美主义及来自他人的减肥压力）似乎也与年轻男性的问题性进食行为有关。

因此，一种关于进食障碍发展的观点强调，当代社会过度注重身体外观，并传达出个人、社会和经济机会与外观、特定体型有关信息的影响。这个观点的重点是了解接触和内化此类信息的社会压力，以抵消其对进食障碍行为发展的作用。

对体重和体型的不满是进食障碍的典型特征，也是这些问题发展的早期表现之一。研究者们已研发出用形象评估幼童对身体不满的图形工具（见图13-7），将其作为进食障碍综合评估的一部分。这些工具的应用促成这样的观点：对身体不满及其他问题性信念和行为是普遍存在的，甚至在较小的幼童中也存在。

一些研究者提醒，不寻常的饮食方式并不是最近才出现的，历史记录可有助于审查本书中进食障碍的概念。例如，一群中世纪盛期（13~16世纪）的女性维持极端的饮食限制，在进食和食物方面存在奇怪而普遍的行为和形象。关于这些女性行为的描述与当代进食障碍非常相似，但这个故事最有趣的转折是，她们后来被册封为圣徒。贝尔（Bell）在1985年用术语"神圣的厌食症"来形容这类女性，并呼吁注意诊断中的文化维度。

家庭影响

历史上，许多关于进食障碍发展的解释都强调家庭变量，布鲁赫关于艾达的描述是家庭影响的一个典型案例，艾达是家人关注和控制的对象，被取悦家人的需求所困，布鲁赫认为神经性厌食

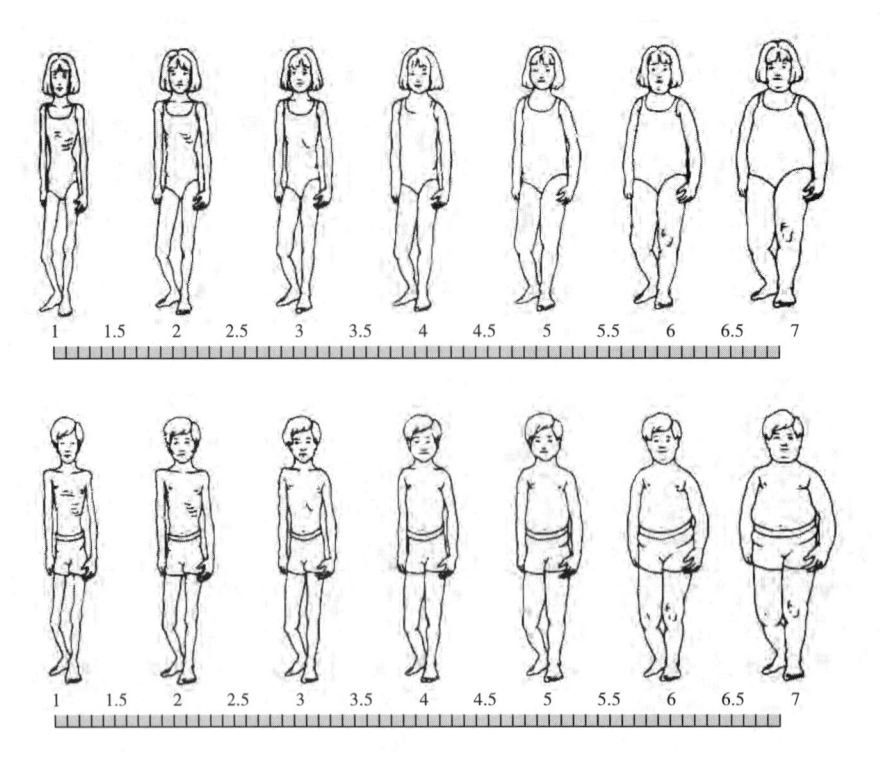

图 13-7　研究者用这类照片评估儿童的身体感知

资料来源：Collins, 1991.

是她表达个人身份的一种绝望的尝试。

体重问题、情感障碍、酒精中毒或药物滥用具有家族聚集性，父母对进食、体重和体型的态度和信念尤为重要，家庭环境的各个方面（如在与父母联系少和父母期望高期间）也是风险因素。患有进食障碍的年轻女性的家庭表现出父母不和，以及控制、漠不关心、拒绝和过度保护。一些研究确实表明家庭模式与进食障碍有关，但并没有明确的证据支持任何模式，也没有"典型的进食障碍家庭"。

> 现在开始谈论在富裕家庭中长大的折磨、限制和义务。
>
> 资料来源：Bruch, 1979, pp. 22–23.

此外，很难确定这种障碍起病后在患儿家庭中观察到的模式是病因还是结果，在神经性厌食中尤为如此，通常是在危及生命的拒绝进食发作后进行家庭观察。另外，重要的是要认识到家庭影响不是导致风险的唯一或主要因素。"责备家庭"不仅没用，还可能阻碍家庭在帮助治疗进食障碍患者中能起到的重要作用。

干预

如前文所述，进食障碍是由多种因素引起并维持的，不同患者也有很大的异质性，因此治疗需要针对多种影响的干预措施，接下来简要介绍一些方法。

总的来说，针对神经性贪食的干预比针对神经性厌食的干预有更多的研究支持，但专门针对

案例

艾达：金丝笼里的一只麻雀

当艾达还是个孩子时就觉得自己配不上家庭带给她的特权和福利，因为她觉得自己不够聪明。她脑海中经常浮现出一幅这样的画面：她就像一只被囚禁在金丝笼里的麻雀，对比家中的奢华来说太平淡无奇、太简单，却被剥夺了做自己真正想做的事的自由。在此之前，她只谈论家庭的优越特征，

青少年神经性贪食的干预措施也非常有限，因此对神经性贪食的建议是主要参照与成年患者组的对照研究。关于患有神经性厌食的青少年，有研究证据支持以家庭为基础的治疗方法。

家庭疗法

进食障碍的家庭疗法源于持不同观点的临床工作者的观察，即家庭与该种行为的持续密切相关。家庭疗法在临床实践中得到了广泛应用，但对其疗效的研究支持却有限。

有证据支持家庭干预对青少年神经性厌食的有效性，其中最有力的是莫兹利（Maudsley）的神经性厌食家庭疗法（family-based treatment for AN, FBT-AN），这种方法避免将家庭视为病态的或将神经性厌食的发展归咎于家庭，认为病因尚不明确，家庭是青少年康复的最重要资源。因此，这个方法的目标是重新动员家庭资源与专业人员合作，而不是寻求"治疗家庭"。治疗的最初阶段需要家庭的大力支持，但随着治疗的推进逐渐减弱，大致可分为三个阶段：第一个阶段是关注进食障碍、再喂养和体重增加，并寻找让父母重新发挥他们变革推动者作用的方法，鼓励家庭在咨询治疗师建议的前提下制订再喂养的最佳方案。一旦青少年体重增加，进食没有什么困难时，就进入第二个阶段，这个阶段的主题是进食障碍症状，目标变为帮助家庭找到将控制权还给青少年的方法，同时也审查其他家庭问题。当青少年达到健康体重时就进入最后一个阶段，期间解决青少年发展的一般问题及他们受神经性厌食影响的方式，目标是确保青少年回到正常的发展轨迹上，并确保家庭准备好处理正常的发展问题。

有研究比较了家庭参与 FBT-AN 的两种模式：联合家庭疗法（conjoint family therapy，CFT）和分离家庭疗法（separated family therapy，SFT）。前者是整个家庭一起接受治疗，后者是指同一名治疗师分别对青少年及其父母进行单独治疗。总的来说，在治疗结束后以及五年的随访中，CFT 和 SFT 被试都得到了显著且可比较的体重增加、月经功能和心理功能改善，其中在部分母亲批评孩子频率高的家庭中，接受 SFT 治疗的青少年在随访中比接受 CFT 治疗的个体的体重增加了更多。家庭参与必须针对具体家庭量身打造和 / 或在治疗过程中进行调整。

研究者们已研发出一种由 FN-AN 改编的针对神经性贪食青少年的家庭疗法，虽然起初的研究发现充满希望，但对其有效性的研究仍然有限。

认知行为疗法

有相当多的研究支持神经性贪食的认知行为疗法（CBT），许多人将其视为治疗这种障碍的首选方法。对照研究表明，针对神经性贪食的认知行为疗法优于无治疗和替代疗法（包括药物疗法和多种其他心理疗法），但治疗证据主要是基于成年人样本，其中包含一些较大的青少年。

治疗包括多方面项目，以自我评估中的功能失调模式（高估自己对体型和体重的控制）为进食障碍的病理学原理。根据这个观点，这种障碍的主要特征是有关体型和体重的认知，而其他特征（如节食和催吐）是这些认知的次要表达。患有神经性贪食的个体对消极心境或不良事件的反应是"饮食失调症"和暴食，并成为一种行为模式。

在治疗初期对患者进行神经性贪食相关知识的教育，明确这种障碍的认知观点，同时采用行为技术以减少暴食和代偿行为（如呕吐），并控制饮食模式。这些技术与认知重建技术互为补充，随着治疗的进展，不断聚焦于不恰当的体重增加问题，并进行自我控制策略训练以限制暴食。接下来，采取额外的以认知为导向的干预措施纠正关于食物、进食、体重和身体意象的不当信念。最后，采取维护策略以保持改善效果并防止复发。

如前文所述，大多数青少年不符合 AN 或 BN 的诊断标准，他们的问题属于一般 OED 范畴，因此寻求治疗的青少年可能有范围广泛的进食障碍问题。费尔伯恩（Fairburn）及其同事于 2003 年研发了基于"转诊"进食障碍模式的认知行为个体化治疗方案，是针对贪食症的 CBT 的"增强"版（CBT-E），这个方案将具体的治疗性干预与个体的进食障碍特征相匹配，而不是根据诊断进行治疗。2009 年，费尔伯恩及其同事用两组成年人样本评估 CBT-E，一组符合神经性贪食诊断标准，另一组有症状但不完全符合神经性贪食诊断标准（如 OED）。结果发现，两组的治疗效果相当，大约一半接受治疗的个体在进食障碍测量中的成绩接近一个社区样本的均值。对于不完全符合神经性贪食诊断标准的个体，CBT-E 的成功进一步表明认知行为疗法可能适用于青少年。

人际心理治疗

人际心理治疗（interpersonal psychotherapy，IPT）侧重于障碍发展和持续相关的人际问题，有研究证明 IPT 是一种治疗成年神经性贪食的有效方法。这种治疗方法并不直接针对进食症状，目标是寻求增强人际功能和沟通技巧的方法，部分原理是有研究表明，神经性贪食患者的人际功能差及人际影响（如同伴、朋友、家人的行为；与他人比较）对身体意象和自尊发展的作用。治疗过程中对个体的人际关系史进行评估，干预的重点是人际问题的四个方面：人际缺失、人际关系角色争议、角色转换、悲伤。

药物治疗

虽然病例报告表明，多种不同药物治疗方法都能成功治疗进食障碍，但缺乏对照研究，尤其是针对青少年的研究，或者研究结果较为谨慎。似乎没有药物治疗方法可有效治疗神经性厌食，但研究者们仍在进行探索。在针对成年人的对照研究中，报告指出 SSRIs（如氟西汀或其他抗抑郁药）对神经性贪食有药效，但可能仅局限于部分患者，药物治疗似乎不是首选的治疗方法，它在青少年中的作用尚不清楚，相关研究也有限。此外，要注意药物对那些已有心理和生理风险的个体的副作用。

预防

在青少年群体中普遍存在既不符合厌食症也不符合神经性贪食的标准，或称为"亚临床"的进食障碍行为。另外，幼童中进食障碍行为和态度的迹象也很常见。因此，应在预防方面展开思考，但这个领域的实证研究相对有限。

对普遍预防项目的评估集中在针对较大的青少年的项目上，部分项目致力于解决与健康体重调节（healthy weight regulation，HWR）相关的问题，如限制性节食、身体意象、社会和文化影响；其他项目关注更广泛的问题，如自尊和社会能力（self esteem and social competence，SESC），以预防进食障碍行为和态度。研究证据是有限的，但确实提供了一些干预的建议，SESC 方法在中学生群体中的实施得出令人鼓舞的结果。例如，斯坦纳–阿代尔（Steiner-Adair）及其同事于 2002 年采用了一门教授年轻人对文化信息和偏见中关于外貌、体重、进食方面的信息进行再认和批判性评价的课程，以帮助七年级女孩变得坚定自信并互相支持。课程结束时，她们的进食障碍知识和与体重相关的身体自尊都得到了显著提高，并在六个月后的随访中也保持较高水平。目前尚不清楚使用 HWR 方法的项目是否有益于中学生，因为针对高中生的普遍预防项目并未对学生的态度或行为产生重大影响。鉴于这些发现和有限的研究，普遍干预是否能有效预防进食障碍仍属未知。

有针对性的预防研究主要对较大的青少年和大学生的自选样本进行干预。研究结果表明，这些干预措施至少在短期内可以减少高危个体的风险因素，但将其推广到青少年或幼童时需谨慎。

第 14 章
影响躯体疾病的心理因素

本章将涉及：

- 心理学与医学领域的定义；
- 心理因素和家庭因素对哮喘等躯体疾病病程的影响；
- 慢性病的心理调整；
- 儿童和青少年及其家人在适应癌症等慢性疾病所面临的挑战；
- 促进药物防治的心理贡献；
- 垂死儿童及其家人面临的挑战。

本章探讨心理因素对儿童和青少年慢性躯体疾病的影响，及其对有效药物防治的影响。在讨论这些议题时，会涉及家庭作用、儿童和青少年对慢性病的适应和调整、儿童和青少年及其家人对保健从业人员推荐的生活规则的坚持等问题。为了说明心理学和医学的界面，本章描述了心理学在哮喘、癌症、糖尿病、艾滋病等躯体疾病中的应用。要了解当前思想和实践的演变，需要对这个方面的历史工作有一定的认识。

历史回顾

本章讨论的主题在过去属于**心身障碍**（psycho-somatic disorder）的范畴，关注的焦点在认为会受到心理因素影响的身体疾病上，如哮喘、头痛、溃疡等。在过去的几十年里，专业术语几经变化，在 *DSM-IV* 中，"心身障碍"被"心理生理性障碍""影响身体状况的心理因素"和"影响医疗状况的心理因素"取代。在 *DSM-IV* 中，在新的章节躯体症状及相关障碍中包含了"影响其他躯体疾病的心理因素"。

专业术语的不确定性，反映了人们在长期以来存在的关于身心之间、精神和躯体之间关系本质的争论。20世纪，研究者关注心理过程对身体的影响，促进了**心身医学**（psychosomatic medicine）领域的发展。早期研究者致力于收集证据，构建心理因素在特定身体障碍中的因果关系理论。随着这个领域的不断发展，出现了几种研究走向，研究者发现越来越多的身体障碍与心理因素有关，甚至连常见的感冒也受心理因素的影响，因而问题也随之而生：识别心身障碍特定群体的工作是否硕果累累？心理因素是否在所有身体疾病中都发挥作用？此外，之前单一的心理发生观点也向多重原因转变，也就是说，研究者认为生物学因素、社会因素和心理因素共同作用，从各种角度影响着个体的健康和疾病。这个观点是整体性观点，假设多个因素之间的相互作用是持久存在的。

观点的转变使得这一领域迅速发展，社会因素和心理因素在躯体疾病发展、结局、治疗、预防和养生中发挥的作用受到越来越多的关注。当此类关注集中在儿童和青少年群体时，即为**儿科心理学**（pediatric psychology），以其为重点的专业协会和期刊的形成反映了这个领域的重新定义和扩展。

本章审查心理学家关注的一些特定医学问题，并讨论其他一些感兴趣的主题，希望能够说明已经发生的变化，以及这个领域的当前状态和多样性。

影响躯体疾病的心理和家庭因素

接下来以哮喘为例，阐述心理和家庭变量对儿科医学问题症状的影响，可以看出人们对那些影响身体疾病的心理变量的看法是如何发生改变的。

案例

洛伦：一个控制哮喘的案例

12岁男孩洛伦患有中重度哮喘，这已经是他今年第四次因哮喘住院。医生查房时告诉他的父母，如果能避免触发过敏原（包括诱发发作的运动）并配合药物治疗方案，哮喘就能得到控制。医生还说，洛伦使用喷雾器的方式不正确，以致他的呼吸窘迫得不到缓解，大部分药物也都浪费了。哮喘不见好转使洛伦产生了挫折感，继而变得愤怒，这又加重了哮喘。于是医生决定：（1）教授洛伦识别并避免触发过敏原；（2）复查他使用的药物并尽可能调整治疗方案；（3）使他遵从医疗方案；（4）教他正确使用喷雾器；（5）教他控制挫折感的技巧。

资料来源：Creer, 1998, p. 411.

哮喘

描述和流行病学

有关哮喘的定义和描述比较复杂，这是一种呼吸系统障碍，特征是对潜在广泛刺激的气道高反应性，导致慢性炎症、气道狭窄、气体交换损伤，尤其是在呼气时，导致间歇性发作的喘息、气短。一种被称为哮喘持续状态的重度发作会危及生命且需要急救，患儿及家人对无法呼吸和重度发作的危险的担忧会引发焦虑。

哮喘是一种在儿童和青少年群体中常见的慢性病，患病率约为10%，其中城市、少数民族和贫困家庭患病的儿童的数量超出比例。哮喘是一种潜在的可逆性障碍，但其对儿童和青少年的危害（如住院治疗、急诊处理和长期缺课）不容小觑。

这种障碍最大的威胁显然是危及生命。为预防死亡的发生，通常采取各种措施治疗身体症状，包括日常用药防止喘息、控制环境中的潜在刺激物、对过敏原的脱敏、避免感染、急诊处理以停止喘息。尽管治疗手段已得到改善，但高患病率、医疗费用增加、住院治疗和死亡率仍令人担忧。需要强调的是，来自大城市中低收入地区家庭的儿童和青少年属于高危人群。

病因

哮喘的病因极其复杂，存在很多病因学上的争议，但普遍认为遗传或其他因素是一些儿童和青少年发展为哮喘的风险因素。有一些病因能引起气道高反应性，一旦建立了关联，与未患病个体相比，这种超敏感性就会使患儿对各种刺激物更易产生反应。

无论是否出现哮喘发作，呼吸道过于敏感且不稳定的个体都会面临接触影响因素的潜在风险，这些因素不一定是哮喘的直接病因，更可能是触发机制或刺激物。每个患儿的刺激物都不同，即便对于同一个体，刺激物也可能随时间而有所变化。

反复性呼吸道感染可能引发哮喘，病毒性呼吸道感染会触发或加重发作。过敏症也与哮喘发作有关，儿童和青少年可能对吸入物质（如灰尘、宠物的皮屑、花粉）或摄入的物质（如牛奶、小麦、巧克力）过敏。一些物理因子（如低温、烟草烟雾、刺激性气味、体育锻炼产生的呼吸急促）也可导致喘息。此外，心理刺激和情绪不安也常常是哮喘发作的重要触发。

心理和家庭影响

尽管这里阐述了不同视角下哮喘病因的不同观点，但在许多早期文献中，哮喘被认为是一种主要由心理原因引起的障碍，曾一度被称为"神经性哮喘"。然而，随着认识的不断深入，几乎没有令人信服的证据证明心理或家庭因素是哮喘特征性呼吸量减少的最初原因，但有证据表明，这些因素是高危儿童和青少年哮喘发作的诱发或触发因素。

例如，珀赛尔（Purcell）及其同事于1969年在美国丹佛的儿童哮喘研究所及附属医院（Children's Asthma Research Institute and Hospital, CARIH）进行研究期间，观察到一些儿童在离开父母开始接受治疗后不久就没有症状了。其实，在20世纪50年代，研究者就提出了一些关于采用"家长隔离法"对一些儿童进行治疗的建议。哮喘是由父母过度情感卷入引起的吗？研究者观察到的隔离效果是由情绪环境还是物理环境的改变引起的？

珀赛尔等人在同一年还设计了一个有趣的分离实验，回答了上述问题。实验开始前，对哮喘儿童的父母进行访谈，以了解儿童情绪对哮喘的影响程度。研究者预测，由情绪因素诱发哮喘的儿童在与父母隔离后病情将得到改善（预测为阳性），而哮喘发作与情绪因素无关的儿童则没有改善。对于预测为阳性组来说，在隔离期间进行的所有测验均表明有所改善，而研究者预测对隔离无反应的儿童则在任何测验中均无改善。

这项研究及其他类似研究结果使研究者们开始相信，建立良好的心理氛围是改善哮喘症状的基础。然而，无论是CARIH的研究者还是其他研究者对这类研究结果的看法都随时间发生了改变,尽管研究报告显示实验前后病情的显著变化具有统计学上的意义,但在临床上并没有显著效果。病情得以改善更可能是因为有人替代父母照料而使儿童严格遵循医疗方案,事实上,当前改善哮喘患者功能的治疗方法重点正是改进管理和坚持治疗。

不过,这并不代表心理因素和家庭功能对哮喘不起任何作用,这些因素毫无疑问会起到一定作用。家庭环境(如灰尘、宠物皮屑)、家庭成员活动(如吸烟、户外运动)、应激(如家庭争斗、离婚)都可能会触发哮喘发作。伍德(Wood)及其同事于2007年对一份7~17岁患有哮喘的青少年样本展开了研究,发现消极的家庭情感氛围与这种障碍的严重程度有关。这些发现表明,消极的情感氛围与青少年的抑郁症状有关,而抑郁症状会直接或间接(通过情感触发)影响哮喘的严重程度。青少年的哮喘也可能多方面影响家庭:父母可能会感到焦虑不断增加,因孩子的疾病而耽误工作,承担高昂的医疗费用;家中其他孩子会感到被忽视以及家庭活动受限。安尼特(Annett)及其同事于2010年研究了儿童哮喘状况、儿童及其家人的心理功能,以及他们的生活质量之间的关系。研究结果支持以下观点:家庭功能会影响儿童功能,儿童功能以及对儿童哮喘病情的控制会影响儿童和父母的生活质量(见图14-1)。

家庭成员必须帮助管理儿童和青少年的障碍,尤其是幼童。因此,干预毫无意外地包括基本的医学管理、药理学管理和心理成分(重点在于关于哮喘发作触发的家庭教育、哮喘的后果,以及帮助患儿及其家庭对这种障碍进行管理)。

因此,对心理和家庭因素的研究工作已由寻找慢性病(如哮喘)的病因转向儿童、父母、家人、医疗保健专业人员对障碍发作频率和严重程度的影响,以及对病情的管理。

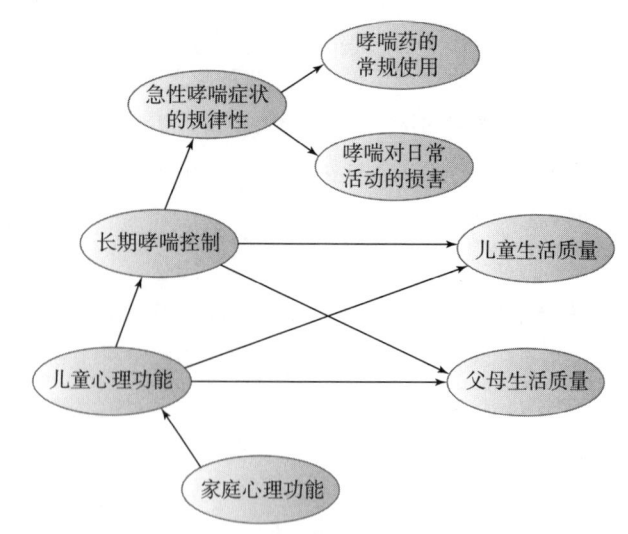

图14-1 哮喘、儿童和父母功能与他们的生活质量之间的关系
资料来源:Annett et al., 2010.

慢性病的后果

慢性身体疾病对患儿及其家庭的重要性是另一个心理学和医学领域的关注点。任何慢性病都存在普遍的影响,尤其是当其可能危及生命时。患儿会经历大量应激和焦虑,此外,这种障碍带来的种种限制(如与同伴接触受限、因病无法到

◎父母对症状性发作的担忧,可能会导致患有哮喘等慢性病的儿童与同伴长时间隔离。

校）还将阻碍患儿的正常发展。

患儿的家人显然也需要长期应对慢性病的治疗及其影响，这种长期需求势必难以处理，治疗方案所需的连贯性本身就是有压力的，因此整个家庭都承受相当多的焦虑，日常生活也充满应激。

适应和慢性病

慢性病已成为儿科心理学家的首要研究任务，一个常见的问题是慢性病是否会导致适应不良。答案不是一定的，但慢性病以及与之相关的生活经历可能会将患儿置于适应问题的风险中。研究结果显示，慢性病患儿的适应问题有多种变体，尽管多数没有严重的适应问题，但的确存在一部分易感群体。

然而，在单一时间点进行的测量无法对适应问题进行全面而完整的评估，患儿及其家人的适应是一个持续的过程，从确诊、治疗、治疗结束，可能还持续到复发，长期病程是慢性病的固有属性，这种情况致使部分研究者在创伤应激的框架中理解患儿及其家人对诊断的初步反应和随时间改变产生的适应。

研究者认为慢性病的适应过程是一个由多个变量组成的复杂函数。首先，儿童和青少年及其家庭成员自身的特质对他们适应慢性病有重要作用。比如，青少年拥有的能力素质和不同类型、种类的应对技巧在这个过程中显得十分重要。第二组变量是疾病参数，如疾病严重程度、损伤程度、儿童和青少年自理情况等。此外，儿童和青少年的生活环境（包括家庭、学校、健康护理等）也是重要的影响因素。沃兰德（Wallander）和瓦尔尼（Varni）设计的模型（见图 14–2），为我们展示了研究这个复杂问题的价值。

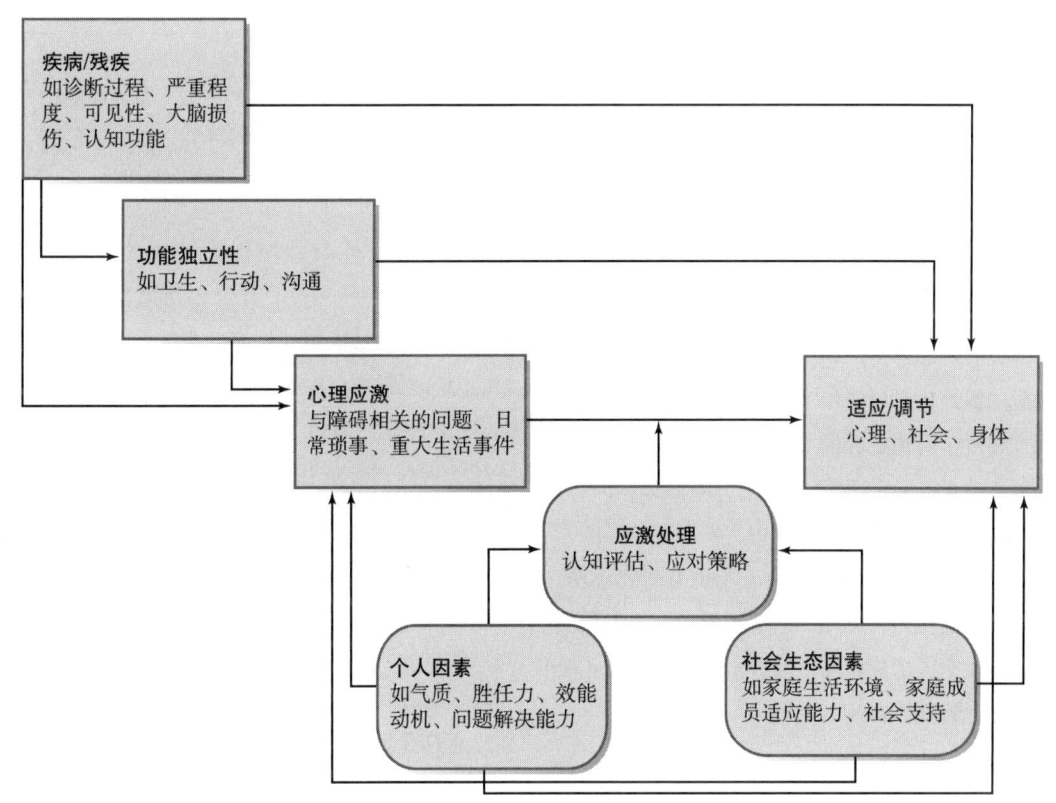

图 14–2　儿童对慢性病或障碍适应的概念模型

◎ 方框里是风险因素，圆角框里是阻抗性（保护性）因素。

资料来源：Wallander & Varni, 1998.

在接下来的内容里，我们将讨论影响慢性病适应的两大因素：疾病参数和家庭功能。

疾病参数与适应

为充分了解儿童和青少年对慢性病的适应情况，我们必须搞清楚，是不是疾病本身各方面的不同导致了适应上的差异。因此，疾病的严重程度、可预测性、带来的压力、关于疾病的认知，以及造成的功能损伤程度，都是我们要逐一分析的变量。当然，逐一分析每个变量是不可能的，因为它们之间会相互影响。比如，病情的加重可能与患儿正常身体机能有很大的关系。因此，每个变量看起来又都很重要。

某些疾病比其他疾病更严重，但其严重程度对同等状态下的儿童和青少年也会有所不同。那么，究竟是什么影响了疾病的严重程度呢？米塞利（Miceli）、罗兰（Rowland）、惠特曼（Whitman）等人于1999年针对这个问题的研究结论都相同。然而，2001年麦奎德（McQuaid）、科佩尔（Kopel）、纳索（Nassau），以及2007年布莱克曼（Blackman）、古尔卡（Gurka）等人的研究结果却表明，疾病的严重程度与适应有关。例如，一项关于儿童和青少年幼年型类风湿性关节炎（juvenile rheumatoid arthritis，JRA）的纵向研究发现，尽管JRA儿童与对照组之间的社会功能没有显著的总体差异，但疾病的严重程度却是一个危险因素。在以两年为一周期的跟踪调查中发现，相对于病情较轻的儿童，病情严重的患儿在同龄人中的受欢迎程度一直呈下降趋势。同样，在被同伴选为好朋友的过程中，发病率较高的儿童要比康复中的儿童概率偏低。也有研究表明，并非病情越严重，患儿的适应就越差，二者的关系比较复杂。适应状况还取决于儿童和青少年及其家庭对病情严重程度的认知。

青少年对待慢性病的态度和青少年与家庭成员的应激程度也可能影响适应。比如，勒博维奇（LeBovidge）、拉维涅（Lavinge）和米勒于2005年针对8~18岁患有慢性关节炎的儿童和青少年的适应情况展开了研究。焦虑程度越高、抑郁症状越多，因病和非因病的应激水平就越高，家长也报告存在适应问题。对疾病或其他事件的态度越消极，就越容易出现高度焦虑、抑郁症状和适应不良情况；相反，青少年若以积极的心态面对疾病，焦虑水平就会越来越低，抑郁症状也越少。图14–3显示了由关节炎引发的应激与青少年面对焦虑和抑郁症状所采取的态度之间的关系。

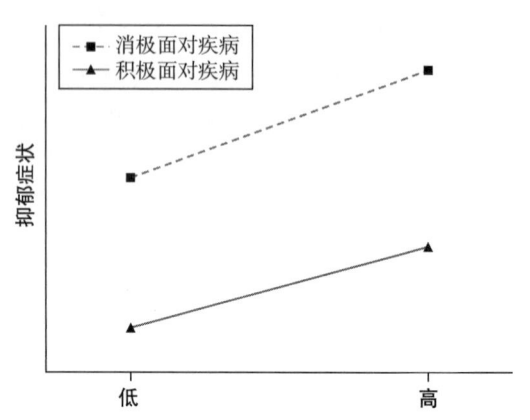

图 14–3　与关节炎相关的应激、面对疾病的态度和抑郁症状

资料来源：LeBovidge, Lavigne, & Miller, 2005.

适应还可能与由慢性病导致的**功能限制**（functional limitation，即青少年受限制情况）有关，功能限制可能对缺课率、朋友关系或其他方面能力产生影响。比如，炎性肠病（inflammatory bowel disease，IBD）是一种以胃肠道慢性炎症为特征的疾病，患有IBD的儿童经常会出现腹泻、腹痛、体重下降、生长缓慢、发育迟缓、疲劳等症状。IBD是一种无法预测且令人尴尬的疾病，患儿可能会因这些症状和经常去洗手间而感到尴尬，甚至可能导致社交活动受限，社交活动也可能因疾病突发而取消。身材矮小和发育迟缓也会导致他们感觉自己与同龄人不同。

从道德上讲，我们既不能对青少年的情绪状态或疾病严重程度加以控制，也不能向青少年随机分配疾病种类，因此很难解释疾病各个方面的影响。而且，尽管疾病参数能预测适应情况，但准确度并不高。把这些因素用更加规范的方式进行整合（即把疾病因素与应激、危险度、复原力因素结合起来，一同并入无慢性病障碍的青少年病因学模型中）是一种有效的方法，这种方法能将慢性病相对独特的因素与其他青少年及其家庭普遍共有的因素区分开来。在所有变量中，家庭功能可能是这种规范化方式的焦点。

家庭功能与适应

多数研究表明，慢性病患儿的家庭，其功能与规范数据组或对照组没有显著差异。然而，家庭功能显然与慢性病患儿的心理适应有关。除了与慢性病相关的特定危险因素和压力因素外，把其他一些与儿童和青少年适应相关的家庭影响因素（如父母行为、父母抑郁、家庭生活的破裂和婚姻矛盾）作为假设的出发点是合理的，这些因素也与患儿有关。

> **案例**
>
> **丽莎：一个糖尿病控制与家庭环境的案例**
>
> 　　14岁的丽莎患有胰岛素依赖型糖尿病，还有各种行为和健康状况问题。母亲说她的糖尿病一直难以控制，最近变得更糟，在过去12个月里住了10次院。
>
> 　　丽莎是家中四个孩子中唯一收养的孩子，她有三个弟兄，有个20岁的哥哥，两个弟弟一个两岁，一个只有一个月。两岁的弟弟生来就患有重病，尽管现在身体状况不错，但还需做好几次手术。在调查过程中，母亲L太太公开表现出对丽莎不满，相比之下，她认为长子是完美的，对两个小儿子她也格外呵护。
>
> 　　两个弟弟的出生显然改变了丽莎作为家里最小孩子的地位，L太太的照顾重心也转移到了对弟弟们的看护上，她感到压力逐渐增大，最近为了照顾两个小儿子还辞了职，并对丈夫的不管不问感到愤怒，但并未完全表现出来。大儿子决定离开家去上大学，这使她得不到任何来自男性的支持，于是她把大部分怒气都转向了丽莎。丽莎也很生气，但她的愤怒大部分是针对父亲，这样可能会使她得到母亲的些许鼓励。与此同时，丽莎的躯体疾病也引起了父母的关注，她的行为问题和多次住院也使家人的注意力从弟弟身上重新转移到了她的身上。
>
> 资料来源：Johnson, 1998, pp.428-429.

针对患有慢性病的青少年群体的研究中，研究者们调查了与儿童和青少年适应有关的多种家庭影响因素。蒂姆科（Timko）及其同事于1993年针对患有JRA的青少年群体，研究了父母风险和弹性因素对与疾病相关的功能障碍（如抓握东西的能力和做日常家务的能力）、病痛、心理社会调适能力的预测功能。研究者对患者的年龄和功能初始水平这两个变量进行控制，通过四年的追踪研究，发现父母的个人应变、抑郁情绪和父亲酗酒都与青少年适应较差紧密相关；相反，父母社会功能良好、母亲经常参加社交活动、父亲拥有几个亲密的朋友等因素有助于青少年适应。人们通常把更多的注意力放在母亲对孩子的影响上，但经过研究，研究者惊奇地发现，除了来自母亲或其他因素的影响，父亲的风险因素和复原力也能影响青少年的机能和适应状况。

与慢性病相关的参数和家庭因素并非彼此独立运行，二者会减弱或调节彼此的适应关系。例如，万格（Wagner）及其同事于2003年指出，父母的不幸会与疾病相关的因素相互作用，共同影响孩子的适应状况。在患有JRA的青少年患者中，对那些知道自己患病的青少年来说，父母的不幸对他们的影响更加明显，也就是说，他们参与活动的能力受到了干扰，会变得更加抑郁；相反，对自身疾病认知水平较低的青少年患者，他们的抑郁与父母的不幸无关。

贝格（Berg）及其同事于2011年研究了父母对青少年糖尿病患者的影响。他们发现，父母与孩子的关系（认同、独立、鼓励和交流）越好，糖尿病的治疗效果（代谢控制和依附性）就越好。此外，父母对青少年患者的日常活动和糖尿病护理行为进行监测，可改善糖尿病的治疗效果。父母参与度和糖尿病治疗效果之间的关系是由青少年对自我效能的认知调节的。也就是说，父母的参与度越高，青少年对自己控制糖尿病治疗效果的能力就越有信心，糖尿病的治疗进而能取得更好的效果。

家庭变量（如家庭冲突、家庭控制和家庭组织）似乎也与青少年的适应有关。沃特利布（Wertlieb）、豪泽（Hauser）与雅各布森（Jacobson）于1986年将患糖尿病青少年组与患急性病青少年组进行对照研究，发现在这两组中，家庭冲突的公开表达与更严重的问题行为有关，但其他因素的影响与此不同。在涉及控制和维护家庭制度的不同尝试中有一项特别有趣的发现，在急性病青少年组中，家庭中控制倾向越强，问题行为发生的可能性就越大；相反，在糖尿病青少年组中，家庭组织水平越低，发生的问题行为越严重。有糖尿病患儿的家庭，在组织疾病相关日常事务时有明显需求，成功的糖尿病管理可能需要合理的组织结构，并公开地处理控制问题。结构化和控制性的家庭环境与糖尿病的良好代谢有关。总之，家庭环境与患有慢性病的青少年的适应状况之间可能存在着很复杂的关系。

再比如，凝聚力是另一个重要的家庭变量，在适应性方面似乎很重要。人们通常认为，一种危及生命的疾病通常能拉近家人之间的关系。家庭凝聚力的增强，不是应对疾病时的一种即时反应，而是在整个家庭应对疾病的过程中慢慢出现的。家庭凝聚力的水平常常与慢性病的控制和青少年及其家人的适应状况有关。

一项针对青少年癌症幸存者的研究表明了家庭凝聚力的重要性，但同时也展示出二者关系的复杂性。参与研究的对象为曾接受过白血病、霍奇金病或霍奇金淋巴瘤治疗、年龄为12~19岁、目前病情有所缓解的青少年。研究者假设，癌症能增强整个家庭的凝聚力，家庭凝聚力与癌症幸存者的心理社会适应有关。

参与研究的青少年完成了一项关于家庭适应性和凝聚力的标准测试。癌症幸存者组与对照组的得分明显不同，且结果与假设截然相反——癌症幸存组的青少年认为自己家庭的凝聚力更低。尽管如此，凝聚力与适应之间还是存在一定的预期关系，即较强的凝聚力与治疗后更好的心理调适有关。然而，研究者还发现了一些有趣且复杂的现象：在"近期"（一年前或更短时间内完成治疗）幸存者和"长期"（五年前完成治疗）幸存者群体中，家庭凝聚力与适应状况密切相关。而对于1~5年前完成治疗的"中期"幸存者，家庭凝聚力与适应状况的关系并不密切。

这些研究表明，把适应当成一个长期过程进行研究，并关注儿童成长的关键期（如开始上学、步入青春期等）是很重要的。青少年的情况可能会有所改变，疾病对家庭的影响也不是一成不变的。此外，青少年与身患疾病的青少年的改变，可能需要改变家庭参与方式。上述研究结果显示，由于患有慢性病的青少年的存活率比过去高，因此研究者还需对患者治疗开始时间、目前发展水平、确诊年龄、可能与家庭环境有关的其他变量，以及青少年心理调适的影响展开进一步的研究。

随着患慢性病儿童和青少年的幸存人数越来越多，研究者更清楚地认识到，适应是个长期而复杂的过程，与其探究如何更好地适应疾病，不如把更多精力放在慢性病对个人发展的影响上更为合理。

癌症：一种需要适应的慢性病

长期以来，癌症一直被认为是致命且鲜为人知的疾病。如今，尽管癌症的这种令人恐惧的形象仍然存在，但已不像从前那样可怕。随着癌症患者存活率的升高，重点已从"死于癌症"转变为"与癌症共存"了。现在，对许多青少年而言，将癌症视为一种慢性病而非不治之症可能更加合适。例如，在1960年，急性淋巴细胞性白血病

◎ 家庭可能需要外部持续支持，以帮助孩子对抗癌症。

（最常见的儿童癌症）在确诊五年后的存活率仅为1%；到了20世纪70年代，存活率上升到49%；到21世纪初，存活率上升到88%。治疗手段的进步改善了五年生存率的整体状况，使儿童癌症患者存活率提高到80%。

然而，治疗过程通常是漫长的、具有高度侵入性的、充满压力的，并伴有巨大痛苦，因此，对这个群体的治疗过程充满了各种各样的挑战。医生们除了要完成帮助青少年及其家人了解并接受癌症治疗的基本任务外，更重要的是要帮助他们应对漫长而充满应激的治疗方案，以及疾病本身和治疗过程中所带来的额外压力。比如，在治疗期间和治疗后给予青少年一些关于学校、老师和同伴的建议可能变得很重要。此外，这种疾病及其经过长期治疗产生的心理社会影响也值得关注。疾病的潜在影响也可能与发育期有关。对青少年癌症患者而言，由于对家人和医务人员依赖的增加，疾病可能妨碍自主发展，还可能限制他们的社会生活及亲密关系的建立。

青少年期是一个发展期，在此期间需对一些高危行为（如药物使用）进行规范，而对患有癌症的年轻人来说，即使是极微小的高危行为也可能造成严重后果。不过，产生这些问题的结果并非不可避免，在这个过程中，为家庭提供持续性社会心理咨询服务可缓解癌症带来的负面影响，也能帮助青少年患者像健康的同伴那样发展并发挥作用，还能帮助受影响的同胞及其他家庭成员。

人们还必须意识到，那些保证更长的生存时间的治疗方法，也可能导致其他长期的挑战。化疗和放疗等治疗手段的进步有助于延长预期寿命，但已经完成这些治疗的青少年患乳腺癌的风险也随之增加，还会给他们的身体带来许多问题，如生长和生殖困难、心脏病、肺、肾/泌尿、骨科、感觉运动和神经功能障碍，以及继发性恶性肿瘤。容貌受损和功能受限（如耐力减弱）也是常见的直接后果。还有一些不良后果在治疗后可能不会立即显现，但随后可能会在幸存者身上发生，其影响可能会随时间的推移而演变。那些旨在促进健康的行为和减少高风险行为的干预措施有助于预防和控制不良后果。

心理和认知领域的问题也可能与医学治疗有关，例如，预防中枢神经系统（central nervous system, CNS）白血病发生颅脊髓照射（craniospinal irradiation, CSI）和化疗等治疗方法，会对中枢神经系统产生直接且长期的影响。这些治疗确实会导致患儿在认知和学业功能方面出现障碍，因此，除非是复发或介入风险高的儿童，否则在涉及CNS的治疗中应谨慎使用CSI。尽管如此，应持续关注治疗对长期神经认知的影响，需进行监测和干预。

由应对、调节到适应癌症的转变，显然比过去存活率非常低的时候更为乐观。然而，在我们继续努力了解治疗过程，为青少年及其家庭提供帮助的同时，还需监测治疗所带来的长期影响及副作用。此外，癌症的复发仍然存在，并使患者遭受继发性癌症的风险增加。因此，这对患者及其家庭时刻保持警惕而不产生额外和过度的焦虑，同时保持积极乐观和适应的态度提出了巨大挑战。

关于适应的类似观点也适用于镰状细胞疾病

和艾滋病毒/艾滋病等其他慢性病（参见"重点"专栏）。在了解如何随时间适应这些慢性疾病的同时，还需考虑疾病或状况本身的后果，以及密集、苛刻和长期治疗所造成的后果。

重点
艾滋病毒/艾滋病对儿童和青少年的影响

在感染艾滋病毒和艾滋病的群体中，相当一部分是已婚育龄女性，她们生的孩子也常常是艾滋病感染者，这是艾滋病故事中最令人悲伤的一幕。这些孩子出生时通常得很重，经常被遗弃或被从母亲身边带走，其中一些被愿意挑战承担照顾患儿的养父母收养。幸运的是，随着医学的进步，在美国，患艾滋病的妇女所生的艾滋病毒婴儿的数量急剧下降，但仍然是一个相当大的问题。

尽管大多数青少年是通过母亲垂直传播感染的，但有些患儿（如血友病患儿）是通过供血方式感染的。对于较大的儿童和青少年，还存在通过吸毒或性接触传播方式感染的风险。

随着医疗的进步，艾滋病的存活率越来越高，人们的注意力已经从对患病儿童和青少年的临终关怀转移到对艾滋病的控制和患儿生活质量的提高上。

一段时间以来，我们了解到，出生时感染艾滋病毒的儿童可能会有发育和神经认知问题。然而，改良的抗逆转录病毒疗法通过减缓中枢神经系统疾病的进展改善了这种情况。但到了学龄期，如果神经问题仍然存在，可能就会导致严重的学习困难、语言困难和注意力不集中等问题。此外，心境问题和社交困难也可能会很明显。对于免疫系统受损严重的年轻人，这种影响可能更大。因此，儿童患者只能继续适应这种状况，这也给他们的养父母带来特殊挑战。

重要的是要记住，并不是所有艾滋病毒感染儿童在临床上都有显著的情绪问题和行为问题。但在这个群体中（尤其是女性艾滋病患者所生的孩子），一系列复杂的因素会导致他们产生严重的问题。显然，其中一些问题是疾病的直接后果，还有一些问题是由疾病和长期医疗的压力，以及药物治疗过程所导致的。

家人也面临向孩子及他人透露病情的艰难决定。此外，这个群体中的许多患儿母亲的产前护理并不理想，有些母亲在怀孕期间滥用毒品，还有的母亲患有严重的精神障碍。因吸毒或性接触而患病的孩子也可能接触过其他风险因素。所有这些强大的影响，以及出生后面临的家庭和环境风险，使得目前的问题是可被理解的。总之，疾病适应是一个巨大的挑战，需要制订协调、密集的援助计划。

推进医疗

长期以来，心理学家试图通过提供心理治疗来改善患者的健康状况，这已成为心理学和医学的一座桥梁。早期大多数心理学家都试图为患者提供心理治疗来减轻躯体症状或治疗疾病，但被证明基本无效。近期人们更多采用不同的方法，将心理学的观点整合到临床相关的、有经验支持的医疗问题治疗中。尽管对这些多重努力和策略的全面审查已超出本章讨论的范围，但以下是一些重要的说明。

遵医用药

依从（adherence）和顺从（compliance）描述的是青少年及其家庭对医嘱（如服药、节食或改变生活方式）的遵从程度。越来越多的心理学家试图弄清楚，家庭管理在应对儿童慢性疾病时所遭遇的挑战，青少年及其家庭糖尿病恰好为他们提供了一个很好的例子。

糖尿病症状表现

糖尿病是儿童和青少年群体最常见的慢性疾病之一，每1000个青少年中约有1.8人患有糖尿病。1型糖尿病（type 1 diabetes，T1D），又称胰岛素依赖型糖尿病，是一种终身疾病，由胰腺产生的胰岛素不足引起，患者必须每天注射胰岛素。由于1型糖尿病通常在儿童期发作，故通常被称为儿童或青少年糖尿病。2 型糖尿病患者出现胰岛素抵抗，损害细胞对胰岛素的吸收，而不是缺乏胰岛素。2 型糖尿病以前被认为是一种在成年人群体中发病的疾病。然而，随着儿童肥胖症的增加，儿童 2 型糖尿病也在增加，结果青少年中有 10%~20% 的新糖尿病病例属于此类。2 型糖尿病在非裔美国人、美国印第安人、拉美裔美国人/西班牙裔人口中比例过高。2 型糖尿病可通过减肥、加强体育锻炼和注意饮食得到控制，但许多患儿也需要注射胰岛素。

1 型糖尿病通常在青春期左右发作，但也有可能在婴儿期到成年早期的任何时间发作，遗传因素似乎在 1 型糖尿病的病因中发挥着重要作用。这两种类型的糖尿病都会增加心脏、肾脏、眼睛和神经系统损害的长期风险。如果病情得不到及时控制，患者就会出现酮症或酮症酸中毒，这是一种非常严重的情况，可能会导致昏迷或死亡。

青少年患者及其家庭面对的治疗方案有饮食控制、每日注射胰岛素、尿液监测和检测血糖水平（见表 14–1）。要根据每日血糖水平测试、饮食时间、饮食情况、运动、身体健康状况及情绪状态等因素调整每日胰岛素的注射量。患者即便是在最好的情况下，也必须调整胰岛素的每日剂量，因此，青少年患者必须对高血糖（血糖过高）和低血糖（血糖过低）的症状和体征敏感。副作用包括易怒、头痛、震颤／发抖、虚弱等，如果没有及早发现，那么还可能出现昏迷和癫痫，具体症状因人而异，有些主观因素会导致糖尿病的症状识别起来非常复杂。因此，为控制疾病，父母和青少年患者经常面临困难的、往往不可预测的、情感化的治疗方案，这需要认真地将方案与他们的日常生活、学校生活或其他环境功能相融合。

糖尿病的控制

治疗糖尿病的首要任务是专业团队获得并保持对糖尿病病情的控制，这项任务完成后，青少年患者对胰岛素的需求通常会减少，他们及其家

表 14–1　糖尿病儿童及其家庭所需注意事项

- 定期注射胰岛素
- 定期检测血液
- 定期进行体育锻炼
- 避免摄取糖分
- 检查低血糖症状
- 检查高血糖症状
- 生病时尤其要小心
- 定期淋浴
- 随身携带糖尿病识别卡
- 注意体重的变化
- 保持饮食的规律性
- 根据运动来调整饮食
- 根据要求测量血液
- 变换注射位置
- 小心脂肪的增多
- 小心护理伤口
- 不吃太多零食
- 控制情绪
- 做好脚部检查

资料来源：Karoly & Bay, 1990.

庭最初的那种恐惧和关切往往也会减少，这个阶段被称为糖尿病的"蜜月期"。这种部分缓解期可能会逐渐结束，通常在初次诊断后的 1~2 年结束。在任何情况下，患者及其家庭在确诊后的前几个月内，开始糖尿病自我管理计划可以避免代谢功能的恶化。对患儿的早期干预可帮助减少依从性问题和后期糖尿病控制问题。从治疗时专业人员对疾病进行管理控制转移到家庭、儿童或青少年自控，并长期维持疾病控制，是治疗慢性病的重大挑战之一。

糖尿病治疗方案的依从性

"依从性"这个概念具有多层含义。对复杂性的认识成功引导干预方案的改良，使其与教育、自我管理技能培训、促进家庭参与和沟通等策略相结合。改良版的方案似乎很有发展前景。大多数治疗方案的第一步是对青少年患者及其家庭进

行疾病教育。然而，即使做出这样的努力，也无法保证他们掌握足够的糖尿病知识。因此，定期评估知识是大有助益的，通常采用的评估方法是行为观察法，即通过观察评估儿童或青少年患者是否知道如何应用必要的治疗技能（如尿液检测和血糖检测）。通常用问卷调查衡量患者及其家庭对糖尿病知识的掌握，以及在不同情况中的应用（如胰岛素的作用、根据血糖指数调整饮食）。然而，坚持性不仅体现在了解关于糖尿病的准确信息和知识方面，还要求准确并一贯执行规定的糖尿病控制的任务。

我们在这里强调几个与依从性有关的重要变量。发展水平就是一个重要的变量，例如，九岁以下儿童可能难以准确测量并注射胰岛素。一般来说，患者的知识和技能是随年龄增长而增加的。

青少年期是患者管理糖尿病经常恶化的时期，可能是因为高估了青少年对糖尿病知识及其治疗的认识。例如，青少年在进行血糖水平评估时出现错误，特别是当血糖水平变化很大时经常出错。尽管青少年患者认知水平的提高可能会使他们更好地了解疾病和复杂的日常状况，但认知的其他方面也可能对疾病的治疗和管理产生干扰作用。例如，2011年，贝格及其同事发现，青少年患者对糖尿病的自我效能感越强，他们对处理糖尿病困境的能力的自信程度就越高，这与更好的依从性和更好的代谢控制水平有关。

到了青少年期，糖尿病控制的任务逐渐转移到青少年患者身上，父母的参与往往停止，但成年人的参与完全退出是不可取的，父母继续监控青少年患者的糖

尿病护理行为可能很重要。此外，必须对青少年患者的发育准备、心理功能做出个人判断，还要平衡好治疗过程中青少年和父母参与的关系。

例如，帕尔默（Palmer）及其同事于2004年对一组10~15岁且被诊断为T1D至少一年的儿童及青少年展开了研究。这项研究还对母亲和被试关于由谁负责糖尿病管理以及各个方面的看法进行了评估。测量了被试的发育成熟度，还完成了被试自立/自主水平测试，并通过母亲关于被试在多大程度上表现出青春期的具体迹象的描述来评估被试的青春期状态。糖尿病的代谢控制情况是根据糖化血红蛋白（Hba_{1c}，反映平均血糖水平的糖化血红蛋白检测）的测定结果进行评估的。在那些独立性差/自主水平低、青春期状态较差的被试中，糖尿病治疗责任从母亲转移到被试身上的情况与Hba_{1c}含量过高（代谢控制差）有关。图14-4说明了青少年患者的独立性、青春期状态及母亲在糖尿病治疗中肩负的责任对代谢控制的影响。

青少年患者对社交和情感方面的关注（如同伴的接纳度和更多的活动参与度），还会降低他们对糖尿病治疗的依从性。尽管青少年糖尿病患者总是试图避免显得与众不同，但为了控制自身病

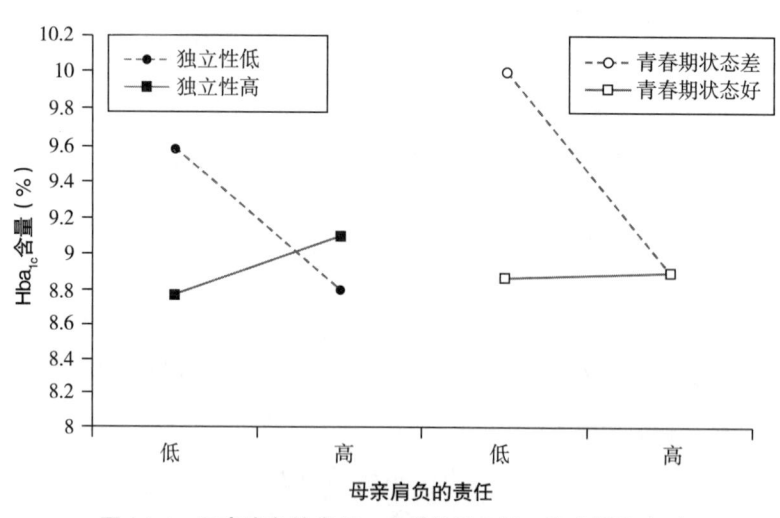

图14-4 母亲肩负的责任、患者的独立性、青春期状态对糖尿病代谢控制的影响

资料来源：Palmer et al., 2004.

情，他们不得不做出一些不寻常的举动（如注射胰岛素和检测血糖），还存在频繁进食（当其他人不进食时）的需求，以及避免食用高脂肪食品和甜食（当其他人吃垃圾食品时）的情况，这些都使青少年患者与同伴做到行为一致变得更加困难。表 14-2 列出了一些常见的社交场景，常用于评估青少年糖尿病患者解决社交问题的能力。此外，青少年患者经常在独立性问题上与父母发生冲突。这些社交和人际问题很可能与实际的身体变化（如青春期延迟）相互作用，增加了青少年患者对糖尿病控制和治疗在依从方面的困难。对青少年患者的治疗干预应保证父母参与治疗过程，同时尽量减少父母与青少年患者及其同伴之间的矛盾冲突，提高沟通和解决问题的能力。

表 14-2 评估青少年糖尿病患者社会问题解决能力的例子

血糖测试

你的朋友邀请你去电子游戏厅，但现在正是你测试血糖的时间。你没有带测试工具，你的朋友都急着要走。如果你停下来测试血糖，他们就会弃你而去

饮食：甜食

你被邀请参加最好的朋友的生日聚会，聚会上将在你平时吃零食的时间提供蛋糕和冰激凌。不过，它们并不适合你，因为你应该吃低糖低脂的零食

饮食：进食时间

你的朋友邀请你去你最喜欢的餐厅吃饭，但他们定的时间很晚，比你通常吃饭的时间晚得多

饮酒

你的朋友邀请你参加一个盛大的聚会，你到了那里后，发现几乎每个人都在喝啤酒。你的朋友给了你一些啤酒，希望你像其他人一样喝

资料来源：Thomas, Peterson, & Goldstein, 1997.

关于治疗的依从性的许多其他问题也值得持续关注。预测阻碍患者遵医行为的环境因素是很重要的。例如，制定干预措施来帮助青少年患者处理与同伴有关的糖尿病问题，并获得同伴的适当支持，可能有助于增加遵医行为。认识到糖尿病治疗的直接后果往往是消极的，可能会降低青少年患者遵从医嘱的决心，但也可能帮助青少年患者预测困难。再如，注射胰岛素的直接后果是会让患者产生不适，但如果不注射，就会立刻产生严重后果。因此，制定减少遵从医嘱所带来的直接负面影响的干预措施对糖尿病的治疗很有价值。

青少年患者的照料者也可能受到疾病及其管理过程的影响，对照料者需求的关注可能会改善依从性。对卫生保健系统和基层保健工作者（包括儿科医生和护士）的关注也是影响患者遵医行为的另一个重要方面。卫生保健提供者的行为也很重要，他们提供的信息必须充足，且方式必须能支撑家庭实施复杂的治疗方案。同时，卫生保健提供者还必须充分认识到青少年患者的认知发展水平，防止低估或高估青少年患者对疾病和治疗方案的理解，他们还必须协助青少年患者及其家庭在糖尿病护理责任上达到适当的发展平衡。这些问题表明，必须对保健提供者做好培训，以使其对青少年患者及其家庭的需要敏感，能够及时改善与他们的沟通方式。

慢性病疼痛的心理干预

"东方神秘主义者行走在炽热的炭火上，自行减慢心脏跳动的频率，通过心灵的力量愈合伤口。"这一直吸引着西方世界的人。同样令人着迷的，还有萨满法师通过驱逐邪灵来治愈疾病，以及相信萨满法师能创造奇迹，用并不起作用的安慰剂治愈疾病。这些现象戏剧性地突显了心理干预在治疗医学疾病方面可能发挥的作用，每种现象都表明，心理过程能直接影响身体机能。关于如何用心理学直接治疗躯体症状（如疼痛）的系统性科学研究，已成为理解研究重点向身心关系方面转移的重要部分。

利用放松和生物反馈技术来治疗青少年的头痛，就是通过心理干预的方法直接改善身体机能的实例之一。头痛通常可分为紧张性头痛、偏头痛或二者的结合。头部的剧烈疼痛和折磨，以及

对避免药物治疗的潜在负面影响的渴望，促使研究者们对非药物治疗方法进行探索。

生物反馈技术（biofeedback）是指通过电子仪器对患者特定生物功能进行反馈的过程，通常以信号（如光、声或图像显示）的方式进行。反馈技术、放松训练或二者结合使用，也许能有效改善儿童的临床头痛症状。

放松疗法是认知行为疗法的一部分，用于治疗与头痛、关节炎、镰状细胞疾病和复发性腹痛有关的慢性疼痛，通常包括减少或控制疼痛的想象训练，以及教导青少年用积极、鼓励的自我对话来代替消极、灾难性想法。

案例

辛迪：一个关于慢性头痛的案例

14岁的辛迪就读于一所管理严格的私立学校。她说自己在过去的18个月每天都头痛。她描述了持续的、不同强度的头疼，并自述自己从未感到过疼痛的缓解。辛迪认真遵从神经科医生的建议，小心服药，但病情只是轻微好转。她感到身体不适，不能参加社交活动，因此变得孤立。当疼痛不断加剧，导致她不能集中精力学习时，成绩开始下降。辛迪为避免疼痛加剧，甚至不再参加任何体育运动。她描述了自己经历的疲倦和沮丧，认为永远也摆脱不了头痛。随后，辛迪接受了生物反馈辅助放松训练，包括引导想象、呼吸练习和渐进性肌肉放松。经过三个疗程的训练，通过生物反馈技术，辛迪的某些生理指标发生了巨大变化。她说在练习认知行为技巧的过程中，自己的疼痛感和焦虑感减少了。治疗师鼓励辛迪在学校也练习使用这些方法。六个疗程后，报告显示辛迪头痛强度明显下降，对疼痛发作时的处理能力也提高了。虽然辛迪的头痛问题难以痊愈，但程度已经下降到能够像以前一样参加学校活动了，她的学习成绩也提高了。

资料来源：Powers, Jones, & Jones, 2005, p.72.

研究者还探索研究一些能提高治疗成功率的新方案。例如，康奈利（Connelly）及其同事于2006年针对小儿复发性头痛，研发了一种与治疗师接触程度最小的认知行为疗法。治疗期间，患者除了接受神经科医生指定的治疗建议外，还会收到一个内容为"头部更健康"治疗计划的光盘。患者完成为期四周的模块训练（教育、放松、思维改变、疼痛行为矫正）任务，每周还会接到治疗师的电话询问。接受光盘程序训练的儿童组与遵从精神科医师药物治疗的对照组儿童相比，头痛有明显改善。

减少治疗所带来的疼痛和烦恼

用基于心理发展的治疗方案来提高治疗的有效性，成为研究者们感兴趣的又一个重要领域。可以将应对青少年患者疼痛和不适的方法与药物治疗相结合，也说明了这个领域的潜在重要性。

疼痛与苦恼

尽管疼痛看起来很简单，却是难以评估的复杂现象。例如，很难区分患者在痛苦的医疗过程时所经历的焦虑、疼痛和不适，这导致有些人使用"苦恼"这个词来涵盖疼痛、焦虑及其他负面影响。但无论选择什么术语，都需使用多种评估方法，以评估三种不同的反应系统：认知-情感、行为和生理。

自评量表是疼痛认知-情感方面最常用的测量方法。疼痛是一种主观体验，因此对青少年的疼痛经历进行评估是很重要的。此外，疼痛的直观性和相对容易的测量方法是确定性因素，但并非毫无困难。例如，青少年患者的发育水平在自评量表测量中起着非常大的作用。较大的儿童能够用术语来描述疼痛，因此可以通过访谈和问卷调查的方式对其疼痛进行评估。但对于较小的儿童，专业人士依赖具体和可视化方式，对于幼童，观察他们的表情，从中性、微笑到皱眉，可能会有用（见图14-5）。如果使用照片，那么选取符合患者民族文化的图像可能会很重要。

引起儿童苦恼的行为（如需要对儿童进行身体约束的行为）常常会妨碍有效的医学治疗。观察法是评估儿童苦恼行为的常用方法，结构化行

图 14-5　用脸部图片来评估儿童的疼痛苦恼，展示一系列选择——从中性（左）到非常痛苦（右）

为观察采用一套行为定义系统，聘用受过专业训练的观察者，在不同环境中进行评估，但这种方法既昂贵又耗时。另一种方法是让父母或照料者根据患儿的苦恼行为进行等级评估。

用生理学方法进行疼痛评估并不普遍。梅拉米德（Melamed）和西格尔（Siegel）于 1975 年在青少年患者接受择期手术前后分别测量了他们手掌的汗液。杰伊（Jay）及其同事于 1987 年在患者进行骨髓穿刺手术前监测他们的脉搏频率。这些都是生理测量的例子，但特殊测量设备以及获取测量心率、血压和皮肤导电等数据时存在的困难，都使这种方法不太可能被采用。

帮助儿童和青少年应对疼痛

研究者们已开发了多种程序来帮助儿童和青少年应对与疾病或障碍以及与治疗相关的疼痛。许多评估和治疗程序令人反感，适时为儿童和青少年准备他们能理解并掌握的、与疾病和治疗有关的信息，是减少痛苦并帮助他们应对疼痛的第一步。提前做好准备的基本原理是，意料之外的压力比可预知的压力更难以承受。从一句简单的"有准备是好的"引出一个复杂的问题：对待不同情况和不同个体，如何做准备工作才能达到最好的效果呢？研究者们对此提出了一些指导和建议，并制定了相应程序。

患儿在治疗过程中感受到的疼痛和痛苦经历，与父母的行为表现有关。当父母想办法分散患儿的注意力或教授他们减轻疼痛的技巧时，疼痛程度就会降低。然而，父母对症状的关注和焦虑可能会增加痛苦，弱化分散注意力的效果。此外，当父母试图用安抚性言语鼓励或安慰孩子时，痛苦可能会更严重。

医生的行为表现也能对儿童和青少年患者产生影响。例如，达尔奎斯特（Dahlquist）、鲍尔（Power）和卡尔森（Carlson）于 1995 年指出，专业人士以一种令人安心的方式提供信息，可能会减轻儿童和青少年患者的痛苦。可能是因为他们对来自父母和医务人员的安慰的反应不同，对医务人员而言，适当地分散注意力/指导和安慰相结合，更能对儿童和青少年产生效果。

儿童和青少年患者群体就应对策略也提出了一些建议，大多是围绕着"处于控制中"的感觉提出的，很多都涉及在厌恶治疗过程中对环境的控制。一名正在急诊室接受烧伤治疗的 10 岁男孩的描述说明了这种现象。

我说："休息一会儿再继续怎么样？"他（实习

◎ 青少年在医疗过程中感到痛苦是很常见的，减少或帮助控制痛苦的技术可提供良好的医疗护理。

医生）说："嘿，小伙子，你是认真的吗？"我说："当然，就算是女人生孩子时，也会在阵痛之间休息一会儿吧。"他们（儿科急诊室的医务人员）都笑了。他说："好吧，每当你需要的时候，可以休息60秒。"然后，情况好多了，那种感觉简直令人难以形容！

尽管在治疗过程中，儿童和青少年患者可能有能力自己制订应对疼痛和痛苦的策略，但还需制订教授其有效的应激管理/应对技能的程序。大多数干预措施包括从行为学和认知行为角度衍生出来的多种应对策略，似乎是有效的程序。

杰伊及其同事于20世纪八九十年代在减少儿童和青少年患者经历骨髓穿刺的痛苦方面所做的工作就是最好的案例。骨髓穿刺术（bone marrow aspirations，BMAs）是用来检查儿童及青少年白血病患者的骨髓中是否存在癌细胞的一种常用技术。这个过程非常痛苦，需要用一根大针插入髋骨，把骨髓抽出来。为避免发生重大医疗风险或副作用，患者是不能使用全身麻醉和肌内注射镇静剂的。

杰伊及其同事实施的一系列干预方法包括五个主要部分：影像示范、呼吸训练、情感意象/分散注意力、积极奖励和行为演练，通常在患儿开始接受骨髓穿刺术前30~45分钟时开始实施。

第一步，让患者观看一段时长11分钟的视频，视频中是与患者年龄相仿的接受骨髓穿刺术的儿童或青少年，他们描述了自己接受骨髓穿刺术的过程，以及在手术过程中的想法、感受和一些积极的应对行为。视频中的患者表现出合乎现实的焦虑，而不是完全没有焦虑或苦恼，但他们能成功应对这一切。看完视频后，让患者做一些简单的呼吸训练，主要是为了分散注意力，帮助他们放松。

接下来，会教患者意象/分散注意力的技巧，利用图像抑制焦虑。在与患者的谈话中，了解他们心目中的英雄形象，将此形象编进故事以引发积极的影响，这种影响与焦虑不相容，会改变痛苦的意义，可以鼓励患者控制疼痛而非逃避。下面是针对一个小女孩运用情绪性意象法的实例。

假设神奇女侠来到小女孩家，邀请她成为超级英雄中的最新成员。神奇女侠赋予了她特殊的超能力，使她变得非常强壮坚韧，能战胜并忍受任何事物。不过，神奇女侠需要她进行一个测试来检测这些超能力，测试的名称为骨髓穿刺术，会很疼，但因为她有了超能力，只要深呼吸就能平静地接受测试。神奇女侠会因为发现她的超能力发挥了作用而为她感到非常骄傲。

另一种意象干扰技术是让儿童或青少年想象一个与他承受的痛苦经历相反的、令他感到愉快的景象（如在沙滩度过美好时光）来对抗焦虑和疼痛。儿童和青少年患者在接受骨髓穿刺术过程中，可选择感性或不兼容的治疗策略，通过研究者的指导和帮助形成意象。

干预的积极奖励方法是指为儿童和青少年患者颁发一个奖杯，作为他们能控制焦虑的奖励和拥有勇气的象征。告知患儿如果能尽力做到最好就会赢得奖杯，这个架构是合理的，能保证每名患儿都能获得奖励。

在行为演练阶段，指导较小的儿童和洋娃娃玩扮演医生的游戏，而稍大的儿童和青少年则被引导进行示范，让他们逐步了解骨髓穿刺术的过程。当完成这个过程后，让洋娃娃安静躺下、做呼吸练习和情感意象训练。

杰伊及其同事针对认知行为疗法组、低风险的药物治疗（口服安定）组和不施加任何治疗的对照组进行了比较。在接受骨髓穿刺术期间，对每个患儿都进行了干预，随机决定实施六种干预措施中的一项。结果发现，认知行为疗法组的行为应激、疼痛评分和脉搏频率明显低于对照组。而口服安定组与对照组相比，除血压偏低外，其他方面无显著差异。

这项研究被当作干预能帮助儿童和青少年及家庭有效应对某些医疗程序所带来的痛苦的一个

代表性案例。父母及其他家庭成员的参与,可改善患儿的应对能力,减少父母/家庭的痛苦,提高干预的成本效益,否则可能需要大量时间。同时,这类干预措施还能加强药物疗效。

> **重点**
> **儿童期伤害预防**
>
> 预防疾病和卫生保健是当前儿童心理学的另一个重要方面。预防伤害是这方面努力的一个例子,许多防止儿童受伤的努力都受到利泽特·彼得森(Lizette Peterson)的启发。
>
> 在美国,每年都有数百万名儿童受伤。事实上,身体伤害是美国境内一岁以上儿童就诊乃至死亡的主要原因。生命或躯体功能的丧失着实令人悲痛,巨额医疗费用和心理后果也让家庭难以承受。
>
> 预防伤害面临许多方面的挑战,其中之一就是严重的身体伤害通常被错误地认为是偶然事件,因此受伤是不可避免的。这种观点会给预防工作带来消极影响。因此,专家建议放弃"意外事故"(accident)这个常用术语,转而使用"**非故意伤害**"(unintentional injury)这个术语,表示承认尽管不是故意的,但这种事件是可以避免的。
>
> 特伦布莱(Tremblay)和彼得森于1999年指出了伤害预防工作中的另一个挑战,即身体伤害的多样性,需要大量潜在干预。"一个蹒跚学步的幼童通过封锁的操作门向游泳池走去,7岁的儿童骑自行车不戴头盔,16岁的少年与嘲笑自己遵守限速驾驶规定的同伴飙车,对这些问题都需进行潜在干预。"
>
> 有一个观点为心理学提供了基本贡献,即预防伤害要有重要的行为前因,儿童和青少年的行为(如冲动、冒险)、父母的行为(如监督和保护)、同伴的行为(如劝导和示范),以及环境变量(如混乱、危险),可能导致儿童受伤。同时,这些因素还可能相互影响,例如,虽然儿童足够大到可以探索外界环境,但在缺乏家长持续监督且家中有毒物质触手可及的情况下还是因年幼而有摄入食物的冲动时,儿童吞食有毒物质的风险就会增加。
>
> 预防措施包括针对全体人口的策略(如立法行动、消费品安全、多媒体宣传),可以针对特定人群开展(如针对有幼儿的家庭的自行车安全计划),还可以在特定时间开展(如在每年儿科医生来访时进行咨询)。向父母提供关于儿童身体的脆弱性、伤害严重性的教育,以及关于安全行为的信息是预防工作的一部分。然而,信息可能不够充分,父母不应被虚假的安全感迷惑。例如,使用自行车头盔等安全设备可能会让孩子承担更大的风险,而孩子可能感到没有风险,这反而可能抵消安全指导和设备的保护作用。
>
> 预防措施包含很多内容,旨在减少包括模仿在内的冒险行为。对正确的伤害预防行为进行奖励和激励,是补充信息的必要条件。

住院治疗的准备工作

许多患有慢性疾病的儿童或青少年经常需要定期住院以稳定病情,其中一些患儿也可能需要住院接受预定手术及其他医疗程序,还有一些患儿因突发状况紧急住院,事实上,大约三分之一的患儿至少住院一次。西格尔和康特(Conte)于2001年在《住院治疗的历史和现状》(*The History and Status of Hospitalization for Medical Care*)一书中指出,到了20世纪50年代中期,儿童或青少年对早期住院和外科手术的心理反应的重要性开始得到承认。詹姆斯·罗伯逊(James Robertson)拍摄的两部关于塔维斯托克诊所的电影,在改变人们的态度和行为中起到了重要作用。其中一部讲述了一名患儿因为做了一个小手术而不得不与父母分开一周后感到极度痛苦;另一部讲述了一名青少年患者在住院手术期间,因有母亲的陪伴而能够积极适应的故事。同时,大量研究文献记录了住院治疗给患儿造成的巨大应激效应。自20世纪五六十年代以来,由于研究者进行了大量此类研究,这种状况已有所改善。例如,在1954

年，大多数位于美国纽约市的医院只允许父母每周探望孩子两个小时。与之相比，罗伯茨和沃兰德于 1992 年描述了他们在 1988 年对美国和加拿大 286 家医院的调查结果，98% 的医院不限制父母探望时间，94% 的医院允许父母住院陪床。

如今，在儿童或青少年计划住院前，大部分医院会帮助他们及其父母做院前准备工作。这种方式虽然还会引起担忧，但其能够应对住院带给患儿的应激，故得到了人们的广泛支持。1975 年，梅拉米德和西格尔制作的电影《做手术的伊桑》(*Ethan Has an Operation*)，描述了一个七岁男孩在手术前、手术中和手术后的情况，小男孩展示了手术前后的一系列适应性反应，这部影片成为证明做好住院治疗和手术准备对应对焦虑的有效作用。干预措施通常将视频示范与明确的应对技巧培训相结合，针对手术准备的项目包括这些以及其他教育和减轻焦虑的程序。目前，研究者们正在努力研发时机恰当的准备程序，需要符合儿童和青少年、父母、家庭的个性特征和成本效益。

需特别注意与医院有关的焦虑和应激源问题，因为这些方面的改善似乎可以改善医学治疗，并且与提前出院有关。干预措施似乎还可改善儿童和青少年的心境状态和适应能力，这对于那些患有慢性病或因其他原因需要经常住院的儿童和青少年来说尤为重要。

垂死的孩子

显然，在治疗重症患儿的过程中，最令人痛苦的部分就是面临死亡。尽管在提高存活率方面取得了很大进展，但存活率仍明显低于 100%。不断提高的存活率可能使重症儿童或青少年患者及其家庭更加难以接受死亡的到来。对于一个即将死亡的重症儿，有几个重要而又棘手的问题：

- 死亡对于儿童来说意味着什么？
- 如何能够更好地让患儿及其家庭做好面对死亡的准备？
- 如何让人们在保持治疗动机的同时做好死亡的准备？
- 能否既帮助家庭接受孩子即将死亡的事实，又防止家庭过早疏远孩子？
- 在儿童死后能够做什么？
- 对垂死儿童的照看过程是如何影响照料者的？

儿童和青少年对于死亡的看法在成长过程中会发生变化，也会受过往经历、家庭态度和文化因素的影响。儿童和青少年的认知发展水平对他们关于死亡概念理解的演变起着重要作用。幼儿理解的死亡就是没有那么有生命力，认为死亡是可逆的；大约到 5 岁时，他们才可能会意识到死亡的必然性，但还无法理解死亡是不可避免的；等到 9 或 10 岁左右的时候，儿童才会明白每个人最终都会死去，并且是不可避免的。即使没有完全形成死亡的概念，儿童也可能意识到死亡的威胁并担心自己的疾病会导致死亡。尽管青少年对死亡的理解与成年人相似，但还需注意这个发展阶段存在的一些特殊问题。

家庭成员也必须认识到儿童或青少年病情的严重性，但他们应在接受死亡和对生命存有希望之间保持适当的平衡。让父母既做好孩子死亡的准备，又能在情感上帮助孩子，并协助治疗，这是一个真正的挑战，需要知识渊博且具有高度敏感性的心理工作者参与。我们延长患儿生存时间的能力不断增强，这既给患儿及其家属带来治愈的希望，也使问题变得更加棘手。将支持性服务纳入整体治疗方案中，立即提供并保证他们获得所需的帮助，对患儿很重要。当儿童或青少年进入濒死阶段，干预重点必须随之转移，这时向患儿提供必要信息和支持仍然很重要，但必须转为使患儿及其家庭获得最舒适的生活，共同度过最后的美好时光。此外，即使儿童或青少年去世后，也不能对其家人弃之不顾，而应继续提供援助，这也属于整体治疗的一部分。

在照看濒临死亡的儿童或青少年时，照料者也会受到影响。必须努力教育照料者降低高昂的照料成本：不可避免的压力、无助感和倦怠的可能性。这些并不是小事，照料者的适应能力、工作效率及行为举止都可能对儿童或青少年及其家庭产生潜在影响。在 1965 年出版的《谁不惧怕白血病病房中的死亡》（*Who's Afraid of Death on a Leukemia Ward?*）一书中，韦尔尼克（Vernick）和卡伦（Karon）讲述了几个令人心酸的故事。其中一篇讲述照料者的行为对一名九岁患儿的影响，这名患儿的病情不断恶化，但在接受了药物治疗后出现了好转。

有一天，当她吃早饭时，我说她的食欲似乎又恢复了，她微笑着同意。我对她说，你似乎已经度过了最艰难的时期，她点头表示赞同。我接着说，感觉你病得这么厉害，只能不断担心死亡，一定会使你非常沮丧，她点点头。我意识到整个经历一定非常可怕，我知道这是她的精神负荷减轻了，因此感觉好转。她呼了一声，接着说除了我，没人真正和她说话，好像他们都在为她的死亡做准备。

显然，最困难的决定之一就是告诉垂死的儿童或青少年他们即将死去的事实。曾有人提议用保护性方法或善意的谎言隐瞒患儿的病情，这样他们就不会产生心理负担，能保持正常的乐观心态。但目前大多数专业人士都认为这种方法无济于事，并且很可能注定会失败，因为为了守住谎言，家庭需要承受巨大的心理压力，而患儿对这种欺骗行为的可信度也是值得怀疑的。在这个决定中，要在与儿童或青少年以及家庭合作的其他方面达到某种平衡，必须考虑到患儿的发展水平、过去的经历、时间安排、家庭文化及家庭信仰体系。下面这个例子很好地阐述了这个问题。

对身患重症的儿童或青少年，应告知他们所患疾病的名称，对这种疾病的性质做出准确的解释（在其理解范围内），并告诉他们这是一种可能导致死亡的严重疾病。与此同时，还要告诉他们及其家庭相应的治疗方案，与他们成为共同抗击疾病的战斗盟友。必须建立一种使所有相关人员都有机会提出问题、表达想法和担忧的氛围，即便看起来很可怕或很牵强。当患儿感到恶心、虚弱、生命垂危的时候，就没必要（提醒）对其做预后判断了。如果家庭和患儿知道预后不好，但仍坚持抱着希望不放，那么没有权利剥夺他们的希望。出于人道主义而隐瞒事实真相的做法也很重要，但必须考虑到患儿的真正需要并尽量满足，为自身利益选择说出全部真相或善意的谎言，最终对谁都没有好处。

第15章
对儿童和青少年发展的关注

本章将涉及：

- 非父母照料和自我照顾对儿童的影响；
- 关于收养和寄养的事实和问题；
- 为儿童和青少年提供更好的心理健康服务的特殊需求；
- 为儿童和青少年提供心理健康服务的工作；
- 发展中国家的儿童遇到的特殊逆境。

本章将讨论当前人们比较关心的几个关于儿童和青少年的问题。任何社会的未来都取决于身心健康的儿童和青少年，而他们的身心能否健康发展，会受到生活事件、被赋予的价值、卫生保健和教育的优先事项及很多其他因素的影响。每个国家的经济发展水平都是不同的，即使一些基本的照料和机会在某些发展中国家也是有问题的。尽管如此，即使资源充足，对儿童和青少年的照料也会有差异，因为针对他们的项目是否能实施取决于社会态度。敏感而专心的成年人致力于关注这些影响，并着眼于对年轻人更好的照料。

了解个体的成长历程能帮助儿童和青少年更大限度地发挥潜能。尽管我们目前尚未掌握关于个体成长的全部知识，但至少不会简单地将儿童和青少年视为未完成的人，他们有独特的需求，研究者们逐渐了解他们身体、智力和社会发展的一般过程，也越来越理解关于他们发展的影响因素（包括风险因素和保护因素）。相关人士热衷于运用这些知识促进年轻人的成长，甚至作为更好地理解青少年成长历程的手段。

本章讨论当前关注的三个领域的内容，为反映贯穿于全文的家庭影响的重要性，我们将在最开始介绍家庭对孩子照顾的问题。接下来，我们将讨论青少年心理健康服务的问题。最后，我们将讨论和研究美国之外的其他国家和地区的儿童与青少年的身心健康问题。

谁照顾儿童：家庭问题

在过去的几十年里，美国的家庭发生了巨大的变化，最明显的可能就是离婚率、单亲家庭和继父母家庭的增加（对离婚的讨论，请参见后文），许多人对这些家庭能否幸福表示担忧。研究方向为家庭形式历史的研究者对这种"家庭已经从过去的田园诗形式衰落"的观点提出了质疑，他们指出，一直以来都存在着多种家庭形式，家庭的幸福更多地取决于家庭属性（如温暖、沟通和支持等），而不仅仅是家庭结构。近代的研究表明，上述属性在各种家庭形式中都是重要的，随着人们对这些家庭态度的转变和科学技术的进步（如体外受精），家庭形式将继续进化。

尽管如此，对社会变化如何影响家庭进行研究是很有必要的，具体来说，包括照料儿童的人、环境及其结果。虽然讨论范围有限，但本文的目的是通过审查产妇就业和儿童日托来提醒人们注意这个问题。此外，我们还研究了领养和寄养这两个领域，因其直接影响大量儿童的照料和体验。

孕产妇就业与儿童护理

女性劳动力的增加改变了家庭生活。1950年，在育有学龄前孩子的已婚女性群体中，有12%外出工作。2003年，孩子在6~17岁之间的已婚女性，选择外出工作的比例达到了60%~77%。到了2009年，虽然数据收集方式有所不同，情况却几乎一致。一个主要的问题是，孕产妇就业是否会对儿童的发展产生不利影响。总体而言，母亲外出工作似乎不会对儿童造成伤害，对儿童的成就和行为会产生轻微的积极影响，儿童也会受到诸如性别、家庭结构和社会经济变量等因素的影响。社会已经普遍接受了职业母亲，并相信职业女性可以成为好母亲。不过，令人特别关注的是，除父母以外的其他成年人对婴幼儿的影响。

◎ 日间看护对儿童的影响，在一定程度上取决于儿童受到照料的质量、时间和家庭的背景情况。

非亲代抚育对幼童的影响

职业母亲的婴儿和幼儿会经历许多不同的**非亲代抚育**（nonparental care），通常是家庭内部或外部的亲属或非亲属，或者是托管机构的非亲属。一般来说，父母更喜欢对两岁以下的婴儿进行不太正式的安排，在孩子长大后，再进行更正式的安排，如选择托管机构。2010年，0~4岁儿童群体中，约有24%在托管机构中保育，有14%以非亲代抚育为主。一般而言，经济条件在儿童的保育中发挥着重要作用，经济条件较好的家庭中的儿童得到的保育质量更高，每周的保育时间更长，儿童在托管机构待的时间也越长。此外，家庭民族类型在一定程度上也对儿童保育产生了影响，如拉丁裔家庭更喜欢非正式的安排。

关于非亲代抚育对幼儿健康的影响，我们知道些什么呢？专业人士和公众媒体对这个话题的研究和争论在这几十年来从未停止过（有时甚至带有负面评价）。研究者审查了儿童的认知和社会结果，尤其是保育的质量、数量和家庭特征。由于家庭特征、婴幼儿保育环境、保育质量之间错综复杂的关系，很难对研究结果进行解释。例如，能力强的父母更愿意选择高品质的日托，这样一来，日托对儿童带来积极影响的原因就可能解释不清楚。因此，近代研究倾向于控制家庭保育选择的可能影响及其他因素。

许多研究表明，幼儿保育的效果在一定程度上取决于日托的质量，由若干指标组成，如工作人员培训、制定适合儿童心理发展的课程等。高品质保育与早期进入日托机构的儿童和青少年的认知和语言发展水平呈正相关关系。对不同社会经济水平的儿童和青少年来说，这些益处在接受日托10年后会被观察到，这些益处也适用于社会行为（如亲社会技能），尽管程度相对较小。

儿童接受日托数量的影响（即每周的日托时间和/或开始接受非亲代抚育的年龄）更为复杂。争论焦点集中在心理社会结果上，部分研究称，更多的保育时间与儿童的问题行为有关，而其他研究则没有显示这种关联。总之，可能会产生一些负面影响，那些在日托中心保育时间越长的儿童，可能会表现出更多的外化性行为问题。一项针对4.5~15岁儿童群体的大型评估性研究发现，在幼儿时期这种关联并不存在，直到15岁时才出现。

幼儿保育效果与家庭特征的衔接受到有关人士的重视，自1996年美国联邦法规对领取福利的女性提出更高的就业要求后，人们对经济困难的家庭也更加关注，使这些女性得到更多就业机会。洛布（Loeb）及其同事于2004年发现，那些在日托机构上学且母亲在他们12~42个月大时就走上工作岗位的低收入家庭的儿童会产生积极的认知。保育质量对预期方向有一定的影响，由家庭成员照顾的儿童表现出更多的行为问题，但认知没有受到影响。在另一项研究中，同样是来自社会阶层较低家庭的儿童，比起由母亲抚育或部分时间由非母亲抚育的儿童，那些在出生后第一年全部时间都由非母亲抚育的儿童，到4~5岁时在语言测试中的成绩更高，如图15-1所示。另一项针对低社会阶层家庭的研究发现，高质量和长时间的保育对儿童的认知和行为发展都有好处。

沃特拉（Watamura）及其同事于2011年从

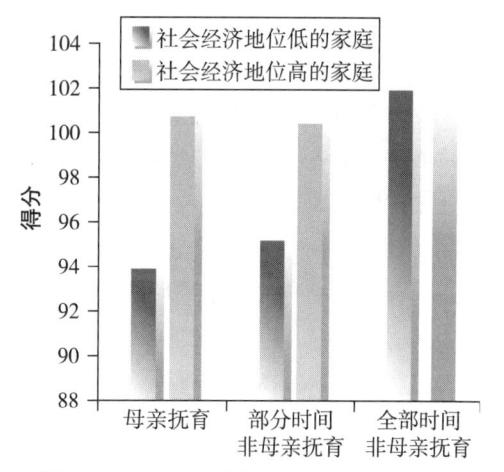

图15-1 来自不同社会经济地位的家庭及出生一年后接受不同方式照顾的儿童在理解性语言测试中的得分情况

一个不同的角度研究了那些经历了低质量保育的"双重危险"儿童。来自贫困家庭的儿童接受的保育质量很低,与其他儿童相比,他们在家庭及其他环境中都表现出高度问题行为和低度亲社会行为。然而,有证据表明,来自贫困家庭的儿童可以从高质量保育中获益。研究者指出,这个研究结果与其他研究结论一致,表明儿童保育的特征对处于弱势地位的儿童尤为重要。

从对幼儿保育的研究中得到的更大的教训是,不同形式的保育对儿童的影响效果会因儿童生活广义背景的不同而不同,非亲代抚育问题对社会政策有普遍影响。值得注意的是,儿童保育的影响往往是从微小到中度的影响,但当涉及的儿童数量较多,为处境不利的儿童提供特殊利益时,即使是微小的效果也很重要。在一个严重依赖非孕产妇保育的国家,提供高质量的日托保育一定会提高儿童的福利。

学龄期儿童保育

虽然业内对儿童保育的争论主要集中在早期保育上,但人们也非常关注年龄较大儿童的校外保育。很多年龄较大的儿童不太可能得到保育机构的照顾,而更可能是由亲戚照顾或是"自我照顾"。也许这并不令人意外,自我照顾的行为会随年龄的增长而增加,特别是9~12岁的儿童。

自我照顾的效果与许多变量有关,包括自我照顾的时间长短、儿童的发展水平状况、家庭影响、社区特征和可获得的社会支持。关于自我照顾影响的研究结果表明,对一些儿童来说,结果要么是有问题的,要么与其他校外安排没有差别。一些因素(如儿童年龄较小、与同伴相处而不是待在家里等)似乎与儿童自我照顾能力差有关。对于来自贫困家庭以及生活在犯罪率高的社区的儿童来说,负面影响可能更加明显。

父母选择让儿童自我照顾是由很多因素决定的,其中一个是儿童放学后是否有校外活动安排。家长对这些项目相当感兴趣,其主要目标是为有工作的父母的子女提供监督。家长认为,校外活动不仅能保护儿童的安全,还能为他们提供提高社交技能、参加体育活动和提高学习成绩的机会。目前,很多校外活动项目都包含为低收入家庭儿童提供的照顾服务,以帮助他们提高学习能力。有证据表明,持续参加高质量的校外活动对儿童是非常有益的,能有助于提高学业成绩,并改善社会行为,积极有效的结果包括:学业成绩的提高、树立守时的观念、对上学有更积极的态度、自信心增强、积极的社会行为,以及问题行为的减少。然而,并非所有校外活动项目都是成功的,不是都能产生积极有效的结果,有效项目的共同点包括:良好的师生关系、提供多样化的活动、在学习目标上保持高度注意力,以及与学校、家庭和社会的紧密结合。

收养家庭

截至目前,我们讨论的焦点一直集中在那些至少与父母一方生活在一起的儿童或青少年身上。但实际上,还有数以百万计的儿童和青少年生活在其他类型的家庭中,如收养家庭。2007年,大约有180万名儿童或青少年与养父母生活在一起。

收养(adoption)是通过寄养机构、私人团体或国际组织安排的,大多数儿童年龄都在六岁以下(见图15-2)。在美国被收养的儿童中,非裔美国

◎很多儿童放学后会回到空无一人的家中,需要对这类儿童的自我照顾展开进一步的研究。

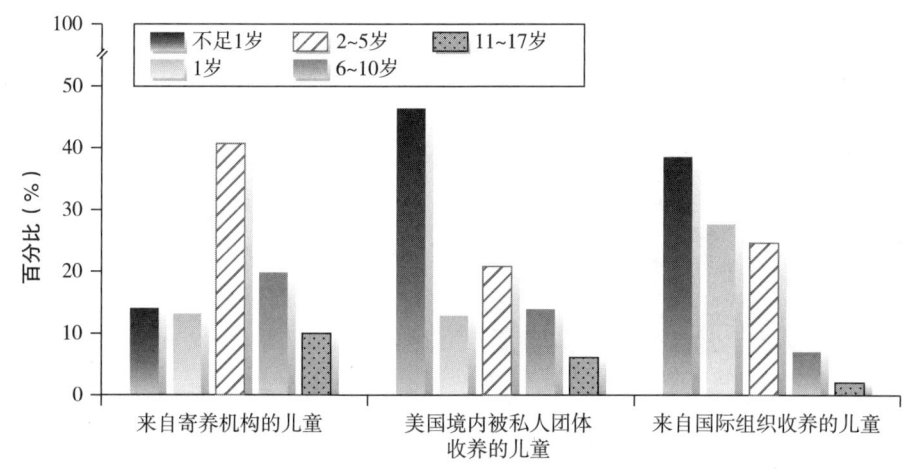

图 15-2　2007 年按被收养类型和被收养年龄划分的 0~17 岁被收养儿童和青少年的百分比

人和亚洲人所占比例较高，白人或西班牙裔儿童占比较少。跨国收养儿童数量大幅增加，进入美国新家庭的儿童来自世界各地，包括中国、韩国、罗马尼亚、俄罗斯、危地马拉和菲律宾等。2008年，大约 20% 被收养儿童与他们的养父母来自不同民族。

收养经常被视为一种建设性的方式来满足儿童和父母双方的需要。在美国各州及其他类似国家，最常见的收养模式包括选择扩大自己家庭规模的中产阶级夫妇，以及那些来自弱势环境的儿童。尽管如此，人们非常关注收养儿童的成长问题。研究表明，被收养儿童在心理健康诊所就诊，以及学习障碍、ADHD 和行为问题等方面的人数比例失调。人们会提出这样的问题：来自弱势家庭环境的被收养儿童能否在收养家庭中战胜和克服他们早期负面经历的影响？儿童在遭遇不幸生活事件后，如果没被立即收养，会经历各种困境，有些可能会因与产前照顾不到位、饮食习惯较差、因贫困、吸毒或心理问题变得不正常的家庭一起生活或住在过渡性环境（如孤儿院或寄养机构）中而受到影响。

那么，这些关于被收养儿童发展问题的研究告诉了我们什么呢？在讨论这个问题时，我们应该记住，收养的各种情况可能会使我们很难对调查结果进行分类，且并非所有问题都被研究过。尽管如此，大量研究得出了一些具有合理支持的一般性结论。

一项包含一系列元分析的主要研究结论是审查了超过 270 项国内和跨国收养的研究得出的，根据研究所得数据，对被收养儿童进行分类比较，研究者通过把被收养儿童与过去的同伴（指被收养儿童离开后，留在收容机构或原生家庭的同伴或同胞）和当前的同伴（指被收养儿童现在生活环境中的非收养同伴或同胞）进行对比研究得出的数据结果，更多数据是来自其当前的同伴，而非过去的同伴。下列发现与我们讨论的内容最具关联性。

- 被收养儿童在智商和学业成绩方面都超过了过去的同伴，但与当前的同伴相比，他们的表现不良。也有报告指出，被收养儿童有更多的学习问题和特殊教育问题。
- 在被收养儿童对抚养者的依恋关系方面，安全感比过去的同伴高，但比当前的同伴低。
- 在自尊方面，被收养儿童和当前的同伴无差异。
- 被收养儿童与当前的同伴尽管差异很小，但表现出更多的心理问题，经常被转诊到心理健康机构。

大量研究结果表明，收养通常对儿童有利，他们会超过那些过去的同伴。此外，大多数被收养儿童虽然在生命早期的依恋和行为方面存在轻度到中度困难，但总体而言，他们的智力和心理

◎ 跨国和跨民族收养会给家庭带来独一无二的"财富"和挑战。

功能都在正常范围之内。

研究中的元分析也指出了常见的危险因素，更多与儿童被收养时年龄偏大、男性性别、被收养前经历过忽视/虐待、母亲产前接触过药物、儿童行为问题、抚养和机构照顾等不良因素有关。尽管存在上述风险，研究者还是观察到被收养儿童的复原力，特别是那些从弱势环境或收养前在虐待性环境中成长起来的儿童。我们不想过度简化与收养有关的问题，如鼓励收养年龄偏大的儿童，以及关于在与原生家庭有文化和民族差异的收养家庭中挣扎生存的儿童的认同问题。然而，在最终分析结果中，这些问题并不能减损收养所带来的积极作用；相反，他们认为有必要进行研究，制定具体政策（如早期收养）来支持收养家庭。

寄养机构

寄养机构（foster care）包括非亲属家庭和亲属家庭、集体家庭、紧急庇护所、住宅设施和准备收养的家庭。虽然在通常情况下，儿童和青少年最好留在原生家庭，但替代性保育不可避免——当家庭无法照顾子女时，就会出现自愿和非自愿替代性保育。在早期的美国及其他国家，儿童或青少年会被安置在寄养机构，几乎与原生家庭没有联系。由于人们担心机构化会给儿童和青少年带来负面影响，就促成了家庭寄养方式，主要目标是把儿童和青少年送还到原生家庭父母身边。然而，还是有很多儿童和青少年长期留在寄养机构中，其中一些一直待到成年，达到法定独立年龄。此外，虽然寄养肯定能够产生积极影响，但其发挥的作用还是不够的，并且中断的比率很高，因为儿童或青少年经常被迫从一个地方搬到另一个地方。为了改善这种情况，美国联邦政府于1997年颁布了《收养与家庭安全法》（*Adoption and Safe Families Act*，ASFA）。ASFA给寄养机构带来了实质性改变（见图15-3），接下来我们主要讨论促进和提高寄养体系这两个方面的努力。

治疗性寄养机构

寄养家庭的儿童或青少年存在心理问题的风险，由此产生了**治疗性寄养机构**（treatment foster

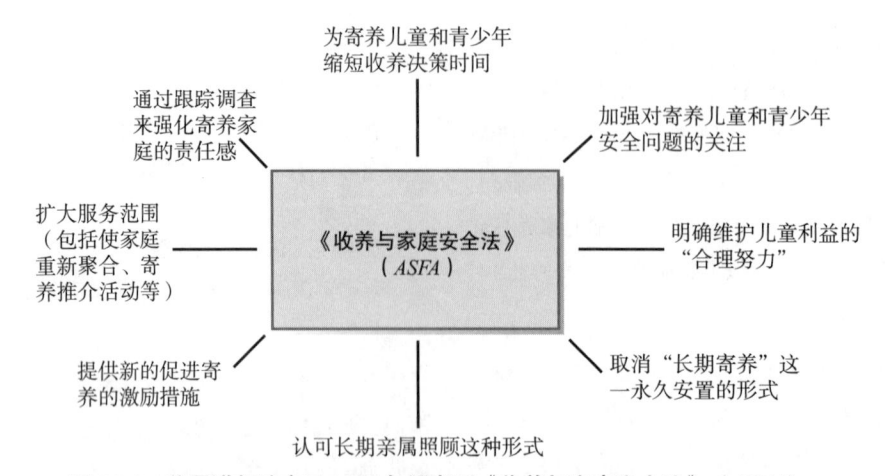

图 15-3 美国联邦政府于 1997 年颁布了《收养与家庭安全法》（ASFA），在儿童寄养问题上做出的一些改变

《收养与家庭安全法》（ASFA）带来的改变包括：
- 为寄养儿童和青少年缩短收养决策时间
- 加强对寄养儿童和青少年安全问题的关注
- 明确维护儿童利益的"合理努力"
- 取消"长期寄养"这一永久安置的形式
- 认可长期亲属照顾这种形式
- 提供新的促进寄养的激励措施
- 扩大服务范围（包括使家庭重新聚合、寄养推介活动等）
- 通过跟踪调查来强化寄养家庭的责任感

care）。接收儿童或青少年前，养父母会了解他们所需的心理健康服务，并充当改变的推动者。第8章描述了一个例子，多维治疗性寄养服务就是专门为犯罪儿童或青少年设计的。在这类项目中，可以对养父母进行特殊的培训和帮助；与社区心理健康服务机构建立联系；养父母可与被收养儿童或青少年生活的家庭一起工作，以促进与孩子团聚时的感情。

利纳雷斯（Linares）及其同事于2006年提供了一个关于父母和抚养者培训的潜在好处的例子，即对被寄养的3~10岁遭受虐待的儿童（主要是被忽视的）的亲生父母和养父母进行结对培训。有人认为，结对培训将促进家庭之间的合作和交流，避免分散服务。第8章曾提到的"不可思议的长期培训系列课程"，主要是基于这个计划在教授父母教养技能和减少外化性问题方面（寄养儿童的一个常见困难）的有效性。另一个单独的共同抚养部分包括沟通、冲突解决和合作育儿等。在治疗结束后和三个月的随访中，干预家庭和对照组家庭之间存在明显差异，两组干预家庭都表现出显著进步，在随访中报告儿童外化性问题有减少的趋势。

退出寄养机构

在 ASFA 中，优先事项之一是为每一个寄养的儿童和青少年提供一个永久家园。在规定的时间内，每一个孩子要么被送回原生家庭，要么被收养，要么被永久安置在包括亲属或法定监护人在内的寄养家庭中。ASFA还为美国各州提供了经济激励政策，鼓励收养临时寄养的儿童和青少年。在某些情况下，很难达成这一目标，行政机构（包括法院）可能因为负担过重而无法胜任或及时运作。而且，这个任务很重要也很艰巨。例如，在2009年，大约有22.4万名儿童和青少年被寄养，大多是少数民族的孩子，其中有许多孩子经历了混乱或创伤的生活，需要特殊的行为、教育或医疗护理。

尽管如此，为儿童和青少年在寄养机构寻找一个永久家庭的目标还是取得了一些成功。在2009年离开寄养家庭的儿童和青少年群体中，51%与父母或主要监护人团聚，20%被领养，8%与其他亲属同住，7%与监护人同住，其余获得了独立或其他结果。

一个积极的转变是，儿童和青少年从寄养机构中被收养的概率有所增加，一定程度上归因于亲属收养的大幅增加。关于亲属收养的利弊一直存在分歧，与非家庭收养的父母相比，这些亲属往往年龄较大，通常是单身，收入较少。另外，儿童和青少年与家庭关系的中断率较低，与同胞接触更多，与其他收养者相比，亲属对孩子的满意度更高，孩子的结局也更好。总的来说，对亲属收养的态度和实践的关注，比过去更有利，因此亲属被视为宝贵资源。

然而，值得注意的是，为年龄较大的儿童和青少年找到家庭尤为困难。此外，那些因达到独立年龄而离开寄养机构的个体往往得不到足够的社会、教育和经济支持。

为儿童和青少年提供心理健康服务

现在我们来简单讨论一下儿童和青少年的心理健康服务。根据多年来进行的各种研究，结果普遍认为儿童和青少年没有得到足够和全面的服务。67%~75%被诊断患有精神障碍的儿童和青少年没有得到心理健康服务，对于来自低收入和少数民族家庭的个体来说，尤其令人担忧。

一方面是缺乏足够资金来为需要的人提供服务。心理健康服务资金在不同程度上由美国联邦政府或州政府、第三方（健康保险），以及患者自己来承担，与其他类型的健康需求相比，心理健康服务更难得到政府的财政支持。美国州政府和联邦政府一直尽最大努力实现**心理健康同位**（mental health parity），即心理健康与其他卫生保健服务同等资助，与此相关的是，美国2008年通过的《精神卫生均等及成瘾治疗平衡法》(Mental Health Parity and Addiction Equity Act of 2008)。

另一方面，提供服务的问题不仅限于资金问题，还包括对心理健康服务的耻辱感、对心理健康保健的态度、将服务纳入初级卫生保健及其他社区环境（如庇护所、社区中心）的问题。预防性保育和早期干预需要注意儿童的文化背景。此外，研究发现许多家庭（部分居住在农村、少数民族背景的家庭）很难获得心理健康服务。

儿童和青少年早期心理健康服务强调社区方法。儿童指导诊所为儿童和青少年及其家庭提供跨学科和低成本的服务。之后，心理健康服务变成以医院为基础，指导诊所和心理健康诊所经历了缺乏资金和支持的境况。20世纪七八十年代，医院和住宅保育中心有所增加，部分原因是第三方服务费用上涨。与此同时，有需求但无法获得心理健康服务的少数民族贫困儿童和青少年的人数急剧增加。许多儿童因父母无法照顾他们而进入儿童福利机构，还有一些被安置在收留所里，这种糟糕的状况和不断上涨的医疗费用，致使人们呼吁公共资助社区服务。如今，很多机构都为儿童和青少年提供心理健康服务，其中包括心理健康诊所、精神病医院，或者是综合性医院的全职心理服务部门、居民中心、私人性质的专业心理服务机构、儿童和青少年福利机构，还有学校等。有人建议，应主要在儿童和青少年及其家庭常住的社区环境中提供服务。

在向成千上万学生及其家庭提供心理健康服务的过程中，学校可以发挥重要的协调作用。实际上，基于学校的心理健康服务可能是一种特别有效的方式，可以使得不到足够服务的群体、处境困难的家庭或有人口统计学风险的家庭获得服务。传统的学校心理健康服务只针对接受特殊教育和参与学校心理干预的、人数较少的儿童或青少年。不过，由学校提供的心理健康服务具有明显的优势，因其容易获得，可以提供频繁的接触，并且可以避免接受心理健康咨询的耻辱感。为了说明这一点，凯斯滕鲍姆（Kestenbaum）于2000年引用了其同事的一段话：

> 我决定采用威利·萨顿的儿童心理健康理论。当记者问到20世纪30年代臭名昭著的银行抢劫犯威利·萨顿（Willie Sutton）为什么要抢银行时，他回答："因为那里有钱。"如果你想为孩子提供心理健康服务，就必须去他们所在的地方，那就是学校。

增加学校服务的工作包括从预防到治疗，再到治疗后监测的整个范围，通常建议增加提供的干预项目种类并改进协调。例如，其中的一个观点是，学校可以与社区心理健康机构建立合作式伙伴关系。现在，很多学校设有综合保健中心，可以很容易地将心理健康服务纳入其中。

有人在更广泛的意义上呼吁将心理健康服务纳入公共卫生，重点是为广大人民服务、及时发现并预防问题、加强积极行为、持续评估、家庭参与和赋权，还有协调服务。全面服务学校可成为促进儿童和青少年及其家庭发展的主要社区机构，包括在社区参与的框架内实现教育、健康和心理健康的目标。

断裂、利用与评估

人们普遍对心理健康服务的断裂表示担忧，一个家庭可能会与各种缺乏全面考虑的心理健康机构、教育机构、社会服务机构、儿童和青少年司法机构、药物滥用及其他机构接触并接受服务。此外，如果最终需要过渡到成年人服务，就会因儿童和青少年服务与成年人服务的断裂而面临挑战。

为使人们认识到需要更好的相配合的服务，相关人员已做出若干努力，以确保多个系统以提供便利服务的方式相互作用，一直在努力发展以社区为基础的、跨部门的保育系统，并"环绕"儿童和青少年及其家庭。例如，可通过"单一进入点"进入各种服务/程序，或者通过使用一组来自不同项目的协调服务来实现。多系统疗法采用的一种方法是通过聘请一名初级治疗师，负责确保有效使用干预措施，并协调和整合针对儿童或青少年及其家庭的各种服务。培训"家庭或父母伙伴"（有心理健康、儿童福利及其他机构经验的父母伙伴），帮助家庭了解其所做的选择并驾驭"系统"，是促使获得相配合服务的另一种方式。上述努力得到了美国联邦政府的支持，例如，为儿童和青少年及其家庭提供全面综合社区心理健康服务的方案，为美国各州、各领地和印第安部落组织提供财政支持，通过相配合的、全面的心理健康网络及其他服务网络照顾数百万的儿童和青少年。对这类保育系统的评估表明存在诸如减少使用住宿和美国州外治疗、父母对保育的满意度，以及改善儿童和青少年的功能性行为等方面的益处。

心理健康服务的断裂肯定会出现问题，可用服务的低利用率也会带来问题。寻求帮助的行为可能很复杂，并会随着人口统计、个人及其他变量的变化而变化。一些人口统计变量可预测心理健康服务的使用，社会阶层较高和生活在城市地区的白人家庭更有可能选择专业服务，少数民族家庭可能更倾向于从家庭之间或从社区那里寻求帮助。此外，西班牙裔家庭和非裔家庭提前结束心理健康服务的比例更高。对儿童问题起因的信念会在某种程度上导致服务利用率的差异，一个项目想要成功地服务不同民族群体，就必须融入文化传统、信仰和人际交往方式。

技术进步正成为提供心理健康卫生服务的一部分，并可能帮助增加获取和利用服务的机会。网络或计算机技术、移动通信技术、虚拟现实（将客户沉浸在三维计算机模拟中）和社交网络都是很有前途的领域，例如，用视频和视频会议来培训和协助专业人员使用循证治疗。这些技术也被用于向缺乏专业服务的农村和边远地区提供教育和服务。同样，技术的发展为提供心理服务创造了选择的机会，例如，可通过DVD或网络为儿童和青少年及其家庭直接提供有效资料。可用邮件和短信报交家庭作业，或交流治疗目标的学业成绩。儿童和青少年及其家庭可以利用教育材料和循证实践的各个方面，作为自助方法的组成部分，并与专业援助协调使用。

斯彭斯、马奇及其同事针对澳大利亚焦虑障碍儿童或青少年制订的治疗计划，是一个利用技术治疗儿童和青少年的例子。斯彭斯及其同事于2006年将7~14岁的儿童和青少年随机分为三组：两组治疗组和一组对照组。治疗组一接受标准的临床认知行为治疗；治疗组二接受相同的治疗方案，但其中一半疗程是通过互联网进行的。治疗后，治疗组一中的60%的被试和对照组中的13%的被试不再符合焦虑障碍的诊断标准。两组治疗组之间没有显著差异，利用互联网技术进行治疗的效果与其他治疗焦虑儿童的方法效果相似。在接下来的12个月的随访中，两组治疗组仍无显著差异，不再符合诊断标准的被试比例分别增加到89.5%和73.9%。这项研究的扩展研究审查了仅通过互联网进行同样治疗的效果，发现此次接受治疗的儿童不再符合诊断标准的比例（30%）低于早期研究中两组治疗组的比例。

使用技术具有潜在价值，即传播并实施以循证为基础的干预措施，确保患者获得更广泛的服务。然而，与其他干预措施一样，基于技术的工作的有效性应得到研究结果的支持。

事实上，仍需评价各项服务，并传播有效服务的信息。很明显，针对儿童和青少年的循证治疗有改善各种障碍的潜力。同样显而易见的是，研究工作需要找到将这些治疗方法应用到一般临床实践中的方法。大众和家庭必须掌握关于儿童心理健康、有效治疗以及保育的可获得性和费用的信息。同样，提供服务的机构会在更广泛传播循证预防和治疗项目的信息中受益。

尽管心理健康服务正在不断进步和改善，美国政府机构也已建立机制来推动基于循证的干预措施，但人们已认识到相关需要会一直存在。美国总统成立的儿童和家庭心理健康问题新自由委员会提出了 10 个需要解决的问题，为儿童和青少年及其家庭建立了更强有力的心理健康保健系统。表 15–1 列出了这些愿景，努力让所有人都能得到有效的心理健康服务。

表 15–1　儿童心理健康服务愿景

- 基于家庭和社区的全面综合服务与支持
- 家庭伙伴关系与支持
- 充分的人文关怀
- 个性化保育
- 循证实践
- 相配合的服务、责任和资金
- 预防、早期识别与早期干预
- 儿童早期干预
- 学校心理健康服务
- 承担责任

资料来源：Huang et al., 2005.

全球化中的儿童和青少年

当我们把注意力转向全球化的背景中，可以注意到包括互联网在内的大众交通和通讯正在使功能性世界日益变小。儿童和青少年的生活已受到强烈影响，并且这种情况将在整个 21 世纪变得更加普遍。

第三世界国家的贫困与健康问题

尽管美国的贫困问题值得关注，但发展中国家的贫困问题更严重。我们可以从不同角度来观察贫困与发展幸福感之间的联系，包括营养、疾病、缺乏机会、残疾和死亡。例如，营养不良和某些矿物质（如铁）的缺乏与个体发育水平、认知水平以及风险性行为有关。

发展中国家和地区的儿童和青少年可以从促进和改善营养、产前照顾、免疫接种、医疗筛查、疾病治疗、儿童安全、计划生育等公共卫生健康项目中获益。公共卫生健康方案在很多方面取得了进展，例如，降低了儿童和青少年的患病率、出生体重过轻的儿童数量减少、更多家庭在饮食中增加了碘的含量。图 15–4 显示了 1990—2009 年间五岁以下儿童死亡率下降的情况，这是衡量儿童状况好坏的总体指标。

尽管这些国家和地区在儿童死亡率下降方面取得了进步，但仍需继续努力（见表 15–2）。例如，2009 年，15 岁以下死于艾滋病的儿童和青少年的人数比前五年降低了 19%，部分原因是对受感染儿童和青少年的治疗和使用减少病毒从孕妇传播给胎儿的抗病毒药物。尽管如此，2009 年仍有 250 万儿童和青少年患艾滋病，总体而言，艾滋病已使超过 1600 万儿童和青少年成为孤儿。

儿童和青少年心理和行为问题已引起一些国际组织的关注。流行病学报告证明，各种障碍（如内化性障碍、外化性障碍、智力障碍、广泛发展障碍）在儿童和青少年群体中的患病率和流行率相当大。然而，在世界某些地区，相应心理健

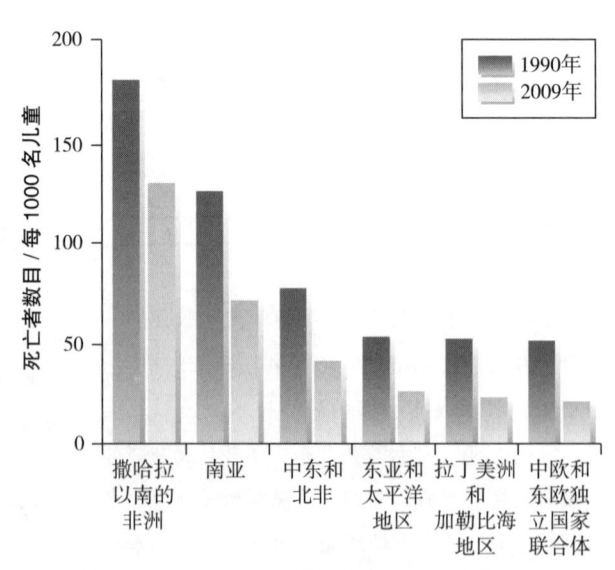

图 15–4　1990—2009 年间每 1000 名活产儿到五岁时的死亡率

资料来源：UN Inter-agency Group in Child Mortality Estimation, Levels and Trends in Child Mortality Report, 2010.

表 15-2 五岁以下儿童的死亡率：事实和数字

- 1990—2009 年，全球死亡率下降了三分之一
- 与 20 世纪 90 年代相比，2000—2009 年间死亡率的下降速度更快
- 大部分进步来自北非和东亚
- 在撒哈拉沙漠以南的非洲，儿童死亡率最高，每八个孩子中有一个会在不满五岁时死亡
- 一半以上的死亡率集中在印度、尼日利亚、刚果民主共和国、巴基斯坦
- 大约 40% 的儿童死亡发生在出生后的第一个月；大约 70% 儿童的死亡发生在出生后的第一年
- 最大的杀手是肺炎、痢疾、疟疾和艾滋病毒/艾滋病，在 2008 年占死亡人数的 43%

资料来源：UN Inter-agency Group in Child Mortality Estimation, Levels and Trends in Child Mortality Report, 2010.

康专业人员短缺，甚至极度匮乏。此外，人们对心理健康和精神健康相对忽视，一定程度上是由于对高死亡率疾病和情况的关注、缺乏对心理健康治疗需求的认知，以及心理健康和精神障碍的污名化。最后，要进行成功地干预，地方社区的参与、标准和价值观都是需要考虑的重要因素。

遭受武装冲突和社会政治冲突的青少年和儿童

遭受武装冲突或受到社会政治冲突的威胁，对世界各地相当一部分儿童和青少年的正常成长发育都产生了影响。他们可能经历了"种族清洗"等恐怖性事件，生活在长期受战争威胁的地区，

◎ 世界各地有大量儿童和青少年处于社会政治冲突导致的危险中，儿童和青少年在避难所过着艰难的生活。

甚至可能会被迫成为军队的一员。此外，成千上万名儿童和青少年被迫离开故乡，住在难民营或移居国外。除直接创伤经历和自己以及所爱的人受到的人身安全威胁外，还包括不稳定、临时或永久地与家人分离、离开社区、营养不足、缺乏住所等。

成千上万的儿童以令人憎恶的方式受到武装冲突的影响，在军队中服役。例如，在塞拉利昂，年仅七岁的儿童要么参加战斗，要么担任厨师、信使、人肉盾牌等支援性角色。许多儿童和青少年被残忍对待，被麻醉，或者被迫从事这些活动，许多目睹、经历或积极参与酷刑、杀戮或强奸。这些儿童和青少年患心理障碍的概率会增加。

值得注意的是，针对战争影响的研究并不容易完成，因为研究者很难在武装冲突刚结束或结束后不久就能立即收集到数据，战后的糟糕经历也会带来长期影响。往往只能对移民群体展开调查，特别是难民群体，他们可能住在难民营中，仍需忍受创伤、损害和恶劣的生活条件。

在这种情况下，精神病理学的比率在不同的研究中差异巨大。不同的障碍显而易见，主要包括创伤后应激障碍、抑郁、焦虑、躯体不适、睡眠问题和行为问题等。其中，创伤后应激障碍、抑郁和焦虑尤为突出。

心理障碍问题可能会持续很久。在柬埔寨波尔布特执政时期，经历过创伤的儿童和青少年，他们一生中创伤后应激障碍的患病率为 59%。尽管他们的经历特别恐怖并具有威胁性，但其他研究表明这些心理障碍会随时间推移而逐渐减弱。多种风险因素会影响障碍的发展，一般而言，心理障碍的发生率越高，创伤暴露的发生率就越高，创伤暴露的积累也就越多；其他风险因素包括缺乏失踪家庭成员的信息、对新环境难以适应、与家人分离、家庭凝聚力差或心理健康状况差、社会支持水平较低，以及移民带来的种种压力。关于接触与战争有关的事件的发展时间，研究结果

是复杂的，可用一个复杂的变量加以解释。例如，较大的儿童和青少年与武装冲突有更高的接触率，可能对其形成信任的社会关系和安全身份的发展任务产生不利影响。另一方面，较大的青少年也可能会受到更强的认知理解和应对机制的能力的保护。

研究明确表明，战争经历存在性别差异，女孩更容易遭受性创伤，包括强奸、性传播疾病和文化歧视；男孩更容易接触非性暴力，并作为暴力的延续者参与其中。当家庭移居国外时，性别差异也会产生作用，例如，女孩可能会因家庭对新环境的社会期望而承受更大的压力，男孩则可能被迫以牺牲他们的文化认同为代价去融入外部世界。广泛地说，在存在民族偏见和歧视的情况下，达到适应外国文化的要求可能会更加困难。

尽管经历过战争的儿童和青少年会面临多重挑战，但他们仍可能表现出非凡的复原力。甚至那些当过童兵的人也可以避免严重的行为和心境问题。在一项针对约28%的儿童和青少年的研究中，发现多种因素有助于他们的复原力：

- 儿童和青少年的特征，如应对技能、智力、行动感；
- 宗教信仰和习俗；
- 依恋关系；
- 父母或监护人的心理健康程度；
- 幼儿看护机构和学校的特点；
- 与战争经历有关的文化信仰；
- 关于心理健康的文化信仰和实践。

人们正在积极努力预防或治疗战争带来的负面影响。当然，这些方面各不相同，主要取决于具体问题和所处环境，也就是说，儿童和青少年是否还留在受战争威胁的国家，住在难民营，或正在适应重新定居的未知社区和国家。对难民家庭进行干预的下列三项原则得到了广泛认可。

- 心理健康服务的从业者必须具备文化竞争力。
- 应尽可能采用基于证据的实践。然而，针对受过战争创伤的儿童和青少年进行干预的研究不多，因此需要整合实地工作人员的实践经验。
- 由于这些难民家庭存在经济、社会和心理困难等问题，干预措施应该是综合全面的。

心理健康问题的治疗可采用多种方式，如团体治疗、家庭或个人干预、学校服务。英特浩特（Ehntholt）和尤尔（Yule）于2006年建议采用三阶段模型，作为对特定战争相关症状进行干预的一般方法（见图15-5）。

建立安全感和信任感 ↔ 聚焦于创伤疗法/治疗 ↔ 重新整合

图 15-5　干预的分阶段模型

资料来源：Ehntholt & Yule, 2006.

- 在第一个阶段，需要在儿童和青少年之间建立安全感和信任感，这对于那些经历过严重威胁或目睹恐怖事件的儿童和青少年来说是一项艰巨而困难的任务。
- 第二个阶段的目标是要针对具体问题实施干预，如创伤后应激障碍和抑郁障碍等问题。
- 第三个阶段的重点是规划未来，其中包括讨论实际的计划和对未来的美好愿景。

这个模型认为，个体在各个阶段之间来回转换是非常必要的。

我们越是了解治疗战争和冲突的受害者的方法（包括应激反应和复原力的介质和调节变量），就越能减轻和预防心境逆境。很少有人会反驳这个观点：战争"因其可怕的人类伤亡，特别是对最无辜的旁观者（儿童和青少年）造成的痛苦而必须对其憎恨"。

多元化与国际合作

日益缩小的世界意味着挑战增多了，人们需要与他人进行良好的沟通并和谐相处，还要面对不同的脸型、肤色、服饰、习俗、行为和信仰。适应多元化任务虽然并不是新鲜课题，但十分艰巨。而且，目前全球各地人口大量迁移到外国，接触外国文化，适应多元化也变得更为重要。

在美国，民族多元化的挑战由来已久。偏见和恐惧常常对各类群体产生不利影响，如美国原住民、非裔美国人、爱尔兰人、波兰人、亚洲人、阿拉伯人、拉丁美洲人、犹太人、天主教徒等。虽然美国多元文化程度越来越高，但少数民族所处的特殊位置对这些人的生活质量、健康状况、工作机会等仍是一种风险因素。

心理学作为一门学科，参与各种与多样性相关问题的研究，尽管成效可能并不总是如希望的那样及时。一个历史性的例子是肯尼斯·克拉克（Kenneth Clark）及其同事的工作，在1954年最高法院关于"布朗诉教育委员会"的案件中发挥了作用，这宗案件推翻了公立学校实行民族"隔离但平等"的原则。克拉克是非裔美国人，在20世纪60年代末期担任美国心理学会主席。同一时期，美国心理学会更致力于解决民族及相关问题。如今，人们依然对居住在美国的不同文化和民族群体的发展和进步问题感到担忧。

此外，还需加强跨文化研究以及国际间的合作进程。事实上，世界各国人民更密切交流的一个重要结果是，国际社会为解决问题和改善生活条件做出了更大努力。几十年来，联合国多次呼吁全世界关注促进儿童健康发展，保护儿童和青少年的基本权利，包括家庭环境、适宜的生活水平、教育、免受虐待和剥削等伤害的基本权利。近代，美国宣布2010—2011年为国际青少年，致力于提高较大的青少年的幸福感。联合国主办了世界首脑会议及各种会议，为儿童和青少年举办了许多福利项目，并收集相关数据以监测进展并提出建议。不计其数的各类组织（包括很多公立或私立组织）正致力于解决贫困、教育、婴儿死亡率、医疗和心理健康需求、暴力、环境污染等全球性问题。由于这些努力会对儿童和青少年的发展产生重大影响，因此国际间的合作也应遵守这样的承诺：使儿童和青少年的生活达到最佳状态。

译者后记

我向所有从事心理学、教育学、社会学和犯罪预防专业工作的人推荐这本《儿童异常行为心理分析（第8版）》。这部著名的心理学书已经更新至第8版了，而且一直作为美国最畅销的心理学书籍之一而广受赞誉。

在我翻译这本书的过程中，认为它颇具实用性。我在读硕士时，专攻学习与认知；读博士时，研究领域转向情绪和动机。尽管在此期间阅读过一些有关儿童的研究，但并没有系统地了解儿童异常行为的心理分析。这本书前七个版本对美国的心理学和教育学的发展都有着深远的影响，相信读者会从目前最新的第8版中得到更多的启发。

本书内容丰富、结构合理、层次分明、逻辑严谨。这本书一共15章，结合了《精神障碍诊断与统计手册（第5版）》，以及本领域大量的最近研究结果。从对异常的定义和识别开始，致力于青少年的特定问题、性格特征、流行病学，以及精神病理学的发展历程、病因、评估、治疗和干预。第8版还增加了关注青少年不断成长的问题，重点为关键性的家庭问题、心理健康服务。更新并扩展了一些特别有争议的主题的讨论。

我独立翻译了整本书，并通稿审校。由于本书翻译量太大，谢毓焕、李吉帮助我做了部分审译的工作，而且张品泽带着北京市哲学社科规划项目《北京市精神病人危害防控与权利保障研究》（项目编号：15FXB022）帮我审译了第12章。李修平和我的学生王丹、彭龙帮我通读校对了几章译稿。

由于译者的翻译水平有限，译稿中难免会有瑕疵和疏漏之处，希望读者在阅读的时候能够给我们不吝批评指正，以便我们进一步改进。

感谢中国人民大学出版社引进此书。感谢参与本书的审译工作者与编辑的辛勤付出。

谢丽丽
中国人民公安大学犯罪学学院副教授
首都师范大学心理学博士

Abnormal Child and Adolescent Psychology, 8th Edition/by Rita Wicks-Nelson and Allen C.Israel/ ISBN:978-0-13-376698-1

Copyright © 2015, 2013, 2009 Taylor & Francis.

All rights reserved.

本书原版由 Taylor & Francis 出版集团旗下 Routledge 出版公司出版，并经其授权翻译出版。版权所有，侵权必究。

China Renmin University Press Co., Ltd. is authorized to publish and distribute exclusively the Chinese (Simplified Characters) language edition. This edition is authorized for sale throughout Mainland of China. No part of the publication may be reproduced or distributed by any means, or stored in a database or retrieval system, without the prior written permission of the publisher.

本书中文简体翻译版授权由中国人民大学出版社独家出版并仅限在中国大陆地区销售。未经出版者书面许可，不得以任何方式复制或发行本书的任何部分。

Copies of this book sold without a Taylor & Francis sticker on the cover are unauthorized and illegal.

本书封底贴有 Taylor & Francis 公司防伪标签，无标签者不得销售。